ユーキャンの

電験三種

# 独学の法規

## 合格テキスト＆問題集

## おことわり

○本書は、2024年3月時点の情報に基づいて制作しています。

○2024年3月以降の法改正情報などのうち、本試験（法規科目）の対象となるものについては、下記「ユーキャンの本」ウェブサイト内「追補（法改正・正誤）」においてお知らせ致します。
（https://www.u-can.co.jp/book/information）

# ユーキャンはよくわかる！工夫がいっぱい

## 1. 独学者向けに開発した「テキスト＆問題集」の決定版！

本書１冊で、法規科目の知識習得と解答力の養成が可能です。
問題集編は、**出題頻度の高い厳選過去問100題**を収録。
各問にテキスト編の参照ページつきなので、復習もスムーズです。

## 2. 法規科目の出題論点を「1レッスン45日分」に収録！初学者や忙しい受験生も、計画的に学習できます

テキスト編は、**「ちょっとずつ45日で完成！」**をコンセプトに、
日々の積み重ね学習で、**法規科目の合格レベル**へと導きます。
また、各学習項目には３段階の重要度表示つき。効率的に学習できます。

## 3. 計算プロセスも、省略せず、しっかり解説！

**計算問題は、特に丁寧に解説**しています。
「補足」「用語」「解法のヒント」など、理解を助けるプラス解説も
充実しています。

## 4. 試験に必須の「重要公式集」つき！

法規科目合格には、重要公式の運用力も必須の要素です。
テキスト編後に収録した「重要公式集」は、どれも計算問題で頻出で、
暗記強化に最適です。

# 目次

# 本書の使い方

## Step 1 学習のポイント＆1コママンガで論点をイメージ

まずは、その日に学習するポイントと、ユーニャンの１コママンガから、全体像をざっくりつかみましょう。

**●ちょっとずつ「45日」で学習完成！**
法規科目の出題論点を「45日分」に収録しました。

**●学習のポイント**
その日に学習するポイントをまとめています。

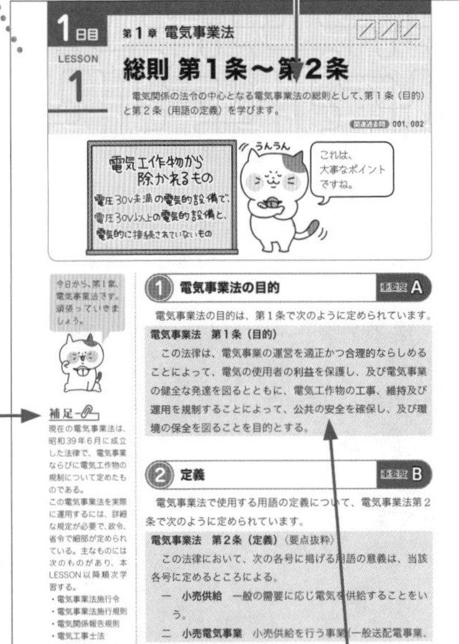
1日目 第1章 電気事業法

LESSON 1

総則 第１条～第２条

電気関係の法令の中心となる電気事業法の総則として、第１条（目的）と第２条（用語の定義）を学びます。

関連過去問 001, 002



① 電気事業法の目的　重要度 A

電気事業法の目的は、第１条で次のように定められています。

**電気事業法　第１条（目的）**

この法律は、電気事業の運営を適正かつ合理的ならしめることによって、電気の使用者の利益を保護し、及び電気事業の健全な発達を図るとともに、電気工作物の工事、維持及び運用を規制することによって、公共の安全を確保し、及び環境の保全を図ることを目的とする。

② 定義　重要度 B

電気事業法で使用する用語の定義について、電気事業法第２条で次のように定められています。

**電気事業法　第２条（定義）**（要点抜粋）

この法律において、次の各号に掲げる用語の意義は、当該各号に定めるところによる。

一　小売供給　一般の需要に応じ電気を供給することをいう。

二　小売電気事業　小売供給を行う事業（一般送配電事業、

補足
現在の電気事業法は、昭和39年6月に成立した法律で、電気事業ならびに電気工作物の規制について定めたものである。
この電気事業法を実際に運用するには、詳細な規定が必要で、政令、省令で細部が定められている。主なものには次のものがあり、本LESSON以降順次学習する。
・電気事業法施行令
・電気事業法施行規則
・電気関係報告規則
・電気工事士法

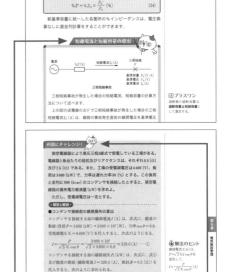

**●充実の欄外解説**

補足
テキスト解説の理解を深める補足解説

用語
知っておきたい用語をフォロー

解法のヒント
計算問題の着眼点やポイントをアドバイス

プラスワン
本文にプラスして覚えておきたい事項をフォロー

**●キーワードは黒太字と赤太字で表記**
学習上の重要用語は**黒太字**で、試験の穴埋め問題でよく出る用語は**赤太字**で表記しています。

## Step 2 本文の学習

ページをめくって、学習項目と重要度（高い順に「A」「B」「C」）を確認しましょう。
赤太字や黒太字、図表、重要公式はしっかり押さえ、例題を解いて理解を深めましょう。

**●重要公式**
電験三種試験で必須の公式をピックアップしています。しっかり覚え、計算問題で使えるようにしましょう。

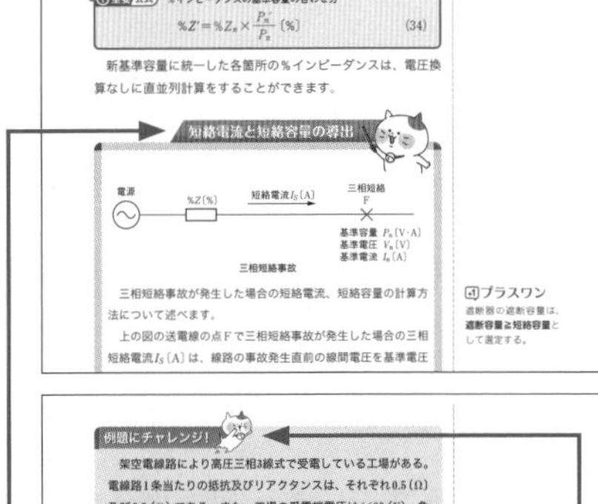
重要公式　%インピーダンスの基準容量の合わせ方

$$\%Z' = \%Z_n \times \frac{P_n'}{P_n} \ [\%] \quad (34)$$

新基準容量に統一した各箇所の%インピーダンスは、電圧換算なしに直並列計算をすることができます。

短絡電流と短絡容量の導出



三相短絡事故が発生した場合の短絡電流、短絡容量の計算方法について述べます。

上の図の送電線の点Fで三相短絡事故が発生した場合の三相短絡電流$I_S$[A]は、線路の事故発生直前の線間電圧を基準電圧

プラスワン
遮断器の遮断容量は、**遮断容量≧短絡容量**として選定する。

例題にチャレンジ！

架空電線路により高圧三相3線式で受電している工場がある。電線路1条当たりの抵抗及びリアクタンスは、それぞれ0.5[Ω]及び2.5[Ω]である。また、工場の受電端電圧は6600[V]、負荷は3000[kW]で、力率は遅れ力率80[%]とする。この負荷と並列に800[kvar]のコンデンサを接続したとすると、架空電線路の損失電力軽減量[kW]を求めよ。

ただし、受電端電圧は一定とする。

・解答と解説・

●コンデンサ接続前の線路損失の算出

コンデンサを接続する前の線路電流$I$[A]は、次式に、題意の数値（負荷$P=3000$[kW]→$3000\times10^3$[W]、力率$\cos\theta=0.8$、受電端電圧$V_r=6600$[V]）を代入すると、次式のようになる。

$$I=\frac{P}{\sqrt{3}V_r\cos\theta}=\frac{3000\times10^3}{\sqrt{3}\times6600\times0.8}\fallingdotseq328.0\,[\mathrm{A}]\cdots\cdots①$$

コンデンサを接続する前の線路損失$P_1$[kW]は、次式に、式①及び題意の数値（線路電流$I=328.0$[A]、抵抗$R=0.5$[Ω]）を代入すると、次のように求められる。

$$P_1=3I^2R=3\times(328.0)^2\times0.5\fallingdotseq161376\,[\mathrm{W}]$$
$$\rightarrow161.4\,[\mathrm{kW}]\cdots\cdots③$$

解法のヒント
線路電流$I$[A]は、$P=\sqrt{3}V_rI\cos\theta$を変形して、$I=\frac{P}{\sqrt{3}V_r\cos\theta}$[A]の形にしている。

第6章 電気施設管理

**●詳しく解説！**
受験生が抱きやすい疑問を、詳しく解説しています。

**●例題にチャレンジ**
テキスト解説に関連する例題です。重要公式の使い方や解き方の流れをしっかり把握しましょう。



※ここに掲載した誌面は「本書の使い方」を説明するための見本です。

## Step 3 レッスン末問題で理解度チェック

1日の学習の終わりに、穴埋め形式の問題に取り組みましょう。知識の定着度をチェックできます。

## Step 4 頻出過去問題にチャレンジ

特に重要な過去問題100問を厳選収録しました。すべて必ず解いておきたい問題です。正答できるまで、繰り返し取り組みましょう。

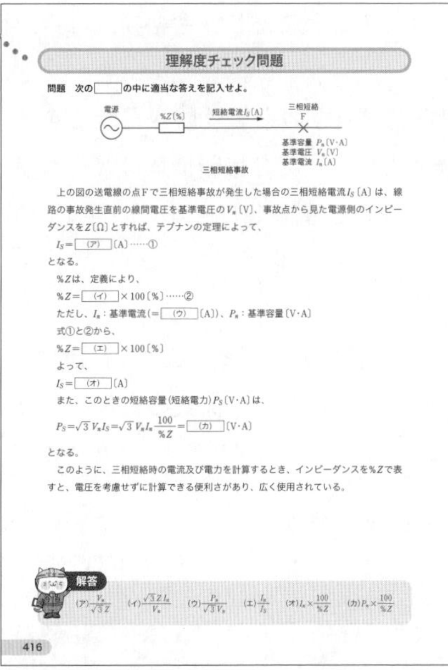

**理解度チェック問題**

問題　次の□の中に適当な答えを記入せよ。



三相短絡事故

上の図の送電線の点Fで三相短絡事故が発生した場合の三相短絡電流 $I_S$〔A〕は、線路の事故発生直前の線間電圧を基準電圧の $V_n$〔V〕、事故点から見た電源側のインピーダンスを $Z$〔Ω〕とすれば、テブナンの定理によって、

$I_S$＝□(ア)□〔A〕……①

となる。

%Zは、定義により、

%Z＝□(イ)□×100〔%〕……②

ただし、$I_n$：基準電流（＝□(ウ)□〔A〕）、$P_n$：基準容量〔V·A〕

式①と②から、

%Z＝□(エ)□×100〔%〕

よって、

$I_S$＝□(オ)□〔A〕

また、このときの短絡容量（短絡電力）$P_S$〔V·A〕は、

$P_S=\sqrt{3}V_nI_S=\sqrt{3}V_nI_n\dfrac{100}{\%Z}$＝□(カ)□〔V·A〕

となる。

このように、三相短絡時の電流及び電力を計算するとき、インピーダンスを%Zで表すと、電圧を考慮せずに計算できる便利さがあり、広く使用されている。

**解答**

(ア) $\dfrac{V_n}{\sqrt{3}Z}$　(イ) $\dfrac{\sqrt{3}ZI_n}{V_n}$　(ウ) $\dfrac{P_n}{\sqrt{3}V_n}$　(エ) $\dfrac{I_n}{I_S}$　(オ) $I_n\times\dfrac{100}{\%Z}$　(カ) $P_n\times\dfrac{100}{\%Z}$

416

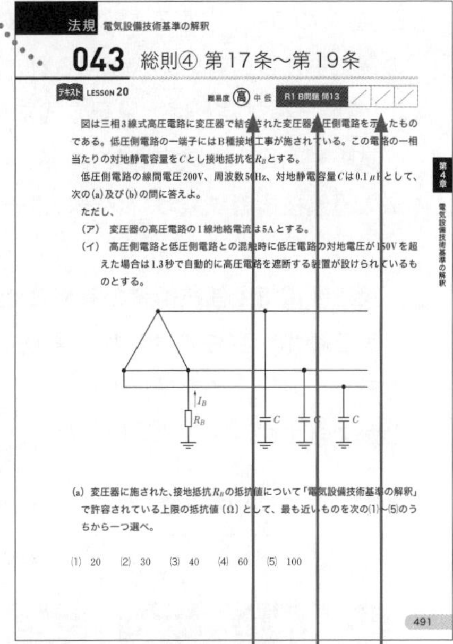

法規　電気設備技術基準の解釈

### 043 総則④ 第17条～第19条

テキスト LESSON 20　　難易度 高 中 低　R1 B問題 問13

図は三相3線式高圧電路に変圧器で結合された変圧器低圧側電路を示したものである。低圧側電路の一端子にはB種接地工事が施されている。この電路の一相当たりの対地静電容量を $C$ とし接地抵抗を $R_B$ とする。

低圧側電路の線間電圧200V、周波数50Hz、対地静電容量 $C$ は0.1 μFとして、次の(a)及び(b)の問に答えよ。

ただし、

（ア）変圧器の高圧電路の1線地絡電流は5Aとする。

（イ）高圧側電路と低圧側電路との混触時に低圧電路の対地電圧が150Vを超えた場合は1.3秒で自動的に高圧電路を遮断する装置が設けられているものとする。



(a) 変圧器に施された、接地抵抗 $R_B$ の抵抗値について「電気設備技術基準の解釈」で許容されている上限の抵抗値〔Ω〕として、最も近いものを次の(1)～(5)のうちから一つ選べ。

(1) 20　(2) 30　(3) 40　(4) 60　(5) 100

第4章　電気設備技術基準の解釈

491

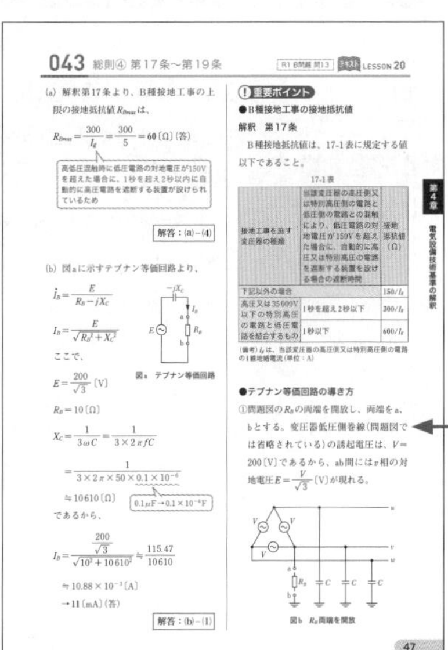

### 043 総則④ 第17条～第19条

R1 B問題 問13　テキスト LESSON 20

(a) 解釈第17条より、B種接地工事の上限の接地抵抗値 $R_{Bmax}$ は、

$$R_{Bmax}=\frac{300}{I_g}=\frac{300}{5}=60\,〔Ω〕（答）$$

高低圧混触時に低圧電路の対地電圧が150Vを超えた場合に、1秒を超え2秒以内に自動的に高圧電路を遮断する装置が設けられているため

解答：(a)－(4)

(b) 図aに示すテブナン等価回路より、

$$\dot{I}_B=\frac{E}{R_B-jX_C}$$

$$I_B=\frac{E}{\sqrt{R_B^2+X_C^2}}$$

ここで、

$$E=\frac{200}{\sqrt{3}}\,〔V〕$$

$$R_B=10\,〔Ω〕$$

$$X_C=\frac{1}{3\omega C}=\frac{1}{3\times2\pi fC}$$

$$=\frac{1}{3\times2\pi\times50\times0.1\times10^{-6}}$$

$$\fallingdotseq10610\,〔Ω〕$$

0.1 μF→$0.1\times10^{-6}$F

であるから、

$$I_B=\frac{\frac{200}{\sqrt{3}}}{\sqrt{10^2+10610^2}}\fallingdotseq\frac{115.47}{10610}$$

$$\fallingdotseq10.88\times10^{-3}\,〔A〕$$

→11〔mA〕（答）

解答：(b)－(1)



図a　テブナン等価回路

**重要ポイント**

●B種接地工事の接地抵抗値

解釈　第17条

B種接地抵抗値は、17-1表に規定する値以下であること。

17-1表

| 接地工事を施す変圧器の種類 | 当該変圧器の高圧側又は特別高圧側の電路と低圧側の電路との混触により、低圧電路の対地電圧が150Vを超えた場合に、自動的に高圧又は特別高圧の電路を遮断する装置を設ける場合の遮断時間 | 接地抵抗値（Ω） |
|---|---|---|
| 下記以外の場合 | | $150/I_g$ |
| 高圧又は35 000V以下の特別高圧の電路と低圧電路を結合するもの | 1秒を超え2秒以下 | $300/I_g$ |
| | 1秒以下 | $600/I_g$ |

（備考）$I_g$ は、当該変圧器の高圧側又は特別高圧側の電路の1線地絡電流（単位：A）

●テブナン等価回路の導き方

①問題図の $R_B$ の両端を開放し、両端をa、bとする。変圧器低圧側巻線（問題図では省略されている）の誘起電圧は、$V$＝200〔V〕であるから、ab間には $v$ 相の対地電圧 $E=\dfrac{V}{\sqrt{3}}$〔V〕が現れる。



図b　$R_B$ 両端を開放

第4章　電気設備技術基準の解釈

47

難易度を3段階表示（難易度の高い順から、「高」「中」「低」）

過去問の出題年（H＝平成、R＝令和）・A・B問題の別・問題番号

取り組んだ日や正答できたかどうかをチェックしましょう。

**●解答・解説は使いやすい別冊！**

頻出過去問100題の解答・解説は、確認しやすい別冊にまとめました。図版を豊富に用いて、着眼点や計算プロセスを丁寧に解説しています。

# 資格・試験について

## 1．第三種電気主任技術者試験について

「電験三種試験」とは、国家試験の「電気主任技術者試験(第一種・第二種・第三種)」のうち、「第三種電気主任技術者試験」のことであり、合格すれば第三種の電気主任技術者の免状が得られます。

「電験三種試験」は、筆記方式またはCBT方式いずれかの受験が可能です。

試験実施日、受験申込受付期間など受験要項についての最新情報は、一般財団法人電気技術者試験センターのホームページ等でご確認ください。

## 2．第三種電気主任技術者の資格と仕事

第三種電気主任技術者は、電圧5万ボルト未満の事業用電気工作物（出力5千キロワット以上の発電所を除く）の工事、維持および運用の保安の監督を行うことができます。

**■電気主任技術者(第一種・第二種・第三種)の電気工作物の範囲**

<table>
<tr><th colspan="3">事業用電気工作物</th></tr>
<tr><td>第一種電気主任技術者<br>すべての事業用電気工作物</td><td>第二種電気主任技術者<br>電圧が17万ボルト未満の事業用電気工作物</td><td rowspan="2">第三種電気主任技術者<br>電圧が5万ボルト未満の事業用電気工作物（出力5千キロワット以上の発電所を除く。）<br>例：上記電圧の5千キロワット未満の発電所や電気事業者から上記の電圧で受電する工場、ビルなどの需要設備</td></tr>
<tr><td colspan="2">例：上記電圧の発電所、変電所、送配電線路や電気事業者から上記電圧で受電する工場、ビルなどの需要設備</td></tr>
</table>

## 3．試験内容

試験科目は、理論、電力、機械、法規の4科目で、筆記・CBT方式ともに五肢択一方式です。

| 試験科目 | 理　論 | 電　力 | 機　械 | 法　規 |
|---|---|---|---|---|
| 範　囲 | 電気理論、電子理論、電気計測及び電子計測に関するもの | 発電所、蓄電所及び変電所の設計及び運転、送電線路及び配電線路（屋内配線を含む。）の設計及び運用並びに電気材料に関するもの | 電気機器、パワーエレクトロニクス、電動機応用、照明、電熱、電気化学、電気加工、自動制御、メカトロニクス並びに電力システムに関する情報伝送及び処理に関するもの | 電気法規（保安に関するものに限る。）及び電気施設管理に関するもの |
| 解答数 | A問題　14題<br>B問題　3題※ | A問題　14題<br>B問題　3題 | A問題　14題<br>B問題　3題※ | A問題　10題<br>B問題　3題 |
| 試験時間 | 90分 | 90分 | 90分 | 65分 |

備考：1．解答数欄の※印については、選択問題を含んだ解答数です。
　　　2．法規科目には「電気設備の技術基準の解釈について」（経済産業省の審査基準）に関するものを含みます。

A問題は一つの問に対して一つを解答する方式、B問題は一つの問の中に小問を二つ設けて、それぞれの小問に対して一つを解答する方式です。

## 4．科目別合格制度

試験は科目ごとに合否が決定され、4科目すべてに合格すれば第三種電気主任技術者試験が合格となります。また、4科目中一部の科目だけ合格した場合は、「科目合格」となって、最初に合格した試験以降、その申請により最大で連続して5回まで当該科目の試験が免除されます。

## 5．試験に関する問い合わせ先

一般財団法人 電気技術者試験センター

ホームページ　https://www.shiken.or.jp/

# 電験三種試験　4科目の論点関連図

電験三種試験４科目の論点どうしの関連性を図にしています。電験三種試験合格には、まず「理論」科目をマスターすることが大事です。
また、「基礎数学」は４科目学習の「土台」です。しっかりマスターしましょう。

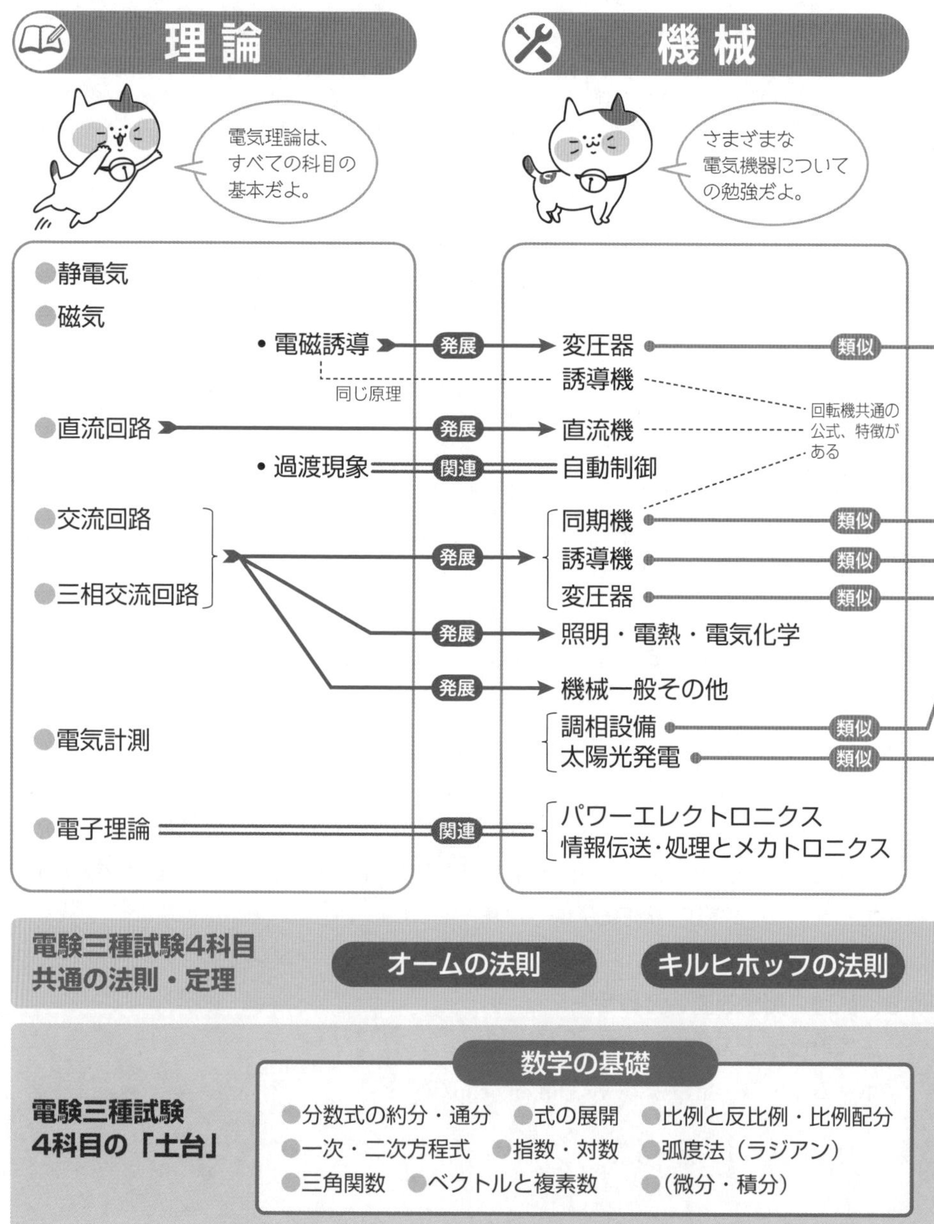


**電験三種試験4科目 共通の法則・定理**

オームの法則　　キルヒホッフの法則

**電験三種試験 4科目の「土台」**

**数学の基礎**

- 分数式の約分・通分
- 式の展開
- 比例と反比例・比例配分
- 一次・二次方程式
- 指数・対数
- 弧度法（ラジアン）
- 三角関数
- ベクトルと複素数
- （微分・積分）

：発展………理論科目の内容をさらに発展させた内容になります。

類似：類似問題…科目を超えて類似の問題が出題されます。
関連：関連性が高い論点です。

## 電力

## 法規

発電、変電、送電、
配電について
勉強するよ。

電気の保安に関する
法律についての
勉強だよ。


**電力**

変電（変圧器）
高調波対策・計算 ─類似─ 高調波対策・計算
発電（水力発電） ─類似─ 水力発電の計算

発電（同期発電機）
発電（誘導発電機）
変電（変圧器） ─関連─ 需要率・負荷率・不等率
変電（変圧器） ─関連─ 変圧器の計算
送配電線路 ─関連─ 短絡電流・地絡電流
力率改善 ─類似─ 力率改善

風力発電・太陽光発電 ─関連─ 発電用風力設備・太陽電池設備技術基準
電気材料

**法規**

電気施設管理（本書第6章）
高調波対策・計算
水力発電の計算
需要率・負荷率・不等率
変圧器の計算
短絡電流・地絡電流
力率改善
電気事業法及び関係法規
電気設備技術基準・解釈
（本書第1章～第4章）
発電用風力設備・
太陽電池設備技術基準
（本書第5章）

重ね合わせの理　テブナンの定理　ミルマンの定理

電験三種試験突破に、
数学の基礎は不可欠！
物理・化学の基礎も
大事だよ！


**物理・化学の基礎**

- 力と運動
- 光と熱
- 原子・分子
- 化学反応

# 法規科目の出題傾向と対策

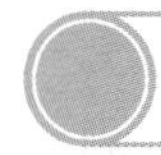

## 出題傾向

法規の科目は、電気関係法規と電気施設管理で構成されています。8割程度が電気関係法規で占められ、主に文章問題として出題されます。電気施設管理については全体の2割程度と少なく、計算問題が中心であるという特徴があります。

計算問題については、電力科目だけの知識で解くことができる基礎的な問題も多く、公式を暗記するか、定義をよく理解すれば解答することが可能で、出題パターンもほぼ決まっています。計算は四則演算が中心で、基礎的な複素数とベクトルの知識が必要ですが、微分・積分などの難しい計算は不要です。

## 対策

電気関係法規は、保安に関するものに限られ、電気事業法、電気事業法施行規則、電気設備技術基準及びその解釈、電気工事士法などがありますが、大半が電気設備技術基準及びその解釈に関するものです。電気関係法規の学習では過去に頻出している条文キーワードの暗記が必須です。電気設備技術基準及びその解釈に比べ、電気事業法、電気工事士法などは出題数が少ないからとはいえ、学習をおろそかにしてはなりません。条文も少なく暗記する用語､数値が少ないので短時間で習得でき、出題された場合有利です。

電気施設管理に関する計算問題では、負荷率・不等率などの計算、コンデンサによる力率改善など頻出問題は必ず押さえておきましょう。法規科目は学習範囲が広く、しかも分量が多いのが特徴です。しかし幸いなことに、CBT試験の導入による試験回数の増加により、近年の試験では過去問と同一問題あるいは類似問題が大幅に増えています。

この傾向は今後も続くものと思われますので、本テキストの例題にチャレンジ、理解度チェック、過去問100題を、しっかりマスターしておきましょう。

## 本書各章の学習ポイント

### 第1章　電気事業法　例年の出題数：1～2問程度

電気事業法、同法施行規則について学びます。「保安規程に定める事項」など過去に頻出している条文キーワードの暗記が必須です。電気事業法は条文も少なく、暗記する用語・数値が少ないので、短時間で習得できます。

### 第2章　その他の電気関係法規　例年の出題数：0～1問程度

その他の電気関係法規として、電気関係報告規則、電気用品安全法、電気工事士法、電気工事業の業務の適正化に関する法律(以下、電気工事業法と略す)について学びます。具体的には、電気関係報告規則では「事故報告の内容、報告期限」、電気工事士法では「各種電気工事士などの有資格者が従事できる電気工事の種類」などを学びます。電気事業法と同様、暗記する用語・数値が少ないので、短時間で習得できます。

### 第3章　電気設備技術基準　例年の出題数：1～3問程度

電気設備技術基準(以下、電技と略す)について学びます。「保安原則」、「公害等の防止」、「感電、火災等の防止」など、過去に頻出している条文キーワードの暗記が必須です。

第4章の電気設備技術基準の解釈(以下、解釈と略す)とも密接に関係しており、第3章と第4章の複合問題も数多く出題されています。併せて覚えましょう。

### 第4章　電気設備技術基準の解釈　例年の出題数：4～10問程度

解釈は条文も多く範囲が広いですが、電技同様、「太陽電池モジュールの絶縁性能」、「地中電線路の施設」など過去に頻出している条文キーワードの暗記が必須です。また、地絡事故時の「B種、D種接地抵抗値の計算」など、条文に関連する簡単な計算問題は条文とともにしっかり学習しておきましょう。

### 第5章　発電用風力設備技術基準ほか　例年の出題数：0～1問程度

発電用風力設備に関する技術基準を定める省令(以下、発電用風力設備技術基準と略す)及び発電用太陽電池設備に関する技術基準を定める省令(以下、発電用太陽電池設備技術基準と略す)について学びます。発電用風力設備技術基準では「風車の安全な状態の確保」などが出題されています。発電用太陽電池設備については、再生可能エネルギーのひとつであり、発電用太陽電池設備技術基準からの出題可能性が高まってきています。条文は第1条～第6条と少ないですから、全条文をしっかり読み込んでおきましょう。

**第6章　電気施設管理**　　例年の出題数：1～4問程度

電気施設管理は、「需要率・負荷率・不等率」、「コンデンサによる力率改善」、「短絡電流・地絡電流の計算」、「第5次高調波の計算」、「高圧受電設備の構成」などが主にB問題として出題されています。これらの問題は、出題パターンがほぼ決まっています。特にB問題の設問（a）は即答できる基礎的な問題も多く得点源となります。法規科目はB問題の配点割合が高く、B問題の正解なくして合格は難しいです。逆に言えばB問題を全問正解（満点で40点）できればほぼ合格できます。A問題（満点で60点）の大量の条文キーワードの暗記に多少のミスがあっても大丈夫です。気合いを入れて電気施設管理のB問題にしっかり取り組みましょう。

## 学習プラン

本書掲載の過去問題は100問あります。過去問題は、内容が各分野をまたいでいる問題も多いため、次のような学習プランをおすすめします。

**例1　まずテキスト編の第6章まで学習した後、すべての過去問題に挑戦する**

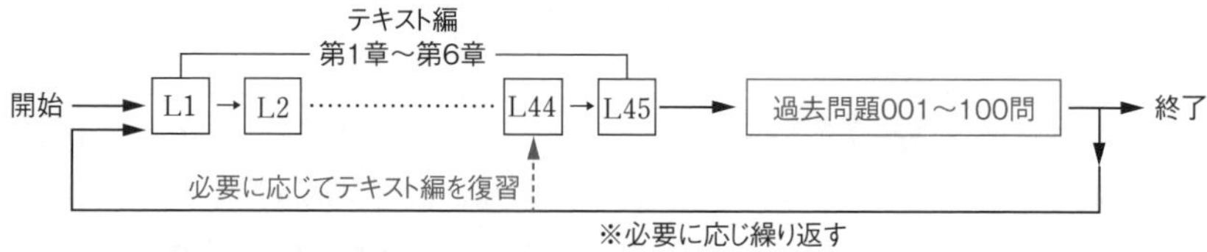


**例2　テキスト編の1つの章の学習を終えたら、その章の過去問題に挑戦する、それを繰り返す**

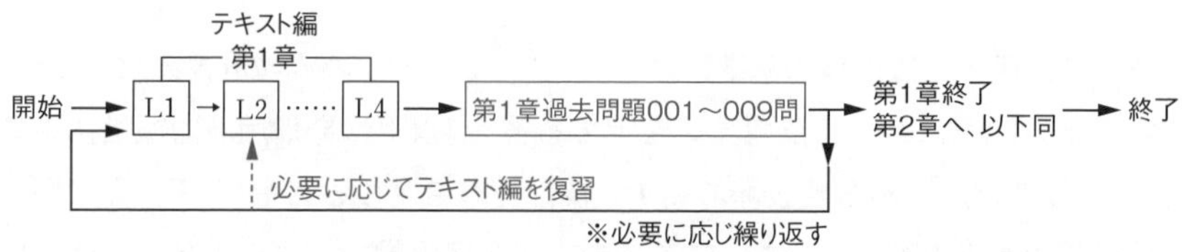

ユーキャンの電験三種
独学の法規
合格テキスト＆問題集

法規科目の出題論点を「45日分」に収録しました。
1日1レッスンずつ、無理のない学習をおすすめします。
各レッスン末には「理解度チェック問題」があり、
知識の定着度を確認できます。答えられない箇所は、
必ずテキストに戻って復習しましょう。
それでは45日間、頑張って学習しましょう。

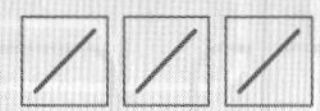

LESSON 1

# 総則 第1条～第2条

電気関係の法令の中心となる電気事業法の総則として、第１条（目的）と第２条（用語の定義）を学びます。

関連過去問 001, 002

電気工作物から除かれるもの
電圧30V未満の電気的設備で、電圧30V以上の電気的設備と、電気的に接続されていないもの

今日から、第１章、電気事業法です。頑張っていきましょう。

**補足**

現在の電気事業法は、昭和39年6月に成立した法律で、電気事業ならびに電気工作物の規制について定めたものである。

この電気事業法を実際に運用するには、詳細な規定が必要で、政令、省令で細部が定められている。主なものには次のものがあり、本LESSON以降順次学習する。

- 電気事業法施行令
- 電気事業法施行規則
- 電気関係報告規則
- 電気工事士法

## 1 電気事業法の目的　重要度 A

電気事業法の目的は、第１条で次のように定められています。

**電気事業法　第１条（目的）**

この法律は、電気事業の運営を適正かつ**合理的**ならしめることによって、電気の使用者の**利益**を保護し、及び電気事業の健全な発達を図るとともに、電気工作物の**工事**、**維持**及び**運用**を**規制**することによって、**公共の安全**を確保し、及び**環境の保全**を図ることを目的とする。

## 2 定義　重要度 B

電気事業法で使用する用語の定義について、電気事業法第２条で次のように定められています。

**電気事業法　第２条（定義）**〈要点抜粋〉

この法律において、次の各号に掲げる用語の意義は、当該各号に定めるところによる。

一　**小売供給**　**一般**の**需要**に応じ電気を供給することをいう。

二　**小売電気事業**　小売供給を行う事業（一般送配電事業、

特定送配電事業及び発電事業に該当する部分を除く。)をいう。

三　**小売電気事業者**　小売電気事業を営むことについて次条の登録を受けた者をいう。

四　**振替供給**　他の者から受電した者が、同時に、その受電した場所以外の場所において、当該他の者に、その受電した電気の量に相当する量の電気を供給することをいう。

五　**接続供給**　次に掲げるものをいう。

イ　小売供給を行う事業を営む他の者から受電した者が、同時に、その受電した場所以外の場所において、当該他の者に対して、当該他の者のその小売供給を行う事業の用に供するための電気の量に相当する量の電気を供給すること。

ロ　電気事業の用に供する発電等用電気工作物(発電用の電気工作物及び蓄電用の電気工作物をいう。以下同じ。)以外の発電等用電気工作物を維持し、及び運用する他の者から当該非電気事業用電気工作物の発電又は放電に係る電気を受電した者が、同時に、その受電した場所以外の場所において、当該他の者に対して、当該他の者があらかじめ申し出た量の電気を供給すること。

六　**託送供給**(たくそう)　振替供給及び接続供給をいう。

七　**電力量調整供給**　次のイ又はロに掲げる者に該当する他の者から、当該イ又はロに定める電気を受電した者が、同時に、その受電した場所において、当該他の者に対して、当該他の者があらかじめ申し出た量の電気を供給することをいう。

イ　発電等用電気工作物を維持し、及び運用する者　当該発電等用電気工作物の発電又は放電に係る電気

ロ　特定卸供給を行う事業を営む者　特定卸供給に係る電気

- 電気工事業の業務の適正化に関する法律
- 電気用品安全法
- 電気設備に関する技術基準を定める省令
- 電気設備の技術基準の解釈について
- 発電用風力設備に関する技術基準を定める省令
- 発電用太陽電池設備に関する技術基準を定める省令

❷の定義については、キーワード(赤字)の含まれる条文は重要であり、くり返し読みこんで、覚えましょう。その他の条文は、電験三種試験での出題頻度は低いので、読み流す程度でよいです。

八　**一般送配電事業**　自らが維持し、及び運用する送電用及び配電用の電気工作物によりその供給区域において託送供給及び電力量調整供給を行う事業（発電事業に該当する部分を除く。）をいい、当該送電用及び配電用の電気工作物により次に掲げる小売供給を行う事業（発電事業に該当する部分を除く。）を含むものとする。

※イ、ロ省略

九　**一般送配電事業者**　一般送配電事業を営むことについて第３条の許可を受けた者をいう。

十　**送電事業**　自らが維持し、及び運用する送電用の電気工作物により一般送配電事業者又は配電事業者に振替供給を行う事業（一般送配電事業に該当する部分を除く。）であって、その事業の用に供する送電用の電気工作物が経済産業省令で定める要件に該当するものをいう。

十一　**送電事業者**　送電事業を営むことについて第27条の４の許可を受けた者をいう。

十一の二　**配電事業**　自らが維持し、及び運用する配電用の電気工作物によりその供給区域において託送供給及び電力量調整供給を行う事業（一般送配電事業及び発電事業に該当する部分を除く。）であって、その事業の用に供する配電用の電気工作物が経済産業省令で定める要件に該当するものをいう。

十一の三　**配電事業者**　配電事業を営むことについて第27条の12の２の許可を受けた者をいう。

十二　**特定送配電事業**　自らが維持し、及び運用する送電用及び配電用の電気工作物により特定の供給地点において小売供給又は小売電気事業、一般送配電事業若しくは配電事業を営む他の者にその小売電気事業、一般送配電事業若しくは配電事業の用に供するための電気に係る託送供給を行う事業（発電事業に該当する部分を除く。）をいう。

十三　**特定送配電事業者**　特定送配電事業を営むことにつ

いて第27条の13第１項の規定による届出をした者をいう。

十四　**発電事業**　自らが維持し、及び運用する発電等用電気工作物を用いて小売電気事業、一般送配電事業、配電事業又は特定送配電事業の用に供するための電気を発電し、又は放電する事業であって、その事業の用に供する発電等用電気工作物が経済産業省令で定める要件に該当するものをいう。

十五　**発電事業者**　発電事業を営むことについて第27条の27第１項の規定による届出をした者をいう。

十五の二　**特定卸供給**　発電等用電気工作物を維持し、及び運用する他の者に対して発電又は放電を指示する方法その他の経済産業省令で定める方法により電気の供給能力を有する者（発電事業者を除く。）から集約した電気を、小売電気事業、一般送配電事業、配電事業又は特定送配電事業の用に供するための電気として供給することをいう。

十五の三　**特定卸供給事業**　特定卸供給を行う事業であって、その供給能力が経済産業省令で定める要件に該当するものをいう。

十五の四　**特定卸供給事業者**　特定卸供給事業を営むことについて第27条の30第１項の規定による届出をした者をいう。

十六　**電気事業**　**小売電気事業、一般送配電事業、送電事業、配電事業、特定送配電事業、発電事業及び特定卸供給事業**をいう。

十七　**電気事業者**　小売電気事業者、一般送配電事業者、送電事業者、配電事業者、特定送配電事業者、発電事業者及び特定卸供給事業者をいう。

十八　**電気工作物**　**発電、蓄電、変電、送電若しくは配電**又は電気の使用のために設置する**機械、器具、ダム、水路、貯水池、電線路**その他の工作物（**船舶、車両又は航**

**補足**

電気事業法施行令第１条により、「航空機、鉄道車両、船舶、自動車に設置される工作物」のほかに、「電圧**30 V未満**の電気的設備であって、電圧30 V以上の電気的設備と電気的に接続されていないもの」は、電気工作物から除かれている。

空機に設置されるものその他の政令で定めるものを除く。)をいう。

2　一般送配電事業者が次に掲げる事業を営むときは、その事業は、一般送配電事業とみなす。

一　他の一般送配電事業者又は配電事業者にその一般送配電事業又は配電事業の用に供するための電気を供給する事業

二　配電事業者から託送供給を受けて当該配電事業者が維持し、及び運用する配電用の電気工作物によりその供給区域において最終保障供給又は離島等供給を行う事業

三　特定送配電事業者から託送供給を受けて当該特定送配電事業者が維持し、及び運用する送電用及び配電用の電気工作物によりその供給区域において接続供給、電力量調整供給、最終保障供給又は離島等供給を行う事業

四　第24条第1項の許可を受けて行う電気を供給する事業及びその供給区域以外の地域に自らが維持し、及び運用する電線路を設置し、当該電線路により振替供給を行う事業

3　送電事業者が営む一般送配電事業者又は配電事業者に振替供給を行う事業は、送電事業とみなす。

4　配電事業者が次に掲げる事業を営むときは、その事業は、配電事業とみなす。

一　一般送配電事業者又は他の配電事業者にその一般送配電事業又は配電事業の用に供するための電気を供給する事業

二　特定送配電事業者から託送供給を受けて当該特定送配電事業者が維持し、及び運用する送電用及び配電用の電気工作物によりその供給区域において接続供給又は電力量調整供給を行う事業

三　第27条の12の13において準用する第24条第1項の許可を受けて行う電気を供給する事業及びその供給区域以外の地域に自らが維持し、及び運用する電線路を設置

し、当該電線路により振替供給を行う事業

※電気工作物の定義を具体的に図1.1に示します。

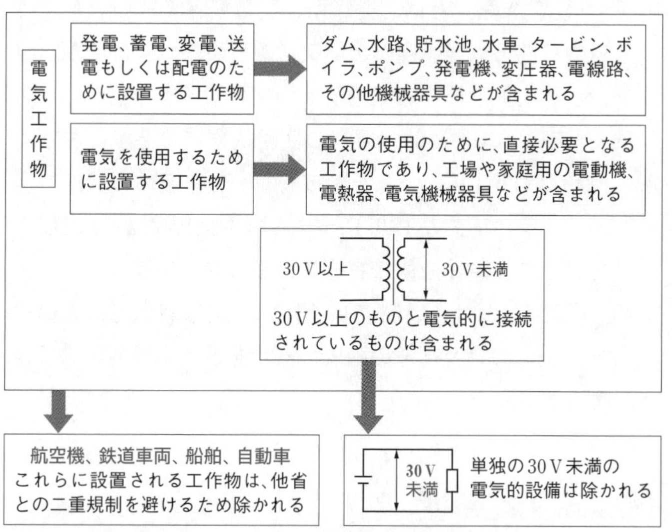


**図1.1　電気工作物の定義の範囲**

また、電気事業法施行規則第1条において、用語の定義を次のように定めています。

**電気事業法施行規則　第1条（定義）**〈要点抜粋〉

この省令において使用する用語は、電気事業法、電気事業法施行令及び電気設備に関する技術基準を定める省令において使用する用語の例による。

2　この省令において、次の各号に掲げる用語の意義は、それぞれ当該各号に定めるところによる。

一　「**変電所**」とは、構内以外の場所から伝送される電気を変成し、これを構内以外の場所に伝送するため、又は構内以外の場所から伝送される電圧10万V以上の電気を変成するために設置する変圧器その他の電気工作物の総合体(蓄電所を除く。)をいう。

二　「**送電線路**」とは、発電所相互間、蓄電所相互間、変電所相互間、発電所と蓄電所との間、発電所と**変電所**との間又は蓄電所と**変電所**との間の**電線路**（専ら通信の用に供するものを除く。以下同じ。）及びこれに附属する**開閉所**その他の電気工作物をいう。

三　「**配電線路**」とは、発電所、蓄電所、変電所若しくは送電線路と**需要設備**との間又は**需要設備**相互間の**電線路**及びこれに附属する**開閉所**その他の電気工作物をいう。

四　「**液化ガス**」とは、通常の使用状態での温度における飽和圧力が196kPa以上であって、現に**液体**の状態であるもの又は圧力が196kPaにおける飽和温度が35度以下であって、現に**液体**の状態であるものをいう。

五　「**導管**（どうかん）」とは、**燃料**若しくはガス又は液化ガスを輸送するための管及びその附属機器であって、**構外**に施設するものをいう。

## 例題にチャレンジ！

次の［　　］の中に適当な答えを記入せよ。

次の文章は、電気事業法などで使用する用語の定義に関する記述である。

電気工作物とは、発電、蓄電、［（ア）］、送電若しくは配電又は電気の使用のために設置する機械、器具、［（イ）］、水路、貯水池、［（ウ）］その他の工作物（船舶、［（エ）］又は航空機に設置されるものその他の政令で定めるものを除く。）をいう。

液化ガスとは、通常の使用状態での温度における飽和圧力が196kPa以上であって、現に［（オ）］の状態であるもの又は圧力が196kPaにおける飽和温度が35度以下であって、現に［（オ）］の状態であるものをいう。

導管とは、［（カ）］若しくはガス又は液化ガスを輸送するための管及びその附属機器であって、［（キ）］に施設するものをいう。

**・解答・**

（ア）変電　（イ）ダム　（ウ）電線路　（エ）車両
（オ）液体　（カ）燃料　（キ）構外

## 理解度チェック問題

**問題　次の□の中に適当な答えを記入せよ。**

**1.** 次の文章は、「電気事業法」の目的についての記述である。

　この法律は、電気事業の運営を適正かつ[（ア）]ならしめることによって、電気の使用者の[（イ）]を保護し、及び電気事業の健全な発達を図るとともに、電気工作物の工事、維持及び運用を規制することによって、公共の[（ウ）]を確保し、及び環境の[（エ）]を図ることを目的とする。

**2.** 次の文章は、「電気事業法施行令」の電気工作物から除かれる工作物についての記述の一部である。

一　鉄道営業法が適用される車両などに設置される工作物

二　航空法に規定される航空機に設置される工作物

三　電圧[（オ）]の電気的設備であって、電圧[（カ）]の電気的設備と電気的に接続されていないもの

**解答**

（ア）合理的　（イ）利益　（ウ）安全　（エ）保全　（オ）30V未満　（カ）30V以上

**解説**　電気事業法第１条、電気事業法施行令第１条からの出題である。

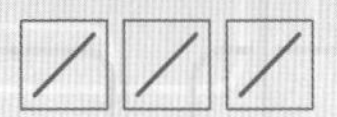

LESSON 2

# 電気事業法 第2条の2～第37条の2

電気事業の種類と事業規制、広域的運営について学びます。一般送配電事業者が維持すべき電圧および周波数の値は必ず覚えておきましょう。

関連過去問 003, 004

電圧が維持すべき値
•標準電圧 100〔V〕
101〔V〕±6〔V〕
•標準電圧 200〔V〕
202〔V〕±20〔V〕
この数字は、必ず覚えましょう！


## ① 電気事業の種類と事業規制　重要度 A

**電気事業**には、**小売電気事業**、**一般送配電事業**、**送電事業**、**配電事業**、**特定送配電事業**、**発電事業**、**特定卸供給事業**があります。いずれも公共性の高い事業です。そのため、役割・運用などについて、それぞれ、詳細に規定されています。事業を開始するに当たり**経済産業大臣**に対して、**登録**、**許可**、**届出**のいずれかが必要になります。

### (1) 小売電気事業

小売電気事業とは、一般の需要家（一般住宅、商店、オフィスビル、工場など）に電気を供給する事業です。これまでは、一般電気事業者（10電力会社）の小売部門が行っていました。現在では、電力の自由化により、一般電気事業者を含めて700社程度の小売電気事業者が存在します。

小売電気事業者と他の電気事業者との関係を、図1.2に示します。

**補足**
一般電気事業者（10電力会社）とは、北海道、東北、東京、中部、北陸、関西、中国、四国、九州、沖縄の10社の電力会社のこと。

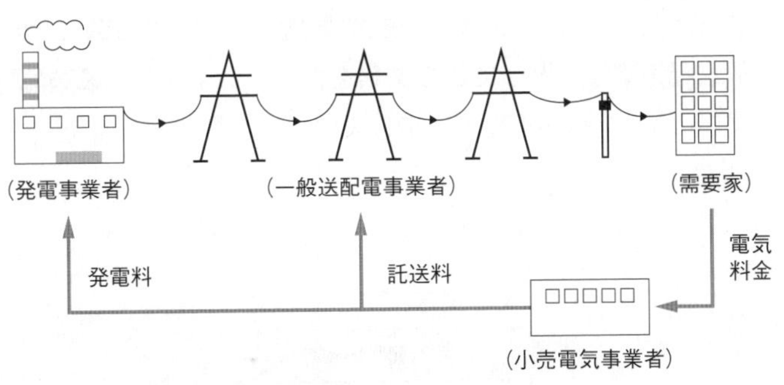


- 発電事業者は、発電所で発電し、小売電気事業者に売電する
- 小売電気事業者は、需要家に販売する
- 一般送配電事業者は、送配電設備を用いて、需要家まで電気を輸送する

**図1.2　小売電気事業者と他の電気事業者との関係**

小売電気事業の登録、供給能力の確保などについて、次のように定められています。

**電気事業法　第２条の２（事業の登録）**

小売電気事業を営もうとする者は、**経済産業大臣**の**登録**を受けなければならない。

**電気事業法　第２条の12（供給能力の確保）**

小売電気事業者は、正当な理由がある場合を除き、その小売供給の相手方の電気の需要に応ずるために必要な**供給**能力を確保しなければならない。

2　経済産業大臣は、小売電気事業者がその小売供給の相手方の電気の**需要**に応ずるために必要な**供給**能力を確保していないため、電気の使用者の利益を阻害し、又は阻害するおそれがあると認めるときは、小売電気事業者に対し、当該電気の**需要**に応ずるために必要な**供給**能力の確保その他の必要な措置をとるべきことを命ずることができる。

条文のキーワード（赤字）は、穴埋め問題になりやすい用語です。何度も読み返して記憶を定着させましょう。

## (2) 一般送配電事業

一般送配電事業とは、主に自ら維持・運用する送配電線路により、小売電気事業者が購買した電気を需要家（お客様）まで輸送する事業のことです。ただし、発電事業は除きます。

現在では、分社化された一般電気事業者（10電力会社）が、一般送配電事業者としてこの業務を担っています。一般送配電事業者の主な役割を図1.3に示します。

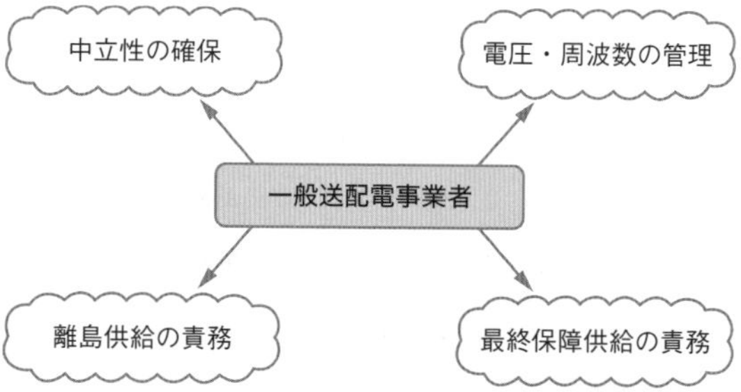

**図1.3　一般送配電事業者の主な役割**

**補足**

「中立性の確保」とは、発電事業者や小売電気事業者が、公平に送配電事業網を利用できるように、送配電部門の中立性を図ることをいう。

**補足**

「最終保障供給」とは、電気の供給者（小売電気事業者）の倒産などにより、電気の供給を受けることができなくなった需要家（お客様）に対し、一般送配電事業者が**電気の供給を保障する**ことをいう。

一般送配電事業の許可などについて、次のように定められています。

**電気事業法　第３条（事業の許可）**

一般送配電事業を営もうとする者は、**経済産業大臣**の**許可**を受けなければならない。

**電気事業法　第４条（許可の申請）**〈要点抜粋〉

前条の許可を受けようとする者は、次に掲げる事項を記載した申請書を経済産業大臣に提出しなければならない。

一　商号及び住所

二　取締役の氏名

三　主たる営業所その他の営業所の名称及び所在地

四　供給区域

五　一般送配電事業の用に供する電気工作物に関する次に掲げる事項

イ　送電用のものにあっては、その**設置の場所**、**電気方式**、**設置の方法**、**回線数**、**周波数**及び**電圧**

ロ　配電用のものにあっては、その**電気方式**、**周波数**及び**電圧**

ハ　変電用のものにあっては、その**設置の場所**、**周波数**及び**出力**

ニ　発電用のものにあっては、その**設置の場所**、**原動力の種類**、**周波数及び出力**

ホ　蓄電用のものにあっては、その**設置の場所**、**周波数**、**出力及び容量**

**電気事業法　第26条（電圧及び周波数）**

一般送配電事業者は、その供給する電気の**電圧**及び**周波数**の値を経済産業省令で定める値に維持するように努めなければならない。

2　経済産業大臣は、一般送配電事業者の供給する電気の**電圧**又は**周波数**の値が前項の経済産業省令で定める値に維持されていないため、電気の使用者の利益を阻害していると認めるときは、一般送配電事業者に対し、その値を維持するため電気工作物の修理又は改造、電気工作物の運用の方法の改善その他の必要な措置をとるべきことを命ずることができる。

3　一般送配電事業者は、経済産業省令で定めるところにより、その供給する電気の**電圧**及び**周波数**を測定し、その結果を記録し、これを保存しなければならない。

**電気事業法施行規則　第38条（電圧及び周波数の値）**

〈要点抜粋〉

法第26条第1項の経済産業省令で定める電圧の値は、その電気を供給する場所において次の表の上欄に掲げる標準電圧に応じて、それぞれ同表の下欄に掲げるとおりとする。

| 標準電圧 | 100V | 200V |
|---|---|---|
| 維持すべき値 | **101Vの上下6Vを超えない値** | **202Vの上下20Vを超えない値** |

2　法第26条第1項の経済産業省令で定める周波数の値は、その者が供給する電気の標準周波数に**等しい**値とする。

**電気事業法　第27条（業務改善命令）**〈要点抜粋〉

経済産業大臣は、一般送配電事業者が第26条の2又は前条の規定に違反していると認めるとき、その他一般送配電事業の運営が適切でないため、電気の使用者の利益の保護又は

**補足**

電気事業法第26条および電気事業法施行規則第38条の記載事項に関連した「供給力と負荷の大きさの関係」について説明する。

供給力と負荷の大きさの関係は周波数で表され、次の3つのケースがある。

①**供給力＝負荷の大きさ**のときに、標準周波数となる

②**供給力＞負荷の大きさ**のときに、**周波数は上昇**し、標準周波数より高くなる

③**供給力＜負荷の大きさ**のときに、**周波数は低下**し、標準周波数より低くなる

実際の運用では、電力系統につながって時々刻々と変化する負荷に追従し、供給力が負荷の大きさと一致するように供給力の制御を行い、標準周波数に近づける。

**補足**

「法」とは、「電気事業法」のこと。

電圧の維持すべき値は、
・**101〔V〕±6〔V〕**
・**202〔V〕±20〔V〕**
この数値はしっかり覚えてください。
また、標準周波数に等しい値とは、**50〔Hz〕**または**60〔Hz〕**です。

電気事業の健全な発達に支障が生じ、又は生ずるおそれがあると認めるときは、一般送配電事業者に対し、電気の使用者の利益又は公共の利益を確保するために必要な限度において、その一般送配電事業の運営の改善に必要な措置をとることを命ずることができる。

2　経済産業大臣は、一般送配電事業者が規定に違反したときは、一般送配電事業者に対し、その業務の方法の改善に必要な措置をとることを命ずることができる。

### (3) 送電事業

送電事業とは、自ら維持・運用する送電線路により、一般送配電事業者または配電事業者に振替供給などを行う事業です。

現在、この事業を行っているのは、電源開発送変電ネットワーク(株)ほか2社のみです。

送電事業の許可について、次のように定められています。

**電気事業法　第27条の4（事業の許可）**

送電事業を営もうとする者は、**経済産業大臣**の**許可**を受けなければならない。

### (4) 配電事業

配電事業とは、自ら維持・運用する配電線路により、その供給区域において託送供給および電力調整供給などを行う事業です。

配電事業の許可について、次のように定められています。

**電気事業法　第27条の12の2（事業の許可）**

配電事業を営もうとする者は、**経済産業大臣**の**許可**を受けなければならない。

### (5) 特定送配電事業

特定送配電事業とは、主に自ら維持・運用する電気工作物により、小売電気事業者および一般送配電事業者に託送供給などを行う事業です。

特定送配電事業の届出について、次のように定められています。

**電気事業法　第27条の13（事業の届出）**〈要点抜粋〉

特定送配電事業を営もうとする者は、経済産業省令で定めるところにより、次に掲げる事項を**経済産業大臣**に**届け出**なければならない。

一　氏名又は名称及び住所並びに法人にあっては、その代表者の氏名

二　主たる営業所その他の営業所の名称及び所在地

三　供給地点

### (6) 発電事業

発電事業とは、自ら維持・運用する発電設備により、小売電気事業、一般送配電事業、配電事業または特定送配電事業に供給する電気を発電する事業のことです。分社化された一般電気事業者（10電力会社）などが、発電事業者として、この事業を担っています。

発電事業の届出について、次のように定められています。

**電気事業法　第27条の27（事業の届出）**〈要点抜粋〉

発電事業を営もうとする者は、経済産業省令で定めるところにより、次に掲げる事項を**経済産業大臣**に**届け出**なければならない。

一　氏名又は名称及び住所並びに法人にあっては、その代表者の氏名

二　主たる営業所その他の営業所の名称及び所在地

### (7) 特定卸供給事業

特定卸供給事業とは、特定卸供給を行う事業のことです。

特定卸供給事業の届出について、次のように定められています。

**電気事業法　第27条の30（事業の届出）**〈要点抜粋〉

特定卸供給事業を営もうとする者は、経済産業省令で定めるところにより、次に掲げる事項を**経済産業大臣**に**届け出**なければならない。

一　氏名又は名称及び住所並びに法人にあっては、その代表者の氏名

二　主たる営業所その他の営業所の名称及び所在地

**例題にチャレンジ！**

次の［　　］の中に適当な答えを記入せよ。

1. 小売電気事業を営もうとするものは、［（ア）］の［（イ）］を受けなければならない。
2. 一般送配電事業を営もうとするものは、［（ウ）］の［（エ）］を受けなければならない。
3. 送電事業を営もうとするものは、［（オ）］の［（カ）］を受けなければならない。
4. 特定送配電事業を営もうとするものは、氏名または名称などを、［（キ）］に［（ク）］なければならない。
5. 発電事業を営もうとするものは、氏名または名称などを、［（ケ）］に［（コ）］なければならない。

**・解答・**

(ア)経済産業大臣　(イ)登録
(ウ)経済産業大臣　(エ)許可
(オ)経済産業大臣　(カ)許可
(キ)経済産業大臣　(ク)届け出
(ケ)経済産業大臣　(コ)届け出

##  広域的運営　重要度 B

**広域的運営**とは、これまでの地域ごとに電気事業者が独占していた電力供給の仕組みを見直して、電気事業者以外の新規参入者も組み入れて、全国レベルで電力供給の円滑な融通を可能にした新たな運営のことです。

**広域的運営**と**広域的運営推進機関**について、次のように定められています。

**電気事業法　第28条**

電気事業者及び発電用の自家用電気工作物を設置する者(電気事業者に該当するものを除く。)は、電源開発の実施、電気の供給、電気工作物の運用等の遂行に当たり、**広域的運営**による電気の安定供給の確保その他の電気事業の総合的かつ合理的な発達に資するように、相互に協調しなければならない。

**電気事業法　第28条の4（目的）**

**広域的運営推進機関**(以下「**推進機関**」という。)は、電気事業者が営む電気事業に係る電気の需給の状況の監視、電気の安定供給のために必要な供給能力の確保の促進及び電気事業者に対する電気の需給の状況が悪化した他の小売電気事業者、一般送配電事業者、配電事業者又は特定送配電事業者への電気の供給の指示等の業務を行うことにより、電気事業の遂行に当たっての広域的運営を推進することを目的とする。

**電気事業法　第28条の44（推進機関の指示）**〈要点抜粋〉

推進機関は、小売電気事業者である会員が営む小売電気事業、一般送配電事業者である会員が営む一般送配電事業、配電事業者である会員が営む配電事業又は特定送配電事業者である会員が営む特定送配電事業に係る電気の需給の状況が悪化し、又は悪化するおそれがある場合において、当該電気の需給の状況を改善する必要があると認めるときは、**業務規程**で定めるところにより、**会員**に対し、次に掲げる事項を指示することができる。ただし、第一号に掲げる事項は送電事業者である会員に対して、第二号に掲げる事項は小売電気事業者である会員、発電事業者である会員及び特定卸供給事業者である会員に対して、第三号に掲げる事項は送電事業者である会員、発電事業者である会員及び特定卸供給事業者である会員に対しては、指示することができない。

一　当該電気の需給の状況の悪化に係る会員に電気を供給すること。

二　小売電気事業者である会員、一般送配電事業者である会員、配電事業者である会員又は特定送配電事業者である会員に振替供給を行うこと。

三　会員から電気の供給を受けること。

四　会員に電気工作物を貸し渡し、若しくは会員から電気工作物を借り受け、又は会員と電気工作物を共用すること。

五　前各号に掲げるもののほか、当該電気の需給の状況を改善するために必要な措置をとること。

**電気事業法　第31条（供給命令等）**〈要点抜粋〉

経済産業大臣は、電気の安定供給の確保に支障が生じ、又は生ずるおそれがある場合において公共の利益を確保するため特に必要があり、かつ、適切であると認めるときは**電気事業者**に対し、次に掲げる事項を命ずることができる。ただし、第一号に掲げる事項は送電事業者に対して、第二号に掲げる事項は小売電気事業者、発電事業者及び特定卸供給事業者に対して、第三号に掲げる事項は送電事業者、発電事業者及び特定卸供給事業者に対しては、命ずることができない。

一　小売電気事業者、一般送配電事業者、配電事業者又は特定送配電事業者に電気を供給すること。

二　小売電気事業者、一般送配電事業者、配電事業者又は特定送配電事業者に振替供給を行うこと。

三　電気事業者から電気の供給を受けること。

四　電気事業者に電気工作物を貸し渡し、若しくは電気事業者から電気工作物を借り受け、又は電気事業者と電気工作物を共用すること。

五　前各号に掲げるもののほか、**広域的運営**による電気の**安定供給**の確保を図るために必要な措置をとること。

2　経済産業大臣は、前項に規定する措置を講じてもなお電気の安定供給を確保することが困難であると認められる場合において公共の利益を確保するため特に必要があり、かつ、適切であると認めるときは、特定自家用電気工作物設置者に対し、小売電気事業者に電気を供給することその他の電気の安定供給を確保するために必要な措置をとるべきことを勧告することができる。

広域的運営推進機関による供給指示の概略を、図1.4に示します。

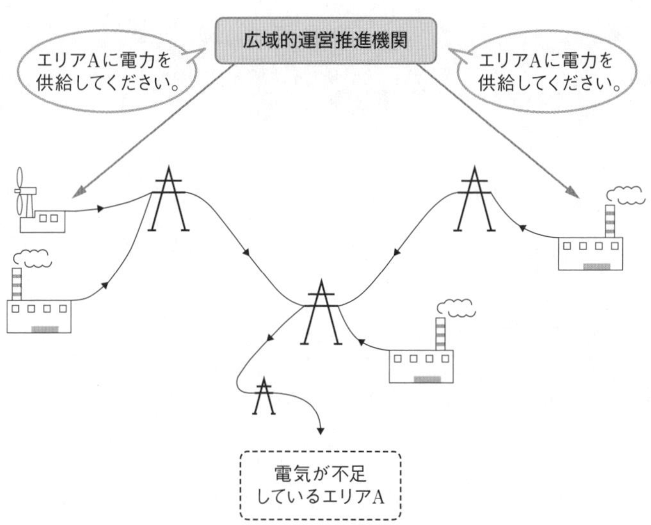


**図1.4　広域的運営推進機関による供給指示**

## 理解度チェック問題

**問題　次の文章は、「電気事業法」および「電気事業法施行規則」の電圧および周波数の値についての説明である。次の［　　］の中に適当な答えを記入せよ。**

1．一般送配電事業者は、その供給する電気の電圧の値を標準電圧が100Vでは、［（ア）］を超えない値に維持するように努めなければならない。

2．一般送配電事業者は、その供給する電気の電圧の値を標準電圧が200Vでは、［（イ）］を超えない値に維持するように努めなければならない。

3．一般送配電事業者は、その者が供給する電気の標準周波数に［（ウ）］値に維持するように努めなければならない。

**解答**

(ア)101Vの上下6V　(イ)202Vの上下20V　(ウ)等しい

**解説**　電気事業法第26条、電気事業法施行規則第38条からの出題である。

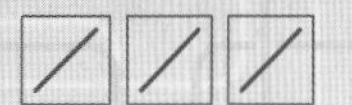

LESSON 3

# 電気工作物① 第38条〜第46条の23

電気工作物のうち、電験三種試験によく出題されるのは、一般用電気工作物と、事業用電気工作物のうちの自家用電気工作物です。

関連過去問 005, 006, 007

電気工作物
一般用電気工作物
事業用電気工作物
電気事業の用に供する電気工作物
自家用電気工作物
小規模事業用電気工作物
よく出題される一般用と自家用は、需要家の電気設備です。

## 1 電気工作物の分類 重要度 A

### (1) 電気工作物の区分

電気工作物は、電力会社や工場・ビルなどの電圧が高くて規模の大きな電気工作物（**事業用電気工作物**）と、一般家庭や商店など電圧が低くて安全性の高い電気工作物（**一般用電気工作物**）に分類されます。さらに、事業用電気工作物は、電力会社などの**電気事業の用に供する電気工作物**と**自家用電気工作物**および**小規模事業用電気工作物**とに分類されます。これを図示すると、図1.5のようになります。

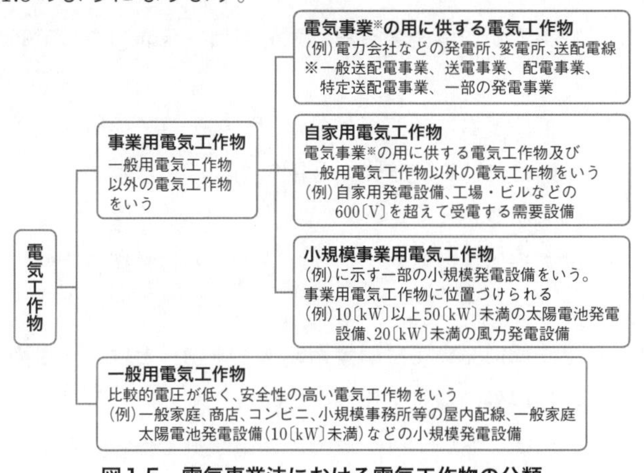

電気工作物
事業用電気工作物
一般用電気工作物以外の電気工作物をいう
電気事業※の用に供する電気工作物
(例)電力会社などの発電所、変電所、送配電線
※一般送配電事業、送電事業、配電事業、特定送配電事業、一部の発電事業
自家用電気工作物
電気事業※の用に供する電気工作物及び一般用電気工作物以外の電気工作物をいう
(例)自家用発電設備、工場・ビルなどの600〔V〕を超えて受電する需要設備
小規模事業用電気工作物
(例)に示す一部の小規模発電設備をいう。
事業用電気工作物に位置づけられる
(例)10〔kW〕以上50〔kW〕未満の太陽電池発電設備、20〔kW〕未満の風力発電設備
一般用電気工作物
比較的電圧が低く、安全性の高い電気工作物をいう
(例)一般家庭、商店、コンビニ、小規模事務所等の屋内配線、一般家庭太陽電池発電設備（10〔kW〕未満）などの小規模発電設備

図1.5 電気事業法における電気工作物の分類

電験三種試験では、電気工作物の区分に関する問題が頻繁に出題されます。特に、一般用電気工作物と自家用電気工作物について、よく理解しておいてください。

**補足**

**小規模発電設備**のうち出力の小さいものは**一般用電気工作物**に、出力の大きいものは、**小規模事業用電気工作物**に分類される。さらに、小規模事業用電気工作物の出力を超えるものは**自家用電気工作物**になる。

**補足**

**小規模事業用電気工作物**は、事業用電気工作物に含まれるものとして、枠を設けない分類法もある。

電気事業法における電気工作物の分類、範囲などについて、電気事業法第38条、電気事業法施行規則第48条で、次のように定められています。

**電気事業法　第38条**

この法律において**「一般用電気工作物」とは、次に掲げる電気工作物であって、構内(これに準ずる区域内を含む。以下同じ。)に設置するものをいう。**ただし、**小規模発電設備**(**低圧**(経済産業省令で定める電圧以下の電圧をいう。第一号において同じ。)**の電気に係る発電用の電気工作物**であって、経済産業省令で定めるものをいう。以下同じ。)以外の発電用の電気工作物と同一の構内に設置するもの又は爆発性若しくは引火性の物が存在するため電気工作物による事故が発生するおそれが多い場所として経済産業省令で定める場所に設置するものを除く。

一　電気を使用するための電気工作物であって、低圧受電電線路(当該電気工作物を設置する場所と同一の構内において低圧の電気を他の者から受電し、又は他の者に受電させるための電線路をいう。次号ロ及び第3項第一号ロにおいて同じ。)以外の電線路によりその構内以外の場所にある電気工作物と電気的に接続されていないもの

二　**小規模発電設備であって、次のいずれにも該当するもの**

イ　出力が経済産業省令で定める出力未満のものであること。

ロ　低圧受電電線路以外の電線路によりその構内以外の場所にある電気工作物と電気的に接続されていないものであること。

三　前二号に掲げるものに準ずるものとして経済産業省令で定めるもの

2　この法律において**「事業用電気工作物」とは、一般用電気工作物以外の電気工作物をいう。**

3　この法律において**「小規模事業用電気工作物」とは、事**

**業用電気工作物のうち、次に掲げる電気工作物であって、構内に設置するものをいう。**ただし、第1項ただし書に規定するものを除く。

一　**小規模発電設備であって、次のいずれにも該当するもの**

イ　出力が第1項第二号イの経済産業省令で定める出力以上のものであること。

ロ　低圧受電電線路以外の電線路によりその構内以外の場所にある電気工作物と電気的に接続されていないものであること。

二　前号に掲げるものに準ずるものとして経済産業省令で定めるもの

4　この法律において**「自家用電気工作物」とは、次に掲げる事業の用に供する電気工作物及び一般用電気工作物以外の電気工作物をいう。**

一　一般送配電事業

二　送電事業

三　配電事業

四　特定送配電事業

五　発電事業であって、その事業の用に供する発電等用電気工作物が主務省令で定める要件に該当するもの

**電気事業法施行規則　第48条（一般用電気工作物の範囲）**

〈要点抜粋〉

法第38条第1項ただし書の経済産業省令で定める電圧は、**600V**とする。

2　法第38条第1項ただし書の経済産業省令で定める発電用の電気工作物は、次のとおりとする。ただし、次の各号に定める設備であって、同一の構内に設置する次の各号に定める他の設備と電気的に接続され、それらの設備の出力の合計が**50kW以上**となるものを除く。

一　太陽電池発電設備であって出力**50kW未満**のもの

二　風力発電設備であって出力**20kW未満**のもの

三　次のいずれかに該当する水力発電設備であって、出力20kW未満のもの

イ　最大使用水量が$1m^3/s$未満のもの（ダムを伴うものを除く。）

ロ　特定の施設内に設置されるものであって別に告示するもの

四　内燃力を原動力とする火力発電設備であって出力10kW未満のもの

五　次のいずれかに該当する燃料電池発電設備であって、出力10kW未満のもの

イ　固体高分子型又は固体酸化物型の燃料電池発電設備であって、燃料・改質系統設備の最高使用圧力が0.1MPa（液体燃料を通ずる部分にあっては、1.0MPa）未満のもの

ロ　道路運送車両法に設置される燃料電池発電設備

六　発電用火力設備に関する技術基準を定める省令第73条の2第1項に規定するスターリングエンジンで発生させた運動エネルギーを原動力とする発電設備であって、出力10kW未満のもの

3　法第38条第1項ただし書の経済産業省令で定める場所は、次のとおりとする。

一　火薬類取締法に規定する火薬類（煙火を除く。）を製造する事業場

二　鉱山保安法施行規則が適用される鉱山のうち、同令に規定する石炭坑

4　法第38条第1項第二号イの経済産業省令で定める出力は、次の各号に掲げる設備の区分に応じ、当該各号に定める出力とする。

一　太陽電池発電設備　10kW（2以上の太陽電池発電設備を同一構内に、かつ、電気的に接続して設置する場合にあっては、当該太陽電池発電設備の出力の合計が10kW）

二　風力発電設備　0kW

三　第２項第三号イ又はロに該当する水力発電設備　20kW
四　内燃力を原動力とする火力発電設備　10kW
五　第２項第五号イ又はロに該当する燃料電池発電設備　10kW
六　発電用火力設備に関する技術基準を定める省令に規定するスターリングエンジンで発生させた運動エネルギーを原動力とする発電設備　10kW

次に、それぞれの電気工作物の範囲についてまとめたもので説明します。

### 〈1〉一般用電気工作物の範囲

**一般用電気工作物**とは、比較的電圧が低く安全性の高い電気工作物をいいます。主に一般家庭や商店などの電気設備を指し、次の要件に該当するものと定義されています。

①**600〔V〕以下**で受電し、受電場所と同一構内でその受電に係る電気を使用するための電気工作物（同一構内に設置する**600〔V〕以下**の省令で定める出力未満の小規模発電設備を含む）
②受電用の電線路以外は、構外の電線路と接続されていない電気工作物
③構内に設置する省令で定める出力未満の小規模発電設備（同一構内に設置する電気工作物を含む）で、その発電した電気を**600〔V〕以下**で、その構内において受電するための電線路以外の電線路により構内以外の場所にある電気工作物と電気的に接続されていない電気工作物

ここで、**省令で定める出力未満の小規模発電設備**とは次のようなものです。

・出力**10〔kW〕未満**の太陽電池発電設備
・出力**0〔kW〕未満**の風力発電設備（風力発電設備は、一般用電気工作物に該当しない）
・出力**20〔kW〕未満**および最大使用水量が毎秒**1〔$m^3/s$〕未満**の水力発電設備（ダムを伴うものを除く）
・出力**10〔kW〕未満**の内燃力を原動力とする火力発電設備

**用語**

**スターリングエンジン**とは、シリンダ内部のガスを加熱・冷却し、その体積の変化によって仕事を得る熱機関のこと。カルノーサイクルと同じ理論熱が得られる。

・出力10〔kW〕**未満**の燃料電池発電設備（一部例外を除く）
・出力10〔kW〕**未満**のスターリングエンジン発電設備

なお、次の設備は一般用電気工作物とはならず、自家用電気工作物となるので、注意する必要があります。

・上記構内に設置する小規模発電設備と電気的に接続され、それらの出力の合計が50〔kW〕**以上**となるもの

### 〈2〉小規模事業用電気工作物の範囲

**小規模事業用電気工作物**とは、「事業用電気工作物のうち、次に掲げる電気工作物であって、構内に設置するものをいう」と定義されており、次のようなものが該当します。

①小規模発電設備であって、出力が省令で定める出力以上のものであること
・出力10〔kW〕**以上**50〔kW〕**未満**の太陽光発電設備
・出力0〔kW〕**以上**20〔kW〕**未満**の風力発電設備
②小規模発電設備であって、受電用の電線路以外は構外の電線路と接続されていない電気工作物

### 〈3〉自家用電気工作物の範囲

**自家用電気工作物**とは、「一般送配電事業、送電事業、配電事業、特定送配電事業、発電事業（その事業の用に供する発電等用電気工作物が主務省令で定める要件に該当するもの）の用に供する電気工作物及び一般用電気工作物以外の電気工作物をいう」と定義されており、次のようなものが該当します。

◎他の者から600〔V〕**を超える**電圧で受電する電気工作物
◎**小規模発電設備**以外の発電用の設備と同一構内に設置する電気工作物
◎**構外**にわたる電線路（受電のための電線路は除く）を有する電気工作物
◎火薬類（煙火を除く）を製造する事業場の電気工作物
◎鉱山保安法施行規則が適用される石炭坑に設置する電気工作物

### 〈4〉電気事業の用に供する電気工作物の範囲

**電気事業の用に供する電気工作物**とは、電力会社などの電気事業用の電気工作物のことで、次のようなものが該当します。

◎発電所(水力、火力、原子力)、ダム、貯水池
◎送電線路、送電用・配電用変電所
◎高圧配電線路、柱上変圧器

以上の〈1〉～〈4〉が電気工作物の範囲です。

一般用電気工作物と自家用電気工作物は、ともに需要家の電気設備です。

また、自家用電気工作物と電気事業の用に供する電気工作物を合わせて、事業用電気工作物と呼びます。

#### 例題にチャレンジ!

次の[　　]の中に適当な答えを記入せよ。

一般用電気工作物の小規模発電設備とは、電圧600V以下の発電用電気工作物であって、次の各号に該当するものをいう。ただし、次の各号の設備であって、同一の構内に設置する次の各号の他の設備と電気的に接続され、それらの設備の出力の合計が[(ア)]kW以上となるものを除く。

一　太陽電池発電設備であって出力10kW未満のもの
二　風力発電設備であって出力[(イ)]kW未満のもの
三　水力発電設備であって出力20kW未満及び最大使用水量が毎秒$1m^3/s$未満のもの(ダムを伴うものを除く)
四　内燃力を原動力とする火力発電設備であって出力[(ウ)]kW未満のもの

・解答・

(ア)50　(イ)0　(ウ)10

##  事業用電気工作物（自家用電気工作物）の保安体制 重要度 A

保安体制には、電気工作物を自分たちで守る**自主保安体制**と**国の直接監督による保安体制**があります。

ここでは、事業用電気工作物（自家用電気工作物）の保安体制の具体的な内容について学びます。

### (1) 技術基準への適合義務

事業用電気工作物を設置する者は、電気工作物を常に電気設備技術基準に適合させる義務があり、電気事業法第39条で次のように定められています。

**電気事業法　第39条（事業用電気工作物の維持）**

事業用電気工作物を設置する者は、事業用電気工作物を主務省令で定める**技術基準**に適合するように維持しなければならない。

2　前項の主務省令は、次に掲げるところによらなければならない。

一　事業用電気工作物は、人体に危害を及ぼし、又は**物件**に損傷を与えないようにすること。

二　事業用電気工作物は、他の電気的設備その他の**物件**の機能に電気的又は**磁気的**な障害を与えないようにすること。

三　事業用電気工作物の損壊により一般送配電事業者又は配電事業者の電気の供給に著しい支障を及ぼさないようにすること。

四　事業用電気工作物が一般送配電事業又は配電事業の用に供される場合にあっては、その事業用電気工作物の損壊によりその一般送配電事業又は配電事業に係る電気の供給に著しい支障を生じないようにすること。

### (2) 技術基準適合命令

技術基準適合命令とは、事業用電気工作物が技術基準に適合していないとき、主務大臣が設置者に対して、修理・改造・移転・使用の一時停止・使用の制限などの命令を出すもので、電気事業法第40条で次のように定められています。

**電気事業法　第40条（技術基準適合命令）**

主務大臣は、事業用電気工作物が前条第1項の主務省令で定める技術基準に**適合**していないと認めるときは、事業用電気工作物を**設置**する者に対し、その技術基準に**適合**するように事業用電気工作物を**修理**し、改造し、若しくは**移転**し、若しくはその使用を一時停止すべきことを命じ、又はその使用を**制限**することができる。

**補足**

原子力規制委員会設置法の施行に伴い、平成24年に電気事業法の改正が行われ、電気事業法条文中の事業用電気工作物の保安に係る各条文の「経済産業省令」が「主務省令」に、「経済産業大臣」が「主務大臣」に変更された。また、同法113条の2が追加され、原子力発電工作物については、原子力規制委員会及び経済産業大臣を、その他の事項については経済産業大臣を、それぞれ主務大臣とすることが規定された。

### (3) 保安規程の作成・遵守

#### ①保安規程について

保安規程は、事業用電気工作物の工事、維持、運用に関する保安を確保するために、設置者が定めるルールです。電気事業法第42条では、事業用電気工作物の設置者は組織ごとに保安規程を定め、主務大臣に届出をし、その従業者とともに保安規程を守らなければならないと定められています。

**電気事業法　第42条（保安規程）**

事業用電気工作物（小規模事業用電気工作物を除く。以下この款において同じ。）を設置する者は、事業用電気工作物の**工事**、**維持**及び**運用**に関する保安を確保するため、主務省令で定めるところにより、保安を一体的に確保することが必要な事業用電気工作物の組織ごとに**保安規程**を定め、当該組織における事業用電気工作物の使用（第51条第1項又は第52条第1項の自主検査を伴うものにあっては、その工事）の**開始前**に、主務大臣に**届け出**なければならない。

2　事業用電気工作物を設置する者は、**保安規程**を変更したときは、**遅滞なく**、変更した事項を主務大臣に届け出なければならない。

3　主務大臣は、事業用電気工作物の**工事**、**維持**及び**運用**に関する保安を確保するため必要があると認めるときは、事業用電気工作物を設置する者に対し、**保安規程**を変更すべきことを命ずることができる。

4　事業用電気工作物を設置する者及びその**従業者**は、**保安規程**を守らなければならない。

**②保安規程に定める事項**

保安規程の内容として記載すべき事項は、電気事業法施行規則第50条第3項で次のように定められています。

電験三種試験では、保安規程に定める事項についての問題は頻出です。穴埋め問題の空欄箇所を変えて繰り返し出題されています。
右記の条文の赤字を中心に、各規程事項をしっかり覚えましょう。

**電気事業法施行規則　第50条第3項（保安規程）**〈要点抜粋〉

3　第1項第二号に掲げる事業用電気工作物を設置する者は、法第42条第1項の保安規程において、次の各号に掲げる事項を定めるものとする。

一　事業用電気工作物の工事、維持又は運用に関する**業務**を管理する者の**職務及び組織**に関すること。

二　事業用電気工作物の工事、維持又は運用に従事する者に対する**保安教育**に関すること。

三　事業用電気工作物の工事、維持及び運用に関する保安のための**巡視**、**点検**及び**検査**に関すること。

四　事業用電気工作物の**運転**又は**操作**に関すること。

五　発電所又は蓄電所の運転を相当期間停止する場合における**保全の方法**に関すること。

六　**災害**その他非常の場合に採るべき**措置**に関すること。

七　事業用電気工作物の工事、維持及び運用に関する保安についての**記録**に関すること。

八　事業用電気工作物（使用前自主検査、溶接自主検査若しくは定期自主検査（以下「法定自主検査」と総称する。）又は法第51条の2第1項若しくは第2項の確認（以下「使用前自己確認」という。）を実施するものに限る。）の法定自主検査又は使用前自己確認に係る実施体制及び**記録の保存**に関すること。

九　その他事業用電気工作物の工事、維持及び運用に関する保安に関し必要な事項

### (4) 主任技術者の選出・届出

電気事業法第43条では、事業用電気工作物を設置する者に対して、**主任技術者**を選任すべきことを義務付けており、主任技術者にかかわる選出・届出および主任技術者の責務・権限について、次のように定められています。

**電気事業法　第43条（主任技術者）**

事業用電気工作物を設置する者は、事業用電気工作物の工事、維持及び運用に関する保安の監督をさせるため、主務省令で定めるところにより、主任技術者免状の交付を受けている者のうちから、主任技術者を選任しなければならない。

2　自家用電気工作物（小規模事業用電気工作物を除く。）を設置する者は、前項の規定にかかわらず、主務大臣の許可を受けて、主任技術者免状の交付を受けていない者を主任技術者として選任することができる。

3　事業用電気工作物を設置する者は、主任技術者を選任したとき（前項の許可を受けて選任した場合を除く。）は、遅滞なく、その旨を主務大臣に届け出なければならない。これを解任したときも、同様とする。

4　主任技術者は、事業用電気工作物の工事、維持及び運用に関する保安の**監督**の職務を**誠実**に行わなければならない。

5　事業用電気工作物の工事、維持又は運用に**従事**する者は、主任技術者がその保安のためにする指示に従わなければならない。

**補足**

条文の第2項にある通り、自家用電気工作物の設置者の場合、主任技術者免状を受けていない者でも、許可を受けて主任技術者とすることができる。このように、許可を受けて主任技術者となった者を**許可主任技術者**と呼ぶ。

### (5) 免状の種類による監督の範囲

主任技術者免状の種類に応じて、保安の監督ができる範囲＝事業用電気工作物の規模（電圧または出力）が、次の表のように定められています。

**電気事業法施行規則　第56条**
**（免状の種類による監督の範囲）**〈要点抜粋〉

法第44条第5項の経済産業省令で定める事業用電気工作

物の工事、維持及び運用の範囲は、次の表の左欄に掲げる主任技術者免状の種類に応じて、それぞれ同表の右欄に掲げるとおりとする。

| 主任技術者免状の種類 | 保安の監督をすることができる範囲 |
|---|---|
| 一　第1種電気主任技術者免状 | 事業用電気工作物の工事、維持及び運用 |
| 二　第2種電気主任技術者免状 | 電圧17万V未満の事業用電気工作物の工事、維持及び運用 |
| 三　第3種電気主任技術者免状 | 電圧5万V未満の事業用電気工作物(出力5000kW以上の発電所又は蓄電所を除く)の工事、維持及び運用 |
| 四〜七は省略 | 省略 |

第2種17万V未満
第3種5万V未満
は、大事な数字。
「ニーナの珊瑚」と
覚えましょう。

## 例題にチャレンジ!

次の□の中に適当な答えを記入せよ。

次の文章は、「電気事業法」に基づく技術基準適合命令に関する記述である。

主務大臣は、事業用電気工作物が主務省令で定める技術基準に (ア) していないと認めるときは、事業用電気工作物を (イ) する者に対し、その技術基準に (ア) するように事業用電気工作物を修理し、改造し、若しくは移転し、若しくはその使用を一時停止すべきことを命じ、又はその使用を (ウ) することができる。

**・解答・**

(ア)適合　(イ)設置　(ウ)制限

## 理解度チェック問題

**問題　次の□の中に適当な答えを記入せよ。**

**1.** 次の文章は、「電気事業法」における事業用電気工作物の維持に関する記述である。

1　事業用電気工作物を設置する者は、事業用電気工作物を主務省令で定める［(ア)］に適合するように維持しなければならない。

2　前項の主務省令は、次に掲げるところによらなければならない。

一　事業用電気工作物は、人体に危害を及ぼし、又は［(イ)］に損傷を与えないようにすること。

二　事業用電気工作物は、他の電気的設備その他の［(イ)］の機能に電気的又は［(ウ)］な障害を与えないようにすること。

三　事業用電気工作物の損壊により一般送配電事業者又は配電事業者の電気の供給に著しい支障を及ぼさないようにすること。

四　事業用電気工作物が［(エ)］又は配電事業の用に供される場合にあっては、その事業用電気工作物の損壊によりその一般送配電事業又は配電事業に係る電気の供給に著しい支障を生じないようにすること。

**2.** 次の文章は、「電気事業法施行規則」における、保安規程において定めるべき事項の記述の一部である。

一　事業用電気工作物の工事、維持又は運用に関する業務を管理する者の［(オ)］及び組織に関すること。

二　事業用電気工作物の工事、維持又は運用に従事する者に対する［(カ)］に関すること。

三　事業用電気工作物の工事、維持及び運用に関する保安のための巡視、点検及び検査に関すること。

四　事業用電気工作物の運転又は［(キ)］に関すること。

五　発電所又は蓄電所の運転を相当期間停止する場合における［(ク)］に関すること。

六　［(ケ)］その他非常の場合に採るべき措置に関すること。

七　事業用電気工作物の工事、維持及び運用に関する保安についての［(コ)］に関すること。

### 解答

(ア)技術基準　(イ)物件　(ウ)磁気的　(エ)一般送配電事業　(オ)職務
(カ)保安教育　(キ)操作　(ク)保全の方法　(ケ)災害　(コ)記録

**解説**　電気事業法第39条、電気事業法施行規則第50条第3項からの出題である。

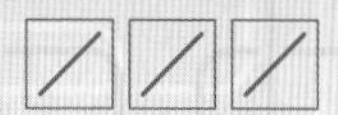

LESSON 4

# 電気工作物② 第47条～第129条

LESSON3に引き続き、一般用電気工作物と電気事業用電気工作物、自家用電気工作物の保安体制について学びます。

関連過去問 008, 009

自家用電気工作物の設置者
①技術基準に適合するように維持
②保安規程を定め、電気工作物の使用開始前に主務大臣に届け出
③主任技術者を選任し、遅滞なく、主務大臣に届け出
自家用電気工作物の設置者は、することが多いです。


## 1 自家用電気工作物の設置 重要度 B

自家用電気工作物とは、事業用電気工作物のうち、電気事業用電気工作物以外の電気工作物のことをいいます。

具体的には、高圧（交流にあっては600Vを超え7000V以下の電圧）受電または特別高圧（交流にあっては7000Vを超える電圧）受電の需要設備が自家用電気工作物に当たります。

自家用電気工作物を設置する者の義務として、電気事業法に、「技術基準への適合義務（第39条）」、「保安規程の作成・遵守（じゅんしゅ）（第42条）」、「主任技術者の選任・届出（第43条）」、「使用開始の届出（第53条）」などが定められています。

また、国の直接監督による保安体系として、「技術基準適合命令（第40条）」、「主任技術者免状返納命令（第44条）」、「報告の徴収（第106条）」、「立入検査（第107条）」などがあります。

これらをまとめると、高圧受電の需要設備の場合、次ページの表1.1のようになります。

**補足**
電気事業法の第39条、第42条、第43条、第40条については、LESSON 3を参照。

**表1.1　自家用電気工作物の保安体制**

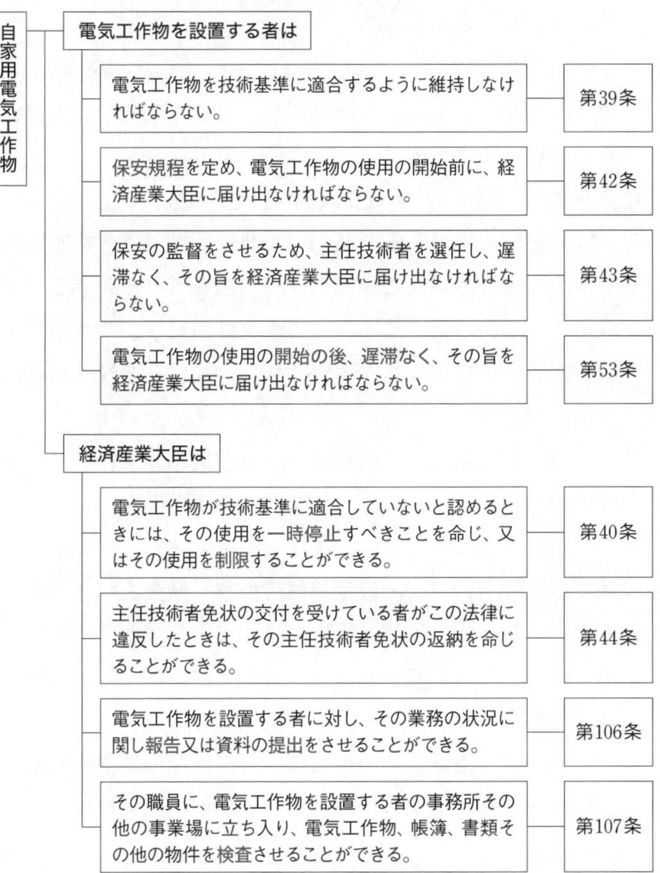


次に、表にもあった、電気事業法の第53条、106条、107条を示します（いずれも要点抜粋）。

**電気事業法　第53条（自家用電気工作物の使用の開始）**

〈要点抜粋〉

自家用電気工作物を設置する者は、その自家用電気工作物の使用の開始の後、**遅滞なく**、その旨を**主務大臣**に届け出なければならない。

**電気事業法　第106条（報告の徴収）**〈要点抜粋〉

6　経済産業大臣は、自家用電気工作物を設置する者、自家用電気工作物の**保守点検**を行った事業者又は**登録調査機関**

**補足**

自家用電気工作物は、一般に原子力発電工作物（原子力を原動力とする発電用の電気工作物）はないので、**主務大臣**は、**経済産業大臣**となる。

電験三種試験対策としては、主務大臣＝経済産業大臣と覚えておきましょう。

**補足**

**登録調査機関**とは、具体的には**電気保安協会**等である。

に対し、その業務の状況に関し**報告**又は資料の**提出**をさせることができる。

7　経済産業大臣は、一般用電気工作物（小規模発電設備に限る。）の所有者又は占有者に対し、必要な事項の報告又は資料の提出をさせることができる。

**電気事業法　第107条（立入検査）**〈要点抜粋〉

4　経済産業大臣は、その職員に、自家用電気工作物を設置する者、自家用電気工作物の保守点検を行った事業者又はボイラー等の溶接をする者の工場又は営業所、事務所その他の事業場に立ち入り、電気工作物、帳簿、書類その他の物件を**検査**させることができる。

5　経済産業大臣は、その職員に、**一般用電気工作物**の設置の場所（当該一般用電気工作物が小規模発電設備以外のものである場合にあっては、居住の用に供されているものを除く。）に立ち入り、**一般用電気工作物**を**検査**させることができる。ただし、居住の用に供されている場所に立ち入る場合においては、あらかじめ、その居住者の**承諾**を得なければならない。

6　経済産業大臣は、その職員に、推進機関の事務所に立ち入り、業務の状況又は帳簿、書類その他の物件を検査させることができる。

**例題にチャレンジ！**

次の［　　］の中に適当な答えを記入せよ。

経済産業大臣は、自家用電気工作物を設置する者、自家用電気工作物の［（ア）］を行った事業者又は［（イ）］に対し、その業務の状況に関し［（ウ）］又は資料の［（エ）］をさせることができる。

**・解答・**

(ア)保守点検　(イ)登録調査機関　(ウ)報告　(エ)提出

## ② 一般用電気工作物の調査義務 重要度 B

一般用電気工作物とは、他の者から600V以下の電圧で受電する電気工作物（小規模発電設備を含む）をいいます。

一般用電気工作物の大部分は、一般住宅や商店などの屋内配線や電気機器です。また、その所有者・占有者の多くは電気についての専門知識や技能がないことから、電線路維持運用者に対して、一般用電気工作物の状態（技術基準に適合しているかどうか）を調査することを電気事業法で義務付けています（第57条第1項）。

また、国の直接監督による保安体制として、「技術基準適合命令（第56条）」などがあります。これらをまとめると、表1.2のようになります。

**表1.2　一般用電気工作物の保安体制**

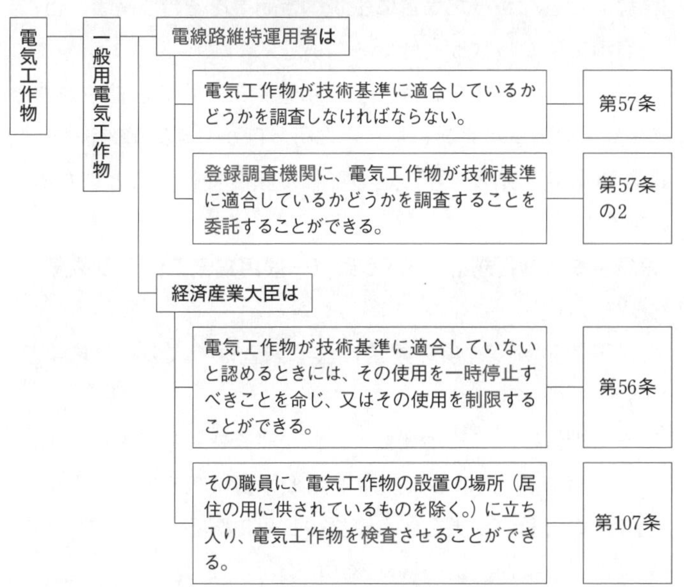

電気工作物
一般用電気工作物
電線路維持運用者は
電気工作物が技術基準に適合しているかどうかを調査しなければならない。
第57条
登録調査機関に、電気工作物が技術基準に適合しているかどうかを調査することを委託することができる。
第57条の2
経済産業大臣は
電気工作物が技術基準に適合していないと認めるときには、その使用を一時停止すべきことを命じ、又はその使用を制限することができる。
第56条
その職員に、電気工作物の設置の場所（居住の用に供されているものを除く。）に立ち入り、電気工作物を検査させることができる。
第107条


次に、表1.2にもあった電気事業法第57条、第57条の2、56条および電気事業法施行規則第96条を示します（いずれも要点抜粋）。

**補足**
**電線路維持運用者**とは、具体的には**電力会社**等である。

**補足**
電気事業法第107条は、❶自家用電気工作物の設置の項を参照。

**電気事業法　第57条（調査の義務）**〈要点抜粋〉

一般用電気工作物と直接に電気的に接続する電線路を維持し、及び運用する者（以下この条、次条及び第89条において「**電線路維持運用者**」という。）は、経済産業省令で定める場合を除き、経済産業省令で定めるところにより、その一般用電気工作物が前条第1項の経済産業省令で定める技術基準に適合しているかどうかを**調査**しなければならない。ただし、その一般用電気工作物の設置の場所に立ち入ることにつき、その**所有者**又は**占有者**の**承諾**を得ることができないときは、この限りでない。

2　電線路維持運用者は、前項の規定による調査の結果、一般用電気工作物が前条第1項の経済産業省令で定める技術基準に適合していないと認めるときは、遅滞なく、その技術基準に適合するようにするためとるべき措置及びその措置をとらなかった場合に生ずべき**結果**をその**所有者**又は**占有者**に通知しなければならない。

所有者と占有者は、
セットで覚えよう。


法第57条の「調査」は、一般用電気工作物の設置されたときや変更の工事が完成したときに行うほか、電気事業法施行規則第96条第2項第一号に定められた頻度で行うことになっています。

**電気事業法施行規則　第96条（一般用電気工作物の調査）**
〈要点抜粋〉

2　法第57条第1項の規定による調査は、次の各号により行うものとする。

一　調査は、一般用電気工作物が設置された時及び変更の工事（ロに掲げる一般用電気工作物にあっては、受電電力の容量の変更を伴う変更の工事に限る。）が完成した時に行うほか、次に掲げる頻度で行うこと。

イ　ロに掲げる一般用電気工作物以外の一般用電気工作物にあっては、**4年に1回以上**

※ロは省略

**電気事業法　第57条の2（調査義務の委託）**〈要点抜粋〉

**電線路維持運用者**は、経済産業大臣の登録を受けた者（以下「**登録調査機関**」という。）に、その電線路維持運用者が維持し、及び運用する電線路と直接に電気的に接続する一般用電気工作物について、その一般用電気工作物が第56条第1項の経済産業省令で定める技術基準に適合しているかどうかを調査すること並びにその調査の結果その一般用電気工作物がその技術基準に適合していないときは、その技術基準に適合するようにするためとるべき措置及びその措置をとらなかった場合に生ずべき結果をその所有者又は占有者に通知すること（以下「**調査業務**」という。）を**委託**することができる。

2　電線路維持運用者は、前項の規定により**登録調査機関**に**調査業務**を**委託**したときは、遅滞なく、その旨を経済産業大臣に届け出なければならない。

**電気事業法　第56条（技術基準適合命令）**〈要点抜粋〉

経済産業大臣は、一般用電気工作物が経済産業省令で定める技術基準に適合していないと認めるときは、その**所有者**又は**占有者**に対し、その技術基準に適合するように一般用電気工作物を**修理**し、**改造**し、若しくは**移転**し、若しくはその使用を**一時停止**すべきことを命じ、又はその使用を**制限**することができる。

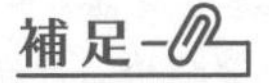

調査業務を行う登録調査機関とは、具体的には、電気保安協会等である。

## 理解度チェック問題

**問題　次の文章は、「電気事業法」に基づく一般用電気工作物に関する記述の一部である。次の［　　］の中に適当な答えを記入せよ。**

a.　電線路維持運用者又はその電線路維持運用者から委託を受けた登録調査機関は、その電線路維持運用者が供給する電気を使用する一般用電気工作物が技術基準に適合しているかどうかを［（ア）］しなければならない。ただし、その一般用電気工作物の設置の場所に立ち入ることにつき、その所有者又は［（イ）］の承諾を得ることができないときは、この限りでない。

b.　電線路維持運用者又はその電線路維持運用者から委託を受けた登録調査機関は、上記aの規定による［（ア）］の結果、一般用電気工作物が技術基準に適合していないと認めるときは、遅滞なく、その技術基準に適合するようにするためとるべき措置及びその措置をとらなかった場合に生ずべき［（ウ）］をその所有者又は［（イ）］に通知しなければならない。

**解答**

（ア）調査　（イ）占有者　（ウ）結果

**解説**　電気事業法第57条からの出題である。

LESSON 5

# 電気関係報告規則

電気関係報告規則は、電気事業法の規定に基づいて制定された省令です。なかでも事故報告の速報と詳報は、最重要事項です。

関連過去問 010, 011, 012

事故報告
速報（24時間以内）
詳報（30日以内）
報告の起点は事故発生を
速報：「知った時から」
詳報：「知った日から」

事故が発生した時からではないです。
これは、電気工作物の種類に関わらず同じです。



## 1 電気関係報告規則で使用する用語　重要度 B

今日から第2章です。電気関係報告規則や電気用品安全法など、「その他の電気関係法規」について学習します。

電気関係報告規則で使用する用語は、第１条で次のように定義されています。

**電気関係報告規則　第１条第２項（定義）**〈要点抜粋〉

四 「**電気火災事故**」とは、**漏電**、**短絡**、**せん絡**その他の電気的要因により建造物、車両その他の工作物（電気工作物を除く。）、山林等に火災が発生することをいう。

五 「**破損事故**」とは、電気工作物の**変形**、**損傷**若しくは**破壊**、**火災**又は**絶縁劣化**若しくは**絶縁破壊**が原因で、当該電気工作物の**機能**が**低下**又は**喪失**したことにより、直ちに、その運転が**停止**し、若しくはその運転を**停止**しなければならなくなること又はその使用が**不可能**となり、若しくはその使用を**中止**することをいう。

六 「**主要電気工作物の破損事故**」とは、別に告示する主要電気工作物を構成する設備の破損事故をいう。

七 「**供給支障事故**」とは、**破損事故**又は電気工作物の**誤操作**若しくは電気工作物を**操作しない**ことにより電気の**使用者**（当該電気工作物を管理する者を除く。以下この条において同じ。）に対し、電気の**供給**が**停止**し、又は電気の**使用**を緊急に**制限**することをいう。ただし、電路が自動的に**再閉路**されることにより電気の**供給**の停止が終了した場合を除く。

八　「**供給支障電力**」とは、供給支障事故が発生した場合において、電気の使用者に対し、電気の供給が停止し、又は電気の使用を制限する直前と直後との供給電力の差をいう。

九　「**供給支障時間**」とは、供給支障事故が発生した時から電気の供給の停止又は使用の制限が終了した時までの時間をいう。

十　「**発電支障事故**」とは、発電所の電気工作物の故障、損傷、破損、欠陥又は電気工作物の誤操作若しくは電気工作物を操作しないことにより当該発電所の発電設備（発電事業の用に供するものに限る。）が直ちに運転が停止し、又はその運転を停止しなければならなくなることをいう。

十一　「**放電支障事故**」とは、蓄電所の電気工作物の故障、損傷、破損、欠陥又は電気工作物の誤操作若しくは電気工作物を操作しないことにより当該蓄電所が直ちに運転を停止し、又はその運転を停止しなければならなくなることをいう。

十二　「**ポリ塩化ビフェニル含有電気工作物**」とは、別に告示する電気工作物（原子力発電工作物を除く。）であって、ポリ塩化ビフェニルを含有する**絶縁油**を使用するものをいう。

十三　「**高濃度ポリ塩化ビフェニル含有電気工作物**」とは、ポリ塩化ビフェニル含有電気工作物であって、使用されている**絶縁油**に含まれるポリ塩化ビフェニルの重量の割合が**0.5**パーセントを超えるものをいう。

## ② 事故報告 重要度 A

電気関係報告規則第３条に、電気事業者又は自家用電気工作物を設置する者の、電気工作物の事故時に報告すべき事故の内容及び報告先、報告期限等が定められています。

また、同第３条の２に、一般用電気工作物（小出力発電設備（出力10kW以上の太陽電池発電設備と、風力発電設備に限る））の事故時に所有者又は占有者が報告すべき事故の内容、報告先、報告期限等が定められています。

**電気関係報告規則　第３条（事故報告）**〈要点抜粋〉

電気事業者又は自家用電気工作物を設置する者は、電気事業者にあっては**電気事業の用に供する電気工作物**（**原子力発電工作物及び小規模事業用電気工作物を除く**。）に関して、自家用電気工作物を設置する者にあっては**自家用電気工作物**に関して、次の表の事故の欄に掲げる事故が発生したときは、それぞれ同表の報告先の欄に掲げる者に報告しなければならない。この場合において、二以上の号に該当する事故であって報告先の欄に掲げる者が異なる事故は、**経済産業大臣**に報告しなければならない。

<table>
<tr><th rowspan="2">事故</th><th colspan="2">報告先</th></tr>
<tr><th>電気事業者</th><th>自家用電気工作物を設置する者</th></tr>
<tr><td>一　感電又は電気工作物の破損若しくは電気工作物の誤操作若しくは電気工作物を操作しないことにより人が死傷した事故（死亡又は病院若しくは診療所に入院した場合に限る。）</td><td rowspan="3">電気工作物の設置の場所を管轄する産業保安監督部長</td><td rowspan="3">電気工作物の設置の場所を管轄する産業保安監督部長</td></tr>
<tr><td>二　電気火災事故（工作物にあっては、その半焼以上の場合に限る。）</td></tr>
<tr><td>三　電気工作物の破損又は電気工作物の誤操作若しくは電気工作物を操作しないことにより、他の物件に損傷を与え、又はその機能の全部又は一部を損なわせた事故</td></tr>
</table>

**補足**

例えば、自家用電気工作物の破損により、構内電柱が倒壊して道路をふさぎ、長時間の交通障害を起こした場合は、第三号（他の物件に損傷）及び第十四号（社会的に影響）に該当するため、報告しなければならない。

| | | |
|---|---|---|
| 十二　一般送配電事業者の一般送配電事業の用に供する電気工作物、配電事業者の配電事業の用に供する電気工作物又は特定送配電事業者の特定送配電事業の用に供する電気工作物と電気的に接続されている電圧3000V以上の自家用電気工作物の破損又は自家用電気工作物の誤操作若しくは自家用電気工作物を操作しないことにより一般送配電事業者、配電事業者又は特定送配電事業者に供給支障を発生させた事故 | | 電気工作物の設置の場所を管轄する産業保安監督部長 |
| 十四　第一号から前号までの事故以外の事故であって、電気工作物に係る社会的に影響を及ぼした事故<br>※第四号～第十一号及び第十三号は省略 | 電気工作物の設置の場所を管轄する産業保安監督部長 | 電気工作物の設置の場所を管轄する産業保安監督部長 |

2　前項の規定による報告は、**事故の発生を知った時から24時間以内**可能な限り速やかに事故の発生の日時及び場所、事故が発生した電気工作物並びに事故の概要について、**電話等**の方法により行うとともに、事故の発生を知った日から起算して**30日以内**に様式第13の**報告書**を提出して行わなければならない。

**電気関係報告規則　第3条の2**

**小規模事業用電気工作物**を設置する者は、次の各号に掲げる事故が発生したときは、小規模事業用電気工作物の設置の場所を管轄する産業保安監督部長に報告しなければならない。この場合において、二以上の号に該当する事故であって報告先の産業保安監督部長が異なる事故は、**経済産業大臣**に報告しなければならない。

一　感電又は電気工作物の**破損**若しくは電気工作物の**誤操作**若しくは電気工作物を**操作しないこと**により人が死傷した事故（死亡又は病院若しくは診療所に**入院**した場合に限る。）

二　電気火災事故（工作物にあっては、その**半焼以上**の場合に限る。）

三　電気工作物の**破損**又は電気工作物の**誤操作**若しくは電

気工作物を**操作しないこと**により、**他の物件**に**損傷**を与え、又はその**機能**の全部又は**一部**を損なわせた事故

四　小規模事業用電気工作物に属する**主要電気工作物**の破損事故

2　前項の規定による報告は、**事故の発生を知った時から24時間以内**可能な限り速やかに氏名、事故の発生の日時及び場所、事故が発生した電気工作物並びに事故の概要について、**電話等**の方法により行うとともに、**事故の発生を知った日**から起算して**30日以内**に当該事故の詳細を記載した**報告書**を提出して行わなければならない。

事故報告の**速報**（24時間以内）と**詳報**（30日以内）の時間の起点は、事故の発生を「知った時から」（速報）「知った日から」（詳報）です。事故が発生した時からではありません。これは、電気工作物の種類に関わらず同じです。

## ③ 各種届出、報告　重要度 B

電気関係報告規則には、次のような条文があります。

第４条………公害防止等に関する届出

第４条の２…ポリ塩化ビフェニル（PCB）含有電気工作物に関する届出

第５条………自家用電気工作物を設置する者の発電所の出力の変更等の報告

以下、それらの概要を示します。

**①公害防止等に関する届出　第４条**〈要点抜粋〉

電気事業者又は自家用電気工作物を設置する者は、次の表の届出を要する場合の欄に掲げる場合には、同表の届出期限及び届出事項に掲げるところに従い、同表の届出先の欄に掲げる者へ届け出なければならない。

| 届出を要する場合 | 届出期限 | 届出事項 | 届出先 |
|---|---|---|---|
| 一　大気汚染防止法に規定するばい煙発生施設に該当する電気工作物を設置する場合又はばい煙発生施設に該当する電気工作物の使用の方法であってばい煙量、ばい煙濃度若しくは煙突の有効高さに係るものを変更する場合 | あらかじめ | 当該変更に係る事項 | 経済産業大臣 |

### ②ポリ塩化ビフェニル(PCB)含有電気工作物に関する届出

**第４条の２**〈要点抜粋〉

ポリ塩化ビフェニル含有電気工作物を現に設置している又は予備として有している者は、次の表の左欄に掲げる場合には、同表の中欄に掲げる様式により、同表の右欄に掲げる期限までに、当該ポリ塩化ビフェニル含有電気工作物を設置している又は予備として有している場所を管轄する産業保安監督部長へ届け出なければならない。

| 届出を要する場合 | 様式番号 | 届出期限 |
| --- | --- | --- |
| 一　ポリ塩化ビフェニル含有電気工作物を現に設置している又は予備として有していることが新たに判明した場合 | 様式第13の2 | 判明した後遅滞なく |
| 二　ポリ塩化ビフェニル含有電気工作物設置者等の氏名若しくは住所(法人にあっては当該ポリ塩化ビフェニル含有電気工作物を設置している又は予備として有している事業場の名称又は所在地)に変更があった場合又は当該ポリ塩化ビフェニル含有電気工作物の設置若しくは予備の別に変更があった場合 | 様式第13の3 | 変更の後遅滞なく |
| 三　ポリ塩化ビフェニル含有電気工作物を廃止した場合 | 様式第13の4 | 廃止の後遅滞なく |
| 四　ポリ塩化ビフェニル含有電気工作物の破損その他の事故が発生し、ポリ塩化ビフェニルを含有する絶縁油が構内以外に排出された、又は地下に浸透した場合 | 様式第13の5 | 事故の発生後可能な限り速やかに |

2　高濃度ポリ塩化ビフェニル含有電気工作物を現に設置している又は予備として有している者は、高濃度ポリ塩化ビフェニル含有電気工作物について、毎年度の管理の状況を翌年度の６月30日までに、様式第13の6により、管轄産業保安監督部長へ**届け出**なければならない。

### ③自家用電気工作物を設置する者の発電所の出力の変更等の報告　第５条〈要点抜粋〉

自家用電気工作物(原子力発電工作物及び小規模事業用電気工作物を除く。)を設置する者は、次の場合は、遅滞なく、その旨を当該自家用電気工作物の設置の場所を管轄する産業保安監督部長に報告しなければならない。

一　発電所、蓄電所若しくは変電所の**出力**又は送電線路若しくは配電線路の**電圧**を変更した場合

二　発電所、蓄電所、変電所その他の自家用電気工作物を設置する事業場又は送電線路若しくは配電線路を**廃止**した場合



**例題にチャレンジ！**

次の文章は、電気関係報告規則に定める「ポリ塩化ビフェニル含有電気工作物」に関する記述である。[　　]の中に適当な答えを記入せよ。

1.「ポリ塩化ビフェニル含有電気工作物」とは、別に告示する電気工作物（原子力発電工作物を除く。）であって、ポリ塩化ビフェニルを含有する[（ア）]を使用するものをいう。

2.「高濃度ポリ塩化ビフェニル含有電気工作物」とは、ポリ塩化ビフェニル含有電気工作物であって、使用されている[（ア）]に含まれるポリ塩化ビフェニルの重量の割合が[（イ）]パーセントを超えるものをいう。

3.「ポリ塩化ビフェニル含有電気工作物」の破損その他の事故が発生し、ポリ塩化ビフェニルを含有する[（ア）]が構内以外に排出された、又は[（ウ）]に浸透した場合、事故の発生後可能な限り速やかに[（エ）]へ届け出なければならない。

・解答と解説・

（ア）絶縁油　（イ）0.5　（ウ）地下　（エ）管轄産業保安監督部長

1、2は、電気関係報告規則第1条第2項の定義の十二号と十三号、3は、同第4条の2のポリ塩化ビフェニル含有電気工作物に関する届出からの出題である。ポリ塩化ビフェニル（PCB）は、電気的に優れた絶縁性能を持ち、変圧器の絶縁油等に広く用いられていたが、人体に有害（カネミ油症事件）であることがわかり、新たな製造・輸入が禁止された。また、使用中や保有中のものについても国により厳しく管理されている。

## 理解度チェック問題

**問題　次の文章は、「電気関係報告規則」の事故報告についての記述の一部である。次の［　　］の中に適当な答えを記入せよ。**

**1.** 電気事業者は、電気事業の用に供する電気工作物（原子力発電工作物及び小規模事業用電気工作物を除く。）に関して、自家用電気工作物を設置する者にあっては自家用電気工作物に関して、次の事故が発生したときは、報告しなければならない。

a. ［（ア）］又は電気工作物の破損若しくは電気工作物の誤操作若しくは電気工作物を［（イ）］により人が死傷した事故（死亡又は病院若しくは診療所に入院した場合に限る。）

b. 電気火災事故（工作物にあっては、その［（ウ）］の場合に限る。）

c. 電気工作物の破損又は電気工作物の誤操作若しくは電気工作物を［（イ）］により、他の物件に損傷を与え、又はその［（エ）］の全部又は一部を損なわせた事故

**2.** 上記の規定による報告は、事故の発生を知った時から［（オ）］時間以内可能な限り速やかに事故の発生の日時及び場所、事故が発生した電気工作物並びに事故の概要について、電話等の方法により行うとともに、事故の発生を知った日から起算して［（カ）］日以内に様式第13の報告書を提出して行わなければならない。

**解答**

（ア）感電　（イ）操作しないこと　（ウ）半焼以上　（エ）機能　（オ）24　（カ）30

**解説**　電気関係報告規則第3条からの出題である。

LESSON 6

# 電気用品安全法

電気用品安全法は、電気用品による危険や障害の発生防止が目的です。この法律でいう電気用品とは、先に学んだ一般用電気工作物等の部分となります。

関連過去問 013, 014

## 1 電気用品安全法の目的 重要度 A

電気用品安全法は、電気用品が原因の火災や感電などから消費者を守ることを目的とした法律で、その第1条は次のように定められています。

**電気用品安全法　第1条（目的）**

この法律は、電気用品の**製造**、**販売**等を**規制**するとともに、電気用品の安全性の確保につき民間事業者の自主的な活動を促進することにより、電気用品による**危険**及び**障害**の発生を防止することを目的とする。

以上の目的を達成するために、不良電気用品に対して、①製造・輸入をさせない、②販売させない、③使用させない、という3つの規制を行っています。

## 2 電気用品の定義 重要度 B

電気用品安全法第2条で、次のように定義されています。

**電気用品安全法　第2条（定義）**〈要点抜粋〉

この法律において「電気用品」とは、次に掲げる物をいう。

一　**一般用電気工作物等**（電気事業法第38条第1項に規定

**補足**

電気用品安全法における具体的な電気用品は、
- 定格電圧は、特殊なものを除いて100〔V〕以上300〔V〕以下(電線は600〔V〕以下)のもの
- 使用周波数は50〔Hz〕または60〔Hz〕のもの
- 容量は比較的小さいもの

というように定められている。

する**一般用電気工作物**及び同条第３項に規定する**小規模事業用電気工作物**をいう。)の部分となり、又はこれに接続して用いられる機械、**器具**又は材料であって、政令で定めるもの

二　**携帯発電機**であって、政令で定めるもの

三　**蓄電池**であって、政令で定めるもの

2　この法律において「**特定電気用品**」とは、構造又は使用方法その他の使用状況からみて特に危険又は障害の発生するおそれが多い電気用品であって、政令で定めるものをいう。

上記のように、電気用品安全法第２条第２項では、電気用品のうちで、構造又は使用方法その他の使用状況からみて、特に危険又は障害の発生するおそれが多い電気用品を**特定電気用品**と定義しています。特定電気用品に該当しないその他の電気用品は、**特定電気用品以外の電気用品**と呼ばれます。

それぞれに該当する電気用品には、次のようなものがあります。

**◎特定電気用品の例**

電線(定格電圧100V以上600V以下のコード)、電気温水器、電熱器、電気ポンプ、電気マッサージ器、自動販売機、直流電源装置、携帯発電機など

**◎特定電気用品以外の電気用品の例**

電気こたつ、電気がま、電気トースター、電気アイロン、扇風機、テレビ、電子レンジ、リチウムイオン蓄電池など

## 3　事業の届出等　重要度 B

事業の届出等については、電気用品安全法第３条で、次のように定義されています。

**電気用品安全法　第３条(事業の届出)**

電気用品の製造又は輸入の事業を行う者は、経済産業省令で定める電気用品の区分に従い、事業開始の日から**30**日以

内に、次の事項を**経済産業大臣**に**届け出**なければならない。

一　氏名又は名称及び住所並びに法人にあっては、その代表者の氏名

二　経済産業省令で定める電気用品の型式の区分

三　当該電気用品を製造する工場又は事業場の名称及び所在地（電気用品の輸入の事業を行う者にあっては、当該電気用品の製造事業者の氏名又は名称及び住所）

## 4 基準適合義務、適合性検査、表示、改善命令　重要度 B

### (1) 基準適合義務等

届出事業者は、電気用品を製造又は**輸入**する場合、経済産業省令で定める技術基準に**適合**するようにするとともに、それらの電気用品について（自主）検査を行い、検査記録を作成し、保存しなければならないと定められています（電気用品安全法第８条）。

### (2) 特定電気用品の適合性検査

届出事業者は、製造又は**輸入**する電気用品が特定電気用品の場合には、それらを販売するときまでに登録検査機関の技術基準**適合**性検査を受け、**適合**性証明書の交付を受け、これを保存することが義務付けられています（電気用品安全法第９条）。

### (3) 表示

届出事業者は、前項(1)や(2)によって手続きをした場合には、電気用品に図2.1のマークを**表示**することができます。

逆に、上記以外の場合は、何人も、電気用品にこれらの**表示**又はこれらと紛（まぎ）らわしい**表示**をしてはならないことが定められています（電気用品安全法第10条）。

補足

PSEの「P」「S」は「Product Safety」、Eは「Electrical Appliances & Materials」の略である。

補足

電線、ヒューズ等、構造上表示スペースの確保が難しいものは、本記号に代えて、特定電気用品は〈PS〉E、特定電気用品以外の電気用品は(PS)Eとすることができる。

電気用品のPSEマークは、ドライヤー、テレビなどの身の回りの家電製品にも表示されているので、家庭や職場で確認してみましょう。

特定電気用品

特定電気用品以外の電気用品

図2.1　電気用品に付される表示

### (4) 表示の禁止

経済産業大臣は、

- 届出事業者が、基準不適合な電気用品を製造又は**輸入**した場合においては、危険又は**障害**の発生を防止するため特に必要があると認めるとき
- 届出事業者が、検査記録の作成・保存義務や特定電気用品製造・**輸入**に係る認定・承認検査機関の技術基準**適合**性検査の受検義務を履行（りこう）しなかったとき

等において、届出事業者に対し、**1年以内**の期間を定めて届出に係る型式の電気用品に**表示**を付することを禁止することができます(電気用品安全法第12条)。

### (5) 改善命令

経済産業大臣は、届出事業者が基準適合義務等に違反していると認める場合には、届出事業者に対し、電気用品の製造、**輸入**又は**検査**の方法その他の業務の方法の改善に関し必要な措置をとるべきことを命ずることができます(電気用品安全法第11条)。

## 5 電気用品の販売・使用の制限　重要度 B

製造及び輸入段階での規制とともに、不良電気用品を追放するために、販売したり使用したりする者に対して、次のような規制があります。

### (1) 販売の制限

電気用品の販売事業者は、図2.1に示された所定の表示が付されている電気用品でなければ、販売し、又は販売の目的で陳列してはならないことになっています(電気用品安全法第27条)。

### (2) 使用の制限

電気事業者や自家用電気工作物の**設置者**、**電気工事士**等は、図2.1の表示が付されている電気用品でなければ、電気工作物の**設置**又は**変更**の工事に使用してはならないことになっています(電気用品安全法第28条)。

## 6 報告の徴収・立入検査等・危険等防止命令　重要度 B

### (1) 報告の徴収

経済産業大臣は、この法律の施行に必要な限度において、電気用品の製造、**輸入**、**販売**の事業を行う者に対し、その業務に関し**報告**をさせることができます(電気用品安全法第45条)。

### (2) 立入検査等

経済産業大臣は、この法律の施行に必要な限度において、その職員に、電気用品の製造、**輸入**、**販売**の事業を行う者等の事務所、工場、事業場、店舗又は倉庫に立ち入り、電気用品、帳簿、書類その他の物件を**検査**させ、又は関係者に**質問**させることができます(電気用品安全法第46条)。

### (3) 危険等防止命令

経済産業大臣は、届出事業者等による無表示品の販売、基準不適合品の製造、**輸入**、**販売**により、危険又は**障害**が発生するおそれがあると認める場合において、当該危険又は**障害**の拡大を防止するため特に必要があると認めるときは、届出事業者等に対して、販売した当該電気用品の**回収**を図ることその他当該電気用品による危険及び**障害**の拡大を防止するために必要な**措置**をとるべきことを命ずることができます（電気用品安全法第42条の5）。

**例題にチャレンジ！**

**次の文章は、「電気用品安全法」についての記述であるが、不適切なものはどれか。**

**(1) この法律は、電気用品による危険および障害の発生を防止することを目的としている。**

**(2) 一般用電気工作物等の部分となる器具には、電気用品となるものがある。**

**(3) 携帯発電機には電気用品となるものがある。**

**(4) 特定電気用品とは、危険または障害の発生するおそれの少ない電気用品である。**

**(5) 〈PS E〉は、特定電気用品に表示する記号である。**

**・解答と解説・**

電気用品安全法第１条（目的）、第２条（定義）、第10条（表示）に関する問題である。それぞれ次のように定められている。

(1) **適切**。第１条において「この法律は、電気用品の製造、販売等を規制するとともに、電気用品の安全性の確保につき民間事業者の自主的な活動を促進することにより、電気用品による危険及び障害の発生を防止することを目的とする」と定められている。

(2) **適切**。第２条第１項第一号の電気用品の定義では「一般用電気工作物等（一般用電気工作物及び小規模事業用電気工作物をいう。）の部分となり、又はこれに接続して用いられる機械、器具又は材料であって、政令で定めるもの」とある。この条文を解釈すると、一般用電気工作物の部分となる器具には電気用品となるものがあるといえるので、適切な記述である。

(3) **適切**。第２条第１項第二号の電気用品の定義では「携帯発電機であって、政令で定めるもの」とある。

(4) **不適切**（答）。第２条第２項では、電気用品のうち、「構造又は使用方法その他の使用状況からみて特に危険又は障害の発生するおそれが**多い**電気用品」を「特定電気用品」と定義している。問題文の「少ない」は不適当。

(5) **適切**。第10条に規定されているように、経済産業省で定める技術基準に適合した電気用品に付けられるPSEマークには、特定電気用品に表示する〈PSE〉と、特定電気用品以外の電気用品に表示する（PSE）がある。

## 理解度チェック問題

**問題　次の文章は、「電気用品安全法」に関する記述である。次の［　　］の中に適当な答えを記入せよ。**

a. この法律は、電気用品の製造、［（ア）］等を規制するとともに、電気用品の安全性の確保につき民間事業者の自主的な活動を促進することにより、電気用品による危険及び［（イ）］の発生を防止することを目的とする。

b. 電気用品の製造又は［（ウ）］の事業を行う者は、経済産業省令で定める電気用品の区分に従い、事業開始の日から［（エ）］日以内に、次の事項を経済産業大臣に届け出なければならない。

一　氏名又は名称及び住所並びに法人にあっては、その代表者の氏名

二　経済産業省令で定める電気用品の型式の区分

三　当該電気用品を製造する工場又は事業場の名称及び所在地

c. 届出事業者は、前項bの規定による届出に係る型式の電気用品を製造し、又は［（ウ）］する場合においては、経済産業省令で定める技術上の基準に［（オ）］するようにしなければならない。

d. 届出事業者は、その届出に係る型式の電気用品の技術基準に対する［（オ）］性について、別に定める規定による義務を履行したときは、当該電気用品に経済産業省令で定める方式による［（カ）］を付することができる。

**解答**

（ア）販売　（イ）障害　（ウ）輸入　（エ）30　（オ）適合　（カ）表示

**解説**　電気用品安全法第1条、第3条、第8条、第10条からの出題である。

第2章 その他の電気関係法規

LESSON 7

# 電気工事士法

電気工事士法の目的、従事できる電気工事の種類、電気工事士等の免状の種類、義務について学びます。

関連過去問 015, 016

電気工事士法
第1条(目的)
電気工事の作業に従事する者の資格及び義務を定め、もって電気工事の欠陥による災害の発生の防止に寄与することを目的とする。

「電気工事士の義務」についても決められています。



## 1 電気工事士法 重要度A

### (1) 電気工事士法の目的

電気工事士法は、電気工事の欠陥などによって発生する災害(感電や電気火災など)を防止するため、その電気工事に従事する人を規制するもので、その目的を第1条で次のように定めています。

**電気工事士法 第1条(目的)**

この法律は、電気工事の**作業**に**従事**する者の**資格**及び**義務**を定め、もって電気工事の**欠陥**による**災害**の発生の防止に寄与することを目的とする。

暗記すべき条文中の用語(赤字)は、しっかり覚えましょう。

### (2) 電気工事の種類と資格

電気工事士法でいう「電気工事」とは、一般用電気工作物等及び最大電力500〔kW〕未満の自家用電気工作物の需要設備の設置工事、又は変更工事と定められています(電気工事士法第2条)。また、電気工作物の種類と範囲に応じて従事できる電気工事の資格が、表2.1のように定められています(電気工事士法第3条)。

従事できる電気工事の内容と必要な資格の問題は出題頻度が高いので、表2.1は必ず覚えましょう。

**補足**

電気工事士法における自家用電気工作物とは、最大電力500〔kW〕未満の需要設備であって、電気事業法での自家用電気工作物とは対象範囲が異なる。注意しよう。

**用語**

**屋側配線**とは、住宅の屋外の壁に施す配線のことをいう。

**表2.1　電気工作物と資格**

| 電気工作物 | 従事できる電気工事 | | 資格 |
|---|---|---|---|
| ※自家用電気工作物 | 最大電力500〔kW〕未満の需要設備（配電設備も含まれる） | | 第一種電気工事士 |
| | 特殊電気工事 | ネオン工事 | 特種電気工事資格者 |
| | | 非常用予備発電装置工事 | |
| | 簡易電気工事 | 600〔V〕以下の電気設備の工事 | 第一種電気工事士<br>認定電気工事従事者 |
| 一般用電気工作物等 | 主に一般住宅の屋内配線や屋側配線等 | | 第一種電気工事士<br>第二種電気工事士 |

※発電所、蓄電所、変電所、最大電力500〔kW〕以上の需要設備、送電線路及び保安通信設備は、自家用電気工作物から除かれる

**電気工事士法　第2条（用語の定義）**〈要点抜粋〉

この法律において「一般用電気工作物等」とは、電気事業法に規定する一般用電気工作物及び小規模事業用電気工作物をいう。

2　この法律において「自家用電気工作物」とは、電気事業法に規定する自家用電気工作物（小規模事業用電気工作物及び**発電所**、**変電所**、**最大電力500〔kW〕以上の需要設備**（電気を使用するために、その使用の場所と同一の構内（発電所又は変電所の構内を除く。）に設置する電気工作物（同法に規定する電気工作物をいう。）の総合体をいう。）その他の経済産業省令で定めるものを**除く**。）をいう。

3　この法律において「電気工事」とは、一般用電気工作物等又は自家用電気工作物を**設置**し、又は**変更**する工事をいう。ただし、政令で定める軽微な工事を除く。

4　この法律において「電気工事士」とは、次条第1項に規定する第一種電気工事士及び同条第2項に規定する第二種電気工事士をいう。

**電気工事士法　第3条（電気工事士等）**〈要点抜粋〉

第一種電気工事士免状の交付を受けている者（以下「第一

種電気工事士」という。）でなければ、自家用電気工作物に係る電気工事（第３項に規定する電気工事を除く。第４項において同じ。）の作業（自家用電気工作物の保安上支障がないと認められる作業であって、経済産業省令で定めるものを除く。）に従事してはならない。

2　第一種電気工事士又は第二種電気工事士免状の交付を受けている者（以下「第二種電気工事士」という。）でなければ、一般用電気工作物等に係る電気工事の作業（一般用電気工作物等の保安上支障がないと認められる作業であって、経済産業省令で定めるものを除く。）に従事してはならない。

3　自家用電気工作物に係る電気工事のうち経済産業省令で定める特殊なもの（以下「**特殊電気工事**」という。）については、当該特殊電気工事に係る特種電気工事資格者認定証の交付を受けている者（以下「**特種電気工事資格者**」という。）でなければ、その作業（自家用電気工作物の保安上支障がないと認められる作業であって、経済産業省令で定めるものを除く。）に従事してはならない。

4　自家用電気工作物に係る電気工事のうち経済産業省令で定める簡易なもの（以下「**簡易電気工事**」という。）については、第１項の規定にかかわらず、認定電気工事従事者認定証の交付を受けている者（以下「**認定電気工事従事者**」という。）は、その作業に従事することができる。

### (3) 自家用電気工作物から除かれる電気工作物

電気工事士法第２条第２項の「その他の経済産業省令で定めるもの」、すなわち**自家用電気工作物**から**除かれる**電気工作物は、電気工事士法施行規則第１条の２で次のように定められています。

**電気工事士法施行規則　第１条の２**
**（自家用電気工作物から除かれる電気工作物）**〈要点抜粋〉

法第２条第２項の経済産業省令で定める自家用電気工作物

は、**発電所**、**蓄電所**、**変電所**、**最大電力500キロワット以上の需要設備**、**送電線路及び保安通信設備**とする。

### (4) 電気工事から除かれる軽微な工事

電気工事士法第２条第３項の「政令で定める**軽微な工事**」、すなわち**電気工事**から**除かれる**軽微な工事（電気工事士でなくてもできる軽微な工事）は、電気工事士法施行令第１条で次のように定められています。

**電気工事士法施行令　第１条（軽微な工事）**

電気工事士法（以下「法」という。）第２条第３項ただし書の政令で定める**軽微な工事**は、次のとおりとする。

一　電圧**600V以下**で使用する差込み接続器、ねじ込み接続器、ソケット、ローゼットその他の接続器又は電圧**600V以下**で使用するナイフスイッチ、カットアウトスイッチ、スナップスイッチその他の開閉器にコード又はキャブタイヤケーブルを接続する工事

二　電圧**600V以下**で使用する電気機器（配線器具を除く。以下同じ。）又は電圧**600V以下**で使用する蓄電池の端子に電線（コード、キャブタイヤケーブル及びケーブルを含む。以下同じ。）をねじ止めする工事

三　電圧**600V以下**で使用する電力量計若しくは電流制限器又はヒューズを取り付け、又は取り外す工事

四　**電鈴**、**インターホーン**、**火災感知器**、**豆電球**その他これらに類する施設に使用する**小型変圧器**（二次電圧が**36V以下**のものに限る。）の二次側の配線工事

五　電線を支持する柱、腕木その他これらに類する工作物を設置し、又は変更する工事

六　地中電線用の暗渠（きょ）又は管を設置し、又は変更する工事

### (5) 特殊電気工事と簡易電気工事

電気工事士法第３条第３項で定める**特殊電気工事**（電気工事士法施行規則第２条の２）とは、**自家用電気工作物**の**ネオン工**

**事**及び**非常用予備発電装置工事**をいい、**特種電気工事資格者**でなければ作業に従事できません。

また、電気工事士法第３条第４項で定める**簡易電気工事**（電気工事士法施行規則第２条の３）とは、**電圧600V以下の自家用電気工作物**に係る電気工事をいいます。**簡易電気工事**は、**第一種電気工事士**はもちろん、**認定電気工事従事者**もその作業に従事できます。

**電気工事士法施行規則　第２条の２（特殊電気工事）**

法第３条第３項の**自家用電気工作物**に係る電気工事のうち経済産業省令で定める**特殊**なものは、次のとおりとする。

一　ネオン用として設置される分電盤、主開閉器（電源側の電線との接続部分を除く。）、タイムスイッチ、点滅器、ネオン変圧器、ネオン管及びこれらの附属設備に係る電気工事（以下「**ネオン工事**」という。）

二　非常用予備発電装置として設置される原動機、発電機、配電盤（他の需要設備との間の電線との接続部分を除く。）及びこれらの附属設備に係る電気工事（以下「**非常用予備発電装置工事**」という。）

2　法第３条第３項の自家用電気工作物の保安上支障がないと認められる作業であって、経済産業省令で定めるものは、特種電気工事資格者が従事する特殊電気工事の作業を補助する作業とする。

**電気工事士法施行規則　第２条の３（簡易電気工事）**

法第３条第４項の**自家用電気工作物**に係る電気工事のうち経済産業省令で定める**簡易**なものは、**電圧600V以下**で使用する自家用電気工作物に係る電気工事（電線路に係るものを除く。）とする。

## 例題にチャレンジ!

「電気工事士法」においては、電気工事の作業内容に応じて必要な資格を定めているが、作業者の資格とその電気工事の作業に関する記述として不適切なものは次のうちどれか。

(1) 第一種電気工事士は、自家用電気工作物であって最大電力250〔kW〕の需要設備の電気工事の作業に従事できる。

(2) 第一種電気工事士は、最大電力250〔kW〕の自家用電気工作物に設置される出力50〔kW〕の非常用予備発電装置の発電機に係る電気工事の作業に従事できる。

(3) 第二種電気工事士は、一般用電気工作物に設置される出力3〔kW〕の太陽電池発電設備の設置のための電気工事の作業に従事できる。

(4) 第二種電気工事士は、一般用電気工作物に設置されるネオン用分電盤の電気工事の作業に従事できる。

(5) 認定電気工事従事者は、自家用電気工作物であって最大電力250〔kW〕の需要設備のうち200〔V〕の電動機の接地工事の作業に従事できる。

**・解答と解説・**

電気工事士法第2条(用語の定義)、第3条(電気工事士等)、電気工事士法施行規則第2条の2(特殊電気工事)及び、第2条の3(簡易電気工事)からの出題である。

(1) 第一種電気工事士は、最大電力500〔kW〕未満までの需要設備の電気工事の作業に従事できる。問題の需要設備の最大電力は250〔kW〕であるから、もちろん第一種電気工事士は従事できる。**適切**である。

(2) 非常用予備発電装置の発電機に係る電気工事の作業は、特種電気工事資格者でなければできない。したがって、「第一種電気工事士」の部分が**不適切**(答)である。

(3) 出力3〔kW〕の太陽電池発電設備は一般用電気工作物なので、第二種電気工事士は、電気工事の作業に従事できる。**適切**である。

(4) 自家用電気工作物に設置されるネオン用分電盤の電気工事の作業は、特種電気工事資格者でなければ従事できないが、一般用電気工作物に設置されるネオン用分電盤の電気工事の作業には、第一種電気工事士、第二種電気工事士ともに従事できる。**適切**である。

(5) 200〔V〕の電動機の接地工事は簡易工事に該当するので、認定電気工事従事者は電気工事の作業に従事できる。**適切**である。

補足

**ネオン用分電盤の電気工事**

ネオン用として設置される分電盤、主開閉器（電源側の電線との接続部分を除く）、タイムスイッチ、点滅器、ネオン変圧器、及びこれらの附属設備に係る電気工事を「ネオン工事」という。「ネオン工事」のうち、分電盤の取り付け配線工事が「ネオン用分電盤の電気工事」である。



## ② 電気工事士等の義務　重要度 B

電気工事士、特種電気工事資格者または認定電気工事従事者の主な義務には、次のようなものがあります。

①電気工事士、特種電気工事資格者又は認定電気工事従事者は、電気工事の作業に従事するときは、**電気設備技術基準に適合するように作業**をしなければなりません（電気工事士法第5条第1項）。

②電気工事の作業に従事するときは、**電気工事士免状**又はそれぞれの**認定証を携帯**しなければなりません（電気工事士法第5条第2項）。

③都道府県知事から、電気工事の業務に関して報告を求められたときは、**報告**しなければなりません（電気工事士法第9条）。

④電気工事士、特種電気工事資格者又は認定電気工事従事者は、電気用品安全法で規定するPSEの表示が付されている電気用品でなければ、電気工作物の設置又は変更の工事に使用してはなりません（電気用品安全法第28条）。

**電気工事士法　第5条（電気工事士等の義務）**〈要点抜粋〉

電気工事士、特種電気工事資格者又は認定電気工事従事者は、一般用電気工作物に係る電気工事の作業に従事するときは電気事業法第56条第１項の経済産業省令で定める**技術基準**に、小規模事業用電気工作物に係る電気工事の作業又は自家用電気工作物に係る電気工事の作業に従事するときは同法第39条第１項の主務省令で定める**技術基準**に**適合**するようにその作業をしなければならない。

2　電気工事士、特種電気工事資格者又は認定電気工事従事者は、前項の電気工事の作業に従事するときは、電気工事士免状、特種電気工事資格者認定証又は認定電気工事従事者認定証を**携帯**していなければならない。

**電気工事士法　第９条（報告の徴収）**

都道府県知事は、この法律の施行に必要な限度において、政令で定めるところにより、電気工事士、特種電気工事資格者又は認定電気工事従事者に対し、電気工事の業務に関して報告をさせることができる。

**電気用品安全法　第28条（使用の制限）**〈要点抜粋〉

電気事業者、自家用電気工作物を設置する者、電気工事士、特種電気工事資格者又は認定電気工事従事者は、第10条第１項の表示が付されているものでなければ、電気用品を電気工作物の設置又は変更の工事に使用してはならない。

## 理解度チェック問題

**問題　次の文章は、「電気工事士法」に関する記述である。次の［　　］の中に適当な答えを記入せよ。**

1. この法律は、電気工事の［（ア）］に従事する者の資格及び［（イ）］を定め、もって電気工事の［（ウ）］による災害の発生の防止に寄与することを目的とする。

　この法律に基づき、自家用電気工作物の工事（特殊電気工事を除く。）に従事することができる［（エ）］電気工事士免状がある。また、その資格が認定されることにより、非常用予備発電装置に係る工事をすることができる［（オ）］資格者認定証がある。

2. 電気工事士、特種電気工事資格者又は認定電気工事従事者は、一般用電気工作物に係る電気工事の作業に従事するときは、経済産業省令で定める［（カ）］に、小規模事業用電気工作物に係る電気工事の作業又は自家用電気工作物に係る電気工事の作業に従事するときは、主務省令で定める［（カ）］に［（キ）］するようにその作業をしなければならない。

3. 電気工事士、特種電気工事資格者又は認定電気工事従事者は、電気工事の作業に従事するときは、電気工事士免状、特種電気工事資格者認定証又は認定電気工事従事者認定証を［（ク）］していなければならない。

**解答**

（ア）作業　（イ）義務　（ウ）欠陥　（エ）第一種　（オ）特種電気工事
（カ）技術基準　（キ）適合　（ク）携帯

**解説**　電気工事士法第1条、第3条、第5条第1項、第5条第2項からの出題である。

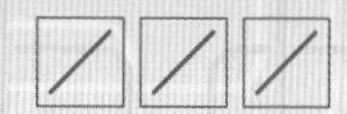

LESSON 8

# 電気工事業法

電気工事業法の目的、電気工事業者の種類等を学びます。登録電気事業者と通知電気事業者の違いを確実に理解しましょう。

関連過去問 017, 018

電気工事業法
第2条(定義)
この法律において
「電気工事」とは、
電気工事士法に規定する
電気工事をいう。

電気工事業法には、
電気工事士法の規定
が関係する条文がい
くつもあるから、気
を付けましょう。


## 1 電気工事業法の概要 重要度 A

### (1) 電気工事業法の目的

電気工事業法は、正確には「電気工事業の業務の適正化に関する法律」といい、第1条でその目的を次のように定めています。

**電気工事業法　第1条（目的）**

この法律は、電気工事業を営む者の**登録等**及びその業務の**規制**を行うことにより、その業務の適正な実施を確保し、もって**一般用**電気工作物等及び**自家用**電気工作物の**保安**の確保に資することを目的とする。

### (2) 用語の定義

第2条では、この法律で使用する用語の定義について定めています。ここでいう自家用電気工作物とは電気工事士法で定義されるものであって、電気事業法上の自家用電気工作物とは対象範囲が異なるので注意を要します。

**電気工事業法　第2条（定義）**〈要点抜粋〉

この法律において「電気工事」とは、**電気工事士法**に規定する電気工事をいう。ただし、家庭用電気機械器具の販売に付随して行う工事を除く。

2　この法律において「**電気工事業**」とは、電気工事を行う事業をいう。

3　この法律において「**登録電気工事業者**」とは次条第１項又は第３項の登録を受けた者を、「**通知電気工事業者**」とは第17条の２第１項の規定による通知をした者を、「電気工事業者」とは登録電気工事業者及び通知電気工事業者をいう。

4　※省略

5　この法律において「**一般用電気工作物等**」とは**電気工事士法**第２条第１項に規定する**一般用電気工作物等**を、「**自家用電気工作物**」とは**電気工事士法**第２条第２項に規定する**自家用電気工作物**をいう。



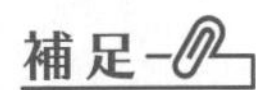


電気事業法で規定する自家用電気工作物には、最大電力の制限はない。電気工事士法、電気工事業法で規定する自家用電気工作物は、電気事業法で規定する自家用電気工作物から最大電力500〔kW〕以上の電気工作物を除いた需要設備等をいう。

### (3) 電気工事業者の種類

前項で説明したように、電気工事業者には、登録電気工事業者と通知電気工事業者の２つがあります。

#### 〈1〉登録電気工事業者

電気工事業を営もうとする者は、**経済産業大臣**（**2つ以上の都道府県**の区域内に営業所を設置する場合）又は**都道府県知事**（**1つの都道府県**の区域内にのみ営業所を設置する場合）の**登録**を受けなければなりません。この登録を受けた電気工事業者を**登録電気工事業者**といいます。登録の有効期間は**5年**で、有効期間の満了後も引き続き電気工事業を営もうとする者は、更新の登録を受ける必要があります（電気工事業法第３条）。

**電気工事業法　第３条（登録）**〈要点抜粋〉

電気工事業を営もうとする者は、**2以上の都道府県**の区域内に営業所（電気工事の作業の管理を行わない営業所を除く。以下同じ。）を設置してその事業を営もうとするときは**経済産業大臣**の、**1の都道府県**の区域内にのみ営業所を設置してその事業を営もうとするときは当該営業所の所在地を管轄する**都道府県知事**の**登録**を受けなければならない。

大臣登録は、２以上の都道府県に営業所を置く場合です。例えば、東京に営業所を置いて、埼玉や千葉に現場事務所を置いても、電気工事の作業の管理を行わないため該当しません。

2　登録電気工事業者の**登録**の有効期間は、**5年**とする。

3　前項の有効期間の満了後引き続き電気工事業を営もうとする者は、**更新**の登録を受けなければならない。

**〈2〉通知電気工事業者**

**自家用電気工作物**に係わる電気工事業を営もうとする者は、その事業を開始しようとする日の**10日前**までに、**経済産業大臣**（**2つ以上の都道府県**の区域内に営業所を設置する場合）に、又は**都道府県知事**（**1つの都道府県**の区域内にのみ営業所を設置する場合）に、その旨を通知しなければなりません。この電気工事業者を**通知電気工事業者**といいます（電気工事業法第17条の2）。

**電気工事業法　第17条の2（通知など）**〈要点抜粋〉

**自家用電気工作物**に係る電気工事（以下「自家用電気工事」という。）のみに係る電気工事業を営もうとする者は、経済産業省令で定めるところにより、その事業を開始しようとする日の**10日前**までに、**2以上の都道府県**の区域内に営業所を設置してその事業を営もうとするときは**経済産業大臣**に、**1の都道府県**の区域内にのみ営業所を設置してその事業を営もうとするときは当該営業所の所在地を管轄する**都道府県知事**にその旨を通知しなければならない。

**〈3〉登録電気工事業者と通知電気工事業者の違い**

登録電気工事業者と通知電気工事業者の違いを表にまとめると、表2.2のようになります。

ここでいう自家用電気工作物は、電気工事士法で規定する自家用電気工作物です。電気事業法で規定する自家用電気工作物ではありません。

**表2.2　登録電気工事業者と通知電気工事業者の違い**

| | 登録電気工事業者 | 通知電気工事業者 |
|---|---|---|
| 作業可能な電気工作物 | 一般用電気工作物等<br>自家用電気工作物 | 自家用電気工作物 |
| 登録・通知の別 | 登録（有効期間5年） | 10日前までに通知 |
| 登録・通知先 | 2つ以上の都道府県に営業所…経済産業大臣<br>1つの都道府県に営業所………都道府県知事 | |

## ② 電気工事業者の業務の規制　重要度A

電気工事業者に対して、電気工事業法の目的及び関係法令との関係から、次のような業務の規制があります。

① 登録電気工事業者は、営業所ごとに、その業務に係わる電気工事の作業を管理させるため、第一種電気工事士または第二種電気工事士免状の交付を受けた後電気工事に関し**3年以上**の実務経験を有する第二種電気工事士を、**主任**電気工事士として、置かなければならない(電気工事業法第19条)。

② 主任電気工事士は、一般用電気工事の作業の管理の職務を**誠実**に行わなければならない(電気工事業法第20条)。

③ 業務に関し、電気工事士でない者を電気工事の作業に従事させてはならない(電気工事業法第21条)。

④ 請け負った電気工事を当該電気工事に係る電気工事業を営む電気工事業者でない者に請け負わせてはならない(電気工事業法第22条)。

⑤ **電気用品安全法**による所定の表示が付されている電気用品でなければ、電気工事に使用してはならない(電気工事業法第23条)。

⑥ 電気工事が適切に行われたかどうかを検査するため、営業所ごとに、**絶縁抵抗計**その他の経済産業省令で定める器具を備えなければならない(電気工事業法第24条)。

⑦ 営業所及び電気工事の施工場所ごとに、見やすい場所に、**標識**を掲示しなければならない(電気工事業法第25条)。

⑧ 営業所ごとに帳簿を備え、所用の事項を記載し、これを**5年間**保存しなければならない(電気工事業法第26条、同法施行規則第13条)。

**電気工事業法　第19条(主任電気工事士の設置)**〈要点抜粋〉

登録電気工事業者は、その**一般用**電気工作物等に係る電気工事(以下「**一般用**電気工事」という。)の業務を行う営業所(以下この条において「特定営業所」という。)ごとに、当該業務に係る**一般用**電気工事の作業を管理させるため、第一種電気工事士又は免状の交付を受けた後電気工事に関し**3年以上**の実務の経験を有する第二種電気工事士を、**主任**電気工事士として、置かなければならない。

**電気工事業法　第20条（主任電気工事士の職務等）**
〈要点抜粋〉

主任電気工事士は、**一般用**電気工事による危険及び障害が発生しないように一般用電気工事の作業の管理の職務を**誠実**に行わなければならない。

**電気工事業法　第21条（作業の禁止）**〈要点抜粋〉

電気工事業者は、その業務に関し、第一種電気工事士でない者を自家用電気工事の作業に従事させてはならない（特殊電気工事を除く）。

2　登録電気工事業者は、その業務に関し、第一種電気工事士又は第二種電気工事士でない者を一般用電気工事の作業に従事させてはならない。

3　電気工事業者は、その業務に関し、特種電気工事資格者でない者を当該特殊電気工事の作業に従事させてはならない。

4　電気工事業者は、第1項の規定にかかわらず、認定電気工事従事者を簡易電気工事の作業に従事させることができる。

**特殊電気工事**とは、ネオン工事及び非常用予備発電装置工事をいう（LESSON7表2.1参照）。

**電気工事業法　第22条（請け負わせることの制限）**

電気工事業者は、その請け負った電気工事を当該電気工事に係る電気工事業を営む電気工事業者でない者に請け負わせてはならない。

**電気工事業法　第23条（電気用品の使用の制限）**
〈要点抜粋〉

電気工事業者は、**電気用品安全法**第10条第1項の表示が付されている電気用品でなければ、これを電気工事に使用してはならない。

**電気工事業法　第24条（器具の備付け）**

電気工事業者は、その営業所ごとに、**絶縁抵抗計**その他の経済産業省令で定める器具を備えなければならない。

**電気工事業法　第25条（標識の掲示）**

電気工事業者は、経済産業省令で定めるところにより、その営業所及び電気工事の施工場所ごとに、その見やすい場所に、氏名又は名称、登録番号その他の経済産業省令で定める事項を記載した**標識**を掲げなければならない。

**電気工事業法　第26条（帳簿の備付け等）**

電気工事業者は、経済産業省令で定めるところにより、その営業所ごとに帳簿を備え、その業務に関し経済産業省令で定める事項を記載し、これを保存しなければならない。

**補足**

帳簿の保存期間は、**5年間**と定められている（同法施行規則第13条）。

**例題にチャレンジ！**

次の文章は、電気工事業者の規制に関する記述である。

[　　　]の中に適当な答えを記入せよ。

1. 電気工事業者は、[（ア）]に規定する所定の表示が付されている電気用品でなければ、これを電気工事に使用してはならない。
2. 電気工事業者は、その営業所ごとに、[（イ）]その他の経済産業省令で定める器具を備えなければならない。
3. 電気工事業者は、経済産業省令で定めるところにより、その営業所及び電気工事の施工場所ごとに、その見やすい場所に、氏名又は名称、登録番号その他の経済産業省令で定める事項を記載した[（ウ）]を掲げなければならない。
4. 電気工事業者は、経済産業省令で定めるところにより、その営業所ごとに帳簿を備え、その業務に関し経済産業省令で定める事項を記載し、これを[（エ）]保存しなければならない。
5. 主任電気工事士は、[（オ）]電気工事による危険及び障害が発生しないように[（オ）]電気工事の作業の管理の職務を[（カ）]に行わなければならない。

**・解答・**

(ア)電気用品安全法　(イ)絶縁抵抗計　(ウ)標識
(エ)5年間　(オ)一般用　(カ)誠実

## ③ 経済産業大臣又は都道府県知事の監督 重要度 C

**補足**
①は、電気工事業法第27条(危険等防止命令)、②は、電気工事業法第28条(登録の取消し等)の内容である。

① 経済産業大臣又は都道府県知事は、電気工事業者(登録を受けた電気工事業者又は通知を行った電気工事業者。以下同じ。)が、故意又は過失により電気工事を粗雑にし、又は電気用品の使用制限に違反し、若しくは電気工事業法第24条で定める器具を備え付けていないことにより危険及び**障害**が発生し、又は発生するおそれがある場合に、これを防止するため、必要な措置をとるべきことを命ずることができるようになっています。

② 経済産業大臣又は都道府県知事は、電気工事業者が、登録(通知)事項の変更の届出を怠り、又は虚偽の届出をしたとき、あるいは不正の手段により電気工事の登録(通知)を受けたとき等の場合は、その登録(通知)を取消し、又は**6カ月以内**の期間を定めてその事業の全部若しくは一部の停止を命ずることができることとしています。

## 理解度チェック問題

**問題　次の文章は、「電気工事業法」に関する記述である。次の［　　］の中に適当な答えを記入せよ。**

**1.** この法律は、電気工事業を営む者の［（ア）］及びその業務の［（イ）］を行うことにより、その業務の適正な実施を確保し、もって［（ウ）］電気工作物等及び［（エ）］電気工作物の［（オ）］の確保に資することを目的とする。

**2.** 電気工事業を営もうとする者は、2以上の都道府県の区域内に営業所を設置してその事業を営もうとするときは［（カ）］の、1の都道府県の区域内にのみ営業所を設置してその事業を営もうとするときは当該営業所の所在地を管轄する［（キ）］の［（ク）］を受けなければならない。

2　［（ク）］電気工事業者の［（ク）］の有効期間は、［（ケ）］とする。

3　前項の有効期間の満了後引き続き電気工事業を営もうとする者は、更新の［（ク）］を受けなければならない。

**3.** ［（コ）］電気工作物に係る電気工事のみに係る電気工事業を営もうとする者は、経済産業省令で定めるところにより、その事業を開始しようとする日の［（サ）］までに、2以上の都道府県の区域内に営業所を設置してその事業を営もうとするときは［（カ）］に、1の都道府県の区域内にのみ営業所を設置してその事業を営もうとするときは当該営業所の所在地を管轄する［（キ）］にその旨を［（シ）］しなければならない。

**解答**

(ア)登録等　(イ)規制　(ウ)一般用　(エ)自家用　(オ)保安　(カ)経済産業大臣
(キ)都道府県知事　(ク)登録　(ケ)5年　(コ)自家用　(サ)10日前　(シ)通知

**解説**　電気工事業法第1条、第3条、第17条の2からの出題である。

LESSON 9

# 総則① 第1条～第2条

ここでは、電気設備技術基準の総則として、用語の定義、電圧の種別等を学びます。用語の意味を正確に理解しましょう。

関連過去問 019

| | 直流 | 交流 |
|---|---|---|
| 低圧 | 750V以下 | 600V以下 |
| 高圧 | 750Vを超え 7000V以下 | 600Vを超え 7000V以下 |
| 特別高圧 | 7000Vを超えるもの | |

電圧の種別は、とても重要。区分ごとの数字をしっかり覚えてください。


## 1 用語の定義

重要度 A

今日から、第3章電気設備技術基準です。各用語の定義は、今後の学習の基礎となるものなので、しっかり覚えておきましょう。

これから学習していく電気設備技術基準（正式名称「電気設備に関する技術基準を定める省令」以下、「電技」と略す）の条文の中には、さまざまな専門用語が出てきます。それぞれの条文の内容を理解するには、基本となる「用語の定義」を正確に知る必要があります。

電技に出てくる用語のうち、発電所などの電気を発生させる所から、工場、ビル、一般住宅、商店街といった需要場所へ電気が送られる過程で使用される基本的な用語は、電技第1条で次のように定められています。

**電技　第1条（用語の定義）**〈要点抜粋〉

この省令において、次の各号に掲げる用語の定義は、それぞれ当該各号に定めるところによる。

一　「**電路**」とは、通常の使用状態で電気が通じているところをいう。

二　「**電気機械器具**」とは、電路を構成する機械器具をいう。

三　「**発電所**」とは、発電機、原動機、燃料電池、太陽電池その他の機械器具を施設して電気を発生させる所をいう。

**補足**

事故時のみ電流が流れる接地回路は「電路」ではない。注意しよう。

四 「**蓄電所**」とは、構外から伝送される電力を構内に施設した電力貯蔵装置その他の電気工作物により貯蔵し、当該伝送された電力と同一の使用電圧及び周波数でさらに構外に伝送する所（同一の構内において発電設備、変電設備又は需要設備と電気的に接続されているものを除く。）をいう。

五 「**変電所**」とは、構外から伝送される電気を構内に施設した変圧器、回転変流機、整流器その他の電気機械器具により**変成**する所であって、変成した電気をさらに構外に伝送するもの（蓄電所を除く。）をいう。

六 「**開閉所**」とは、構内に施設した開閉器その他の装置により電路を開閉する所であって、発電所、蓄電所、変電所及び需要場所以外のものをいう。

七 「**電線**」とは、**強電流**電気の伝送に使用する電気導体、**絶縁物**で**被覆**した電気導体又は**絶縁物**で**被覆**した上を**保護被覆**で**保護**した電気導体をいう。

八 「**電車線**」とは、電気機関車及び電車にその動力用の電気を供給するために使用する接触電線及び鋼索鉄道の車両内の信号装置、照明装置等に電気を供給するために使用する接触電線をいう。

九 「**電線路**」とは、発電所、蓄電所、変電所、開閉所及びこれらに類する場所並びに電気使用場所相互間の電線（電車線を除く。）並びにこれを支持し、又は保蔵する工作物をいう。

十 「**電車線路**」とは、電車線及びこれを支持する工作物をいう。

十一 「**調相設備**」とは、**無効電力**を調整する電気機械器具をいう。

十二 「**弱電流電線**」とは、**弱電流**電気の伝送に使用する電気導体、**絶縁物**で**被覆**した電気導体又は**絶縁物**で**被覆**した上を**保護被覆**で**保護**した電気導体をいう。

十三 「**弱電流電線路**」とは、弱電流電線及びこれを支持し、

**補足**

簡単にいうと、開閉所＝変電所－変圧器である。

**補足**

簡単にいうと、電線路＝電線＋支持物である。

又は保蔵する工作物（造営物の屋内又は屋側に施設するものを除く。）をいう。

十四　「**光ファイバケーブル**」とは、光信号の伝送に使用する伝送媒体であって、保護被覆で保護したものをいう。

十五　「**光ファイバケーブル線路**」とは、光ファイバケーブル及びこれを支持し、又は保蔵する工作物（造営物の屋内又は屋側に施設するものを除く。）をいう。

十六　「**支持物**」とは、**木柱**、**鉄柱**、**鉄筋コンクリート柱**及び**鉄塔**並びにこれらに類する工作物であって、電線又は弱電流電線若しくは光ファイバケーブルを支持することを主たる目的とするものをいう。

十七　「**連接引込線**」とは、一需要場所の**引込線**（架空電線路の支持物から他の支持物を経ないで需要場所の取付け点に至る架空電線（架空電線路の電線をいう。以下同じ。）及び需要場所の造営物（土地に定着する工作物のうち、屋根及び柱又は壁を有する工作物をいう。以下同じ。）の側面等に施設する電線であって、当該需要場所の引込口に至るものをいう。）から分岐して、支持物を経ないで他の需要場所の**引込口**に至る部分の電線をいう。

十八　「**配線**」とは、電気使用場所において施設する電線（電気機械器具内の電線及び電線路の電線を除く。）をいう。

十九　「**電力貯蔵装置**」とは、電力を貯蔵する電気機械器具をいう。

「電気設備の技術基準の解釈」は、「電気設備技術基準」を満たすべき技術的な要件を示したものです。第４章で詳しく学びます。

ここで、このほかの電技掲載のわかりにくい用語について、経済産業省の「電気設備の技術基準の解釈」（以下、「解釈」と略す）を使って、定義をしておきます。

**解釈　第１条（用語の定義）**〈要点抜粋〉

四　**電気使用場所**　電気を使用するための電気設備を施設した、１の建物又は１の単位をなす場所

五　**需要場所**　**電気使用場所**を含む１の構内又はこれに準ずる区域であって、**発電所**、**蓄電所**、**変電所**及び**開閉所**以外のもの

**補足**

簡単にいうと、需要場所＝変電所に準ずる場所＋開閉所に準ずる場所＋電気使用場所。なので、発電所、変電所、開閉所は、需要場所ではない。

六　**変電所に準ずる場所**　需要場所において高圧又は特別高圧の電気を受電し、変圧器その他の電気機械器具により電気を変成する場所

七　**開閉所に準ずる場所**　需要場所において高圧又は特別高圧の電気を受電し、開閉器その他の装置により電路の開閉をする場所であって、変電所に準ずる場所以外のもの

また、電気使用場所、需要場所、変電所に準ずる場所、開閉所に準ずる場所の関係性の一例を、図3.1に示します。

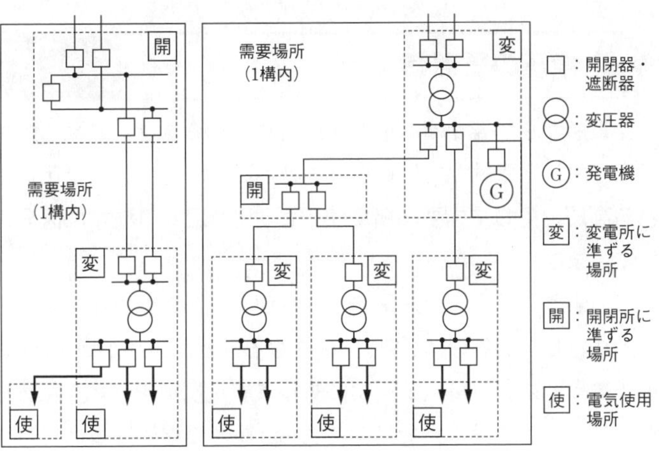


**図3.1　電気使用場所等の関係性**

九　**架空引込線**　架空電線路の支持物から他の支持物を経ずに需要場所の取付け点に至る架空電線

十　**引込線**　**架空引込線**及び需要場所の造営物の**側面**等に施設する電線であって、当該需要場所の**引込口**に至るもの

架空引込線、引込線、連接引込線の関係は、図3.2のようになります。地中を経由して造営物の側面等に施設するもの（地中引込線）も引込線に含まれます。なお、いわゆる引出し線は引込線に含まれます。

**補足**

「変電所」は変成した電気を構外に伝送する。「変電所に準ずる場所」は変成した電気をそこ（需要場所）で使用する。

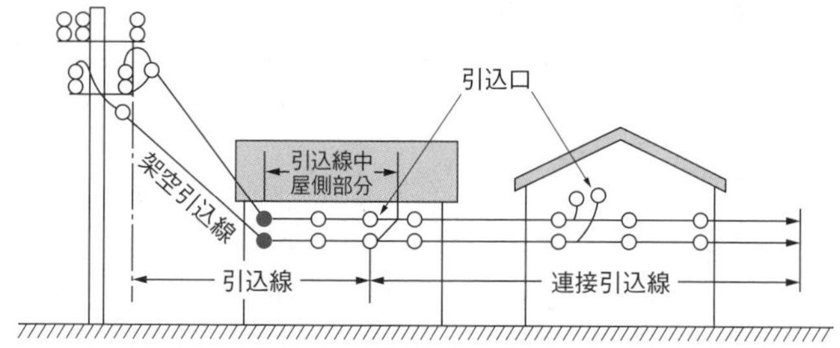


**図3.2　架空引込線等の関係性**

## ② 電圧の種別等　重要度 A

発電所から需要場所へ電気が送られてくるとき、これらの電圧は、主に送電線路で用いられる**特別高圧**、配電線路で用いられる**高圧**、そして需要場所で使用される**低圧**の3種類に区分されています。

このように、電気が送電場所の特別高圧から需要場所の低圧へと移行しているのは、電圧は高くなるほど危険性が増すため、電圧の高低により電気工作物に対して施設規制する必要があるからです。電技第2条では、これら3種類の電圧について、次のように定めています。

**電技　第2条（電圧の種別等）**〈要点抜粋〉

電圧は、次の区分により低圧、高圧及び特別高圧の3種とする。

一　**低圧**　直流にあっては750V以下、交流にあっては600V以下のもの

二　**高圧**　直流にあっては750Vを、交流にあっては600Vを超え、7000V以下のもの

三　**特別高圧**　7000Vを超えるもの

以上の区分を整理すると、表3.1のようになります。なお、「以上・以下」はその数値を含み、「超え・未満」はその数値を含みません。

表3.1　電圧の種別

| | 直流 | 交流 |
|---|---|---|
| 低圧 | 750V以下 | 600V以下 |
| 高圧 | 750Vを超え7000V以下 | 600Vを超え7000V以下 |
| 特別高圧 | 7000Vを超えるもの | |

電圧の各範囲は、電験三種試験の重要項目です。それぞれの数値をきっちり覚えましょう。

## 理解度チェック問題

**問題　次の文章は、電気設備技術基準に関する記述である。次の□の中に適当な答えを記入せよ。**

a.「電線」とは、(ア)電気の伝送に使用する電気導体、(イ)で(ウ)した電気導体又は(イ)で(ウ)した上を(エ)で(オ)した電気導体をいう。

b.「調相設備」とは、(カ)を調整する電気機械器具をいう。

c.「弱電流電線」とは、(キ)電気の伝送に使用する電気導体、(イ)で(ウ)した電気導体又は(イ)で(ウ)した上を(エ)で(オ)した電気導体をいう。

d.「支持物」とは、(ク)、(ケ)、(コ)及び(サ)並びにこれらに類する工作物であって、電線又は弱電流電線若しくは光ファイバケーブルを支持することを主たる目的とするものをいう。

e.「連接引込線」とは、一需要場所の(シ)から分岐して、支持物を経ないで他の需要場所の(ス)に至る部分の電線をいう。

**解答**

(ア)強電流　(イ)絶縁物　(ウ)被覆　(エ)保護被覆　(オ)保護
(カ)無効電力　(キ)弱電流　(ク)木柱　(ケ)鉄柱　(コ)鉄筋コンクリート柱
(サ)鉄塔　(シ)引込線　(ス)引込口

**解説**　電技第1条第1項第七号、第十一号、第十二号、第十六号、第十七号からの出題である。

LESSON 10

# 総則② 第4条～第15条の2

保安原則として、感電、火災等の防止、異常の予防と保護対策について学びます。赤字用語や数値はしっかり覚えましょう。

関連過去問 020, 021

ビリビリ
感電しないように、接地（アース）が大事です。アースは地球だぁー

## 1 感電、火災等の防止 重要度A

### (1) 電気設備における感電、火災等の防止

電気設備における感電、火災等の防止については、電技第4条で次のように定められています。

**電技　第4条（電気設備における感電、火災等の防止）**

電気設備は、感電、火災その他人体に危害を及ぼし、又は物件に損傷を与えるおそれがないように施設しなければならない。

### (2) 電路の絶縁

電路が十分に絶縁されていないと、感電や、漏電による火災をはじめ、さまざまな障害が生じます。これらを防止するために、電路を大地から絶縁することは、電気工作物における重要な原則です。こうした電路の絶縁について、電技第5条、第22条、第58条で次のように定められています。

**電技　第5条（電路の絶縁）**

電路は、大地から絶縁しなければならない。ただし、構造上やむを得ない場合であって通常予見される使用形態を考慮し危険のおそれがない場合、又は混触による高電圧の侵入等

赤字用語は、重要。繰り返し読み込んでしっかり覚えましょう。

**補足**

電路は大地から**絶縁**することが原則である。ただし、混触による高電圧の侵入などの危険を回避する場合は、電路の一部を**接地**する。接地については、この後学習する。
なお、**混触**とは、特別高圧または高圧電路と低圧電路を結合する変圧器を使用する際に、変圧器内で結線が接触し、低圧電路側に高圧が発生することである。

の異常が発生した際の危険を回避するための**接地**その他の**保安上**必要な措置を講ずる場合は、この限りでない。

2　前項の場合にあっては、その絶縁性能は、第22条及び第58条の規定を除き、事故時に想定される**異常電圧**を考慮し、絶縁破壊による危険のおそれがないものでなければならない。

3　変成器内の巻線と当該変成器内の他の巻線との間の絶縁性能は、事故時に想定される**異常電圧**を考慮し、絶縁破壊による危険のおそれがないものでなければならない。

**補足**
第22条の規定についてはLESSON12で、第58条の規定についてはLESSON15で再度学習する。

**電技　第22条（低圧電線路の絶縁性能）**

低圧電線路中絶縁部分の電線と大地との間及び電線の線心相互間の絶縁抵抗は、使用電圧に対する漏えい電流が最大供給電流の1/2000を超えないようにしなければならない。

**電技　第58条（低圧の電路の絶縁性能）**

電気使用場所における使用電圧が低圧の電路の電線相互間及び電路と大地との間の絶縁抵抗は、開閉器又は過電流遮断器で区切ることのできる電路ごとに、次の表の左欄に掲げる電路の使用電圧の区分に応じ、それぞれ同表の右欄に掲げる値以上でなければならない。

| 電路の使用電圧の区分 | | 絶縁抵抗値 |
|---|---|---|
| 300V以下 | 対地電圧（接地式電路においては電線と大地との間の電圧、非接地式電路においては電線間の電圧をいう。以下同じ。）が150V以下の場合 | 0.1MΩ |
| | その他の場合 | 0.2MΩ |
| 300Vを超えるもの | | 0.4MΩ |

**補足**
単位のMΩは、メガオーム又はメグオームと読む。

### (3) 電線等の断線の防止、電線の接続、電気機械器具の熱的強度

電線の接続不良による過熱や断線などは、感電や、漏電による火災事故などの原因となります。また、電気機械器具についても、通常の使用状態において発生する熱に耐える構造になっていないと、同じように事故の原因となります。これらの事故を防止するために、電技第６条、第７条、第８条で次のように

定められています。

**電技 第６条（電線等の断線の防止）**

電線、支線、架空地線、弱電流電線等（弱電流電線及び光ファイバケーブルをいう。以下同じ。）その他の電気設備の保安のために施設する線は、**通常の使用**状態において**断線**のおそれがないように施設しなければならない。

**電技 第７条（電線の接続）**

電線を接続する場合は、接続部分において電線の**電気抵抗**を増加させないように接続するほか、絶縁性能の低下（裸電線を除く。）及び**通常の使用状態**において**断線**のおそれがないようにしなければならない。

**電技 第８条（電気機械器具の熱的強度）**

電路に施設する電気機械器具は、**通常の使用**状態においてその電気機械器具に発生する**熱**に耐えるものでなければならない。

**(4) 高圧、特別高圧の電気機械器具の危険の防止**

高圧、特別高圧の電気機械器具の危険の防止については、電技第９条で次のように定められています。

**電技 第９条（高圧又は特別高圧の電気機械器具の危険の防止）**

高圧又は特別高圧の電気機械器具は、**取扱者**以外の者が容易に触れるおそれがないように施設しなければならない。ただし、接触による危険のおそれがない場合は、この限りでない。

2 高圧又は特別高圧の開閉器、遮断器、避雷器その他これらに類する器具であって、動作時に**アーク**を生ずるものは、火災のおそれがないよう、木製の壁又は天井その他の**可燃性**の物から離して施設しなければならない。ただし、**耐火性**の物で両者の間を隔離した場合は、この限りでない。

**補足**

電技第６条の関連条文として、「電気設備の技術基準の解釈」（以下「解釈」と略す）に次のようなものがある。
第61条「支線の施設方法及び支柱による代用」
第65条「低高圧架空電線路に使用する電線」
第66条「低高圧架空電線の引張強さに対する安全率」
第90条「特別高圧架空電線路の架空地線」

電技第６条、第７条、第８条は、それぞれ、機械的強度、電気的強度、熱的強度を保って施設するように想定しています。特に、**電線の接続**は**電気抵抗を増やさない**ことがポイントです。

**用語**

電極間の気体の絶縁破壊により、電極間に高熱と強い光を伴った電流が流れることを**アーク**（アーク放電。電弧（でんこ））という。また、アークを消すことを**消弧**という。

### (5) 電気設備の接地と接地の方法

異常時の電位上昇や高電圧の侵入などによる感電や火災を防止するには、電気設備に接地その他の適切な措置を講じる必要があります。接地の措置については電技第10条で、接地電流については電技第11条で、それぞれ定められています。

**電技　第10条（電気設備の接地）**

電気設備の必要な箇所には、異常時の**電位上昇**、高電圧の侵入等による感電、火災その他**人体**に危害を及ぼし、又は**物件**への損傷を与えるおそれがないよう、**接地**その他の適切な措置を講じなければならない。ただし、電路に係る部分にあっては、第5条第1項の規定に定めるところによりこれを行わなければならない。

**電技　第11条（電気設備の接地の方法）**

電気設備に**接地**を施す場合は、電流が安全かつ確実に**大地に通ずる**ことができるようにしなければならない。

補足

電技第10条、第11条の関連条文として、解釈に次のようなものがある。
第19条「保安上又は機能上必要な場合における電路の接地」
第28条「計器用変成器の2次側電路の接地」
第29条「機械器具の金属製外箱等の接地」

## 2 異常の予防と保護対策　重要度A

### (1) 変圧器等の適切な施設

特別高圧および高圧電路と低圧電路を結合する変圧器は、高電圧の侵入によって低圧側に損傷が生じたり、感電や火災を起こしたりするおそれがあります。これらを防止するために適切な措置を講じる必要があるとして、電技第12条と第13条では次のように定められています。

**電技　第12条（特別高圧電路等と結合する変圧器等の火災等の防止）**

高圧又は特別高圧の電路と低圧の電路とを結合する変圧器は、高圧又は特別高圧の電圧の侵入による低圧側の電気設備の損傷、感電又は火災のおそれがないよう、当該変圧器における適切な箇所に接地を施さなければならない。ただし、施設の方法又は構造によりやむを得ない場合であって、変圧器から離れた箇所における接地その他の適切な措置を講ずるこ

補足

電技第12条の関連条文として、解釈に次のようなものがある。
第24条「高圧又は特別高圧と低圧との混触による危険防止施設」
第25条「特別高圧と高圧との混触等による危険防止施設」
第28条「計器用変成器の2次側電路の接地」

とにより低圧側の電気設備の損傷、感電又は火災のおそれがない場合は、この限りでない。

2　変圧器によって特別高圧の電路に結合される高圧の電路には、特別高圧の電圧の侵入による高圧側の電気設備の損傷、感電又は火災のおそれがないよう、接地を施した放電装置の施設その他の適切な措置を講じなければならない。

**電技　第13条（特別高圧を直接低圧に変成する変圧器の施設制限）**

特別高圧を直接低圧に変成する変圧器は、次の各号のいずれかに掲げる場合を除き、施設してはならない。

一　発電所等公衆が立ち入らない場所に施設する場合

二　混触防止措置が講じられている等危険のおそれがない場合

三　特別高圧側の巻線と低圧側の巻線とが混触した場合に自動的に電路が遮断される装置の施設その他の保安上の適切な措置が講じられている場合

### (2) 電線や電気機械器具の保護対策

過電流や地絡によって生じる電線や電気機械器具の過熱焼損、感電または火災の発生などを防止するためには、適切な措置を講じる必要があります。これらの措置について、電技第14条と第15条では次のように定められています。

**電技　第14条（過電流からの電線及び電気機械器具の保護対策）**

**電路**の必要な箇所には、過電流による**過熱焼損**から電線及び電気機械器具を保護し、かつ、**火災**の発生を防止できるよう、過電流遮断器を施設しなければならない。

**電技　第15条（地絡に対する保護対策）**

電路には、**地絡**が生じた場合に、電線若しくは電気機械器具の損傷、感電又は**火災**のおそれがないよう、地絡遮断器の施設その他の適切な措置を講じなければならない。ただし、電気機械器具を**乾燥した場所**に施設する等地絡による危険の

**補足**

電技第13条の関連条文として、解釈第27条「特別高圧を直接低圧に変成する変圧器の施設」がある。

**用語**

電線や電気機器は、本来、接地（アース）部分以外の電気回路を絶縁物で覆い、完全に大地と絶縁されていなければならない。しかし、予定外に電気回路が大地と電気的に接続されてしまった状態のことを、**地絡**と呼ぶ。

**補足**

電技第14条の関連条文として、解釈に次のようなものがある。

第33条「低圧電路に施設する過電流遮断器の性能等」

第35条「過電流遮断器の施設の例外」

**補足**

電技第15条の関連条文として、解釈第36条「地絡遮断装置の施設」がある。

おそれがない場合は、この限りでない。

### (3) サイバーセキュリティの確保

IT技術の高度化や電力システム改革の進展により、外部通信ネットワークとの相互接続の機会が増加し、これによりセキュリティリスクが高まっています。

そうした状況下、サイバー攻撃などのリスクに対し、電気工作物においてもサイバーセキュリティを確保することが必要になっています。これらについて、電技第15条の2で次のように定められています。

**電技　第15条の2（サイバーセキュリティの確保）**

事業用電気工作物（小規模事業用電気工作物を除く。）の運転を管理する電子計算機は、当該電気工作物が**人体に危害**を及ぼし、又は**物件に損傷**を与えるおそれ及び一般送配電事業又は配電事業に係る電気の供給に著しい支障を及ぼすおそれがないよう、サイバーセキュリティ（サイバーセキュリティ基本法（平成26年法律第104号）第2条に規定するサイバーセキュリティをいう。）を確保しなければならない。

## 理解度チェック問題

**問題　次の文章は、電気設備技術基準に関する記述である。次の［　　］の中に適当な答えを記入せよ。**

a. 電気設備は、［（ア）］、火災その他［（イ）］に危害を及ぼし、又は［（ウ）］に損傷を与えるおそれがないように施設しなければならない。

b. 電路は、大地から［（エ）］しなければならない。ただし、構造上やむを得ない場合であって通常予見される使用形態を考慮し危険のおそれがない場合、又は［（オ）］による高電圧の侵入等の異常が発生した際の危険を回避するための［（カ）］その他の保安上必要な措置を講ずる場合は、この限りでない。

c. 電線、支線、架空地線、弱電流電線等（弱電流電線及び光ファイバケーブルをいう。）その他の電気設備の保安のために施設する線は、［（キ）］状態において［（ク）］のおそれがないように施設しなければならない。

d. 電線を接続する場合は、接続部分において電線の［（ケ）］を増加させないように接続するほか、絶縁性能の低下（裸電線を除く。）及び［（コ）］状態において［（サ）］のおそれがないようにしなければならない。

e. 電路に施設する電気機械器具は、［（シ）］状態においてその電気機械器具に発生する［（ス）］に耐えるものでなければならない。

**解答**

（ア）感電　（イ）人体　（ウ）物件　（エ）絶縁　（オ）混触　（カ）接地
（キ）通常の使用　（ク）断線　（ケ）電気抵抗　（コ）通常の使用　（サ）断線
（シ）通常の使用　（ス）熱

**解説**　電技第4条～第8条からの出題である。

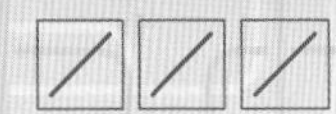

LESSON 11

# 総則③ 第16条～第19条

保安原則として、電気的、磁気的障害の防止、供給支障の防止、公害等の防止について学びます。赤字用語を意識しながら読み進めましょう。

関連過去問 022, 023

①電気的、磁気的障害
②供給支障
③公害等
ふむふむ
この3点は大事。それぞれの防止について学びましょう。


## 1 電気的、磁気的障害の防止 重要度A

電気設備が他の電気設備に電気的又は磁気的障害を与えたり、高周波利用設備が他の高周波利用設備に機能障害を及ぼしたりするおそれがないように、電技第16条、第17条では次のように定められています。

**電技 第16条（電気設備の電気的、磁気的障害の防止）**

電気設備は、他の電気設備その他の物件の**機能**に**電気的**又は**磁気的**な障害を与えないように施設しなければならない。

**電技 第17条（高周波利用設備への障害の防止）**

高周波利用設備（電路を高周波電流の**伝送路**として利用するものに限る。以下この条において同じ。）は、他の高周波利用設備の**機能**に継続的かつ**重大**な障害を及ぼすおそれがないように施設しなければならない。

**補足**
電技第17条の関連条文として、解釈第30条「高周波利用設備の障害の防止」がある。

## 2 供給支障の防止 重要度A

高圧又は特別高圧の電気設備の損壊による供給支障の防止について、電技第18条で次のように定められています。

なお、低圧の電気設備の損壊で供給支障事故になることはほぼないので、低圧に関する規定はありません。

**電技　第18条（電気設備による供給支障の防止）**

**高圧**又は**特別高圧**の電気設備は、その**損壊**により一般送配電事業者又は配電事業者の電気の供給に著しい**支障**を及ぼさないように施設しなければならない。

2　**高圧**又は**特別高圧**の電気設備は、その電気設備が一般送配電事業又は配電事業の用に供される場合にあっては、その電気設備の**損壊**によりその一般送配電事業又は配電事業に係る電気の供給に著しい**支障**を生じないように施設しなければならない。



## 3 公害等の防止　重要度A

公害等の防止については、中性点直接接地式電路に接続する変圧器の絶縁油の構外流出や地下浸透の防止のために適切な措置を講じること、ポリ塩化ビフェニル（PCB）入りの絶縁油を使用する電気機械器具及び電線を電路に施設することの禁止などがあります。こうした公害等の防止策が電技第19条で次のように定められています。

**補足**

中性点直接接地式は、187〔kV〕以上の超高圧送電線路に採用されている。

中性点直接接地式電路は、接地事故時の地絡電流が大きいため、アークエネルギーによって変圧器タンクが破損し、絶縁油が流出するおそれがある。しかし、構外への絶縁油流出は社会的に影響が大きいので、このような場合に備えて、流出防止装置の施設を義務付けている。

**電技　第19条（公害等の防止）**〈要点抜粋〉

発電用**火力**設備に関する技術基準を定める省令第４条第１項及び第２項の規定は、変電所、開閉所若しくはこれらに準ずる場所に設置する電気設備又は電力保安通信設備に附属する電気設備について準用する。

2　水質汚濁防止法第２条第２項の規定による特定施設を設置する発電所、蓄電所又は変電所、開閉所若しくはこれらに準ずる場所から排出される排出水は、同法第３条第１項及び第３項の規定による規制基準に適合しなければならない。

3　水質汚濁防止法第４条の５第１項に規定する指定地域内事業場から排出される排出水にあっては、前項の規定によるほか、同法第４条の２第１項に規定する指定項目で表示した汚濁負荷量が同法第４条の５第１項又は第２項の規定に基づいて定められた総量規制基準に適合しなければならない。

10　中性点**直接**接地式電路に接続する変圧器を設置する箇所には、**絶縁油**の**構外**への**流出**及び**地下**への**浸透**を防止するための措置が施されていなければならない。

11　騒音規制法第２条第１項の規定による特定施設を設置する発電所、蓄電所又は変電所、開閉所若しくはこれらに準ずる場所であって同法第３条第１項の規定により指定された地域内に存するものにおいて発生する騒音は、同法第４条第１項又は第２項の規定による規制基準に適合しなければならない。

12　振動規制法第２条第１項の規定による特定施設を設置する発電所、蓄電所又は変電所、開閉所若しくはこれらに準ずる場所であって同法第３条第１項の規定により指定された地域内に存するものにおいて発生する振動は、同法第４条第１項又は第２項の規定による規制基準に適合しなければならない。

13　急傾斜地の崩壊による災害の防止に関する法律第３条第１項の規定により指定された急傾斜地崩壊危険区域（以下「急傾斜地崩壊危険区域」という。）内に施設する発電所、蓄電所又は変電所、開閉所若しくはこれらに準ずる場所の電気設備、電線路又は**電力保安通信設備**は、当該区域内の急傾斜地（同法第２条第１項の規定によるものをいう。）の**崩壊**を**助長**し又は**誘発**するおそれがないように施設しなければならない。

14　ポリ塩化ビフェニルを含有する**絶縁油**を使用する**電気機械器具**及び**電線**は、**電路**に施設してはならない。

15　水質汚濁防止法第２条第５項の規定による貯油施設等が一般用電気工作物である場合には、当該貯油施設等を設置する場所において、貯油施設等の破損その他の事故が発生し、油を含む水が当該設置場所から公共用水域に

絶縁油の流出防止措置は、中性点直接接地式という条件があるが、ポリ塩化ビフェニル（PCB）を含む絶縁油は無制限に使用禁止である。

PCB使用電気機械器具については、定められた期限までに処分するよう経済産業省及び環境省より通知されています。

排出され、又は地下に浸透したことにより生活環境に係る被害を生ずるおそれがないよう、適切な措置を講じなければならない。

また、電技第19条第1項にある「発電用火力設備に関する技術基準を定める省令」(以下、発電用火力設備技術基準と略す)第4条で、次のように定められています。

**発電用火力設備技術基準　第4条（公害の防止）**〈要点抜粋〉

大気汚染防止法に規定するばい煙発生施設に該当する電気工作物に係る**ばい煙量**又は**ばい煙濃度**は、当該施設に係る同法の排出基準に適合しなければならない。

2　大気汚染防止法に規定する特定工場等に係る前項に規定する電気工作物にあっては、前項の規定によるほか、当該特定工場等に設置されているすべての当該電気工作物において発生し、排出口から大気中に排出される指定**ばい煙の合計量**が同法の規定に基づいて定められた当該指定ばい煙に係る総量規制基準に適合することとならなければならない。

## 4 大気汚染防止法　重要度A

電気事業法に規定する電気工作物、例えば、変電所、開閉所もしくはこれらに準ずる場所に設置する、大気汚染防止法に規定するばい煙発生施設（一定の燃焼能力以上のガスタービンとディーゼル機関）から発生するばい煙の排出に関する規制については、電気事業法の相当規定（電気設備技術基準など）の定めるところによること、となっています。

**大気汚染防止法　第2条（定義等）**〈要点抜粋〉

この法律において「**ばい煙**」とは、次の各号に掲げる物質をいう。

一　燃料その他の物の燃焼に伴い発生するいおう酸化物

二　燃料その他の物の燃焼又は熱源としての電気の使用に伴い発生するばいじん

**いおう**とは、硫黄のことである。

第3章　電気設備技術基準

三　物の燃焼、合成、分解その他の処理に伴い発生する物質のうち、カドミウム、塩素、弗化（ふっか）水素、鉛その他の人の健康又は生活環境に係る被害を生ずるおそれがある物質

2　この法律において「**ばい煙発生施設**」とは、工場又は事業場に設置される施設でばい煙を発生し、及び排出するもののうち、その施設から排出されるばい煙が大気の汚染の原因となるもので政令で定めるものをいう。

**大気汚染防止法　第27条（適用除外等）**〈要点抜粋〉

**電気事業法**に規定する**電気工作物**、ガス事業法に規定するガス工作物又は鉱山保安法で定めるばい煙発生施設等において発生し、又は飛散するばい煙等を排出し、又は飛散させる者については、大気汚染防止法の規定を適用せず、**電気事業法**、ガス事業法又は鉱山保安法の相当規定の定めるところによる。

大気汚染防止法第27条を図解すると、図3.3のようになります。

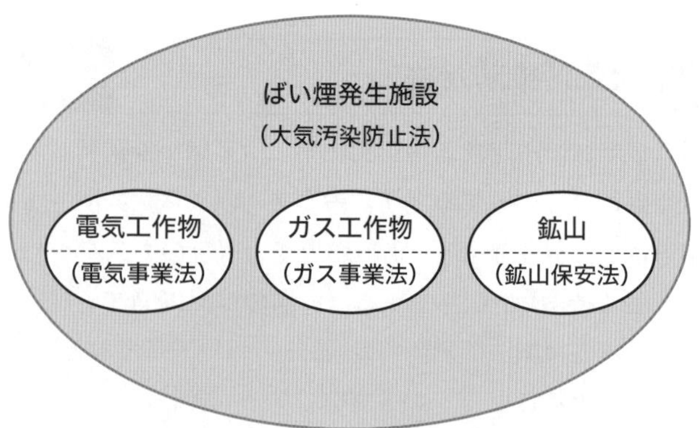


**図3.3　ばい煙発生施設と規制法律**

## 理解度チェック問題

**問題　次の文章は、電気設備技術基準における保安原則、公害の防止等に関する記述である。次の［　　］の中に適当な答えを記入せよ。**

a. 電気設備は、他の電気設備その他の物件の機能に電気的又は［（ア）］な障害を与えないように施設しなければならない。

b. 高周波利用設備（電路を高周波電流の伝送路として利用するものに限る。以下この条において同じ。）は、他の高周波利用設備の［（イ）］に継続的かつ［（ウ）］な障害を及ぼすおそれがないように施設しなければならない。

c. 高圧又は特別高圧の電気設備は、その［（エ）］により一般送配電事業者又は配電事業者の電気の供給に著しい［（オ）］を及ぼさないように施設しなければならない。

d. 中性点直接接地式電路に接続する変圧器を設置する箇所には、絶縁油の構外への［（カ）］及び地下への［（キ）］を防止するための措置が施されていなければならない。

e. 急傾斜地の崩壊による災害の防止に関する法律の規定により指定された急傾斜地崩壊危険区域内に施設する発電所、蓄電所又は変電所、開閉所若しくはこれらに準ずる場所の電気設備、電線路又は［（ク）］は、当該区域内の急傾斜地の崩壊を助長し又は誘発するおそれがないように施設しなければならない。

f. ポリ塩化ビフェニルを含有する絶縁油を使用する電気機械器具及び［（ケ）］は、電路に施設してはならない。

**解答**

（ア）磁気的　（イ）機能　（ウ）重大　（エ）損壊　（オ）支障　（カ）流出
（キ）浸透　（ク）電力保安通信設備　（ケ）電線

**解説**　電技第16条～第18条、第19条第10項、第13項、第14項からの出題である。

第3章 電気設備技術基準

LESSON 12

# 電気の供給のための電気設備の施設①　第20条～第27条の2

電気の供給のための電気設備の施設における「感電・火災等の防止」「絶縁性能」「立入の防止と感電の防止」などを学びます。

関連過去問 024, 025, 026

こうした電気機械器具は、空間の磁束密度の平均値が、商用周波数で200 μT以下になるよう施設します。

## 1 電線路等の感電・火災の防止および絶縁性能　重要度 A

条文中の赤字用語を意識しながら読み進めましょう。

電線路などからの感電、火災防止に対する考え方及び絶縁電線・ケーブルの絶縁性能、低圧電路の絶縁性能について、電技第20条、第21条、第22条では次のように定められています。

### 〈1〉感電、火災防止に対する考え方

**電技　第20条（電線路等の感電又は火災の防止）**

電線路又は電車線路は、施設場所の状況及び電圧に応じ、感電又は火災のおそれがないように施設しなければならない。

### 〈2〉絶縁電線・ケーブルの絶縁性能

**電技　第21条（架空電線及び地中電線の感電の防止）**

低圧又は高圧の架空電線には、感電のおそれがないよう、使用電圧に応じた**絶縁性能**を有する**絶縁電線又はケーブル**を使用しなければならない。ただし、通常予見される使用形態を考慮し、感電のおそれがない場合は、この限りでない。

2　地中電線（地中電線路の電線をいう。以下同じ。）には、感電のおそれがないよう、使用電圧に応じた絶縁性能を有する**ケーブル**を使用しなければならない。

**電技　第22条（低圧電線路の絶縁性能）**

　低圧電線路中絶縁部分の電線と大地との間及び電線の線心相互間の絶縁抵抗は、**使用電圧**に対する漏えい電流が**最大供給電流の1/2000**を超えないようにしなければならない。

　なお、電技第22条は、電線1条についての漏えい電流の許容値について述べたものです。したがって、最大供給電流を$I_m$とすると各配線方式の漏えい電流の許容値$I_g$は、電線を一括して大地との間に使用電圧$E$を加えることで求めることができます。

◎単相2線式（2条）のとき……$I_g = I_m \times (1/2000) \times 2$

◎単相3線式（3条）のとき……$I_g = I_m \times (1/2000) \times 3$

◎三相3線式（3条）のとき……$I_g = I_m \times (1/2000) \times 3$

　例えば、単相3線式又は三相3線式の3条分を一括した回路図は、図3.4のようになります。

　1線当たりの許容される漏れ電流は$I_g/3$となることから、1線当たりの許容される絶縁抵抗$R$は、次式で求めることができます。

$$R = \frac{E}{I_g/3}〔\Omega〕$$

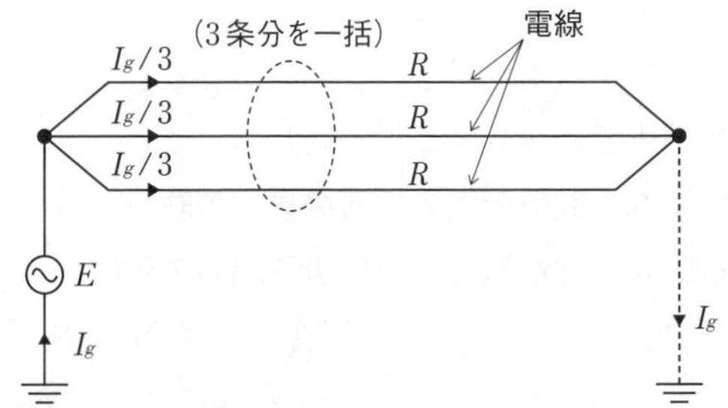


**図3.4　電線3条分を一括した回路**

### 〈3〉低圧の電路の絶縁性能

　低圧の電路の絶縁性能については、電技第58条で次のように定められています。

**電技　第58条（低圧の電路の絶縁性能）**〈要点抜粋〉

　電気使用場所における使用電圧が低圧の電路の電線相互間

電験三種試験では、使用電圧に対して超えてはならない漏えい電流を計算する問題が出題されます。各配線方式における「漏えい電流の許容値」を求める計算式をしっかり覚えておきましょう。

第3章
電気設備技術基準

電技第58条は、先に LESSON10 で学びました。また、この後LESSON15でも学びます。
右の数値も重要です。必ず覚えておきましょう。

及び電路と大地との間の絶縁抵抗は、開閉器又は過電流遮断器で区切ることのできる電路ごとに、次の表の左欄に掲げる電路の使用電圧の区分に応じ、それぞれ同表の右欄に掲げる値以上でなければならない。

| 電路の使用電圧の区分 | | 絶縁抵抗値 |
|---|---|---|
| 300V以下 | 対地電圧（接地式電路においては電線と大地との間の電圧、非接地式電路においては電線間の電圧をいう。以下同じ。）が150V以下の場合 | 0.1MΩ |
| | その他の場合 | 0.2MΩ |
| 300Vを超えるもの | | 0.4MΩ |

## ② 立入の防止と感電の防止 重要度 A

発電所などの施設は、高電圧設備などがあり、安全確保などのために取扱者以外は立ち入ることを禁じています。

また、架空電線路などは、感電のおそれがなく、しかも交通に支障を及ぼさない高さに施設しなければなりません。

さらに、特別高圧の架空電線路では、静電誘導や電磁誘導による感電防止のために適切な処置を講じる必要があります。

これらについて、電技第23条〜第27条の2では次のように定められています。

### 〈1〉発電所等への取扱者以外の者の立入の防止

**電技　第23条（発電所等への取扱者以外の者の立入の防止）**

**高圧又は特別高圧**の電気機械器具、母線等を施設する発電所、蓄電所又は変電所、開閉所若しくはこれらに準ずる場所には、取扱者以外の者に電気機械器具、母線等が**危険**である旨を表示するとともに、当該者が容易に**構内**に立ち入るおそれがないように適切な措置を講じなければならない。

2　地中電線路に施設する**地中箱**は、取扱者以外の者が容易に立ち入るおそれがないように施設しなければならない。

用語 

**地中箱**とは、マンホールのこと。

### 〈2〉架空電線路等に関する決まり

**電技　第24条（架空電線路の支持物の昇塔防止）**

架空電線路の支持物には、感電のおそれがないよう、取扱者以外の者が容易に昇塔できないように適切な措置を講じなければならない。

**電技　第25条（架空電線等の高さ）**

架空電線、架空電力保安通信線及び架空電車線は、**接触**又は**誘導作用**による**感電**のおそれがなく、かつ、**交通**に支障を及ぼすおそれがない高さに施設しなければならない。

2　支線は、交通に支障を及ぼすおそれがない高さに施設しなければならない。

**電技　第26条（架空電線による他人の電線等の作業者への感電の防止）**

架空電線路の支持物は、他人の設置した架空電線路又は架空弱電流電線路若しくは架空光ファイバケーブル線路の電線又は弱電流電線若しくは光ファイバケーブルの間を貫通して施設してはならない。ただし、その他人の承諾を得た場合は、この限りでない。

2　架空電線は、他人の設置した架空電線路、電車線路又は架空弱電流電線路若しくは架空光ファイバケーブル線路の支持物を挟んで施設してはならない。ただし、同一支持物に施設する場合又はその他人の承諾を得た場合は、この限りでない。

### 〈3〉静電誘導作用・電磁誘導作用等に関する決まり

**電技　第27条（架空電線路からの静電誘導作用又は電磁誘導作用による感電の防止）**

特別高圧の架空電線路は、通常の使用状態において、**静電誘導作用**により人による**感知**のおそれがないよう、地表上1mにおける電界強度が3kV/m以下になるように施設しなければならない。ただし、田畑、山林その他の人の往来が少ない場所において、**人体に危害**を及ぼすおそれがないように施設する場合は、この限りでない。

**用語**

**電車線**とは、パンタグラフに接して電車に電気を送り込んでいる電線路のこと。「トロリ線」とも呼ばれる。

**補足**

電技第25条の関連条文として、解釈に次のようなものがある。
第61条「支線の施設方法及び支柱による代用」
第68条「低高圧架空電線の高さ」
第87条「特別高圧架空電線の高さ」
第116条～118条「低圧・高圧・特別高圧架空引込線等の施設」

**補足**

**他人**とは、「他の電線施設者」といった意味である。

2　特別高圧の架空電線路は、電磁誘導作用により**弱電流電線路**（電力保安通信設備を除く。）を通じて**人体に危害**を及ぼすおそれがないように施設しなければならない。

3　電力保安通信設備は、架空電線路からの**静電誘導作用**又は**電磁誘導作用**により**人体に危害**を及ぼすおそれがないように施設しなければならない。

**電技　第27条の2（電気機械器具等からの電磁誘導作用による人の健康影響の防止）**

変圧器、開閉器その他これらに類するもの又は電線路を発電所、蓄電所、変電所、開閉所及び需要場所以外の場所に施設するに当たっては、通常の使用状態において、当該電気機械器具等からの電磁誘導作用により**人の健康に影響**を及ぼすおそれがないよう、当該電気機械器具等のそれぞれの付近において、人によって占められる空間に相当する空間の**磁束密度**の平均値が、**商用周波数**において200μT以下になるように施設しなければならない。ただし、田畑、山林その他の**人の往来が少ない**場所において、人体に危害を及ぼすおそれがないように施設する場合は、この限りでない。

2　変電所又は開閉所は、通常の使用状態において、当該施設からの電磁誘導作用により**人の健康に影響**を及ぼすおそれがないよう、当該施設の付近において、**人**によって占められる空間に相当する空間の磁束密度の平均値が、商用周波数において200μT以下になるように施設しなければならない。ただし、田畑、山林その他の人の往来が少ない場所において、**人体に危害**を及ぼすおそれがないように施設する場合は、この限りでない。

電技第27条は、特別高圧架空電線路の誘導による感電防止のための施設についての規定で、ポイントは次の3点です。

①静電誘導作用により、人による感知のおそれがない。

②地表上1mにおける電界強度が3kV/m以下になるように施設する。

③弱電流電線路を通じて人体に危害を及ぼすおそれがないように施設する。

人により感知する「静電誘導作用」とは、髪の毛が逆立つことなどです。

**補足**

μTは、「マイクロテスラ」と読む。

## 理解度チェック問題

**問題　次の文章は、電気設備技術基準に関する記述である。次の［　　］の中に適当な答えを記入せよ。**

a. 低圧又は高圧の架空電線には、感電のおそれがないよう、使用電圧に応じた［(ア)］を有する［(イ)］を使用しなければならない。ただし、通常予見される使用形態を考慮し、感電のおそれがない場合は、この限りでない。

b. 地中電線（地中電線路の電線をいう。以下同じ。）には、感電のおそれがないよう、使用電圧に応じた［(ア)］を有する［(ウ)］を使用しなければならない。

c. 低圧電線路中絶縁部分の電線と大地との間及び電線の線心相互間の絶縁抵抗は、［(エ)］に対する漏えい電流が［(オ)］の［(カ)］を超えないようにしなければならない。

d. ［(キ)］の電気機械器具、母線等を施設する発電所、蓄電所又は変電所、開閉所若しくはこれらに準ずる場所には、取扱者以外の者に電気機械器具、母線等が［(ク)］である旨を表示するとともに、当該者が容易に［(ケ)］に立ち入るおそれがないように適切な措置を講じなければならない。

e. 地中電線路に施設する［(コ)］は、取扱者以外の者が容易に立ち入るおそれがないように施設しなければならない。

f. 架空電線、架空電力保安通信線及び架空電車線は、［(サ)］又は誘導作用による［(シ)］のおそれがなく、かつ、［(ス)］に支障を及ぼすおそれがない高さに施設しなければならない。

g. 特別高圧の架空電線路は、通常の使用状態において、［(セ)］により人による［(ソ)］のおそれがないよう、地表上［(タ)］における電界強度が［(チ)］以下になるように施設しなければならない。ただし、田畑、山林その他の人の往来が少ない場所において、［(ツ)］を及ぼすおそれがないように施設する場合は、この限りでない。

**解答**

(ア) 絶縁性能　(イ) 絶縁電線又はケーブル　(ウ) ケーブル　(エ) 使用電圧
(オ) 最大供給電流　(カ) 1/2000　(キ) 高圧又は特別高圧　(ク) 危険　(ケ) 構内
(コ) 地中箱　(サ) 接触　(シ) 感電　(ス) 交通　(セ) 静電誘導作用　(ソ) 感知
(タ) 1m　(チ) 3kV/m　(ツ) 人体に危害

**解説**　電技第21条～第23条、第25条、第27条からの出題である。

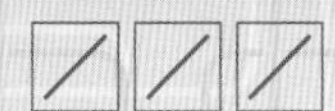

# 電気の供給のための電気設備の施設②　第28条～第43条

引き続き、電気供給のための電気設備への危険の防止について学びます。条文の暗記用語（赤字）をしっかり覚えましょう。

関連過去問 027, 028

ゴチャ
ゴチャ
架空電線が他の電線と交さ、接近する場合は、接触や断線等によって、感電事故や火災の発生のおそれがあります。


## ① 他の電線、他の工作物等への危険の防止　重要度A

架空電線などが他の電線又は弱電流電線等と接近、交さなどする場合に、接触、断線等によって感電事故や火災が発生するおそれがあります。また、誘導雷や事故などの異常時に発生する高電圧による電気設備への障害発生を防止する必要があります。

電技では、電線の混触防止は第28条で、他の工作物等への危険防止は第29条で、地中電線等による他の電線や工作物への危険防止は第30条で、異常電圧による障害防止は第31条で、それぞれ適切な措置を講じるよう定められています。

**電技　第28条（電線の混触の防止）**

電線路の電線、電力保安通信線又は**電車線**等は、他の電線又は**弱電流電線等**と接近し、若しくは交さする場合又は同一支持物に**施設**する場合には、他の電線又は**弱電流電線等**を**損傷**するおそれがなく、かつ、**接触**、断線等によって生じる混触による感電又は火災のおそれがないように施設しなければならない。

**補足**

電技第28条の関連条文として、解釈に次のようなものがある。

第74条「低高圧架空電線と他の低高圧架空電線路との接近又は交差」

第75条「低高圧架空電線と電車線等又は電車線等の支持物との接近又は交差」

第76条「低高圧架空電線と架空弱電流電線路等との接近又は交差」

第80条「低高圧架空電線等の併架」

第104条「35000Vを超える特別高圧架空電線と低高圧架空電線等との併架」

第107条「35000V以下の特別高圧架空電線と低高圧架空電線等との併架又は共架」

**電技　第29条（電線による他の工作物等への危険の防止）**

電線路の電線又は電車線等は、他の工作物又は植物と接近し、又は交さする場合には、他の工作物又は植物を損傷するおそれがなく、かつ、接触、断線等によって生じる感電又は火災のおそれがないように施設しなければならない。

**電技　第30条（地中電線等による他の電線及び工作物への危険の防止）**

地中電線、屋側電線及びトンネル内電線その他の工作物に固定して施設する電線は、他の電線、弱電流電線等又は管（他の電線等という。以下この条において同じ。）と**接近**し、又は交さする場合には、故障時の**アーク放電**により他の電線等を損傷するおそれがないように施設しなければならない。ただし、感電又は火災のおそれがない場合であって、**他の電線等の管理者の承諾**を得た場合は、この限りでない。

**電技　第31条（異常電圧による架空電線等への障害の防止）**

特別高圧の架空電線と低圧又は高圧の架空電線又は電車線を同一支持物に施設する場合は、異常時の高電圧の侵入により低圧側又は高圧側の電気設備に障害を与えないよう、接地その他の適切な措置を講じなければならない。

2　特別高圧架空電線路の電線の上方において、その支持物に低圧の電気機械器具を施設する場合は、異常時の高電圧の侵入により低圧側の電気設備へ障害を与えないよう、接地その他の適切な措置を講じなければならない。

## ② 支持物の倒壊による危険の防止　重要度A

架空電線路又は架空電車線路の支持物の倒壊の防止について、電技第32条で次のように定められています。

**電技　第32条（支持物の倒壊の防止）**

架空電線路又は**架空電車線路**の支持物の材料及び構造（支線を施設する場合は、当該支線に係るものを含む。）は、その支持物が支持する電線等による**引張荷重**、10分間平均で風速

**補足**

電技第29条の関連条文として、解釈に次のようなものがある。
第78条「低高圧架空電線と他の工作物との接近又は交差」
第79条「低高圧架空電線と植物との接近」

**補足**

電技第31条の関連条文として、解釈に次のようなものがある。
第104条「35000Vを超える特別高圧架空電線と低高圧架空電線等との併架」
第107条「35000V以下の特別高圧架空電線と低高圧架空電線等との併架又は共架」
第108条「15000V以下の特別高圧架空電線路の施設」
第109条「特別高圧架空電線路の支持物に施設する低圧の機械器具等の施設」

**補足**

電技第31条第2項の低圧の電気機械器具とは、特別高圧鉄塔の上部に取り付ける航空障害灯等である。

40m／秒の風圧荷重及び当該設置場所において通常想定される地理的条件、**気象**の変化、振動、衝撃その他の外部環境の影響を考慮し、倒壊のおそれがないよう、安全なものでなければならない。ただし、人家が多く連なっている場所に施設する架空電線路にあっては、その施設場所を考慮して施設する場合は、10分間平均で風速40m／秒の風圧荷重の1/2の風圧荷重を考慮して施設することができる。

2　架空電線路の支持物は、構造上安全なものとすること等により連鎖的に倒壊のおそれがないように施設しなければならない。

**補足**

電技第32条の関連条文として、解釈に次のようなものがある。

第56条「鉄筋コンクリート柱の構成等」

第57条「鉄柱及び鉄塔の構成等」

第58条「架空電線路の強度検討に用いる荷重」

第59条「架空電線路の支持物の強度等」

第60条「架空電線路の支持物の基礎の強度等」

第62条「架空電線路の支持物における支線の施設」

第63条「架空電線路の径間の制限」

**補足**

電技第32条の「人家が多く連なっている場所」については、そうした場所では風速が一般に減衰することから、風圧荷重は1/2という規定となっている。

## 3 高圧ガス等による危険の防止　重要度 A

高圧ガス等による危険の防止について、電技第33条～第35条で次のように定められています。

**電技　第33条（ガス絶縁機器等の危険の防止）**

発電所、蓄電所又は変電所、開閉所若しくはこれらに準ずる場所に施設するガス絶縁機器（充電部分が圧縮絶縁ガスにより絶縁された電気機械器具をいう。以下同じ。）及び開閉器又は遮断器に使用する圧縮空気装置は、次の各号により施設しなければならない。

一　圧力を受ける部分の材料及び構造は、最高使用圧力に対して十分に耐え、かつ、**安全なもの**であること。

二　圧縮空気装置の空気タンクは、耐食性を有すること。

三　圧力が上昇する場合において、当該圧力が最高使用圧力に到達する以前に当該圧力を**低下**させる機能を有すること。

四　圧縮空気装置は、主空気タンクの圧力が低下した場合に圧力を自動的に回復させる機能を有すること。

五　異常な圧力を早期に**検知**できる機能を有すること。

六　ガス絶縁機器に使用する絶縁ガスは、可燃性、腐食性及び**有毒性**のないものであること。

**補足**

電技第33条の関連条文として、解釈第40条「ガス絶縁機器等の圧力容器の施設」がある。

**電技　第34条（加圧装置の施設）**

圧縮ガスを使用してケーブルに圧力を加える装置は、次の各号により施設しなければならない。

一　圧力を受ける部分は、最高使用圧力に対して十分に耐え、かつ、**安全なもの**であること。

二　自動的に圧縮ガスを供給する加圧装置であって、故障により圧力が著しく上昇するおそれがあるものは、上昇した圧力に耐える材料及び構造であるとともに、圧力が上昇する場合において、当該圧力が最高使用圧力に到達する以前に当該圧力を**低下**させる機能を有すること。

三　圧縮ガスは、可燃性、腐食性及び**有毒性**のないものであること。

**補足**

電技第34条の関連条文として、解釈第122条「地中電線路の加圧装置の施設」がある。

**電技　第35条（水素冷却式発電機等の施設）**

水素冷却式の発電機若しくは調相設備又はこれに附属する水素冷却装置は、次の各号により施設しなければならない。

一　構造は、水素の**漏洩**（ろうえい）又は空気の**混入**のおそれがないものであること。

二　発電機、調相設備、水素を通ずる管、弁等は、水素が大気圧で**爆発**する場合に生じる圧力に耐える強度を有するものであること。

三　発電機の**軸封部**から水素が漏洩したときに、漏洩を停止させ、又は漏洩した水素を安全に外部に放出できるものであること。

四　発電機内又は調相設備内への水素の導入及び発電機内又は調相設備内からの水素の外部への放出が安全にできるものであること。

五　異常を早期に検知し、**警報**する機能を有すること。

**補足**

電技第35条の関連条文として、解釈第41条「水素冷却式発電機等の施設」がある。

## 4 危険な施設の禁止　重要度 A

危険な施設の禁止について、電技第36条～第41条で次のように定められています。

**電技　第36条（油入開閉器等の施設制限）**

**絶縁油**を使用する開閉器、断路器及び遮断器は、架空電線路の支持物に施設してはならない。

**電技　第37条（屋内電線路等の施設の禁止）**

屋内を貫通して施設する電線路、屋側に施設する電線路、屋上に施設する電線路又は地上に施設する電線路は、当該電線路より電気の供給を受ける者以外の者の構内に施設してはならない。ただし、特別の事情があり、かつ、当該電線路を施設する造営物（地上に施設する電線路にあっては、その土地。）の所有者又は占有者の承諾を得た場合は、この限りでない。

**電技　第38条（連接引込線の禁止）**

**高圧又は特別高圧**の連接引込線は、施設してはならない。ただし、特別の事情があり、かつ、当該電線路を施設する造営物の所有者又は占有者の承諾を得た場合は、この限りでない。

**電技　第39条（電線路のがけへの施設の禁止）**

電線路は、がけに施設してはならない。ただし、その電線が**建造物**の上に施設する場合、道路、鉄道、軌道、索道、架空弱電流電線等、架空電線又は**電車線**と交さして施設する場合及び**水平距離**でこれらのもの（道路を除く。）と**接近**して施設する場合以外の場合であって、特別の事情がある場合は、この限りでない。

**電技　第40条（特別高圧架空電線路の市街地等における施設の禁止）**

特別高圧の架空電線路は、その電線が**ケーブル**である場合を除き、市街地その他人家の密集する地域に施設してはならない。ただし、断線又は倒壊による当該地域への危険のおそれがないように施設するとともに、その他の絶縁性、電線の強度等に係る保安上十分な措置を講ずる場合は、この限りでない。

**補足**

電技第37条の関連条文として、解釈に次のようなものがある。
第110条〜第115条「低圧・高圧・特別高圧屋側電線路の施設、低圧・高圧・特別高圧屋上電線路の施設」
第116条〜第117条「低圧・高圧架空引込線等の施設」
第128条「地上に施設する電線路」
第132条「屋内に施設する電線路」

**補足**

電技第39条の関連条文として、解釈第131条「がけに施設する電線路」がある。

**補足**

電技第40条の関連条文として、解釈第88条「特別高圧架空電線路の市街地等における施設制限」がある。

市街地では、特別高圧架空電線路の施設は禁止されていますが、電線が**ケーブル**の場合は施設可能です。

**電技　第41条（市街地に施設する電力保安通信線の特別高圧電線に添架する電力保安通信線との接続の禁止）**

市街地に施設する電力保安通信線は、特別高圧の電線路の支持物に添架（てんか）された電力保安通信線と接続してはならない。ただし、誘導電圧による感電のおそれがないよう、保安装置の施設その他の適切な措置を講ずる場合は、この限りでない。

**補足**
添架は「てんが」とも読む。



## 5 電気的、磁気的障害の防止　重要度A

電気的、磁気的障害の防止について、電技第42条～第43条で次のように定められています。

**電技　第42条（通信障害の防止）**

電線路又は電車線路は、無線設備の機能に継続的かつ重大な障害を及ぼす**電波**を発生するおそれがないように施設しなければならない。

2　電線路又は電車線路は、弱電流電線路に対し、**誘導作用**により通信上の障害を及ぼさないように施設しなければならない。ただし、弱電流電線路の管理者の承諾を得た場合は、この限りでない。

**電技　第43条（地球磁気観測所等に対する障害の防止）**

直流の電線路、電車線路及び帰線は、地球磁気観測所又は地球電気観測所に対して観測上の障害を及ぼさないように施設しなければならない。

**用語**
直流電車線路で車両へ供給する電流は架線で供給するが、変電所へ戻る電流は走行レールを使用する。このレールを**帰線**という。

## 理解度チェック問題

**問題　次の文章は、電気設備技術基準に関する記述である。次の［　　］の中に適当な答えを記入せよ。**

1．電線路の電線、電力保安通信線又は［（ア）］等は、他の電線又は［（イ）］と接近し、若しくは交さする場合又は同一支持物に［（ウ）］する場合には、他の電線又は［（イ）］を［（エ）］するおそれがなく、かつ、［（オ）］、断線等によって生じる混触による感電又は火災のおそれがないように施設しなければならない。

2．発電所、蓄電所又は変電所、開閉所若しくはこれらに準ずる場所に施設するガス絶縁機器（充電部分が圧縮絶縁ガスにより絶縁された電気機械器具をいう。以下同じ。）及び開閉器又は遮断器に使用する圧縮空気装置は、次の各号により施設しなければならない。

a. 圧力を受ける部分の材料及び構造は、最高使用圧力に対して十分に耐え、かつ、［（カ）］であること。

b. 圧縮空気装置の空気タンクは、耐食性を有すること。

c. 圧力が上昇する場合において、当該圧力が最高使用圧力に到達する以前に当該圧力を［（キ）］させる機能を有すること。

d. 圧縮空気装置は、主空気タンクの圧力が低下した場合に圧力を自動的に回復させる機能を有すること。

e. 異常な圧力を早期に［（ク）］できる機能を有すること。

f. ガス絶縁機器に使用する絶縁ガスは、可燃性、腐食性及び［（ケ）］のないものであること。

3．電線路は、がけに施設してはならない。ただし、その電線が［（コ）］の上に施設する場合、道路、鉄道、軌道、索道、架空弱電流電線等、架空電線又は［（サ）］と交さして施設する場合及び［（シ）］でこれらのもの（道路を除く。）と［（ス）］して施設する場合以外の場合であって、特別の事情がある場合は、この限りでない。

**解答**

（ア）電車線　（イ）弱電流電線等　（ウ）施設　（エ）損傷　（オ）接触
（カ）安全なもの　（キ）低下　（ク）検知　（ケ）有毒性　（コ）建造物　（サ）電車線
（シ）水平距離　（ス）接近

**解説**　電技第28条、第33条、第39条からの出題である。

14日目 第３章 電気設備技術基準

LESSON 14

# 電気の供給のための電気設備の施設③ 第44条～第55条

電気の供給支障の防止、電気鉄道への電気供給のための電気設備の施設について学びます。後者は電験三種試験にはほとんど出題されません。

関連過去問 029, 030, 031

3m
3m
170000V以上の特別高圧架空電線と建物等の間は３m以上空けることが必要です。


## ① 供給支障の防止 重要度 A

供給支障の防止について、電技第44条～第51条で次のように定められています。

**電技　第44条（発変電設備等の損傷による供給支障の防止）**

**発電機**、**燃料電池**又は常用電源として用いる**蓄電池**には、当該電気機械器具を著しく損壊するおそれがあり、又は一般送配電事業若しくは配電事業に係る電気の供給に著しい支障を及ぼすおそれがある異常が当該電気機械器具に生じた場合に自動的にこれを電路から**遮断**する装置を施設しなければならない。

2　**特別高圧**の**変圧器**又は**調相設備**には、当該電気機械器具を著しく損壊するおそれがあり、又は一般送配電事業若しくは配電事業に係る電気の供給に著しい支障を及ぼすおそれがある異常が当該電気機械器具に生じた場合に自動的にこれを電路から**遮断**する装置の施設その他の適切な措置を講じなければならない。

**電技　第45条（発電機等の機械的強度）**

発電機、変圧器、調相設備並びに母線及びこれを支持するがいしは、**短絡電流**により生ずる**機械的衝撃**に耐えるもので

**補足**

電技第44条の関連条文として、解釈に次のようなものがある。
第42条「発電機の保護装置」
第43条「特別高圧の変圧器及び調相設備の保護装置」
第44条「蓄電池の保護装置」
第45条「燃料電池等の施設」

電技第44条は、発電機や蓄電池に異常が発生したときには、自動で電路から遮断するように規定したものです。

なければならない。

2　水車又は風車に接続する発電機の回転する部分は、**負荷を遮断**した場合に起こる**速度**に対し、蒸気タービン、ガスタービン又は内燃機関に接続する発電機の回転する部分は、**非常調速装置**及びその他の非常停止装置が動作して達する**速度**に対し、耐えるものでなければならない。

3　発電用火力設備に関する技術基準を定める省令（平成9年通商産業省令第51号）第13条第2項の規定は、蒸気タービンに接続する発電機について準用する。

**電技　第46条（常時監視をしない発電所等の施設）**

異常が生じた場合に**人体に危害を及ぼし**、若しくは物件に損傷を与えるおそれがないよう、異常の状態に応じた**制御**が必要となる発電所、又は**一般送配電事業**若しくは配電事業に係る電気の供給に著しい支障を及ぼすおそれがないよう、異常を早期に発見する必要のある発電所であって、発電所の運転に必要な**知識及び技能**を有する者が当該発電所又は**これと同一の構内**において常時監視をしないものは、施設してはならない。ただし、発電所の運転に必要な知識及び技能を有する者による当該発電所又はこれと同一の構内における常時監視と同等な監視を確実に行う発電所であって、異常が生じた場合に安全かつ確実に**停止**することができる措置を講じている場合は、この限りでない。

2　前項に掲げる発電所以外の発電所、蓄電所又は変電所（これに準ずる場所であって、100000Vを超える特別高圧の電気を変成するためのものを含む。以下この条において同じ。）であって、発電所、蓄電所又は変電所の運転に必要な**知識及び技能**を有する者が当該発電所若しくは**これと同一の構内**、蓄電所又は変電所において常時監視をしない発電所、蓄電所又は変電所は、非常用予備電源を除き、異常が生じた場合に安全かつ確実に**停止**することができるような措置を講じなければならない。

**補足**

発電用火力設備に関する技術基準を定める省令（発電用火力設備技術基準）第13条第2項の規定では、「蒸気タービンは、主要な軸受又は軸に発生しうる最大の振動に対して構造上十分な機械的強度を有するものでなければならない。」と定められている。電技第45条第3項の「発電機について準用する」の一文は、蒸気タービンと一体となって回転する発電機に、蒸気タービンと同じ大きさの振動に耐えることを要求したものである。

**補足**

電技第46条の関連条文として、解釈に次のようなものがある。

第47条「常時監視と同等な監視を確実に行える発電所の施設」

第47条の2「常時監視をしない発電所の施設」

第47条の3「常時監視をしない蓄電所の施設」

第48条「常時監視をしない変電所の施設」

**電技　第47条（地中電線路の保護）**

地中電線路は、車両その他の重量物による**圧力**に耐え、かつ、当該地中電線路を埋設している旨の**表示**等により**掘削工事**からの影響を受けないように施設しなければならない。

2　地中電線路のうちその内部で作業が可能なものには、**防火措置**を講じなければならない。

**電技　第48条（特別高圧架空電線路の供給支障の防止）**

使用電圧が**170 000V**以上の特別高圧架空電線路は、市街地その他人家の密集する地域に施設してはならない。ただし、当該地域からの火災による当該電線路の損壊によって一般送配電事業又は配電事業に係る電気の供給に著しい支障を及ぼすおそれがないように施設する場合は、この限りでない。

2　使用電圧が**170 000V**以上の特別高圧架空電線と建造物との水平距離は、当該建造物からの火災による当該電線の損壊等によって一般送配電事業又は配電事業に係る電気の供給に著しい支障を及ぼすおそれがないよう、**3m**以上としなければならない。

3　使用電圧が**170 000V**以上の特別高圧架空電線が、建造物、道路、歩道橋その他の工作物の下方に施設されるときの相互の水平離隔距離は、当該工作物の倒壊等による当該電線の損壊によって一般送配電事業又は配電事業に係る電気の供給に著しい支障を及ぼすおそれがないよう、**3m**以上としなければならない。

**電技　第49条（高圧及び特別高圧の電路の避雷器等の施設）**

雷電圧による電路に施設する電気設備の損壊を防止できるよう、当該電路中次の各号に掲げる箇所又はこれに近接する箇所には、**避雷器**の施設その他の適切な措置を講じなければならない。ただし、雷電圧による当該電気設備の損壊のおそれがない場合は、この限りでない。

一　**発電所**、**蓄電所**又は**変電所**若しくはこれに準ずる場所の架空電線**引込口**及び**引出口**

二　架空電線路に接続する**配電用変圧器**であって、**過電流**

**補足**

電技第47条の関連条文として、解釈に次のようなものがある。
第120条「地中電線路の施設」
第121条「地中箱の施設」

**補足**

電技第48条の関連条文として、解釈に次のようなものがある。
第88条「特別高圧架空電線路の市街地等における施設制限」
第97条「35000Vを超える特別高圧架空電線と建造物との接近」
第98条「35000Vを超える特別高圧架空電線と道路等との接近又は交差」
第99条「35000Vを超える特別高圧架空電線と索道との接近又は交差」
第100条「35000Vを超える特別高圧架空電線と低高圧架空電線等若しくは電車線等又はこれらの支持物との接近又は交差」
第102条「35000Vを超える特別高圧架空電線と他の工作物との接近又は交差」
第106条「35000V以下の特別高圧架空電線と工作物等との接近又は交差」

**補足**

電技第49条の関連条文として、解釈第37条「避雷器等の施設」がある。

電技第49条の第一～第三号の避雷器の設置場所は、重要なポイントです。

遮断器の設置等の保安上の保護対策が施されているものの高圧側及び特別高圧側

三　高圧又は特別高圧の架空電線路から供給を受ける需要場所の引込口

**電技　第50条（電力保安通信設備の施設）**

発電所、蓄電所、変電所、開閉所、給電所（電力系統の運用に関する指令を行う所をいう。）、技術員駐在所その他の箇所であって、一般送配電事業又は配電事業に係る電気の供給に対する著しい支障を防ぎ、かつ、保安を確保するために必要なものの相互間には、電力保安通信用電話設備を施設しなければならない。

2　電力保安通信線は、機械的衝撃、火災等により通信の機能を損なうおそれがないように施設しなければならない。

**電技　第51条（災害時における通信の確保）**

電力保安通信設備に使用する無線通信用アンテナ又は反射板（以下この条において「無線用アンテナ等」という。）を施設する支持物の材料及び構造は、10分間平均で風速**40m/秒**の風圧荷重を考慮し、倒壊により通信の機能を損なうおそれがないように施設しなければならない。ただし、電線路の周囲の状態を監視する目的で施設する無線用アンテナ等を架空電線路の支持物に施設するときは、この限りでない。

## ② 電気鉄道に電気を供給するための電気設備の施設　重要度 C

電気鉄道に電気を供給するための電気設備の施設について、電技第52条及び第54条～第55条で次のように定められています。重要事項ではありませんが、ざっと目を通しておきましょう。

**補足**

電技第52条の関連条文として、解釈に次のようなものがある。
第203条「直流電車線路の施設制限」
第211条「交流電車線路の施設制限」

**電技　第52条（電車線路の施設制限）**

直流の電車線路の使用電圧は、低圧又は高圧としなければならない。

2　交流の電車線路の使用電圧は、25000V以下としなければならない。

3　電車線路は、電気鉄道の専用敷地内に施設しなければならない。ただし、感電のおそれがない場合は、この限りでない。

4　前項の専用敷地は、電車線路が、サードレール式である場合等人がその敷地内に立ち入った場合に感電のおそれがあるものである場合には、高架鉄道等人が容易に立ち入らないものでなければならない。

**電技　第54条（電食作用による障害の防止）**

直流帰線は、漏れ電流によって生じる電食作用による障害のおそれがないように施設しなければならない。

**電技　第55条（電圧不平衡による障害の防止）**

交流式電気鉄道は、その単相負荷による電圧不平衡により、交流式電気鉄道の変電所の変圧器に接続する電気事業の用に供する発電機、調相設備、変圧器その他の電気機械器具に障害を及ぼさないように施設しなければならない。

**用語**

**電食**とは、電気分解の一種で、外部からの直流電源によって金属がイオン化して溶出し、錆びて腐食することをいう。

**補足**

電技第54条の関連条文として、解釈に次のようなものがある。
第209条「電食の防止」
第210条「排流接続」
第217条「鋼索鉄道の電車線等の施設」

**補足**

電技第55条の関連条文として、解釈第212条「電圧不平衡による障害の防止」がある。

## 理解度チェック問題

**問題　次の文章は、電気設備技術基準に関する記述である。次の［　　］の中に適当な答えを記入せよ。**

a. ［(ア)］、［(イ)］又は常用電源として用いる［(ウ)］には、当該電気機械器具を著しく損壊するおそれがあり、又は一般送配電事業若しくは配電事業に係る電気の供給に著しい支障を及ぼすおそれがある異常が当該電気機械器具に生じた場合に自動的にこれを電路から［(エ)］する装置を施設しなければならない。

b. ［(オ)］の［(カ)］又は［(キ)］には、当該電気機械器具を著しく損壊するおそれがあり、又は一般送配電事業若しくは配電事業に係る電気の供給に著しい支障を及ぼすおそれがある異常が当該電気機械器具に生じた場合に自動的にこれを電路から［(ク)］する装置の施設その他の適切な措置を講じなければならない。

c. 地中電線路は、車両その他の重量物による［(ケ)］に耐え、かつ、当該地中電線路を埋設している旨の［(コ)］等により［(サ)］からの影響を受けないように施設しなければならない。

d. 地中電線路のうちその内部で作業が可能なものには、［(シ)］を講じなければならない。

e. 雷電圧による電路に施設する電気設備の損壊を防止できるよう、当該電路中次の各号に掲げる箇所又はこれに近接する箇所には、避雷器の施設その他の適切な措置を講じなければならない。ただし、雷電圧による当該電気設備の損壊のおそれがない場合は、この限りでない。

一　［(ス)］、［(セ)］又は［(ソ)］若しくはこれに準ずる場所の架空電線［(タ)］及び［(チ)］

二　架空電線路に接続する［(ツ)］であって、［(テ)］の設置等の保安上の保護対策が施されているものの高圧側及び特別高圧側

三　高圧又は特別高圧の架空電線路から［(ト)］を受ける［(ナ)］の［(ニ)］

### 解答

(ア)発電機　(イ)燃料電池　(ウ)蓄電池　(エ)遮断　(オ)特別高圧　(カ)変圧器
(キ)調相設備　(ク)遮断　(ケ)圧力　(コ)表示　(サ)掘削工事　(シ)防火措置
(ス)発電所　(セ)蓄電所　(ソ)変電所　(タ)引込口　(チ)引出口
(ツ)配電用変圧器　(テ)過電流遮断器　(ト)供給　(ナ)需要場所　(ニ)引込口

**解説**　電技第44条、第47条、第49条からの出題である。

LESSON 15

# 電気使用場所の施設① 第56条～第62条

電気使用場所の施設における「配線の感電、火災等の防止」「他の配線、他の工作物等への危険の防止」などについて学びます。

関連過去問 032, 033

配線は、感電又は火災のおそれがないように施設しましょう。

## 1 感電、火災等の防止 重要度 A

### (1) 配線の感電又は火災の防止

配線の感電や火災の防止のため、屋内・屋外配線や屋側配線、接触電線や移動電線などの施設場所の状況と電圧による施設方法について、電技第56条で次のように定められています。

**電技　第56条（配線の感電又は火災の防止）**

**配線**は、施設場所の状況及び**電圧**に応じ、**感電**又は**火災**のおそれがないように施設しなければならない。

2　**移動電線**を電気機械器具と接続する場合は、**接続不良**による**感電**又は**火災**のおそれがないように施設しなければならない。

3　**特別高圧**の**移動電線**は、第1項及び前項の規定にかかわらず、施設してはならない。ただし、**充電部分**に人が触れた場合に人体に危害を及ぼすおそれがなく、移動電線と接続することが必要不可欠な電気機械器具に接続するものは、この限りでない。

**補足**

電技第56条の関連条文として、解釈に次のようなものがある。
第143条「電路の対地電圧の制限」
第145条「メタルラス張り等の木造造営物における施設」
第147条「低圧屋内電路の引込口における開閉器の施設」
第148条「低圧幹線の施設」
第149条「低圧分岐回路等の施設」
第169条「特別高圧配線の施設」
第170条「電球線の施設」
第171条「移動電線の施設」
第179条「トンネル等の電気設備の施設」

**補足**

電技第57条の関連条文として、解釈に次のようなものがある。
第144条「裸電線の使用制限」
第146条「低圧配線に使用する電線」
第148条「低圧幹線の施設」
第149条「低圧分岐回路等の施設」
第170条「電球線の施設」
第171条「移動電線の施設」
第174条「高圧又は特別高圧の接触電線の施設」

配線の電線には原則として裸電線を使用しないこと、特別高圧には接触電線が禁止されていること、を覚えておきましょう。

**補足**

電技第58条の関連条文として、解釈第14条「低圧電路の絶縁性能」がある。

第58条の表の数値をしっかり覚えておきましょう。

### (2) 配線の使用電線

配線の使用電線について、電技第57条で次のように定められています。

**電技　第57条（配線の使用電線）**

配線の使用電線（**裸電線**及び特別高圧で使用する**接触電線**を除く。）には、感電又は火災のおそれがないよう、施設場所の状況及び**電圧**に応じ、使用上十分な強度及び絶縁性能を有するものでなければならない。

2　配線には、**裸電線**を使用してはならない。ただし、施設場所の状況及び**電圧**に応じ、使用上十分な強度を有し、かつ、絶縁性がないことを考慮して、配線が感電又は火災のおそれがないように施設する場合は、この限りでない。

3　特別高圧の配線には、**接触電線**を使用してはならない。

### (3) 低圧の電路の絶縁性能

低圧の電路の絶縁性能について、電技第58条で次のように定められています。

**電技　第58条（低圧の電路の絶縁性能）**

電気使用場所における使用電圧が低圧の電路の**電線相互間**及び**電路と大地との間**の絶縁抵抗は、**開閉器**又は**過電流遮断器**で区切ることのできる電路ごとに、次の表の左欄に掲げる電路の使用電圧の区分に応じ、それぞれ同表の右欄に掲げる値以上でなければならない。

| 電路の使用電圧の区分 | | 絶縁抵抗値 |
|---|---|---|
| 300V以下 | 対地電圧（接地式電路においては電線と大地との間の電圧、非接地式電路においては電線間の電圧をいう。以下同じ。）が150V以下の場合 | 0.1MΩ |
| | その他の場合 | 0.2MΩ |
| 300Vを超えるもの | | 0.4MΩ |

### (4) 電気使用場所に施設する電気機械器具の感電、火災等の防止

電気使用場所に施設する電気機械器具の感電、火災等の防止について、電技第59条で次のように定められています。

**電技　第59条（電気使用場所に施設する電気機械器具の感電、火災等の防止）**

電気使用場所に施設する電気機械器具は、**充電部**の**露出**がなく、かつ、**人体**に危害を及ぼし、又は火災が発生するおそれがある発熱がないように施設しなければならない。ただし、電気機械器具を使用するために**充電部**の**露出**又は発熱体の施設が必要不可欠である場合であって、**感電**その他**人体**に危害を及ぼし、又は火災が発生するおそれがないように施設する場合は、この限りでない。

2　燃料電池発電設備が一般用電気工作物である場合には、運転状態を**表示**する装置を施設しなければならない。

### (5) 特別高圧の電気集じん応用装置等の施設の禁止

特別高圧の電気集じん応用装置等の施設の禁止について、電技第60条で次のように定められています。

**電技　第60条（特別高圧の電気集じん応用装置等の施設の禁止）**

使用電圧が特別高圧の電気集じん装置、静電塗装装置、電気脱水装置、電気選別装置その他の電気集じん応用装置及びこれに特別高圧の電気を供給するための電気設備は、第56条及び前条の規定にかかわらず、屋側又は屋外には、施設してはならない。ただし、当該電気設備の充電部の危険性を考慮して、感電又は火災のおそれがないように施設する場合は、この限りでない。

### (6) 非常用予備電源の施設

非常用予備電源の施設について、電技第61条で次のように定められています。

**補足**

電技第59条の関連条文として、解釈に次のようなものがある。
第145条「メタルラス張り等の木造造営物における施設」
第150条「配線器具の施設」
第151条「電気機械器具の施設」
第152条「電熱装置の施設」
第185条「放電灯の施設」
第186条「ネオン放電灯の施設」

第59条第2項にある**「運転状態を表示する装置」**とは、発電中であるか停止中であるかの表示、あるいは異常が発生しているかどうかの表示をする装置のことです。

**用語**

**電気集じん装置**とは、火力発電所などで発生する粒子状物質（煤じん）を低減するために煤じんを捕集する装置である。

補足

配電線の停電時、非常用予備発電機が起動し、配電線に接続すると、配電復旧のための作業者が感電するおそれがある。第61条はこれを防止する規定である。

**電技　第61条（非常用予備電源の施設）**

常用電源の**停電時**に使用する非常用予備電源（**需要場所**に施設するものに限る。）は、**需要場所**以外の場所に施設する電路であって、常用電源側のものと**電気的**に接続しないように施設しなければならない。

**例題にチャレンジ！**

次の［　　］の中に適当な答えを記入せよ。

a. 電気使用場所に施設する電気機械器具は、［（ア）］の［（イ）］がなく、かつ、［（ウ）］に危害を及ぼし、又は火災が発生するおそれがある発熱がないように施設しなければならない。ただし、電気機械器具を使用するために［（ア）］の［（イ）］又は発熱体の施設が必要不可欠である場合であって、［（エ）］その他［（ウ）］に危害を及ぼし、又は火災が発生するおそれがないように施設する場合は、この限りでない。

b. 燃料電池発電設備が一般用電気工作物である場合には、運転状態を［（オ）］する装置を施設しなければならない。

・解答・

(ア)充電部　(イ)露出　(ウ)人体　(エ)感電

(オ)表示

## ② 他の配線、他の工作物等への危険の防止　重要度A

配線による他の配線等又は工作物への危険の防止について、電技第62条で次のように定められています。

**電技　第62条（配線による他の配線等又は工作物への危険の防止）**

配線は、他の配線、弱電流電線等と接近し、又は交さする場合は、**混触**による感電又は火災のおそれがないように施設しなければならない。

2　配線は、水道管、ガス管又はこれらに類するものと接近し、又は交さする場合は、**放電**によりこれらの工作物を損傷するおそれがなく、かつ、**漏電**又は**放電**によりこれらの工作物を介して感電又は火災のおそれがないように施設しなければならない。

**補足**

電技第62条の関連条文として、解釈に次のようなものがある。

第167条「低圧配線と弱電流電線等又は管との接近又は交差」

第168条「高圧配線の施設」

第169条「特別高圧配線の施設」

第174条「高圧又は特別高圧の接触電線の施設」

## 理解度チェック問題

**問題　次の文章は、電気設備技術基準に関する記述である。次の□の中に適当な答えを記入せよ。**

a. □(ア)□は、施設場所の状況及び□(イ)□に応じ、□(ウ)□のおそれがないように施設しなければならない。

b. 移動電線を電気機械器具と接続する場合は、接続不良による□(ウ)□のおそれがないように施設しなければならない。

c. 特別高圧の□(エ)□は、上記a.及びb.の規定にかかわらず、施設してはならない。ただし、□(オ)□に人が触れた場合に人体に危害を及ぼすおそれがなく、移動電線と接続することが必要不可欠な電気機械器具に接続するものは、この限りでない。

d. 常用電源の□(カ)□に使用する非常用予備電源(□(キ)□に施設するものに限る。)は、□(キ)□以外の場所に施設する電路であって、常用電源側のものと□(ク)□に接続しないように施設しなければならない。

e. 配線は、他の配線、弱電流電線等と接近し、又は交さする場合は、□(ケ)□による感電又は火災のおそれがないように施設しなければならない。

f. 配線は、水道管、ガス管又はこれらに類するものと接近し、又は交さする場合は、□(コ)□によりこれらの工作物を損傷するおそれがなく、かつ、□(サ)□又は□(コ)□によりこれらの工作物を介して感電又は火災のおそれがないように施設しなければならない。

**解答**

(ア)配線　(イ)電圧　(ウ)感電又は火災　(エ)移動電線　(オ)充電部分
(カ)停電時　(キ)需要場所　(ク)電気的　(ケ)混触　(コ)放電　(サ)漏電

**解説**　電技第56条、第61条、第62条からの出題である。

LESSON 16

# 電気使用場所の施設② 第63条～第78条

引き続き、異常時の保護対策、電気的・磁気的障害の防止、特殊機器の施設などについて学びます。キーワードを確実に覚えましょう。

関連過去問 034, 035, 036

粉じんが感電や火災の原因になることもあるんですね。




## 1 異常時の保護対策 重要度A

### (1) 過電流からの低圧幹線等の保護措置

電技第63条では、低圧配線の短絡による火災や感電を防止するため、低圧の幹線や低圧分岐回路に「開閉器」と「過電流遮断器」を施設することを規定しており、次のように定められています。

**電技 第63条(過電流からの低圧幹線等の保護措置)**

低圧の幹線、低圧の幹線から分岐して電気機械器具に至る低圧の電路及び**引込口**から低圧の幹線を経ないで電気機械器具に至る低圧の電路(以下この条において「幹線等」という。)には、適切な箇所に**開閉器**を施設するとともに、過電流が生じた場合に当該幹線等を保護できるよう、**過電流遮断器**を施設しなければならない。ただし、当該幹線等における**短絡**事故により過電流が生じるおそれがない場合は、この限りでない。

2 交通信号灯、出退表示灯その他のその損傷により公共の安全の確保に支障を及ぼすおそれがあるものに電気を供給する電路には、過電流による過熱焼損からそれらの電線及び電気機械器具を保護できるよう、**過電流遮断器**を施設し

**補足**

電技第63条の関連条文として、解釈に次のようなものがある。

第147条「低圧屋内電路の引込口における開閉器の施設」

第148条「低圧幹線の施設」

第149条「低圧分岐回路等の施設」

第182条「出退表示灯回路の施設」

第183条「特別低電圧照明回路の施設」

第184条「交通信号灯の施設」

第195条「フロアヒーティング等の電熱装置の施設」

第196条「電気温床等の施設」

第197条「パイプライン等の電熱装置の施設」

第198条「電気浴器等の施設」

なければならない。

### (2) 地絡に対する保護措置

地絡に対する保護措置として、一般公衆の立ち入る場所に施設される電気機械器具などに地絡遮断器を施設し、低圧配線の漏電による火災や感電を防止するよう、電技第64条では次のように定められています。

**電技　第64条（地絡に対する保護措置）**

**ロードヒーティング**等の電熱装置、**プール用水中照明灯**その他の**一般公衆の立ち入る**おそれがある場所又は**絶縁体に損傷**を与えるおそれがある場所に施設するものに電気を供給する電路には、**地絡**が生じた場合に、感電又は**火災**のおそれがないよう、**地絡遮断器**の施設その他の適切な措置を講じなければならない。

**補足**
電技第64条の関連条文として、解釈に次のようなものがある。
第187条「水中照明灯の施設」
第195条「フロアヒーティング等の電熱装置の施設」
第196条「電気温床等の施設」
第197条「パイプライン等の電熱装置の施設」

**用語**
**ロードヒーティング**とは、道路、歩道、駐車場などの融雪と凍結防止のため、路面の温度を上げる施設である。

### (3) 電動機の過負荷保護

長時間過負荷などによる過電流が通じたまま電動機を運転すると、過熱を生じて焼損し、火災の原因となります。これを防止するため、電技第65条では次のように定められています。

**電技　第65条（電動機の過負荷保護）**

屋内に施設する電動機（出力が0.2kW以下のものを除く。この条において同じ。）には、**過電流**による当該電動機の焼損により火災が発生するおそれがないよう、**過電流遮断器**の施設その他の適切な措置を講じなければならない。ただし、電動機の構造上又は**負荷**の性質上電動機を焼損するおそれがある**過電流**が生じるおそれがない場合は、この限りでない。

**補足**
電技第65条の関連条文として、解釈第153条「電動機の過負荷保護装置の施設」がある。

電技第64条では、ロードヒーティング、プール用水中照明灯が名称をあげて規定されています。こうした用語は電験三種試験でも問われやすいので、覚えておいてください。
また、第65条の規定では、出力が0.2〔kW〕以下の電動機は規制の対象になっていないことに注意しましょう。こうした数値も電験三種試験で問われやすいので、覚えておいてください。

### (4) 異常時における高圧の移動電線及び接触電線における電路の遮断

高圧の**移動電線**や**接触電線**において、過電流もしくは地絡が生じた場合には感電または火災が発生するおそれがあります。これを防止するため、電技第66条では次のように定められています。

**電技　第66条（異常時における高圧の移動電線及び接触電線における電路の遮断）**

高圧の移動電線又は接触電線（電車線を除く。以下同じ。）に電気を供給する電路には、**過電流**が生じた場合に、当該高圧の移動電線又は接触電線を保護できるよう、**過電流遮断器**を施設しなければならない。

2　前項の電路には、**地絡**が生じた場合に、感電又は火災のおそれがないよう、**地絡遮断器**の施設その他の適切な措置を講じなければならない。

**用語**

**移動電線**
片端（かたはし）は固定配線に接続するが、あとの片端は造営物に固定しない電線を移動電線といい、コード、キャブタイヤケーブルなどがある。可搬形の電気機械機器などに使用する。

**接触電線**
工場などにある天井クレーンに電気を供給するトロリー線や、電車に電気を供給する電車線（トロリー線）のように、移動体に接触しながら給電する電線を接触電線という。

**補足**

電技第66条の関連条文として、解釈に次のようなものがある。
第171条「移動電線の施設」
第174条「高圧又は特別高圧の接触電線の施設」

## ② 電気的・磁気的障害の防止　重要度A

電気機械器具や接触電線は、使用状態において電波や高周波電流などを発生し、無線設備の機能に障害を与えるおそれがあります。これを防止するために、電技第67条では次のように定められています。

補足

電技第67条の関連条文として、解釈に次のようなものがある。
第155条「電気設備による電磁障害の防止」
第174条「高圧又は特別高圧の接触電線の施設」
第192条「電気さくの施設」
第193条「電撃殺虫器の施設」

**電技　第67条（電気機械器具又は接触電線による無線設備への障害の防止**

電気使用場所に施設する電気機械器具又は**接触電線**は、電波、**高周波電流**等が発生することにより、**無線設備**の機能に**継続的**かつ重大な障害を及ぼすおそれがないように施設しなければならない。

## 3 特殊場所における施設制限　重要度A

### (1) 粉じんにより絶縁性能等が劣化することによる危険のある場所における施設

粉じんの多い場所に施設する電気設備は、粉じんの付着や機器への侵入により絶縁性能や導電性能の劣化を起こし、感電・火災のおそれがあります。これらを防止するために、電技第68条では次のように定められています。

電技第68条の関連条文として、解釈第175条「粉じんの多い場所の施設」がある。

**電技　第68条（粉じんにより絶縁性能等が劣化することによる危険のある場所における施設）**

粉じんの多い場所に施設する電気設備は、粉じんによる当該電気設備の絶縁性能又は導電性能が劣化することに伴う感電又は火災のおそれがないように施設しなければならない。

### (2) 可燃性のガス等により爆発する危険のある場所における施設の禁止

可燃性ガスや引火性物質の蒸気がある場所や、火薬類などがある場所に施設する設備は、電気設備自体が点火源となり、爆発や火災を起こすおそれがあります。これらを防止するため、電技第69条では次のように定められています。

補足

電技第69条の関連条文として、解釈に次のようなものがある。
第175条「粉じんの多い場所の施設」
第176条「可燃性ガス等の存在する場所の施設」
第177条「危険物等の存在する場所の施設」

**電技　第69条（可燃性のガス等により爆発する危険のある場所における施設の禁止）**

次の各号に掲げる場所に施設する電気設備は、**通常の使用**状態において、当該電気設備が点火源となる爆発又は火災のおそれがないように施設しなければならない。

一　**可燃性**のガス又は**引火性**物質の蒸気が存在し、点火源の存在により爆発するおそれがある場所
二　粉じんが存在し、点火源の存在により爆発するおそれがある場所
三　火薬類が存在する場所
四　セルロイド、マッチ、**石油類**その他の燃えやすい危険な物質を**製造**し、又は**貯蔵**する場所

**補足**

可燃性ガスには水素やアセチレンなどがあり、引火性物質にはガソリンや灯油などがある。

### (3) 腐食性のガス等により絶縁性能等が劣化することによる危険のある場所における施設

腐食性ガスの多い場所や溶液の発散する場所に施設する電気設備について、絶縁性能や導電性能が劣化することに対する予防措置として、電技第70条では次のように定められています。

**電技　第70条（腐食性のガス等により絶縁性能等が劣化することによる危険のある場所における施設）**

**腐食性のガス**又は**溶液の発散する場所**（酸類、アルカリ類、塩素酸カリ、さらし粉、染料若しくは人造肥料の製造工場、銅、亜鉛等の製錬所、電気分銅所、電気めっき工場、開放形蓄電池を設置した蓄電池室又はこれらに類する場所をいう。）に施設する電気設備には、腐食性のガス又は溶液による当該電気設備の絶縁性能又は導電性能が劣化することに伴う感電又は火災のおそれがないよう、予防措置を講じなければならない。

### (4) 火薬庫内における電気設備の施設の禁止

電技第71条では、火薬庫における照明のための電気設備の施設について、当該電気設備により火薬に点火して爆発などの事故に至らないようにするために、次のような禁止規定となっています。

火薬庫では、照明以外の電気設備が禁止されていることに注意しましょう。

**電技　第71条（火薬庫内における電気設備の施設の禁止）**

**照明のための電気設備**（開閉器及び過電流遮断器を除く。）**以外の電気設備**は、第69条の規定にかかわらず、火薬庫内には、施設してはならない。ただし、容易に着火しないよう

**補足**

電技第71条の関連条文として、解釈第178条「火薬庫の電気設備の施設」がある。

第72条の「ただし」以下の条文は、電験三種試験に出題されやすいので、しっかり覚えておきましょう。

**用語**

**静電塗装**とは、帯電した塗料を利用して塗装を行う方法。自動車の車体の塗装などに用いられる。

**用語**

電極間の気体の絶縁破壊により、電極間に高熱と強い光を伴った電流が流れることを**アーク**（アーク放電）と呼ぶ。

**補足**

電技第73条の関連条文として、解釈に次のようなものがある。
第173条「低圧接触電線の施設」
第174条「高圧又は特別高圧の接触電線の施設」

な措置が講じられている火薬類を保管する場所にあって、特別の事情がある場合は、この限りでない。

### (5) 特別高圧の電気設備の施設の禁止

特別高圧の電気設備は、充電状態では放電することが多く、危険であるため、可燃性ガスのある場所などの施設について、電技第72条では次のように定められています。

**電技　第72条（特別高圧の電気設備の施設の禁止）**

特別高圧の電気設備は、第68条及び第69条の規定にかかわらず、第68条及び第69条各号に規定する場所には、施設してはならない。ただし、**静電塗装装置**、同期電動機、誘導電動機、同期発電機、誘導発電機又は石油の精製の用に供する設備に生ずる燃料油中の不純物を高電圧により帯電させ、燃料油と分離して、除去する装置及びこれらに電気を供給する電気設備（それぞれ可燃性のガス等に着火するおそれがないような措置が講じられたものに限る。）を施設するときは、この限りでない。

### (6) 接触電線の危険場所への施設の禁止

接触電線は火花やアークを発生するおそれがあることから、粉じんの多い場所や可燃性ガスのある場所などの施設について、電技第73条では次のように定められています。

**電技　第73条（接触電線の危険場所への施設の禁止）**

接触電線は、第69条の規定にかかわらず、同条各号に規定する場所には、施設してはならない。

2　接触電線は、第68条の規定にかかわらず、同条に規定する場所には、施設してはならない。ただし、展開した場所において、低圧の接触電線及びその周囲に粉じんが集積することを防止するための措置を講じ、かつ、綿、麻、絹その他の燃えやすい繊維の粉じんが存在する場所にあっては、低圧の接触電線と当該接触電線に接触する集電装置とが使用状態において離れ難いように施設する場合は、この限りでない。

3　高圧接触電線は、第70条の規定にかかわらず、同条に規定する場所には、施設してはならない。

電技第71条～第73条の施設禁止の規定をまとめると、次のとおりです。
◎**火薬庫**……照明以外の電気設備は原則施設禁止
◎**特別高圧設備**と**接触電線**……粉じん・可燃性ガスが存在する場所は原則施設禁止
◎**高圧接触電線**……腐食性ガス又は溶液が発散する場所は施設禁止

## 4 特殊機器の施設　重要度A

電気さく、電撃殺虫器やエックス線発生装置、パイプライン等の電熱装置、電気浴器等、電気防食施設などの特殊機器については、電技第74条～第78条で、施設の禁止や施設場所の禁止が定められています。

**電技　第74条（電気さくの施設の禁止）**

**電気さく**（屋外において裸電線を固定して施設したさくであって、その裸電線に充電して使用するものをいう。）は、施設してはならない。ただし、田畑、牧場、その他これに類する場所において野獣の侵入又は家畜の脱出を防止するために施設する場合であって、**絶縁性**がないことを考慮し、**感電**又は火災のおそれがないように施設するときは、この限りでない。

**電技　第75条（電撃殺虫器、エックス線発生装置の施設場所の禁止）**

**電撃殺虫器**又は**エックス線発生装置**は、第68条から第70条までに規定する場所には、施設してはならない。

**用語**

**電気防食施設**とは、地中、水中の水道管、ガス管、鋼矢板（こうやいた）など地中金属構造物の電食を防止するため、別に設けた電極から防食体に電流を流入させる施設。

**補足**

電技第74条の関連条文として、解釈第192条「電気さくの施設」がある。

**補足**

電技第75条の関連条文として、解釈に次のようなものがある。
第193条「電撃殺虫器の施設」
第194条「エックス線発生装置の施設」

**電技　第76条（パイプライン等の電熱装置の施設の禁止）**

**パイプライン等**（導管等により液体の輸送を行う施設の総体をいう。）**に施設する電熱装置**は、第68条から第70条までに規定する場所には、施設してはならない。ただし、感電、爆発又は火災のおそれがないよう、適切な措置を講じた場合は、この限りでない。

**補足**

電技第76条の関連条文として、解釈第197条「パイプライン等の電熱装置の施設」がある。

**電技　第77条（電気浴器、銀イオン殺菌装置の施設）**

電気浴器（浴槽の両端に板状の電極を設け、その電極相互間に微弱な交流電圧を加えて入浴者に電気的刺激を与える装置をいう。）又は銀イオン殺菌装置（浴槽内に電極を収納したイオン発生器を設け、その電極相互間に微弱な直流電圧を加えて銀イオンを発生させ、これにより殺菌する装置をいう。）は、第59条の規定にかかわらず、感電による人体への危害又は火災のおそれがない場合に限り、施設することができる。

**補足**

電技第77条の関連条文として、解釈第198条「電気浴器等の施設」がある。

**電技　第78条（電気防食施設の施設）**

電気防食施設は、他の工作物に**電食作用**による障害を及ぼすおそれがないように施設しなければならない。

**補足**

電技第78条の関連条文として、解釈第199条「電気防食施設」がある。

**用語**

電気化学的な作用により、金属が腐食することを**電食作用**という。

## 理解度チェック問題

**問題　次の文章は、電気設備技術基準に関する記述である。次の［　　］の中に適当な答えを記入せよ。**

a. ロードヒーティング等の電熱装置、プール用水中照明灯その他の［（ア）］の立ち入るおそれがある場所又は絶縁体に［（イ）］を与えるおそれがある場所に施設するものに電気を供給する電路には、［（ウ）］が生じた場合に、感電又は［（エ）］のおそれがないよう、［（ウ）］遮断器の施設その他の適切な措置を講じなければならない。

b. 屋内に施設する電動機（出力が［（オ）］kW以下のものを除く。この条において同じ。）には、過電流による当該電動機の焼損により火災が発生するおそれがないよう、［（カ）］遮断器の施設その他の適切な措置を講じなければならない。ただし、電動機の構造上又は負荷の性質上電動機を焼損するおそれがある過電流が生じるおそれがない場合は、この限りでない。

c. 電気防食施設は、他の工作物に［（キ）］による障害を及ぼすおそれがないように施設しなければならない。

**解答**

（ア）一般公衆　（イ）損傷　（ウ）地絡　（エ）火災　（オ）0.2
（カ）過電流　（キ）電食作用

**解説**　電技第64条、第65条、第78条からの出題である。

第4章 電気設備技術基準の解釈

LESSON 17

# 総則① 第1条～第8条

まず、用語の定義、適用除外、電線の規格等について学びます。用語の定義は重要です。しっかり覚えてください。

関連過去問 037, 038

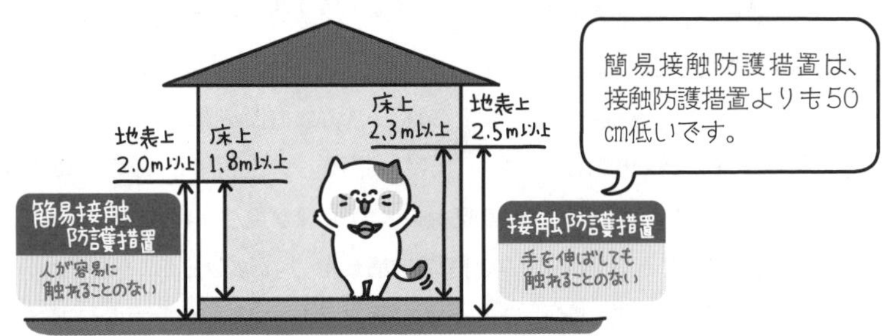


今日から第4章が始まります。第4章で学ぶ「電気設備技術基準の解釈」は、「電気設備技術基準」に必要な技術的要件を具体的に示したものです。

補足

「省令」とは、「電気設備に関する技術基準を定める省令」のことで、その通称が「電気設備技術基準」（電技）である。

これから学習していく「電気設備技術基準の解釈」（以下、「解釈」と略す）の条文を理解するには、解釈の「用語の定義」と、すでにLESSON9で学習した電技の「用語の定義」とを合わせて理解する必要があります。必要に応じてLESSON9を復習してください。

## 1 用語の定義 重要度A

解釈第1条では、「用語の定義」について、次のように定められています。

**解釈 第1条（用語の定義）**【省令第1条】

この解釈において、次の各号に掲げる用語の定義は、当該各号による。

一 **使用電圧（公称電圧）** 電路を代表する線間電圧

二 **最大使用電圧** 次のいずれかの方法により求めた、通常の使用状態において電路に加わる最大の線間電圧

イ 使用電圧が、電気学会電気規格調査会標準規格JEC-0222-2009「標準電圧」の「3.1 公称電圧が1000Vを超える電線路の公称電圧及び最高電圧」又は「3.2 公称電圧が1000V以下の電線路の公称電圧」に規定され

る公称電圧に等しい電路においては、使用電圧に、1-1表に規定する係数を乗じた電圧

1-1表

| 使用電圧の区分 | 係数 |
|---|---|
| 1 000V以下 | 1.15 |
| 1 000Vを超え500 000V未満 | 1.15／1.1 |
| 500 000V | 1.05、1.1又は1.2 |
| 1 000 000V | 1.1 |

ロ　イに規定する以外の電路においては、電路の電源となる機器の定格電圧（電源となる機器が変圧器である場合は、当該変圧器の最大タップ電圧とし、電源が複数ある場合は、それらの電源の定格電圧のうち最大のもの）

ハ　計算又は実績により、イ又はロの規定により求めた電圧を上回ることが想定される場合は、その想定される電圧

三　**技術員**　設備の運転又は管理に必要な知識及び技能を有する者

四　**電気使用場所**　電気を使用するための電気設備を施設した、1の建物又は1の単位をなす場所

五　**需要場所**　電気使用場所を含む1の構内又はこれに準ずる区域であって、発電所、蓄電所、変電所及び開閉所以外のもの

六　**変電所に準ずる場所**　需要場所において高圧又は特別高圧の電気を受電し、変圧器その他の電気機械器具により電気を変成する場所

七　**開閉所に準ずる場所**　需要場所において高圧又は特別高圧の電気を受電し、開閉器その他の装置により電路の開閉をする場所であって、変電所に準ずる場所以外のもの

八　**電車線等**　電車線並びにこれと電気的に接続するちょう架線、ブラケット及びスパン線

**電気使用場所**
電気設備の設置場所が屋内の場合は、その1つの建物を電気使用場所と考える。電気設備の設置場所が屋外の場合は、例えば一般家庭の庭は1つの電気使用場所である。また、「1の単位をなす場所」として1本の街路灯を1つの電気使用場所と考えることができる。

**需要場所**
発電所、蓄電所、変電所、開閉所とは別なものとされる。電気使用場所、変電所に準ずる場所、開閉所に準ずる場所が含まれる。

**変電所に準ずる場所**
工場、高層ビルなどの受電設備などのこと。

**開閉所に準ずる場所**
変圧器などを施設していない受電設備で、線路を開閉する断路器や遮断器で構成しているもののこと。

九　**架空引込線**　架空電線路の支持物から**他の支持物**を経ずに需要場所の**取付け点**に至る架空電線

十　**引込線**　**架空引込線**及び需要場所の造営物の側面等に施設する電線であって、当該需要場所の**引込口**に至るもの

十一　**屋内配線**　屋内の電気使用場所において、固定して施設する電線（電気機械器具内の電線、管灯回路の配線、エックス線管回路の配線、第142条第七号に規定する接触電線、第181条第1項に規定する小勢力回路の電線、第182条に規定する出退表示灯回路の電線、第183条に規定する特別低電圧照明回路の電線及び電線路の電線を除く。）

十二　**屋側配線**　屋外の電気使用場所において、当該電気使用場所における電気の使用を目的として、造営物に固定して施設する電線（電気機械器具内の電線、管灯回路の配線、第142条第七号に規定する接触電線、第181条第1項に規定する小勢力回路の電線、第182条に規定する出退表示灯回路の電線及び電線路の電線を除く。）

十三　**屋外配線**　屋外の電気使用場所において、当該電気使用場所における電気の使用を目的として、固定して施設する電線（屋側配線、電気機械器具内の電線、管灯回路の配線、第142条第七号に規定する接触電線、第181条第1項に規定する小勢力回路の電線、第182条に規定する出退表示灯回路の電線及び電線路の電線を除く。）

**管灯回路**
グローランプ（点灯管方式のけい光放電灯を点灯させる放電管）等も含まれる。

十四　**管灯回路**　放電灯用安定器又は放電灯用変圧器から放電管までの電路

十五　**弱電流電線**　弱電流電気の伝送に使用する電気導体、**絶縁物で被覆**した電気導体又は**絶縁物で被覆**した上を**保護被覆で保護**した電気導体（第181条第1項に規定する**小勢力**回路の電線又は第182条に規定する**出退表示灯**回路の電線を含む。）

十六　**弱電流電線等**　弱電流電線及び光ファイバケーブル

十七　**弱電流電線路等**　弱電流電線路及び光ファイバケーブル線路
十八　**多心型電線**　絶縁物で被覆した導体と絶縁物で被覆していない導体とからなる電線
十九　**ちょう架用線**　ケーブルをちょう架する金属線
二十　**複合ケーブル**　電線と弱電流電線とを束ねたものの上に保護被覆を施したケーブル
二十一　**接近**　一般的な接近している状態であって、**並行**する場合を含み、**交差**する場合及び**同一支持物に施設される**場合を除くもの
二十二　**工作物**　人により加工された全ての物体
二十三　**造営物**　工作物のうち、土地に定着するものであって、屋根及び柱又は壁を有するもの
二十四　**建造物**　造営物のうち、人が居住若しくは勤務し、又は頻繁に出入り若しくは来集するもの
二十五　**道路**　公道又は私道(横断歩道橋を除く。)
二十六　**水気のある場所**　水を扱う場所若しくは雨露にさらされる場所その他水滴が飛散する場所、又は常時水が漏出し若しくは結露する場所
二十七　**湿気の多い場所**　水蒸気が充満する場所又は湿度が著しく高い場所
二十八　**乾燥した場所**　湿気の多い場所及び水気のある場所以外の場所
二十九　**点検できない隠ぺい場所**　天井ふところ、壁内又はコンクリート床内等、工作物を破壊しなければ電気設備に接近し、又は電気設備を点検できない場所
三十　**点検できる隠ぺい場所**　点検口がある天井裏、戸棚又は押入れ等、容易に電気設備に接近し、又は電気設備を点検できる隠ぺい場所
三十一　**展開した場所**　点検できない隠ぺい場所及び点検できる隠ぺい場所以外の場所
三十二　**難燃性**　炎を当てても燃え広がらない性質

**用語**

**ちょう架用線**
絶縁電線に張力がかからないよう支持し、吊り下げるための裸導体。

**複合ケーブル**
電線と弱電流電線とを同一にまとめたものに保護被覆を施したケーブル。
光ファイバケーブルと電線を同一にしたものは、複合ケーブルとは呼ばない。

**天井ふところ**
下階天井と上階床で挟(はさ)まれた空間のこと。

**天井裏**
天井から屋根の下までの空間のこと。

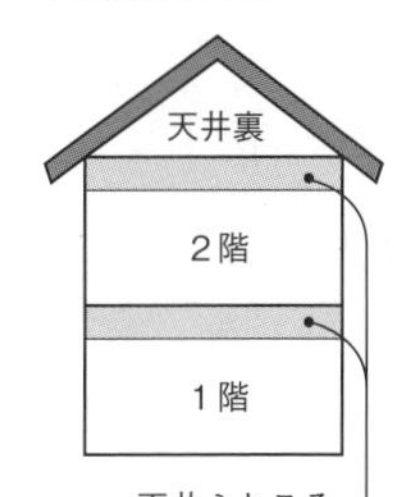

三十三　**自消性のある難燃性**　難燃性であって、炎を除くと自然に消える性質

三十四　**不燃性**　難燃性のうち、炎を当てても燃えない性質

三十五　**耐火性**　不燃性のうち、炎により加熱された状態においても著しく変形又は破壊しない性質

三十六　**接触防護措置**　次のいずれかに適合するように施設することをいう。

イ　設備を、屋内にあっては床上2.3m以上、屋外にあっては地表上2.5m以上の高さに、かつ、**人が通る場所から手を伸ばしても触れることのない**範囲に施設すること。

ロ　設備に人が接近又は接触しないよう、**さく、へい**等を設け、又は設備を**金属管**に収める等の防護措置を施すこと。

三十七　**簡易接触防護措置**　次のいずれかに適合するように施設することをいう。

イ　設備を、屋内にあっては床上1.8m以上、屋外にあっては地表上2m以上の高さに、かつ、**人が通る場所から容易に触れることのない**範囲に施設すること。

ロ　設備に人が接近又は接触しないよう、**さく、へい**等を設け、又は設備を**金属管**に収める等の防護措置を施すこと。

三十八　**架渉線**（かしょうせん）　架空電線、架空地線、ちょう架用線又は添架通信線等のもの

解釈第１条第一号、第二号における電線路の公称電圧と最大使用電圧の関係を示すと、表4.1及び表4.2のようになります。

**表4.1　公称電圧が1 000〔V〕を超え500 000〔V〕未満の場合**（抜粋）

| 公称電圧〔V〕 | 最大使用電圧〔V〕 | 備考 |
|---|---|---|
| 3 300 | 3 450 | 最大使用電圧 $=$ 公称電圧 $\times \dfrac{1.15}{1.1}$ |
| 6 600 | 6 900 | |
| 22 000 | 23 000 | |
| 33 000 | 34 500 | |
| 66 000 | 69 000 | |

**表4.2　公称電圧が1 000〔V〕以下の場合**

| 公称電圧〔V〕 | 最大使用電圧〔V〕 | 備考 |
|---|---|---|
| 100 | 115 | 最大使用電圧 $=$ 公称電圧 $\times 1.15$ |
| 200 | 230 | |
| 100/200 | 115/230 | |
| 230 | 265 | |
| 400 | 460 | |
| 230/400 | 265/460 | |

公称電圧と最大使用電圧の関係をしっかり理解しておきましょう。
例えば、公称電圧が6 600〔V〕のとき、最大使用電圧は、
公称電圧 $\times \dfrac{1.15}{1.1} = 6\,600 \times \dfrac{1.15}{1.1} = 6\,900$〔V〕となります。

解釈第１条第二十一号では、「接近」という言葉の意味を限定しています。接近には、上方、側方及び下方がありますが、これらの接近対象物との関係を図示すると、図4.1のようになります。

また、接近の中でも、架空電線が他の工作物の**上方**又は**側方**において接近する場合の状態を「**接近状態**」（解釈第

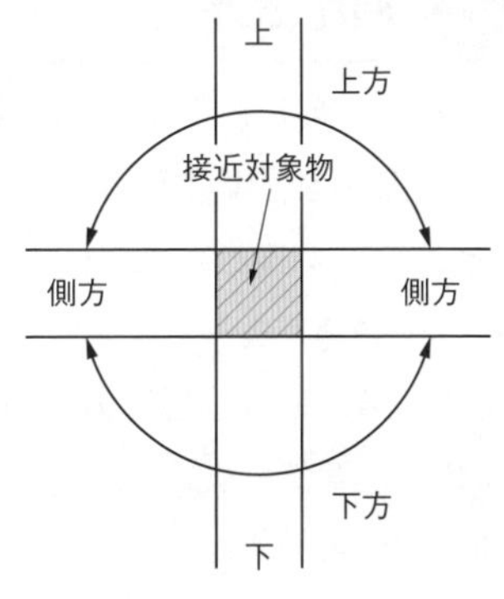


**図4.1　「接近」の意味**

**補足**

図4.1「接近」の意味とLESSON25図4.22の「接近状態」を対応させると次のようになる。
図4.1「接近対象物」が図4.22の「他の工作物」に相当。
図4.1の「上方の半円」が図4.22の「接近状態境界線」に相当。
図4.1の「上方の半円の最上部」が図4.22の「支持物の地表上の高さ $l_1$」に相当。
図4.1の「下方の半円」は図4.22にはない（接近対象物が地表面にあるため）。

49条）として定義しています。

解釈第１条第三十二号～第三十五号における燃焼性能に係る用語の概念図を図4.2に、それぞれの性質をもつ材料の例を表4.3に示します。表4.3の上から下へいくほど燃えにくくなっています。

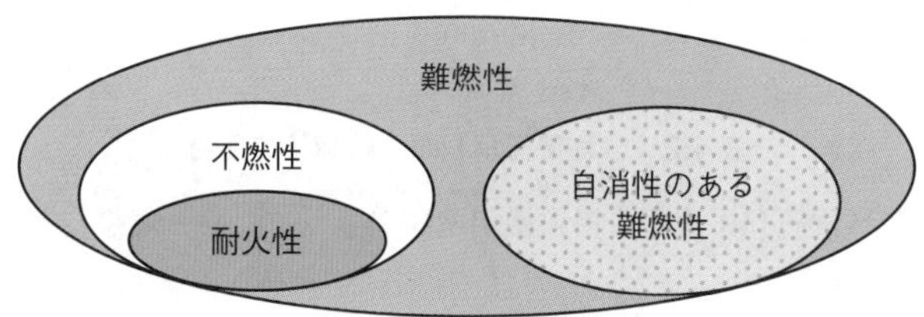


**図4.2　燃焼性能の概念**

**表4.3　燃焼性能と材料**

| 燃焼性能 | 材料の例 |
|---|---|
| 難燃性 | 合成ゴム等 |
| 自消性のある難燃性 | 硬質塩化ビニル波板（なみいた）、ポリカーボネート等 |
| 不燃性 | コンクリート、れんが、瓦、鉄鋼、<br>アルミニウム、ガラス、モルタル等 |
| 耐火性 | コンクリート等 |

## ② 適用除外　重要度 C

解釈第２条及び電技（省令）第３条で、原子力工作物、鉄道の電気設備等は、電技から適用除外され、別の法令の規定の定めるところによるとされています。これは、電技との二重規制を避けるためです。

**解釈　第２条（適用除外）**【省令第３条】〈要点抜粋〉

鉄道営業法、軌道法又は鉄道事業法が適用され又は準用される電気設備であって、別表〈省略〉の左欄に掲げるものは、別表の右欄に掲げる規定を適用せず、鉄道営業法、軌道法又は鉄道事業法の相当規定の定めるところによること。

**電技　第３条（適用除外）**〈要点抜粋〉

この省令は、原子力発電工作物については、適用しない。

2　鉄道営業法、軌道法又は鉄道事業法が適用され又は準用される電気設備については、電気設備技術基準の規定を適用せず、鉄道営業法、軌道法又は鉄道事業法の相当規定の定めるところによる。

〈第３項、第４項省略〉

## ③ 電線の規格等　重要度 B

電線の品質が悪いと、感電や漏電による火災などが発生するおそれがあります。これを防止するために、電線の性能や種類に応じた規格が定められています。

解釈第３条では、電線の規格の共通事項として、次のように定められています。

**解釈　第３条（電線の規格の共通事項）【省令第６条、第21条、第57条第１項】**

第５条、第６条及び第８条から第10条までに規定する電線の規格に共通の事項は、次の各号のとおりとする。

一　通常の使用状態における**温度**に耐えること。

二　線心が2本以上のものにあっては、**色分け**その他の方法により線心が識別できること。

三　導体補強線を有するものにあっては、導体補強線は、次に適合すること。

イ　天然繊維若しくは化学繊維又は鋼線であること。

ロ　鋼線にあっては、次に適合すること。

（イ）直径が5mm以下であること。

（ロ）引張強さが$686N/mm^2$以上であること。

（ハ）表面は滑らかで、かつ、傷等がないこと。

（ニ）すず若しくは亜鉛のめっきを施したもの、又はステンレス鋼線であること。

**補足**

解釈第３条は、電線の規格の共通事項を示している。電技第１条（用語の定義）で述べているように、電線とは、強電流電気の伝送を目的とした電気導体で次のようなものがある。

- 裸電線
- 絶縁物で被覆した電気導体（絶縁電線）
- 絶縁物で被覆した上を保護被覆した電気導体（ケーブル、キャブタイヤケーブル）

**補足**

電線には、わずかであるが抵抗があり、電流が流れると、$I^2R$により熱を発生し、周囲温度より高くなる。

四　補強索を有するものにあっては、補強索は、次に適合すること。

イ　引張強さが$294N/mm^2$以上の鋼線であること。

ロ　絶縁体又は外装に損傷を与えるおそれのないものであること。

ハ　表面は滑らかで、かつ、傷等がないこと。

ニ　すず若しくは亜鉛のめっきを施したもの、又はステンレス鋼線であること。

五　セパレータを有するものにあっては、セパレータは、次に適合すること。

イ　紙、天然繊維、化学繊維、ガラス繊維、天然ゴム混合物、合成ゴム又は合成樹脂であること。

ロ　厚さは、1mm以下であること。ただし、耐火電線である旨の表示のあるものにあっては、1.5mm以下とすることができる。

六　遮へいを有するものにあっては、遮へいは、次に適合すること。

イ　アルミニウム製のものにあっては、ケーブル以外の電線に使用しないこと。

ロ　厚さが0.8mm以下のテープ状のもの、厚さが2mm以下の被覆状のもの、厚さが2.5mm以下の編組状のもの又は直径5mm以下の線状のものであること。

七　介在物を有するものにあっては、介在物は、紙、天然繊維、化学繊維、ガラス繊維、天然ゴム混合物、合成ゴム又は合成樹脂であること。

八　防湿剤、防腐剤又は塗料を施すものにあっては、防湿剤、防腐剤及び塗料は、次に適合すること。

イ　容易に水に溶解しないこと。

ロ　絶縁体、外装、外部編組、セパレータ、補強索又は接地線の性能を損なうおそれのないものであること。

九　接地線を有するものにあっては、接地線は、次に適合すること。

用語 

**補強索**
鋼線などを電線やケーブルの中心部に入れて強度を高める部材のこと。

用語 

**セパレータ**とは、被覆と導体の間に挟んで分離する紙などのこと。

用語 

**編組状**とは、ケーブルの内部や最外層で、銅線や繊維を網状に編んだものを組み込んだ状態のこと。

用語 

**介在物**とは、電線ケーブルの心線と心線のより合わせのすき間に挿入して、ケーブルを曲がりやすくするためのもの。

イ　導体は、次に適合すること。

(イ) 単線にあっては、別表第1に規定する**軟銅線**であって、直径が**1.6mm**以上のものであること。

(ロ) より線にあっては、別表第1に規定する**軟銅線**を素線としたより線であって、公称断面積が**0.75mm²**以上のものであること。

(ハ) 次のいずれかに該当するものにあっては、すず若しくは鉛又はこれらの合金のめっきを施してあること。

(1) ビニル混合物及びポリエチレン混合物以外のもので被覆してあるもの

(2) 被覆を施していないもの(電線の絶縁体又は外装がビニル混合物及びポリエチレン混合物以外の絶縁物である場合に限る。)

ロ　被覆を施してあるものにあっては、被覆の厚さが接地線の線心以外の線心の絶縁体の厚さの70%を超え、かつ、導体の太さが接地線の導体以外の導体の太さの80%を超えるとき、又は接地線の線心が2本以上のときは、接地線である旨を表示してあること。

**補足**

別表第1は、硬銅線と軟銅線について、導体の直径や引張強さ、導電率などを規定している。

**用語**

**より線**

複数の細い導体をより合わせた電線のこと。

接地線における単線(直径1.6〔mm〕以上)と、より線(公称断面積0.75〔mm²〕以上)の数値は重要ですから、確実に覚えてください。

## ④ 各種電線の具体的な性能①　重要度 B

解釈第4条から第11条までの各条文では、各種電線の具体的な性能(熱的性能、電気的性能、機械的性能)及び規格等を示しています。

**補足**

解釈第9条～第11条は、LESSON18で学ぶ。

**解釈　第4条(裸電線等)**【省令第6条、第57条第2項】

〈要点抜粋〉

裸電線及び支線、架空地線、保護線、保護網、電力保安通信用弱電流電線その他の金属線には、次の各号に適合するものを使用すること。

一　電線として使用するものは、通常の使用状態における**温度**に耐えること。

〈以下省略〉

**解釈　第5条（絶縁電線）**【省令第5条第2項、第6条、第21条、第57条第1項】〈要点抜粋〉

絶縁電線は、**電気用品安全法**の適用を受けるもの又は次の各号に適合する性能を有するものを使用すること。

一　通常の使用状態における**温度**に耐えること。

二　構造は、**絶縁物で被覆**した電気導体であること。

〈以下省略〉

「電気用品安全法の適用を受ける」絶縁電線とは、次に示す絶縁電線です。

a ゴム絶縁電線（例 600Vゴム絶縁電線）

b 合成樹脂絶縁電線（例 600Vビニル絶縁電線、600Vポリエチレン絶縁電線、その他の絶縁電線）

c けい光灯電線

d ネオン電線

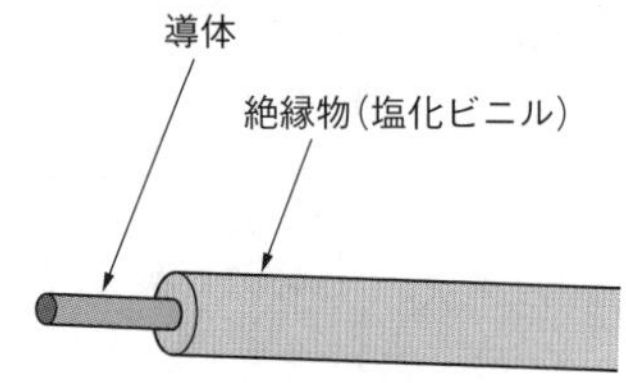


**図4.3　600Vビニル絶縁電線（1V線）**

**解釈　第6条（多心型電線）**【省令第6条、第21条、第57条第1項、第2項】〈要点抜粋〉

多心型電線は、次の各号に適合する性能を有するものを使用すること。

一　通常の使用状態における**温度**に耐えること。

二　構造は、絶縁物で被覆した導体を絶縁物で被覆していない導体の周囲に**らせん状**に巻き付けた電線であること。

〈以下省略〉

多心型電線は、300V以下の低圧架空電線だけにその使用が認められ、裸導体の用途は、B種接地工事を施した中性線もしくはD種接地工事を施したちょう架用線（メッセンジャーワイヤ）に限定されています（解釈第65条第1項）。

また、電気用品安全法においては、絶縁物で被覆した導体は絶縁電線としての適用を受けることになります。

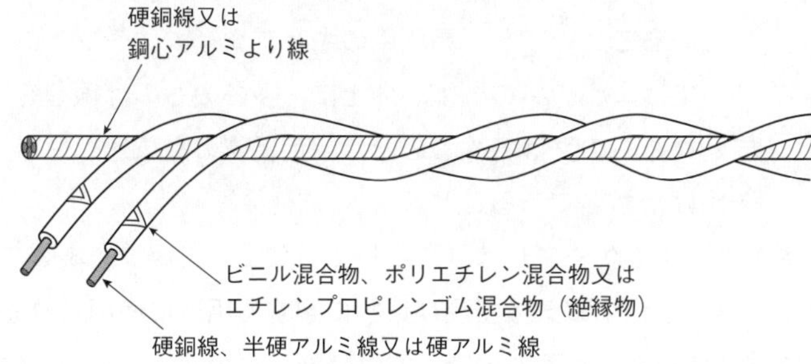


**図4.4　多心型電線の例**

**解釈　第7条（コード）【省令第57条第1項】**

コードは、**電気用品安全法**の適用を受けるものであること。

電気用品安全法の対象となるコードは、定格電圧が100V以上600V以下のものに限られます。

現在、一般に使用されているコードには、次のものがあります。

- ゴムコード（単心、より合わせ、袋打ち、丸打ち）
- ビニルコード（単心、より合わせ）
- ゴムキャブタイヤコード
- ビニルキャブタイヤコード
- 金糸コード

**図4.5　ビニルコードの例**

**用語**

**コード**
絶縁電線同様、銅などの導体に絶縁性の被覆を施したものであるが、コードは、絶縁電線と違って、可とう性（曲げやすい性質）がある。また、コードは、壁や柱に固定してはならず、露出の状態での使用は禁止されている。

**袋打ち**（コード）
耐熱性が強化されているコードで、こたつやアイロンなど発熱器具への電源供給用として使用される。

**丸打ち**（コード）
耐荷重性が強化されているコードで、吊下げ式の照明器具で使用される。

**キャブタイヤ**
外装が辻馬車(キャブ)のタイヤのように丈夫なゴムで被覆されていることが由来とされている。

**解釈　第8条（キャブタイヤケーブル）**【省令第5条第2項、第6条、第21条、第57条第1項】〈要点抜粋〉

キャブタイヤケーブルは、**電気用品安全法**の適用を受けるもの又は次の各号に適合する性能を有するものを使用すること。

一　通常の使用状態における**温度**に耐えること。

二　構造は、**絶縁物で被覆**した上に**外装**で保護した電気導体であること。また、高圧用のキャブタイヤケーブルにあっては単心のものは線心の上に、多心のものは線心をまとめたもの又は各線心の上に、金属製の電気遮へい層を設けたものであること。

キャブタイヤケーブルは、主として、鉱山、工場、農場等で使用される移動用電気機器及びこれに類する用途に使用される機械器具に接続されるもので、耐摩耗性、耐衝撃性、耐屈曲性に優れており、また、耐水性を有している。

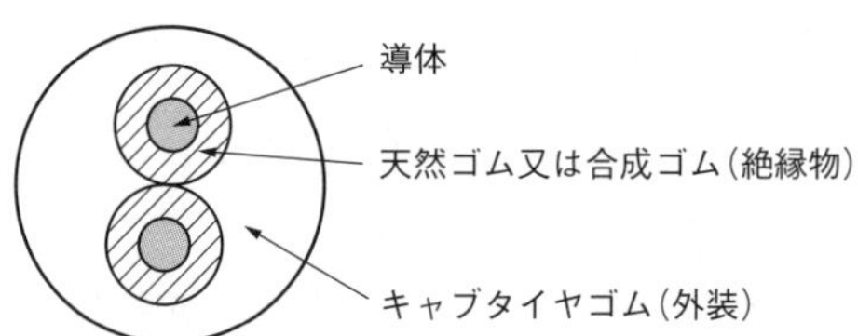


**図4.6　キャブタイヤケーブルの構造**

## 理解度チェック問題

**問題　次の文章は、電気設備技術基準の解釈に関する記述である。次の［　　］の中に適当な答えを記入せよ。**

**1．** 使用電圧（［（ア）］電圧）とは、電路を代表する［（イ）］電圧。
最大使用電圧とは、通常の使用状態において電路に加わる最大の［（イ）］電圧。
使用電圧（［（ア）］電圧）6600Vの配電線路の最大使用電圧は、

$$6600\times\frac{［（ウ）］}{［（エ）］}=［（オ）］〔V〕$$

となる。

**2．** 弱電流電線とは、弱電流電気の伝送に使用する電気導体、［（カ）］した電気導体又は［（カ）］した上を［（キ）］した電気導体（別に規定する［（ク）］回路の電線、［（ケ）］回路の電線を含む。）

**3．** 接地線の導体は、次に適合すること。
a. 単線にあっては、別に規定する［（コ）］であって、直径が［（サ）］以上のものであること。
b. より線にあっては、別に規定する［（コ）］を素線としたより線であって、公称断面積が［（シ）］以上のものであること。

**解答**

（ア）公称　（イ）線間　（ウ）1.15　（エ）1.1　（オ）6900
（カ）絶縁物で被覆　（キ）保護被覆で保護　（ク）小勢力　（ケ）出退表示灯
（コ）軟銅線　（サ）1.6mm　（シ）0.75mm$^2$

**解説**　解釈第1条、第3条からの出題である。

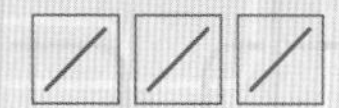

LESSON 18

# 総則② 第9条～第12条

各種電線の具体的な性能の②として、ケーブルについて学び、引き続き電線の接続法について学びます。

関連過去問 039

①接続箇所の電気抵抗を増加させない
②接続箇所の電線の引張強さを20%以上減少させない
③接続部分には、接続器具を使用するか、またはろう付けをする

「電線の接続」
のポイントは、
左の3つです。


##  各種電線の具体的な性能② 重要度 B

解釈第9条～第11条では、ケーブル（低圧ケーブル、高圧ケーブル、特別高圧ケーブル）について、具体的な性能、及び規格が定められています。

**解釈 第9条（低圧ケーブル）**【省令第6条、第21条、第57条第1項】〈要点抜粋〉

使用電圧が低圧の電路（電気機械器具内の電路を除く。）の電線に使用するケーブルには、電気用品安全法の適用を受けるもの、次の各号に適合する性能を有する低圧ケーブル、第3項各号に適合する性能を有するMIケーブル、第5項に規定する有線テレビジョン用給電兼用同軸ケーブル、又はこれらのケーブルに保護被覆を施したものを使用すること。ただし、別に定める規定によりエレベータ用ケーブルを使用する場合、船用ケーブルを使用する場合、通信用ケーブルを使用する場合、溶接用ケーブルを使用する場合、発熱線接続用ケーブルを使用する場合は、この限りでない。

一 通常の使用状態における**温度**に耐えること。

二 構造は、絶縁物で**被覆**した上を外装で**保護**した電気導体であること。ただし、別に定める規定により施設する

低圧水底電線路に使用するケーブルは、外装を有しないものとすることができる。

三　絶縁体の厚さは、別表に規定する値を標準値とし、その平均値が標準値の**90％**以上、その最小値が標準値の**80％**以上であること。

〈省略〉

3　MIケーブルは、次の各号に適合する性能を有するものであること。

一　通常の使用状態における**温度**に耐えること。

二　構造は、導体相互間及び導体と銅管との間に粉末状の酸化マグネシウムその他の絶縁性のある無機物を充てんし、これを圧延した後、焼鈍したものであること。

三　絶縁体の厚さは、別表に規定する値を標準値とし、その平均値が標準値の90％以上、その最小値が標準値の80％以上であること。

〈省略〉

5　有線テレビジョン用給電兼用同軸ケーブルは、次の各号に適合するものであること。

一　通常の使用状態における温度に耐えること。

二　外部導体は、**接地**すること。

三　使用電圧は、**90V**以下であって、使用電流は、**15A**以下であること。

四　絶縁性のある**外装**を有すること。

MIケーブルは、図4.7(a)のように絶縁体にマグネシウムなどの無機物などを用い、外装には銅を使用しています。有機物の材料を使用していないため耐熱性に優れており、短絡事故などの場合でもケーブルから発火しないという特長があります。

また、有線テレビジョン用給電兼用同軸ケーブルは、定格電圧が100〔V〕未満の電線で、高周波信号を重畳（ちょうじょう）させます。

図4.7(b)のように外部導体の周囲には絶縁体がないため、このケーブルの使用条件は、電圧が**90**〔V〕以下、電流が**15**〔A〕以下となっています。

**補足**

MI(Mineral Insulated)とは、「無機物絶縁」という意味である。
MIケーブルは、耐火・耐熱・機械的強度に優れたケーブルで、短絡などしても発火しないため、火災防止には有効である。精錬工場や鋳物工場などの周囲の温度が高い場所で使用される。

**補足**

有線テレビジョン用給電兼用同軸ケーブルは、電気と高周波信号を同時に伝送できるケーブルである。

**用語** 

**重畳**とは、幾重にも重なった状態のことを意味する。ここでは、導体に電気と高周波信号が重なって送電することを意味する。

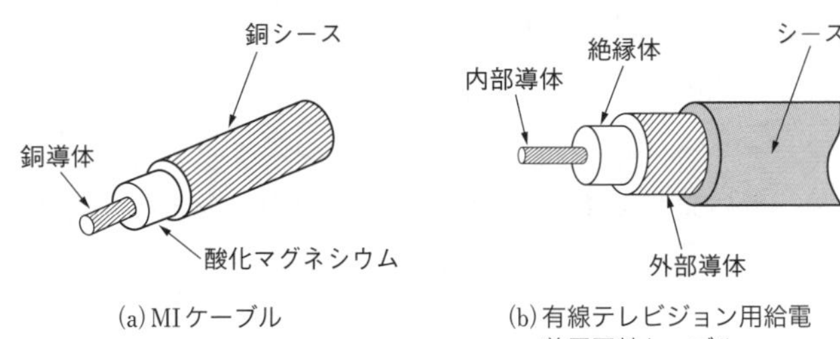

(a) MIケーブル　(b) 有線テレビジョン用給電兼用同軸ケーブル

**図4.7　代表的な低圧ケーブル**

**解釈　第10条（高圧ケーブル）**【省令第5条第2項、第6条、第21条、第57条第1項】〈要点抜粋〉

使用電圧が高圧の電路の電線に使用するケーブルには、次の各号に適合する性能を有する高圧ケーブル、第5項各号に適合する性能を有する複合ケーブル（弱電流電線を電力保安通信線に使用するものに限る。）又はこれらのケーブルに保護被覆を施したものを使用すること。ただし、別に定める規定により太陽電池発電設備用直流ケーブルを使用する場合、半導電性外装ちょう架用高圧ケーブルを使用する場合、又は飛行場標識灯用高圧ケーブルを使用する場合はこの限りでない。

一　通常の使用状態における**温度**に耐えること。

二　構造は、絶縁物で**被覆**した上を外装で**保護**した電気導体において、外装が金属である場合を除き、単心のものにあっては線心の上に、多心のものにあっては線心をまとめた上又は各線心の上に、金属製の**電気的遮へい層**を有するものであること。ただし、別に定める規定により施設する高圧水底電線路に使用するケーブルは、外装及び金属製の電気的遮へい層を有しないものとすることができる。

〈省略〉

5　使用電圧が高圧の複合ケーブルは、次の各号に適合する性能を有するものであること。

一　通常の使用状態における温度に耐えること。

**補足**

高圧ケーブルの外装には、次のようなものがある。

- 鉛被（えんぴ）ケーブル
- アルミ被ケーブル
- ビニル外装ケーブル
- ポリエチレン外装ケーブル
- クロロプレン外装ケーブル

二　構造は、次のいずれかであること。

イ　第1項各号に規定する性能を満足する高圧ケーブルと、別に規定する添架通信用第2種ケーブルをまとめた上に保護被覆を施したものであること。ただし、別に定める規定により施設する水底電線路に使用するケーブルは、金属製の遮へい層、外装及び保護被覆を有しないものとすることができる。

ロ　金属製の電気的遮へい層を施した高圧電線の線心と別に規定する添架通信用第2種ケーブルとをまとめた上に外装を施したものであること。ただし、別に定める規定により施設する水底電線路に使用するケーブルは、金属製の電気的遮へい層及び外装を有しないものとすることができる。

**高圧ケーブル**は、高電圧になると静電誘導によって人体に危険を及ぼすため、また、ケーブル内の電圧を均一にして絶縁物の劣化を防止するために**遮へい層**を設けます。ただし、外装が金属である場合（鉛被ケーブル及びアルミ被ケーブル）は、外装がその役目をするので、**遮へい層**を設ける必要はありません。

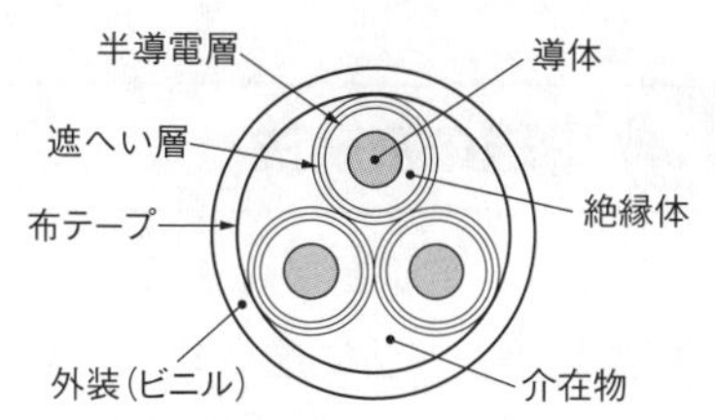


**図4.8　高圧CVケーブルの断面図**

**複合ケーブル**とは、低圧、高圧、弱電流電線を同一の外装によって被覆しているケーブルのことです。現在、実用化されている複合ケーブルは、一般の高圧ケーブルの外装の中に添架通信用第2種ケーブル（電力保安通信線）を入れた内蔵型と、高圧ケーブルに添架通信用第2種ケーブルを束ねた

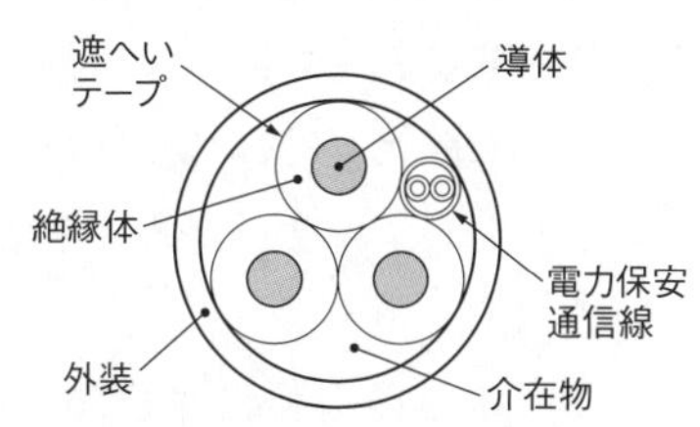


**図4.9　複合ケーブル（内蔵型）の断面図**

用語

**CVケーブル**とは、架橋ポリエチレン絶縁ビニルシースケーブルの略称。

上に保護被覆を施した外付型の２種類です。

**解釈　第11条（特別高圧ケーブル）**【省令第21条、第57条第１項】

使用電圧が特別高圧の電路（電気機械器具内の電路を除く。）の電線に使用する特別高圧ケーブルは、次の各号に適合するものを使用すること。

一　通常の使用状態における温度に耐えること。

二　絶縁した線心の上に金属製の電気的遮へい層又は金属被覆を有するものであること。ただし、別に定める規定により施設する特別高圧水底電線路に使用するケーブルは、この限りでない。

三　複合ケーブルは、弱電流電線を電力保安通信線に使用するものであること。

## ② 電線の接続法　重要度 A

ここでは、電線を接続する場合の原則的な基準を示します。電線は、電流が完全に通じることが第一の要件であることから、接続部分において電気抵抗が他の部分より増加しないようにする必要があります。これらについて、解釈第12条で次のように定められています。

**解釈　第12条（電線の接続法）**【省令第７条】〈要点抜粋〉

電線を接続する場合は、電線の**電気抵抗**を**増加**させないように接続するとともに、次の各号によること。

一　裸電線相互、又は裸電線と絶縁電線、キャブタイヤケーブル若しくはケーブルとを接続する場合は、次によること。

イ　電線の引張強さを20％以上**減少**させないこと。ただし、ジャンパー線を接続する場合その他電線に加わる張力が電線の引張強さに比べて著しく**小さい**場合は、この限りでない。

ロ　接続部分には、**接続管その他の器具**を使用し、又は

**ろう付け**すること。

二　絶縁電線相互又は絶縁電線とコード、キャブタイヤケーブル若しくはケーブルとを接続する場合は、前号の規定に準じるほか、次のいずれかによること。

イ　接続部分の絶縁電線の絶縁物と同等以上の**絶縁効力**のある接続器を使用すること。

ロ　接続部分をその部分の絶縁電線の絶縁物と同等以上の**絶縁効力**のあるもので十分に被覆すること。

三　コード相互、キャブタイヤケーブル相互、ケーブル相互又はこれらのもの相互を接続する場合は、コード接続器、接続箱その他の器具を使用すること。

四　導体にアルミニウムを使用する電線と銅（銅の合金を含む。）を使用する電線とを接続する等、**電気化学的性質**の異なる導体を接続する場合には、接続部分に**電気的腐食**が生じないようにすること。

五　導体にアルミニウムを使用する絶縁電線又はケーブルを、屋内配線、屋側配線又は屋外配線に使用する場合において、当該電線を接続するときは、次のいずれかの器具を使用すること。

イ　**電気用品安全法**の適用を受ける接続器

〈省略〉

電線の接続について解釈第12条の関係をまとめると、図4.10のようになります。

**補足**

第二号に規定されている電線・コードを接続する場合、接続部分の絶縁効力を維持することが重要である。そのためには、接続器を使用するか絶縁テープなどで十分に被覆することが必要となる。

**補足**

第三号に規定されている接続は、原則として直接接続ではなく、専用の接続器や接続箱を用いることとしている。その理由は、コード相互などを直接接続で行うと素線が細いため、接続部分の強度を保つことができないからである。

**補足**

第四号は、異種金属の接続の場合の電食防止についての規定である。アルミ電線と銅電線の接続箇所に湿気が入ると電食が発生しやすくなるため、対策として、接続箇所に防湿剤などを塗布し湿気の侵入を防ぐ。

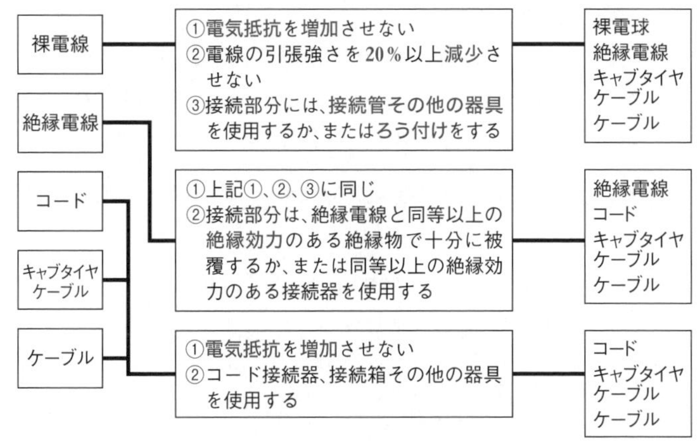


**図4.10　電線接続の規制**

解釈第12条第一号に表記されている「接続管その他の器具」とは、図4.11で示されるようなS形スリーブ、リングスリーブ、銅管ターミナル、ねじ込み形電線コネクタなどを指します。

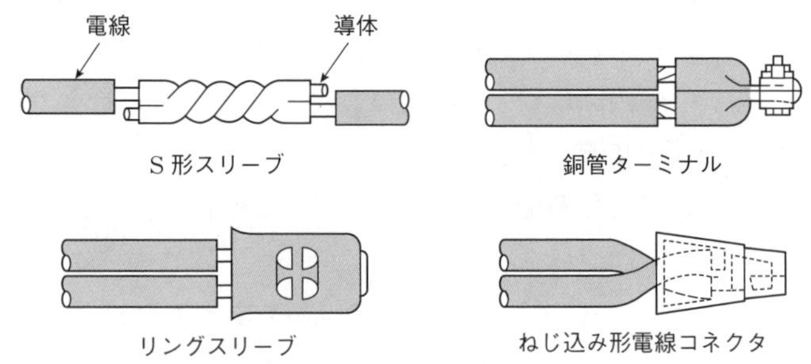


**図4.11　接続管その他の器具**

「電線の接続」のポイントは、次の3つです。
①接続箇所の電気抵抗を増加させない
②接続箇所の電線の引張強さを20％以上減少させない
③接続部分には、接続器具を使用するか、又はろう付けをする

## 理解度チェック問題

**問題　次の文章は、電気設備技術基準の解釈に関する記述である。次の[　　]の中に適当な答えを記入せよ。**

a. 有線テレビジョン用給電兼用同軸ケーブルは、次の各号に適合するものであること。

一　通常の使用状態における[（ア）]に耐えること。

二　外部導体は、[（イ）]すること。

三　使用電圧は、[（ウ）]V以下であって、使用電流は、[（エ）]A以下であること。

b. 使用電圧が高圧の電路の電線に使用するケーブルには、次の各号に適合する性能を有する高圧ケーブルを使用すること。

一　通常の使用状態における[（ア）]に耐えること。

二　構造は、[（オ）]で被覆した上を外装で[（カ）]した電気導体において、外装が金属である場合を除き、単心のものにあっては線心の上に、多心のものにあっては線心をまとめた上又は各線心の上に、金属製の[（キ）]を有するものであること。

c. 電線を接続する場合は、電線の[（ク）]を増加させないように接続するとともに、次の各号によること。

一　裸電線相互、又は裸電線と絶縁電線、キャブタイヤケーブル若しくはケーブルとを接続する場合は、次によること。

イ　電線の[（ケ）]を20％以上減少させないこと。

ロ　接続部分には、[（コ）]を使用し、又はろう付けすること。

**解答**

（ア）温度　（イ）接地　（ウ）90　（エ）15　（オ）絶縁物　（カ）保護
（キ）電気的遮へい層　（ク）電気抵抗　（ケ）引張強さ　（コ）接続管その他の器具

**解説**　解釈第9条、第10条、第12条からの出題である。

19日目

第4章 電気設備技術基準の解釈

LESSON 19

# 総則③ 第13条～第16条

電路の絶縁および接地について学びます。先に学んだ電技第5条、第22条、第58条と密接な関係があります。

関連過去問 040, 041

交流の電路でケーブル使用時、
最大使用電圧〔V〕＝公称電圧〔V〕×1.15/1.1
①交流絶縁耐力試験…最大使用電圧〔V〕×1.5
②直流 絶縁耐力試験…最大使用電圧〔V〕×1.5×2
どちらも10分間印加
直流…交流の試験電圧〔V〕×2

最大使用電圧が7000V以下の高圧電路の絶縁耐力試験の方法です。重要です。

## ① 電路の絶縁および接地　重要度 A

電路は、事故などが発生したときに想定される異常電圧を考慮して、絶縁破壊のおそれがないように、定められた絶縁強度をもつ必要があります。一方、異常電圧の電位上昇、高電圧の侵入などによる感電や火災の防止のために、電気設備の必要な箇所に接地を取り付けるなどの措置を講じる必要もあります。

### (1) 電路の絶縁

すでにLESSON10、電技(省令)第5条で学んだように、電路は十分に絶縁されていなければ、漏れ電流による火災や感電の危険を生じ、電力損失が増加するなどさまざまな障害を生じるので、電路は、大地から絶縁することが原則です。電技第5条を再掲します。

**電技　第5条（電路の絶縁）**〈要点抜粋〉

電路は、大地から絶縁しなければならない。ただし、構造上やむを得ない場合であって通常予見される使用形態を考慮し危険のおそれがない場合、又は混触による高電圧の侵入等の異常が発生した際の危険を回避するための接地その他の保安上必要な措置を講ずる場合は、この限りでない。

解釈第13条では、電路の絶縁について保安上の理由やその構造上等から、どうしても絶縁することができない部分を電路絶縁の原則から除外し、次のように定めています。

**解釈　第13条（電路の絶縁）**【省令第５条第１項】

電路は、次の各号に掲げる部分を除き大地から絶縁すること。

一　この解釈の規定により接地工事を施す場合の**接地点**

二　次に掲げるものの絶縁できないことがやむを得ない部分

イ　第173条第7項第三号ただし書の規定により施設する接触電線、第194条に規定するエックス線発生装置、試験用変圧器、電力線搬送用結合リアクトル、電気さく用電源装置、電気防食用の陽極、単線式電気鉄道の帰線（第201条第六号に規定するものをいう。）、電極式液面リレーの電極等、電路の一部を大地から絶縁せずに電気を使用することがやむを得ないもの

ロ　電気浴器、電気炉、電気ボイラー、電解槽等、大地から絶縁することが技術上困難なもの

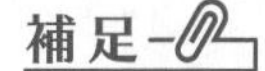


第一号に規定する接地工事の接地点は「接地線と電路の接続点」で、高低圧巻線の混触などの対地電圧の異常上昇時の危険回避などの目的のために必要となる。ここでは接地点だけを除外しているのであって、接地点以外の電路は絶縁しなければならない。



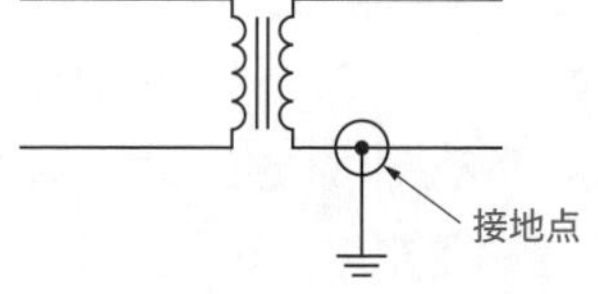


(a)　B種接地工事の接地点

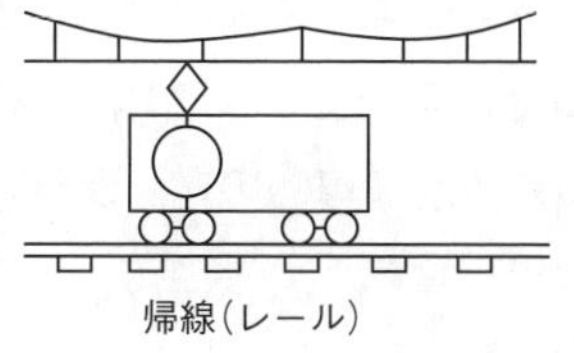


(b)　単線式電気鉄道の帰線

**図4.12　電路絶縁の原則から除外されるものの例**

## (2) 低圧電路の絶縁性能

低圧電線路、電気使用場所における低圧電路の絶縁性能の判定については、一般的な方法として、絶縁抵抗試験と漏えい電流測定試験とがあります。電技第22条、第58条及び解釈第14条では、次のように定められています。

**電技　第22条（低圧電線路の絶縁性能）**

低圧電線路中絶縁部分の電線と大地との間及び電線の線心相互間の絶縁抵抗は、使用電圧に対する漏えい電流が最大供給電流の1/2000を超えないようにしなければならない。

**電技　第58条（低圧の電路の絶縁性能）**

電気使用場所における使用電圧が低圧の電路の電線相互間及び電路と大地との間の絶縁抵抗は、開閉器又は過電流遮断器で区切ることのできる電路ごとに、次の表の左欄に掲げる電路の使用電圧の区分に応じ、それぞれ同表の右欄に掲げる値以上でなければならない。

| 電路の使用電圧の区分 | | 絶縁抵抗値 |
|---|---|---|
| 300V以下 | 対地電圧（接地式電路においては電線と大地との間の電圧、非接地式電路においては電線間の電圧をいう。以下同じ。）が150V以下の場合 | 0.1MΩ |
| | その他の場合 | 0.2MΩ |
| 300Vを超えるもの | | 0.4MΩ |

補足

解釈第14条の条文中にある「省令第58条」とは、電気設備に関する技術基準を定める省令第58条（電技第58条と略す）のことである。

補足

第147条は、「低圧屋内電路の引込口における開閉器の施設」に関する規定である。

第148条は、「低圧幹線の施設」に関する規定である。

第149条は、「低圧分岐回路等の施設」に関する規定である。

**解釈　第14条（低圧電路の絶縁性能）**【省令第5条第2項、第58条】

電気使用場所における使用電圧が低圧の電路（第13条各号に掲げる部分、第16条に規定するもの、第189条に規定する遊戯用電車内の電路及びこれに電気を供給するための接触電線、直流電車線並びに鋼索鉄道の電車線を除く。）は、第147条から第149条までの規定により施設する開閉器又は過電流遮断器で区切ることのできる電路ごとに、次の各号のいずれかに適合する絶縁性能を有すること。

一　省令第58条によること。

二　絶縁抵抗測定が困難な場合においては、当該電路の使用電圧が加わった状態における漏えい電流が、1mA以下であること。

2　電気使用場所以外の場所における使用電圧が低圧の電路（電線路の電線、第13条各号に掲げる部分及び第16条に規定する電路を除く。）の絶縁性能は、前項の規定に準じること。

**※漏えい電流と絶縁性能**

解釈第14条第1項第二号は、一般家庭では停電して行う屋内配線等の絶縁抵抗測定が困難になってきたため、停電せずに絶縁性能を判定する漏えい電流（$I_0$）による絶縁性能基準を明確にしたもの。漏えい電流測定は、対地静電容量による電流の影響を含めた漏えい電流が1mA以下の場合は、電技第58条で定める絶縁抵抗値の基準と同等以上の絶縁性能を有しているものとみなすことができる。

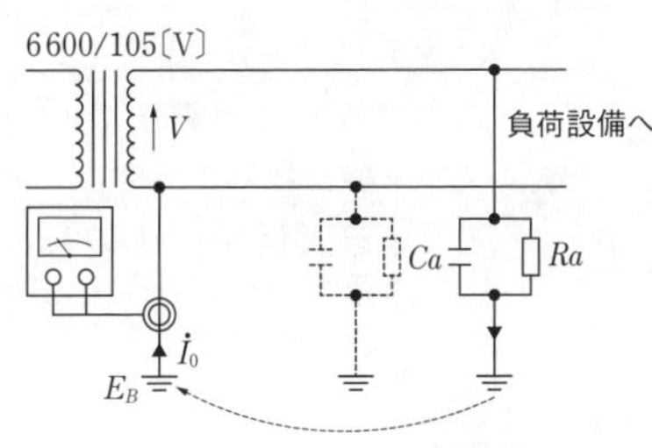


$Ra$：等価対地絶縁抵抗
$Ca$：等価対地静電容量
$\omega$：角周波数

漏えい電流$\dot{I}_0$は、

$$\dot{I}_0 = V\left(\frac{1}{Ra} + j\,\omega\,Ca\right)$$

したがって、$\dot{I}_0$の大きさ$I_0$は、

$$I_0 = V\sqrt{\left(\frac{1}{Ra}\right)^2 + (\omega\,Ca)^2} \quad \cdots ①$$

式①から$I_0$は、非接地側電路の等価対地絶縁抵抗と等価対地静電容量とによって影響されることになる

**図4.13　漏えい電流の測定**

**補足**

コンデンサ$Ca$に流れる電流を$\dot{I}c$とすると、

$$\dot{I}c = \frac{V}{\frac{1}{j\omega Ca}} = j\omega CaV$$

## (3) 高圧又は特別高圧の電路の絶縁性能

屋内配線、移動電線、電気使用機械器具、架空電線、地中電線路及び交流電車線路などの絶縁性能を確認するためには、絶縁抵抗試験は1つの目安になります。ただし、使用電圧が高くなると十分にその効力を発揮することができないので、**絶縁耐力試験**によって絶縁の信頼度を定めています。その点について、解釈第15条では次のように定められています。

**解釈　第15条（高圧又は特別高圧の電路の絶縁性能）【省令第5条第2項】**

高圧又は特別高圧の電路（第13条各号に掲げる部分、次条に規定するもの及び直流電車線を除く。）は、次の各号のいずれかに適合する絶縁性能を有すること。

一　15-1表に規定する試験電圧を電路と大地との間（多心ケーブルにあっては、心線相互間及び心線と大地との間）に連続して10分間加えたとき、これに耐える性能を有すること。

二　電線にケーブルを使用する交流の電路においては、15-1表に規定する試験電圧の2倍の直流電圧を電路と大地との間（多心ケーブルにあっては、心線相互間及び心線と大地との間）に連続して10分間加えたとき、これに耐える性能を有すること。

15-1表〈抜粋〉

| 電路の種類 | | 試験電圧 |
|---|---|---|
| 最大使用電圧が7000V以下の電路 | 交流の電路 | 最大使用電圧の1.5倍の交流電圧 |
| | 直流の電路 | 最大使用電圧の1.5倍の直流電圧又は1倍の交流電圧 |
| 最大使用電圧が7000Vを超え、60000V以下の電路 | 最大使用電圧が15000V以下の中性点接地式電路（中性線を有するものであって、その中性線に多重接地するものに限る。） | 最大使用電圧の0.92倍の電圧 |
| | 上記以外 | 最大使用電圧の1.25倍の電圧（10500V未満となる場合は、10500V） |

〈省略〉

絶縁耐力試験の問題は、電験三種試験での出題頻度が高いです。電路ごとの試験電圧と電圧を加える時間（10分）をしっかり理解しておきましょう。

電路が交流でケーブルを使用するとき、絶縁耐力試験の方法が2種類あります。例えば、公称電圧が6600〔V〕の場合は最大使用電圧が6900〔V〕となるので、
①交流絶縁耐力試験は6900〔V〕×1.5＝10350〔V〕
　10分間印加
②直流絶縁耐力試験は6900〔V〕×1.5×2＝20700〔V〕
　10分間印加
となります。直流は交流の試験電圧の2倍になります。

### (4) 機械器具等の電路の絶縁性能

解釈第16条では、変圧器、回転機、整流器、燃料電池、太陽電池モジュール、その他の機械器具等の電路の絶縁性能が定められています。

**解釈　第16条（機械器具等の電路の絶縁性能）**【省令第5条第2項、第3項】〈要点抜粋〉

変圧器（放電灯用変圧器、エックス線管用変圧器、吸上変圧器、試験用変圧器、計器用変成器、第191条第1項に規定する電気集じん応用装置用の変圧器、同条第2項に規定する石油精製用不純物除去装置の変圧器その他の特殊の用途に供されるものを除く。以下この章において同じ。）の電路は、次の各号のいずれかに適合する絶縁性能を有すること。

一　16-1表中欄に規定する試験電圧を、同表右欄に規定する試験方法で加えたとき、これに耐える性能を有すること。

16-1表〈抜粋〉

<table>
<tr><th colspan="2">変圧器の巻線の種類</th><th>試験電圧</th><th>試験方法</th></tr>
<tr><td colspan="2">最大使用電圧が7000V以下のもの</td><td>最大使用電圧の1.5倍の電圧（500V未満となる場合は、500V）</td><td rowspan="3">試験される巻線と他の巻線、鉄心及び外箱との間に試験電圧を連続して10分間加える。</td></tr>
<tr><td rowspan="2">最大使用電圧が7000Vを超え、60000V以下のもの</td><td>最大使用電圧が15000V以下のものであって、中性点接地式電路（中性線を有するものであって、その中性線に多重接地するものに限る。）に接続するもの</td><td>最大使用電圧の0.92倍の電圧</td></tr>
<tr><td>上記以外のもの</td><td>最大使用電圧の1.25倍の電圧（10500V未満となる場合は、10500V）</td></tr>
</table>

〈省略〉

**補足**

変圧器の絶縁耐力試験は、最大使用電圧が6900〔V〕のとき、交流絶縁耐力試験は、
6900〔V〕×1.5
＝10350〔V〕
10分間印加となる。

2　回転機は、次の各号のいずれかに適合する絶縁性能を有すること。

一　16-2表に規定する試験電圧を巻線と大地との間に連続して10分間加えたとき、これに耐える性能を有すること。

二　回転変流機を除く交流の回転機においては、16-2表に規定する試験電圧の1.6倍の直流電圧を巻線と大地との間に連続して10分間加えたとき、これに耐える性能を有すること。

16-2表

| 種類 | | 試験電圧 |
|---|---|---|
| 回転変流機 | | 直流側の最大使用電圧の1倍の交流電圧（500V未満となる場合は、500V） |
| 上記以外の回転機 | 最大使用電圧が7000V以下のもの | 最大使用電圧の1.5倍の電圧（500V未満となる場合は、500V） |
| | 最大使用電圧が7000Vを超えるもの | 最大使用電圧の1.25倍の電圧（10500V未満となる場合は、10500V） |

大容量の交流回転機の場合は、交流で絶縁耐力試験を行うとかなりの充電電流が流れるため、大型の試験設備が必要となる。そこで、解釈第16条第2項第二号は、代わりに比較的容易に実施できる直流絶縁耐力試験により実施してもよいことになっている。

3　整流器は、16-3表の中欄に規定する試験電圧を同表の右欄に規定する試験方法で加えたとき、これに耐える性能を有すること。

16-3表

| 最大使用電圧の区分 | 試験電圧 | 試験方法 |
|---|---|---|
| 60000V以下 | 直流側の最大使用電圧の1倍の交流電圧（500V未満となる場合は、500V） | 充電部分と外箱との間に連続して10分間加える。 |
| 60000V超過 | 交流側の最大使用電圧の1.1倍の交流電圧又は、直流側の最大使用電圧の1.1倍の直流電圧 | 交流側及び直流高電圧側端子と大地との間に連続して10分間加える。 |

4　燃料電池は、最大使用電圧の1.5倍の直流電圧又は1倍の交流電圧（500V未満となる場合は、500V）を充電部分と大地との間に連続して10分間加えたとき、これに耐える

性能を有すること。

5　太陽電池モジュールは、次の各号のいずれかに適合する絶縁性能を有すること。

一　最大使用電圧の1.5倍の直流電圧又は1倍の交流電圧（500V未満となる場合は、500V）を充電部分と大地との間に連続して10分間加えたとき、これに耐える性能を有すること。

二　使用電圧が低圧の場合は、日本産業規格JISに適合するものであるとともに、省令第58条の規定に準ずるものであること。

〈省略〉

**補足**

太陽電池発電所に施設する高圧の直流電路の電線に**太陽電池発電設備用直流ケーブル**を使用する場合の使用電圧は、1500V以下であることと定められている（解釈第46条）。

機械器具等の絶縁耐力試験のポイントは、

●変圧器と回転機（回転変流機を除く）

最大使用電圧の1.5倍を10分間印加（7000〔V〕以下、最低500〔V〕）

●燃料電池と太陽電池

最大使用電圧の1.5倍の直流、1倍の交流を10分間印加（最低500〔V〕）

## 理解度チェック問題

**問題　次の文章は、電気設備技術基準の解釈に関する記述である。次の［　　］の中に適当な答えを記入せよ。**

1．電気使用場所における使用電圧が低圧の電路の絶縁性能について、絶縁抵抗測定が困難な場合においては、当該電路の使用電圧が加わった状態における漏えい電流が、［（ア）］mA以下であること。

2．電線にケーブルを使用する交流の電路においては、下表の左欄に掲げる電路の種類に応じ、それぞれ同表の右欄に掲げる交流の試験電圧を電路と大地との間（多心ケーブルにあっては、心線相互間及び心線と大地との間）に連続して［（イ）］分間加えて絶縁耐力を試験したとき、これに耐えること。

ただし、表の左欄に掲げる電路の種類に応じ、それぞれ同表の右欄に掲げる試験電圧の［（ウ）］倍の直流電圧を電路と大地との間（多心ケーブルにあっては、心線相互間及び心線と大地との間）に連続して［（イ）］分間加えて絶縁耐力を試験したとき、これに耐えるものについては、この限りでない。

| 電路の種類 | | 試験電圧 |
|---|---|---|
| 最大使用電圧が7000V以下の電路 | 交流の電路 | 最大使用電圧の［（エ）］倍の交流電圧 |
| | 直流の電路 | 最大使用電圧の1.5倍の直流電圧又は1倍の交流電圧 |
| 最大使用電圧が7000Vを超え、60000V以下の電路 | 最大使用電圧が15000V以下の中性点接地式電路（中性線を有するものであって、その中性線に多重接地するものに限る。） | 最大使用電圧の［（オ）］倍の電圧 |
| | 上記以外 | 最大使用電圧の1.25倍の電圧（10500V未満となる場合は、10500V） |

（ア）1　（イ）10　（ウ）2　（エ）1.5　（オ）0.92

解説　解釈第14条、第15条からの出題である。

LESSON 20

# 総則④ 第17条～第19条

電気設備の接地について、接地工事の種類、施設方法などについて学びます。A～Dの４種類の接地抵抗値は完全に覚えましょう。

関連過去問 042, 043, 044

| 接地工事の種類 | 接地抵抗値(原則) |
|---|---|
| A種接地工事 | 10〔Ω〕以下 |
| B種接地工事 | $\frac{150}{I_g}$〔Ω〕以下 |
| C種接地工事 | 10〔Ω〕以下 |
| D種接地工事 | 100〔Ω〕以下 |

接地工事の種類ごとの接地抵抗値(原則)は重要です。



## 1 電気設備の接地 重要度A

### (1) 電気設備の接地及び接地の方法

電気設備の接地及び接地の方法について、電技第10条、第11条では、次のように定められています。

**電技 第10条（電気設備の接地）**

電気設備の必要な箇所には、異常時の**電位上昇**、高電圧の侵入等による感電、火災その他**人体**に危害を及ぼし、又は**物件**への損傷を与えるおそれがないよう、**接地**その他の適切な措置を講じなければならない。ただし、電路に係る部分にあっては、第５条第１項の規定に定めるところによりこれを行わなければならない。

**電技 第11条（電気設備の接地の方法）**

電気設備に**接地**を施す場合は、電流が安全かつ確実に**大地に通ずる**ことができるようにしなければならない。

補足

電技第10条、第11条は、LESSON10の再掲である。

### (2) 接地工事の種類及び施設方法

解釈第17条では、保安上いろいろな場合に接地工事を施すべきことを規定しています。接地工事の原則は、A種、B種、C種及びD種の4種類であることを示すとともに、これらの接地工事について、接地抵抗値、使用する接地線の仕様及び施設方法を具体的に、次のように示しています。

**解釈　第17条（接地工事の種類及び施設方法）**【省令第11条】
〈要点抜粋〉

**A種接地工事**は、次の各号によること。

一　接地抵抗値は、10 Ω以下であること。

二　接地線は、次に適合するものであること。

イ　故障の際に流れる電流を安全に通じることができるものであること。

ロ　ハに規定する場合を除き、引張強さ1.04kN以上の**容易に腐食し難い金属線**又は**直径2.6mm以上の軟銅線**であること。

ハ　〈省略〉

三　接地極及び接地線を人が触れるおそれがある場所に施設する場合は、前号ハの場合、及び発電所、蓄電所又は変電所、開閉所若しくはこれらに準ずる場所において、接地極を第19条第2項第一号の規定に準じて施設する場合を除き、次により施設すること。

イ　接地極は、地下75cm以上の深さに埋設すること。

ロ　接地極を鉄柱その他の金属体に近接して施設する場合は、次のいずれかによること。

（イ）接地極を鉄柱その他の金属体の底面から30cm以上の深さに埋設すること。

（ロ）接地極を地中でその金属体から1m以上離して埋設すること。

ハ　接地線には、**絶縁電線**（屋外用ビニル絶縁電線を除く。）又は通信用ケーブル以外の**ケーブル**を使用すること。ただし、接地線を鉄柱その他の金属体に沿って施設する場合以外の場合には、接地線の地表上60cmを超える部分については、この限りでない。

ニ　接地線の地下75cmから地表上2mまでの部分は、電気用品安全法の適用を受ける**合成樹脂管**（厚さ2mm未

**用語**

**接地極**とは、大地と接地線とを電気的に接続するために地中に埋設した電極。

満の合成樹脂製電線管及びCD管を除く。）又はこれと同等以上の絶縁効力及び強さのあるもので覆うこと。

四　接地線は、避雷針用地線を施設してある支持物に施設しないこと。

施設するポイントは次のとおり。

①地下75〔cm〕から地表上2〔m〕までの接地線は、合成樹脂管などで覆う

②地下75〔cm〕から地表上60〔cm〕までの接地線は、絶縁電線（屋外用ビニル絶縁電線を除く）、キャブタイヤケーブル又はケーブルを使用する

③接地線を鉄柱等に沿って施設する場合は、上記②と同じ電線を使用する

④接地極は地下75〔cm〕以上の深さに埋設し、鉄柱等から1〔m〕以上離す

⑤接地極を鉄柱等の底面下に施設する場合は30〔cm〕以上離す

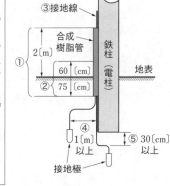

**図4.14　A種接地工事・B種接地工事で人が触れるおそれがある場所への施設方法**

この図は重要です。しっかり理解しておきましょう。

2　**B種接地工事**は、次の各号によること。

一　接地抵抗値は、17-1表に規定する値以下であること。

17-1表

| 接地工事を施す変圧器の種類 | 当該変圧器の高圧側又は特別高圧側の電路と低圧側の電路との混触により、低圧電路の対地電圧が150Vを超えた場合に、自動的に高圧又は特別高圧の電路を遮断する装置を設ける場合の遮断時間 | 接地抵抗値（Ω） |
|---|---|---|
| 下記以外の場合 | | 150／$I_g$ |
| 高圧又は35000V以下の特別高圧の電路と低圧電路を結合するもの | 1秒を超え2秒以下 | 300／$I_g$ |
| | 1秒以下 | 600／$I_g$ |

（備考）$I_g$は、当該変圧器の高圧側又は特別高圧側の電路の1線地絡電流（単位：A）

〈省略〉

三　接地線は、次に適合するものであること。

17-3表の接地線の名称を覚える必要はないです。

イ　故障の際に流れる電流を安全に通じることができるものであること。

ロ　17-3表に規定するものであること。

17-3表

| 区分 | 接地線 |
|---|---|
| 移動して使用する電気機械器具の金属製外箱等に接地工事を施す場合において、可とう性を必要とする部分 | 3種クロロプレンキャブタイヤケーブル、3種クロロスルホン化ポリエチレンキャブタイヤケーブル、3種耐燃性エチレンゴムキャブタイヤケーブル、4種クロロプレンキャブタイヤケーブル若しくは4種クロロスルホン化ポリエチレンキャブタイヤケーブルの1心又は多心キャブタイヤケーブルの遮へいその他の金属体であって、断面積が$8mm^2$以上のもの |
| 上記以外の部分であって、接地工事を施す変圧器が高圧電路又は第108条に規定する特別高圧架空電線路の電路と低圧電路とを結合するものである場合 | 引張強さ1.04kN以上の容易に腐食し難い金属線又は直径2.6mm以上の軟銅線 |
| 上記以外の場合 | 引張強さ2.46kN以上の容易に腐食し難い金属線又は直径4mm以上の軟銅線 |

**補足**

解釈第108条は、「15kV以下の特別高圧架空電線路の施設」に関する規定である。

四　第1項第三号及び第四号に準じて施設すること。

3　**C種接地工事**は、次の各号によること。

一　接地抵抗値は、**10Ω**（低圧電路において、地絡を生じた場合に**0.5秒以内**に当該電路を自動的に遮断する装置を施設するときは、**500Ω**）**以下**であること。

二　接地線は、次に適合するものであること。

イ　故障の際に流れる電流を安全に通じることができるものであること。

ロ　ハに規定する場合を除き、**引張強さ0.39kN以上の容易に腐食し難い金属線**又は**直径1.6mm以上の軟銅線**であること。

ハ　移動して使用する電気機械器具の金属製外箱等に接地工事を施す場合において、可とう性を必要とする部分は、次のいずれかのものであること。

(イ) 多心コード又は多心キャブタイヤケーブルの1心であって、断面積が0.75mm²以上のもの

(ロ) 可とう性を有する軟銅より線であって、断面積が1.25mm²以上のもの

4　**D種接地工事**は、次の各号によること。

一　接地抵抗値は、**100Ω**(低圧電路において、地絡を生じた場合に**0.5秒以内**に当該電路を自動的に遮断する装置を施設するときは、**500Ω**)**以下**であること。

二　接地線は、第3項第二号の規定に準じること。

5　C種接地工事を施す金属体と大地との間の電気抵抗値が**10Ω以下**である場合は、C種接地工事を施したものとみなす。

6　D種接地工事を施す金属体と大地との間の電気抵抗値が**100Ω以下**である場合は、D種接地工事を施したものとみなす。

各接地工事の接地抵抗値を、必ず覚えましょう。

| 接地工事の種類 | 接地抵抗値 | |
|---|---|---|
| A種接地工事 | 10〔Ω〕以下 | |
| B種接地工事 | $\frac{150}{I_g}$〔Ω〕以下 | (事故遮断時間が17-1表中の「下記以外の場合」) |
| C種接地工事 | 10〔Ω〕以下 | (低圧電路に地絡を生じた場合に、0.5秒以内に自動的に電路を遮断する場合は500〔Ω〕以下) |
| D種接地工事 | 100〔Ω〕以下 | (低圧電路に地絡を生じた場合に、0.5秒以内に自動的に電路を遮断する場合は500〔Ω〕以下) |

B種接地工事の接地抵抗$R_g$は、$R_g \leqq \frac{150}{I_g}$

これは、地絡電流が流れても、対地電圧が150〔V〕以上にならないように抑えるための抵抗値です。

**補足**

D種接地工事の接地線の種類は、C種接地工事のものと同じである。

**補足**

各種接地工事の接地箇所は次のとおりである(解釈第24条、第29条、第37条)。

**A種接地工事**
- **高圧又は特別高圧の金属製外箱等**
- **避雷器**

**B種接地工事**
- 高圧電路又は特別高圧電路と低圧電路を結合する変圧器の**低圧側の中性点**又は1端子又は**混触防止板**

**C種接地工事**
- **300〔V〕を超える低圧の金属製外箱等**

**D種接地工事**
- **300〔V〕以下の低圧の金属製外箱等**

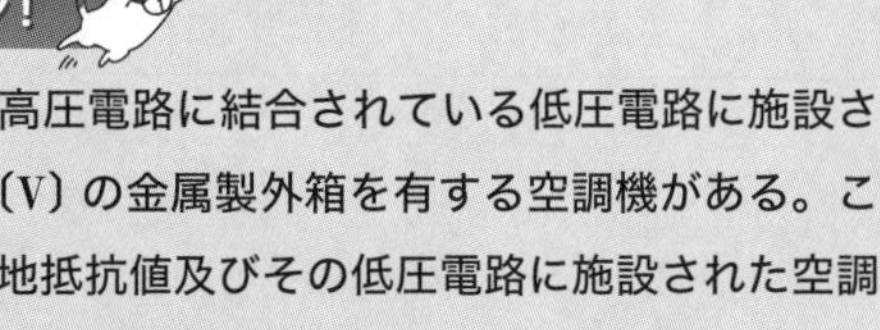


変圧器によって高圧電路に結合されている低圧電路に施設された使用電圧100〔V〕の金属製外箱を有する空調機がある。この変圧器のB種接地抵抗値及びその低圧電路に施設された空調機の金属製外箱のD種接地抵抗値に関して、次の(a)及び(b)に答えよ。

ただし、次の条件によるものとする。

(ア)　変圧器の高圧側の電路の1線地絡電流は5〔A〕で、B種接地工事の接地抵抗値は「電気設備技術基準の解釈」で許容されている最高限度の$\frac{1}{3}$に維持されている。

(イ)　変圧器の高圧側の電路と低圧側の電路との混触時に低圧電路の対地電圧が150〔V〕を超えた場合に、0.8秒で高圧電路を自動的に遮断する装置が設けられている。

(a) 変圧器の低圧側に施されたB種接地工事の接地抵抗値〔Ω〕の値を求めよ。

(b) 空調機に地絡事故が発生した場合、空調機の金属製外箱に触れた人体に流れる電流を10〔mA〕以下としたい。このための空調機の金属製外箱に施すD種接地工事の接地抵抗値〔Ω〕の上限値を求めよ。ただし、人体の電気抵抗値は6000〔Ω〕とする。

**・解答と解説・**

解釈第17条に関連する例題である。

(a) 変圧器の高圧側の電路と低圧側の電路との混触時に、低圧電路の対地電圧が150〔V〕を超えた場合に0.8秒で高圧電路を自動的に遮断する装置が設けられていることから、解釈第17条より、B種接地工事の接地抵抗値$R_B$は、1線地絡電流を$I_g$〔A〕とすると、

$$R_B=\frac{600}{I_g}=\frac{600}{5}=120〔\Omega〕$$

しかし、条件(ア)には、接地抵抗値は最高限度の$\frac{1}{3}$とある

ことから、求めるB種接地工事の接地抵抗値$R_B$は、

$$R_b = R_B \times \frac{1}{3} = 120 \times \frac{1}{3}$$

$$= \mathbf{40}〔\Omega〕(答)$$

(b)　B種接地工事の接地抵抗値を$R_b$〔Ω〕、D種接地工事の接地抵抗値を$R_d$〔Ω〕、そして人体の抵抗を$R_a$〔Ω〕とすると、等価回路は図aのようになる。

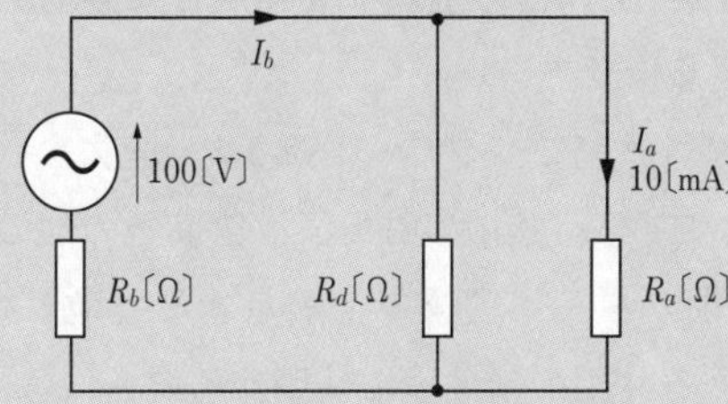


**図a　設問(b)の等価回路**

図aより、人体に流れる電流を10〔mA〕(＝0.01〔A〕)以下にするには、式①が成り立たなければならない。

$$\frac{100}{R_b + \dfrac{R_d \cdot R_a}{R_d + R_a}} \times \frac{R_d}{R_d + R_a} \leqq 0.01〔\mathrm{A}〕\cdots\cdots①$$

式①に、$R_a = 6000$〔Ω〕、$R_b = 40$〔Ω〕を代入すると、

$$\frac{100}{40 + \dfrac{6000R_d}{R_d + 6000}} \times \frac{R_d}{R_d + 6000}$$

$$= \frac{100R_d}{40(R_d + 6000) + 6000R_d}$$

$$= \frac{100R_d}{6040R_d + 240000} \leqq 0.01$$

$$100R_d \leqq 60.4R_d + 2400$$

$$39.6R_d \leqq 2400$$

$$R_d \leqq \frac{2400}{39.6} \fallingdotseq 60.6〔\Omega〕\to \mathbf{60}〔\Omega〕(答)$$

## 解法のヒント

図aにおいて電源から流れ出る電流$I_b$は、

$$I_b = \frac{100}{R_b + \dfrac{R_d \cdot R_a}{R_d + R_a}}〔\mathrm{A}〕$$

人体に流れる電流$I_a$は、

$$I_a = I_b \times \frac{R_d}{R_d + R_a}〔\mathrm{A}〕$$

### (3) 工作物の金属体を利用した接地工事

鉄骨造や鉄骨鉄筋コンクリート造、鉄筋コンクリート造の建物において、その建物の鉄骨、鉄筋その他の金属体に等電位ボンディングを施した接地をA種、B種、C種、D種接地工事や電路の中性点の接地工事の共用の接地極として使うことを認める規定です。これらについて、解釈第18条では次のように定められています。

**解釈　第18条（工作物の金属体を利用した接地工事）**【省令第11条】〈要点抜粋〉

鉄骨造、鉄骨鉄筋コンクリート造又は鉄筋コンクリート造の建物において、当該建物の鉄骨又は鉄筋その他の金属体を、第17条第1項から第4項までに規定する接地工事その他の接地工事に係る共用の接地極に使用する場合には、建物の鉄骨又は鉄筋コンクリートの一部を地中に埋設するとともに、**等電位ボンディング**（導電性部分間において、その部分間に発生する電位差を軽減するために施す電気的接続をいう。）を施すこと。〈省略〉

2　大地との間の電気抵抗値が**2Ω以下**の値を保っている建物の鉄骨その他の金属体は、これを次の各号に掲げる接地工事の接地極に使用することができる。

一　非接地式高圧電路に施設する機械器具等に施す**A種接地工事**

二　非接地式高圧電路と低圧電路を結合する変圧器に施す**B種接地工事**

**※等電位ボンディングとは**

建物の構造体接地極などを電気的に接続するとともに、鉄骨及び窓枠金属部分などの系統外導電性部分を含め、人が触れるおそれがある範囲にあるすべての導電性部分を共用の接地極に接続して等電位とするものです。

**補足**

図4.15において、左端の、一部を地中に埋設してある、建物の鉄骨が共用の接地極に当たる。

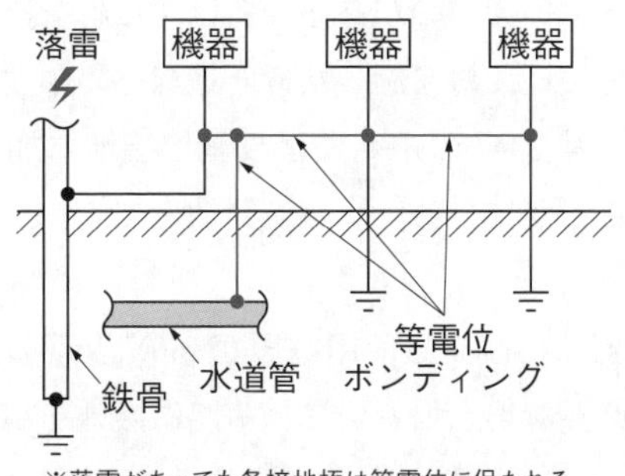


**図4.15　等電位ボンディング（イメージ）**

### (4) 保安上または機能上必要な場合における電路の接地

地絡事故の迅速な遮断といった保安上の理由や、機器の絶縁の経済性や機能上の理由から、電路に接地を施すことができる場合の接地場所と工事方法について、解釈第19条では次のように定められています。

**解釈　第19条（保安上又は機能上必要な場合における電路の接地）**【省令第10条、第11条】〈要点抜粋〉

**電路の保護装置の確実な動作**の確保、**異常電圧の抑制**又は**対地電圧の低下**を図るために必要な場合は、本条以外の解釈の規定による場合のほか、次の各号に掲げる場所に接地を施すことができる。

一　**電路の中性点（使用電圧が300V以下の電路において中性点に接地を施し難いときは、電路の一端子）**

二　特別高圧の**直流電路**

三　燃料電池の電路又はこれに接続する**直流電路**

〈省略〉

4　変圧器の**安定巻線**若しくは**遊休巻線**又は電圧調整器の内蔵巻線を異常電圧から保護するために必要な場合は、その巻線に接地を施すことができる。この場合の接地工事は、A種接地工事によること。

5　需要場所の引込口付近において、地中に埋設されている建物の鉄骨であって、大地との間の電気抵抗値が3Ω以下

**用語**

**安定巻線**とは、変圧器Y-Y結線の欠点（零相電流、第3高調波電流を環流できない）を補うための三次巻線のことをいう。三次巻線には調相設備などを接続する場合もある。

の値を保っているものがある場合は、これを接地極に使用して、B種接地工事を施した低圧電線路の中性線又は接地側電線に、第24条の規定により施す接地に加えて接地工事を施すことができる。

〈省略〉

6　電子機器に接続する**使用**電圧が**150V**以下の電路、その他機能上必要な場所において、電路に接地を施すことにより、感電、火災その他の危険を生じることのない場合には、電路に接地を施すことができる。

下記のことは重要なので、しっかりと覚えてください。
①電路の使用電圧が**300〔V〕**以下の場合
　→中性点、一端子に接地を施せる
②電路の使用電圧が**300〔V〕**を超える場合
　→中性点には接地を施せる、
　　一端子には接地を施せない

## 理解度チェック問題

**問題　次の文章は、電気設備技術基準の解釈に関する記述である。次の［　］の中に適当な答えを記入せよ。**

**1.** B種接地工事の接地抵抗値は、次の表に規定する値以下であること。

| 接地工事を施す変圧器の種類 | 当該変圧器の高圧側又は特別高圧側の電路と低圧側の電路との［(ア)］により、低圧電路の対地電圧が［(イ)］Vを超えた場合に、自動的に高圧又は特別高圧の電路を遮断する装置を設ける場合の遮断時間 | 接地抵抗値(Ω) |
|---|---|---|
| 下記以外の場合 | | ［(イ)］／$I_g$ |
| 高圧又は35000V以下の特別高圧の電路と低圧電路を結合するもの | 1秒を超え2秒以下 | 300／$I_g$ |
| | 1秒以下 | ［(ウ)］／$I_g$ |

(備考) $I_g$ は、当該変圧器の高圧側又は特別高圧側の電路の［(エ)］電流(単位：A)

### 解答

(ア)混触　(イ)150　(ウ)600　(エ)1線地絡

**解説**　解釈第17条からの出題である。

21日目

第4章 電気設備技術基準の解釈

LESSON 21

# 総則⑤ 第20条～第25条

電気機械器具の保安原則①として、危険の回避のためのさまざまな方法について学びます。特に危険防止のためのB種接地工事は重要です。

関連過去問 045, 046

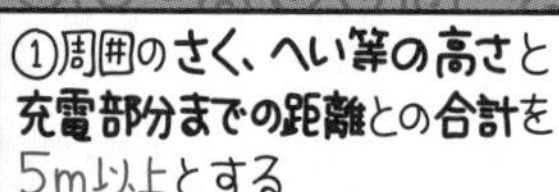

①周囲のさく、へい等の高さと充電部分までの距離との合計を5m以上とする

②ケーブル等を使用し、人が触れるおそれがないように地表上4.5m※以上の高さに施設する

高圧の機械器具の施設に関する数字のポイントは、左のとおりです。

※市街地の場合

## 1 電気機械器具の保安原則① 重要度A

**用語** 

**ブッシング**とは、配管と接続先の間に取り付ける固定金具で、ねじ込み継手（つぎて）の一種。両端から異径の継手をねじ込むことができる。

電気機械器具は、一般に、通電する部分と外箱や鉄台などの間は絶縁されています。しかし、巻線やブッシングなどの絶縁が劣化し、これらの部分から漏電したとき、外箱や鉄台などが充電されて危険な状態になります。このような事態に備えて、外箱や鉄台などを接地することは、電気機械器具における重要な原則です。

### (1) 電気機械器具の熱的強度

通常の使用状態で発生した熱によって、絶縁物や外箱などの材料損傷や火災が発生しないように、電路に施設する電気機械器具の耐熱性能について、解釈第20条では次のように定められています。

**解釈　第20条（電気機械器具の熱的強度）【省令第8条】**

電路に施設する変圧器、遮断器、開閉器、電力用コンデンサ又は計器用変成器その他の電気機械器具は、民間規格評価機関として日本電気技術規格委員会が承認した規格である「電気機械器具の熱的強度の確認方法」の「適用」の欄に規定する方法により熱的強度を確認したとき、通常の使用状態で発生する熱に耐えるものであること。

### (2) 高圧及び特別高圧の機械器具の施設

高圧及び特別高圧の機械器具は、取扱者以外の者が容易に触れることができないように施設することを義務付けており、その具体的な施設方法については、解釈第21条と第22条で次のように定められています。

**解釈　第21条（高圧の機械器具の施設）**【省令第９条第１項】

高圧の機械器具（これに附属する高圧電線であってケーブル以外のものを含む。〈中略〉）は、次の各号のいずれかにより施設すること。ただし、発電所、蓄電所又は変電所、開閉所若しくはこれらに準ずる場所に施設する場合はこの限りでない。

一　屋内であって、取扱者以外の者が出入りできないように措置した場所に施設すること。

二　次により施設すること。ただし、工場等の構内においては、ロ及びハの規定によらないことができる。

イ　人が触れるおそれがないように、機械器具の周囲に適当なさく、へい等を設けること。

ロ　イの規定により施設する**さく、へい等の高さと、当該さく、へい等から機械器具の充電部分までの距離との和を5m以上**とすること。

ハ　危険である旨の表示をすること。

三　機械器具に附属する高圧電線に**ケーブル**又は引下げ用高圧絶縁電線を使用し、機械器具を人が触れるおそれがないように**地表上4.5m**（市街地外においては**4m**）**以上の高さ**に施設すること。

四　機械器具を**コンクリート製の箱**又は**D種接地工事を施した金属製の箱**に収め、かつ、充電部分が**露出しない**ように施設すること。

五　充電部分が露出しない機械器具を、次のいずれかにより施設すること。

イ　**簡易接触防護措置**を施すこと。

ロ　温度上昇により、又は故障の際に、その近傍（きんぼう）の大地

**補足**

第二号のただし書きは、工場など需要場所の構内の地上、屋側、屋上などに施設する場合に、取扱者以外の者が近づく頻度も少ないので、離隔距離や危険表示義務も除外されることを示している。

**補足**

第三号は、柱上変圧器などの地表面からの高さについての規定である。柱上変圧器は一般に道路上に施設されるため、車両の積荷の高さなどを考慮して地表上4〔m〕とし、市街地の変圧器の取付け高さは4.5〔m〕としている。

との間に生じる電位差により、人若しくは家畜又は他の工作物に危険のおそれがないように施設すること。

高圧の機械器具の施設のポイントは、次のとおりです。
①周囲にさく、へい等を設け、その高さ（a）と充電部分までの距離（b）との合計（a＋b）を5m以上とする
②ケーブル等を使用し、人が触れるおそれがないように地表上4.5m以上の高さに施設する（市街地）
③コンクリート製かD種接地工事を施した金属製の箱に収める
④充電部分を露出させない

**解釈　第22条（特別高圧の機械器具の施設）**【省令第9条第1項】

特別高圧の機械器具（これに附属する特別高圧電線であって、ケーブル以外のものを含む。以下この条において同じ。）は、次の各号のいずれかにより施設すること。ただし、発電所、蓄電所又は変電所、開閉所若しくはこれらに準ずる場所に施設する場合、又は第191条第1項第二号ただし書若しくは第194条第1項の規定により施設する場合はこの限りでない。

一　屋内であって、取扱者以外の者が出入りできないように措置した場所に施設すること。

二　次により施設すること。

イ　人が触れるおそれがないように、機械器具の周囲に適当なさくを設けること。

ロ　イの規定により施設するさくの高さと、当該さくから機械器具の充電部分までの距離との和を、22-1表に規定する値以上とすること。

ハ　危険である旨の表示をすること。

三　機械器具を**地表上5m以上の高さ**に施設し、充電部分の地表上の高さを22-1表に規定する値以上とし、かつ、

**補足**

第191条第1項第二号ただし書きは、「充電部分に人が触れた場合に人に危険を及ぼすおそれがない電気集じん応用装置にあっては、この限りでない」という規定である。
第194条第1項は、主としてエックス線管回路の配線方法を規定し、高電圧からの人身の保護を目的としている。

人が触れるおそれがないように施設すること。

22-1表

| 使用電圧の区分 | さくの高さとさくから充電部分までの距離との和又は地表上の高さ |
|---|---|
| 35000V以下 | 5m |
| 35000Vを超え160000V以下 | 6m |
| 160000V超過 | $(6+c)$m |

（備考）$c$は、使用電圧と160000Vの差を10000Vで除した値（小数点以下を切り上げる。）に0.12を乗じたもの

四　工場等の構内において、機械器具を**絶縁された箱**又は**A種接地工事**を施した**金属製の箱**に収め、かつ、充電部分が露出しないように施設すること。

五　充電部分が露出しない機械器具に、**簡易接触防護措置**を施すこと。

六　第108条に規定する特別高圧架空電線路に接続する機械器具を、第21条の規定に準じて施設すること。

七　日本電気技術規格委員会規格 JESC E2007（2014）「35kV以下の特別高圧用機械器具の施設の特例」の「2．技術的規定」によること。

2　特別高圧用の変圧器は、次の各号に掲げるものを除き、発電所、蓄電所又は変電所、開閉所若しくはこれらに準ずる場所に施設すること。

一　第26条の規定により施設する配電用変圧器

二　第108条に規定する特別高圧架空電線路に接続するもの

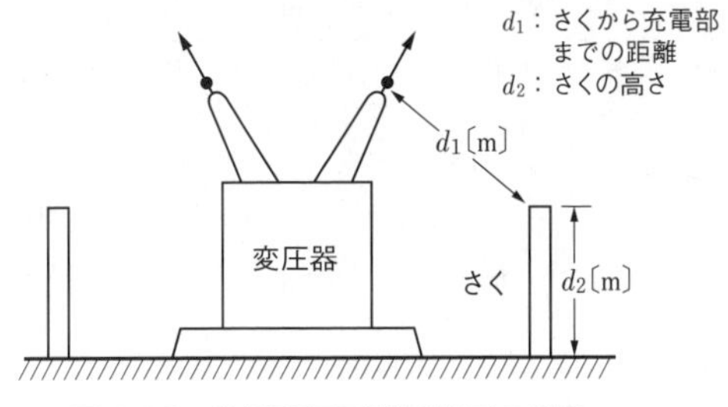


**図4.16　特別高圧用機械器具の施設**

**補足**

第108条に規定されているのは、15000〔V〕以下の特別高圧架空電線路の施設についてである。

**補足**

第2項の特別高圧用変圧器は、電力供給の確保上からも重要なため、第一号から第三号に規定する場合を除き、「発電所、蓄電所又は変電所、開閉所若しくはこれらに準ずる場所」以外には設置してはならないと規定している。

三　交流式電気鉄道用信号回路に電気を供給するためのもの

特別高圧用の機械器具のブッシング及び特別高圧の電気で充電する電線の地表上の高さ、又は、さくの高さとさくから充電部までの距離との和（図4.16参照）については、LESSON24で後述する第38条の発変電所等のさく、へい等の施設の規定に準じています。

### (3) アークを生じる器具の施設

火災予防の観点から、高圧又は特別高圧の開閉器や遮断器、避雷器など動作時にアークを生じる器具の施設制限について、解釈第23条で次のように定められています。

**解釈　第23条（アークを生じる器具の施設）**【省令第９条第２項】

高圧用又は特別高圧用の開閉器、遮断器又は避雷器その他これらに類する器具（以下この条において「開閉器等」という。）であって、動作時にアークを生じるものは、次の各号のいずれかにより施設すること。

一　**耐火性**のものでアークを生じる部分を囲むことにより、木製の壁又は天井その他の可燃性のものから隔離すること。

二　木製の壁又は天井その他の可燃性のものとの離隔距離を、23-1表に規定する値以上とすること。

23-1表

| 開閉器等の使用電圧の区分 | | 離隔距離 |
|---|---|---|
| 高圧 | | 1m |
| 特別高圧 | 35000V以下 | 2m（動作時に生じるアークの方向及び長さを火災が発生するおそれがないように制限した場合にあっては、1m） |
| | 35000V超過 | 2m |

アークを生じる器具の施設の「離隔距離」に関する問題が過去に電検三種試験で出題されています。23-1表の電圧区分と離隔距離との関係をしっかり覚えましょう。

### (4) 高圧又は特別高圧と低圧との混触による危険防止施設

変圧器の内部故障や電線の断線などの事故の際に、高圧又は特別高圧電路と低圧との混触を起こし、高圧・特別高圧の電気が侵入する危険があります。このような場合の保護の方法として、解釈第17条第2項にあるB種接地工事を施すことを示したもので、解釈第24条では次のように定められています。

**解釈　第24条（高圧又は特別高圧と低圧との混触による危険防止施設）**【省令第12条第1項】〈要点抜粋〉

高圧電路又は特別高圧電路と低圧電路とを結合する変圧器には、次の各号により**B種接地工事**を施すこと。

一　次のいずれかの箇所に接地工事を施すこと。（関連省令第10条）

イ　**低圧側の中性点**

ロ　低圧電路の**使用**電圧が**300V以下の場合**において、接地工事を低圧側の中性点に施し難いときは、**低圧側の1端子**

ハ　低圧電路が**非接地である場合**においては、高圧巻線又は特別高圧巻線と低圧巻線との間に設けた金属製の**混触防止板**

二　接地抵抗値は、第17条第2項第一号の規定にかかわらず、5Ω未満であることを要しない。(関連省令第11条)

三　変圧器が特別高圧電路と低圧電路とを結合するものである場合において、第17条第2項第一号の規定により計算した値が10を超えるときの接地抵抗値は、10Ω以下であること。ただし、次のいずれかに該当する場合はこの限りでない。(関連省令第11条)

イ　特別高圧電路の使用電圧が35000V以下であって、当該特別高圧電路に地絡を生じた際に、1秒以内に自動的にこれを遮断する装置を有する場合

ロ　特別高圧電路が、第108条に規定する特別高圧架空電線路の電路である場合〈省略〉

**補足**

解釈第24条は、事故の際に接地線に流れる高圧又は特別高圧側電路の1線地絡電流による接地点の**電位上昇を抑制**することにより、低圧電路側の電気設備の損傷、感電や火災を防止するものである。

**補足**

第二号では、単独のB種接地工事を施す場合には、第17条第2項第一号の規定による計算で求めた接地抵抗値が5〔Ω〕未満のときは、5〔Ω〕未満にする必要はないとしている。
第三号では、特別高圧電路と低圧電路を結合する変圧器に施すB種接地工事は、変圧器の内部の混触時に発生する瞬時の故障電流が大きいため、計算で求めた接地抵抗値が10〔Ω〕を超える場合であっても10〔Ω〕以下としている。

解釈第24条第1項第一号では、**B種接地工事**は原則として変圧器の低圧側の中性点に施すべきですが、100〔V〕用の単相変圧器のように、構造上中性点の取り出せないものや、配電方式(△に結線する三相3線式)で変圧器の中性点を接地し難いものでは、**使用電圧が300〔V〕以下に限り、低圧側の1端子に接地**を施してよいことになっています(図4.17(a)右側の図参照)。

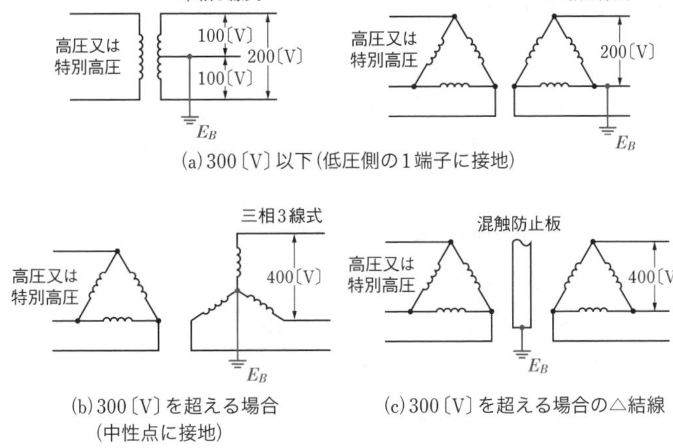


**図4.17　低圧側に接地するB種接地工事**

### (5) 特別高圧と高圧との混触等による危険防止施設

特別高圧電路と高圧電路を結合する変圧器の内部故障によって、特別高圧電路と高圧電路の混触が生じたり、特別高圧電路側に生じた異常電圧が変圧器を介して高圧電路に侵入したときのことを考慮して、放電装置を設けることになっています。

これらについて、解釈第25条では次のように定められています。

**解釈　第25条（特別高圧と高圧との混触等による危険防止施設）**【省令第12条第2項】

変圧器(前条第2項第二号に規定するものを除く。)によって特別高圧電路(第108条に規定する特別高圧架空電線路の電路を除く。)に結合される高圧電路には、使用電圧の3倍以下の電圧が加わったときに放電する装置を、その変圧器の端

**補足**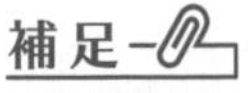

特別高圧電路に結合される高圧電路には、使用電圧の3倍以下の電圧が加わったときに放電する装置が必要であるが、その放電装置と同性能の避雷器を施設していれば放電装置が必要ないことを、解釈第25条は規定している。

子に近い1極に設けること。ただし、使用電圧の3倍以下の電圧が加わったときに放電する避雷器を高圧電路の母線に施設する場合は、この限りでない。(関連省令第10条)

2　前項の装置には、A種接地工事を施すこと。(関連省令第10条、第11条)

## 理解度チェック問題

**問題　次の文章は、電気設備技術基準の解釈に関する記述である。次の［　　］の中に適当な答えを記入せよ。**

**1.** 高圧用又は特別高圧用の開閉器、遮断器又は避雷器その他これらに類する器具（以下この条において「開閉器等」という。）であって、動作時にアークを生じるものは、次のいずれかにより施設すること。

a. ［（ア）］のものでアークを生じる部分を囲むことにより、木製の壁又は天井その他の可燃性のものから隔離すること。

b. 木製の壁又は天井その他の可燃性のものとの離隔距離を、下表に規定する値以上とすること。

表

| 開閉器等の使用電圧の区分 | | 離隔距離 |
|---|---|---|
| 高圧 | | ［（イ）］m |
| 特別高圧 | 35000V以下 | ［（ウ）］m（動作時に生じるアークの方向及び長さを火災が発生するおそれがないように制限した場合にあっては、［（エ）］m） |
| | 35000V超過 | ［（オ）］m |

**2.** 高圧電路又は特別高圧電路と低圧電路とを結合する変圧器には、次のいずれかの箇所に［（カ）］接地工事を施すこと。

a. 低圧側の中性点

b. 低圧電路の使用電圧が［（キ）］V以下の場合において、接地工事を低圧側の中性点に施し難いときは、［（ク）］の1端子

c. 低圧電路が非接地である場合においては、高圧巻線又は特別高圧巻線と低圧巻線との間に設けた金属製の［（ケ）］

**解答**

（ア）耐火性　（イ）1　（ウ）2　（エ）1　（オ）2
（カ）B種　（キ）300　（ク）低圧側　（ケ）混触防止板

**解説**　解釈第23条、第24条からの出題である。

LESSON 22

# 総則⑥ 第26条～第32条

特別高圧配電用変圧器の施設や機械器具の金属製外箱に施す接地工事などについて学びます。特に接地工事の内容は重要です。

関連過去問 047, 048

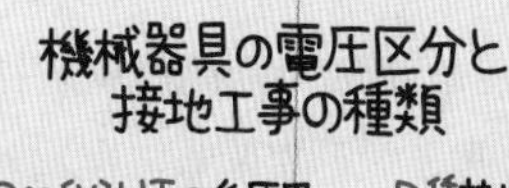

機械器具の電圧区分と
接地工事の種類
◎300〔V〕以下の低圧用……D種接地工事
◎300〔V〕を超える低圧用…C種接地工事
◎高圧・特別高圧用………A種接地工事

電圧区分と接地工事の種類は大切です。確実に覚えておきましょう。

## 1 電気機械器具の保安原則②　重要度A

特別高圧配電用変圧器は、解釈第22条に基づいて、発電所、開閉所やこれらに準ずる場所に設置しなければなりませんが、第22条以外の場所（柱上変圧器など）に施設する小容量の配電用変圧器の施設については、条件付きで解釈第26条で次のように定められています。

### (1) 特別高圧配電用変圧器の施設

**解釈　第26条（特別高圧配電用変圧器の施設）**【省令第9条第1項】

特別高圧電線路（第108条に規定する特別高圧架空電線路を除く。）に接続する配電用変圧器を、発電所、蓄電所又は変電所、開閉所若しくはこれらに準ずる場所以外の場所に施設する場合は、次の各号によること。

一　変圧器の1次電圧は**35000V**以下、2次電圧は**低圧**又は**高圧**であること。

二　変圧器に接続する特別高圧電線は、**特別高圧絶縁電線**又は**ケーブル**であること。ただし、特別高圧電線を海峡横断箇所、河川横断箇所、山岳地の傾斜が急な箇所又は谷越え箇所であって、人が容易に立ち入るおそれがない

場所に施設する場合は、裸電線を使用することができる。（関連省令第５条第１項）

三　変圧器の１次側には、**開閉器**及び**過電流遮断器**を施設すること。ただし、過電流遮断器が開閉機能を有するものである場合は、過電流遮断器のみとすることができる。（関連省令第14条）

四　ネットワーク方式（２以上の特別高圧電線路に接続する配電用変圧器の２次側を並列接続して配電する方式をいう。）により施設する場合において、次に適合するように施設するときは、前号の規定によらないことができる。

イ　変圧器の１次側には、開閉器を施設すること。

ロ　変圧器の２次側には、過電流遮断器及び２次側電路から１次側電路に電流が流れたときに、自動的に２次側電路を遮断する装置を施設すること。（関連省令第12条第２項）

ハ　ロの規定により施設する過電流遮断器及び装置を介して変圧器の２次側電路を並列接続すること。

**プラスワン**

ネットワーク方式により変圧器を施設する場合は、２回線以上の特別高圧配電線が回線ごとに変圧器に接続されるため、１回線が停止しても電気の供給に支障がないシステムになっている。

### (2) 特別高圧を直接低圧に変成する変圧器の施設

低圧と特別高圧とを直接結合させることは、混触事故時などに特別高圧が低圧電路に入り込むことがあり、非常に危険です。そのため、解釈第27条で特別な施設に限定して認めています。

**解釈　第27条（特別高圧を直接低圧に変成する変圧器の施設）**【省令第13条】

特別高圧を直接低圧に変成する変圧器は、次の各号に掲げるものを除き、施設しないこと。

一　発電所、蓄電所又は変電所、開閉所若しくはこれらに準ずる場所の**所内用**の変圧器

二　使用電圧が**100 000V**以下の変圧器であって、その特別高圧巻線と低圧巻線との間にＢ種接地工事（第17条第２項第一号の規定により計算した値が10を超える場合は、接地抵抗値が10Ω以下のものに限る。）を施した金属製

**プラスワン**

第二号については近年、需要家の容量増大により66〔kV〕や77〔kV〕受電となる場合に、３巻線変圧器を使用して400〔V〕や200〔V〕に直接変成することがある。こうした変圧器には、Ｂ種接地工事を施した混触防止板を入れ、混触防止を図っている。

の**混触防止板**を有するもの
三　使用電圧が**35000V**以下の変圧器であって、その特別高圧巻線と低圧巻線とが混触したときに、自動的に変圧器を電路から遮断するための装置を設けたもの
四　電気炉等、大電流を消費する負荷に電気を供給するための変圧器
五　交流式電気鉄道用信号回路に電気を供給するための変圧器
六　第108条に規定する特別高圧架空電線路に接続する変圧器

### (3) 計器用変成器の２次側電路の接地

計器用変成器内での混触などによる事故防止のため、計器用変成器の2次側電路に接地工事を施すことを解釈第28条で規定しています。

**解釈　第28条（計器用変成器の２次側電路の接地）**【省令第10条、第11条、第12条第１項】

**高圧計器用変成器**の2次側電路には、**D種接地工事**を施すこと。
2　**特別高圧計器用変成器**の2次側電路には、**A種接地工事**を施すこと。

### (4) 機械器具の金属製外箱等の接地

電気機械器具の通電部分と外箱、鉄台などの間は絶縁されていますが、巻線はブッシングなどの絶縁物が劣化すると、そうした部分から漏電して外箱や鉄台が充電され、人が触れると感電するおそれがあります。このため、感電防止策として外箱や鉄台を接地します。その点について、解釈第29条で次のように規定しています。

**解釈　第29条（機械器具の金属製外箱等の接地）**【省令第10条、第11条】

電路に施設する機械器具の金属製の台及び外箱（以下この

**補足**

電技第2条（LESSON9参照）により、電圧の種別は次のように定義されている。
**低圧**　直流にあっては**750V**以下、交流にあっては**600V**以下のもの
**高圧**　直流にあっては**750V**を、交流にあっては**600V**を超え、**7000V**以下のもの
**特別高圧**　**7000V**を超えるもの

条において「金属製外箱等」という。）（外箱のない変圧器又は計器用変成器にあっては、**鉄心**）には、使用電圧の区分に応じ、29-1表に規定する接地工事を施すこと。ただし、外箱を充電して使用する機械器具に人が触れるおそれがないようにさくなどを設けて施設する場合又は絶縁台を設けて施設する場合は、この限りでない。

29-1表

| 機械器具の使用電圧の区分 | | 接地工事 |
|---|---|---|
| 低圧 | 300V以下 | D種接地工事 |
| | 300V超過 | C種接地工事 |
| 高圧又は特別高圧 | | A種接地工事 |

上の解釈第29条第1項は、漏れ電流による危険を低減するために、金属製の外箱や鉄台の接地について規定しています。

例えば、300〔V〕以下の低圧の機械器具には、D種接地工事を施せばよいことになり、接地抵抗値が低い値であるほど漏電時に金属製外箱などに現れる電位が低くなり、危険度は低減されます。また、300〔V〕以下の低圧電路においては、図4.18のように、**非接地側電路で充電部分と金属製外箱が完全に接触した場合**、金属製外箱などに現れる電位は、D種接地抵抗値とB種接地抵抗値との比によって決まります。

一方、300〔V〕を超える低圧の機械器具は、300〔V〕以下のものに比べ危険度が高いので接地抵抗値が10〔Ω〕以下となるC種接地工事を施すことになります。高圧又は特別高圧で使用

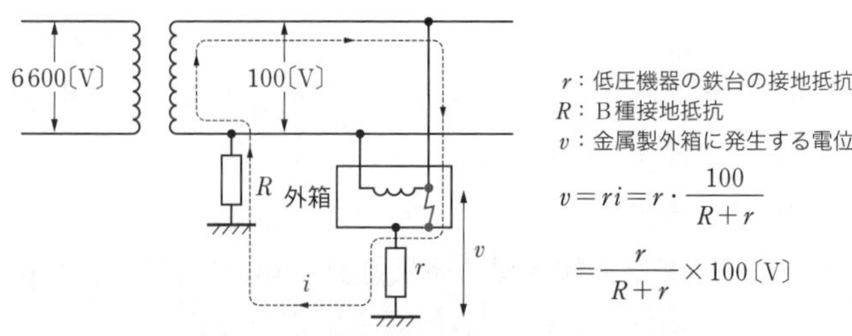


**図4.18　機械器具の金属製外箱等の接地**

する機械器具についても同様に、危険度低減策として**A種接地工事**を施すことを規定しています。

機械器具の電圧区分と接地工事の種類は、確実に覚えておきましょう。
◎300〔V〕以下の低圧用…………D種接地工事
◎300〔V〕を超える低圧用………C種接地工事
◎高圧・特別高圧用…………………A種接地工事

2　機械器具が小規模発電設備である燃料電池発電設備である場合を除き、次の各号のいずれかに該当する場合は、第1項の規定によらないことができる。
一　交流の対地電圧が150V以下又は直流の使用電圧が300V以下の機械器具を、**乾燥した場所**に施設する場合
二　低圧用の機械器具を**乾燥した木製の床**その他これに類する絶縁性のものの上で取り扱うように施設する場合
三　電気用品安全法の適用を受ける**2重絶縁の構造**の機械器具を施設する場合
四　低圧用の機械器具に電気を供給する電路の電源側に**絶縁変圧器**（2次側線間電圧が300V以下であって、容量が3kVA以下のものに限る。）を施設し、かつ、当該**絶縁変圧器**の負荷側の電路を接地しない場合
五　**水気のある場所以外**の場所に施設する低圧用の機械器具に電気を供給する電路に、電気用品安全法の適用を受ける**漏電遮断器**（定格感度電流が15mA以下、動作時間が0.1秒以下の電流動作型のものに限る。）を施設する場合
六　金属製外箱等の周囲に適当な**絶縁台**を設ける場合
七　外箱のない計器用変成器がゴム、合成樹脂その他の絶縁物で被覆したものである場合
八　低圧用若しくは高圧用の機械器具、第26条に規定する配電用変圧器若しくはこれに接続する電線に施設する機械器具又は第108条に規定する特別高圧架空電線路の

補足

**水と電気の相性**
水道水など一般的な水はミネラル成分などの不純物を含んでおり、電気の良導体である。だから、そうした水に濡れた手で電気機械器具をさわってはならない。一方、不純物をまったく含まない純水は電気の絶縁体であり、発電機の固定子水冷却などに使用されている。逆に水の導電率を測定することによって純水の度合いを判断することができる。

電路に施設する機械器具を、木柱その他これに類する絶縁性のものの上であって、人が触れるおそれがない高さに施設する場合

3　高圧ケーブルに接続される高圧用の機械器具の金属製外箱等の接地は、日本電気技術規格委員会規格 JESC E2019 (2015)「高圧ケーブルの遮へい層による高圧用の機械器具の金属製外箱等の連接接地」の「2．技術的規定」により施設することができる。

4　太陽電池モジュール、燃料電池発電設備又は常用電源として用いる蓄電池に接続する直流電路に施設する機械器具であって、使用電圧が300Vを超え450V以下のものの金属製外箱等に施すC種接地工事の接地抵抗値は、次の各号に適合する場合は、第17条第3項第一号の規定によらず、100Ω以下とすることができる。

一　直流電路は、**非接地**であること。

二　直流電路に接続する逆変換装置の交流側に、**絶縁変圧器**を施設すること。

三　直流電路を構成する太陽電池モジュールにあっては、当該直流電路に接続される太陽電池モジュールの合計出力が10kW以下であること。

四　直流電路を構成する燃料電池発電設備にあっては、当該直流電路に接続される個々の燃料電池発電設備の出力がそれぞれ10kW未満であること。

五　直流電路を構成する蓄電池にあっては、当該直流電路に接続される個々の蓄電池の出力がそれぞれ10kW未満であること。

六　直流電路に機械器具（太陽電池モジュール、燃料電池発電設備、常用電源として用いる蓄電池、直流変換装置、逆変換装置、避雷器、第154条に規定する器具並びに第200条第1項第一号において準用する第45条第一号及び第三号に規定する器具及び第200条第2項第一号ロ及びハに規定する器具を除く。）を施設しないこと。

**補足**

解釈第200条第2項第一号ロとハは、次のように規定されている。

ロ　太陽電池モジュールに接続する負荷側の電路（複数の太陽電池モジュールを施設する場合にあっては、その集合体に接続する負荷側の電路）には、その接続点に近接して開閉器その他これに類する器具（負荷電流を開閉できるものに限る。）を施設すること。

ハ　太陽電池モジュールを並列に接続する電路には、その電路に短絡を生じた場合に電路を保護する過電流遮断器その他の器具を施設すること。ただし、当該電路が短絡電流に耐えるものである場合は、この限りでない。

### (5) 高周波利用設備の障害の防止

需要場所や配電設備において使われている高周波利用設備から漏えいする高周波電流による妨害を排除するためには、漏えいを皆無にすることが理想的です。しかし、それは技術的に不可能なので、漏えいしても支障のない最大レベルを漏えい許容値とし、解釈第30条では次のように定められています。

**解釈　第30条（高周波利用設備の障害の防止）**【省令第17条】〈要点抜粋〉

高周波利用設備から、他の高周波利用設備に漏えいする高周波電流は、次の測定装置又はこれに準ずる測定装置により、2回以上連続して10分間以上測定したとき、各回の測定値の最大値の平均値が－30dB（1mWを0dBとする。）以下であること。

### (6) 変圧器等からの電磁誘導作用による人の健康影響の防止

変圧器、開閉器及び分岐装置から発生する磁界について、変圧器等については解釈第31条で、変電所等については第39条で、電線路については第50条で、それぞれ電磁誘導作用による人の健康影響の防止について定められています。

**解釈　第31条（変圧器等からの電磁誘導作用による人の健康影響の防止）**【省令第27条の2】〈要点抜粋〉

発電所、蓄電所、変電所、開閉所及び需要場所以外の場所に施設する変圧器、開閉器及び分岐装置（以下この条において「変圧器等」という。）から発生する磁界は、第3項に掲げる測定方法により求めた磁束密度の測定値（実効値）が、商用周波数において200μT以下であること。ただし、造営物内、田畑、山林その他の人の往来が少ない場所において、人体に危害を及ぼすおそれがないように施設する場合は、この限りでない。

**補足**

**dB（デシベル）の－（マイナス）値について**

mWの常用対数を10倍するとdB値になる。

1mWは、

$10\log_{10}1 = 10\log_{10}10^0$
$= 0 \times 10 \times \log_{10}10$
$= 0\text{dB}$

100mWは、

$10\log_{10}100 = 10\log_{10}10^2$
$= 2 \times 10 \times \log_{10}10$
$= 20\text{dB}$

1000mWは、

$10\log_{10}1000 = 10\log_{10}10^3$
$= 3 \times 10 \times \log_{10}10$
$= 30\text{dB}$

一方、1mWより小さい数値では、

0.01mWは、

$10\log_{10}0.01 = 10\log_{10}10^{-2}$
$= -2 \times 10 \times \log_{10}10$
$= -20\text{dB}$

0.001mWは、

$10\log_{10}0.001 = 10\log_{10}10^{-3}$
$= -3 \times 10 \times \log_{10}10$
$= -30\text{dB}$

のように－（マイナス）値になる。

**補足**

解釈第39条についてはLESSON24で、第50条についてはLESSON25で学ぶ。

**補足**

μTは、マイクロテスラと読む。

$1\mu\text{T} = 10^{-6}\text{T}$となる。

### (7) ポリ塩化ビフェニル使用電気機械器具及び電線の施設禁止

ポリ塩化ビフェニル(PCB)を含有する絶縁油の基準について、解釈第32条で次のように定められています。

**解釈　第32条（ポリ塩化ビフェニル使用電気機械器具及び電線の施設禁止）**【省令第19条第14項】

ポリ塩化ビフェニルを含有する絶縁油とは、絶縁油に含まれるポリ塩化ビフェニルの量が試料1kgにつき0.5mg(重量比0.00005%)以下である絶縁油以外のものである。

## 理解度チェック問題

**問題　次の文章は、電気設備技術基準の解釈に関する記述である。次の[　　]の中に適当な答えを記入せよ。**

1. 高圧計器用変成器の2次側電路には、[（ア）]接地工事を施すこと。

2. 特別高圧計器用変成器の2次側電路には、[（イ）]接地工事を施すこと。

3. 電路に施設する機械器具の金属製の台及び外箱（外箱のない変圧器又は計器用変成器にあっては、[（ウ）]）には、使用電圧の区分に応じ、下表に規定する接地工事を施すこと。ただし、外箱を充電して使用する機械器具に人が触れるおそれがないようにさくなどを設けて施設する場合又は絶縁台を設けて施設する場合は、この限りでない。

| 機械器具の使用電圧の区分 | | 接地工事 |
|---|---|---|
| 低圧 | [（エ）]V以下 | [（オ）]接地工事 |
| | [（エ）]V超過 | [（カ）]接地工事 |
| 高圧又は特別高圧 | | [（キ）]接地工事 |

**解答**

（ア）D種　（イ）A種　（ウ）鉄心　（エ）300　（オ）D種　（カ）C種　（キ）A種

解説　解釈第28条、第29条からの出題である。

LESSON 23

# 総則⑦ 第33条～第37条の2

過電流、地絡、異常電圧に対する保護対策を学びます。避雷器の施設箇所については、繰り返し出題されています。必ず覚えましょう。

関連過去問 049, 050

◎避雷器の施設箇所
①架空電線の引込口と引出口
②配電用変圧器の高圧側と特別高圧側
③500〔kW〕以上の需要場所の引込口
④特別高圧架空電線路から供給を受ける需要場所の引込口

避雷器の施設のポイントです。しっかり覚えておきましょう。
なお、避雷器の接地は、A種接地工事です。

## 1 過電流、地絡および異常電圧に対する保護対策　重要度 A

### (1) 低圧電路に施設する過電流遮断器の性能等

**過電流遮断器**とは、電路に過電流が生じたときに自動的に電路を遮断する装置をいう。なお、**過電流**とは、短絡電流と過負荷電流のことをいう。

低圧電路に施設する過電流遮断器には、ヒューズ、配線用遮断器及び過負荷保護装置と短絡保護専用遮断器又は短絡保護用ヒューズを組み合わせた装置があります。この装置は、過負荷電流及び短絡電流によって配線や機械器具が過熱、焼損することから保護するために設けるものです。

これらについて、解釈第33条で次のように定められています。

**解釈　第33条（低圧電路に施設する過電流遮断器の性能等）**
【省令第14条】〈要点抜粋〉

低圧電路に施設する過電流遮断器は、これを施設する箇所を通過する短絡電流を遮断する能力を有するものであること。ただし、当該箇所を通過する最大短絡電流が10000Aを超える場合において、過電流遮断器として10000A以上の短絡電流を遮断する能力を有する配線用遮断器を施設し、当該箇所より電源側の電路に当該配線用遮断器の短絡電流を遮断する能力を超え、当該最大短絡電流以下の短絡電流を当該配線用遮断器より早く、又は同時に遮断する能力を有する、過電流遮断器を施設するときは、この限りでない。

2　過電流遮断器として低圧電路に施設するヒューズ（電気用品安全法の適用を受けるもの、配電用遮断器と組み合わせて1の過電流遮断器として使用するもの及び第4項に規定するものを除く。）は、水平に取り付けた場合（板状ヒューズにあっては、板面を水平に取り付けた場合）において、次の各号に適合するものであること。

一　定格電流の1.1倍の電流に耐えること。

二　33-1表の左欄に掲げる定格電流の区分に応じ、定格電流の1.6倍及び2倍の電流を通じた場合において、それぞれ同表の右欄に掲げる時間内に溶断すること。

33-1表

| 定格電流の区分 | 時間 | |
|---|---|---|
| | 定格電流の1.6倍の電流を通じた場合 | 定格電流の2倍の電流を通じた場合 |
| 30A以下 | 60分 | 2分 |

〈以下、表省略〉

3　過電流遮断器として低圧電路に施設する配線用遮断器（電気用品安全法の適用を受けるもの及び次項に規定するものを除く。）は、次の各号に適合するものであること。

一　定格電流の1倍の電流で自動的に動作しないこと。

二　33-2表の左欄に掲げる定格電流の区分に応じ、定格電流の1.25倍及び2倍の電流を通じた場合において、それぞれ同表の右欄に掲げる時間内に自動的に動作すること。

33-2表

| 定格電流の区分 | 時間 | |
|---|---|---|
| | 定格電流の1.25倍の電流を通じた場合 | 定格電流の2倍の電流を通じた場合 |
| 30A以下 | 60分 | 2分 |

〈以下、表省略〉

**補足**

「1の過電流遮断器として使用するもの」とは、ヒューズと配電用遮断器の2個の装置を組み合わせて1つの過電流遮断器として使用するという意味である。

**プラスワン**

33-1表は、施設すべきヒューズの溶断特性について、定格電流区分ごとに示している。特に30〔A〕以下において定格電流の1.6倍、2倍の電流が流れたときに溶断する時間を覚えておくこと。

**プラスワン**

33-2表は、過電流遮断器として施設する配線用遮断器の時延引外し特性について、定格電流区分ごとに示している。特に30〔A〕以下において定格電流の1.25倍、2倍の電流が流れたときに自動遮断する時間を覚えておくこと。なお、時延引外し特性とは、過電流遮断器が過電流状態を検知してから遮断するまで、一定の遅れ時間をもたせたもののことである。

4　過電流遮断器として低圧電路に施設する過負荷保護装置と短絡保護専用遮断器又は短絡保護専用ヒューズを組み合わせた装置は、電動機のみに至る低圧電路（低圧幹線（第142条に規定するものをいう。）を除く。）で使用するものであって、次の各号に適合するものであること。

一　過負荷保護装置は、次に適合するものであること。

イ　電動機が焼損するおそれがある過電流を生じた場合に、自動的にこれを遮断すること。

ロ　電気用品安全法の適用を受ける電磁開閉器、又は次に適合するものであること。

〈省略〉

二　短絡保護専用遮断器は、次に適合するものであること。

イ　過負荷保護装置が短絡電流によって焼損する前に、当該短絡電流を遮断する能力を有すること。

ロ　定格電流の1倍の電流で自動的に動作しないこと。

ハ　整定電流は、定格電流の13倍以下であること。

ニ　整定電流の1.2倍の電流を通じた場合において、0.2秒以内に自動的に動作すること。

三　短絡保護専用ヒューズは、次に適合するものであること。

イ　過負荷保護装置が短絡電流によって焼損する前に、当該短絡電流を遮断する能力を有すること。

ロ　短絡保護専用ヒューズの定格電流は、過負荷保護装置の整定電流の値（その値が短絡保護専用ヒューズの標準定格に該当しない場合は、その値の直近上位の標準定格）以下であること。

ハ　定格電流の1.3倍の電流に耐えること。

ニ　整定電流の10倍の電流を通じた場合において、20秒以内に溶断すること。

四　過負荷保護装置と短絡保護専用遮断器又は短絡保護専用ヒューズは、専用の1の箱の中に収めること。

電流や時間の**整定**とは、動作特性を調整することをいう。例えば、保護継電器及び遮断器の整定を行うとき動作特性の基準となる電流値を**整定電流**という。

5　低圧電路に施設する**非包装ヒューズ**は、**つめ付ヒューズ**であること。ただし、次の各号のいずれかのものを使用する場合は、この限りでない。

一　ローゼットその他これに類するものに収める定格電流5A以下のもの

〈省略〉

**用語**

**ローゼット**とは、室内型照明器具を天井に設置する際に使用するソケットやプラグのこと。

**図4.19　非包装ヒューズ(つめ付ヒューズ)**

下記の2点は、**低圧電路の過電流遮断器の基本原則**です。しっかり覚えておきましょう。
①ヒューズは、定格電流の1.1倍の電流に耐えること
②配線用遮断器は、定格電流の1倍の電流で自動的に動作しないこと

### (2) 高圧又は特別高圧の電路に施設する過電流遮断器の性能等

高圧及び特別高圧電路の必要な箇所には、過電流による過熱焼損から電線や電気機械器具を保護し、火災の発生を防止できるように過電流遮断器を設置しています。これらについて、解釈第34条で次のように定められています。

**解釈　第34条（高圧又は特別高圧の電路に施設する過電流遮断器の性能等）**【省令第14条】〈要点抜粋〉

高圧又は特別高圧の電路に施設する過電流遮断器は、次の各号に適合するものであること。

一　電路に短絡を生じたときに作動するものにあっては、これを施設する箇所を通過する短絡電流を遮断する能力を有すること。

二　その作動に伴いその**開閉状態を表示する装置**を有すること。ただし、その**開閉状態**を容易に確認できるものは、この限りでない。

2　過電流遮断器として高圧電路に施設する**包装ヒューズ**（ヒューズ以外の過電流遮断器と組み合わせて1の過電流遮断器として使用するものを除く。）は、次の各号のいずれかのものであること。

一　定格電流の**1.3**倍の電流に耐え、かつ、**2**倍の電流で**120**分以内に溶断するもの

二　別に定める規格に適合する**高圧限流**ヒューズ

〈省略〉

3　過電流遮断器として高圧電路に施設する**非包装ヒューズ**は、定格電流の**1.25**倍の電流に耐え、かつ、**2**倍の電流で**2**分以内に溶断するものであること。

**用語**

**限流ヒューズ**とは、ヒューズに大きな短絡電流が流れたとき、ヒューズ内部に発生するアーク抵抗により、短絡電流を極めて小さい値に制限することで、ごく短時間で短絡電流を遮断し、回路を保護するヒューズのこと。

**用語**

**包装ヒューズ**とは、ヒューズエレメント（可溶体）が絶縁体によってカバーされているヒューズの総称。溶断時に可溶体やアークが外部に漏れない。一方、**非包装ヒューズ**とは、可溶体が露出している構造のヒューズのこと。

下記の２点は、**高圧電路の過電流遮断器の基本原則**です。しっかり覚えておきましょう。
①高圧電路に使用する包装ヒューズは、定格電流の1.3倍の電流に耐え、２倍の電流で120分以内に溶断すること
②高圧電路に使用する非包装ヒューズは、定格電流の1.25倍の電流に耐え、２倍の電流で2分以内に溶断すること

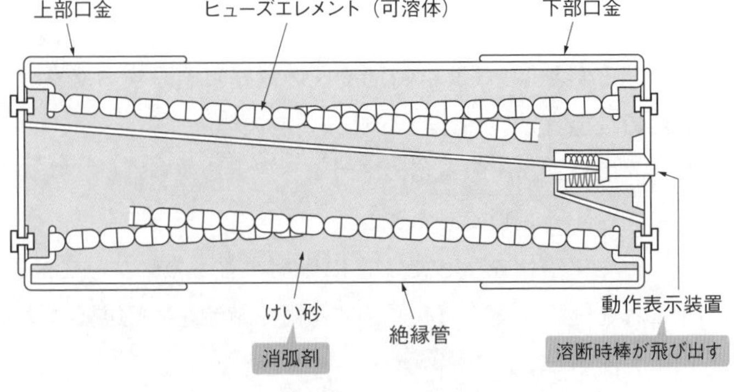


**図4.20　高圧限流ヒューズ（包装ヒューズ）構造**

### (3) 過電流遮断器の施設の例外

接地工事の接地線や多線式電路の中性線などに過電流遮断器を置くと、地絡事故時に流れる電流により過電流遮断器が動作し、接地回路が遮断するおそれがあります。このような接地回路の遮断による事故時の電線路の対地電位上昇、事故点の検出不能などを防止するために、過電流遮断器の施設の例外（禁止）を規定しています。これらについて、解釈第35条で次のように定められています。

**解釈　第35条（過電流遮断器の施設の例外）**【省令第14条】

次の各号に掲げる箇所には、過電流遮断器を施設しないこと。

一　接地線

二　多線式電路の中性線

三　第24条第1項第一号ロの規定により、電路の一部に接地工事を施した低圧電線路の接地側電線

2 次の各号のいずれかに該当する場合は、前項の規定によらないことができる。

一　多線式電路の中性線に施設した過電流遮断器が動作した場合において、**各極が同時に遮断**されるとき

二　第19条第1項各号の規定により抵抗器、リアクトル等を使用して接地工事を施す場合において、過電流遮断器の動作により当該接地線が非接地状態にならないとき

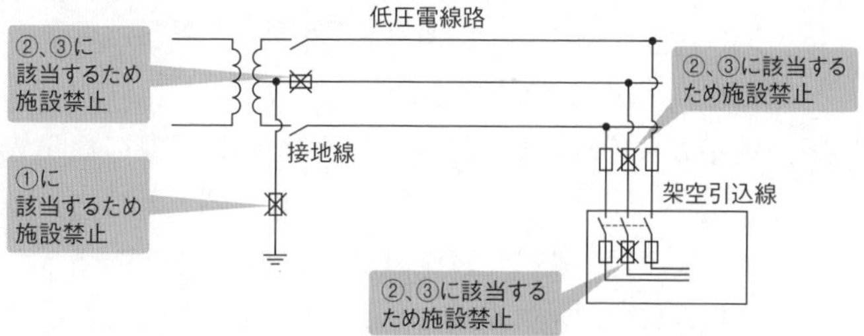


**図4.21　ヒューズ等過電流遮断器の施設禁止箇所**

第4章 電気設備技術基準の解釈

**補足**
第1項第三号の接地工事は、B種接地工事のことである。
また、過電流遮断器の施設禁止箇所の次の3つはよく覚えておこう。
①接地線
②多線式電路の中性線
③B種接地工事を施した低圧電線路の接地側電線

**補足**
は、ヒューズの図記号である。

### (4) 地絡遮断装置の施設

電路に地絡が生じた場合、電線や電気機械器具の損傷、感電、火災のおそれがないように、地絡遮断器の施設などの適切な措置を講ずることについて、解釈第36条で次のように定められています。

**解釈　第36条（地絡遮断装置の施設）**【省令第15条】

〈要点抜粋〉

金属製外箱を有する使用電圧が60Vを超える低圧の機械器具に接続する電路には、電路に地絡を生じたときに自動的に電路を遮断する装置を施設すること。ただし、次の各号のいずれかに該当する場合はこの限りでない。

一　機械器具に簡易接触防護措置（金属製のものであって、防護措置を施す機械器具と電気的に接続するおそれがあるもので防護する方法を除く。）を施す場合

二　機械器具を次のいずれかの場所に施設する場合

イ　発電所、蓄電所又は変電所、開閉所若しくはこれらに準ずる場所

ロ　乾燥した場所

ハ　機械器具の対地電圧が150V以下の場合においては、水気のある場所以外の場所

三　機械器具が、次のいずれかに該当するものである場合

イ　電気用品安全法の適用を受ける2重絶縁構造のもの

ロ　ゴム、合成樹脂その他の絶縁物で被覆したもの

ハ　誘導電動機の2次側電路に接続されるもの

ニ　第13条第二号に掲げるもの

四　機械器具に施されたC種接地工事又はD種接地工事の接地抵抗値が3Ω以下の場合

五　電路の系統電源側に絶縁変圧器（機械器具側の線間電圧が300V以下のものに限る。）を施設するとともに、当該絶縁変圧器の機械器具側の電路を非接地とする場合

六　機械器具内に電気用品安全法の適用を受ける漏電遮断器を取り付け、かつ、電源引出部が損傷を受けるおそれ

**+1 プラスワン**

解釈第36条第1項の第一号～第八号は、地絡遮断装置の施設を省略できる場合の規定である。

がないように施設する場合

七　機械器具を太陽電池モジュールに接続する直流電路に施設し、かつ、当該電路が次に適合する場合

イ　直流電路は、非接地であること。

ロ　直流電路に接続する逆変換装置の交流側に絶縁変圧器を施設すること。

ハ　直流電路の対地電圧は、450V以下であること。

八　電路が、管灯回路である場合

〈以下省略〉

### (5) 避雷器等の施設

架空電線路などから電気施設に侵入してくる内外雷などの衝撃性過電圧は、大地に放電させなければなりません。このため、機械器具を絶縁破壊から守る避雷器の施設が義務付けられています。これらについて、解釈第37条で次のように定められています。

**解釈　第37条（避雷器等の施設）**【省令第49条】

高圧及び特別高圧の電路中、次の各号に掲げる箇所又はこれに近接する箇所には、避雷器を施設すること。

一　発電所、蓄電所又は変電所若しくはこれに準ずる場所の架空電線の**引込口**（需要場所の引込口を除く。）及び**引出口**

二　架空電線路に接続する、第26条に規定する配電用変圧器の**高圧側及び特別高圧側**

三　高圧架空電線路から電気の供給を受ける受電電力が**500kW以上の需要場所の引込口**

四　特別高圧架空電線路から電気の供給を受ける**需要場所の引込口**

2　次の各号のいずれかに該当する場合は、前項の規定によらないことができる。

一　前項各号に掲げる箇所に直接接続する電線が短い場合

二　使用電圧が60 000Vを超える特別高圧電路において、

**用語**

**内外雷**とは、内雷と外雷のこと。

**内雷**とは、電力系統の内部に発生原因をもつ異常電圧のこと。内部異常電圧ともいう。

**外雷**とは、雷サージ（進行波）のように電力系統の外部に発生原因をもつ異常電圧のこと。外部異常電圧ともいう。

サージとは、過渡的な過電圧や過電流全般を意味する。

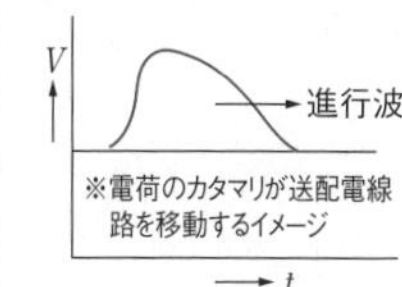


サージ性過電圧

**補足**

解釈第37条第1項第二号の「第26条の規定」とは、「変圧器の1次電圧は35 000V以下、2次電圧は低圧又は高圧であること」というものである。

解釈第37条第2項は、避雷器の除外規定で、第一号は、電線が短い場合、雷電圧侵入の機会が少ないので除外している。

第二号は、高電圧かつ同一母線に多数の電線が接続されている場合、侵入した雷電圧が電線のサージインピーダンスにより低減するので、避雷器が必要ではないとしている。

同一の母線に常時接続されている架空電線路の数が、回線数が7以下の場合にあっては5以上、回線数が8以上の場合にあっては4以上のとき。これらの場合において、同一支持物に2回線以上の架空電線が施設されているときは、架空電線路の数は1として計算する。

3　高圧及び特別高圧の電路に施設する避雷器には、A種接地工事を施すこと。ただし、高圧架空電線路に施設する避雷器（第1項の規定により施設するものを除く。）のA種接地工事を日本電気技術規格委員会規格 JESC E2018 (2015)「高圧架空電線路に施設する避雷器の接地工事」の「2．技術的規定」により施設する場合の接地抵抗値は、第17条第1項第一号の規定によらないことができる。（関連省令第10条、第11条）

下記は、**避雷器の施設のポイント**です。しっかり覚えておきましょう。

◎避雷器の施設箇所は次の4つ

①架空電線の引込口と引出口

②配電用変圧器の高圧側と特別高圧側

③**500**〔kW〕以上の需要場所の引込口

④特別高圧架空電線路から供給を受ける需要場所の引込口

◎避雷器の接地は、A種接地工事

## (6) サイバーセキュリティの確保

電気保安規制の目的は、電気工作物の損壊等による人体への危害や物件の損傷の防止と、著しい供給支障の防止です。

そうした原因の1つにサイバー攻撃があります。電気工作物の設置者はサイバー攻撃に対しても、当然、必要な対策を講ずる必要があります。解釈第37条の2では、サイバー攻撃からの安全性の確保について、日本電気技術規格委員会規格として策定されたサイバーセキュリティの確保のためのガイドライン全体を次のように引用しています。

**解釈　第37条の2（サイバーセキュリティの確保）**【省令第15条の2】

省令第15条の2に規定するサイバーセキュリティの確保は、次の各号によること。

一　スマートメーターシステムにおいては、日本電気技術規格委員会規格 JESC Z0003(2019)「スマートメーターシステムセキュリティガイドライン」によること。配電事業者においても同規格に準じること。

二　電力制御システムにおいては、日本電気技術規格委員会規格 JESC Z0004(2019)「電力制御システムセキュリティガイドライン」によること。配電事業者においても同規格に準じること。

三　自家用電気工作物（発電事業の用に供するもの及び小規模事業用電気工作物を除く。）に係る遠隔監視システム及び制御システムにおいては、「自家用電気工作物に係るサイバーセキュリティの確保に関するガイドライン（内規）」(20220530保局第1号　令和4年6月10日）によること。

**電技　第15条の2（サイバーセキュリティの確保）**

**事業用**電気工作物（小規模事業用電気工作物を除く。）の運転を管理する**電子計算機**は、当該電気工作物が**人体に危害**を及ぼし、又は**物件に損傷**を与えるおそれ及び一般送配電事業又は**配電事業**に係る電気の供給に著しい支障を及ぼすおそれがないよう、サイバーセキュリティ（サイバーセキュリティ基本法（平成26年法律第104号）第2条に規定するサイバーセキュリティをいう。）を確保しなければならない。

**補足**

電技（省令）第15条の2は、LESSON10ですでに学んだが、重要なので再掲する。キーワード（**赤字**）は必ず覚えておこう。

## 理解度チェック問題

**問題　次の文章は、電気設備技術基準の解釈に関する記述である。次の[　　]の中に適当な答えを記入せよ。**

1. 過電流遮断器として高圧電路に施設する包装ヒューズは、次の各号のいずれかのものであること。

一　定格電流の[ (ア) ]倍の電流に耐え、かつ、[ (イ) ]倍の電流で[ (ウ) ]分以内に溶断するもの

二　別に定める規格に適合する[ (エ) ]ヒューズ

2. 高圧及び特別高圧の電路中、次の各号に掲げる箇所又はこれに近接する箇所には、避雷器を施設すること。

一　発電所、蓄電所又は変電所若しくはこれに準ずる場所の架空電線の[ (オ) ]及び[ (カ) ]

二　架空電線路に接続する配電用変圧器の[ (キ) ]及び[ (ク) ]

三　高圧架空電線路から電気の供給を受ける受電電力が[ (ケ) ]kW以上の需要場所の[ (コ) ]

四　特別高圧架空電線路から電気の供給を受ける需要場所の[ (サ) ]

3. 高圧及び特別高圧の電路に施設する避雷器には、[ (シ) ]接地工事を施すこと。

### 解答

(ア)1.3　(イ)2　(ウ)120　(エ)高圧限流　(オ)引込口　(カ)引出口
(キ)高圧側　(ク)特別高圧側　(ケ)500　(コ)引込口　(サ)引込口　(シ)A種

**解説**　解釈第34条、第37条からの出題である。

LESSON 24

# 発電所等の場所での施設 第38条～第48条

発電所でトラブルが発生したときに、発電機を自動的に電路から遮断するなどの保護機能があります。こうした点をよく理解しましょう。

関連過去問 051, 052

##  発電所等への立入の防止ほか 重要度 A

### (1) 発電所等への取扱者以外の者の立入の防止

発電所等に取扱者以外の者が容易に立ち入らないようにすることが必要です。高圧や特別高圧設備が危険である旨の表示や、さく、へい等を設けるなど具体的な施設例について、解釈第38条で次のように定められています。

**解釈　第38条（発電所等への取扱者以外の者の立入の防止）**
【省令第23条第1項】〈要点抜粋〉

高圧又は特別高圧の機械器具及び母線等（以下、この条において「機械器具等」という。）を屋外に施設する発電所、蓄電所又は変電所、開閉所若しくはこれらに準ずる場所（以下、この条において「発電所等」という。）は、次の各号により構内に取扱者以外の者が立ち入らないような措置を講じること。ただし、土地の状況により人が立ち入るおそれがない箇所については、この限りでない。

一　**さく、へい等を設けること。**

二　特別高圧の機械器具等を施設する場合は、前号の**さく、へい等の高さ**と、**さく、へい等から充電部分までの距離**との和は、38-1表に規定する値以上とすること。

**補足**
「土地の状況により」とは、河川や岸壁のような、人が立ち入るおそれがない場所を指している。

38-1表

| 充電部分の使用電圧の区分 | さく、へい等の高さと、さく、へい等から充電部分までの距離との和 |
|---|---|
| 35000V以下 | 5m |
| 35000Vを超え160000V以下 | 6m |
| 160000V超過 | (6＋c)m |

（備考）cは、使用電圧と160000Vの差を10000Vで除した値（小数点以下を切り上げる。）に0.12を乗じたもの

三　出入口に立入りを**禁止**する旨を表示すること。

四　出入口に**施錠**装置を施設して**施錠**する等、取扱者以外の者の出入りを制限する措置を講じること。

2　高圧又は特別高圧の機械器具等を屋内に施設する発電所等は、次の各号により構内に取扱者以外の者が立ち入らないような措置を講じること。ただし、前項の規定により施設したさく、へいの内部については、この限りでない。

一　次のいずれかによること。

イ　堅ろうな壁を設けること。

ロ　さく、へい等を設け、当該さく、へい等の高さと、さく、へい等から充電部分までの距離との和を、38-1表に規定する値以上とすること。

二　前項第三号及び第四号の規定に準じること。

3　高圧又は特別高圧の機械器具等を施設する発電所等を次の各号のいずれかにより施設する場合は、第1項及び第2項の規定によらないことができる。

一　工場等の構内において、次により施設する場合

イ　構内境界全般にさく、へい等を施設し、**一般公衆**が立ち入らないように施設すること。

ロ　**危険**である旨の表示をすること。

### (2) 変電所等からの電磁誘導作用

変電所等からの電磁誘導作用による健康影響の防止について、解釈第39条では次のように定められています。

**解釈　第39条（変電所等からの電磁誘導作用による人の健康影響の防止）**【省令第27条の2】〈要点抜粋〉

変電所又は開閉所（以下この条において「変電所等」という。）から発生する磁界は、第3項に掲げる測定方法により求めた磁束密度の測定値（実効値）が、商用周波数において200 μT以下であること。ただし、田畑、山林その他の人の往来が少ない場所において、人体に危害を及ぼすおそれがないように施設する場合は、この限りでない。

変圧器等からの電磁誘導作用（LESSON22で学習済み）、電線路からの電磁誘導作用（LESSON25で学ぶ）も、同様に200 μT以下です。この値は必ず覚えておきましょう。

**(3) ガス絶縁機器等、水素冷却式発電機等の施設**

ガス絶縁機器等の圧力容器の施設、水素冷却式発電機等の施設について、解釈第40条、41条では次のように定められています。

**解釈　第40条（ガス絶縁機器等の圧力容器の施設）**【省令第33条】〈要点抜粋〉

ガス絶縁機器等に使用する圧力容器は、次の各号によること。

一　100kPaを超える絶縁ガスの圧力を受ける部分であって外気に接する部分は、最高使用圧力の1.5倍の水圧（水圧を連続して10分間加えて試験を行うことが困難である場合は、最高使用圧力の1.25倍の気圧）を連続して10分間加えて試験を行ったとき、これに耐え、かつ、漏えいがないものであること。ただし、ガス圧縮機に接続して使用しないガス絶縁機器にあっては、最高使用圧力の1.25倍の水圧を連続して10分間加えて試験を行ったとき、これに耐え、かつ、漏えいがないものである場合は、この限りでない。

二　ガス圧縮機を有するものにあっては、ガス圧縮機の最

**補足**

「圧力を受ける部分であって外気に接する部分」としたのは、異常圧力上昇による破裂を想定しているからである。

第4章 電気設備技術基準の解釈

終段又は圧縮絶縁ガスを通じる管のこれに近接する箇所及びガス絶縁機器又は圧縮絶縁ガスを通じる管のこれに近接する箇所には、最高使用圧力以下の圧力で作動するとともに、民間規格評価機関として日本電気技術規格委員会が承認した規格である「**安全弁**」に適合する**安全弁**を設けること。

三　絶縁ガスの圧力の低下により絶縁破壊を生じるおそれがあるものは、絶縁ガスの圧力の低下を**警報**する装置又は絶縁ガスの圧力を**計測**する装置を設けること。

四　絶縁ガスは、**可燃性**、**腐食性**及び**有毒性**のものでないこと。

**解釈　第41条（水素冷却式発電機等の施設）**【省令第35条】

水素冷却式の発電機若しくは調相機又はこれらに附属する水素冷却装置は、次の各号によること。

一　水素を通じる管、弁等は、水素が**漏えい**しない構造のものであること。

二　水素を通じる管は、銅管、継目無鋼管又はこれと同等以上の強度を有する溶接した管であるとともに、水素が大気圧において**爆発**した場合に生じる圧力に耐える強度を有するものであること。

三　発電機又は調相機は、気密構造のものであり、かつ、水素が大気圧において**爆発**した場合に生じる圧力に耐える強度を有するものであること。

四　発電機又は調相機に取り付けたガラス製ののぞき窓等は、容易に破損しない構造のものであること。

五　発電機の軸封部には、**窒素**ガスを封入することができる装置又は発電機の軸封部から漏えいした水素ガスを安全に外部に放出することができる装置を設けること。

六　発電機内又は調相機内に水素を安全に導入することができる装置、及び発電機内又は調相機内の水素を安全に外部に放出することができる装置を設けること。

七　発電機内又は調相機内の水素の純度が85%以下に低下した場合に、これを**警報**する装置を設けること。
八　発電機内又は調相機内の水素の圧力を計測する装置及びその圧力が著しく変動した場合に、これを警報する装置を設けること。
九　発電機内又は調相機内の水素の温度を計測する装置を設けること。
十　発電機内から水素を外部に放出するための放出管は、水素の着火による火災に至らないよう次によること。
　イ　さび等の異物及び水分が滞留しないよう考慮して施設すること。
　ロ　放出管及びその周辺の金属構造物に静電気が蓄積しないよう、これらを接地すること。
　ハ　放出管は可燃物のない方向に施設すること。
　ニ　放出管の出口には逆火防止用の金網等を設置すること。

**補足**
水素は、純度4～70〔%〕のときが爆発可能な範囲であるので、第七号では、水素の純度が85〔%〕以下に下がったときに**警報**を出すように義務付けている。

## ② 発電機等の保護　重要度A

### (1) 発電機の保護装置

発電機（又はこれを駆動する原動機）に事故が起きた場合に、発電機を自動的に電路から遮断する保護装置の施設を義務付けています。これらについて、解釈第42条で次のように定められています。

**解釈　第42条（発電機の保護装置）**【省令第44条第1項】
発電機には、次の各号に掲げる場合に、発電機を自動的に電路から遮断する装置を施設すること。
一　発電機に**過電流**を生じた場合
二　容量が500kVA以上の発電機を駆動する水車の圧油装置の油圧又は電動式ガイドベーン制御装置、電動式ニードル制御装置若しくは電動式デフレクタ制御装置の電源電圧が著しく**低下**した場合

第4章
電気設備技術基準の解釈

三　容量が100kVA以上の発電機を駆動する風車の圧油装置の油圧、圧縮空気装置の空気圧又は電動式ブレード制御装置の電源電圧が著しく**低下**した場合

四　容量が2000kVA以上の**水車**発電機の**スラスト軸受**の温度が著しく**上昇**した場合

五　容量が10000kVA以上の発電機の**内部**に故障を生じた場合

六　定格出力が10000kWを超える蒸気タービンにあっては、その**スラスト軸受**が著しく摩耗し、又はその温度が著しく**上昇**した場合

**補足**

**スラスト軸受**とは、回転体の軸方向にかかる力(スラスト)を支える軸受のこと。

発電機の保護装置が作動する条件である第一号～第六号までの内容は重要。必ず覚えておきましょう。

### (2) 蓄電池の保護装置

解釈第44条では、常用電源に用いる蓄電池に対して、異常がある場合に蓄電池を電路から自動的に遮断する装置を義務付けています。

**解釈　第44条（蓄電池の保護装置）**【省令第44条第1項】

発電所、蓄電所又は変電所若しくはこれに準ずる場所に施設する蓄電池(常用電源の停電時又は電圧低下発生時の非常用予備電源として用いるものを除く。)には、次の各号に掲げる場合に、自動的にこれを電路から遮断する装置を施設すること。

一　蓄電池に**過電圧**が生じた場合

二　蓄電池に**過電流**が生じた場合

三　制御装置に**異常**が生じた場合

四　内部温度が高温のものにあっては、**断熱容器**の内部温度が著しく上昇した場合

## ③ 燃料電池等、太陽電池発電所等の電線等の施設　重要度 A

### (1) 燃料電池等の施設

燃料電池発電設備に異常が生じた場合、発電設備を電路から遮断するとともに、燃料の供給を自動的に遮断することを義務付けています。これらについて、解釈第45条では次のように定められています。

**解釈　第45条（燃料電池等の施設）**【省令第4条、第44条第1項】

燃料電池発電所に施設する燃料電池、電線及び開閉器その他器具は、次の各号によること。

一　燃料電池には、次に掲げる場合に燃料電池を自動的に電路から遮断し、また、燃料電池内の燃料ガスの供給を自動的に遮断するとともに、燃料電池内の燃料ガスを自動的に排除する装置を施設すること。ただし、発電用火力設備に関する技術基準を定める省令（平成9年通商産業省令第51号）第35条ただし書きに規定する構造を有する燃料電池設備については、燃料電池内の燃料ガスを自動的に排除する装置を施設することを要しない。

イ　燃料電池に**過電流**が生じた場合

ロ　発電要素の発電電圧に異常低下が生じた場合、又は燃料ガス出口における**酸素**濃度若しくは空気出口における**燃料ガス**濃度が著しく上昇した場合

ハ　燃料電池の**温度**が著しく上昇した場合

二　充電部分が露出しないように施設すること。

三　直流幹線部分の電路に短絡を生じた場合に、当該電路を保護する**過電流遮断器**を施設すること。ただし、次のいずれかの場合は、この限りでない。（関連省令第14条）

イ　電路が短絡電流に耐えるものである場合

ロ　燃料電池と電力変換装置とが1の筐体に収められた構造のものである場合

四　燃料電池及び開閉器その他の器具に電線を接続する場

**用語** 

**筐体**（きょうたい）とは、箱のような形をしたもののこと。

合は、**ねじ止め**その他の方法により、**堅ろう**に接続するとともに、電気的に完全に接続し、接続点に**張力**が加わらないように施設すること。（関連省令第７条）

### (2) 太陽電池発電所等の電線等の施設

太陽電池発電所等に施設する電線等について、解釈第46条では次のように定められています。

**解釈　第46条（太陽電池発電所等の電線等の施設）**【省令第４条】〈要点抜粋〉

太陽電池発電所に施設する高圧の直流電路の電線（電気機械器具内の電線を除く。）は、**高圧ケーブル**であること。ただし、取扱者以外の者が立ち入らないような措置を講じた場所において、次の各号に適合する**太陽電池発電設備用直流ケーブル**を使用する場合は、この限りでない。

一　使用電圧は、直流1500V以下であること。

二　構造は、絶縁物で被覆した上を外装で保護した電気導体であること。

**プラスワン**

高圧ケーブルは、一般的に遮へい層（シールド）を有するが、**太陽電池発電設備用直流ケーブル**は遮へい層を有しない。
直流は交番磁界、交番電界がなく、誘導起電力が発生しないため、絶縁上有利である。また、感電のリスクも小さくなる。

## 4 発電所、変電所の監視制御方式　重要度A

発電所、変電所の監視制御方式について、解釈第47条、第47条の２、第48条では次のように定められています。

**解釈　第47条（常時監視と同等な監視を確実に行える発電所の施設）**【省令第46条第１項】〈要点抜粋〉

技術員が発電所又はこれと同一の構内における常時監視と同等な常時監視を確実に行える発電所は、次の各号によること。

〈省略〉

二　「**遠隔常時監視制御方式**」は、次に適合するものであること。

イ　**技術員**が、**制御所**に**常時駐在**し、発電所の**運転状態**の監視又は制御を遠隔で行うものであること。

ロ　次の場合に、制御所にいる技術員へ警報する装置を施設すること。

（イ）発電所内（屋外であって、変電所若しくは開閉所又はこれらに準ずる機能を有する設備を施設する場所を除く。）で**火災**が発生した場合

（ロ）他冷式（変圧器の巻線及び鉄心を直接冷却するため封入した冷媒を強制循環させる冷却方式をいう。）の特別高圧用変圧器の冷却装置が**故障**した場合又は**温度**が著しく上昇した場合

（ハ）ガス絶縁機器（圧力の低下により絶縁破壊等を生じるおそれのないものを除く。）の絶縁ガスの**圧力**が著しく低下した場合

**解釈　第47条の2（常時監視をしない発電所の施設）**【省令第46条第2項】〈要点抜粋〉

技術員が当該発電所又はこれと同一の構内において常時監視をしない発電所は、次の各号によること。

〈省略〉

二「**随時巡回方式**」は、次に適合するものであること。

イ　**技術員**が、**適当な間隔をおいて**発電所を巡回し、**運転状態**の監視を行うものであること。

ロ　発電所は、電気の供給に支障を及ぼさないよう、次に適合するものであること。

（イ）当該発電所に異常が生じた場合に、一般送配電事業者又は配電事業者が電気を供給する需要場所（当該発電所と同一の構内又はこれに準ずる区域にあるものを除く。）が停電しないこと。

（ロ）当該発電所の運転又は停止により、一般送配電事業者又は配電事業者が運用する電力系統の電圧及び周波数の維持に支障を及ぼさないこと。

ハ　発電所に施設する変圧器の使用電圧は、170 000V以下であること。

三「**随時監視制御方式**」は、次に適合するものであること。

イ　**技術員**が、**必要に応じて**発電所に出向き、**運転状態**の監視又は制御その他必要な措置を行うものであること。

ロ　次の場合に、技術員へ警報する装置を施設すること。

(イ) 発電所内(屋外であって、変電所若しくは開閉所又はこれらに準ずる機能を有する設備を施設する場所を除く。)で**火災**が発生した場合

(ロ) 他冷式(変圧器の巻線及び鉄心を直接冷却するため封入した冷媒を強制循環させる冷却方式をいう。以下、この条において同じ。)の特別高圧用変圧器の冷却装置が**故障**した場合又は**温度**が著しく上昇した場合

(ハ) ガス絶縁機器(圧力の低下により絶縁破壊等を生じるおそれのないものを除く。)の絶縁ガスの**圧力**が著しく低下した場合

**解釈　第48条(常時監視をしない発電所の施設)【**省令第46条第2項**】**〈要点抜粋〉

技術員が当該変電所(変電所を分割して監視する場合にあっては、その分割した部分。以下この条において同じ。)において常時監視をしない変電所は、次の各号によること。

一　変電所に施設する変圧器の使用電圧に応じ、48-1表に規定する監視制御方式のいずれかにより施設すること。

48-1表

| 変電所に施設する変圧器の使用電圧の区分 | 監視制御方式 | | | |
|---|---|---|---|---|
| | 簡易監視制御方式 | 断続監視制御方式 | 遠隔断続監視制御方式 | 遠隔常時監視制御方式 |
| 100000V以下 | ○ | ○ | ○ | ○ |
| 100000Vを超え170000V以下 | | ○ | ○ | ○ |
| 170000V超過 | | | | ○ |

(備考) ○は、使用できることを示す。

二　48-1表に規定する監視制御方式は、次に適合するものであること。

イ　「**簡易監視制御方式**」は、技術員が必要に応じて変電所へ出向いて、変電所の監視及び機器の操作を行うものであること。

ロ　「**断続監視制御方式**」は、技術員が当該変電所又はこれから300m以内にある技術員駐在所に常時駐在し、断続的に変電所へ出向いて変電所の監視及び機器の操作を行うものであること。

ハ　「**遠隔断続監視制御方式**」は、技術員が変電制御所（当該変電所を遠隔監視制御する場所をいう。以下この条において同じ。）又はこれから300m以内にある技術員駐在所に常時駐在し、断続的に変電制御所へ出向いて変電所の監視及び機器の操作を行うものであること。

ニ　「**遠隔常時監視制御方式**」は、技術員が変電制御所に常時駐在し、変電所の監視及び機器の操作を行うものであること。

〈以下省略〉

発電所、変電所の監視制御方式の概要とキーワード（赤字）は覚えておきましょう。

## 理解度チェック問題

**問題　次の文章は、電気設備技術基準の解釈に関する記述の一部である。次の［　　］の中に適当な答えを記入せよ。**

1．技術員が発電所又はこれと同一の構内における常時監視と同等な常時監視を確実に行える発電所は、次によること。

a.「遠隔常時監視制御方式」は、次に適合するものであること。

　技術員が、［　(ア)　］に［　(イ)　］し、発電所の［　(ウ)　］の監視又は制御を遠隔で行うものであること。

2．技術員が当該発電所又はこれと同一の構内において常時監視をしない発電所は、次の各号によること。

a.「随時巡回方式」は、次に適合するものであること。

　技術員が、［　(エ)　］発電所を巡回し、［　(ウ)　］の監視を行うものであること。

b.「随時監視制御方式」は、次に適合するものであること。

　技術員が、［　(オ)　］発電所に出向き、［　(ウ)　］の監視又は制御その他必要な措置を行うものであること。

**解答**

(ア)制御所　(イ)常時駐在　(ウ)運転状態　(エ)適当な間隔をおいて
(オ)必要に応じて

解説　解釈第47条、第47条の2からの出題である。

LESSON 25

# 電線路① 第49条～第55条

ここでは、電線路に係る用語の定義、電線路からの電磁誘導作用、架空電線路の支持物の昇塔防止等について学びます。

関連過去問 053, 054, 055

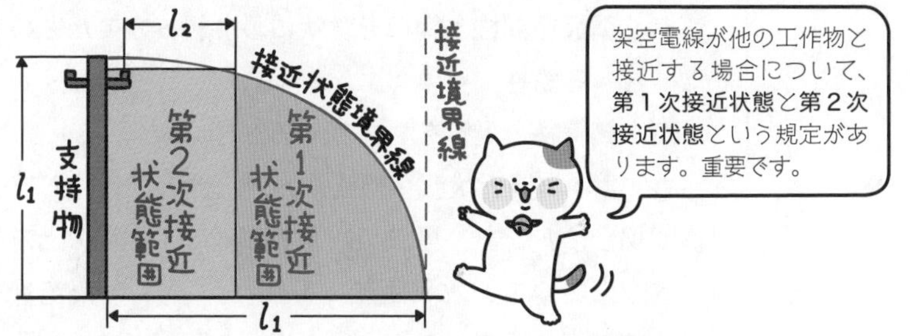

## 1 電線路の通則 重要度A

### (1) 電線路に係る用語の定義

電線路においてのみ使われる用語には、いろいろな種類があります。それらの「用語の定義」について、解釈第49条では次のように定められています。

**解釈　第49条（電線路に係る用語の定義）**【省令第1条】

この解釈において用いる電線路に係る用語であって、次の各号に掲げるものの定義は、当該各号による。

一　**想定最大張力**　高温季及び低温季の別に、それぞれの季節において想定される最大張力。ただし、異常着雪時想定荷重の計算に用いる場合にあっては、気温0℃の状態で架渉線に着雪荷重と着雪時風圧荷重との合成荷重が加わった場合の張力

二　**A種鉄筋コンクリート柱**　基礎の強度計算を行わず、根入れ深さを第59条第2項に規定する値以上とすること等により施設する鉄筋コンクリート柱

三　**B種鉄筋コンクリート柱**　A種鉄筋コンクリート柱以外の鉄筋コンクリート柱

四　**複合鉄筋コンクリート柱**　鋼管と組み合わせた鉄筋コ

**用語**
**高温季**とは、夏から秋にかけての季節のこと。**低温季**とは、冬から春にかけての一般的に風の強い季節のこと。

**用語**
**架渉線**とは、支持物に架設された、架空電線、架空地線、ちょう架用電線等をいう。

**用語**
**根入れ**とは、地中に埋設された部分のこと。

**補足**
解釈第59条は、架空電線路の支持物の強度等に関する規定で、第2項と第3項は、架空電線路の支持物として使用するA種鉄筋コンクリート柱とA種鉄柱について規定している。

ンクリート柱

五　**A種鉄柱**　基礎の強度計算を行わず、根入れ深さを第59条第3項に規定する値以上とすること等により施設する鉄柱

六　**B種鉄柱**　A種鉄柱以外の鉄柱

七　**鋼板組立柱**　鋼板を管状にして組み立てたものを柱体とする鉄柱

八　**鋼管柱**　鋼管を柱体とする鉄柱

九　**第1次接近状態**　架空電線が、他の工作物と接近する場合において、当該架空電線が他の工作物の**上方又は側方**において、水平距離で**3m**以上、かつ、架空電線路の支持物の地表上の高さに相当する距離以内に施設されることにより、架空電線路の電線の**切断**、支持物の**倒壊**等の際に、当該電線が他の工作物に**接触する**おそれがある状態

十　**第2次接近状態**　架空電線が他の工作物と接近する場合において、当該架空電線が他の工作物の**上方又は側方**において水平距離で**3m**未満に施設される状態

十一　**接近状態**　第1次接近状態及び第2次接近状態

**補足**

架空電線以外のほかの工作物（図には示されていない。）が、第1次接近状態の範囲内（赤色の範囲）にあれば、架空電線とほかの工作物は**第1次接近状態**にあるといえる。**第2次接近状態**も同様に考える。

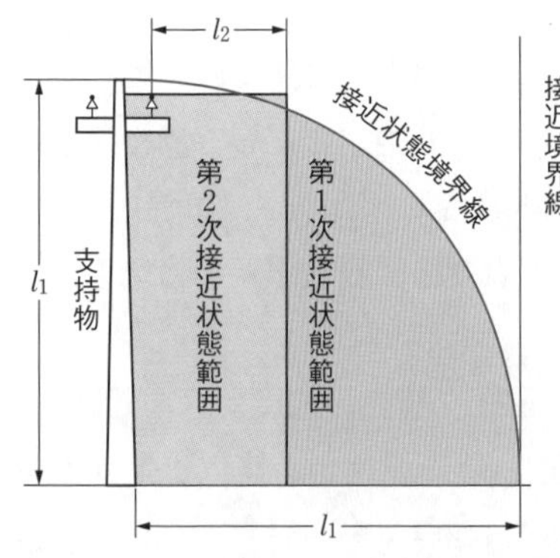


$l_1$：支持物の地表上の高さ
$l_2$：3m未満
接近状態：
第1次接近状態＋第2次接近状態

**図4.22　第1次接近状態と第2次接近状態**

第1次接近状態と第2次接近状態については、電験三種試験にも出題されています。それぞれの範囲を、図4.22でしっかり把握しておきましょう。

十二　**上部造営材**　屋根、ひさし、物干し台その他の人が上部に乗るおそれがある造営材（手すり、さくその他の人が上部に乗るおそれのない部分を除く。）

十三　**索道**（さくどう）　索道の搬器を含み、索道用支柱を除くものとする。

### (2) 電線路からの電磁誘導作用による人の健康影響の防止

電線路からの電磁誘導作用による人の健康影響の防止について、解釈第50条では次のように定められています。

**解釈　第50条（電線路からの電磁誘導作用による人の健康影響の防止）**【省令第27条の2】〈要点抜粋〉

発電所、蓄電所、変電所、開閉所及び需要場所以外の場所に施設する電線路から発生する磁界は、第3項に掲げる測定方法により求めた磁束密度の測定値（実効値）が、商用周波数において200 μT以下であること。ただし、造営物内、田畑、山林その他の人の往来が少ない場所において、人体に危害を及ぼすおそれがないように施設する場合は、この限りでない。

変圧器等からの電磁誘導作用（LESSON22で学習済み）、変電所等からの電磁誘導作用（LESSON24で学習済み）も、同様に200 μT以下です。
この値をしっかり覚えておきましょう。

##  架空電線路の通則① 重要度 A

### (1) 電波障害の防止

電気使用機械器具や電線路から直接発生する電波による障害防止の規定です。これらについて、解釈第51条では次のように定められています。

**解釈　第51条（電波障害の防止）**【省令第42条第1項】

架空電線路は、**無線設備**の機能に継続的かつ重大な障害を及ぼす**電波**を発生するおそれがある場合には、これを防止するように施設すること。

〈以下省略〉

### (2) 架空弱電流電線路への誘導作用による通信障害の防止

架空電線路の架空弱電流電線路に対する誘導作用による通信上の障害には、①使用電圧に関する**静電誘導作用**と、②架空電線の正常時の負荷電流や地絡事故・短絡事故の際の故障電流による**電磁誘導作用**とがあります。これら誘導作用による障害を軽減したり、回避するための対策として、解釈第52条では次のように定められています。

**解釈　第52条（架空弱電流電線路への誘導作用による通信障害の防止）**【省令第42条第2項】〈要点抜粋〉

低圧又は高圧の架空電線路（き電線路（第201条第五号に規定するものをいう。）を除く。）と架空弱電流電線路とが並行する場合は、**誘導作用**により通信上の障害を及ぼさないように、次の各号により施設すること。

一　架空電線と架空弱電流電線との離隔距離は、2m以上とすること。

二　第一号の規定により施設してもなお架空弱電流電線路に対して**誘導作用**により通信上の障害を及ぼすおそれがあるときは、更に次に掲げるものその他の対策のうち1つ以上を施すこと。

イ　架空電線と架空弱電流電線との離隔距離を**増加**する

**用語** 

第201条第五号に規定されている「**き電線路**」とは、き電線（発電所、蓄電所又は変電所から他の発電所、蓄電所又は変電所を経ないで電車線に至る電線）及びこれを支持し、又は保蔵する工作物のこと。

こと。

ロ　架空電線路が交流架空電線路である場合は、架空電線を適当な距離で**ねん架**すること。

ハ　架空電線と架空弱電流電線との間に、引張強さ5.26kN以上の**金属線**又は直径4mm以上の**硬銅線**を2条以上施設し、これに**D種**接地工事を施すこと。

ニ　架空電線路が中性点接地式高圧架空電線路である場合は、**地絡電流**を制限するか、又は2以上の接地箇所がある場合において、その接地箇所を変更する等の方法を講じること。

2　次の各号のいずれかに該当する場合は、前項の規定によらないことができる。

一　低圧又は高圧の架空電線が、**ケーブル**である場合

二　架空弱電流電線が、**通信用ケーブル**である場合

三　架空弱電流電線路の管理者の**承諾**を得た場合

3　中性点接地式高圧架空電線路は、架空弱電流電線路と並行しない場合においても、大地に流れる電流の電磁誘導作用により通信上の障害を及ぼすおそれがあるときは、第1項第二号イからニまでに掲げるものその他の対策のうち1つ以上を施すこと。

4　特別高圧架空電線路は、弱電流電線路に対して電磁誘導作用により通信上の障害を及ぼすおそれがないように施設すること。

5　特別高圧架空電線路は、次の各号によるとともに、架空電話線路に対して、通常の使用状態において、静電誘導作用により通信上の障害を及ぼさないように施設すること。ただし、架空電話線が通信用ケーブルである場合、又は架空電話線路の管理者の承諾を得た場合は、この限りでない。

**ねん架**とは、図4.23のように、送電線の全区間を三等分し、各相に属する電線の位置が一巡するように変更することです。

**ねん架**を行うと、インダクタンスや静電容量が等しくなり、

第4章 電気設備技術基準の解釈

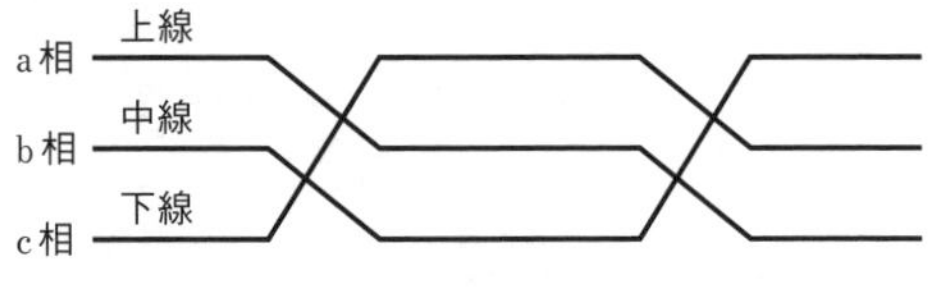


**図4.23　送電線のねん架**

電気的不平衡を防ぎ、線路の中性点に現れる残留電圧を減少させ、付近の通信線への誘導障害を低減させることができます。

送電線が十分にねん架されていれば、平常時は、静電誘導電圧や電磁誘導電圧は3相のベクトル和となるので、ほぼ0〔V〕となります。

### (3) 架空電線路の支持物の昇塔防止

一般の公衆が容易に架空電線路の支持物に昇塔(しょうとう)できると、充電部分に接触して感電墜落する事故などが起こるおそれがあります。こうしたことを防止するための規定について、解釈第53条では次のように定められています。

**解釈　第53条（架空電線路の支持物の昇塔防止）【省令第24条】**

架空電線路の支持物に取扱者が昇降に使用する足場金具等を施設する場合は、地表上1.8m以上に施設すること。ただし、次の各号のいずれかに該当する場合はこの限りでない。

一　足場金具等が**内部に格納**できる構造である場合

二　支持物に昇塔防止のための装置を施設する場合

三　支持物の周囲に取扱者以外の者が立ち入らないように、さく、へい等を施設する場合

四　支持物を山地等であって人が**容易に**立ち入るおそれがない場所に施設する場合

### (4) 架空電線の分岐

架空電線の分岐について、解釈第54条では次のように定められています。

**解釈　第54条（架空電線の分岐）**【省令第７条】

架空電線の分岐は、電線の**支持点**ですること。ただし、次の各号のいずれかにより施設する場合はこの限りでない。

一　電線に**ケーブル**を使用する場合

二　分岐点において電線に**張力**が加わらないように施設する場合

### (5) 架空電線路の防護具

架空電線が建造物などへ接近する場合、電技（省令）第29条で感電や火災のおそれがないようにすることが規定されています。解釈第55条では離隔距離が十分とれない場合、防護具を使用することが規定されており、その防護具の性能について定められています。

**解釈　第55条（架空電線路の防護具）**【省令第29条】

〈要点抜粋〉

低圧防護具は、次の各号に適合するものであること。

一　構造は、外部から充電部分に接触するおそれがないように充電部分を覆うことができること。

二　完成品は、充電部分に接する内面と充電部分に接しない外面との間に、1500Vの交流電圧を連続して1分間加えたとき、これに耐える性能を有すること。

2　高圧防護具は、次の各号に適合するものであること。

一　構造は、外部から充電部分に接触するおそれがないように充電部分を覆うことができること。

二　完成品は、乾燥した状態において15000Vの交流電圧を、また、日本産業規格 JIS C 0920（2003）に規定する試験方法により散水した直後の状態において10000Vの交流電圧を、充電部分に接する内面と充電部分に接しない外面との間に連続して1分間加えたとき、それぞれに耐える性能を有すること。

## 理解度チェック問題

**問題　次の文章は、電気設備技術基準の解釈に関する記述の一部である。次の［　　］の中に適当な答えを記入せよ。**

1．低圧又は高圧の架空電線路（き電線路（第201条第五号に規定するものをいう。）を除く。）と架空弱電流電線路とが並行する場合は、［（ア）］により通信上の障害を及ぼさないように、次の各号により施設すること。

一　架空電線と架空弱電流電線との離隔距離は、［（イ）］m以上とすること。

二　第一号の規定により施設してもなお架空弱電流電線路に対して［（ア）］により通信上の障害を及ぼすおそれがあるときは、更に次に掲げるものその他の対策のうち1つ以上を施すこと。

イ　架空電線と架空弱電流電線との離隔距離を［（ウ）］すること。

ロ　架空電線路が交流架空電線路である場合は、架空電線を適当な距離で［（エ）］すること。

ハ　架空電線と架空弱電流電線との間に、引張強さ5.26kN以上の［（オ）］又は直径4mm以上の［（カ）］を2条以上施設し、これに［（キ）］接地工事を施すこと。

ニ　架空電線路が中性点接地式高圧架空電線路である場合は、［（ク）］を制限するか、又は2以上の接地箇所がある場合において、その接地箇所を変更する等の方法を講じること。

2．次の各号のいずれかに該当する場合は、前項の規定によらないことができる。

一　低圧又は高圧の架空電線が、［（ケ）］である場合

二　架空弱電流電線が、［（コ）］である場合

三　架空弱電流電線路の管理者の［（サ）］を得た場合

**解答**

（ア）誘導作用　（イ）2　（ウ）増加　（エ）ねん架　（オ）金属線　（カ）硬銅線
（キ）D種　（ク）地絡電流　（ケ）ケーブル　（コ）通信用ケーブル　（サ）承諾

**解説**　解釈第52条からの出題である。

LESSON 26

# 電線路② 第56条～第63条

電線の風圧荷重の計算、支線の強度計算は、電験三種試験に定期的に出題されています。計算式を必ず理解しておきましょう。

関連過去問 056, 057, 058

6[mm]
1[m]
15[mm]
$S_B$
6[mm]
氷雪
電線
乙種風圧荷重の計算では、電線の周囲に厚さ6ミリの氷雪が付着した状態を想定します。寒そうです！

## 1 架空電線路の通則②　重要度 A

### (1) 架空電線路の強度検討に用いる荷重

架空電線路の支持物の強度計算に用いる風圧荷重は、甲種、乙種、丙種の3つに区分され、その対象物ごとに風圧、加わる圧力、地域による風圧荷重の適用などが示されています。これらについて、解釈第58条では次のように定められています。

**解釈　第58条（架空電線路の強度検討に用いる荷重）【省令第32条第1項】**〈要点抜粋〉

架空電線路の強度検討に用いる荷重は、次の各号によること。なお、風速は、気象庁が「地上気象観測指針」において定める10分間平均風速とする。

一　**風圧荷重**　架空電線路の構成材に加わる風圧による荷重であって、次の規定によるもの

イ　風圧荷重の種類は、次によること。

（イ）**甲種風圧荷重**　58-1表に規定する構成材の垂直投影面に加わる圧力を基礎として計算したもの、又は風速40m/s以上を想定した風洞（ふうどう）実験に基づく値より計算したもの

（ロ）**乙種風圧荷重**　架渉線の周囲に厚さ6mm、比重0.9

解釈第56条、第57条、第59条も本LESSONの範囲内ですが、電験三種試験対策上の重要度が低いので省略しています。

用語

**架渉線**とは、電線、架空地線、ちょう架用線、添架電話線等のこと。

の氷雪が付着した状態に対し、甲種風圧荷重の0.5倍を基礎として計算したもの

(ハ) **丙種風圧荷重**　甲種風圧荷重の0.5倍を基礎として計算したもの

(ニ) **着雪時風圧荷重**　架渉線の周囲に比重0.6の雪が同心円状に付着した状態に対し、甲種風圧荷重の0.3倍を基礎として計算したもの

58-1表〈一部省略〉

| 風圧を受けるものの区分 | | 構成材の垂直投影面に加わる圧力 |
|---|---|---|
| 架渉線 | 多導体(構成する電線が2条ごとに水平に配列され、かつ、当該電線相互間の距離が電線の外径の20倍以下のものに限る。以下この条において同じ。)を構成する電線 | 880Pa |
| | その他のもの | 980Pa |

電験三種試験の風圧荷重の計算問題で出題されるのは電線(架渉線で多導体以外の電線)がほとんどです。ですから、構成材(電線)の甲種風圧荷重は、980Paと覚えてしまいましょう。

ロ　風圧荷重の適用区分は、58-2表によること。ただし、異常着雪時想定荷重の計算においては、同表にかかわらず着雪時風圧荷重を適用すること。

58-2表

| 季節 | 地方 | | 適用する風圧荷重 |
|---|---|---|---|
| 高温季 | 全ての地方 | | 甲種風圧荷重 |
| 低温季 | 氷雪の多い地方 | 海岸地その他の低温季に最大風圧を生じる地方 | 甲種風圧荷重又は乙種風圧荷重のいずれか大きいもの |
| | | 上記以外の地方 | 乙種風圧荷重 |
| | 氷雪の多い地方以外の地方 | | 丙種風圧荷重 |

**用語**

**高温季**とは、夏から秋にかけての季節のこと。**低温季**とは、冬から春にかけての一般的に風の強い季節のこと。

ハ　人家が多く連なっている場所に施設される架空電線路の構成材のうち、次に掲げるものの風圧荷重については、ロの規定にかかわらず甲種風圧荷重又は乙種風圧荷重に代えて丙種風圧荷重を適用することができる。

（イ）低圧又は高圧の架空電線路の支持物及び架渉線

（ロ）使用電圧が35000V以下の特別高圧架空電線路であって、電線に特別高圧絶縁電線又はケーブルを使用するものの支持物、架渉線並びに特別高圧架空電線を支持するがいし装置及び腕金類

二　風圧荷重は、58-3表〈省略〉に規定するものに加わるものとすること。

**補足**

解釈第59条第1項第二号では、高圧又は特別高圧の架空電線路の支持物として使用する木柱の太さは、**末口**（すえくち）（丸太の先端の細い方の切り口）で**直径12〔cm〕以上**と規定されている。



風圧荷重のポイントは以下のとおりです。

①甲種風圧荷重……高温季に風速40〔m/s〕以上の風があるときの荷重

②乙種風圧荷重……氷雪の多い地方の低温季に、架渉線に氷雪が付着した状態で、甲種風圧荷重の1/2の風があるときの荷重

③丙種風圧荷重……氷雪の多くない地方の低温季や、人家が多く連なっている場所等で、甲種風圧荷重の1/2の風があるときの荷重

### (2) 架空電線路の支持物の基礎の強度等

支持物の基礎は、塔体、柱体と同様に、電線路の設計及び建設上主要な部分であり、その基礎の強度について、解釈第60条では次のように定められています。

**補足**

架空電線路の設備

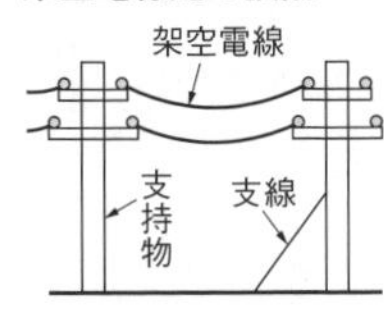


**解釈　第60条（架空電線路の支持物の基礎の強度等）【省令第32条第1項】**〈要点抜粋〉

架空電線路の**支持物の基礎の安全率**は、この解釈において当該支持物が耐えることと規定された荷重が加わった状態において、2（鉄塔における異常時想定荷重又は異常着雪時想定荷重については、1.33）以上であること。ただし、次の各号のいずれかのものの基礎においては、この限りでない。

一　木柱であって、次により施設するもの

イ　全長が**15m以下**の場合は、根入れを全長の**1/6以上**とすること。

ロ　全長が**15mを超える**場合は、根入れを**2.5m以上**とすること。

**用語**

**支持物の基礎の安全率**とは、支持物に加わる想定荷重の何倍まで耐える（倒壊しない）かを表したものである。

**プラスワン**

**根入れ**とは、基礎を地中に埋めた部分のことで、イとロの内容は、電験三種試験によく出題されるが間違いやすいので、確実に覚えておくこと。

用語

**根かせ(根枷)**とは、支持物の根元に取り付ける補強材のことである。

ハ　水田その他地盤が軟弱な箇所では、特に堅ろうな**根かせ**を施すこと。

二　A種鉄筋コンクリート柱

三　A種鉄柱

### (3) 支線の施設方法および支柱による代用

支持物の強度を補うもの、安全性を増すもの、又は不平均張力の大きい箇所や長径間の箇所、建造物や架空弱電流電線等と接近・交差する箇所などにおいては、木柱、A種鉄柱又はA種鉄筋コンクリート柱の支持物に支線を設けることになっています。これらについて、解釈第61条では次のように定められています。

**解釈　第61条（支線の施設方法及び支柱による代用）**【省令第6条、第20条、第25条第2項】

架空電線路の支持物において、この解釈の規定により施設する支線は、次の各号によること。

一　**支線の引張強さ**は、10.7kN（**第62条及び第70条第3項の規定により施設する支線**にあっては、6.46kN）以上であること。

二　**支線の安全率**は、2.5（**第62条及び第70条第3項の規定により施設する支線**にあっては、1.5）以上であること。

三　支線により線を使用する場合は次によること。

イ　素線を3条以上より合わせたものであること。

ロ　素線は、直径が2mm以上、かつ、引張強さが0.69 $kN/mm^2$ 以上の金属線であること。

四　支線を木柱に施設する場合を除き、地中の部分及び地表上30cmまでの**地際**（じぎわ）**部分**には耐食性のあるもの又は亜鉛めっきを施した鉄棒を使用し、これを容易に腐食し難い**根かせ**に堅ろうに取り付けること。

五　支線の根かせは、支線の引張荷重に十分耐えるように施設すること。

**地際**とは、木柱等が地面と接する場所のことである。

2　道路を横断して施設する支線の高さは、路面上5m以上とすること。ただし、技術上やむを得ない場合で、かつ、交通に支障を及ぼすおそれがないときは4.5m以上、歩行の用にのみ供する部分においては2.5m以上とすることができる。

3　低圧又は高圧の架空電線路の支持物に施設する支線であって、電線と接触するおそれがあるものには、その上部に**がいし**を挿入すること。ただし、低圧架空電線路の支持物に施設する支線を水田その他の湿地以外の場所に施設する場合は、この限りでない。

4　架空電線路の支持物に施設する支線は、これと同等以上の効力のある**支柱**で代えることができる。

**プラスワン**

解釈第61条と第62条に規定されている各電線路の支持物の**支線の安全率**

①両側の径間の差が大きい箇所の支線
…**1.5以上**

②5度を超える水平角度をなす箇所の支線
…**1.5以上**

③全架渉線を引き留める箇所の支線
…**1.5以上**

※①～③以外の支線の安全率は、原則**2.5以上**

### (4) 架空電線路の支持物における支線の施設

高圧又は特別高圧の架空電線路の支持物のうち、木柱、A種鉄筋コンクリート柱、A種鉄柱の支線の施設方法について、解釈第62条で次のように定められています。

**解釈　第62条（架空電線路の支持物における支線の施設）**

【省令第32条第1項】

高圧又は特別高圧の架空電線路の支持物として使用する木柱、A種鉄筋コンクリート柱又はA種鉄柱には、次の各号により支線を施設すること。

一　電線路の水平角度が5度以下の箇所に施設される柱であって、当該柱の**両側の径間の差が大きい場合**は、その径間の差により生じる**不平均張力**による**水平力**に耐える支線を、電線路に平行な方向の両側に設けること。

二　電線路の水平角度が5度を超える箇所に施設される柱は、全架渉線につき各架渉線の想定最大張力により生じる**水平横分力**に耐える支線を設けること。

三　電線路の全架渉線を引き留める箇所に使用される柱は、全架渉線につき各架渉線の想定最大張力に等しい**不平均張力**による**水平力**に耐える支線を、**電線路の方向**に設けること。

■**解釈第62条によって支線を設ける箇所**

(解釈第61条第二号により、支線の安全率は1.5以上)

**①両側の径間の差が大きい箇所**

解釈第62条第一号の規定では、5度以下の水平角度を含む直線部分に施設される支持物の両側の径間の差が大きい場合は、両側径間の差によって生じる支持物の**不平均張力による水平力**に耐える支線を、**電線路に平行な方向の両側**に施設することとしています。

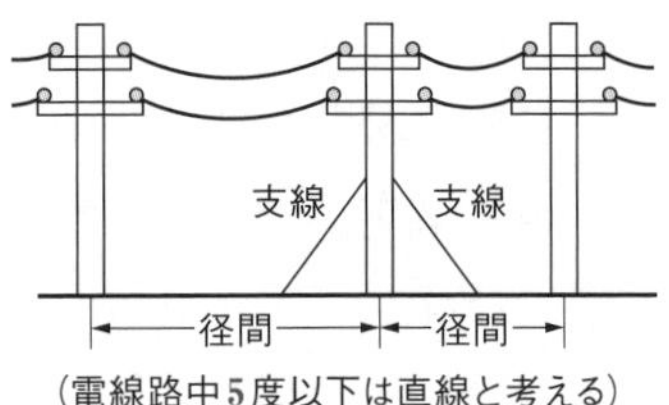


**図4.24**

**②5度を超える水平角度をなす箇所**

解釈第62条第二号の規定では、電線路の水平角度が5度を超える箇所では、その角度によって生じる両側の全架渉線の想定最大張力により生じる**水平横分力**によって柱を引き倒そうとする力に耐える支線を、電線路屈曲の外側に設けることを示しています。

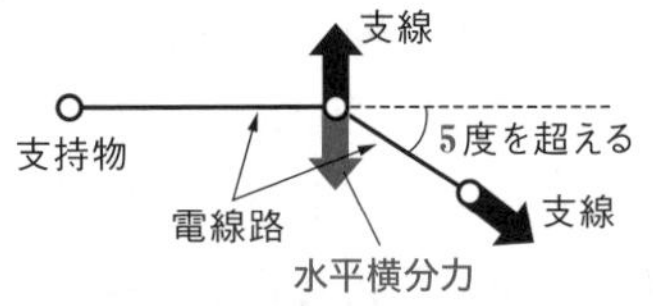


**図4.25　上から見た図**

**③全架渉線を引き留める箇所**

解釈第62条第三号の規定では、電線路の全架渉線を引き留める箇所の柱には、電線路の方向に支線を設けることとしています。

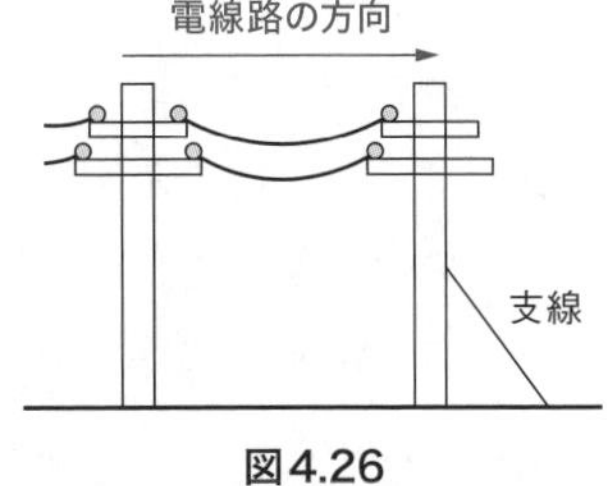


**図4.26**

### (5) 架空電線路の径間の制限

高圧又は特別高圧の架空電線路における最大径間の制限について、解釈第63条で次のように定められています。

**解釈　第63条（架空電線路の径間の制限）**【省令第６条、第32条第１項】

高圧又は特別高圧の架空電線路の径間は、63-1表によること。

63-1表

| 支持物の種類 | 使用電圧の区分 | 径間 | |
|---|---|---|---|
| | | 長径間工事以外の箇所 | 長径間工事箇所 |
| 木柱、A種鉄筋コンクリート柱又はA種鉄柱 | — | **150m以下** | 300m以下 |
| B種鉄筋コンクリート柱又はB種鉄柱 | — | **250m以下** | 500m以下 |
| 鉄塔 | 170000V未満 | **600m以下** | 制限無し |
| | 170000V以上 | **800m以下** | |

高圧・特別高圧の架空電線路の径間の数値を、しっかり覚えておきましょう。
**①木柱・A種鉄筋コンクリート柱・A種鉄柱**
……**150**〔m〕以下（長径間工事は300〔m〕以下）
**②B種鉄筋コンクリート柱・B種鉄柱**
……**250**〔m〕以下（長径間工事は500〔m〕以下）
**③鉄塔**
……**600**〔m〕以下（170000〔V〕以上は**800**〔m〕以下）
※低圧・高圧保安工事の径間の数値（解釈第70条）とは異なるので注意してください。

2　高圧架空電線路の径間が100mを超える場合は、その部分の電線路は、次の各号によること。

一　高圧架空電線は、引張強さ8.01kN以上のもの又は直径5mm以上の硬銅線であること。

二　木柱の風圧荷重に対する安全率は、2.0以上であること。

3　長径間工事は、次の各号によること。

一　高圧架空電線は、引張強さ8.71kN以上のもの又は断面積22mm$^2$以上の硬銅より線であること。

用語 

**長径間工事**とは、山越えや谷越えなどで、電線路の径間を長くとらなければならない工事のこと。

二　特別高圧架空電線は、引張強さ21.67kN以上のより線又は断面積55mm²以上の硬銅より線であること。
〈以下省略〉

## ②　風圧荷重に関する計算　重要度A

支持物の強度計算に適用する風圧荷重には、甲種風圧荷重、乙種風圧荷重、丙種風圧荷重の3種類があり、それぞれ風圧荷重の大きさ、適用区分が異なります。

計算問題を解く上では、それらの違いをしっかり理解しましょう。

### (1) 風圧荷重の大きさ

風圧荷重の大きさは、電線(多導体以外のもの)の垂直投影面積1〔m²〕当たりの風圧で求められます。3種類の荷重の風圧は次のとおりです。

補足
1〔Pa〕は、1〔m²〕の面に1〔N〕の力が加わったときの圧力になる。

**①甲種風圧荷重**……風圧**980**〔Pa〕(〔Pa〕=〔N/m²〕)

例えば、直径15〔mm〕の電線の長さ1〔m〕当たりの垂直投影面積は、図4.27の斜線部分の面積となります。垂直投影面積$S_A$(斜線の面積)〔m²〕は、15〔mm〕$=15\times10^{-3}$〔m〕なので、次のようになります。

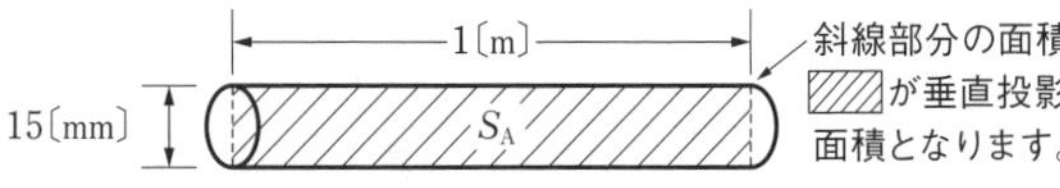


**図4.27　電線の単位長当たりの垂直投影面積**

プラスワン
980〔Pa〕× 0.015〔m²〕
= 14.7〔Pa・m²〕
= 14.7〔N/m²〕×〔m²〕
= 14.7〔N〕
となり、風圧荷重の単位は〔N〕になる。

$S_A=15\times10^{-3}\times1=0.015$〔m²〕

上式より、甲種風圧荷重$F_A$〔N〕は次式で表されます。

$F_A=980\times S_A=980\times0.015=14.7$〔N〕

**②乙種風圧荷重**……風圧**490**〔Pa〕(甲種風圧荷重の**0.5**倍)

(電線に厚さ6〔mm〕、比重0.9の氷雪が付着した状態)

例えば、直径15〔mm〕の電線の長さ1〔m〕当たりの乙種風圧荷重は、6〔mm〕の氷雪が付着した状態を想定することから、

図4.28のような垂直投影面積になります。

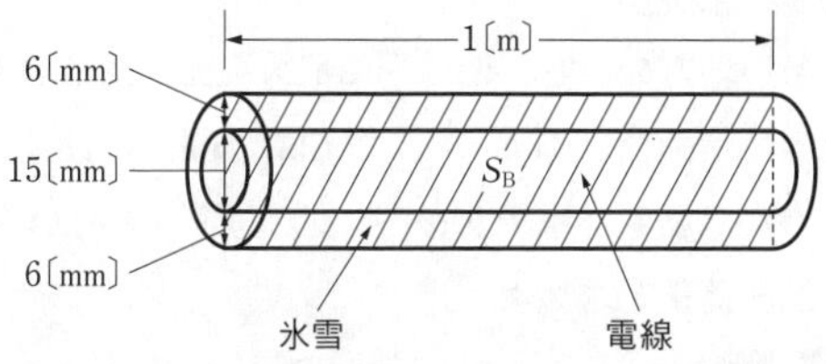


**図4.28　厚さ6mmの氷雪が付着したときの電線の垂直投影面積**



この場合の垂直投影面積$S_B$〔m²〕（斜線の面積）は、次のようになります。

$S_B = (6 + 15 + 6) \times 10^{-3} \times 1 = 0.027$〔m²〕

上式より、乙種風圧荷重$F_B$〔N〕は次式で表されます。

$F_B = 490 \times S_B = 490 \times 0.027 = 13.23$〔N〕

**③丙種風圧荷重**……風圧**490**〔Pa〕（甲種風圧荷重の**0.5**倍）

図4.27のように、直径15〔mm〕の電線の長さ1〔m〕当たりの垂直投影面積が$S_A = 0.015$〔m²〕であるとすると、丙種風圧荷重$F_C$〔N〕は次式で表されます。

$F_C = 490 \times S_A = 490 \times 0.015 = 7.35$〔N〕

### (2) 風圧荷重の適用

解釈第58条（架空電線路の強度検討に用いる荷重）で規定されている風圧荷重の適用区分は、次のとおりです。

**表4.4　風圧荷重の適用区分**（解釈第58条 58-2表より）

| 季節 | 地方 | | 適用する風圧荷重 |
|---|---|---|---|
| 高温季 | 全ての地方 | | 甲種風圧荷重 |
| 低温季 | 氷雪の多い地方 | 海岸地その他の低温季に最大風圧を生じる地方 | 甲種風圧荷重又は乙種風圧荷重のいずれか大きいもの |
| | | 上記以外の地方 | 乙種風圧荷重 |
| | 氷雪の多い地方以外の地方 | | 丙種風圧荷重 |

電験三種試験によく出題されるポイントは次の2点です。
①高温季は、すべての地方で甲種風圧荷重
②氷雪の多い（最大風圧を生じる）地方の低温季は、甲種か乙種のいずれか大きい風圧荷重

## 例題にチャレンジ！

**氷雪の多い地方のうち、低温季に最大風圧を生じる地方において、電線に断面積38〔$mm^2$〕（7本/2.6〔mm〕）の硬銅より線を使用する特別高圧架空電線がある。低温季に1〔m〕当たり電線に加わる風圧荷重を求めよ。**

・解答と解説・

題意より、風圧荷重の適用区分は「氷雪の多い地方」のうち「低温季に最大風圧を生じる地方」で「低温季」であるので、甲種風圧荷重と乙種風圧荷重の計算結果から、いずれか大きい値が解答となる。

**●甲種風圧荷重$F_A$〔N〕の算出**

電線38〔$mm^2$〕（7本/2.6〔mm〕）を断面について考えると、図1のようになる。

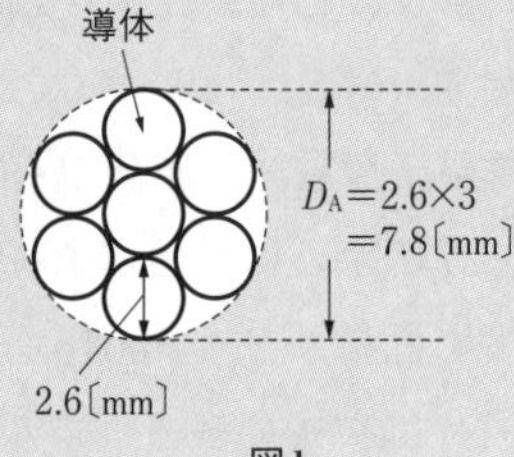

図1

したがって、硬銅より線の直径$D_A$〔mm〕は、

$D_A = 2.6 \times 3 = 7.8$〔mm〕

このときの垂直投影面積$S_A$〔$m^2$〕は、

$S_A = D_A \times 10^{-3} \times 1 = 7.8 \times 10^{-3} \times 1 = 7.8 \times 10^{-3}$〔$m^2$〕…①

式①より、甲種風圧荷重$F_A$〔N〕は、

$F_A = 980 \times S_A = 980 \times 7.8 \times 10^{-3} \fallingdotseq 7.64$〔N〕…②

**●乙種風圧荷重$F_B$〔N〕の算出**

外径に6〔mm〕の氷雪が付着した状態の断面を考えると、図2のようになる。

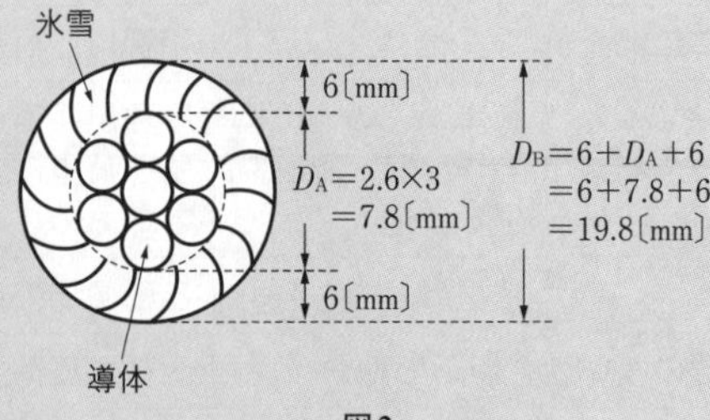

図2

**プラスワン**

電線の直径の単位は〔mm〕である。計算上は〔m〕の単位に換算する必要がある。つまり、7.8〔mm〕を$7.8 \times 10^{-3}$〔m〕に換算するのがポイントになる。

したがって、氷雪が付着した電線の直径$D_B$〔mm〕は、

$$D_B = (6 + 7.8 + 6) = 19.8\text{〔mm〕}$$

となる。このときの垂直投影面積$S_B$〔$m^2$〕は、

$$S_B = D_B \times 10^{-3} \times 1 = 19.8 \times 10^{-3} \times 1$$

$$= 19.8 \times 10^{-3}\text{〔m}^2\text{〕} \cdots ③$$

式③より、乙種風圧荷重$F_B$〔N〕は、

$$F_B = 490 \times S_B = 490 \times 19.8 \times 10^{-3} \fallingdotseq 9.70\text{〔N〕} \cdots ④$$

以上のことから、$F_B > F_A$であるので、適用する風圧荷重は乙種風圧荷重の**9.70〔N〕**（答）となる。

## ③ 支線の強度計算　重要度A

解釈第61条で学んだように、電柱では、架空電線による張力を支えるために、鋼製の**支線**を施設することがあります。

ここでは、支線の強度計算を学習します。

### (1) 一般式

図4.29のような支線の張力$T$を求めます。いま、電線の水平張力$P$〔N〕を支線張力$T$で支える場合、支線と支持物のなす角度を$\theta$とすれば、

$$P = T\sin\theta$$

$$\therefore T = \frac{P}{\sin\theta}\text{〔N〕}$$

となります。

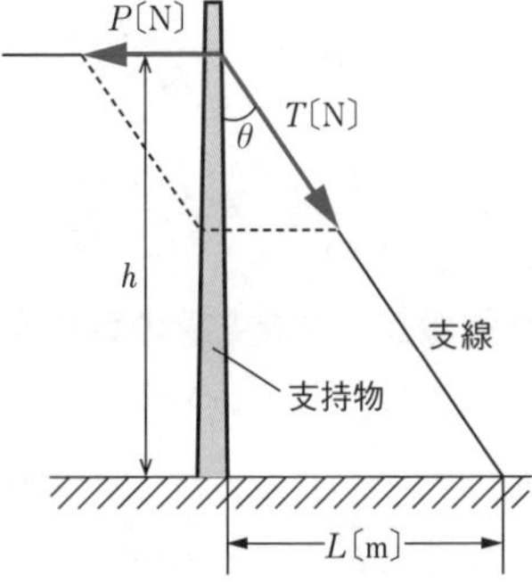


**図4.29　支線の強度計算**

$\sin\theta = \dfrac{L}{\sqrt{h^2 + L^2}}$であるから、これを上式に代入して、

$$T = \frac{P}{\sin\theta} = \frac{P\sqrt{h^2 + L^2}}{L}\text{〔N〕}$$

となります。

**プラスワン**

支線の強度計算時、支線が切れないように安全率を考慮した計算が出題される。

このとき、安全率$f$(1以上)は掛けるのか、割るのか。張力に限らず、理論値（許容引張荷重）を$T$、安全率を考慮した設計値（引張荷重）を$T_0$とすれば、当然$T_0 = fT$となる。

したがって、$T = \dfrac{T_0}{f}$

となる。要するに、$T_0$を求めるときには$f$を掛け、$T$を求めるときには$f$で割ることになる。

支線の安全率$f$は、次式で定義される。

$$f = \frac{T_0}{T}$$

$T_0$：引張荷重〔N〕

$T$：許容引張荷重〔N〕

### (2) 取付点が異なる場合

#### ①電線が1本で支線の取付点が異なる場合

この場合は、水平張力$P$とその高さ$h$との積$Ph$と、支線張力$T$の水平分力$T\sin\theta$と、その取付点の高さ$H$との積$TH\sin\theta$が等しくなります。すなわち、

$$Ph = TH\sin\theta$$

$$\therefore T = \frac{Ph}{H\sin\theta}$$

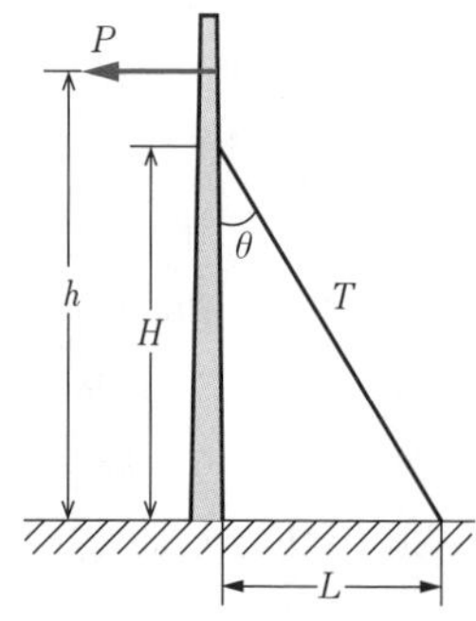


**図4.30　電線が1本の場合**

解釈第61条で、支線がより線の場合は、素線を3本以上より合わせたものと規定されています。この素線の本数のことを「条数」といいます。

素線の条数を$n$、素線1条当たりの引張強さを$t$〔N〕、支線の許容引張荷重を$T$〔N〕、引張荷重を$T_0$〔N〕、支線の安全率を$f$とすれば、条数$n$は次式で表されます。

$$n \geqq \frac{fT}{t} = \frac{T_0}{t}\text{〔本〕}$$

ここで、$\sin\theta = \dfrac{L}{\sqrt{H^2+L^2}}$であるから、これを上式に代入して、

$$T = \frac{Ph}{H\sin\theta} = \frac{Ph\sqrt{H^2+L^2}}{HL}\text{〔N〕}$$

#### ②電線が2本で支線の取付点が異なる場合

この場合は、水平張力$P_1$、$P_2$と、その高さ$h_1$、$h_2$との積の和$P_1h_1+P_2h_2$と、支線張力$T$の水平分力$T\sin\theta$と、その取付点の高さ$H$との積$TH\sin\theta$が等しくなります。

$$P_1h_1 + P_2h_2 = TH\sin\theta$$

$$\therefore T = \frac{P_1h_1 + P_2h_2}{H\sin\theta}$$

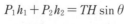

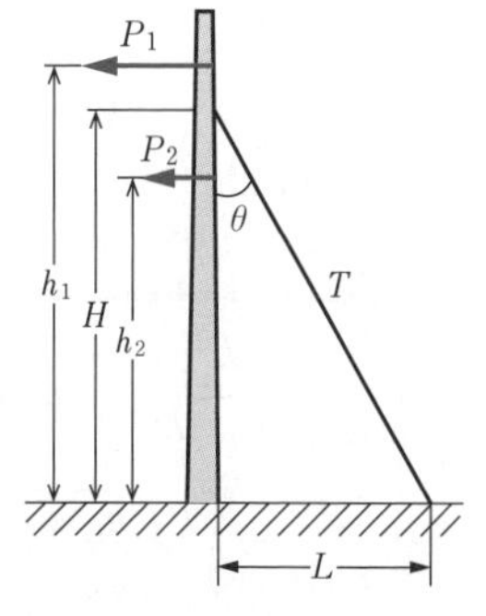


**図4.31　電線が2本の場合**

---

**プラスワン**

**$n \geqq \dfrac{fT}{t}$〔本〕の導出**

$T_0 = fT = nt$〔N〕

より、

$n = \dfrac{fT}{t}$〔本〕

支線の素線必要条数$n$は強度不足とならないような整数であるため、次式となる。

$n \geqq \dfrac{fT}{t}$〔本〕

ただし、$t$は、材質により定まる単位面積〔m²〕当たりの引張強さを$t_0$〔N/m²〕、素線の直径を$d$〔m〕、断面積を$S$〔m²〕とすれば、

$t = t_0 \times S$

$= t_0 \times \dfrac{\pi d^2}{4}$〔N〕

(a) 1条の張力

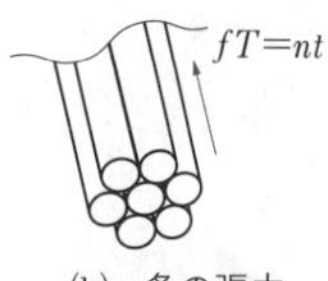


(b) $n$条の張力

安全率を考慮した支線の張力(参考)

ここで、$\sin\theta = \dfrac{L}{\sqrt{H^2+L^2}}$であるから、これを上式に代入して、

$$T = \frac{P_1 h_1 + P_2 h_2}{H\sin\theta} = \frac{(P_1 h_1 + P_2 h_2)\sqrt{H^2+L^2}}{HL}\ 〔\mathrm{N}〕$$

## 例題にチャレンジ！

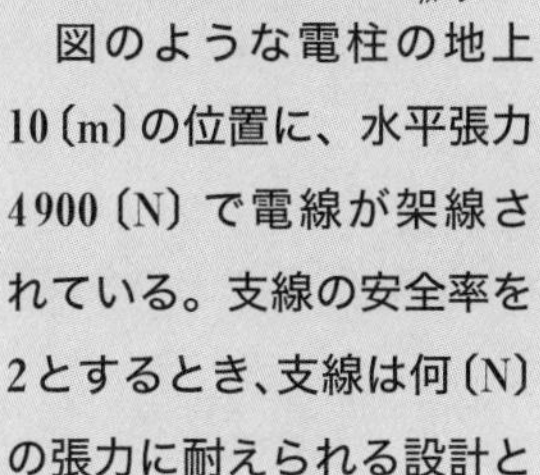

**図のような電柱の地上10〔m〕の位置に、水平張力4900〔N〕で電線が架線されている。支線の安全率を2とするとき、支線は何〔N〕の張力に耐えられる設計とする必要があるか。**

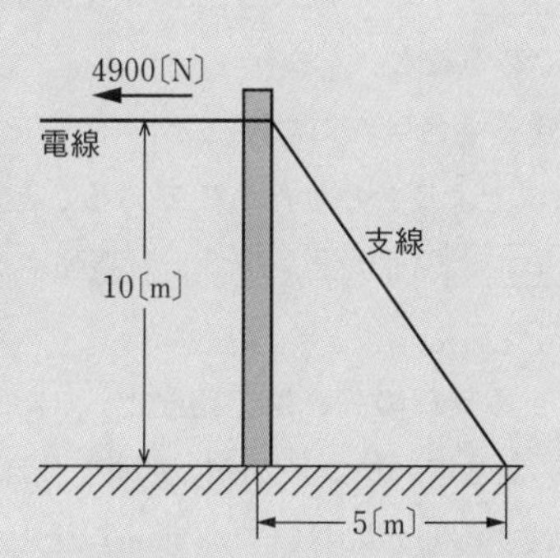


**・解答と解説・**

電線の水平張力$P$と支線の許容引張荷重$T$の水平分力$T\sin\theta$が等しいので、

$$P = T\sin\theta$$

$$\therefore T = \frac{P}{\sin\theta}\ 〔\mathrm{N}〕$$

支線の安全率を2とすると、使用する支線の耐え得る張力(引張荷重)$T_0$は、

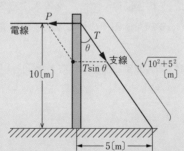

$$T_0 = 2T = \frac{2P}{\sin\theta}$$

ここで、$\sin\theta = \dfrac{5}{\sqrt{10^2+5^2}} = \dfrac{5}{\sqrt{125}} = \dfrac{5}{5\sqrt{5}} = \dfrac{1}{\sqrt{5}}$

$$\therefore T_0 = \frac{2P}{\sin\theta} = \frac{2\times4900}{\frac{1}{\sqrt{5}}} = 9800\sqrt{5}$$

$\fallingdotseq$ **21913〔N〕**(答)

## 理解度チェック問題

**問題　次の文章は、電気設備技術基準の解釈に関する記述の一部である。次の□の中に適当な答えを記入せよ。**

架空電線路の支持物において、この解釈の規定により施設する支線は、次の各号によること。

1.　支線の安全率は、□(ア)□(第62条及び第70条第3項の規定により施設する支線にあっては、1.5)以上であること。

2.　支線により線を使用する場合は次によること。

イ　素線を□(イ)□条以上より合わせたものであること。

ロ　素線は、直径が□(ウ)□mm以上、かつ、引張強さが0.69kN/mm$^2$以上の金属線であること。

3.　道路を横断して施設する支線の高さは、路面上□(エ)□m以上とすること。ただし、技術上やむを得ない場合で、かつ、交通に支障を及ぼすおそれがないときは4.5m以上、歩行の用にのみ供する部分においては2.5m以上とすることができる。

4.　低圧又は高圧の架空電線路の支持物に施設する支線であって、電線と接触するおそれがあるものには、その上部に□(オ)□を挿入すること。ただし、低圧架空電線路の支持物に施設する支線を水田その他の湿地以外の場所に施設する場合は、この限りでない。

5.　架空電線路の支持物に施設する支線は、これと同等以上の効力のある□(カ)□で代えることができる。

**解答**

(ア)2.5　(イ)3　(ウ)2　(エ)5　(オ)がいし　(カ)支柱

**解説**　解釈第61条からの出題である。

LESSON 27

# 電線路③ 第64条～第82条

併架と共架の違いをよく理解しましょう。電線の弛度（たるみ）と実長の計算は、電験三種試験の電力でも出題されます。

関連過去問 059, 060

T
D
電線
T
支持物
S
Dを電線の弛度（たるみ）といいます。弛度を大きくするほど、電線の安全率が大きくなりますが、弛度があまり大きいと事故の確率も高くなります。




## 1 低圧及び高圧の架空電線路　重要度A

### (1) 低高圧架空電線の引張強さに対する安全率

架空電線は季節の寒暖によって伸びたり縮んだりします。このため、断線しないよう安全率を考慮した適切な弛度（たるみ）をもって架設されます。これらについて解釈第66条では、次のように定められています。

本LESSONの範囲内であって重要度が高い条文のみ取り上げています。

**解釈　第66条（低高圧架空電線の引張強さに対する安全率）**

【省令第6条】

高圧架空電線は、ケーブルである場合を除き、次の各号に規定する荷重が加わる場合における引張強さに対する安全率が、66-1表に規定する値以上となるような弛度により施設すること。

一　荷重は、電線を施設する地方の平均温度及び最低温度において計算すること。

二　荷重は、次に掲げるものの合成荷重であること。

　イ　電線の重量

　ロ　次により計算した風圧荷重

　（イ）電線路に直角な方向に加わるものとすること。

　（ロ）平均温度において計算する場合は高温季の風圧荷

重とし、最低温度において計算する場合は低温季の風圧荷重とすること。

八　乙種風圧荷重を適用する場合にあっては、被氷荷重

66-1表

| 電線の種類 | 安全率 |
|---|---|
| 硬銅線又は耐熱銅合金線 | 2.2 |
| その他 | 2.5 |

2　低圧架空電線が次の各号のいずれかに該当する場合は、前項の規定に準じて施設すること。

一　使用電圧が300Vを超える場合

二　多心型電線である場合

**被氷荷重**とは、氷雪の多い地方において、架渉線に付着した氷雪の重量をいう。

電線の弛度と実長は、次式で表されます。

**重要公式** 弛度 $D$

$$D=\frac{WS^2}{8T}\ \text{〔m〕} \qquad (1)$$

**補足**

**$D$の単位の確認**

$$\frac{\frac{\mathrm{N}}{\mathrm{m}}\times \mathrm{m}^2}{\mathrm{N}}=\mathrm{m}$$

**重要公式** 実長 $L$

$$L=S+\frac{8D^2}{3S}\ \text{〔m〕} \qquad (2)$$

**プラスワン**

図4.32と式(1)と(2)は、電線支持点に高低差がないことが前提になる。

$W$〔N/m〕：電線1m当たりの荷重（電線の自重と風圧荷重を合成したもの（ベクトル和））

$S$〔m〕：径間

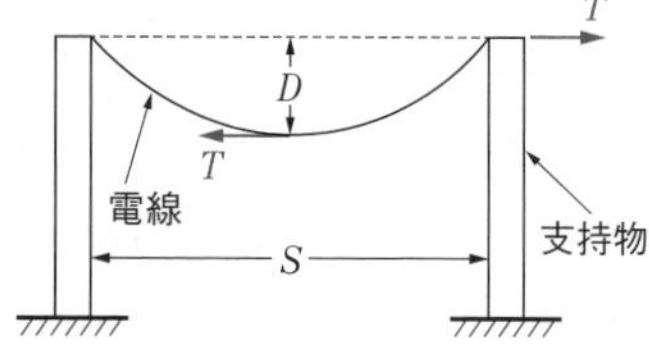


図4.32　電線の弛度と実長

$T$〔N〕：電線の水平張力（許容引張荷重）

**重要公式** 電線の水平張力（許容引張荷重）

$$T=\frac{T_0}{f}\ \text{〔N〕} \qquad (3)$$

ただし、$T_0$：電線の引張強さ　$f$：安全率

### 例題にチャレンジ！

架空電線路において、径間$S = 200$〔m〕の箇所に硬銅より線を仮設しようとする。電線の引張強さが$T_0 = 90$〔kN〕、電線の重量と水平風圧との合成荷重が30〔N/m〕であるとすれば、電線の許容引張荷重$T$〔kN〕および電線の弛度$D$はいくらになるか。

ただし、安全率$f$は、「電気設備技術基準の解釈」において定められた値をとるものとする。

**・解答と解説・**

硬銅線の安全率$f$は2.2以上であるので、電線の許容引張荷重$T$は、

$$T = \frac{\text{電線の引張強さ}\ T_0}{\text{安全率}\ f} = \frac{90 \times 10^3}{2.2} \fallingdotseq 40910\text{〔N〕}$$

→ **40.9**〔kN〕(答)

また、求める弛度$D$は、

$$D = \frac{WS^2}{8T} = \frac{30 \times 200^2}{8 \times 40910} \fallingdotseq \mathbf{3.67}\text{〔m〕(答)}$$

**解法のヒント**

「安全率2.2以上」とは、張力約41〔kN〕がかかる場所に、その2.2倍の90〔kN〕まで耐えられる電線を使用することである。

電線は弛度$D$を大きくするほど、それにかかる張力（許容引張荷重）$T$が減じ、電線の引張強さ$T_0$（固定値）に対する安全率$f$も大きくなります。
しかし、いたずらに弛度$D$を大きくとることは、電線の地表上の高さに制限があるので、支持物の高さを不要に大きくし、単に不経済なばかりでなく、風による横ぶれに起因する事故や氷雪による垂れ下がり、跳ね上がりなどによる事故の確率が増すことになります。

### (2) 架空電線の高さ

低圧及び高圧の架空電線路は、一般住宅などの近くに施設されることが多いので、接触による感電事故や断線に伴う交通障害などを最小限に抑えるため、解釈第68条では、次のように、場所ごとに架空電線の高さを規定しています。

**解釈　第68条（低高圧架空電線の高さ）**【省令第25条第１項】

低圧架空電線又は高圧架空電線の高さは、68-1表に規定する値以上であること。

68-1表

| 区分 | | 高さ |
|---|---|---|
| 道路（車両の往来がまれであるもの及び歩行の用にのみ供される部分を除く。）を横断する場合 | | 路面上**6**m |
| 鉄道又は軌道を横断する場合 | | レール面上**5.5**m |
| 低圧架空電線を横断歩道橋の上に施設する場合 | | 横断歩道橋の路面上**3**m |
| 高圧架空電線を横断歩道橋の上に施設する場合 | | 横断歩道橋の路面上**3.5**m |
| 上記以外 | 屋外照明用であって、絶縁電線又はケーブルを使用した対地電圧150V以下のものを交通に支障のないように施設する場合 | 地表上4m |
| | 低圧架空電線を道路以外の場所に施設する場合 | 地表上4m |
| | その他の場合 | 地表上5m |

2　低圧架空電線又は高圧架空電線を水面上に施設する場合は、電線の水面上の高さを船舶の航行等に危険を及ぼさないように保持すること。

3　高圧架空電線を氷雪の多い地方に施設する場合は、電線の積雪上の高さを人又は車両の通行等に危険を及ぼさないように保持すること。

68-1表の数値は、電験三種試験によく出題されるので、要約した下の表を覚えましょう。

| 架空電線の施設場所 | 低圧架空電線の高さ | 高圧架空電線の高さ |
|---|---|---|
| 道路横断（路面上） | **6**〔m〕以上 | |
| 鉄道・軌道横断（レール面上） | **5.5**〔m〕以上 | |
| 横断歩道橋（路面上） | **3**〔m〕以上 | **3.5**〔m〕以上 |

### (3) 低圧保安工事及び高圧保安工事

保安工事は、他の工作物と接近又は交差する場合に、電線の太さ、木柱の風圧荷重に対する安全率、径間などについて、一般の工事よりも強化すべき工事のことで、低圧保安工事と高圧保安工事に区分されています。これらについて、解釈第70条では、次のように定められています。

**解釈 第70条（低圧保安工事、高圧保安工事及び連鎖倒壊防止）**【省令第6条、第32条第1項、第2項】

低圧架空電線路の電線の断線、支持物の倒壊等による危険を防止するため必要な場合に行う、低圧保安工事は、次の各号によること。

一 電線は、次のいずれかによること。

イ ケーブルを使用し、第67条の規定により施設すること。

ロ 引張強さ8.01kN以上のもの又は直径5mm以上の硬銅線（使用電圧が300V以下の場合は、引張強さ5.26kN以上のもの又は直径4mm以上の硬銅線）を使用し、第66条第1項の規定に準じて施設すること。

二 木柱は、次によること。

イ 風圧荷重に対する安全率は、2.0以上であること。

ロ 木柱の太さは、末口で直径12cm以上であること。

三 径間は、70-1表によること。

70-1表

| 支持物の種類 | 径間 | | |
|---|---|---|---|
| | 第63条第3項に規定する、高圧架空電線路における長径間工事に準じて施設する場合 | 電線に引張強さ8.71kN以上のもの又は断面積22mm²以上の硬銅より線を使用する場合 | その他の場合 |
| 木柱、A種鉄筋コンクリート柱又はA種鉄柱 | 300m以下 | 150m以下 | 100m以下 |
| B種鉄筋コンクリート柱又はB種鉄柱 | 500m以下 | 250m以下 | 150m以下 |
| 鉄塔 | 制限無し | 600m以下 | 400m以下 |

用語

**低圧保安工事**
低圧架空電線が高圧架空電線や交流電車線等と接近・交差する場合、電線の断線や支持物の倒壊などによる接触事故が発生する危険があるので、これを防止するために行う強化工事のこと。

**高圧保安工事**
高圧架空電線が建物、道路、横断歩道橋、鉄道、架空弱電流電線などの工作物と接近・交差する場合、危険性が高いことから一般の工事方法よりも強化して保安を確保する工事のこと。

2　高圧架空電線路の電線の断線、支持物の倒壊等による危険を防止するため必要な場合に行う、高圧保安工事は、次の各号によること。

一　電線はケーブルである場合を除き、引張強さ**8.01kN**以上のもの又は直径5mm以上の**硬銅線**であること。

二　木柱の**風圧**荷重に対する安全率は、**2.0**以上であること。

三　径間は、70-2表によること。ただし、電線に引張強さ14.51kN以上のもの又は断面積38mm$^2$以上の硬銅より線を使用する場合であって、支持物にB種鉄筋コンクリート柱、B種鉄柱又は鉄塔を使用するときは、この限りでない。

70-2表

| 支持物の種類 | 径間 |
|---|---|
| 木柱、A種鉄筋コンクリート柱又はA種鉄柱 | **100m以下** |
| B種鉄筋コンクリート柱又はB種鉄柱 | **150m以下** |
| 鉄塔 | **400m以下** |

3　低圧又は高圧架空電線路の支持物で直線路が連続している箇所において、連鎖的に倒壊するおそれがある場合は、必要に応じ、16基以下ごとに、支線を電線路に平行な方向にその両側に設け、また、5基以下ごとに支線を電線路と直角の方向にその両側に設けること。ただし、技術上困難であるときは、この限りでない。

**補足**

解釈第70条第3項の規定により施設する支線の安全率は、解釈第61条第二号の規定により、**1.5**以上である。

低圧・高圧保安工事の径間については、次の数値だけ覚えておきましょう。

◎**100**〔m〕以下
（木柱、A種鉄筋コンクリート柱又はA種鉄柱）

◎**150**〔m〕以下
（B種鉄筋コンクリート柱又はB種鉄柱）

◎**400**〔m〕以下
（鉄塔）

### (4) 低高圧架空電線との接近又は交差

解釈第71条～79条において、建造物、道路等、索道(さくどう)、他の低高圧架空電線路、電車線等、架空弱電流電線等、アンテナ、他の工作物、植物等が低高圧架空電線路と接近又は交差する場合、他の建造物等への損傷や接触、断線による火災のおそれがないように施設する方法を示しています。

以下、重要な施設方法についてまとめます。

①高圧架空電線路は、原則として**高圧保安工事**により施設すること。

②高圧架空電線と低圧架空電線のそれぞれの離隔距離は規定する値以上であること。

③高圧架空電線と低圧架空電線とが交差する場合は、原則として高圧架空電線を**上**に施設すること。

④低・高圧架空電線と架空弱電流電線等とを交差して施設する場合は、原則として低・高圧架空電線を**上**に施設すること。

**用語**

**索道**とは、空中に架け渡した索条(ワイヤーロープ)にゴンドラなどを吊るして旅客・貨物を運送する施設。

**+1 プラスワン**

高圧と低圧では、高いほうを上にする。高圧は危険度が大きいため高い場所に張られている。

### (5) 併架と共架

低圧架空電線と高圧架空電線とを同一の支持物に施設することを**併架**(へいが)といいます。

また、低圧架空電線又は高圧架空電線と架空弱電流電線等とを同一の支持物に施設することを**共架**(きょうが)といいます。

これらの施設方法について、解釈第80条、第81条では次のように定められています。

**+1 プラスワン**

併架と共架の違いは、施設する物の違いである。架空弱電流電線等を施設するのが共架。

**解釈 第80条(低高圧架空電線等の併架)**【省令第28条】

〈要点抜粋〉

低圧架空電線と高圧架空電線とを同一支持物に施設する場合は、次の各号のいずれかによること。

一 次により施設すること。

イ 低圧架空電線を高圧架空電線の**下**に施設すること。

ロ 低圧架空電線と高圧架空電線は、**別個の腕金類**(うでがね)に施設すること。

ハ 低圧架空電線と高圧架空電線との離隔距離は、0.5m



第4章 電気設備技術基準の解釈

以上であること。ただし、かど柱、分岐柱等で混触のおそれがないように施設する場合は、この限りでない。

二　高圧架空電線にケーブルを使用するとともに、高圧架空電線と低圧架空電線との離隔距離を0.3m以上とすること。

**解釈　第81条（低高圧架空電線と架空弱電流電線等との共架）**【省令第28条】〈要点抜粋〉

低圧架空電線又は高圧架空電線と架空弱電流電線等とを同一支持物に施設する場合は、次の各号により施設すること。ただし、架空弱電流電線等が電力保安通信線である場合は、この限りでない。

一　電線路の支持物として使用する木柱の風圧荷重に対する安全率は、2.0以上であること。（関連省令第32条第1項）

二　架空電線を架空弱電流電線等の**上**とし、**別個の腕金類**に施設すること。ただし、架空弱電流電線路等の管理者の承諾を得た場合において、低圧架空電線に高圧絶縁電線、特別高圧絶縁電線又はケーブルを使用するときは、この限りでない。

三　架空電線と架空弱電流電線等との離隔距離は、81-1表〈省略〉に規定する値以上であること。ただし、架空電線路の管理者と架空弱電流電線路等の管理者が同じ者である場合において、当該架空電線に有線テレビジョン用給電兼用同軸ケーブルを使用するときは、この限りでない。

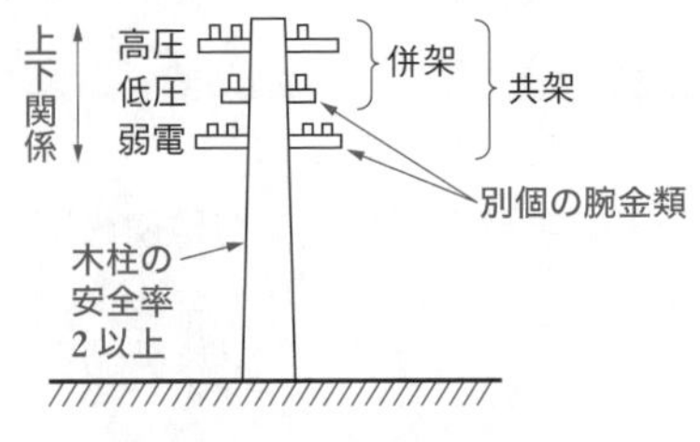


**図4.33　併架と共架**

## 理解度チェック問題

**問題　次の文章は、電気設備技術基準の解釈に関する記述の一部である。次の［　　］の中に適当な答えを記入せよ。**

1．低圧架空電線と高圧架空電線とを同一支持物に施設する場合は、次の各号のいずれかによること。

一　次により施設すること。

イ　低圧架空電線を高圧架空電線の［（ア）］に施設すること。

ロ　低圧架空電線と高圧架空電線は、［（イ）］に施設すること。

ハ　低圧架空電線と高圧架空電線との離隔距離は、［（ウ）］m以上であること。ただし、かど柱、分岐柱等で混触のおそれがないように施設する場合は、この限りでない。

二　高圧架空電線にケーブルを使用するとともに、高圧架空電線と低圧架空電線との離隔距離を［（エ）］m以上とすること。

2．低圧架空電線又は高圧架空電線と架空弱電流電線等とを同一支持物に施設する場合は、次の各号により施設すること。ただし、架空弱電流電線等が電力保安通信線である場合は、この限りでない。

一　電線路の支持物として使用する木柱の風圧荷重に対する安全率は、［（オ）］以上であること。

二　架空電線を架空弱電流電線等の［（カ）］とし、［（キ）］に施設すること。ただし、架空弱電流電線路等の管理者の承諾を得た場合において、低圧架空電線に高圧絶縁電線、特別高圧絶縁電線又はケーブルを使用するときは、この限りでない。

**解答**

（ア）下　（イ）別個の腕金類　（ウ）0.5　（エ）0.3　（オ）2.0
（カ）上　（キ）別個の腕金類

**解説**　解釈第80条（併架）、81条（共架）からの出題である。

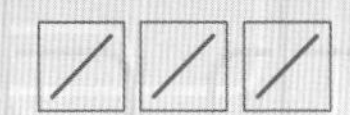

LESSON 28

# 電線路④ 第83条～第119条

低圧、高圧の屋側電線路、架空引込線等の施設について学びます。特別高圧は電験三種試験での出題頻度が低いので、割愛します。

関連過去問　061, 062

| | | |
|---|---|---|
| 道路（車道） | 技術上やむを得ず交通に支障がない | 路面上3m |
| | その他の場合 | 路面上5m |
| 鉄道・軌道を横断 | | レール面上5.5m |
| 横断歩道橋の上に施設 | | 路面上3m |

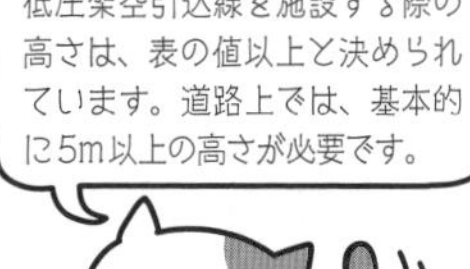

低圧架空引込線を施設する際の高さは、表の値以上と決められています。道路上では、基本的に5m以上の高さが必要です。

解釈第83条～第109条が、特別高圧に該当します。本LESSONは長い条文が続きますが、赤字部分は確実に覚えましょう。

**補足**

第1項第二号の「1構内等専用の電線路中、その構内等に施設する部分の全部又は一部」とは、次の図のような場合である。

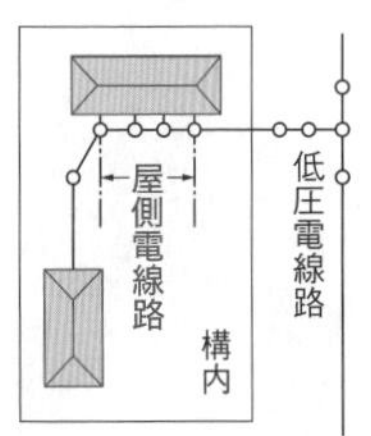


## 1 屋側電線路、架空引込線等　重要度 B

### (1) 屋側電線路の施設

低圧屋側電線路及び高圧屋側電線路の施設について、解釈第110条、第111条で、次のように定められています。

**解釈　第110条（低圧屋側電線路の施設）**【省令第20条、第28条、第29条、第30条、第37条】〈要点抜粋〉

低圧屋側電線路（低圧の引込線及び連接引込線の屋側部分を除く。以下この節において同じ。）は、次の各号のいずれかに該当する場合に限り、施設することができる。

一　1構内又は同一基礎構造物及びこれに構築された複数の建物並びに構造的に一体化した1つの建物（以下この条において「1構内等」という。）に施設する電線路の全部又は一部として施設する場合

二　1構内等専用の電線路中、その構内等に施設する部分の全部又は一部として施設する場合

2　低圧屋側電線路は、次の各号のいずれかにより施設すること。

一　**がいし引き工事**により、次に適合するように施設すること。

イ　**展開した場所**に施設し、**簡易接触防護措置**を施すこと。

ロ　第145条第1項の規定に準じて施設すること。

ハ　電線は、110-1表〈省略〉の左欄に掲げるもの〈引込用ビニル絶縁電線等〉であること。

ニ　電線の種類に応じ、電線相互の間隔、電線とその低圧屋側電線路を施設する造営材との離隔距離は、110-1表〈省略〉に規定する値以上とし、支持点間の距離は、110-1表〈省略〉に規定する値以下であること。

ホ　電線に、引込用ビニル絶縁電線又は引込用ポリエチレン絶縁電線を使用する場合は、次によること。

（イ）使用電圧は、300V以下であること。

（ロ）電線を損傷するおそれがないように施設すること。

（ハ）電線をバインド線によりがいしに取り付ける場合は、バインドするそれぞれの線心をがいしの異なる溝に入れ、かつ、異なるバインド線により線心相互及びバインド線相互が接触しないように堅ろうに施設すること。

（ニ）電線を接続する場合は、それぞれの線心の接続点は、5cm以上離れていること。

二　**合成樹脂管工事**により、第145条第2項及び第158条の規定に準じて施設すること。

三　**金属管工事**により、次に適合するように施設すること。

イ　木造以外の造営物に施設すること。

ロ　第159条の規定に準じて施設すること。

四　**バスダクト工事**により、次に適合するように施設すること。〈省略〉

五　**ケーブル工事**により、次に適合するように施設すること。〈省略〉

用語

**造営材**とは、壁、柱など、建物の構造材のこと。

用語 

**バインド線**とは、鉄線や銅線に絶縁のためのビニル被覆が施されている線のことで、電線をがいしに取り付ける場合などに使用される。

第4章

電気設備技術基準の解釈

**解釈　第111条（高圧屋側電線路の施設）**【省令第20条、第28条、第29条、第30条、第37条】〈要点抜粋〉

高圧屋側電線路（高圧引込線の屋側部分を除く。以下この節において同じ。）は、次の各号のいずれかに該当する場合に限り、施設することができる。

一　1構内又は同一基礎構造物及びこれに構築された複数の建物並びに構造的に一体化した1つの建物（以下この条において「1構内等」という。）に施設する電線路の全部又は一部として施設する場合

二　1構内等専用の電線路中、その構内等に施設する部分の全部又は一部として施設する場合

三　屋外に施設された複数の電線路から送受電するように施設する場合

2　高圧屋側電線路は、次の各号により施設すること。

一　**展開した場所**に施設すること。

二　第145条第2項の規定に準じて施設すること。

三　電線は、**ケーブル**であること。

四　ケーブルには、**接触防護措置**を施すこと。

五　ケーブルを造営材の側面又は下面に沿って取り付ける場合は、ケーブルの支持点間の距離を2m（垂直に取り付ける場合は、6m）以下とし、かつ、その被覆を損傷しないように取り付けること。

六　ケーブルをちょう架用線にちょう架して施設する場合は、第67条（第一号ホを除く。）の規定に準じて施設するとともに、電線が高圧屋側電線路を施設する造営材に接触しないように施設すること。

七　管その他のケーブルを収める防護装置の金属製部分、金属製の電線接続箱及びケーブルの被覆に使用する金属体には、これらのものの防食措置を施した部分及び大地との間の電気抵抗値が10Ω以下である部分を除き、A種接地工事（接触防護措置を施す場合は、D種接地工事）を施すこと。（関連省令第10条、第11条）

**ちょう架用線**とは、絶縁電線に張力がかからないよう支持し、吊り下げるための裸導体。

### (2) 低圧架空引込線等の施設

低圧架空引込線は、引込先に至るまでに屋根のひさしや電話線などが入り組んだ比較的狭い空間に施設されることが多いため、その施設に際しては入念に行う必要があります。これについて、解釈第116条では、次のように定められています。

**解釈　第116条（低圧架空引込線等の施設）**【省令第6条、第20条、第21条第1項、第25条第1項、第28条、第29条、第37条】

低圧架空引込線は、次の各号により施設すること。

一　電線は、**絶縁電線又はケーブル**であること。

二　電線は、**ケーブル**である場合を除き、引張強さ2.30kN以上のもの又は直径2.6mm以上の**硬銅線**であること。ただし、径間が15m以下の場合に限り、引張強さ1.38kN以上のもの又は直径2mm以上の**硬銅線**を使用することができる。

三　電線が屋外用ビニル絶縁電線である場合は、人が通る場所から**手を伸ばしても**触れることのない範囲に施設すること。

四　電線が屋外用ビニル絶縁電線以外の絶縁電線である場合は、人が通る場所から**容易に**触れることのない範囲に施設すること。

五　電線がケーブルである場合は、第67条（第五号を除く。）の規定に準じて施設すること。ただし、ケーブルの長さが1m以下の場合は、この限りでない。

六　電線の高さは、116-1表に規定する値以上であること。

**プラスワン**

三号の屋外用ビニル絶縁電線は、四号の屋外用ビニル絶縁電線以外の絶縁電線（引込用ビニル絶縁電線等）に比べ、絶縁性能が劣る。

116-1表

| 区分 | | 高さ |
|---|---|---|
| 道路（歩行の用にのみ供される部分を除く。）を横断する場合 | 技術上やむを得ない場合において交通に支障のないとき | 路面上　3m |
| | その他の場合 | 路面上　5m |
| 鉄道又は軌道を横断する場合 | | レール面上　5.5m |
| 横断歩道橋の上に施設する場合 | | 横断歩道橋の路面上　3m |
| 上記以外の場合 | 技術上やむを得ない場合において交通に支障のないとき | 地表上　2.5m |
| | その他の場合 | 地表上　4m |

七　電線が、工作物又は植物と接近又は交差する場合は、低圧架空電線に係る第71条から第79条までの規定に準じて施設すること。ただし、電線と低圧架空引込線を直接引き込んだ造営物との離隔距離は、危険のおそれがない場合に限り、第71条第1項第二号及び第78条第1項の規定によらないことができる。

八　電線が、低圧架空引込線を直接引き込んだ造営物以外の工作物（道路、横断歩道橋、鉄道、軌道、索道、電車線及び架空電線を除く。以下この項において「他の工作物」という。）と接近又は交差する場合において、技術上やむを得ない場合は、第七号において準用する第71条から第78条（第71条第3項及び第78条第4項を除く。）の規定によらず、次により施設することができる。

イ　電線と他の工作物との離隔距離は、116-2表に規定する値以上であること。ただし、低圧架空引込線の需要場所の取付け点付近に限り、日本電気技術規格委員会規格 JESC E2005（2002）「低圧引込線と他物との離隔距離の特例」の「2．技術的規定」による場合は、同表によらないことができる。

**用語**

**造営物**とは、土地に定着し、屋根・柱・壁を有するもののこと。

**補足**

第71、72、73、75、77、78条は、次の事項に関する規定である。
第71条：低高圧架空電線と建造物との接近
第72条：低高圧架空電線と道路等との接近又は交差
第73条：低高圧架空電線と索道との接近又は交差
第75条：低高圧架空電線と電車線等又は電車線等の支持物との接近又は交差
第77条：低高圧架空電線とアンテナとの接近又は交差
第78条：低高圧架空電線と他の工作物との接近又は交差

116-2表

| 区分 | 低圧引込線の電線の種類 | 離隔距離 |
|---|---|---|
| 造営物の上部造営材の上方 | 高圧絶縁電線、特別高圧絶縁電線又はケーブル | 0.5m |
| | 屋外用ビニル絶縁電線以外の低圧絶縁電線 | 1m |
| | その他 | 2m |
| その他 | 高圧絶縁電線、特別高圧絶縁電線又はケーブル | 0.15m |
| | その他 | 0.3m |

ロ　危険のおそれがないように施設すること。

2　低圧引込線の屋側部分又は屋上部分は、第110条第２項(第一号チを除く。)及び第３項の規定に準じて施設すること。

3　第82条第２項又は第３項に規定する低圧架空電線に直接接続する架空引込線は、第１項の規定にかかわらず、第82条第２項又は第３項の規定に準じて施設することができる。

4　低圧連接引込線は、次の各号により施設すること。

一　第１項から第３項までの規定に準じて施設すること。

二　引込線から分岐する点から100mを超える地域にわたらないこと。

三　幅5mを超える道路を横断しないこと。

四　屋内を通過しないこと。

解釈第116条第１項第六号では、架空引込線の地表上の高さは、主として経済上の理由から、交通に支障がない限り一般の電線路の場合より緩和しています。

なお、建造物の構造上、取付け点を**4m**の高さにすることが困難な場合には、図4.34(a)のように**2.5m**まで緩和できます。

また、同条第１項第七号では、図4.34 (b) のように、造営物と架空電線との隔離距離を架空引込線の引込点付近に適用するのは不可能であるため、第七号の規定による離隔距離を緩和できます。

**補足**

第110条第２項、第３項は、低圧屋側電線路の工事の種類やその方法などに関する規定である。
第82条第２項は、構内低圧架空電線路の施設方法の緩和、第３項は、構内低圧架空電線の高さの緩和に関する規定である。

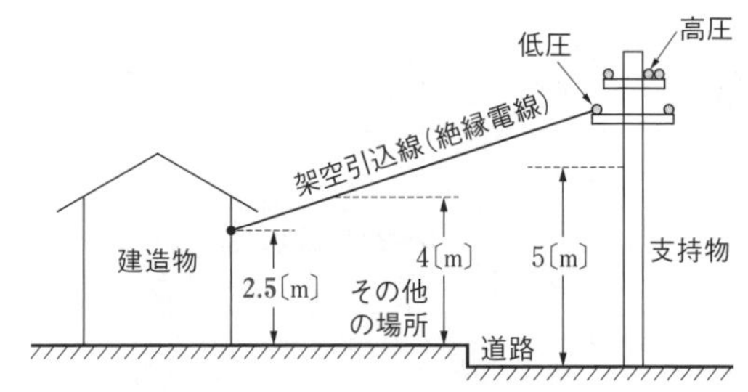


**図4.34(a)　電線の高さの緩和措置**

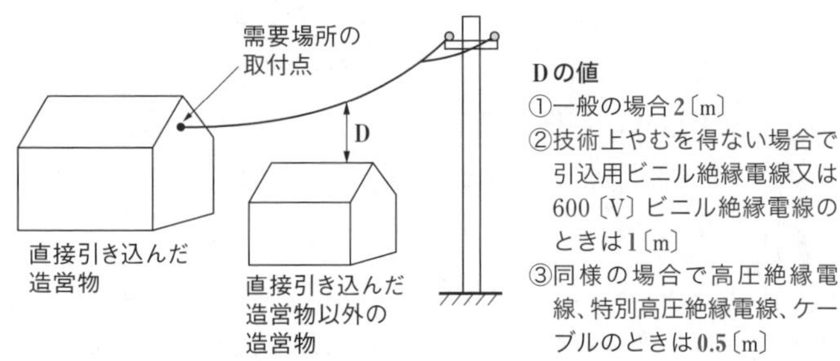


**図4.34(b)　造営物と架空電線との離隔距離の緩和措置**

### (3) 高圧架空引込線等の施設

高圧架空引込線は、低圧より電圧が高く危険なので、低圧架空引込線のような電線路に対する緩和はありません。ただし、低圧架空引込線と同様、引込線の特殊事情から工事上やむを得ない場合で、危険のおそれがないときに限り、直接引き込んだ造営物との離隔距離や地表上の高さの緩和があります。これについて解釈第117条では、次のように定められています。

**解釈　第117条（高圧架空引込線等の施設）**【省令第6条、第20条、第21条第1項、第25条第1項、第28条、第29条、第37条】

高圧架空引込線は、次の各号により施設すること。

一　電線は、次のいずれかのものであること。

イ　引張強さ**8.01kN**以上のもの又は直径**5mm**以上の硬銅線を使用する、高圧絶縁電線又は特別高圧絶縁電線

ロ　引下げ用高圧絶縁電線

ハ　ケーブル

二　電線が絶縁電線である場合は、がいし引き工事により施設すること。

三　電線がケーブルである場合は、第67条の規定に準じて施設すること。

四　電線の高さは、第68条第１項の規定に準じること。ただし、次に適合する場合は、地表上3.5m以上とすることができる。

イ　次の場合以外であること。

（イ）道路を横断する場合

（ロ）鉄道又は軌道を横断する場合

（ハ）横断歩道橋の上に施設する場合

ロ　電線がケーブル以外のものであるときは、その電線の下方に危険である旨の表示をすること。

五　電線が、工作物又は植物と接近又は交差する場合は、高圧架空電線に係る第71条から第79条までの規定に準じて施設すること。ただし、電線と高圧架空引込線を直接引き込んだ造営物との離隔距離は、危険のおそれがない場合に限り、第71条第１項第二号及び第78条第１項の規定によらないことができる。

2　高圧引込線の屋側部分又は屋上部分は、第111条第２項から第５項までの規定に準じて施設すること。

**補足**

第117条第1項第四号に規定されている電線の高さは、第68条の68-1表に示されている数値を参照。

**プラスワン**

**高圧架空引込線の高さ**については、道路・鉄道・横断歩道橋を横断する以外の場合、地表上**5〔m〕以上**と規定（第68条第１項）されているが、工場等で**「危険表示」**をすれば地表上**3.5〔m〕以上**まで下げられる。

**補足**

第111条は、高圧屋側電線路の施設に関する規定である。

## 理解度チェック問題

**問題　次の文章は、電気設備技術基準の解釈に関する記述の一部である。次の［　　］の中に適当な答えを記入せよ。**

低圧架空引込線は、次の各号により施設すること。

一　電線は、［（ア）］又は［（イ）］であること。

二　電線は、［（イ）］である場合を除き、引張強さ［（ウ）］kN以上のもの又は直径［（エ）］mm以上の［（オ）］であること。ただし、径間が15m以下の場合に限り、引張強さ1.38kN以上のもの又は直径2mm以上の硬銅線を使用することができる。

三　電線が屋外用ビニル絶縁電線である場合は、人が通る場所から［（カ）］触れることのない範囲に施設すること。

四　電線が屋外用ビニル絶縁電線以外の絶縁電線である場合は、人が通る場所から［（キ）］触れることのない範囲に施設すること。

六　電線の高さは、116-1表に規定する値以上であること。

116-1表

| 区分 | | 高さ |
|---|---|---|
| 道路（歩行の用にのみ供される部分を除く。）を横断する場合 | 技術上やむを得ない場合において交通に支障のないとき | 路面上［（ク）］m |
| | その他の場合 | 路面上［（ケ）］m |
| 鉄道又は軌道を横断する場合 | | レール面上［（コ）］m |
| 横断歩道橋の上に施設する場合 | | 横断歩道橋の路面上［（サ）］m |

**解答**

（ア）絶縁電線　（イ）ケーブル　（ウ）2.30　（エ）2.6　（オ）硬銅線
（カ）手を伸ばしても　（キ）容易に　（ク）3　（ケ）5　（コ）5.5　（サ）3

**解説**　解釈第116条からの出題である。

LESSON 29

# 電線路⑤ 第120条～第133条

地中電線路や地中箱等の施設、地中電線と他の地中電線等の接近又は交差について学びます。赤字のキーワードや数値が大切です。

関連過去問 063, 064, 065

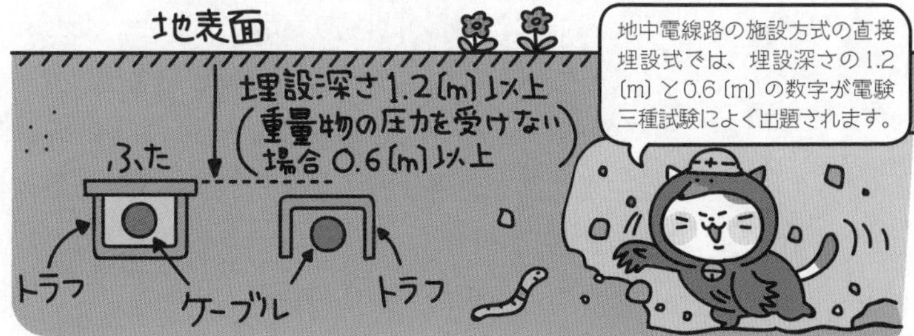
地表面
埋設深さ1.2〔m〕以上
（重量物の圧力を受けない場合0.6〔m〕以上
ふた
トラフ
ケーブル
トラフ
地中電線路の施設方式の直接埋設式では、埋設深さの1.2〔m〕と0.6〔m〕の数字が電験三種試験によく出題されます。

## 1 地中電線路 重要度A

本LESSONの範囲内で重要度が高い条文のみを取り上げています。

### (1) 地中電線路の施設

地中電線路の施設方式には、**管路式**、**暗きょ式**、**直接埋設式**の3種類があり、これらの方式で施設する際の要件（感電や火災を防止するための措置）を示したものが解釈第120条です。

**解釈　第120条（地中電線路の施設）**【省令第21条第2項、第47条】〈要点抜粋〉

地中電線路は、電線にケーブルを使用し、かつ、**管路式**、**暗きょ式**又は**直接埋設式**により施設すること。

なお、管路式には電線共同溝（C.C.BOX）方式を、暗きょ式にはキャブ（電力、通信等のケーブルを収納するために道路下に設けるふた掛け式のU字構造物）によるものを、それぞれ含むものとする。

2　地中電線路を**管路式**により施設する場合は、次の各号によること。

一　電線を収める管は、これに加わる車両その他の**重量物の圧力**に耐えるものであること。

二　高圧又は特別高圧の地中電線路には、次により表示を施すこと。ただし、需要場所に施設する高圧地中電線路であって、その長さが15m以下のものにあってはこの限りでない。

イ　**物件の名称**、**管理者名**及び**電圧**（需要場所に施設する場合にあっては、物件の名称及び管理者名を除く。）を表示すること。

ロ　おおむね2mの間隔で表示すること。ただし、他人が立ち入らない場所又は当該電線路の位置が十分に認知できる場合は、この限りでない。

3　地中電線路を**暗きょ式**により施設する場合は、次の各号によること。

一　暗きょは、車両その他の重量物の圧力に耐えるものであること。

二　次のいずれかにより、**防火措置**を施すこと。

イ　次のいずれかにより、地中電線に**耐燃措置**を施すこと。

（イ）地中電線が、次のいずれかに適合する被覆を有するものであること。

(1) 建築基準法（昭和25年法律第201号）第2条第九号に規定される不燃材料で造られたもの又はこれと同等以上の性能を有するものであること。

(2) 電気用品の技術上の基準を定める省令の解釈別表第一附表第二十一に規定する耐燃性試験に適合すること又はこれと同等以上の性能を有すること。

（ロ）地中電線を、（イ）(1)又は(2)の規定に適合する延焼防止テープ、延焼防止シート、延焼防止塗料その他これらに類するもので被覆すること。

（ハ）地中電線を、次のいずれかに適合する管又は**トラフ**に収めること。

〈省略〉

ロ　暗きょ内に**自動消火設備**を施設すること。

用語

**トラフ**とは、船底のような形状のことをいう。図4.37を参照。

4　地中電線路を**直接埋設式**により施設する場合は、次の各号によること。

一　地中電線の埋設深さは、車両その他の重量物の圧力を受けるおそれがある場所においては1.2m以上、その他の場所においては0.6m以上であること。ただし、使用するケーブルの種類、施設条件等を考慮し、これに加わる圧力に耐えるよう施設する場合はこの限りでない。

二　地中電線を衝撃から防護するため、次のいずれかにより施設すること。

イ　地中電線を、**堅ろうなトラフその他の防護物**に収めること。

ロ　低圧又は高圧の地中電線を、車両その他の重量物の圧力を受けるおそれがない場所に施設する場合は、地中電線の上部を堅ろうな板又はといで覆うこと。

ハ　地中電線に、第6項に規定するがい装を有するケーブルを使用すること。さらに、地中電線の使用電圧が特別高圧である場合は、堅ろうな板又はといで地中電線の上部及び側部を覆うこと。

ニ　地中電線に、パイプ型圧力ケーブルを使用し、かつ、地中電線の上部を堅ろうな板又はといで覆うこと。

三　第2項第二号の規定に準じ、表示を施すこと。

5　地中電線を冷却するために、ケーブルを収める管内に水を通じ循環させる場合は、地中電線路は循環水圧に耐え、かつ、漏水が生じないように施設すること。

〈省略〉

**管路式**は、図4.35のように、管路を用いて管路内にケーブルを通すものです。なお、配電線等の地中化のために施設されている電線共同溝も管路式に含まれます。

**暗きょ式**は、図4.36のように、内部に地中線を施設できる空間を有する構造物による方式をいい、共同溝などが一般的です。

**直接埋設式**は、図4.37のように、原則として地中電線に堅ろうなトラフ等の防護を施し、一定の深さに埋設する方式です。

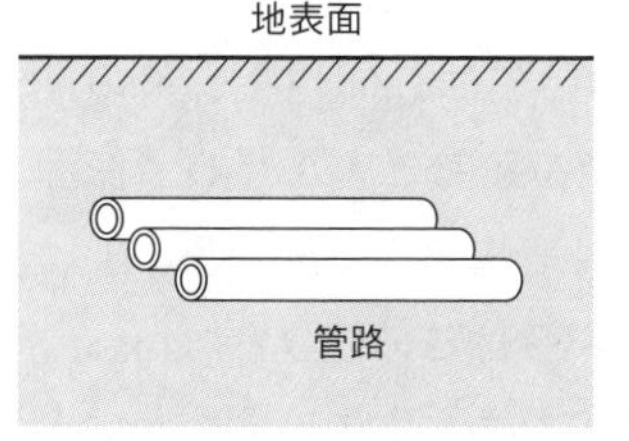


**図4.35　管路式の例**

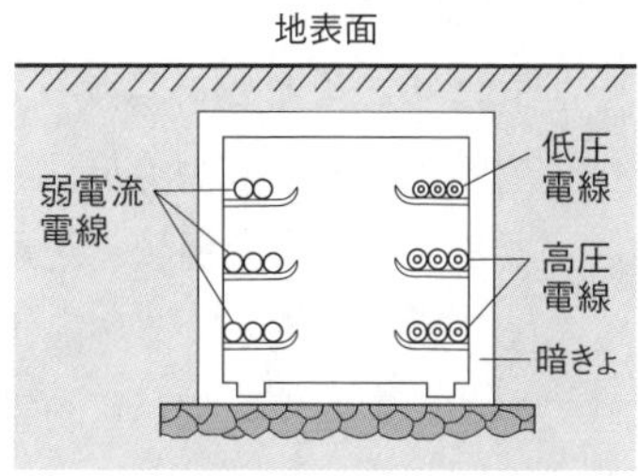


**図4.36　暗きょ式の例**

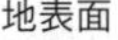


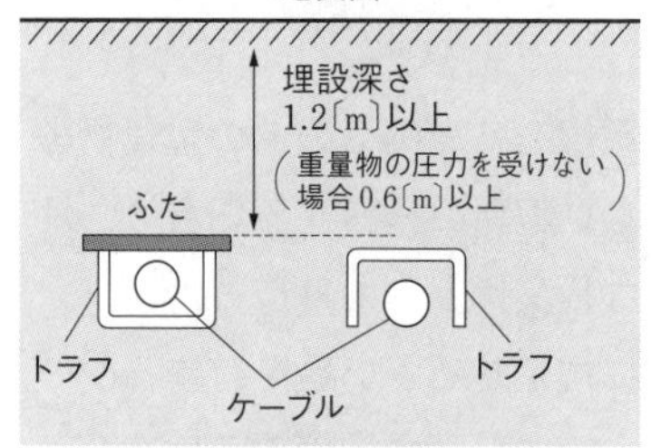


**図4.37　直接埋設式の例**

**地中電線路の施設方式のポイント**

| | |
|---|---|
| ①管路式 | 管は重量物の圧力に耐えるもの |
| ②暗きょ式 | 暗きょは重量物の圧力に耐えるもの。耐燃措置、自動消火設備の施設 |
| ③直接埋設式 | 防護物に収める。埋設深さは、<br>圧力を受ける所……1.2〔m〕以上<br>その他………………0.6〔m〕以上 |

1.2〔m〕と0.6〔m〕は最重要です。

### (2) 地中箱の施設など

**用語**

**地中箱**（マンホール、ハンドボール等）とは、地中電線路を管路式により施設する場合に、管路の途中又は末端の地表面下に設ける箱である。ケーブルの引入れ、引抜き、ケーブルの接続などを行う。

地中箱の施設については解釈第121条で、地中電線の被覆金属体等の接地については解釈第123条で、地中弱電流電線への誘導障害の防止については解釈第124条で、それぞれ次のように定められています。

**解釈　第121条（地中箱の施設）**【省令第23条第2項、第47条】

地中電線路に使用する地中箱は、次の各号によること。

一　地中箱は、車両その他の重量物の圧力に耐える構造であること。
二　爆発性又は燃焼性のガスが侵入し、爆発又は燃焼するおそれがある場所に設ける地中箱で、その大きさが1m³以上のものには、通風装置その他ガスを放散させるための適当な装置を設けること。
三　地中箱のふたは、取扱者以外の者が容易に開けることができないように施設すること。

**解釈　第123条（地中電線の被覆金属体等の接地）**【省令第10条、第11条】

地中電線路の次の各号に掲げるものには、D種接地工事を施すこと。

一　管、暗きょその他の地中電線を収める防護装置の金属製部分
二　金属製の電線接続箱
三　地中電線の被覆に使用する金属体

2　次の各号に掲げるものについては、前項の規定によらないことができる。

一　ケーブルを支持する金物類
二　前項各号に掲げるもののうち、防食措置を施した部分
三　地中電線を管路式により施設した部分における、金属製の管路

**解釈　第124条（地中弱電流電線への誘導障害の防止）**【省令第42条第2項】

地中電線路は、地中弱電流電線路に対して漏えい電流又は誘導作用により通信上の障害を及ぼさないように地中弱電流電線路から十分に離すなど、適当な方法で施設すること。

### (3) 地中電線と他の地中電線等との接近または交差

地中電線と他の地中電線等と接近・交差する場合の規定について、解釈第125条では次のように定められています。

**解釈　第125条（地中電線と他の地中電線等との接近又は交差）**【省令第30条】〈要点抜粋〉

**低圧地中電線と高圧地中電線とが接近又は交差**する場合、又は低圧若しくは高圧の地中電線と特別高圧地中電線とが接近又は交差する場合は、次の各号のいずれかによること。ただし、地中箱内についてはこの限りでない。

一　低圧地中電線と高圧地中電線との離隔距離が、**0.15m**以上であること。

二　低圧又は高圧の地中電線と特別高圧地中電線との離隔距離が、**0.3m**以上であること。

三　暗きょ内に施設し、地中電線相互の離隔距離が、**0.1m**以上であること（第120条第3項第二号イに規定する耐燃措置を施した使用電圧が170000V未満の地中電線の場合に限る。）。

四　地中電線相互の間に堅ろうな**耐火性**の隔壁を設けること。

五　**いずれか**の地中電線が、次のいずれかに該当するものである場合は、地中電線相互の離隔距離が、0m以上であること。

イ　不燃性の被覆を有すること。

ロ　堅ろうな不燃性の管に収められていること。

六　**それぞれ**の地中電線が、次のいずれかに該当するものである場合は、地中電線相互の離隔距離が、0m以上であること。

**補足**

**地中電線相互の離隔距離**

**不燃性**のほうが、**難燃性**より耐火性能が高いので、地中電線のいずれかが不燃性の性質を、それぞれが自消性のある難燃性の性質を有していればよいことを推測できる。

**※地中電線相互の離隔距離**

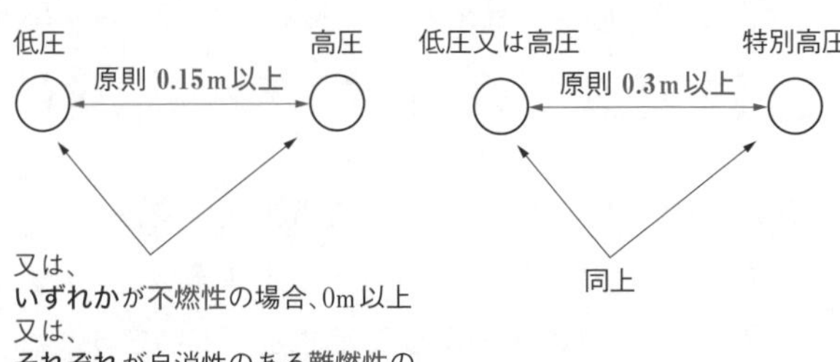

イ　自消性のある難燃性の被覆を有すること。

ロ　堅ろうな自消性のある難燃性の管に収められていること。

2　**地中電線が、地中弱電流電線等と接近又は交差**して施設される場合は、次の各号のいずれかによること。

一　地中電線と地中弱電流電線等との離隔距離が、125-1表に規定する値以上であること。

125-1表

| 地中電線の使用電圧の区分 | 離隔距離 |
|---|---|
| 低圧又は高圧 | **0.3m** |
| 特別高圧 | **0.6m** |

二　地中電線と地中弱電流電線等との間に堅ろうな耐火性の隔壁を設けること。

三　地中電線を堅ろうな不燃性の管又は自消性のある難燃性の管に収め、当該管が地中弱電流電線等と直接接触しないように施設すること。

**地中電線と他の地中電線等との離隔距離(原則)**

| 電線の区分 | | 離隔距離 |
|---|---|---|
| 低圧地中電線と高圧地中電線 | | 0.15〔m〕以上 |
| 低圧・高圧の地中電線と特別高圧地中電線 | | 0.3〔m〕以上 |
| 地中弱電流電線等と | 低圧・高圧の地中電線 | 0.3〔m〕以上 |
| | 特別高圧地中電線 | 0.6〔m〕以上 |

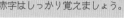

赤字はしっかり覚えましょう。

# 理解度チェック問題

**問題　次の文章は、電気設備技術基準の解釈に関する記述の一部である。次の[　　]の中に適当な答えを記入せよ。**

1．地中電線路を管路式により施設する場合は、次の各号によること。

一　電線を収める管は、これに加わる車両その他の重量物の[（ア）]に耐えるものであること。

二　高圧又は特別高圧の地中電線路には、次により表示を施すこと。ただし、需要場所に施設する高圧地中電線路であって、その長さが[（イ）]m以下のものにあってはこの限りでない。

イ　物件の名称、管理者名及び[（ウ）]（需要場所に施設する場合にあっては、物件の名称及び管理者名を除く。）を表示すること。

ロ　おおむね[（エ）]mの間隔で表示すること。ただし、他人が立ち入らない場所又は当該電線路の位置が十分に認知できる場合は、この限りでない。

2．低圧地中電線と高圧地中電線とが接近又は交差する場合、又は低圧若しくは高圧の地中電線と特別高圧地中電線とが接近又は交差する場合は、次の各号のいずれかによること。ただし、地中箱内についてはこの限りでない。

一　低圧地中電線と高圧地中電線との離隔距離が、[（オ）]m以上であること。

二　低圧又は高圧の地中電線と特別高圧地中電線との離隔距離が、[（カ）]m以上であること。

三　暗きょ内に施設し、地中電線相互の離隔距離が、[（キ）]m以上であること。

**解答**

（ア）圧力　（イ）15　（ウ）電圧　（エ）2　（オ）0.15　（カ）0.3　（キ）0.1

**解説**　解釈第120条、第125条からの出題である。

LESSON 30

# 電気使用場所の施設、小規模発電設備①<br>第142条～146条

用語の定義、電路の対地電圧の制限、裸電線の使用制限などについて学びます。特に電路の対地電圧の制限が重要です。

関連過去問 066, 067

低圧配線の許容電流=
電線自体の許容電流 I
×
許容電流補正係数 k1
×
電流減少係数 k2
I×k1×k2は、
重要な公式です。
しっかり覚えて
おいてください。

## 電気使用場所の施設及び小規模発電設備の通則①

重要度A

### (1) 電気使用場所の施設及び小規模発電設備に係る用語の定義

これから学習する「電気使用場所の施設及び小規模発電設備」で用いる主要な用語の定義について、解釈第142条では次のように定められています。それぞれの用語の意味をよく理解してください。

**解釈　第142条（電気使用場所の施設及び小規模発電設備に係る用語の定義）**【省令第1条】

この解釈において用いる電気使用場所の施設に係る用語であって、次の各号に掲げるものの定義は、当該各号による。

一　**低圧幹線**　第147条の規定により施設した開閉器又は変電所に準ずる場所に施設した低圧開閉器を起点とする、電気使用場所に施設する低圧の電路であって、当該電路に、電気機械器具（配線器具を除く。以下この条において同じ。）に至る低圧電路であって過電流遮断器を施設するものを接続するもの

二　**低圧分岐回路**　低圧幹線から分岐して電気機械器具に至る低圧電路

三　**低圧配線**　低圧の屋内配線、屋側配線及び屋外配線

**補足**

低圧幹線とは、分岐回路に至る電線のこと。また、第147条の規定とは、低圧屋内電路には、引込口に近く、容易に開閉することができる箇所に開閉器を施設することという内容である。

**用語**

**電球線**
天井から吊り下げて白熱電灯に至るまでのコードのこと。

**移動電線**
扇風機等の可搬形の電気機械器具に附属するコードのこと。

**接触電線**
走行クレーンや電車のパンタグラフのように裸導体に接触、**しゅう動**(摺動)させ、電気の供給を行うための電線のこと。なお、しゅう動とは、滑らせて動かす動作のことをいう。

四　**屋内電線**　屋内に施設する電線路の電線及び屋内配線

五　**電球線**　電気使用場所に施設する電線のうち、造営物に固定しない白熱電灯に至るものであって、造営物に固定しないものをいい、電気機械器具内の電線を除く。

六　**移動電線**　電気使用場所に施設する電線のうち、造営物に固定しないものをいい、電球線及び電気機械器具内の電線を除く。

七　**接触電線**　電線に接触してしゅう動する集電装置を介して、移動起重機、オートクリーナその他の移動して使用する電気機械器具に電気の供給を行うための電線

八　**防湿コード**　外部編組に防湿剤を施したゴムコード

九　**電気使用機械器具**　電気を使用する電気機械器具をいい、発電機、変圧器、蓄電池その他これに類するものを除く。

十　**家庭用電気機械器具**　小型電動機、電熱器、ラジオ受信機、電気スタンド、電気用品安全法の適用を受ける装飾用電灯器具その他の電気機械器具であって、主として住宅その他これに類する場所で使用するものをいい、白熱電灯及び放電灯を除く。

十一　**配線器具**　開閉器、遮断器、接続器その他これらに類する器具

十二　**白熱電灯**　白熱電球を使用する電灯のうち、電気スタンド、携帯灯及び電気用品安全法の適用を受ける装飾用電灯器具以外のもの

十三　**放電灯**　放電管、放電灯用安定器、放電灯用変圧器及び放電管の点灯に必要な附属品並びに管灯回路の配線をいい、電気スタンドその他これに類する放電灯器具を除く。

### (2) 電路の対地電圧の制限

屋内に施設する電路における対地電圧や、白熱灯やテレビなど、家電機器で人が触れる可能性のある機器の使用電圧は、原

則として150〔V〕以下と制限しています。これについて、解釈第143条では次のように定められています。

**解釈　第143条（電路の対地電圧の制限）**【省令第15条、第56条第1項、第59条、第63条第1項、第64条】

住宅の屋内電路（電気機械器具内の電路を除く。以下この項において同じ。）の対地電圧は、**150V**以下であること。ただし、次の各号のいずれかに該当する場合は、この限りでない。

一　定格消費電力が2kW以上の電気機械器具及びこれに電気を供給する屋内配線を次により施設する場合

イ　屋内配線は、**当該電気機械器具のみ**に電気を供給するものであること。

ロ　電気機械器具の使用電圧及びこれに電気を供給する屋内配線の対地電圧は、**300V**以下であること。

ハ　屋内配線には、**簡易接触防護措置**を施すこと。

ニ　電気機械器具には、**簡易接触防護措置**を施すこと。ただし、次のいずれかに該当する場合は、この限りでない。

（イ）電気機械器具のうち簡易接触防護措置を施さない部分が、絶縁性のある材料で堅ろうに作られたものである場合

（ロ）電気機械器具を、乾燥した木製の床その他これに類する絶縁性のものの上でのみ取り扱うように施設する場合

ホ　電気機械器具は、屋内配線と**直接接続**して施設すること。

ヘ　電気機械器具に電気を供給する電路には、専用の**開閉器**及び**過電流遮断器**を施設すること。ただし、過電流遮断器が開閉機能を有するものである場合は、過電流遮断器のみとすることができる。

ト　電気機械器具に電気を供給する電路には、電路に**地絡**が生じたときに自動的に電路を遮断する装置を施設

解釈第143条第一号イ〜トは、2〔kW〕以上の大型電気機器に三相200〔V〕を使用する場合の条件です。電験三種試験にも出題されているので、内容をよく理解しておきましょう。

すること。ただし、次に適合する場合は、この限りでない。

(イ) 電気機械器具に電気を供給する電路の電源側に、次に適合する変圧器を施設すること。

(1) 絶縁変圧器であること。

(2) 定格容量は3kVA以下であること。

(3) 1次電圧は低圧であり、かつ、2次電圧は300V以下であること。

(ロ) (イ)の規定により施設する変圧器には、簡易接触防護措置を施すこと。

(ハ) (イ)の規定により施設する変圧器の負荷側の電路は、非接地であること。

二　当該住宅以外の場所に電気を供給するための屋内配線を次により施設する場合

イ　屋内配線の対地電圧は、300V以下であること。

ロ　人が触れるおそれがない隠ぺい場所に合成樹脂管工事、金属管工事又はケーブル工事により施設すること。

三　太陽電池モジュールに接続する負荷側の屋内配線（複数の太陽電池モジュールを施設する場合にあっては、その集合体に接続する負荷側の配線）を次により施設する場合

イ　屋内配線の対地電圧は、直流**450**V以下であること。

ロ　電路に地絡が生じたときに自動的に電路を遮断する装置を施設すること。ただし、次に適合する場合は、この限りでない。

(イ) 直流電路が、非接地であること。

(ロ) 直流電路に接続する逆変換装置の交流側に絶縁変圧器を施設すること。

(ハ) 太陽電池モジュールの合計出力が、20kW未満であること。ただし、屋内電路の対地電圧が300Vを超える場合にあっては、太陽電池モジュールの合計出力は10kW以下とし、かつ、直流電路に機械器具

**補足**

解釈第143条第1項第二号は、住宅と店舗、事務所と工場、その他営業所などが同一建造物内にある場合や隣接する場合に、住宅を通過して営業用の負荷設備に電気を供給する対地電圧が150〔V〕を超え300〔V〕以下の低圧屋内配線の施設を認めるものである。

（太陽電池モジュール、第200条第２項第一号ロ及びハの器具、直流変換装置、逆変換装置並びに避雷器を除く。）を施設しないこと。

ハ　屋内配線は、次のいずれかによること。

（イ）人が触れるおそれのない隠ぺい場所に、合成樹脂管工事、金属管工事又はケーブル工事により施設すること。

（ロ）**ケーブル工事**により施設し、電線に**接触防護措置**を施すこと。

四　燃料電池発電設備又は常用電源として用いる蓄電池に接続する負荷側の屋内配線を次により施設する場合

イ　直流電路を構成する燃料電池発電設備にあっては、当該直流電路に接続される個々の燃料電池発電設備の出力がそれぞれ10kW未満であること。

ロ　直流電路を構成する蓄電池にあっては、当該直流電路に接続される個々の蓄電池の出力がそれぞれ10kW未満であること。

ハ　屋内配線の対地電圧は、直流**450V**以下であること。

ニ　電路に地絡が生じたときに自動的に電路を遮断する装置を施設すること。ただし、次に適合する場合は、この限りでない。

（イ）直流電路が、非接地であること。

（ロ）直流電路に接続する逆変換装置の交流側に絶縁変圧器を施設すること。

ホ　屋内配線は、次のいずれかによること。

（イ）人が触れるおそれのない隠ぺい場所に、合成樹脂管工事、金属管工事又はケーブル工事により施設すること。

（ロ）**ケーブル工事**により施設し、電線に**接触防護措置**を施すこと。

五　第132条第３項の規定により、屋内に電線路を施設する場合

補足 

第132条第3項は、住宅の屋内を通過する電線路の施設方法を示したものである。

2　住宅以外の場所の屋内に施設する家庭用電気機械器具に電気を供給する屋内電路の対地電圧は、150V以下であること。ただし、家庭用電気機械器具並びにこれに電気を供給する屋内配線及びこれに施設する配線器具を、次の各号のいずれかにより施設する場合は、300V以下とすることができる。

一　前項第一号ロからホまでの規定に準じて施設すること。

二　簡易接触防護措置を施すこと。ただし、取扱者以外の者が立ち入らない場所にあっては、この限りでない。

3　白熱電灯（第183条に規定する特別低電圧照明回路の白熱電灯を除く。）に電気を供給する電路の対地電圧は、150V以下であること。ただし、住宅以外の場所において、次の各号により白熱電灯を施設する場合は、300V以下とすることができる。

一　白熱電灯及びこれに附属する電線には、接触防護措置を施すこと。

二　白熱電灯（機械装置に附属するものを除く。）は、屋内配線と直接接続して施設すること。

三　白熱電灯の電球受口は、キーその他の点滅機構のないものであること。

**補足**

第183条は、造営材に固定された裸導体又は被覆された導体によって白熱電灯を支持し、使用電圧24〔V〕以下で電気を供給する照明設備に関する規定である。

**補足**

解釈第143条第3項第三号は、白熱電球に触れることがないようにする意味で示している。

各電気供給方式と対地電圧の値を、しっかり覚えておきましょう。

| | 電気供給方式 | 対地電圧 |
|---|---|---|
| 対地電圧が150〔V〕以下 | 100V単相2線式 | 100〔V〕 |
| | 100V/200V単相3線式 | 100〔V〕 |
| 対地電圧が150〔V〕超300〔V〕以下 | 200V三相3線式 | 200〔V〕 |
| | 400V/230V三相4線式 | 230〔V〕 |

間違えやすいのはここ。

### (3) 裸電線の使用制限、メタルラス張り等の木造造営物における施設

裸電線の使用制限、メタルラス張り等の木造造営物における施設については、解釈第144条、第145条に定められています。その概要を次に示します。

**解釈　第144条（裸電線の使用制限）**【省令第57条第2項】〈要点抜粋〉

電気使用場所に施設する電線には、**裸電線**を使用しないこと。

**解釈　第145条（メタルラス張り等の木造造営物における施設）**【省令第56条、第59条】〈要点抜粋〉

メタルラス張り、ワイヤラス張り又は金属板張りの木造の造営物に、がいし引き工事により屋内配線、屋側配線又は屋外配線（この条においては、いずれも管灯回路の配線を含む。）を施設する場合は、次の各号によること。

一　電線を施設する部分のメタルラス、ワイヤラス又は金属板の上面を木板、合成樹脂板その他絶縁性及び耐久性のあるもので覆い施設すること。

二　電線がメタルラス張り、ワイヤラス張り又は金属板張りの造営材を貫通する場合は、その貫通する部分の電線を電線ごとにそれぞれ別個の難燃性及び耐水性のある堅ろうな絶縁管に収めて施設すること。

**用語**

**裸電線**
被覆がなく導体がそのままむき出しになっている電線。

**メタルラス**
薄い鋼板に切れ目を入れて引き伸ばし金網状にしたもの。

**ワイヤラス**
鉄線（針金）を編んで金網状にしたもの。
どちらも塗り壁用の下地としてモルタル（セメント＋砂＋水）等の付着性能を高めるために使われる。

### (4) 低圧配線に使用する電線

低圧配線に使用する電線については、解釈第146条に定められています。その概要を次に示します。

**解釈　第146条（低圧配線に使用する電線）**【省令第57条第1項】〈要点抜粋〉

低圧配線は、直径1.6mmの**軟銅線**若しくはこれと同等以上の強さ及び太さのもの又は断面積が1mm$^2$以上の**MIケーブル**であること。

2　低圧配線に使用する、600Vビニル絶縁電線、600Vポリ

**用語**

**MIケーブル**のMIは、無機物絶縁という意味である。金属シース（外装）と軟銅線の間に無機物（酸化マグネシウムなど）の絶縁体が充填されており、耐水、耐熱性に優れた高強度のケーブルである。

エチレン絶縁電線、600Vふっ素樹脂絶縁電線及び600Vゴム絶縁電線の許容電流は、次の各号によること。ただし、短時間の許容電流についてはこの限りでない。

一　単線にあっては146-1表〈省略〉に、成形単線又はより線にあっては146-2表〈省略〉にそれぞれ規定する許容電流に、第二号に規定する係数を乗じた値であること。

二　第一号の規定における係数は、次によること。

イ　146-3表に規定する**許容電流補正係数**の計算式により計算した値であること。

146-3表〈抜粋〉

| 絶縁体の材料及び施設場所の区分 | 許容電流補正係数の計算式 |
|---|---|
| ビニル混合物（耐熱性を有するものを除く。）及び天然ゴム混合物 | $\sqrt{\dfrac{60-\theta}{30}}$ |

（備考）$\theta$は、周囲温度（単位：℃）。ただし、30℃以下の場合は30とする。

ロ　絶縁電線を、合成樹脂管、金属管、金属可とう電線管又は金属線ぴに収めて使用する場合は、イの規定により計算した値に、更に146-4表に規定する**電流減少係数**を乗じた値であること。ただし、第148条第1項第五号ただし書並びに第149条第2項第一号ロ及び第二号イに規定する場合においては、この限りでない。

146-4表〈抜粋〉

| 同一管内の電線数 | 電流減少係数 |
|---|---|
| 3以下 | 0.70 |
| 4 | 0.63 |
| 5又は6 | 0.56 |

低圧配線に使用する電線に関する**許容電流補正係数**、**電流減少係数**の意味をしっかり理解し、計算問題に対応できるようにしておきましょう。

解釈第146条第2項により、
**低圧配線の許容電流＝電線自体の許容電流×許容電流補正係数×電流減少係数**
であることを覚えておきましょう。

**補足**

第二号の許容電流補正係数の計算式や電流減少係数は、電験三種試験の問題文に示されるので、覚える必要はない。

**用語**

**金属線ぴ**とは、壁や床などに露出配線する場合に、見た目をスッキリさせたり、つまずきにくくさせたりするために、電線を通す箱状断面の細長い金属製の配線材料のことである。

## 理解度チェック問題

**問題　次の文章は、電気設備技術基準の解釈に関する記述の一部である。次の[　　]の中に適当な答えを記入せよ。**

住宅の屋内電路（電気機械器具内の電路を除く。以下この項において同じ。）の対地電圧は、[（ア）]V以下であること。ただし、次の各号のいずれかに該当する場合は、この限りでない。

一　定格消費電力が[（イ）]kW以上の電気機械器具及びこれに電気を供給する屋内配線を次により施設する場合

イ　屋内配線は、当該電気機械器具のみに電気を供給するものであること。

ロ　電気機械器具の使用電圧及びこれに電気を供給する屋内配線の対地電圧は、[（ウ）]V以下であること。

ハ　屋内配線には、[（エ）]を施すこと。

ニ　電気機械器具には、[（エ）]を施すこと。

ホ　電気機械器具は、屋内配線と[（オ）]して施設すること。

ヘ　電気機械器具に電気を供給する電路には、専用の[（カ）]及び[（キ）]を施設すること。ただし、[（キ）]が開閉機能を有するものである場合は、[（キ）]のみとすることができる。

ト　電気機械器具に電気を供給する電路には、電路に[（ク）]が生じたときに自動的に電路を遮断する装置を施設すること。

**解答**

（ア）150　（イ）2　（ウ）300　（エ）簡易接触防護措置　（オ）直接接続
（カ）開閉器　（キ）過電流遮断器　（ク）地絡

解説　解釈第143条からの出題である。

LESSON 31

# 電気使用場所の施設、小規模発電設備② 第147条～155条

低圧屋内電路の引込口における開閉器の施設、低圧幹線の施設、低圧分岐回路等の施設について学びます。

関連過去問 068, 069

$I_M$
電動機等
M
低圧幹線の許容電流$I$
その他の負荷
$I_L$
L
・$I_M \leqq I_L$の場合
$I \geqq I_M + I_L$
・$I_M > I_L$で$I_M \leqq 50$〔A〕の場合
$I \geqq 1.25 I_M + I_L$
・$I_M > I_L$で$I_M > 50$〔A〕の場合
$I \geqq 1.1 I_M + I_L$
となります。

## 1 電気使用場所の施設および小規模発電設備の通則② 重要度A

### (1) 低圧屋内電路の引込口における開閉器の施設

低圧屋内電路の引込口における開閉器の施設について、解釈第147条で次のように定められています。

**解釈 第147条（低圧屋内電路の引込口における開閉器の施設）**【省令第56条】

低圧屋内電路（第178条に規定する火薬庫に施設するものを除く。以下この条において同じ。）には、引込口に近い箇所であって、容易に開閉することができる箇所に開閉器を施設すること。ただし、次の各号のいずれかに該当する場合は、この限りでない。

一 低圧屋内電路の使用電圧が300V以下であって、他の屋内電路（定格電流が15A以下の過電流遮断器又は定格電流が15Aを超え20A以下の配線用遮断器で保護されているものに限る。）に接続する長さ15m以下の電路から電気の供給を受ける場合

二 低圧屋内電路に接続する電源側の電路（当該電路に架空部分又は屋上部分がある場合は、その架空部分又は屋上部分より負荷側にある部分に限る。）に、当該低圧屋内

電路に専用の開閉器を、これと同一の構内であって容易に開閉することができる箇所に施設する場合

### (2) 低圧幹線の施設

低圧幹線とは、**引込開閉器**を起点として分岐開閉器に至る配線を言います。分岐開閉器には、負荷(電気機械器具)が接続されます。低圧幹線と低圧分岐回路には原則として過電流遮断器を施設します(図4.38参照)。

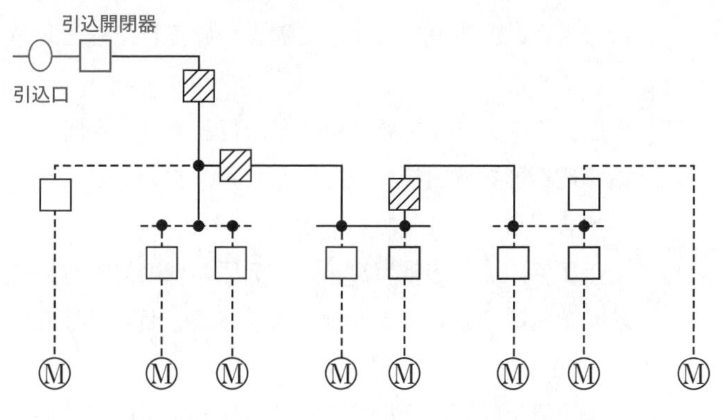


**図4.38　低圧幹線と低圧分岐回路**

低圧幹線の施設について、解釈第148条で次のように定められています。

**解釈　第148条（低圧幹線の施設）**【省令第56条第1項、第57条第1項、第63条第1項】〈要点抜粋〉

低圧幹線は、次の各号によること。

一　損傷を受けるおそれがない場所に施設すること。

二　電線の許容電流は、低圧幹線の各部分ごとに、その部分を通じて供給される電気使用機械器具の定格電流の合計値以上であること。ただし、当該低圧幹線に接続する負荷のうち、電動機又はこれに類する起動電流が大きい

**用語**

**低圧幹線**
低圧屋内電路の引込口に近い箇所に施設される**引込開閉器**(低圧開閉器)を起点とし、**低圧分岐回路**と接続するものをいう。

**低圧分岐回路**
電灯や扇風機等の各種電気機械器具が接続される電気回路のことである。これらの配線や機器の事故の波及範囲を限定し、かつ保守点検を容易にするために低圧分岐回路は適当な群に分割されている。

電気機械器具（以下この条において「電動機等」という。）の定格電流の合計が、他の電気使用機械器具の定格電流の合計より大きい場合は、他の電気使用機械器具の定格電流の合計に次の値を加えた値以上であること。

イ　電動機等の定格電流の合計が50A以下の場合は、その定格電流の合計の1.25倍

ロ　電動機等の定格電流の合計が50Aを超える場合は、その定格電流の合計の1.1倍

三　前号の規定における電流値は、需要率、力率等が明らかな場合には、これらによって適当に修正した値とすることができる。

四　低圧幹線の電源側電路には、当該低圧幹線を保護する**過電流遮断器**を施設すること。ただし、次のいずれかに該当する場合は、この限りでない。

イ　低圧幹線の許容電流が、当該低圧幹線の電源側に接続する他の低圧幹線を保護する過電流遮断器の定格電流の55％以上である場合

ロ　過電流遮断器に直接接続する低圧幹線又はイに掲げる低圧幹線に接続する長さ8m以下の低圧幹線であって、当該低圧幹線の許容電流が、当該低圧幹線の電源側に接続する他の低圧幹線を保護する過電流遮断器の定格電流の35％以上である場合

ハ　過電流遮断器に直接接続する低圧幹線又はイ若しくはロに掲げる低圧幹線に接続する長さ3m以下の低圧幹線であって、当該低圧幹線の負荷側に**他の低圧幹線を接続しない**場合

ニ　低圧幹線に電気を供給する電源が**太陽電池**のみであって、当該低圧幹線の許容電流が、当該低圧幹線を通過する**最大短絡**電流以上である場合

ここで、解釈第148条第二号の、許容電流の解説内容を図で示します。

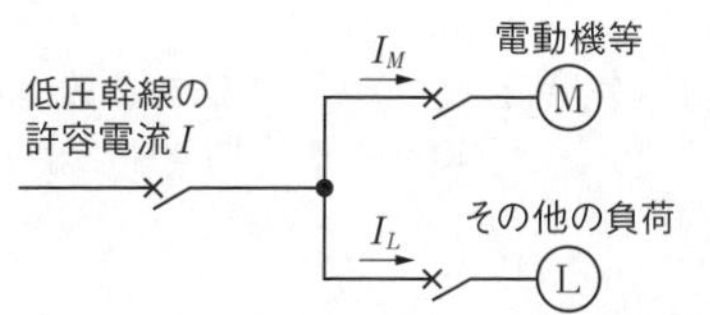


・$I_M \leqq I_L$の場合
$I \geqq I_M + I_L$
・$I_M > I_L$で$I_M \leqq 50$〔A〕の場合
$I \geqq 1.25 I_M + I_L$
・$I_M > I_L$で$I_M > 50$〔A〕の場合
$I \geqq 1.1 I_M + I_L$

**図4.39　低圧幹線の許容電流**

低圧幹線の許容電流等の計算問題（例題にチャレンジ）にも対応できるようにしておきましょう。

次いで、同第四号の低圧幹線を保護する過電流遮断器の施設の解説内容を図で示します。

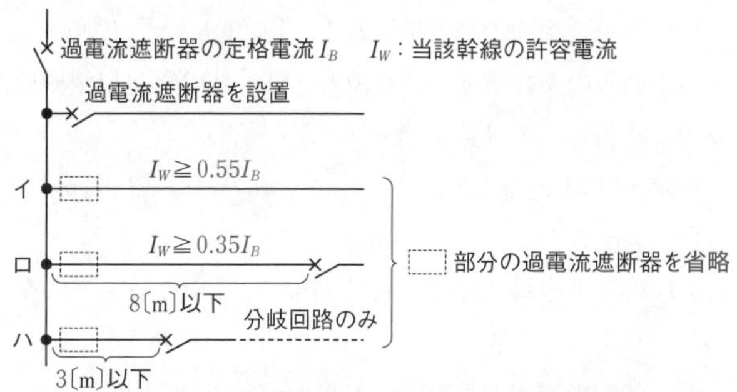


**図4.40　低圧幹線を保護する過電流遮断器の施設**

第四号イ、ロ、ハの過電流遮断器を省略できる条件をしっかり覚えておきましょう。

## 例題にチャレンジ！

次の表は、一つの低圧幹線によって電気を供給される電動機又はこれに類する起動電流が大きい電気機械器具（以下この問において「電動機等」という。）の定格電流の合計値$I_M$〔A〕と、他の電気使用機械器具の定格電流の合計値$I_L$〔A〕を示したものである。また、「電気設備技術基準の解釈」に基づき、当該低圧幹線に用いる電線に必要な許容電流は、同表に示す$I$の値〔A〕以上でなければならない。ただし、需要率、力率等による修正はしないものとする。

| $I_M$〔A〕 | $I_L$〔A〕 | $I_M + I_L$〔A〕 | $I$〔A〕 |
|---|---|---|---|
| 47 | 49 | 96 | 96 |
| 48 | 48 | 96 | （ア） |
| 49 | 47 | 96 | （イ） |
| 50 | 46 | 96 | （ウ） |
| 51 | 45 | 96 | 102 |

上記の表中の空白箇所(ア)、(イ)及び(ウ)に当てはまる数値を計算せよ。

**・解答と解説・**

解釈第148条第1項第二号より、低圧幹線の許容電流$I$〔A〕は、次の(1)、(2)で求めた値以上となる。

(1) 電動機等の定格電流の合計値$I_M$〔A〕≦他の電気使用機械器具の定格電流の合計値$I_L$〔A〕の場合

低圧幹線の電線の許容電流$I$〔A〕$= I_M + I_L$〔A〕…①

(2) 電動機等の定格電流の合計値$I_M$〔A〕>他の電気使用機械器具の定格電流の合計値$I_L$〔A〕の場合

$I_M$が50A以下又は50A超過で、2通りの計算式に分かれる。

$I_M$〔A〕≦50Aのとき

低圧幹線の電線の許容電流$I$〔A〕$= (1.25 \times I_M) + I_L$〔A〕…②

$I_M$〔A〕>50Aのとき

低圧幹線の電線の許容電流$I$〔A〕$= (1.1 \times I_M) + I_L$〔A〕…③

(1)、(2)より、設問文の表の(ア)、(イ)、(ウ)の低圧幹線の許容電流$I$〔A〕を求める。

(ア) 設問文の表より、$I_M = I_L$〔A〕であるから、$I$〔A〕は、

$I$〔A〕$= I_M + I_L = 48 + 48 =$ **96**〔A〕(答)

(イ) 設問文の表より、$I_M > I_L$〔A〕で、$I_M$〔A〕≦50Aであるから、$I$〔A〕は、

$I$〔A〕$= (1.25 \times I_M) + I_L$〔A〕$= (1.25 \times 49) + 47$

$= 108.25$〔A〕

108.25Aの上位で最も近い有効数字3桁の数値は、**109**〔A〕(答)

(ウ) 設問文の表より、$I_M > I_L$〔A〕で、$I_M$〔A〕≦50Aであるから、$I$〔A〕は、

$I$〔A〕$= (1.25 \times I_M) + I_L$〔A〕$= (1.25 \times 50) + 46$

$= 108.5$〔A〕

108.5Aの上位で最も近い有効数字3桁の数値は、**109**〔A〕(答)

### (3) 低圧分岐回路等の施設

低圧分岐回路等の施設については、解釈第149条で次のように定められています。

**解釈　第149条（低圧分岐回路等の施設）**【省令第56条第1項、第57条第1項、第59条第1項、第63条第1項】
〈要点抜粋〉

低圧分岐回路には、次の各号により過電流遮断器及び開閉器を施設すること。

一　低圧幹線との分岐点から電線の長さが3m以下の箇所に、過電流遮断器を施設すること。ただし、分岐点から過電流遮断器までの電線が、次のいずれかに該当する場合は、分岐点から3mを超える箇所に施設することができる。

イ　電線の許容電流が、その電線に接続する低圧幹線を保護する過電流遮断器の定格電流の55%以上である場合

ロ　電線の長さが8m以下であり、かつ、電線の許容電流がその電線に接続する低圧幹線を保護する過電流遮断器の定格電流の35%以上である場合

補足

解釈第148条第1項第四号（低圧幹線の施設）と似ているが混同しないように要注意。低圧分岐回路の過電流遮断器は省略できない。

第4章　電気設備技術基準の解釈

### (4) 配線器具、電気機械器具、電熱装置、電動機の過負荷保護装置の施設

配線器具、電気機械器具、電熱装置、電動機の過負荷保護装置の施設については、解釈第150条～153条で次のように定められています。

**解釈　第150条（配線器具の施設）**【省令第59条第1項】
〈要点抜粋〉

低圧用の配線器具は、次の各号により施設すること。

一　充電部分が露出しないように施設すること。ただし、取扱者以外の者が出入りできないように措置した場所に施設する場合は、この限りでない。

二　湿気の多い場所又は水気のある場所に施設する場合

用語 

**配線器具**とは、開閉器、遮断器、接続器その他これらに類する器具をいう。

は、**防湿装置**を施すこと。

三　配線器具に電線を接続する場合は、ねじ止めその他これと同等以上の効力のある方法により、堅ろうに、かつ、電気的に完全に接続するとともに、接続点に**張力**が加わらないようにすること。

四　屋外において電気機械器具に施設する開閉器、接続器、点滅器その他の器具は、損傷を受けるおそれがある場合には、これに堅ろうな**防護装置**を施すこと。

2　低圧用の非包装ヒューズは、不燃性のもので製作した箱又は内面全てに不燃性のものを張った箱の内部に施設すること。ただし、使用電圧が300V以下の低圧配線において、次の各号に適合する器具又は**電気用品安全法**の適用を受ける器具に収めて施設する場合は、この限りでない。

〈省略〉

**解釈　第151条（電気機械器具の施設）**【省令第59条第１項】

〈要点抜粋〉

電気機械器具(配線器具を除く。以下この条において同じ。)は、その充電部分が**露出**しないように施設すること。ただし、次の各号のいずれかに該当するものについては、この限りでない。

〈省略〉

2　通電部分に人が立ち入る電気機械器具は、施設しないこと。ただし、第198条の規定により施設する場合は、この限りでない。

3　屋外に施設する電気機械器具(管灯回路の配線を除く。)内の配線のうち、人が接触するおそれ又は損傷を受けるおそれがある部分は、第159条の規定に準ずる**金属管工事**又は第164条(第３項を除く。)の規定に準ずる**ケーブル工事**(電線を金属製の管その他の防護装置に収める場合に限る。)により施設すること。

4　電気機械器具に電線を接続する場合は、ねじ止めその他これと同等以上の効力のある方法により、堅ろうに、かつ、

**補足**

第２項の第198条の規定とは、電気浴器などの施設方法について定めたものである。

**電気浴器**とは、浴槽の極板に微弱な交流電圧を加えて、入浴者に電気的刺激を与える電気機械器具のこと。

電気的に完全に接続するとともに、接続点に**張力**が加わらないようにすること。

**解釈　第152条（電熱装置の施設）**【省令第59条第1項】
〈要点抜粋〉

電熱装置は、発熱体を機械器具の内部に安全に施設できる構造のものであること。

2　電熱装置に接続する電線は、熱のため電線の被覆を損傷しないように施設すること。(関連省令第57条第1項)

**解釈　第153条（電動機の過負荷保護装置の施設）**【省令第65条】

屋内に施設する電動機には、電動機が焼損するおそれがある過電流を生じた場合に**自動的**にこれを阻止し、又はこれを**警報**する装置を設けること。ただし、次の各号のいずれかに該当する場合はこの限りでない。

一　電動機を運転中、常時、**取扱者**が監視できる位置に施設する場合

二　電動機の構造上又は負荷の性質上、その電動機の巻線に当該電動機を焼損する過電流を生じるおそれがない場合

三　電動機が単相のものであって、その電源側電路に施設する過電流遮断器の定格電流が**15A**(配線用遮断器にあっては、**20A**)以下の場合

四　電動機の出力が**0.2kW**以下の場合

### (5) 蓄電池の保護装置、電気設備による電磁障害の防止

蓄電池の保護装置、電気設備による電磁障害の防止については、解釈第154条～155条で次のように定められています。

**解釈　第154条（蓄電池の保護装置）**【省令第59条第1項】

蓄電池(常用電源の停電時又は電圧低下発生時の非常用予備電源として用いるものを除く。)には、第44条各号に規定する場合に、自動的にこれを電路から遮断する装置を施設すること。(関連省令第14条)

**補足**
第44条各号については、LESSON24を参照。

**解釈　第155条（電気設備による電磁障害の防止）**【省令第67条】〈要点抜粋〉

電気機械器具が、**無線設備の機能**に**継続的**かつ重大な障害を及ぼす**高周波電流**を発生するおそれがある場合には、これを防止するため、次の各号により施設すること。

一　電気機械器具の種類に応じ、次に掲げる対策を施すこと。

イ　けい光放電灯には、適当な箇所に静電容量が0.006μF以上0.5μF以下（予熱始動式のものであって、グローランプに並列に接続する場合は、0.006μF以上0.01μF以下）のコンデンサを設けること。

ロ　使用電圧が低圧であり定格出力が1kW以下の交流直巻電動機（以下この項において「小型交流直巻電動機」という。）であって、電気ドリル用のものには、端子相互間に静電容量が0.1μFの無誘導型コンデンサ及び、各端子と大地との間に静電容量が0.003μFの十分な側路効果のある貫通型コンデンサを設けること。

**グローランプ**とは、けい光放電灯の電極間に放電を起こさせるためのバイメタルを利用した点灯管。

## 理解度チェック問題

**問題　次の文章は、電気設備技術基準の解釈に関する記述の一部である。次の［　　］の中に適当な答えを記入せよ。**

低圧幹線は、次の各号によること。

四　低圧幹線の電源側電路には、当該低圧幹線を保護する過電流遮断器を施設すること。ただし、次のいずれかに該当する場合は、この限りでない。

イ　低圧幹線の許容電流が、当該低圧幹線の電源側に接続する他の低圧幹線を保護する過電流遮断器の定格電流の［（ア）］%以上である場合

ロ　過電流遮断器に直接接続する低圧幹線又はイに掲げる低圧幹線に接続する長さ［（イ）］m以下の低圧幹線であって、当該低圧幹線の許容電流が、当該低圧幹線の電源側に接続する他の低圧幹線を保護する過電流遮断器の定格電流の［（ウ）］%以上である場合

ハ　過電流遮断器に直接接続する低圧幹線又はイ若しくはロに掲げる低圧幹線に接続する長さ［（エ）］m以下の低圧幹線であって、当該低圧幹線の負荷側に他の低圧幹線を接続しない場合

第4章　電気設備技術基準の解釈

**解答**

（ア）55　（イ）8　（ウ）35　（エ）3

**解説**　解釈第148条からの出題である。

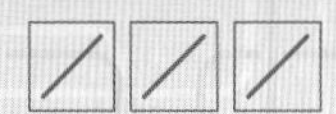

LESSON 32

# 電気使用場所の施設、小規模発電設備③ 第156条～164条

解釈第157条のがいし引き工事から、解釈第164条のケーブル工事までの8種類の工事のポイントについて学びます。

関連過去問 070, 071

金属管、金属可とう電線管
金属ダクト、バスダクト、
ケーブルの各工事

300[V]以下：D種接地工事
300[V]超え：C種接地工事

低圧屋内配線の電気工事で電線を入れる金属製のものには、原則として、左の接地工事を施します。

## 1 配線等の施設① 重要度A

### (1) 低圧屋内配線の施設場所による工事の種類

低圧屋内配線の施設場所による工事の種類については、解釈第156条で次のように定められています。

**解釈　第156条（低圧屋内配線の施設場所による工事の種類）**【省令第56条第1項】

低圧屋内配線は、次の各号に掲げるものを除き、156-1表（次ページ参照）に規定する工事のいずれかにより施設すること。

一　第172条第1項の規定により施設するもの

二　第175条から第178条までに規定する場所に施設するもの

**補足**

第172条第1項の規定とは、ショウウィンドー又はショウケース内の低圧屋内配線に関する規程である。
第175条から178条については、LESSON34で学ぶ。

### (2) がいし引き工事

がいし引き工事は、がいしで電線を支持して配線するものです。人が配線に触れて感電したり、あるいは配線を損傷しないようにするため、人が容易にさわることができないよう施工方

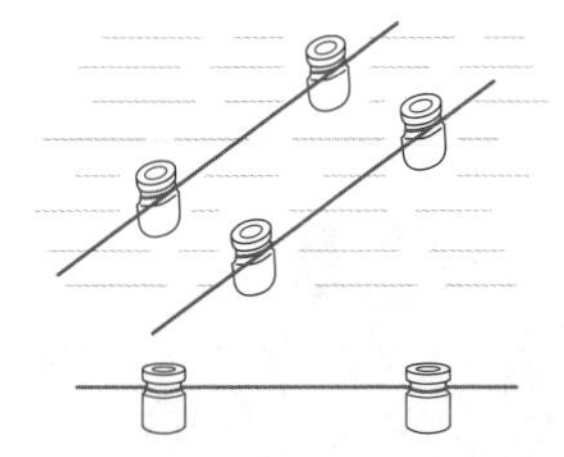

図4.41　がいし引きの例
（一般家庭の天井裏などに施設されている）

156-1表

| 施設場所の区分 | | 使用電圧の区分 | 工事の種類 | | | | | | | | | | | |
|---|---|---|---|---|---|---|---|---|---|---|---|---|---|---|
| | | | がいし引き工事 | 合成樹脂管工事 | 金属管工事 | 金属可とう電線管工事 | 金属線ぴ工事 | 金属ダクト工事 | バスダクト工事 | ケーブル工事 | フロアダクト工事 | セルラダクト工事 | ライティングダクト工事 | 平形保護層工事 |
| 展開した場所 | 乾燥した場所 | 300V以下 | ○ | ○ | ○ | ○ | ○ | ○ | ○ | ○ | | | ○ | |
| | | 300V超過 | ○ | ○ | ○ | ○ | | ○ | ○ | ○ | | | | |
| | 湿気の多い場所又は水気のある場所 | 300V以下 | ○ | ○ | ○ | ○ | | | ○ | ○ | | | | |
| | | 300V超過 | ○ | ○ | ○ | ○ | | | | ○ | | | | |
| 点検できる隠ぺい場所 | 乾燥した場所 | 300V以下 | ○ | ○ | ○ | ○ | ○ | ○ | ○ | ○ | | ○ | ○ | ○ |
| | | 300V超過 | ○ | ○ | ○ | ○ | | ○ | ○ | ○ | | | | |
| | 湿気の多い場所又は水気のある場所 | — | ○ | ○ | ○ | ○ | | | | ○ | | | | |
| 点検できない隠ぺい場所 | 乾燥した場所 | 300V以下 | | ○ | ○ | ○ | | | | ○ | ○ | ○ | | |
| | | 300V超過 | | ○ | ○ | ○ | | | | ○ | | | | |
| | 湿気の多い場所又は水気のある場所 | — | | ○ | ○ | ○ | | | | ○ | | | | |

(備考) ○は、使用できることを示す。

LESSON33で学ぶ

合成樹脂管、金属管、金属可とう電線管、ケーブルの4つの工事は、すべての施設場所の区分で施設できます。しっかり覚えておきましょう。

法や材料等について、解釈第157条では次のように定められています。

**解釈　第157条（がいし引き工事）**【省令第56条第1項、第57条第1項、第62条】〈要点抜粋〉

がいし引き工事による低圧屋内配線は、次の各号によること。

一　**電線**は、第144条第一号イからハまでに掲げるものを除き、**絶縁電線**（屋外用ビニル絶縁電線、引込用ビニル絶縁電線及び引込用ポリエチレン絶縁電線を除く。）であること。

二　**電線相互の間隔は、6cm以上**であること。

三　**電線と造営材との離隔距離は、使用電圧が300V以下の場合は2.5cm以上、300Vを超える場合は4.5cm**（乾燥した場所に施設する場合は、2.5cm）**以上**であること。

四　**電線の支持点間の距離**は、次によること。

イ　**電線を造営材の上面又は側面に沿って取り付ける場合は、2m以下**であること。

ロ　イに規定する以外の場合であって、**使用電圧が300Vを超えるものにあっては、6m以下**であること。

五　使用電圧が300V以下の場合は、電線に**簡易接触防護措置**を施すこと。

六　使用電圧が300Vを超える場合は、電線に**接触防護措置**を施すこと。

七　電線が造営材を貫通する場合は、その貫通する部分の電線を電線ごとにそれぞれ別個の難燃性及び耐水性のある物で絶縁すること。ただし、使用電圧が150V以下の電線を乾燥した場所に施設する場合であって、貫通する部分の電線に耐久性のある絶縁テープを巻くときはこの限りでない。

九　がいしは、**絶縁性**、**難燃性**及び**耐水性**のあるものであること。

がいし引き工事の施設のポイントは次のとおりです。

| | 300〔V〕以下の場合 | 300〔V〕を超える場合 |
|---|---|---|
| 電線相互の間隔 | 6〔cm〕以上 | |
| 電線と造営材との離隔距離 | 2.5〔cm〕以上 | 4.5〔cm〕以上（乾燥した場所：2.5〔cm〕以上） |
| 電線支点間の距離 | 2〔m〕以下 | 6〔m〕以下 |
| 接触防護の区分 | 簡易接触防護措置 | 接触防護措置 |

### (3) 合成樹脂管工事

合成樹脂管（硬質ビニル電線管、合成樹脂製可とう管、CD管）の中に絶縁電線を入れて施工する合成樹脂管工事の施工方法や材料等については、解釈第158条で次のように定められています。

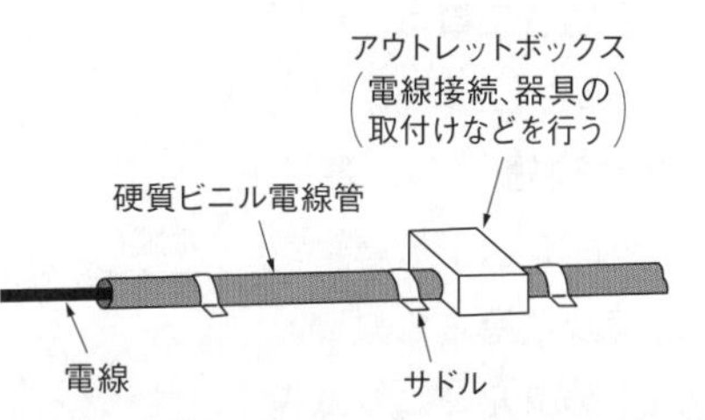


**図4.42　合成樹脂管工事の例**

**解釈　第158条（合成樹脂管工事）**【省令第56条第1項、第57条第1項】〈要点抜粋〉

合成樹脂管工事による低圧屋内配線の電線は、次の各号によること。

一　**絶縁電線（屋外用ビニル絶縁電線を除く。）**であること。

二　**より線又は直径3.2mm（アルミ線にあっては、4mm）以下の単線**であること。

三　**合成樹脂管内では、電線に接続点を設けない**こと。

3　合成樹脂管工事に使用する合成樹脂管及びボックスその他の附属品は、次の各号により施設すること。

四　湿気の多い場所又は水気のある場所に施設する場合は、**防湿装置を施す**こと。

五　合成樹脂管を金属製のボックスに接続して使用する場合又は前項第一号ただし書に規定する粉じん防爆型フレキシブルフィッチングを使用する場合は、次によること。

イ　低圧屋内配線の**使用電圧が300V以下の場合は、ボックス又は粉じん防爆型フレキシブルフィッチングにD種接地工事を施す**こと。

ロ　低圧屋内配線の**使用電圧が300Vを超える場合は、ボックス又は粉じん防爆型フレキシブルフィッチングにC種接地工事を施す**こと。**ただし、接触防護措置を施す場合は、D種接地工事**によることができる。

**補足**
合成樹脂管は、軽量で加工が容易であるほか、絶縁性や耐水性、耐薬品性に優れているが、機械的衝撃や熱に弱いため、これらに注意して施設する必要がある。

**用語**
**CD管**は、Combined Duct（コンバインダクト）の略。ポリエチレン性で可とう性に富んでいるが、一方で可燃性の性質も持っている。

**用語**
**粉じん防爆型フレキシブルフィッチング**とは、合成樹脂管内に可燃性ガスや粉じんの流入のおそれがないよう合成樹脂管接続部に取り付けるもの。合成樹脂製ではないが、合成樹脂管の防爆型附属品である。

### (4) 金属管工事

金属管工事は、金属管（厚さ1.2〔mm〕以上の薄鋼電線管、厚さ2.3〔mm〕以上の厚鋼電線管及び厚さ2.0〔mm〕以上のアルミニウム電線管）を直接造営材に取付けたり、コンクリートに埋め込んで管内に電線を通して施設するもので、あらゆる施設場所の工事に用いられる施工方法です。金属管工事については、解釈第159条で次のように定められています。

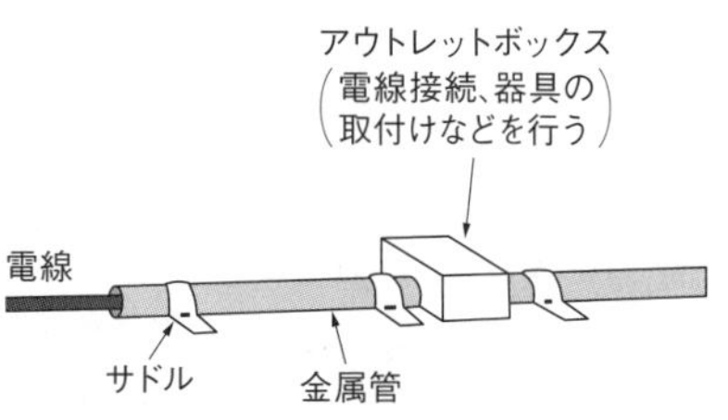

**図4.43　金属管工事の例**

**解釈　第159条（金属管工事）**【省令第56条第1項、第57条第1項】〈要点抜粋〉

金属管工事による低圧屋内配線の電線は、次の各号によること。

一　**絶縁電線（屋外用ビニル絶縁電線を除く。）**であること。

二　**より線又は直径3.2mm（アルミ線にあっては、4mm）以下の単線**であること。

三　**金属管内では、電線に接続点を設けない**こと。

2　金属管工事に使用する金属管及びボックスその他の附属品（管相互を接続するもの及び管端に接続するものに限り、レジューサーを除く。）は、次の各号に適合するものであること。

二　管の厚さは、次によること。

イ　コンクリートに埋め込むものは、1.2mm以上

ロ　イに規定する以外のものであって、継手のない長さ4m以下のものを乾燥した展開した場所に施設する場合は、0.5mm以上

ハ　イ及びロに規定するもの以外のものは、1mm以上

3　金属管工事に使用する金属管及びボックスその他の附属品は、次の各号により施設すること。

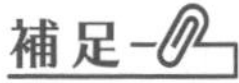

**補足**

解釈第159条第1項第三号では、金属管の中で接続点を設けることは禁止している。理由は、接続点における事故が多いためで、電線の接続はボックス内等で行うことを規定している。
合成樹脂管の接続点も同様である。

**用語**

**レジューサー**とは、アウトレットボックスのノックアウト（打ち抜き穴）の径が、それに接続する金属管の外径より大きいときに、径を合わせるための金具。

二　**管相互及び管とボックスその他の附属品とは、ねじ接続その他これと同等以上の効力のある方法により、堅ろうに、かつ、電気的に完全に接続すること。**
三　**湿気の多い場所又は水気のある場所に施設する場合は、防湿装置を施す**こと。
四　低圧屋内配線の**使用電圧が300V以下の場合は、管には、D種接地工事を施す**こと。ただし、次のいずれかに該当する場合は、この限りでない。（関連省令第10条、第11条）
　イ　管の長さ（2本以上の管を接続して使用する場合は、その全長。以下この条において同じ。）が4m以下のものを**乾燥した場所**に施設する場合
　ロ　屋内配線の使用電圧が直流300V又は交流対地電圧150V以下の場合において、その電線を収める管の長さが8m以下のものに簡易接触防護措置（金属製のものであって、防護措置を施す管と電気的に接続するおそれがあるもので防護する方法を除く。）を施すとき又は乾燥した場所に施設するとき
五　低圧屋内配線の**使用電圧が300Vを超える場合は、管には、C種接地工事を施す**こと。**ただし、接触防護措置を施す場合は、D種接地工事**によることができる。
六　金属管を金属製のプルボックスに接続して使用する場合は、第一号の規定に準じて施設すること。ただし、技術上やむを得ない場合において、管及びプルボックスを乾燥した場所において不燃性の造営材に堅ろうに施設し、かつ、管及びプルボックス相互を電気的に完全に接続するときは、この限りでない。

原則として、
300〔V〕**以下**：
　**D種**接地工事
300〔V〕**超え**：
　**C種**接地工事
を施す。

**プルボックス**とは、多数の管を配管する場合に、その途中で各方向へ電線を仕分けるのに使用されるものである。プルボックスの用途に供するものであっても、小型のものは**アウトレットボックス**として電気用品安全法の適用を受ける。

用語
**可とう性**（可撓性）とは、柔軟性があり、折り曲げても折れにくい性質のこと。

### (5) 金属可とう電線管工事

金属可とう電線管工事は、金属可とう電線管の中に絶縁電線を引き入れて施設するものです。電動機など振動のある機器へ配線する場合や、建物の接合部分などある程度のずれが予想さ

れる箇所及び複雑な曲がりのある場所などに配線する場合に用いられる施工方法です。金属可とう電線管工事については、解釈第160条で次のように定められています。

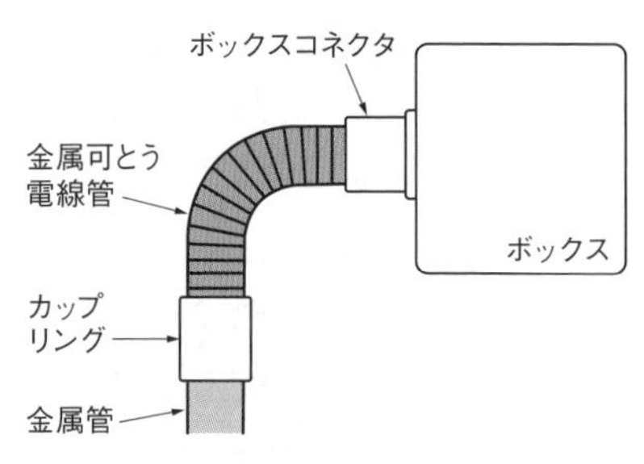


**図4.44　金属可とう電線管工事の例**

**解釈　第160条（金属可とう電線管工事）**【省令第56条第1項、第57条第1項】〈要点抜粋〉

金属可とう電線管工事による低圧屋内配線の電線は、次の各号によること。

一　**絶縁電線（屋外用ビニル絶縁電線を除く。）**であること。

二　**より線又は直径3.2mm（アルミ線にあっては、4mm）以下の単心のもの**であること。

三　電線管内では、**電線に接続点を設けない**こと。

2　金属可とう電線管工事に使用する電線管及びボックスその他の附属品（管相互及び管端に接続するものに限る。）は、次の各号に適合するものであること。

二　**電線管は、2種金属製可とう電線管**であること。ただし、次に適合する場合は、**1種金属製可とう電線管**を使用することができる。

イ　**展開した場所又は点検できる隠ぺい場所であって、乾燥した場所**であること。

ロ　**屋内配線の使用電圧が300Vを超える場合は、電動機に接続する部分で可とう性を必要とする部分**であること。

ハ　**管の厚さは、0.8mm以上**であること。

3　金属可とう電線管工事に使用する電線管及びボックスその他の附属品は、次の各号により施設すること。

一　**重量物の圧力又は著しい機械的衝撃を受けるおそれがないように施設**すること。

**補足**

**2種金属製可とう電線管**は、施設場所及び使用電圧の制限を受けない。これは、2種金属可とう電線管が1種金属可とう電線管に比べ、機械的強度及び耐水性能が優れているからである。

二　**管相互及び管とボックスその他の附属品とは、堅ろうに、かつ、電気的に完全に接続**すること。

三　管の端口は、電線の被覆を損傷しないような構造であること。

六　低圧屋内配線の**使用電圧が300V以下の場合は、電線管には、D種接地工事を施す**こと。ただし、管の長さが4m以下のものを施設する場合は、この限りでない。

七　低圧屋内配線の**使用電圧が300Vを超える場合は、電線管には、C種接地工事を施す**こと。**ただし、接触防護措置を施す場合は、D種接地工事**によることができる。

金属可とう電線管工事の施工ポイントは次のとおりです。
・2種金属製可とう電線管は、金属管工事と同じ場所に施工できる
・1種金属製可とう電線管は、300〔V〕以下の乾燥した展開場所や点検できる隠ぺい場所に施工できる
・原則として、300〔V〕以下：D種接地工事、300〔V〕超え：C種接地工事を施す（金属管工事と同じ）。

### (6) 金属線ぴ工事

金属線ぴ工事は、スイッチなどへの引下げ線やコンクリート造りの天井・壁などの乾燥した場所の増設箇所などの配線工事に用いられます。金属線ぴ工事については、解釈第161条で次のように定められています。

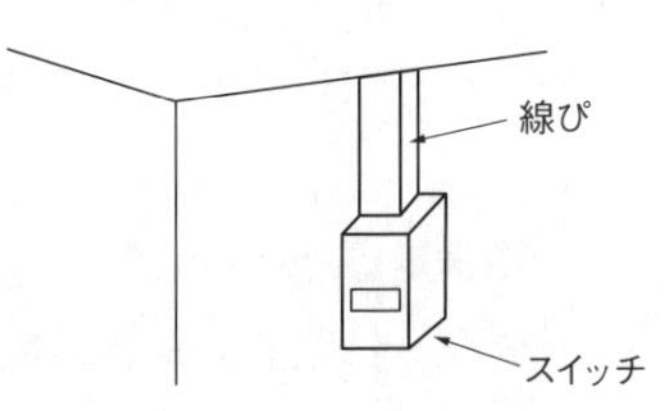

**図4.45　金属線ぴ工事の例**

**用語**
**線ぴ**とは、天井、壁、床などに露出配線する場合に見た目をすっきりさせたり、つまずきにくくさせたりするために、電線をその中に通すための配線材料のこと。一般的に「モール」と呼ばれる。

**解釈　第161条（金属線ぴ工事）**【省令第56条第1項、第57条第1項】〈要点抜粋〉

金属線ぴ工事による低圧屋内配線の電線は、次の各号によること。

一　**絶縁電線（屋外用ビニル絶縁電線を除く。）**であること。

二　**線ぴ内では、電線に接続点を設けない**こと。

3　金属線ぴ工事に使用する金属製線ぴ及びボックスその他の附属品は、次の各号により施設すること。

一　**線ぴ相互及び線ぴとボックスその他の附属品とは、堅ろうに、かつ、電気的に完全に接続する**こと。

二　**線ぴには、D種接地工事を施す**こと。

### (7) 金属ダクト工事

金属ダクト工事は、工場やビルなどの変電室から構内にケーブルなどを引き出す引出口等において、多数の配線を収める箇所の工事などに用いられています。金属ダクト工事については、解釈第162条で次のように定められています。

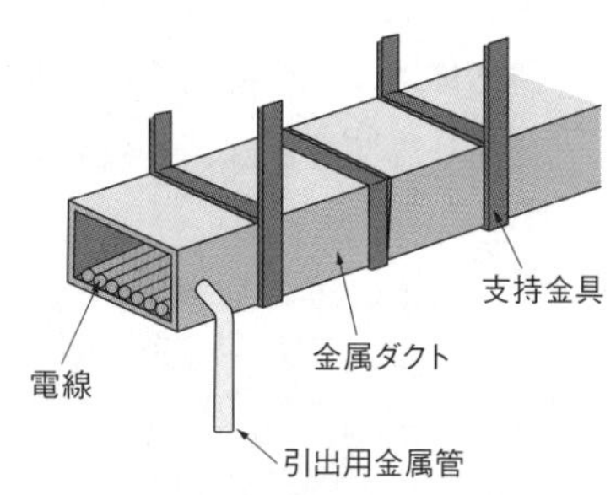


**図4.46　金属ダクト工事の例**

**解釈　第162条（金属ダクト工事）**【省令第56条第1項、第57条第1項】〈要点抜粋〉

金属ダクト工事による低圧屋内配線の電線は、次の各号によること。

一　**絶縁電線**(屋外用ビニル絶縁電線を除く。)であること。

二　**ダクトに収める電線の断面積（絶縁被覆の断面積を含む。)の総和は、ダクトの内部断面積の20%以下**であること。ただし、**電光サイン装置、出退表示灯その他これらに類する装置又は制御回路等**（自動制御回路、遠方操作回路、遠方監視装置の信号回路その他これらに類する電気回路をいう。）**の配線のみを収める場合は、50%以下**とすることができる。

三　ダクト内では、**電線に接続点を設けない**こと。ただし、電線を分岐する場合において、その接続点が容易に点検できるときは、この限りでない。

補足 

電線の断面積は、絶縁物を含めた断面積のことで、導体の公称断面積ではないので注意すること。

四　ダクト内の電線を外部に引き出す部分は、ダクトの貫通部分で電線が損傷するおそれがないように施設すること。

五　ダクト内には、電線の被覆を損傷するおそれがあるものを収めないこと。

六　ダクトを垂直に施設する場合は、電線をクリート等で堅固に支持すること。

2　金属ダクト工事に使用する金属ダクトは、次の各号に適合するものであること。

一　**幅が5cmを超え、かつ、厚さが1.2mm以上の鉄板**又はこれと同等以上の強さを有する金属製のものであって、堅ろうに製作したものであること。

二　内面は、電線の被覆を損傷するような突起がないものであること。

三　内面及び外面にさび止めのために、めっき又は塗装を施したものであること。

3　金属ダクト工事に使用する金属ダクトは、次の各号により施設すること。

一　ダクト相互は、堅ろうに、かつ、電気的に完全に接続すること。

二　ダクトを造営材に取り付ける場合は、**ダクトの支持点間の距離を3m**（取扱者以外の者が出入りできないように措置した場所において、垂直に取り付ける場合は、6m）以下とし、堅ろうに取り付けること。

三　ダクトのふたは、容易に外れないように施設すること。

四　**ダクトの終端部は、閉そくすること。**

五　ダクトの内部にじんあいが侵入し難いようにすること。

六　ダクトは、水のたまるような低い部分を設けないように施設すること。

七　低圧屋内配線の**使用電圧が300V以下の場合は、ダクトには、D種接地工事を施す**こと。

用語 

**クリート**とは、材質がポリウレタン樹脂などの電線を固定する器具。

用語 

**じんあい**（塵埃）とは、ちりやほこりのこと。

八　低圧屋内配線の**使用電圧が300Vを超える場合は、ダクトには、C種接地工事を施す**こと。**ただし、接触防護措置を施す場合は、D種接地工事**によることができる。

**バスダクト**とは、アルミニウムや銅の板状導体をダクト(管)に通したもの。名称は、導体を表すBUSBAR(バスバー、ブスバー)と、管を表すDUCT(ダクト)を合わせている。

用語

**裸導体バスダクト**

図4.47上図のように、導体間及び導体とハウジング間を空気で絶縁したもの。

**絶縁バスダクト**

図4.47下図のように、空気ではなく絶縁物で被覆・支持したもの。

## (8) バスダクト工事

バスダクト工事は、大規模工場や高層ビルなどにおいて、比較的大電流を通ずる屋内主要幹線用として採用される工事です。種類としては、裸導体バスダクトと絶縁バスダクトがあります。バスダクト工事については、解釈第163条で次のように定められています。

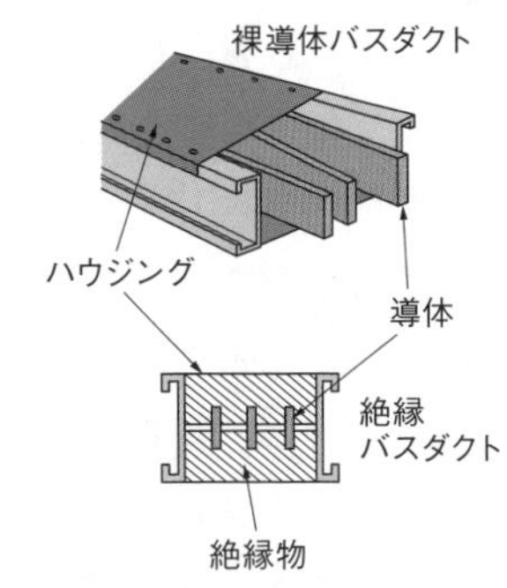


**図4.47　バスダクト工事の例**

**解釈　第163条（バスダクト工事）**【省令第56条第1項、第57条第1項】〈要点抜粋〉

バスダクト工事による低圧屋内配線は、次の各号によること。

一　**ダクト相互及び電線相互は、堅ろうに、かつ、電気的に完全に接続する**こと。

二　ダクトを造営材に取り付ける場合は、**ダクトの支持点間の距離を3m**(取扱者以外の者が出入りできないように措置した場所において、垂直に取り付ける場合は、6m)以下とし、堅ろうに取り付けること。

三　ダクト(換気型のものを除く。)の終端部は、閉そくすること。

四　ダクト(換気型のものを除く。)の内部にじんあいが侵入し難いようにすること。

五　湿気の多い場所又は水気のある場所に施設する場合は、屋外用バスダクトを使用し、バスダクト内部に水が浸入してたまらないようにすること。

六　低圧屋内配線の**使用電圧が300V以下の場合は、ダク**

**トには、D種接地工事を施す**こと。

七　低圧屋内配線の**使用電圧が300Vを超える場合は、ダクトには、C種接地工事を施す**こと。**ただし、接触防護措置を施す場合は、D種接地工事**によることができる。

低圧電線を配線するときに電線を入れる金属製のもの（線ぴを除く）には、原則として、
**300〔V〕**以下：D種接地工事
**300〔V〕**超え：C種接地工事
を施すと覚えましょう。

### (9) ケーブル工事

ケーブル工事は、屋内では金属管工事と同様に、あらゆる場所に施設できる工事です。使用できる電線には、ケーブルとキャブタイヤケーブルがあり、施設場所によって適切なケーブルを選び、損傷しないように施工します。

ケーブル工事については、解釈第164条で次のように定められています。

**解釈　第164条（ケーブル工事）**【省令第56条第1項、第57条第1項】〈要点抜粋〉

ケーブル工事による低圧屋内配線は、次項及び第3項に規定するものを除き、次の各号によること。

一　電線は、164-1表〈省略〉に規定するものであること。

二　重量物の圧力又は著しい機械的衝撃を受けるおそれがある箇所に施設する電線には、適当な防護装置を設けること。

三　電線を造営材の下面又は側面に沿って取り付ける場合は、**電線の支持点間の距離をケーブルにあっては2m（接触防護措置を施した場所において垂直に取り付ける場合は、6m）以下、キャブタイヤケーブルにあっては1m以下**とし、かつ、その被覆を損傷しないように取り付けること。

用語 

**キャブタイヤケーブル**とは、外装がキャブ（辻馬車）のタイヤのように丈夫なゴムで被覆されていることが由来とされる。通電状態のまま移動できる電線である。

**プラスワン**

キャブタイヤケーブルは、その使用目的から、心線に細い素線を用いていて機械的強度がケーブルに劣るため、電線の支持点間の距離を1m以下としている。

四　低圧屋内配線の**使用電圧が300V以下の場合**は、管その他の電線を収める防護装置の金属製部分、金属製の電線接続箱及び電線の被覆に使用する金属体には、**D種接地工事を施す**こと。ただし、次のいずれかに該当する場合は、管その他の電線を収める防護装置の金属製部分については、この限りでない。

イ　防護装置の金属製部分の長さが**4m以下のものを乾燥した場所に施設する場合**

ロ　屋内配線の使用電圧が直流300V又は交流対地電圧150V以下の場合において、防護装置の金属製部分の長さが**8m以下のものに簡易接触防護措置を施すとき又は乾燥した場所に施設**するとき

五　低圧屋内配線の**使用電圧が300Vを超える場合**は、管その他の電線を収める防護装置の金属製部分、金属製の電線接続箱及び電線の被覆に使用する金属体には、**C種接地工事を施す**こと。**ただし、接触防護措置を施す場合は、D種接地工事**によることができる。（関連省令第10条、第11条）

2　電線を直接コンクリートに埋め込んで施設する低圧屋内配線は、次の各号によること。

一　電線は、**MIケーブル、コンクリート直埋（じかまい）用ケーブル**又は第120条第6項に規定する性能を満足する**がい装を有するケーブル**であること。

二　**コンクリート内では、電線に接続点を設けない**こと。ただし、接続部において、ケーブルと同等以上の絶縁性能及び機械的保護機能を有するように施設する場合は、この限りでない。

## 理解度チェック問題

**問題　次の文章は、電気設備技術基準の解釈に関する記述の一部である。次の[　　]の中に適当な答えを記入せよ。**

1．金属管工事による低圧屋内配線の電線は、次の各号によること。

一　[（ア）]（屋外用ビニル絶縁電線を除く。）であること。

二　[（イ）]又は直径[（ウ）]mm（アルミ線にあっては、[（エ）]mm）以下の[（オ）]であること。

三　金属管内では、電線に[（カ）]を設けないこと。

2．金属管工事に使用する金属管及びボックスその他の附属品は、次の各号により施設すること。

一　管相互及び管とボックスその他の附属品とは、[（キ）]その他これと同等以上の効力のある方法により、[（ク）]に、かつ、[（ケ）]すること。

三　湿気の多い場所又は水気のある場所に施設する場合は、[（コ）]を施すこと。

四　低圧屋内配線の使用電圧が[（サ）]V以下の場合は、管には、[（シ）]接地工事を施すこと。

五　低圧屋内配線の使用電圧が[（ス）]Vを超える場合は、管には、[（セ）]接地工事を施すこと。ただし、[（ソ）]を施す場合は、[（タ）]接地工事によることができる。



**解答**

（ア）絶縁電線　（イ）より線　（ウ）3.2　（エ）4　（オ）単線　（カ）接続点
（キ）ねじ接続　（ク）堅ろう　（ケ）電気的に完全に接続　（コ）防湿装置　（サ）300
（シ）D種　（ス）300　（セ）C種　（ソ）接触防護措置　（タ）D種

**解説**　解釈第159条からの出題である。

33日目

第4章 電気設備技術基準の解釈

LESSON 33

# 電気使用場所の施設、小規模発電設備④ 第165条～174条

特殊な屋内配線の工事方法として、フロアダクト工事など4種類の工事と、高圧配線、移動配線の施設などについて学びます。

関連過去問 072, 073

①電線は絶縁電線
②電線はより線か直径3.2mm
(アルミ線は、4mm)以下の単線
③電線に接続点を設けない
フロアダクト工事とセルラダクト工事に共通な、低圧屋内配線に関する重要な規定です。確実に覚えてください。


## 1 配線等の施設②

重要度 B

4つの工事の図は、310ページにあります。


**用語**

**フロアダクト**とは、事務室等で、電話線、信号線等の弱電流電線、ＯＡ機器用の電源線等の強電流電線を床（フロア）コンクリート内に埋め込む配線用の管（ダクト）のこと。
電線が床下に隠れることにより、床がすっきりし、安全面も保たれる。

### (1) 特殊な低圧屋内配線工事

解釈第165条では、特殊な低圧屋内配線工事として、フロアダクト工事、セルラダクト工事、ライティングダクト工事、平形保護層工事の4種類が定められています。

**解釈 第165条（特殊な低圧屋内配線工事）**【省令第56条第1項、第57条第1項、第64条】〈要点抜粋〉

**フロアダクト工事**による低圧屋内配線は、次の各号によること。

一 **電線は、絶縁電線（屋外用ビニル絶縁電線を除く。）**であること。

二 **電線は、より線又は直径3.2mm（アルミ線にあっては、4mm）以下の単線**であること。

三 **フロアダクト内では、電線に接続点を設けない**こと。ただし、電線を分岐する場合において、その接続点が容易に点検できるときは、この限りでない。

五 フロアダクト工事に使用するフロアダクト及びボックスその他の附属品は、次により施設すること。

イ **ダクト相互並びにダクトとボックス及び引出口と**

**は、堅ろうに、かつ、電気的に完全に接続**すること。

ロ　**ダクト及びボックスその他の附属品は、水のたまるような低い部分を設けないように施設**すること。

ハ　**ボックス及び引出口は、床面から突出しないように施設し、かつ、水が浸入しないように密封**すること。

ニ　**ダクトの終端部は、閉そく**すること。

ホ　**ダクトには、D種接地工事を施す**こと。

2　**セルラダクト工事**による低圧屋内配線は、次の各号によること。

一　**電線は、絶縁電線（屋外用ビニル絶縁電線を除く。）**であること。

二　**電線は、より線又は直径3.2 mm（アルミ線にあっては、4 mm）以下の単線**であること。

三　**セルラダクト内では、電線に接続点を設けない**こと。ただし、電線を分岐する場合において、その接続点が容易に点検できるときは、この限りでない。

七　セルラダクト工事に使用するセルラダクト及び附属品（ヘッダダクト及びその附属品を含む。）は、次により施設すること。

イ　**ダクト相互並びにダクトと造営物の金属構造体、附属品及びダクトに接続する金属体とは堅ろうに、かつ、電気的に完全に接続**すること。

ロ　**ダクト及び附属品は、水のたまるような低い部分を設けないように施設**すること。

ハ　**引出口は、床面から突出しないように施設し、かつ、水が浸入しないように密封**すること。

ニ　**ダクトの終端部は、閉そく**すること。

ホ　**ダクトにはD種接地工事を施す**こと。

3　**ライティングダクト工事**による低圧屋内配線は、次の各号によること。

一　ダクト及び附属品は、電気用品安全法の適用を受けるものであること。

**用語** 

**セルラダクト**とは、床コンクリートの仮枠又は床構造材の一部を電気配線用ダクト（セルラダクト）として利用するもの。電気設備の増設、負荷の位置変更に容易に対処できる。セルラは、英語名のcellular metal floor ductから来ている。Cellularは「細胞の」という意味。

**用語**

**ライティングダクト**とは、照明器具やコンセントなどの接続部品をダクト端部に差し込むことにより、導体同士の接触面に十分な圧力を加え、電気的接続を確保している。取り付ける照明器具などはダクトの自由な位置にセットできる。

二　**ダクト相互及び電線相互は、堅ろうに、かつ、電気的に完全に接続する**こと。

三　**ダクトは、造営材に堅ろうに取り付ける**こと。

四　**ダクトの支持点間の距離は、2m以下とする**こと。

五　**ダクトの終端部は、閉そくする**こと。

六　**ダクトの開口部は、下に向けて施設する**こと。**ただし、次のいずれかに該当する場合は、横に向けて施設する**ことができる。

イ　**簡易接触防護措置を施し、かつ、ダクトの内部にじんあいが侵入し難いように施設する場合**

七　**ダクトは、造営材を貫通しない**こと。

八　**ダクトには、D種接地工事を施す**こと。ただし、次のいずれかに該当する場合は、この限りでない。

イ　合成樹脂その他の絶縁物で金属製部分を被覆したダクトを使用する場合

ロ　対地電圧が150V以下で、かつ、ダクトの長さ（2本以上のダクトを接続して使用する場合は、その全長をいう。）が4m以下の場合

九　**ダクトの導体に電気を供給する電路には、当該電路に地絡を生じたときに自動的に電路を遮断する装置を施設**すること。**ただし、ダクトに簡易接触防護措置を施す場合は、この限りでない。**

4　**平形保護層工事**による低圧屋内配線は、次の各号によること。

一　住宅以外の場所においては、次によること。

イ　次に掲げる以外の場所に施設すること。

（イ）旅館、ホテル又は宿泊所等の宿泊室

（ロ）小学校、中学校、盲学校、ろう学校、養護学校、幼稚園又は保育園等の教室その他これに類する場所

（ハ）病院又は診療所等の病室

（ニ）フロアヒーティング等発熱線を施設した床面

（ホ）第175条から第178条までに規定する場所

用語 

**平形保護層工事**とは、平形保護層（上部保護層、上部接地用保護層及び下部保護層）内に平形導体合成樹脂絶縁電線を入れ、床面に粘着テープで固定し、タイルカーペット等の下に施設する工法である。保護層が非常に薄く、タイルカーペットの下に施設すると配線の位置が目立たず、工事配線が簡単で、工期が短いという特徴がある。ただし、この配線工事は他の配線工事に比べ弱いため施設場所を限定している。

ロ　造営物の**床面又は壁面**に施設し、造営材を**貫通**しないこと。

ハ　電線は、電気用品安全法の適用を受ける平形導体合成樹脂絶縁電線であって、20A用又は30A用のもので、かつ、アース線を有するものであること。

ニ　平形保護層（上部保護層、上部接地用保護層及び下部保護層をいう。以下この条において同じ。）内の電線を外部に引き出す部分は、ジョイントボックスを使用すること。

ホ　平形導体合成樹脂絶縁電線相互を接続する場合は、次によること。

（イ）電線の引張強さを20%以上減少させないこと。

（ロ）接続部分には、接続器を使用すること。

ヘ　平形保護層内には、電線の被覆を損傷するおそれがあるものを収めないこと。

ト　電線に電気を供給する電路は、次に適合するものであること。

（イ）電路の対地電圧は、150V以下であること。

（ロ）定格電流が30A以下の過電流遮断器で保護される分岐回路であること。

（ハ）電路に**地絡**を生じたときに自動的に電路を遮断する装置を施設すること。

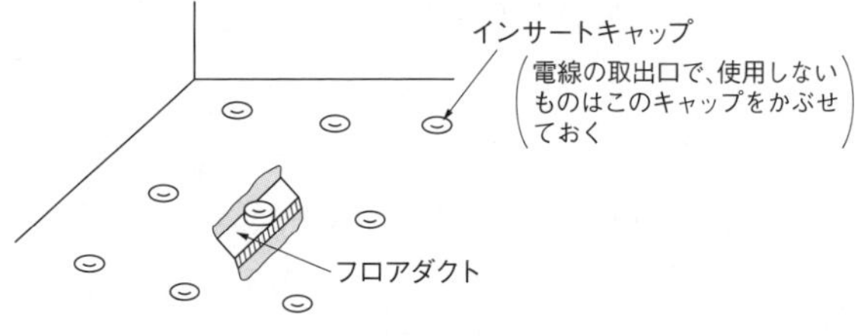


図(a) フロアダクト工事

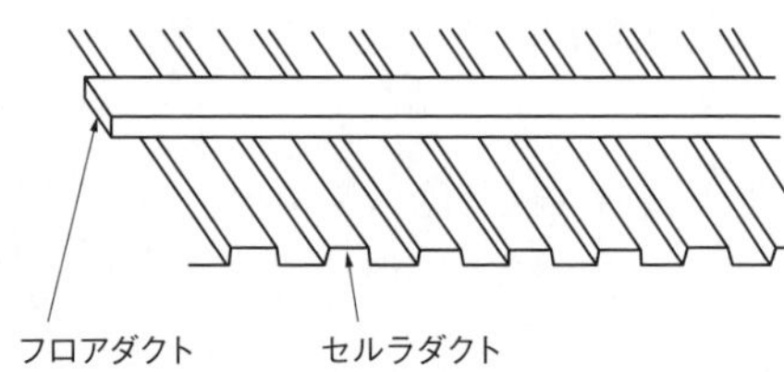


図(b) セルラダクト工事

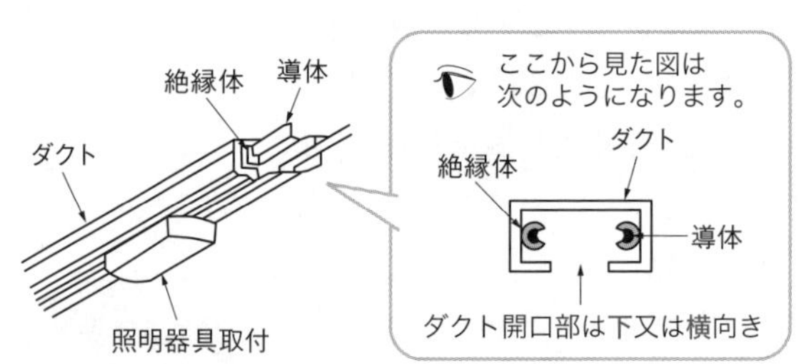


図(c) ライティングダクト工事

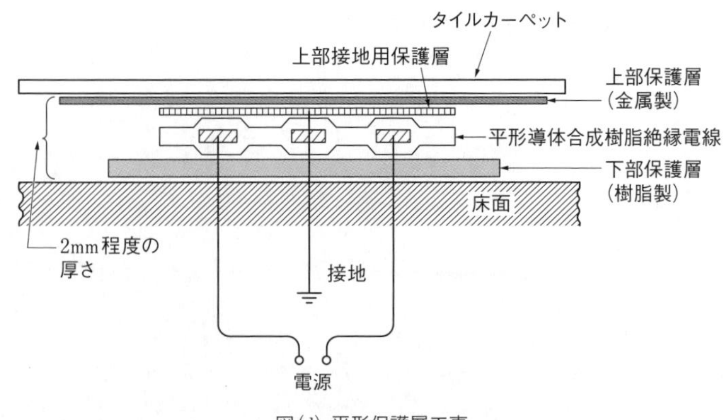


図(d) 平形保護層工事

**図4.48　特殊な低圧屋内配線工事**

### (2) 低圧配線と弱電流電線等又は管との接近又は交差

低圧配線と弱電流電線等又は管との接近又は交差については、解釈第167条で次のように定められています。

**解釈　第167条（低圧配線と弱電流電線等又は管との接近又は交差）**【省令第62条】〈要点抜粋〉

がいし引き工事により施設する低圧配線が、弱電流電線等又は水管、ガス管若しくはこれらに類するもの（以下この条において「水管等」という。）と接近又は交差する場合は、次の各号のいずれかによること。

一　低圧配線と弱電流電線等又は水管等との離隔距離は、10 cm（電線が裸電線である場合は、30 cm）以上とすること。

二　低圧配線の使用電圧が300V以下の場合において、低圧配線と弱電流電線等又は水管等との間に絶縁性の隔壁を堅ろうに取り付けること。

三　低圧配線の使用電圧が300V以下の場合において、低圧配線を十分な長さの難燃性及び耐水性のある堅ろうな絶縁管に収めて施設すること。

2　合成樹脂管工事、金属管工事、金属可とう電線管工事、金属線ぴ工事、金属ダクト工事、バスダクト工事、ケーブル工事、フロアダクト工事、セルラダクト工事、ライティングダクト工事又は平形保護層工事により施設する低圧配線が、弱電流電線又は水管等と接近し又は交差する場合は、次項ただし書の規定による場合を除き、低圧配線が弱電流電線又は水管等と**接触**しないように施設すること。

### (3) 高圧配線の施設

高圧配線の施設については、解釈第168条で次のように定められています。

**解釈　第168条（高圧配線の施設）**【省令第56条第1項、第57条第1項、第62条】〈要点抜粋〉

高圧屋内配線は、次の各号によること。

第4章
電気設備技術基準の解釈

一　高圧屋内配線は、次に掲げる工事のいずれかにより施設すること。

イ　**がいし引き工事**（乾燥した場所であって**展開**した場所に限る。）

ロ　**ケーブル工事**

二　がいし引き工事による高圧屋内配線は、次によること。

イ　**接触防護措置**を施すこと。

ロ　電線は、直径**2.6**mmの軟銅線と同等以上の強さ及び太さの、高圧絶縁電線、特別高圧絶縁電線又は引下げ用高圧絶縁電線であること。

ハ　電線の支持点間の距離は、**6**m以下であること。ただし、電線を造営材の面に沿って取り付ける場合は、**2**m以下とすること。

ニ　電線相互の間隔は**8**cm以上、電線と造営材との離隔距離は**5**cm以上であること。

ホ　がいしは、絶縁性、難燃性及び耐水性のあるものであること。

ヘ　高圧屋内配線は、低圧屋内配線と容易に区別できるように施設すること。

ト　電線が造営材を貫通する場合は、その貫通する部分の電線を電線ごとにそれぞれ別個の難燃性及び耐水性のある堅ろうな物で絶縁すること。

三　ケーブル工事による高圧屋内配線は、次によること。

〈中略〉

ハ　管その他のケーブルを収める防護装置の金属製部分、金属製の電線接続箱及びケーブルの被覆に使用する金属体には、**A**種接地工事を施すこと。ただし、接触防護措置を施す場合は、**D**種接地工事によることができる。

2　高圧屋内配線が、他の高圧屋内配線、低圧屋内電線、管灯回路の配線、弱電流電線等又は水管、ガス管若しくはこれらに類するもの（以下この項において「他の屋内電線等」

という。）と接近又は交差する場合は、次の各号のいずれかによること。

一　高圧屋内配線と他の屋内電線等との離隔距離は、**15cm**（がいし引き工事により施設する低圧屋内電線が裸電線である場合は、**30cm**）以上であること。

二　高圧屋内配線をケーブル工事により施設する場合においては、次のいずれかによること。

イ　ケーブルと他の屋内電線等との間に耐火性のある堅ろうな隔壁を設けること。

ロ　ケーブルを耐火性のある堅ろうな管に収めること。

ハ　他の高圧屋内配線の電線がケーブルであること。

### (4) 移動電線の施設

電気使用場所に施設する電線のうち、造営物に固定しないで使用する移動電線や、移動電線に接続する電気機械器具（電球線と配線器具は除く）に施す接地工事などに関する規定です。これらについて、解釈第171条では次のように定められています。

**解釈　第171条（移動電線の施設）**【省令第56条、第57条第1項、第66条】〈要点抜粋〉

低圧の移動電線は、第181条第1項第七号（第182条第五号において準用する場合を含む。）に規定するものを除き、次の各号によること。

一　電線の断面積は、**0.75**$mm^2$以上であること。

〈中略〉

四　移動電線と屋内配線との接続には、**差込み接続器**その他これに類する器具を用いること。ただし、移動電線をちょう架用線にちょう架して施設する場合は、この限りでない。

五　移動電線と屋側配線又は屋外配線との接続には、**差込み接続器**を用いること。

六　移動電線と電気機械器具との接続には、**差込み接続器**

第181条第1項第七号は、小勢力回路の移動電線に使用する電線の種類を規定している。

その他これに類する器具を用いること。ただし、**簡易接触防護措置**を施した端子にコードをねじ止めする場合は、この限りでない。

〈中略〉

3　高圧の移動電線は、次の各号によること。

一　電線は、高圧用の3種クロロプレンキャブタイヤケーブル又は3種クロロスルホン化ポリエチレンキャブタイヤケーブルであること。

二　移動電線と電気機械器具とは、ボルト締めその他の方法により堅ろうに接続すること。

三　移動電線に電気を供給する電路（誘導電動機の2次側電路を除く。）は、次によること。

イ　専用の開閉器及び過電流遮断器を各極（過電流遮断器にあっては、多線式電路の中性極を除く。）に施設すること。ただし、過電流遮断器が開閉機能を有するものである場合は、過電流遮断器のみとすることができる。

ロ　**地絡**を生じたときに自動的に電路を遮断する装置を施設すること。

4　特別高圧の移動電線は、第191条第1項第八号の規定により屋内に施設する場合を除き、施設しないこと。

特別高圧の移動電線は、原則として施設禁止です。ただし、第191条第1項第八号の規定による電気集じん応用装置のように、充電部分に人が触れても危険のおそれがないものについては、移動電線の使用を認めています。

### (5) 低圧、高圧又は特別高圧の接触電線の施設

低圧、高圧又は特別高圧の接触電線の施設について、解釈第173条、第174条では次のように定められています。概要のみを示します。

**解釈　第173条（低圧接触電線の施設）**【省令第56条第１項、第57条第１項、第２項、第59条第１項、第62条、第63条第１項、第73条第１項、第２項】〈要点抜粋〉

低圧接触電線（電車線及び第189条の規定により施設する接触電線を除く。以下この条において同じ。）は、機械器具に施設する場合を除き、次の各号によること。

一　展開した場所又は点検できる隠ぺい場所に施設すること。

二　がいし引き工事、バスダクト工事又は絶縁トロリー工事により施設すること。

三　低圧接触電線を、ダクト又はピット等の内部に施設する場合は、当該低圧接触電線を施設する場所に水がたまらないようにすること。

**解釈　第174条（高圧又は特別高圧の接触電線の施設）**【省令第56条第１項、第57条、第62条、第66条、第67条、第73条】〈要点抜粋〉

高圧接触電線（電車線を除く。以下この条において同じ。）は、次の各号によること。

一　展開した場所又は点検できる隠ぺい場所に、がいし引き工事により施設すること。

二　電線は、人が触れるおそれがないように施設すること。

三　電線は、引張強さ2.78kN以上のもの又は直径10mm以上の硬銅線であって、断面積70mm$^2$以上のたわみ難いものであること。

四　電線は、各支持点において堅ろうに固定し、かつ、集電装置の移動により揺動しないように施設すること。

五　電線の支持点間隔は、6m以下であること。

六　電線相互の間隔並びに集電装置の充電部分相互及び集

電装置の充電部分と極性の異なる電線との離隔距離は、30cm以上であること。ただし、電線相互の間、集電装置の充電部分相互の間及び集電装置の充電部分と極性の異なる電線との間に絶縁性及び難燃性の堅ろうな隔壁を設ける場合は、この限りでない。

七　電線と造営材（がいしを支持するものを除く。以下この号において同じ。）との離隔距離及び当該電線に接触する集電装置の充電部分と造営材の離隔距離は、20cm以上であること。ただし、電線及び当該電線に接触する集電装置の充電部分と造営材との間に絶縁性及び難燃性のある堅ろうな隔壁を設ける場合はこの限りでない。

八　がいしは、絶縁性、難燃性及び耐水性のあるものであること。

九　高圧接触電線に接触する集電装置の移動により無線設備の機能に継続的かつ重大な障害を及ぼすおそれがないように施設すること。

〈中略〉

6　特別高圧の接触電線は、電車線を除き施設しないこと。

## 理解度チェック問題

**問題　次の文章は、電気設備技術基準の解釈に関する記述の一部である。次の[　　]の中に適当な答えを記入せよ。**

**1.** フロアダクト工事による低圧屋内配線は、次の各号によること。

a. 電線は、[(ア)](屋外用ビニル絶縁電線を除く。)であること。

b. 電線は、より線又は直径[(イ)]mm(アルミ線にあっては、[(ウ)]mm)以下の単線であること。

c. フロアダクト内では、電線に[(エ)]を設けないこと。

**2.** ケーブル工事による高圧屋内配線は、次によること。

管その他のケーブルを収める防護装置の金属製部分、金属製の電線接続箱及びケーブルの被覆に使用する金属体には、[(オ)]接地工事を施すこと。ただし、接触防護措置を施す場合は、[(カ)]接地工事によることができる。

**解答**

(ア)絶縁電線　(イ)3.2　(ウ)4　(エ)接続点　(オ)A種　(カ)D種

**解説**　解釈第165条、第168条からの出題である。

34日目

第4章 電気設備技術基準の解釈

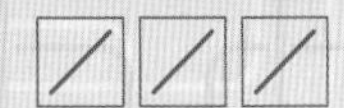

LESSON 34

# 電気使用場所の施設、小規模発電設備⑤ 第175条～180条

特殊場所の施設として、粉じんが多い場所や可燃性ガス等や危険物等が存在する場所、火薬庫の電気設備の施設等について学びます。

関連過去問 074

(1)電線…
キャブタイヤケーブル以外のケーブル

(2)電線…
特定のがい装を有するケーブルまたはMIケーブルを使用すれば、管その他の防護装置は不要

粉じんが多い場所や可燃性ガス等が存在する場所、それと火薬庫の電気設備の施設の際のケーブル工事に関する規定です。

## 1 特殊場所の施設　重要度A

### (1) 粉じんの多い場所の施設

粉じんのある場所とは、

①爆燃性粉じんの多い場所又は火薬類の粉末が飛散する場所（爆発した場合に、人に危害を与える、又は近くの工作物を損壊する）

②可燃性粉じんが空気中に浮遊し、点火源があれば爆発するおそれがある場所

③前記①②以外の場所で、粉じんが堆積あるいは機械器具内に侵入し、その熱の放散を妨げたり、絶縁性能や開閉機能の性能などを劣化させるおそれがある場所

などのことをいいます。

こうした場所で配線工事などを行う場合について、解釈第175条では次のように定められています。

**解釈　第175条（粉じんの多い場所の施設）**【省令第68条、第69条、第72条】〈要点抜粋〉

粉じんの多い場所に施設する低圧又は高圧の電気設備は、次の各号のいずれかにより施設すること。

一　**爆燃性粉じん**（マグネシウム、アルミニウム等の粉じ

んであって、空気中に浮遊した状態又は集積した状態において着火したときに爆発するおそれがあるものをいう。以下この条において同じ。）又は火薬類の粉末が存在し、電気設備が点火源となり爆発するおそれがある場所に施設する電気設備は、次によること。

イ　屋内配線、屋側配線、屋外配線、管灯回路の配線、第181条第1項に規定する小勢力回路の電線及び第182条に規定する出退表示灯回路の電線（以下この条において「屋内配線等」という。）は、次のいずれかによること。

（イ）**金属管工事**により、次に適合するように施設すること。

(1) **金属管は、薄鋼電線管（うすこう）又はこれと同等以上の強度を有するものであること。**

(2) ボックスその他の附属品及びプルボックスは、容易に摩耗、腐食その他の損傷を生じるおそれがないパッキンを用いて粉じんが内部に侵入しないように施設すること。

(3) **管相互及び管とボックスその他の附属品、プルボックス又は電気機械器具とは、5山以上ねじ合わせて接続する方法その他これと同等以上の効力のある方法により、堅ろうに接続し、かつ、内部に粉じんが侵入しないように接続すること。**

(4) 電動機に接続する部分で可とう性を必要とする部分の配線には、第159条第4項第一号に規定する粉じん防爆型フレキシブルフィッチングを使用すること。

（ロ）**ケーブル工事**により、次に適合するように施設すること。

(1) **電線は、キャブタイヤケーブル以外のケーブルであること。**

(2) **電線は、第120条第6項に規定する性能を満**

**補足**

解釈第175条第1項第一号イでは、屋内、屋側、及び屋外の配線並びに管灯回路の配線の工事方法は、金属管工事やケーブル工事でなければならない。特に、ケーブル工事の場合は信頼性の高いケーブルを使用することとし、**キャブタイヤケーブルは使用できない**。このことは覚えておこう。

**足する**がい装**を有するケーブル又は**MI**ケーブル**
**を使用する場合を除き、管その他の防護装置に収めて施設すること。**

(3) **電線を電気機械器具に引き込むときは、パッキン又は充てん剤を用いて引込口より粉じんが内部に侵入しないようにし、かつ、引込口で電線が損傷するおそれがないように施設すること。**

ロ　**移動電線**は、次によること。

(イ) 電線は、3種キャブタイヤケーブル、3種クロロプレンキャブタイヤケーブル、3種クロロスルホン化ポリエチレンキャブタイヤケーブル、3種耐燃性エチレンゴムキャブタイヤケーブル、4種キャブタイヤケーブル、4種クロロプレンキャブタイヤケーブル又は4種クロロスルホン化ポリエチレンキャブタイヤケーブルであること。

(ロ) 電線は、接続点のないものを使用し、損傷を受けるおそれがないように施設すること。

(ハ) イ(ロ)(3)の規定に準じて施設すること。

ハ　電線と電気機械器具とは、震動によりゆるまないように堅ろうに、かつ、電気的に完全に接続すること。

ニ　電気機械器具は、電気機械器具防爆構造規格(昭和44年労働省告示第16号)に規定する粉じん防爆特殊防じん構造のものであること。

ホ　白熱電灯及び放電灯用電灯器具は、造営材に直接堅ろうに取り付ける又は電灯つり管、電灯腕管等により造営材に堅ろうに取り付けること。

ヘ　電動機は、過電流が生じたときに爆燃性粉じんに着火するおそれがないように施設すること。

二　**可燃性粉じん**(小麦粉、でん粉その他の可燃性の粉じんであって、空中に浮遊した状態において着火したときに爆発するおそれがあるものをいい、爆燃性粉じんを除く。)が存在し、電気設備が点火源となり爆発するおそれがある場所に施設する電気設備は、次により施設すること。

イ　**危険**のおそれがないように施設すること。

〈中略〉

2　**特別高圧電気設備**は、粉じんの多い場所に施設しないこと。

**(2) 可燃性ガス等の存在する場所の施設**

可燃性のガスや引火性物質の蒸気が存在する場所に施設する電気設備は、その電気設備が点火源となり、爆発するおそれのないように配線工事などをしなければなりません。これらについて、解釈第176条では次のように定められています。

**解釈　第176条（可燃性ガス等の存在する場所の施設）**【省令第69条、第72条】

**可燃性のガス**（常温において気体であり、空気とある割合の混合状態において点火源がある場合に爆発を起こすものをいう。）**又は引火性物質**（火のつきやすい可燃性の物質で、その蒸気と空気とがある割合の混合状態において点火源がある場合に爆発を起こすものをいう。）の蒸気（以下この条において「可燃性ガス等」という。）が漏れ又は滞留し、電気設備が点火源となり爆発するおそれがある場所における、低圧又は高圧の電気設備は、次の各号のいずれかにより施設すること。

一　次によるとともに、危険のおそれがないように施設すること。

イ　屋内配線、屋側配線、屋外配線、管灯回路の配線、第181条第1項に規定する小勢力回路の電線及び第182条に規定する出退表示灯回路の電線（以下この条において「屋内配線等」という。）は、次のいずれかによること。

（イ）**金属管工事により、次に適合するように施設すること。**

(1) **金属管は、薄鋼電線管又はこれと同等以上の強度を有するものであること。**

(2) **管相互及び管とボックスその他の附属品、プルボックス又は電気機械器具とは、5山以上ねじ合わせて接続する方法その他これと同等以上の効力のある方法により、堅ろうに接続すること。**

(3) 電動機に接続する部分で可とう性を必要とする部分の配線には、第159条第4項第二号に規定する耐圧防爆型フレキシブルフィッチング又は同項第三号に規定する安全増防爆型フレキシブルフィッチングを使用すること。

(ロ) **ケーブル工事**により、次に適合するように施設すること。

(1) **電線は、キャブタイヤケーブル以外のケーブルであること。**

(2) **電線は、第120条第6項に規定する性能を満足するがい装を有するケーブル又はMIケーブルを使用する場合を除き、管その他の防護装置に収めて施設すること。**

(3) **電線を電気機械器具に引き込むときは、引込口で電線が損傷するおそれがないようにすること。**

ロ　屋内配線等を収める管又はダクトは、これらを通じてガス等がこの条に規定する以外の場所に漏れないように施設すること。

ハ　**移動電線**は、次によること。

(イ) 電線は、3種キャブタイヤケーブル、3種クロロプレンキャブタイヤケーブル、3種クロロスルホン化ポリエチレンキャブタイヤケーブル、3種耐燃性エチレンゴムキャブタイヤケーブル、4種キャブタイヤケーブル、4種クロロプレンキャブタイヤケーブル又は4種クロロスルホン化ポリエチレンキャブタイヤケーブルであること。

(ロ) 電線は、接続点のないものを使用すること。

(ハ) 電線を電気機械器具に引き込むときは、引込口より可燃性ガス等が内部に侵入し難いようにし、かつ、引込口で電線が損傷するおそれがないように施設すること。

ニ　電気機械器具は、電気機械器具防爆構造規格に適合するもの（第二号の規定によるものを除く。）であること。

ホ　前条第一号ハ、ホ及びへの規定に準じて施設すること。

二　日本産業規格 JIS C 60079-14（2008）「爆発性雰囲気で使用する電気機械器具－第14部：危険区域内の電気設備（鉱山以外）」の規定により施設すること。

2　**特別高圧の電気設備**は、次の各号のいずれかに該当する場合を除き、前項に規定する場所に施設しないこと。

一　特別高圧の電動機、発電機及びこれらに特別高圧の電気を供給するための電気設備を、次により施設する場合

イ　使用電圧は35,000V以下であること。

ロ　前項第一号及び第169条（第1項第一号及び第5項を除く。）の規定に準じて施設すること。

二　第191条の規定により施設する場合

### (3) 危険物等の存在する場所の施設

火災を生じた場合に、延焼拡大が速くなる危険性のある場所で配線工事などを行う場合についての規定です。これらについて、解釈第177条では次のように定められています。

**解釈　第177条（危険物等の存在する場所の施設）**【省令第69条、第72条】

**危険物**（消防法（昭和23年法律第186号）第2条第7項に規定する危険物のうち第2類、第4類及び第5類に分類されるもの、その他の燃えやすい危険な物質をいう。）を製造し、又は貯蔵する場所（第175条、前条及び次条に規定する場所を

除く。）に施設する低圧又は高圧の電気設備は、次の各号により施設すること。

一　屋内配線、屋側配線、屋外配線、管灯回路の配線、第181条第1項に規定する小勢力回路の電線及び第182条に規定する出退表示灯回路の電線（以下この条において「屋内配線等」という。）は、次のいずれかによること。

イ　**合成樹脂管工事**により、次に適合するように施設すること。

（イ）**合成樹脂管は、厚さ2mm未満の合成樹脂製電線管及びCD管以外のものであること。**

（ロ）**合成樹脂管及びボックスその他の附属品は、損傷を受けるおそれがないように施設すること。**

ロ　**金属管工事**により、**薄鋼電線管又はこれと同等以上の強度を有する金属管を使用して施設すること。**

ハ　**ケーブル工事**により、次のいずれかに適合するように施設すること。

（イ）**電線に第120条第6項に規定する性能を満足するがい装を有するケーブル又はMIケーブルを使用すること。**

（ロ）**電線を管その他の防護装置に収めて施設すること。**

二　**移動電線**は、次によること。

イ　電線は、1種キャブタイヤケーブル以外のキャブタイヤケーブルであること。

ロ　電線は、接続点のないものを使用し、損傷を受けるおそれがないように施設すること。

ハ　移動電線を電気機械器具に引き込むときは、引込口で損傷を受けるおそれがないように施設すること。

三　通常の使用状態において火花若しくはアークを発し、又は温度が著しく上昇するおそれがある電気機械器具は、危険物に着火するおそれがないように施設すること。

四　第175条第1項第一号ハ及びホの規定に準じて施設すること。

2　**火薬類**（火薬類取締法（昭和25年法律第149号）第2条第1項に規定する火薬類をいう。）を製造する場所又は火薬類が存在する場所（第175条第1項第一号、前条及び次条に規定する場所を除く。）に施設する低圧又は高圧の電気設備は、次の各号によること。

一　前項各号の規定に準じて施設すること。

二　電熱器具以外の電気機械器具は、全閉型のものであること。

三　電熱器具は、シーズ線その他の充電部分が露出していない発熱体を使用したものであり、かつ、温度の著しい上昇その他の危険を生じるおそれがある場合に電路を自動的に遮断する装置を有するものであること。

3　**特別高圧の電気設備**は、第1項及び第2項に規定する場所に施設しないこと。

### (4) 火薬庫の電気設備の施設

火薬庫には、多量の火薬類が貯蔵されており、事故が発生した場合に、その被害の大きさは計り知れないものがあります。原則として、火薬庫内に電気設備は施設できませんが、照明に必要な電気設備に限り、その施設を認めています。これらについて、解釈第178条では次のように定められています。

**解釈　第178条（火薬庫の電気設備の施設）**【省令第69条、第71条】

**火薬庫**（火薬類取締法第12条の火薬庫をいう。以下この条において同じ。）内には、次の各号により施設する照明器具及びこれに電気を供給するための電気設備を除き、電気設備を施設しないこと。

一　電路の対地電圧は、**150V**以下であること。

二　屋内配線及び管灯回路の配線は、次のいずれかによること。

第4章　電気設備技術基準の解釈

イ　**金属管工事**により、**薄鋼電線管又はこれと同等以上の強度を有する金属管を使用して施設すること。**

ロ　**ケーブル工事**により、次に適合するように施設すること。

（イ）**電線は、キャブタイヤケーブル以外のケーブルであること。**

（ロ）**電線は、第120条第6項に規定する性能を満足するがい装を有するケーブル又はMIケーブルを使用する場合を除き、管その他の防護装置に収めて施設すること。**

三　**電気機械器具は、全閉型のものであること。**

四　**ケーブルを電気機械器具に引き込むときは、引込口でケーブルが損傷するおそれがないように施設すること。**

五　**第175条第1項第一号ハ及びホの規定に準じて施設すること。**

2　火薬庫内の電気設備に電気を供給する電路は、次の各号によること。

一　火薬庫以外の場所において、専用の開閉器及び過電流遮断器を各極（過電流遮断器にあっては、多線式電路の中性極を除く。）に、取扱者以外の者が容易に操作できないように施設すること。ただし、過電流遮断器が開閉機能を有するものである場合は、過電流遮断器のみとすることができる。（関連省令第56条、第63条）

二　電路に**地絡**を生じたときに自動的に電路を遮断し、又は警報する装置を設けること。（関連省令第64条）

三　第一号の規定により施設する開閉器又は過電流遮断器から火薬庫に至る配線には**ケーブル**を使用し、かつ、これを**地中に施設**すること。（関連省令第56条）

用語 

**全閉型**とは、機器内部に侵入した可燃性ガスや蒸気により内部爆発が起こった場合、機器がその圧力に耐え、かつ、外部の爆発に対して引火するおそれのない、構造としたもの。

補足

解釈第178条第2項第三号で、**地中ケーブルを使用する理由**は、架空により施設すると、台風等により電線が断線又は損傷し、火薬庫の造営材と電線が接触し危険な状態になるおそれがあるためである。

### (5) トンネル等の電気設備の施設、臨時配線の施設

トンネル等の電気設備の施設、臨時配線の施設については、解釈第179条、第180条では次のように定められています。

**解釈　第179条（トンネル等の電気設備の施設）**【省令第56条、第57条第1項、第62条】〈要点抜粋〉

人が常時通行するトンネル内の配線（電気機械器具内の配線、管灯回路の配線、第181条第1項に規定する小勢力回路の電線及び第182条に規定する出退表示灯回路の電線を除く。以下この条において同じ。）は、次の各号によること。

一　使用電圧は、低圧であること。

二　電線は、次のいずれかによること。

イ　がいし引き工事により、次に適合するように施設すること。

（イ）電線は、直径1.6mmの軟銅線と同等以上の強さ及び太さの絶縁電線（屋外用ビニル絶縁電線、引込用ビニル絶縁電線及び引込用ポリエチレン絶縁電線を除く。）であること。

（ロ）電線の高さは、路面上2.5m以上であること。

（ハ）第157条第1項第二号から第七号まで及び第九号の規定に準じて施設すること。

ロ　合成樹脂管工事により、第158条の規定に準じて施設すること。

ハ　金属管工事により、第159条の規定に準じて施設すること。

ニ　金属可とう電線管工事により、第160条の規定に準じて施設すること。

ホ　ケーブル工事により、第164条（第3項を除く。）の規定に準じて施設すること。

三　電路には、トンネルの引込口に近い箇所に専用の開閉器を施設すること。

2　鉱山その他の坑道内の配線は、次の各号によること。

一　使用電圧は、低圧又は高圧であること。

〈以下略〉

解釈第179条、第180条の電験三種試験での出題頻度は低いので、時間のない人は読み流す程度でよいです。

**解釈　第180条（臨時配線の施設）**【省令第４条】〈要点抜粋〉

がいし引き工事により施設する使用電圧が300V以下の屋内配線であって、その設置の工事が完了した日から４月以内に限り使用するものを、次の各号により施設する場合は、第157条第１項第一号から第四号までの規定によらないことができる。

一　電線は、絶縁電線（屋外用ビニル絶縁電線を除く。）であること。

二　乾燥した場所であって展開した場所に施設すること。

〈中略〉

4　使用電圧が300V以下の屋内配線であって、その設置の工事が完了した日から１年以内に限り使用するものを、次の各号によりコンクリートに直接埋設して施設する場合は、第164条第２項の規定によらないことができる。

一　電線は、ケーブルであること。

二　配線は、低圧分岐回路にのみ施設するものであること。

三　電路の電源側には、電路に地絡を生じたときに自動的に電路を遮断する装置、開閉器及び過電流遮断器を各極（過電流遮断器にあっては、多線式電路の中性極を除く。）に施設すること。ただし、過電流遮断器が開閉機能を有するものである場合は、開閉器を省略することができる。

**補足**

解釈第157条第１項第一号から第四号までの規定とは、がいし引き工事による低圧屋内配線の規定である。

**補足**

解釈第164条第２項の規定とは、ケーブル工事による電線をコンクリートに直接埋め込んで施設する低圧屋内配線の規定である。

# 理解度チェック問題

**問題　次の文章は、電気設備技術基準の解釈に関する記述の一部である。次の［　　］の中に適当な答えを記入せよ。**

1. 粉じんの多い場所に施設する低圧又は高圧の電気設備は、次により施設すること。

① ［（ア）］粉じん（マグネシウム、アルミニウム等の粉じんであって、空気中に浮遊した状態又は集積した状態において着火したときに爆発するおそれがあるものをいう。以下この条において同じ。）又は火薬類の粉末が存在し、電気設備が点火源となり爆発するおそれがある場所に施設する電気設備は、次によること。

a. 金属管工事による金属管は、［（イ）］又はこれと同等以上の強度を有するものであること。

b. ケーブル工事による電線は、［（ウ）］以外のケーブルであること。

② ［（エ）］粉じん（小麦粉、でん粉その他の可燃性の粉じんであって、空中に浮遊した状態において着火したときに爆発するおそれがあるものをいい、［（ア）］粉じんを除く。）が存在し、電気設備が点火源となり爆発するおそれがある場所に施設する電気設備は、［（オ）］のおそれがないように施設すること。

2. ［（カ）］電気設備は、粉じんの多い場所に施設しないこと。

**解答**

（ア）爆燃性　（イ）薄鋼電線管　（ウ）キャブタイヤケーブル　（エ）可燃性
（オ）危険　（カ）特別高圧

**解説**　解釈第175条からの出題である。

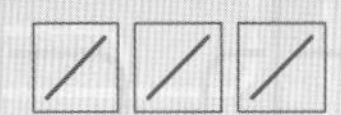

LESSON 35

# 電気使用場所の施設、小規模発電設備⑥ 第181条～第191条

特殊機器等の施設として、小勢力回路、出退表示灯回路、放電灯、水中照明灯、電気集じん装置等の各施設について学びます。

関連過去問 075, 076

水中照明灯の絶縁変圧器は、
1次側使用電圧は
300V以下
2次側使用電圧は
150V以下
と決められています。


## 1 特殊機器等の施設① 重要度 B

### (1) 小勢力回路の施設

電磁開閉器の操作回路又は呼鈴、ベル等の使用時間が極めて短時間の交流回路において、使用最大電圧が60V以下で、電流も小さい回路のことを小勢力回路と呼びます。一般の100/200V回路に比べて危険度は低く、弱電流電線路に近い工事をすることが認められています。小勢力回路の施設について、解釈第181条では次のように定められています。

**解釈　第181条（小勢力回路の施設）**【省令第56条第1項、第57条第1項、第59条第1項、第62条】〈要点抜粋〉

電磁開閉器の操作回路又は呼鈴若しくは警報ベル等に接続する電路であって、最大使用電圧が**60V**以下のもの（以下この条において「**小勢力回路**」という。）は、次の各号によること。

一　小勢力回路の最大使用電流は、181-1表の中欄に規定する値以下であること。

二　小勢力回路に電気を供給する電路には、次に適合する変圧器を施設すること。

　イ　絶縁変圧器であること。

　**ロ　1次側の対地電圧は、300V以下であること。**

本レッスンの重要度はそれほど高くありませんが、各施設によく出てくる共通のキーワード（絶縁変圧器、対地電圧、使用電圧、接触防護措置等）は覚えておきましょう。

ハ　2次短絡電流は、181-1表の右欄に規定する値以下であること。ただし、当該変圧器の2次側電路に、定格電流が同表の中欄に規定する最大使用電流以下の過電流遮断器を施設する場合は、この限りでない。

181-1表

| 小勢力回路の最大使用電圧の区分 | 最大使用電流 | 変圧器の2次短絡電流 |
|---|---|---|
| 15V以下 | 5A | 8A |
| 15Vを超え30V以下 | 3A | 5A |
| 30Vを超え60V以下 | 1.5A | 3A |



## (2) 出退表示灯回路の施設

出退表示灯回路は、電磁開閉器の操作回路又は呼鈴、ベル等の使用時間が極めて短時間の小勢力回路と異なり、長時間にわたり電気が使用されます。

出退表示灯回路の施設について、解釈第182条では次のように定められています

**出退表示灯**とは、例えば、各個人が会社の出勤状況を他人に知らせるため押しボタン等により電気的に表示するもの。

**解釈　第182条（出退表示灯回路の施設）【**省令第56条第1項、第57条第1項、第59条第1項、第63条第2項**】**
〈要点抜粋〉

出退表示灯その他これに類する装置に接続する電路であって、**最大使用電圧が60V以下**のもの（前条第1項に規定する小勢力回路及び次条に規定する特別低電圧照明回路を除く。以下この条において「**出退表示灯回路**」という。）は、次の各号によること。

一　**出退表示灯回路は、定格電流が5A以下の過電流遮断器で保護すること。**

二　出退表示灯回路に電気を供給する電路には、次に適合する変圧器を施設すること。

イ　**絶縁変圧器であること。**

ロ　**1次側電路の対地電圧は、300V以下、2次側電路の使用電圧は60V以下であること。**

ハ　電気用品安全法の適用を受けるものを除き、巻線の定格電圧が150V以下の場合にあっては交流1500V、150Vを超える場合にあっては交流2000Vの試験電圧を1の巻線と他の巻線、鉄心及び外箱との間に連続して1分間加えたとき、これに耐える性能を有すること。

**三　前号の規定により施設する変圧器の2次側電路には、当該変圧器に近接する箇所に過電流遮断器を各極に施設すること。**

### (3) 特別低電圧照明回路の施設、交通信号灯の施設

特別低電圧照明回路の施設、交通信号灯の施設について、解釈第183条、第184条では次のように定められています。

**解釈　第183条（特別低電圧照明回路の施設）**【省令第5条、第56条第1項、第57条第1項、第2項、第59条第1項、第62条、第63条第1項】〈要点抜粋〉

**特別低電圧照明回路**（両端を造営材に固定した導体又は一端を造営材の下面に固定し吊り下げた導体により支持された白熱電灯に電気を供給する回路であって、専用の電源装置に接続されるものをいう。以下この条において同じ。）は、次の各号によること。

一　屋内の乾燥した場所に施設すること。

二　大地から絶縁し、次のものと電気的に接続しないように施設すること。

イ　当該特別低電圧照明回路の電路以外の電路

ロ　低圧屋内配線工事に用いる金属製の管、ダクト、線ぴその他これらに類するもの

三　白熱電灯を支持する電線（以下この条において「支持導体」という。）は、次によること。

イ　引張強さ784N以上のもの又は断面積4mm$^2$以上の軟銅線であって、接続される全ての照明器具の重量に耐えるものであること。

ロ　展開した場所に施設すること。

ハ　簡易接触防護措置を施すこと。

ニ　造営材と絶縁し、かつ、堅ろうに固定して施設すること。

ホ　造営材を貫通しないこと。

ヘ　他の電線、弱電流電線又は金属製の水管、ガス管若しくはこれらに類するものと接触しないように施設すること。

ト　支持導体相互は、通常の使用状態及び揺動した場合又はねじれた場合において、直接接触しないように施設すること。ただし、支持導体の一端を造営材に固定して施設するものであって、支持導体のいずれか一線に被覆線を用いる場合にあっては、この限りでない。

**解釈　第184条（交通信号灯の施設）**【省令第56条第1項、第57条第1項、第62条、第63条第2項】〈要点抜粋〉

**交通信号灯回路**（交通信号灯の制御装置から交通信号灯の電球までの電路をいう。以下この条において同じ。）は、次の各号により施設すること。

一　**使用**電圧は、**150V**以下であること。

二　交通信号灯回路の配線（引下げ線を除く。）は、次によること。

イ　第68条及び第79条の規定に準じて施設すること。

ロ　電線は、ケーブル、又は直径1.6mmの軟銅線と同等以上の強さ及び太さの600Vビニル絶縁電線若しくは600Vゴム絶縁電線であること。

ハ　電線が600Vビニル絶縁電線又は600Vゴム絶縁電線である場合は、これを引張強さ3.70kNの金属線又は直径4mm以上の鉄線2条以上をより合わせたものにより、ちょう架すること。

ニ　ハに規定する電線をちょう架する金属線には、支持点又はこれに近接する箇所にがいしを挿入すること。

ホ　電線がケーブルである場合は、第67条（第五号を除く。）の規定に準じて施設すること。

**補足**

第68条は低高圧架空電線の高さ、第79条は低高圧架空電線と植物との接近に関する規定である。

**補足**

第67条は、低高圧架空電線路の架空ケーブルによる施設に関する規定である。

2　交通信号灯の制御装置の電源側には、専用の開閉器及び過電流遮断器を各極に施設すること。ただし、過電流遮断器が開閉機能を有するものである場合は、過電流遮断器のみとすることができる。

3　交通信号灯の制御装置の金属製外箱には、**D種**接地工事を施すこと。

### (4) 放電灯の施設、ネオン放電灯の施設

蛍光灯、水銀灯等の放電灯及びネオン放電灯の施設について、解釈第185条、第186条では次のように定められています。

**解釈　第185条（放電灯の施設）**【省令第56条第1項、第57条第1項、第59条第1項、第63条第1項】〈要点抜粋〉

**管灯回路の使用電圧が1000V以下の放電灯**（放電管にネオン放電管を使用するものを除く。以下この条において同じ。）は、次の各号によること。

一　放電灯に電気を供給する電路の**対地電圧は、150V以下であること。**ただし、住宅以外の場所において、次により放電灯を施設する場合は、300V以下とすることができる。

イ　放電灯及びこれに附属する電線には、接触防護措置を施すこと。

ロ　放電灯用安定器（放電灯用変圧器を含む。以下この条において同じ。）は、配線と直接接続して施設すること。

二　放電灯用安定器は、放電灯用電灯器具に収める場合を除き、堅ろうな耐火性の外箱に収めてあるものを使用し、外箱を造営材から1cm以上離して堅ろうに取り付け、かつ、容易に点検できるように施設すること。

三　管灯回路の使用電圧が300Vを超える場合は、放電灯用変圧器を使用すること。

四　前号の**放電灯用変圧器は、絶縁変圧器であること。**ただし、放電管を取り外したときに1次側電路を自動的に

遮断するように施設する場合は、この限りでない。

五　放電灯用安定器の外箱及び放電灯用電灯器具の**金属製部分には、**185-1表に規定する**接地工事を施すこと。**ただし、次のいずれかに該当する場合は、この限りでない。(関連省令第10条、第11条)

185-1表

| 管灯回路の使用電圧の区分 | 放電灯用変圧器の2次短絡電流又は管灯回路の動作電流 | 接地工事 |
|---|---|---|
| 高圧 | 1Aを超える場合 | A種接地工事 |
| 300Vを超える低圧 | 1Aを超える場合 | C種接地工事 |
| 上記以外の場合 | | D種接地工事 |

イ　管灯回路の対地電圧が150V以下の放電灯を乾燥した場所に施設する場合

ロ　管灯回路の使用電圧が300V以下の放電灯を乾燥した場所に施設する場合において、簡易接触防護措置(金属製のものであって、防護措置を施す設備と電気的に接続するおそれがあるもので防護する方法を除く。)を施し、かつ、その放電灯用安定器の外箱及び放電灯用電灯器具の金属製部分が、金属製の造営材と電気的に接続しないように施設するとき

ハ　管灯回路の使用電圧が300V以下又は放電灯用変圧器の2次短絡電流若しくは管灯回路の動作電流が50mA以下の放電灯を施設する場合において、放電灯用安定器を外箱に収め、かつ、その外箱と放電灯用安定器を収める放電灯用電灯器具とを電気的に接続しないように施設するとき

ニ　放電灯を乾燥した場所に施設する木製のショウウィンドー又はショウケース内に施設する場合において、放電灯用安定器の外箱及びこれと電気的に接続する金属製部分に簡易接触防護措置(金属製のものであって、防護措置を施す設備と電気的に接続するおそれがある

ものて防護する方法を除く。）を施すとき

六　湿気の多い場所又は水気のある場所に施設する放電灯には適当な**防湿装置**を施すこと。

**解釈　第186条（ネオン放電灯の施設）**【省令第56条第１項、第57条第１項、第59条第１項】〈要点抜粋〉

**管灯回路の使用電圧が1000V以下のネオン放電灯**（放電管にネオン放電管を使用する放電灯をいう。以下、この条において同じ。）は、次の各号によること。

一　次のいずれかの場所に、危険のおそれがないように施設すること。

イ　一部が開放された看板（開放部は、看板を取り付ける造営材側の側面にあるものに限る。）の枠内

ロ　密閉された看板の枠内

二　**簡易接触防護措置**を施すこと。

三　屋内に施設する場合は、前条第１項第一号の規定に準じること。

四　**放電灯用変圧器**は、次のいずれかのものであること。

イ　電気用品安全法の適用を受けるネオン変圧器

ロ　電気用品安全法の適用を受ける蛍光灯用安定器であって、次に適合するもの

（イ）定格2次短絡電流は、1回路あたり50mA以下であること。

（ロ）**絶縁変圧器**を使用すること。

（ハ）2次側に口出し線を有すること。

五　**管灯回路の配線**は、次によること。

イ　電線は、けい光灯電線又はネオン電線であること。

ロ　電線は、看板枠内の側面又は下面に取り付け、かつ、電線と看板枠とは直接接触しないように施設すること。

ハ　電線の支持点間の距離は、1m以下であること。

ニ　第167条の規定に準じて施設すること。

七　管灯回路の配線又は放電管の管極部分が看板枠を貫通

第167条の規定とは、低圧配線と弱電流電線等又は管との接近又は交差に関する規定である。

する場合は、その部分を難燃性及び耐水性のある堅ろうな絶縁管に収めること。

八　**放電管**は、次によること。

イ　看板枠及び造営材と接触しないように施設すること。

ロ　放電管の管極部分と看板枠又は造営材との離隔距離は、2cm以上であること。

九　放電灯用変圧器の外箱及び金属製の看板枠には、**D種**接地工事を施すこと。（関連省令第10条、第11条）

十　湿気の多い場所又は水気のある場所に施設するネオン放電灯には適当な**防湿装置**を施すこと。

### (5) 水中照明灯の施設

プールの照明、駅前の噴水等水中照明灯の施設について、解釈第187条では次のように定められています。

**解釈　第187条（水中照明灯の施設）【**省令第5条、第56条第1項、第57条第1項、第59条第1項、第63条第1項、第64条**】**〈要点抜粋〉

水中又はこれに準ずる場所であって、人が触れるおそれのある場所に施設する照明灯は、次の各号によること。

一　照明灯は次に適合する容器に収め、損傷を受けるおそれがある箇所にこれを施設する場合は、適当な防護装置を更に施すこと。

二　**照明灯に電気を供給する電路**には、次に適合する**絶縁変圧器**を施設すること。

イ　**1次側の使用電圧は300V以下、2次側の使用電圧は150V以下であること。**

ロ　絶縁変圧器は、その2次側電路の**使用**電圧が**30V**以下の場合は、1次巻線と2次巻線との間に金属製の混触防止板を設け、これに**A種**接地工事を施すこと。この場合において、**A種**接地工事に使用する接地線は、次のいずれかによること。

(イ) **接触防護措置**を施すこと。

(ロ) 600Vビニル絶縁電線、ビニルキャブタイヤケーブル、耐燃性ポリオレフィンキャブタイヤケーブル、クロロプレンキャブタイヤケーブル、クロロスルホン化ポリエチレンキャブタイヤケーブル、耐燃性エチレンゴムキャブタイヤケーブル又はケーブルを使用すること。

ハ　絶縁変圧器は、交流5000Vの試験電圧を1の巻線と他の巻線、鉄心及び外箱との間に連続して1分間加えて絶縁耐力を試験したとき、これに耐える性能を有すること。

三　前号の規定により施設する**絶縁変圧器の2次側電路**は、次によること。

電路が非接地なのは、感電を防ぐためである。

イ　**電路は、非接地であること。**

ロ　開閉器及び過電流遮断器を各極に施設すること。ただし、過電流遮断器が開閉機能を有するものである場合は、過電流遮断器のみとすることができる。

ハ　**使用**電圧が30Vを超える場合は、その電路に**地絡**を生じたときに自動的に電路を遮断する装置を施設すること。

ニ　ロの規定により施設する開閉器及び過電流遮断器並びにハの規定により施設する**地絡**を生じたときに自動的に電路を遮断する装置は、**堅ろう**な金属製の外箱に収めること。

ホ　配線は、**金属管**工事によること。

ヘ　照明灯に接続する移動電線は、次によること。

(イ) 電線は、断面積2 $mm^2$以上の多心クロロプレンキャブタイヤケーブル、多心クロロスルホン化ポリエチレンキャブタイヤケーブル又は多心耐燃性エチレンゴムキャブタイヤケーブルであること。

(ロ) 電線には、**接続点**を設けないこと。

(ハ) 損傷を受けるおそれがある箇所に施設する場合

は、適当な**防護装置**を設けること。

ト　ホの規定による配線とへの規定による移動電線との接続には、接地極を有する**差込み接続器**を使用し、これを水が浸入し難い構造の金属製の外箱に収め、水中又はこれに準ずる以外の場所に施設すること。

四　次に掲げるものは、相互に電気的に完全に接続し、これにC種接地工事を施すこと。

イ　第一号に規定する容器の金属製部分

ロ　第一号及び第三号へ(ハ)に規定する防護装置の金属製部分

ハ　第一号に規定する容器を収める金属製の外箱

ニ　前号ニ及びトに規定する金属製の外箱

ホ　前号ホに規定する配線に使用する金属管

### (6) 遊戯用電車の施設

人の輸送を目的としない遊戯（ゆうぎ）用電車の施設について、解釈第189条では次のように定められています。

**解釈　第189条（遊戯用電車の施設）**【省令第5条、第56条第1項、第57条第1項、第2項、第59条第1項】

**遊戯用電車**（遊園地の構内等において遊戯用のために施設するものであって、人や物を別の場所へ運送することを主な目的としないものをいう。以下この条において同じ。）内の電路及びこれに電気を供給するために使用する電気設備は、次の各号によること。

一　**遊戯用電車内の電路**は、次によること。

イ　取扱者以外の者が容易に触れるおそれがないように施設すること。

ロ　遊戯用電車内に**昇圧用変圧器**を施設する場合は、次によること。

(イ) 変圧器は、**絶縁変圧器**であること。

(ロ) 変圧器の2次側の**使用**電圧は、**150V**以下であること。

ハ　遊戯用電車内の電路と大地との間の絶縁抵抗は、使用電圧に対する漏えい電流が、当該電路に接続される機器の定格電流の合計値の1/5000を超えないように保つこと。

二　**遊戯用電車に電気を供給する電路**は、次によること。

イ　**使用**電圧は、直流にあっては60V以下、交流にあっては40V以下であること。

ロ　イに規定する使用電圧に電気を変成するために使用する変圧器は、次によること。

（イ）変圧器は、**絶縁変圧器**であること。

（ロ）変圧器の1次側の**使用**電圧は、300V以下であること。

ハ　電路には、専用の開閉器を施設すること。

ニ　遊戯用電車に電気を供給するために使用する**接触電線**（以下この条において「接触電線」という。）は、次によること。

（イ）**サードレール式**により施設すること。

（ロ）接触電線と大地との間の絶縁抵抗は、使用電圧に対する漏えい電流がレールの延長1kmにつき100mAを超えないように保つこと。

三　接触電線及びレールは、人が容易に立ち入らないように措置した場所に施設すること。

四　電路の一部として使用するレールは、溶接（継目板の溶接を含む。）による場合を除き、適当なボンドで電気的に接続すること。

五　変圧器、整流器等とレール及び接触電線とを接続する電線並びに接触電線相互を接続する電線には、ケーブル工事により施設する場合を除き、**簡易接触防護措置**を施すこと。

サードレール式とは、走行用の２本のレールとは別に３本目のレールを設け、ここから集電する方式。集電とは、ほかから電気を取り入れること。

### (7) アーク溶接装置の施設

アーク溶接装置の施設について、解釈第190条では次のように定められています。

**解釈　第190条（アーク溶接装置の施設）**【省令第56条第1項、第57条第1項、第59条第1項】〈要点抜粋〉

**可搬型の溶接電極を使用するアーク溶接装置**は、次の各号によること。

一　**溶接変圧器は、絶縁変圧器であること。**

二　溶接変圧器の1次側電路の**対地電圧**は、**300V以下**であること。

三　溶接変圧器の1次側電路には、溶接変圧器に近い箇所であって、容易に開閉することができる箇所に開閉器を施設すること。

四　溶接変圧器の2次側電路のうち、溶接変圧器から溶接電極に至る部分及び溶接変圧器から被溶接材に至る部分（電気機械器具内の電路を除く。）は、次によること。

〈省略〉

五　被溶接材又はこれと電気的に接続される治具、定盤等の金属体には、**D種接地工事**を施すこと。

### (8) 電気集じん装置等の施設

電気集じん装置等の施設について、解釈第191条では次のように定められています。

**解釈　第191条（電気集じん装置等の施設）**【省令第56条第1項、第57条第1項、第59条第1項、第60条、第69条、第72条】〈要点抜粋〉

**使用電圧が特別高圧**の電気集じん装置、静電塗装装置、電気脱水装置、電気選別装置その他の電気集じん応用装置（特別高圧の電気で充電する部分が装置の外箱の外に出ないものを除く。以下この条において「**電気集じん応用装置**」という。）及びこれに特別高圧の電気を供給するための電気設備は、次の各号によること。

一　電気集じん応用装置に電気を供給するための変圧器の1次側電路には、当該変圧器に近い箇所であって、容易に開閉することができる箇所に開閉器を施設すること。

二　電気集じん応用装置に電気を供給するための変圧器、整流器及びこれに附属する特別高圧の電気設備並びに電気集じん応用装置は、取扱者以外の者が立ち入ることのできないように措置した場所に施設すること。ただし、充電部分に人が触れた場合に人に危険を及ぼすおそれがない電気集じん応用装置にあっては、この限りでない。

三　電気集じん応用装置に電気を供給するための変圧器は、第16条第1項の規定に適合するものであること。

第16条第1項の規定とは、機械器具等の電路の絶縁性能に関する規定である。

四　変圧器から整流器に至る電線及び整流器から電気集じん応用装置に至る電線は、次によること。ただし、取扱者以外の者が立ち入ることができないように措置した場所に施設する場合は、この限りでない。

イ　電線は、ケーブルであること。

ロ　ケーブルは、損傷を受けるおそれがある場所に施設する場合は、適当な防護装置を施すこと。

ハ　ケーブルを収める防護装置の金属製部分及び防食ケーブル以外のケーブルの被覆に使用する金属体には、**A種接地工事**を施すこと。ただし、**接触防護措置**(金属製のものであって、防護措置を施す設備と電気的に接続するおそれがあるもので防護する方法を除く。)を施す場合は、**D種接地工事**によることができる。

五　**残留電荷**により人に危険を及ぼすおそれがある場合は、変圧器の2次側電路に**残留電荷**を放電するための装置を設けること。

六　電気集じん応用装置及びこれに特別高圧の電気を供給するための電気設備は、屋内に施設すること。ただし、使用電圧が特別高圧の電気集じん装置及びこれに電気を供給するための整流器から電気集じん装置に至る電線を次により施設する場合は、この限りでない。

イ　電気集じん装置は、その充電部分に**接触防護措置**を施すこと。

ロ　整流器から電気集じん装置に至る電線は、次によること。

〈省略〉

七　静電塗装装置及びこれに特別高圧の電気を供給するための電線を第176条に規定する場所に施設する場合は、可燃性ガス等（第176条第１項に規定するものをいう。以下この条において同じ。）に着火するおそれがある火花若しくはアークを発するおそれがないように、又は可燃性ガス等に触れる部分の温度が可燃性ガス等の発火点以上に上昇するおそれがないように施設すること。

八　**移動電線**は、充電部分に人が触れた場合に人に危険を及ぼすおそれがない**電気集じん応用装置**に附属するものに限ること。

**補足**

第176条に規定する場所とは、可燃性ガス等の存在する場所のことである。

## 理解度チェック問題

**問題　次の文章は、電気設備技術基準の解釈に関する記述の一部である。次の［　　］の中に適当な答えを記入せよ。**

1．電磁開閉器の操作回路又は呼鈴若しくは警報ベル等に接続する電路であって、最大使用電圧が［（ア）］V以下のもの（以下この条において「小勢力回路」という。）に電気を供給する電路には、次に適合する変圧器を施設すること。

(1) ［（イ）］であること

(2) 1次側の［（ウ）］電圧は、［（エ）］V以下であること。

2．出退表示灯その他これに類する装置に接続する電路であって、最大使用電圧が60V以下のもの（小勢力回路及び特別低電圧照明回路を除く。以下この条において「出退表示灯回路」という。）は、次の各号によること。

(1) 出退表示灯回路は、定格電流が5A以下の［（オ）］で保護すること。

(2) 出退表示灯回路に電気を供給する電路には、次に適合する変圧器を施設すること。

a. ［（カ）］であること。

b. 1次側電路の［（キ）］電圧は、［（ク）］V以下、2次側電路の［（ケ）］電圧は［（コ）］V以下であること。

**解答**

（ア）60　（イ）絶縁変圧器　（ウ）対地　（エ）300　（オ）過電流遮断器
（カ）絶縁変圧器　（キ）対地　（ク）300　（ケ）使用　（コ）60

**解説**　解釈第181条、第182条からの出題である。

LESSON 36

# 電気使用場所の施設、小規模発電設備⑦ 第192条～第200条

特殊機器等の施設の続きとして、電気さく、電撃殺虫器、電気防食施設、電気自動車等を学びます。

関連過去問 077

危険
感電注意
電気さく（柵）は、電線の電気が動物の体を通って地面に逃げるから、感電するんですね。




## 1 特殊機器等の施設② 重要度 B

本LESSONでは、小規模発電設備として、燃料電池発電設備、太陽電池発電設備についても学びます。電気自動車、小規模発電設備など技術進歩の著しい機器や話題性に富む設備などの条文はしっかり読み込んでおきましょう。

### (1) 電気さくの施設

電気さく（柵）は、田畑、牧場その他これに類する場所に、野獣の侵入又は家畜の脱出を防止するために施設するものです。電圧で充電された裸電線を、さくに取付け張り巡らした構造になっています。施設に際しては、「感電又は火災のおそれがないように施設する」ことが重要です。

解釈第192条では次のように定められています。

**解釈　第192条（電気さくの施設）**【省令第67条、第74条】

電気さくは、次の各号に適合するものを除き施設しないこと。

一　田畑、牧場、その他これに類する場所において野獣の侵入又は家畜の脱出を防止するために施設するものであること。

二　電気さくを施設した場所には、人が見やすいように適当な間隔で**危険**である旨の表示をすること。

三　電気さくは、次のいずれかに適合する電気さく用電源装置から電気の供給を受けるものであること。

イ　電気用品安全法の適用を受ける電気さく用電源装置

ロ　感電により人に危険を及ぼすおそれのないように出力電流が制限される電気さく用電源装置であって、次のいずれかから電気の供給を受けるもの

（イ）電気用品安全法の適用を受ける直流電源装置

（ロ）蓄電池、太陽電池その他これらに類する直流の電源

四　電気さく用電源装置（直流電源装置を介して電気の供給を受けるものにあっては、直流電源装置）が使用電圧30V以上の電源から電気の供給を受けるものである場合において、人が容易に立ち入る場所に電気さくを施設するときは、当該電気さくに電気を供給する電路には次に適合する**漏電遮断器**を施設すること。

イ　**電流動作型**のものであること。

ロ　定格感度電流が15mA以下、動作時間が0.1秒以下のものであること。

五　電気さくに電気を供給する電路には、容易に開閉できる箇所に専用の開閉器を施設すること。

六　電気さく用電源装置のうち、衝撃電流を繰り返して発生するものは、その装置及びこれに接続する電路において発生する電波又は高周波電流が無線設備の機能に継続的かつ重大な障害を与えるおそれがある場所には、施設しないこと。

漏電遮断器は漏電検出方式により、電流動作型と電圧動作型に分類される。電圧動作型は、検出感度が変化するなど問題点が多く、国内では製造されていない。

参考に、先にLESSON16 電技第74条で学んだ**電気さくの施設の禁止**を再掲しておきます。

**電技　第74条（電気さくの施設の禁止）**

電気さく（屋外において裸電線を固定して施設したさくであって、その裸電線に充電して使用するものをいう。）は、施設してはならない。ただし、田畑、牧場、その他これに類する場所において野獣の侵入又は家畜の脱出を防止するために施設する場合であって、絶縁性がないことを考慮し、**感電又は火災**のおそれがないように施設するときは、この限りでない。

### (2) 電撃殺虫器の施設

電撃殺虫器の施設について、解釈第193条では次のように定められています。

**解釈　第193条（電撃殺虫器の施設）**【省令第56条第1項、第59条第1項、第67条、第75条】

電撃殺虫器は、次の各号によること。

一　電撃殺虫器を施設した場所には、**危険**である旨の表示をすること。

二　電撃殺虫器は、電気用品安全法の適用を受けるものであること。

三　電撃殺虫器の電撃格子は、地表上又は床面上**3.5m**以上の高さに施設すること。ただし、2次側開放電圧が7000V以下の絶縁変圧器を使用し、かつ、保護格子の内部に人が手を入れたとき、又は保護格子に人が触れたときに絶縁変圧器の1次側電路を自動的に遮断する保護装置を設ける場合は、地表上又は床面上**1.8m**以上の高さに施設することができる。

四　電撃殺虫器の電撃格子と他の工作物（架空電線を除く。）又は植物との離隔距離は、0.3m以上であること。

五　電撃殺虫器に電気を供給する電路には、専用の開閉器を電撃殺虫器に近い箇所において容易に開閉することができるように施設すること。

2　電撃殺虫器は、次の各号に掲げる場所には施設しないこと。

一　電撃殺虫器及びこれに接続する電路において発生する電波又は**高周波電流**が**無線設備**の機能に継続的かつ重大な障害を与えるおそれがある場所

二　省令第70条及び第175条から第178条までに規定する場所

**補足**

省令第70条に規定する場所とは、「腐食性のガス等により絶縁性能等が劣化することによる危険のある場所」。解釈第175条から第178条までに規定する場所とは、「粉じんの多い場所」「可燃性ガス等の存在する場所」「危険物等の存在する場所」「火薬庫」である。

### (3) 電気防食施設

電気防食施設について、解釈第199条では次のように定められています。

**解釈　第199条（電気防食施設）**【省令第59条第1項、第62条、第78条】〈要点抜粋〉

地中若しくは水中に施設される金属体、又は、地中及び水中以外の場所に施設する機械器具の金属製部分（以下この条において「被防食体」という。）の腐食を防止するため、地中又は水中に施設する陽極と被防食体との間に電気防食用電源装置を使用して防食電流を通じる施設（以下この条において「電気防食施設」という。）は、次の各号によること。

一　電気防食回路（電気防食用電源装置から陽極及び被防食体までの電路をいう。以下この条において同じ。）は、次によること。

イ　使用電圧は、直流**60V**以下であること。

二　陽極は、次のいずれかによること。

イ　地中に埋設し、かつ、陽極（陽極の周囲に導電物質を詰める場合は、これを含む。）の埋設の深さは、**0.75m**以上であること。

ロ　水中の人が容易に触れるおそれがない場所に、次のいずれかに適合するように施設すること。

（イ）水中に施設する陽極とその周囲**1m**以内の距離にある任意点との間の電位差は、**10V**を超えないこと。

（ロ）陽極の周囲に人が触れるのを防止するために適当なさくを設けるとともに、危険である旨の表示をすること。

三　地表又は水中における**1m**の間隔を有する任意の2点（水中に施設する陽極の周囲1m以内の距離にある点及び前号ロ（ロ）の規定により施設するさくの内部の点を除く。）間の電位差は、**5V**を超えないこと。

四　電気防食用電源装置は、次に適合するものであること。

イ　堅ろうな金属製の外箱に収め、これに**D**種接地工事を施すこと。

ロ　変圧器は、絶縁変圧器であって、交流1000Vの試験電圧を1の巻線と他の巻線、鉄心及び外箱との間に連続して1分間加えたとき、これに耐える性能を有すること。

ハ　1次側電路の使用電圧は、低圧であること。

ニ　1次側電路には、開閉器及び過電流遮断器を各極（過電流遮断器にあっては、多線式電路の中性極を除く。）に設けること。ただし、過電流遮断器が開閉機能を有するものである場合は、過電流遮断器のみとすることができる。

2　電気防食施設を使用することにより、他の工作物に電食作用による障害を及ぼすおそれがある場合には、これを防止するため、その工作物と被防食体とを電気的に接続する等適当な防止方法を施すこと。



### (4) 電気自動車等から電気を供給するための設備等の施設

電気自動車等から電気を供給するための設備等の施設について、解釈第199条の2では次のように定められています。

**解釈　第199条の2（電気自動車等から電気を供給するための設備等の施設）**【省令第4条、第7条、第44条第1項、第56条第1項、第57条第1項、第59条第1項、第63条第1項】
〈要点抜粋〉

電気自動車等から供給設備（電力変換装置、保護装置又は開閉器等の電気自動車等から電気を供給する際に必要な設備を収めた筐体（きょうたい）等をいう。以下この項において同じ。）を介して、一般用電気工作物に電気を供給する場合は、次の各号により施設すること。

一　電気自動車等の出力は、10kW未満であるとともに、低圧幹線の許容電流以下であること。

二　電路に**地絡**を生じたときに自動的に電路を遮断する装置を施設すること。

**用語** 

**筐体**とは、電気機器や機械を内蔵する箱のこと。ケース、ラックとも呼ばれる。

三　電路に**過電流**を生じたときに自動的に電路を遮断する装置を施設すること。

五　電気自動車等と供給設備とを接続する電路（電気機械器具内の電路を除く。）の対地電圧は、150V以下であること。

七　供給用電線と電気自動車等との接続には、次に適合する専用の**接続器**を用いること。

イ　電気自動車等と接続されている状態及び接続されていない状態において、充電部分が**露出**しないものであること。

ロ　屋側又は屋外に施設する場合には、電気自動車等と接続されている状態において、**水の飛まつ**に対して保護されているものであること。

八　供給設備の筐体等、接続器その他の器具に電線を接続する場合は、**簡易接触防護措置**を施した端子に電線を**ねじ止め**その他の方法により、**堅ろう**に、かつ、電気的に完全に接続するとともに、接続点に**張力**が加わらないようにすること。

九　電気自動車等の蓄電池（常用電源の停電時又は電圧低下発生時の非常用予備電源として用いるものを除く。）には、第44条各号に規定する場合に、自動的にこれを電路から遮断する装置を施設すること。ただし、蓄電池から電気を供給しない場合は、この限りでない。

**補足**

第九号の解釈第44条各号に規定する場合とは、

一　蓄電池に過電圧が生じた場合

二　蓄電池に過電流が生じた場合

三　制御装置に異常が生じた場合

四　内部温度が高温のものにあっては、断熱容器の内部温度が著しく上昇した場合

である。

なお、非常用予備電源として用いる場合には、定置型の蓄電池と同様、本号の規定は適用されない（非常用なのでトリップ（自動遮断）させない）。

## 2 小規模発電設備　重要度A

### (1) 小規模発電設備の施設

発電所扱いにならない小規模発電設備である燃料電池発電設備や太陽電池発電設備の施設方法について規定したものです。これら小規模発電設備は、一般大衆の生活環境に近接して施設されることが多く、解釈第200条では次のように定められています。

**補足**

小規模発電設備のうち出力の小さいもの（例えば出力10kW未満の太陽電池発電設備）は、自家用電気工作物に分類され、出力の大きいもの（例えば出力10kW以上50kW未満の太陽電池発電設備）は、小規模事業用電気工作物に分類されるが、いずれも発電所扱いにはならない。

**解釈　第200条（小規模発電設備の施設）**【省令第4条、第15条、第59条第1項】

小規模発電設備である燃料電池発電設備は、次の各号によること。

一　**第45条の規定に準じて施設すること**。この場合において、同条第一号ロの規定における「発電要素」は「燃料電池」と読み替えるものとする。

二　燃料電池発電設備に接続する電路に**地絡**を生じたときに、電路を自動的に遮断し、燃料電池への**燃料ガス**の供給を自動的に遮断する装置を施設すること。

2　小規模発電設備である太陽電池発電設備は、次の各号により施設すること。

一　太陽電池モジュール、電線及び開閉器その他の器具は、次の各号によること。

イ　充電部分が**露出**しないように施設すること。

ロ　太陽電池モジュールに接続する負荷側の電路（複数の太陽電池モジュールを施設する場合にあっては、その集合体に接続する負荷側の電路）には、その接続点に近接して開閉器その他これに類する器具（負荷電流を開閉できるものに限る。）を施設すること。

ハ　太陽電池モジュールを**並列**に接続する電路には、その電路に**短絡**を生じた場合に電路を保護する過電流遮断器その他の器具を施設すること。ただし、当該電路が短絡電流に耐えるものである場合は、この限りでない。

ニ　電線は、次によること。ただし、機械器具の構造上その内部に安全に施設できる場合は、この限りでない。

（イ）電線は、直径1.6mmの軟銅線又はこれと同等以上の強さ及び太さのものであること。

ホ　太陽電池モジュール及び開閉器その他の器具に電線を接続する場合は、**ねじ止め**その他の方法により、**堅**

**補足**

太陽電池を**並列**に多数接続した場合、並列にした他の太陽電池から事故点へ**短絡電流**が供給されることから、事故点のある電路の過電流保護のため、過電流遮断器その他の器具を施設することを規定している。したがって、電路に短絡が生じ、並列にした他の太陽電池から事故点へ短絡電流が供給されても、その電流に耐えうる電路には、過電流遮断器等は、施設しなくてもよい。ホの「その他の器具」の例としては、逆流防止ダイオードが考えられる。

**ろう**に、かつ、電気的に完全に接続するとともに、接続点に**張力**が加わらないようにすること。

参考に、先にLESSON24 解釈第45条で学んだ発電所扱いとなる一般の燃料電池等の施設を再掲しておきます。解釈第200条では、小規模発電設備である燃料電池発電設備についても一般の燃料電池発電設備の規定に準じて施設することと定められています。

**解釈 第45条（燃料電池等の施設）**【省令第4条、第44条第1項】

燃料電池発電所に施設する燃料電池、電線及び開閉器その他器具は、次の各号によること。

一 燃料電池には、次に掲げる場合に燃料電池を自動的に電路から遮断し、また、燃料電池内の燃料ガスの供給を自動的に遮断するとともに、燃料電池内の燃料ガスを自動的に排除する装置を施設すること。ただし、発電用火力設備に関する技術基準を定める省令（平成9年通商産業省令第51号）第35条ただし書きに規定する構造を有する燃料電池設備については、燃料電池内の燃料ガスを自動的に排除する装置を施設することを要しない。

イ 燃料電池に**過電流**が生じた場合

ロ 発電要素の発電電圧に異常低下が生じた場合、又は燃料ガス出口における**酸素**濃度若しくは空気出口における**燃料ガス**濃度が著しく上昇した場合

ハ 燃料電池の**温度**が著しく上昇した場合

二 充電部分が露出しないように施設すること

三 直流幹線部分の電路に短絡を生じた場合に、当該電路を保護する**過電流遮断器**を施設すること。ただし、次のいずれかの場合は、この限りでない。

イ 電路が短絡電流に耐えるものである場合

ロ 燃料電池と電力変換装置とが1の筐体に収められた構造のものである場合

四 燃料電池及び開閉器その他の器具に電線を接続する場

合は、**ねじ止め**その他の方法により、**堅ろう**に接続するとともに、電気的に完全に接続し、接続点に**張力**が加わらないように施設すること。(関連省令第７条)

## 理解度チェック問題

**問題　次の文章は、電気設備技術基準の解釈に関する記述の一部である。次の［　　］の中に適当な答えを記入せよ。**

**1.** 電撃殺虫器は、次によること。

(1)　電撃殺虫器を施設した場所には、［(ア)］である旨の表示をすること。

(2)　電撃殺虫器の電撃格子は、地表上又は床面上［(イ)］m以上の高さに施設すること。

(3)　電撃殺虫器は、次に掲げる場所には施設しないこと。

a. 電撃殺虫器及びこれに接続する電路において発生する電波又は高周波電流が［(ウ)］の機能に継続的かつ重大な障害を与えるおそれがある場所

**2.** 小規模発電設備である燃料電池発電設備は、次によること。

(1)　燃料電池発電設備に接続する電路に［(エ)］を生じたときに、電路を自動的に遮断し、燃料電池への［(オ)］の供給を自動的に遮断する装置を施設すること。

**3.** 小規模発電設備である太陽電池発電設備の太陽電池モジュール、電線及び開閉器その他の器具は、次によること。

(1)　充電部分が［(カ)］しないように施設すること。

(2)　太陽電池モジュールを［(キ)］に接続する電路には、その電路に［(ク)］を生じた場合に電路を保護する過電流遮断器その他の器具を施設すること。

**解答**

(ア) 危険　(イ) 3.5　(ウ) 無線設備　(エ) 地絡　(オ) 燃料ガス
(カ) 露出　(キ) 並列　(ク) 短絡

**解説**　解釈第193条、第200条からの出題である。

第4章　電気設備技術基準の解釈

37日目

LESSON 37

# 分散型電源の系統連系設備 第220条～第232条

解釈の最終レッスンとして、分散型電源の系統連系設備を学びます。第220条の用語の定義は重要で、よく出題されています。

関連過去問 078, 079

解列
逆潮流
逆充電
単独運転
自立運転
新しい言葉を覚えるのは大変です。単語カードを作るのもよい方法ですね。


## 1 分散型電源の系統連系設備 重要度A

### (1) 分散型電源の系統連系設備に係る用語の定義

電力系統（送電線、配電線）に発電設備及び電力貯蔵設備（二次電池など）などを連系するときに必要な系統連系設備に係る主要な用語について、解釈第220条では次のように解説しています。

**解釈　第220条（分散型電源の系統連系設備に係る用語の定義）**【省令第1条】〈要点抜粋〉

この解釈において用いる分散型電源の系統連系設備に係る用語であって、次の各号に掲げるものの定義は、当該各号による。

一　**発電設備等**　発電設備又は電力貯蔵装置であって、常用電源の停電時又は電圧低下発生時にのみ使用する非常用予備電源以外のもの（第十六号に定める主電源設備及び第十七号に定める従属電源設備を除く。）

二　**分散型電源**　電気事業法第38条第4項第一号、第三号又は第五号に掲げる事業を営む者以外の者が設置する発電設備等であって、一般送配電事業者若しくは配電事業者が運用する電力系統又は第十四号に定める地域独立

第220条の用語の定義は、条文を復唱し、赤字キーワードをしっかり覚えましょう。

**用語**

**分散型電源**とは、発電事業用の発電設備等以外の太陽電池発電、風力発電、燃料電池発電などの比較的小規模な発電設備等であって、電力消費地の近隣に設置され、電力系統に連系する電源の総称である。

系統に連系するもの
三　**解列**　**電力系統**から切り離すこと。
四　**逆潮流**　分散型電源設置者の構内から、一般送配電事業者が運用する**電力系統**側へ向かう**有効電力**の流れ
五　**単独運転**　分散型電源を連系している**電力系統**が事故等によって系統電源と切り離された状態において、当該分散型電源が発電を継続し、線路負荷に**有効電力**を供給している状態
六　**逆充電**　分散型電源を連系している電力系統が事故等によって系統電源と切り離された状態において、分散型電源のみが、連系している電力系統を加圧し、かつ、当該電力系統へ有効電力を供給していない状態
七　**自立運転**　分散型電源が、連系している電力系統から解列された状態において、当該分散型電源設置者の**構内負荷**にのみ電力を供給している状態
八　**線路無電圧確認装置**　電線路の電圧の有無を確認するための装置
九　**転送遮断装置**　遮断器の遮断信号を通信回線で伝送し、別の構内に設置された遮断器を動作させる装置
十　**受動的方式の単独運転検出装置**　単独運転移行時に生じる電圧位相又は周波数等の変化により、単独運転状態を検出する装置
十一　**能動的方式の単独運転検出装置**　分散型電源の有効電力出力又は無効電力出力等に平時から変動を与えておき、単独運転移行時に当該変動に起因して生じる周波数等の変化により、単独運転状態を検出する装置
十二　**スポットネットワーク受電方式**　**2以上の特別高圧配電線**(スポットネットワーク配電線)で受電し、各回線に設置した**受電変圧器**を介して**2次側電路**をネットワーク母線で**並列**接続した受電方式
十三　**二次励磁制御巻線形誘導発電機**　二次巻線の交流励磁電流を周波数制御することにより可変速運転を行う巻

**用語**
例えば、太陽電池発電などの電力を構内で消費する電力よりも自家発電する電力が多い場合、余剰電力は電力会社へと送電される。発電所から配電線を経由する電力消費の流れとは逆方向の流れなので、**逆潮流**と呼ばれる。

**プラスワン**
**単独運転**と**自立運転**の違いについては、過去問079の解説の「重要ポイント」を参照のこと。

線形誘導発電機

十四　**地域独立系統**　災害等による長期停電時に、隣接する一般送配電事業者、配電事業者又は特定送配電事業者が運用する電力系統から切り離した電力系統であって、その系統に連系している発電設備等並びに第十六号に定める主電源設備及び第十七号に定める従属電源設備で電気を供給することにより運用されるもの

十五　**地域独立系統運用者**　地域独立系統の電気の需給の調整を行う者

十六　**主電源設備**　地域独立系統の電圧及び周波数を維持する目的で地域独立系統運用者が運用する発電設備又は電力貯蔵装置

十七　**従属電源設備**　主電源設備の電気の供給を補う目的で地域独立系統運用者が運用する発電設備又は電力貯蔵装置

十八　**地域独立運転**　主電源設備のみが、又は主電源設備及び従属電源設備が地域独立系統の電源となり当該系統にのみ電気を供給している状態

**短絡容量**とは、電力系統の強さを示す尺度。短絡故障が発生したときに流れる短絡電流と回路電圧との積（皮相電力）で表される。短絡電流の供給源は同期発電機であり、発電機の容量が大きく、台数が多くなるほど短絡容量は大きくなる。
遮断器の**遮断容量**とは、遮断器が遮断できる皮相電力の最大値。
**遮断容量≧短絡容量**として選定する。

用語

**限流リアクトル**とは、短絡事故瞬間の電流増加を誘導性リアクタンスの働き（電流の増加を妨げる方向に逆起電力を発生する働き）により低減する設備のこと。

### (2) 直流流出防止変圧器の施設、限流リアクトル等の施設

太陽電池、燃料電池などで発電した直流電力を交流系統に連系するために逆変換装置を用います。この装置から系統に直流成分が流出すると、他の需要家などへ電圧ひずみなどの悪影響を与えます。系統への直流成分を流出させないようにすることが重要です。

また、電力系統に同期発電機などを連系すると、その系統の短絡容量は増加します。同一系統に繋がっている需要家の遮断容量が不足する事態が考えられる場合、発電機設備を連系する者に対し、限流リアクトルを設置することを義務付けています。

これらについて、解釈第221条、第222条では次のように定められています。

**解釈　第221条（直流流出防止変圧器の施設）**【省令第16条】

逆変換装置を用いて**分散型電源を電力系統に連系する場合は、逆変換装置から直流が電力系統へ流出することを防止するために、受電点と逆変換装置との間に**変圧器**（単巻変圧器を除く。）を施設する**こと。ただし、次の各号に適合する場合は、この限りでない。

一　逆変換装置の交流出力側で直流を検出し、かつ、直流検出時に交流出力を停止する機能を有すること。

二　次のいずれかに適合すること。

イ　逆変換装置の直流側電路が非接地であること。

ロ　逆変換装置に高周波変圧器を用いていること。

2　前項の規定により設置する変圧器は、直流流出防止専用であることを要しない。

**解釈　第222条（限流リアクトル等の施設）**【省令第4条、第20条】

分散型電源の連系により、一般送配電事業者又は配電事業者が運用する電力系統の短絡容量が、当該分散型電源設置者以外の者が設置する**遮断器の遮断容量又は電線の瞬時許容電流等を上回るおそれがあるときは、**分散型電源設置者において、**限流リアクトルその他の短絡電流を制限する装置**を施設すること。ただし、低圧の電力系統に逆変換装置を用いて分散型電源を連系する場合は、この限りでない。

**補足**

逆変換装置は、回転機とは異なり、電線路の異常で停止した場合、短絡電流を供給することはないなどの理由により、限流リアクトルその他の短絡電流を制限する装置を施設する必要はないとしている。

### (3) 自動負荷制限の実施、再閉路時の事故防止

自動負荷制限の実施、再閉路時の事故防止について、解釈第223条、第224条では次のように定められています。

**解釈　第223条（自動負荷制限の実施）**【省令第18条第1項】

高圧又は特別高圧の電力系統に分散型電源を連系する場合（スポットネットワーク受電方式で連系する場合を含む。）において、分散型電源の脱落時等に連系している電線路等が過負荷になるおそれがあるときは、分散型電源設置者において、自動的に自身の構内負荷を制限する対策を行うこと。

**用語**

**スポットネットワーク受電方式**とは、同一の需要家に対して同時に複数の配電線から電力を供給する方式で、供給信頼性が極めて高い方式である。

第4章 電気設備技術基準の解釈

**用語**

**再閉路**とは、事故でトリップ(遮断)した遮断器を投入し再び送電すること。雷などによる地絡事故は瞬時に復旧することが多いので、再閉路が成功することも多い。

**用語**

**不足電力リレー**とは、停電や短絡故障等による供給電力の不足を検出する保護リレーのこと。逆電力においても動作する。

**用語**

**不足電圧リレー**とは、停電や短絡故障等による系統電圧の低下を検出する保護リレーのこと。

**解釈　第224条（再閉路時の事故防止）**【省令第4条、第20条】

高圧又は特別高圧の電力系統に分散型電源を連系する場合(スポットネットワーク受電方式で連系する場合を除く。)は、**再閉路時の事故防止のために、分散型電源を連系する変電所の引出口に線路無電圧確認装置を施設する**こと。ただし、次の各号のいずれかに該当する場合は、この限りでない。

一　逆潮流がない場合であって、電力系統との連系に係る保護リレー、計器用変流器、計器用変圧器、遮断器及び制御用電源配線が、相互予備となるように2系列化されているとき。ただし、次のいずれかにより簡素化を図ることができる。

イ　2系列の保護リレーのうちの1系列は、不足電力リレー(2相に設置するものに限る。)のみとすることができる。

ロ　計器用変流器は、不足電力リレーを計器用変流器の末端に配置する場合、1系列目と2系列目を兼用できる。

ハ　計器用変圧器は、不足電圧リレーを計器用変圧器の末端に配置する場合、1系列目と2系列目を兼用できる。

二　高圧の電力系統に分散型電源を連系する場合であって、次のいずれかに適合するとき

イ　分散型電源を連系している配電用変電所の遮断器が発する遮断信号を、電力保安通信線又は電気通信事業者の専用回線で伝送し、分散型電源を解列することのできる転送遮断装置及び能動的方式の単独運転検出装置を設置し、かつ、それぞれが別の遮断器により連系を遮断できること。

ロ　2方式以上の単独運転検出装置(能動的方式を1方式以上含むもの。)を設置し、かつ、それぞれが別の遮断器により連系を遮断できること。

ハ　能動的方式の単独運転検出装置及び整定値が分散型電源の運転中における配電線の最低負荷より小さい逆電力リレーを設置し、かつ、それぞれが別の遮断器により連系を遮断できること。

ニ　分散型電源設置者が専用線で連系する場合であって、連系している系統の自動再閉路を実施しないとき

**(4) 分散型電源設置者と一般送配電事業者又は配電事業者との間の電話設備の施設**

分散型電源設置者と一般送配電事業者又は配電事業者との間の電話設備の施設について、解釈第225条では次のように定められています。

**解釈　第225条（一般送配電事業者又は配電事業者との間の電話設備の施設）**【省令第４条、第50条第１項】

高圧又は特別高圧の電力系統に分散型電源を連系する場合（スポットネットワーク受電方式で連系する場合を含む。）は、**分散型電源設置者の技術員駐在所等と電力系統を運用する一般送配電事業者又は配電事業者の技術員駐在所等との間**に、次の各号のいずれかの**電話設備**を施設すること。

一　電力保安通信用電話設備

二　電気通信事業者の専用回線電話

三　一般加入電話又は携帯電話等であって、次のいずれにも適合するもの

イ　分散型電源が高圧又は35000V以下の特別高圧で連系するもの（スポットネットワーク受電方式で連系するものを含む。）であること。

ロ　災害時等において通信機能の障害により当該一般送配電事業者又は配電事業者と連絡が取れない場合には、当該一般送配電事業者又は配電事業者との連絡が取れるまでの間、分散型電源設置者において発電設備等の解列又は運転を停止すること。

ハ　次に掲げる性能を有すること。

（イ）分散型電源設置者側の交換機を介さずに直接技術員との通話が可能な方式（交換機を介する代表番号方式ではなく、直接技術員駐在所へつながる単番方式）であること。

（ロ）話中の場合に割り込みが可能な方式であること。

（ハ）停電時においても通話可能なものであること。

### (5) 低圧連系時の施設要件、系統連系用保護装置

低圧連系時の施設要件、系統連系用保護装置について、解釈第226条、第227条では次のように定められています。

**解釈　第226条（低圧連系時の施設要件）**【省令第14条、第20条】

**単相3線式の低圧の電力系統に分散型電源を連系する場合**において、**負荷**の不平衡により中性線に最大電流が生じるおそれがあるときは、分散型電源を施設した構内の電路であって、負荷及び分散型電源の並列点よりも**系統側**に、3極に過電流引き外し素子を有する遮断器を施設すること。

2　低圧の電力系統に逆変換装置を用いずに分散型電源を連系する場合は、**逆潮流**を生じさせないこと。ただし、逆変換装置を用いて分散型電源を連系する場合と同等の単独運転検出及び解列ができる場合は、この限りでない。

**解釈　第227条（低圧連系時の系統連系用保護装置）**【省令第14条、第15条、第20条、第44条第1項】〈要点抜粋〉

**低圧の電力系統に分散型電源を連系する場合**は、次の各号により、異常時に分散型電源を自動的に**解列**するための装置を施設すること。

一　次に掲げる**異常を保護リレー等により検出し、分散型電源を自動的に解列する**こと。

イ　分散型電源の異常又は故障

ロ　連系している電力系統の短絡事故、地絡事故又は高低圧混触事故

ハ　分散型電源の単独運転又は逆充電

三　一般送配電事業者又は配電事業者が運用する電力系統において再閉路が行われる場合は、当該再閉路時に、分散型電源が**当該電力系統から解列されている**こと。

四　分散型電源の解列は、次によること。

イ　次のいずれかで解列すること。

（イ）受電用遮断器

（ロ）分散型電源の出力端に設置する遮断器又はこれと同等の機能を有する装置

（ハ）分散型電源の連絡用遮断器

ロ　前号ロの規定により複数の相に保護リレーを設置する場合は、いずれかの相で異常を検出した場合に解列すること。

ハ　解列用遮断装置は、系統の停電中及び復電後、確実に復電したとみなされるまでの間は、投入を阻止し、分散型電源が系統へ連系できないものであること。

ニ　逆変換装置を用いて連系する場合は、次のいずれかによること。ただし、受動的方式の単独運転検出装置動作時は、不要動作防止のため逆変換装置のゲートブロックのみとすることができる。

（イ）2箇所の機械的開閉箇所を開放すること。

（ロ）1箇所の機械的開閉箇所を開放し、かつ、逆変換装置のゲートブロックを行うこと。

ホ　逆変換装置を用いずに連系する場合は、2箇所の機械的開閉箇所を開放すること。

2　一般用電気工作物又は小規模事業用電気工作物において自立運転を行う場合は、2箇所の機械的開閉箇所を開放することにより、分散型電源を解列した状態で行うとともに、連系復帰時の非同期投入を防止する装置を施設すること。ただし、逆変換装置を用いて連系する場合において、次の各号の全てを防止する装置を施設する場合は、機械的開閉箇所を1箇所とすることができる。

一　系統停止時の誤投入

**非同期投入**とは、分散型電源を系統に並列するとき、同期の３条件（電圧・周波数・位相が等しい）を満たさず並列すること。連系線に過大な循環電流が流れて危険である。

二　機械的開閉箇所故障時の自立運転移行

### (6) 高圧連系時の施設要件、系統連系用保護装置

高圧連系時の施設要件、系統連系用保護装置について、解釈第228条、第229条では次のように定められています。

**解釈　第228条（高圧連系時の施設要件）**【省令第18条第1項、第20条】

**高圧の電力系統に分散型電源を連系する場合**は、分散型電源を連系する配電用変電所の**配電用変圧器**において、**逆向きの潮流**を生じさせないこと。ただし、当該配電用変電所に保護装置を施設する等の方法により分散型電源と電力系統との協調をとることができる場合は、この限りではない。

**解釈　第229条（高圧連系時の系統連系用保護装置）**【省令第14条、第15条、第20条、第44条第1項】〈要点抜粋〉

高圧の電力系統に分散型電源を連系する場合は、次の各号により、異常時に分散型電源を自動的に**解列**するための装置を施設すること。

一　次に掲げる**異常を保護リレー等により検出し、分散型電源を自動的に解列する**こと。

イ　分散型電源の異常又は故障

ロ　連系している電力系統の短絡事故又は地絡事故

ハ　分散型電源の単独運転

二　一般送配電事業者又は配電事業者が運用する電力系統において再閉路が行われる場合は、当該再閉路時に、分散型電源が**当該電力系統から解列されている**こと。

四　分散型電源の解列は、次によること。

イ　次のいずれかで解列すること。

(イ) 受電用遮断器

(ロ) 分散型電源の出力端に設置する遮断器又はこれと同等の機能を有する装置

(ハ) 分散型電源の連絡用遮断器

(ニ) **母線連絡用遮断器**

**母線連絡用遮断器**とは、二重母線など母線が複数ある場合に、母線間を接続及び開放するために施設する遮断器。

ロ　前号ロの規定により複数の相に保護リレーを設置する場合は、いずれかの相で異常を検出した場合に解列すること。

## 理解度チェック問題

**問題　次の文章は、電気設備技術基準の解釈に関する記述の一部である。次の[　　]の中に適当な答えを記入せよ。**

a.「解列」とは、[（ア）]から切り離すことをいう。

b.「逆潮流」とは、分散型電源設置者の構内から、一般送配電事業者が運用する[（ア）]側へ向かう[（イ）]の流れをいう。

c.「単独運転」とは、分散型電源を連系している[（ア）]が事故等によって系統電源と切り離された状態において、当該分散型電源が発電を継続し、線路負荷に[（イ）]を供給している状態をいう。

d.「[（ウ）]的方式の単独運転検出装置」とは、分散型電源の有効電力出力又は無効電力出力等に平時から変動を与えておき、単独運転移行時に当該変動に起因して生じる周波数等の変化により、単独運転状態を検出する装置をいう。

e.「[（エ）]的方式の単独運転検出装置」とは、単独運転移行時に生じる電圧位相又は周波数等の変化により、単独運転状態を検出する装置をいう。

**解答**

(ア)電力系統　(イ)有効電力　(ウ)能動　(エ)受動

**解説**　解釈第220条からの出題である。

LESSON 38

# 発電用風力設備技術基準・発電用太陽電池設備技術基準

発電用風力設備と発電用太陽電池設備を対象として定められた技術基準について学びます。

関連過去問 080, 081, 082

危険
立入禁止
施設する際には、見やすい箇所に風車が危険である旨を表示し、外部の人が容易に接近できないようにする必要があります。

今日から、第5章です。
発電用風力・太陽電池設備は、再生エネルギー設備として期待されているもので、電験三種試験の法規科目でも注目しておく必要があります。
両技術基準とも条文は少ないので、全条文を読み込んでおきましょう。

発電用風力設備に関する技術基準を定める省令（以下「発電用風力設備技術基準」と略す。）は、電気事業法の規定に基づき、電気工作物のうち発電用風力設備を対象として定められた技術基準です。

同様に、発電用太陽電池設備に関する技術基準を定める省令（以下「発電用太陽電池設備技術基準」と略す。）も制定されています。

## 1 発電用風力設備技術基準　重要度A

風力発電所は、風車及びその支持物等の風力設備及び発電機、昇圧変圧器、遮断器、電路等の電気設備から構成されます。本基準は、発電用風力設備について定められたものであり、電気設備に関しては、先に第3章で学んだ「電気設備技術基準」に規定されています。以下に「発電用風力設備技術基準」の全条文（第1条～第8条）を示します。

**発電用風力設備技術基準　第1条（適用範囲）**

この省令は、風力を原動力として電気を発生するために施設する電気工作物について適用する。

2　前項の電気工作物とは、一般用電気工作物及び事業用電気工作物をいう。

**発電用風力設備技術基準　第2条（定義）**

この省令において使用する用語は、電気事業法施行規則（平成7年通商産業省令第77号）において使用する用語の例による。

**発電用風力設備技術基準　第3条（取扱者以外の者に対する危険防止措置）**

風力発電所を施設するに当たっては、取扱者以外の者に見やすい箇所に風車が**危険**である旨を表示するとともに、当該者が容易に**接近**するおそれがないように適切な措置を講じなければならない。

2　発電用風力設備が一般用電気工作物又は小規模事業用電気工作物である場合には、前項の規定は、同項中「風力発電所」とあるのは「発電用風力設備」と、「当該者が容易に」とあるのは「当該者が容易に風車に」と読み替えて適用するものとする。

**発電用風力設備技術基準　第4条（風車）**

風車は、次の各号により施設しなければならない。

一　**負荷**を遮断したときの最大速度に対し、構造上安全であること。

二　風圧に対して構造上安全であること。

三　運転中に風車に損傷を与えるような**振動**がないように施設すること。

四　通常想定される最大風速においても取扱者の意図に反して風車が**起動**することのないように施設すること。

五　運転中に他の工作物、植物等に接触しないように施設すること。

**発電用風力設備技術基準　第5条（風車の安全な状態の確保）**

風車は、次の各号の場合に安全かつ自動的に停止するような措置を講じなければならない。

**補足**

「電気設備技術基準の解釈」と同じように、「発電用風力設備技術基準」にも技術的内容をできるだけ具体的に示した「発電用風力設備技術基準の解釈」が制定されている。電験三種試験の過去問を見る限りそこまで手を広げる必要はないので、本LESSONでは、割愛している。

**補足**

風車の負荷とは、風車発電機が供給している電力のことである。発電機の負荷遮断＝風車の負荷遮断である。負荷が遮断されれば風車の回転速度は急上昇する。

一　**回転速度**が著しく上昇した場合

二　風車の**制御装置**の機能が著しく低下した場合

2　発電用風力設備が一般用電気工作物又は小規模事業用電気工作物である場合には、前項の規定は、同項中「安全かつ自動的に停止するような措置」とあるのは「安全な状態を確保するような措置」と読み替えて適用するものとする。

3　最高部の**地表**からの高さが20mを超える発電用風力設備には、**雷撃**から風車を保護するような措置を講じなければならない。ただし、周囲の状況によって**雷撃**が風車を損傷するおそれがない場合においては、この限りでない。

**発電用風力設備技術基準　第６条（圧油装置及び圧縮空気装置の危険の防止）**

発電用風力設備として使用する圧油装置及び圧縮空気装置は、次の各号により施設しなければならない。

一　圧油タンク及び空気タンクの材料及び構造は、**最高使用**圧力に対して十分に耐え、かつ、安全なものであること。

二　圧油タンク及び空気タンクは、**耐食性**を有するものであること。

三　圧力が上昇する場合において、当該圧力が最高使用圧力に到達する以前に当該圧力を**低下**させる機能を有すること。

四　圧油タンクの油圧又は空気タンクの空気圧が低下した場合に圧力を自動的に**回復**させる機能を有すること。

五　**異常**な圧力を早期に検知できる機能を有すること。

**発電用風力設備技術基準　第７条（風車を支持する工作物）**

風車を支持する工作物は、自重、積載荷重、**積雪**及び風圧並びに地震その他の振動及び**衝撃**に対して構造上安全でなければならない。

2　発電用風力設備が一般用電気工作物又は小規模事業用電気工作物である場合には、風車を支持する工作物に取扱者以外の者が容易に登ることができないように適切な措置を講じること。

**発電用風力設備技術基準　第８条（公害等の防止）**

電気設備に関する技術基準を定める省令（平成9年通商産業省令第52号）第19条第11項及び第13項の規定は、風力発電所に設置する発電用風力設備について準用する。

2　発電用風力設備が一般用電気工作物又は小規模事業用電気工作物である場合には、前項の規定は、同項中「第19条第11項及び第13項」とあるのは「第19条第13項」と、「風力発電所に設置する発電用風力設備」とあるのは「発電用風力設備」と読み替えて適用するものとする。

**補足**

電技第19条第11項は、騒音規制法に関する規定である。また、同第13項は、急傾斜地の崩壊による災害の防止に関する法律の規定である。



## ② 発電用太陽電池設備技術基準　重要度 A

近年、太陽電池発電設備の増加や設置形態が多様化していること等を踏まえ、民間規格や認証制度と柔軟かつ迅速に連携できるよう、太陽電池発電設備に特化した新たな技術基準「発電用太陽電池設備技術基準」が制定されました。

太陽電池発電所は、太陽電池モジュールとそれを支持する工作物、昇圧変圧器、遮断器、電路等から構成されますが、本基準については、太陽電池モジュールを支持する工作物及び地盤に関する技術基準を定めたものであり、ここでの支持物とは、架台及び基礎の部分を示します。

本基準では、人体に危害を及ぼし、物件に損傷を与えるおそれがないように施設することが規定されているほか、公害の発生や土砂流出等の防止規定とともに、太陽電池モジュールを支持する工作物の構造等について、各種荷重に対して安定であることや使用する材料の品質など、満たすべき技術的要件が規定されています。

なお、電気設備に関しては先に第3章及び第4章で学んだ「電気設備技術基準」及び「電気設備技術基準の解釈」に規定されています。以下に「発電用太陽電池設備技術基準」の全条文（第

発電用太陽電池設備については、電験三種試験の過去問として、「電気設備技術基準の解釈」第16条 機械器具等の電路の絶縁性能（LESSON19参照）、第46条 太陽電池発電所等の電線等の施設（LESSON24参照）などが出題されています。
今後は、「発電用太陽電池設備技術基準」の条文に直接言及した出題も予想されます。キーワード（赤字）をしっかり押さえておきましょう。

1条～第6条)を示します。

**発電用太陽電池設備技術基準　第1条（適用範囲）**

この省令は、太陽光を電気に変換するために施設する電気工作物について適用する。

2　前項の電気工作物とは、一般用電気工作物及び事業用電気工作物をいう。

**発電用太陽電池設備技術基準　第2条（定義）**

この省令において使用する用語は、電気事業法施行規則（平成7年通商産業省令第77号）において使用する用語の例による。

**発電用太陽電池設備技術基準　第3条（人体に危害を及ぼし、物件に損傷を与えるおそれのある施設等の防止）**

太陽電池発電所を設置するに当たっては、人体に**危害**を及ぼし、又は物件に**損傷**を与えるおそれがないように施設しなければならない。

2　発電用太陽電池設備が一般用電気工作物又は小規模事業用電気工作物である場合には、前項の規定は、同項中「太陽電池発電所」とあるのは「発電用太陽電池設備」と読み替えて適用するものとする。

**発電用太陽電池設備技術基準　第4条（支持物の構造等）**

太陽電池モジュールを支持する工作物（以下「支持物」という。）は、次の各号により施設しなければならない。

一　自重、地震荷重、**風圧**荷重、積雪荷重その他の当該支持物の設置環境下において想定される各種荷重に対し安定であること。

二　前号に規定する荷重を受けた際に生じる各部材の応力度が、その部材の**許容**応力度以下になること。

三　支持物を構成する各部材は、前号に規定する許容応力度を満たす設計に必要な安定した品質を持つ材料であるとともに、腐食、腐朽（ふきゅう）その他の劣化を生じにくい材料又は防食等の劣化防止のための措置を講じた材料であること。

**補足**

「発電用太陽電池設備技術基準」で定める技術的内容をできるだけ具体的に示した「発電用太陽電池設備技術基準の解釈」も制定されているが、そこまで手を広げる必要はないので割愛している。

四　太陽電池モジュールと支持物の接合部、支持物の部材間及び支持物の架構部分と基礎又はアンカー部分の接合部における**存在**応力を確実に伝える構造とすること。

五　支持物の基礎部分は、次に掲げる要件に適合するものであること。

イ　土地又は水面に施設される支持物の基礎部分は、上部構造から伝わる荷重に対して、上部構造に支障をきたす沈下、浮上がり及び水平方向への移動を生じないものであること。

ロ　土地に自立して施設される支持物の基礎部分は、杭基礎若しくは鉄筋コンクリート造の直接基礎又はこれらと同等以上の支持力を有するものであること。

六　土地に自立して施設されるもののうち設置面からの太陽電池アレイ（太陽電池モジュール及び支持物の総体をいう。）の最高の高さが9mを超える場合には、構造強度等に係る建築基準法（昭和25年法律第201号）及びこれに基づく命令の規定に適合するものであること。

用語

**存在応力**とは、部材に生じている応力のことである。単に応力ともいう。

**発電用太陽電池設備技術基準　第5条（土砂の流出及び崩壊の防止）**

支持物を土地に自立して施設する場合には、施設による土砂流出又は地盤の崩壊を防止する措置を講じなければならない。

**発電用太陽電池設備技術基準　第6条（公害等の防止）**

電気設備に関する技術基準を定める省令（平成9年通商産業省令第52号）第19条第13項の規定は、太陽電池発電所に設置する発電用太陽電池設備について準用する。

2　発電用太陽電池設備が一般用電気工作物又は小規模事業用電気工作物である場合には、前項の規定は、同項中「太陽電池発電所に設置する発電用太陽電池設備」とあるのは「発電用太陽電池設備」と読み替えて適用するものとする。

## 理解度チェック問題

**問題　次の文章は、発電用太陽電池設備技術基準に関する記述の一部である。次の［　　］の中に適当な答えを記入せよ。**

1. 太陽電池発電所を設置するに当たっては、人体に［（ア）］を及ぼし、又は物件に［（イ）］を与えるおそれがないように施設しなければならない。

2. 太陽電池モジュールを支持する工作物（以下「支持物」という。）は、次により施設しなければならない。
   a. 自重、地震荷重、［（ウ）］荷重、積雪荷重その他の当該支持物の設置環境下において想定される各種荷重に対し安定であること。
   b. aに規定する荷重を受けた際に生じる各部材の応力度が、その部材の［（エ）］応力度以下になること。
   c. 太陽電池モジュールと支持物の接合部、支持物の部材間及び支持物の架構部分と基礎又はアンカー部分の接合部における［（オ）］応力を確実に伝える構造とすること。

3. 土地に自立して施設されるもののうち設置面からの太陽電池アレイ（太陽電池モジュール及び支持物の総体をいう。）の最高の高さが［（カ）］mを超える場合には、構造強度等に係る建築基準法及びこれに基づく命令の規定に適合するものであること。

**解答**

（ア）危害　（イ）損傷　（ウ）風圧　（エ）許容　（オ）存在　（カ）9

**解説**　発電用太陽電池設備技術基準第3条、第4条からの出題である。

第6章 電気施設管理

LESSON 39

# 水力発電の計算

電気施設管理は、電験三種試験の電力科目と法規科目で高い頻度で出題されています。本 LESSON の水力発電の計算は特に重要です。

関連過去問 083, 084

重要公式
P=9.8QHη〔kW〕
P〔kW〕：水力発電機の出力
久しぶりの重要公式です。軽いめまいを感じますが、しっかり覚えます！


## 1 調整池式水力発電などに関する計算問題 重要度A

調整池（ちょうせいち）とは、1日又は1週間程度の間隔で変動する負荷（照明や冷暖房などの需要変化）に対して、河川の流量を調整するための池のことです。1日の間隔の場合、負荷が軽い夜間の時間帯（オフピーク時）に余った水量を貯水し、負荷が最も重くなる昼間の時間帯（ピーク時）に、貯水しておいた水量を放出することによって、発電出力を調整しています。このような発電所を、調整池式水力発電所と呼びます。

今日から、第6章電気施設管理です。
水力発電の計算は、電力科目でも出題される論点です。『ユーキャンの電験三種 独学の電力 合格テキスト＆問題集』の第1章水力発電も復習しましょう。

### (1) 水力発電の出力について

水力発電機の出力$P$〔kW〕は、使用水量を$Q$〔$m^3/s$〕、有効落差を$H$〔m〕、水車効率及び発電機効率（総合効率）を$\eta$（約0.85～0.9）とすると、次式で表されます。

**重要公式** 水力発電機の出力$P$

$$P=9.8QH\eta \text{〔kW〕} \quad (1)$$

補足　$\eta$は、イータと読む。

水力発電所の使用流量は、河川の流量の変動に左右されるため、水力発電機の出力に大きな影響を与えます。しかし、上記のように調整池を設けて変動する負荷に対応すれば、河川の流量を有効に活用することができます。

### (2) 調整池の運用方法

調整池の具体的な運用方法について説明します。例えば、1日という期間の中で負荷が変動する調整池の流量の動きは、次図のようになります。図6.1はオフピーク時の水の流れ、図6.2はピーク時の水の流れを、模式的に表したものです。

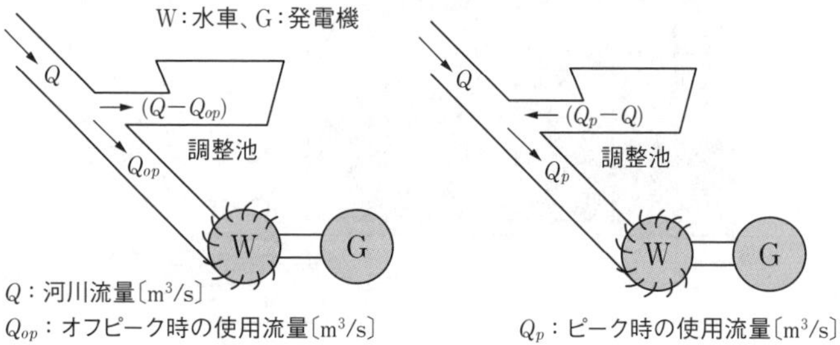


**図6.1 オフピーク時の水の流れ**　　**図6.2 ピーク時の水の流れ**

また、オフピーク時とピーク時の水の流れについて、1日の時刻(0～24時)と使用流量の関係を見てみると、図6.3のようになります。

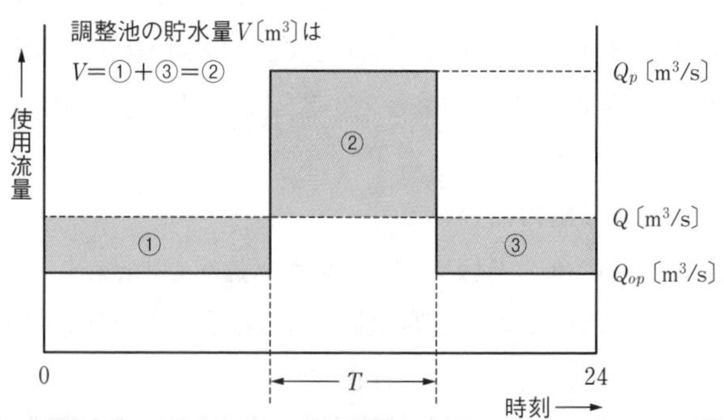


**図6.3 流量の時間推移**

**重要公式 調整池の貯水量$V$**

$$V = (Q - Q_{op}) \times 3600 \times (24 - T)$$
$$= (Q_p - Q) \times 3600 \times T \text{〔m}^3\text{〕} \qquad (2)$$

ただし、$Q$：河川流量〔$m^3/s$〕
$Q_{op}$：オフピーク時の使用流量〔$m^3/s$〕
$Q_p$：ピーク時の使用流量〔$m^3/s$〕　$T$：ピーク継続時間〔h〕

ここで、$(Q - Q_{op})$ は単位が〔$m^3/s$〕で、1秒間当たりに調整池に入る流量であることから、1時間当たりに換算すると、3600倍（1時間＝3600秒）する必要があります。そして調整池に流量が入るオフピーク時間が $(24 - T)$〔h〕であることから、貯水量 $V$〔$m^3$〕は、$V = (Q - Q_{op}) \times 3600 \times (24 - T)$〔$m^3$〕となります（図6.3の①＋③の面積に対応）。

同様に、$(Q_p - Q)$ は調整池から放出する流量であることから、1時間当たりに換算し、ピーク時間 $T$〔h〕に貯水量をすべて放出すると仮定すると、貯水量 $V$〔$m^3$〕は $V = (Q_p - Q) \times 3600 \times T$〔$m^3$〕となります（図6.3の②の面積に対応）。

調整池の貯水量を、オフピーク時の流量から求める場合
…重要公式（2）の上の式
ピーク時の流量から求める場合
…重要公式（2）の下の式
を用います。

## 例題にチャレンジ！

**有効落差200〔m〕の調整池式の水力発電所がある。河川流量は、8.5〔$m^3/s$〕で一定とする。毎日右の図のように20時間貯水し、4時間の発電を行う場合、この4時間の時間帯（ピーク時間帯）における発電出力〔kW〕はいくらか。**

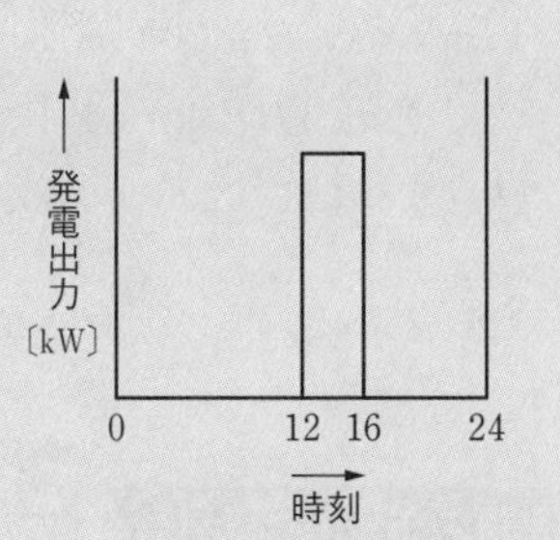


**ただし、水車及び発電機の総合効率は0.85とする。**

**・解答と解説・**

発電電力は、使用流量〔$m^3/s$〕に比例するので、問題の図の縦軸の発電出力を使用流量〔$m^3/s$〕に置き換えて考えると、右図を描くことができる。この図より、調整池の貯水量 $V$〔$m^3$〕は、$V$＝A＋Cの面積＝Bの面積であるから、重要公式（2）より、ピーク時の使用流量 $Q_p$〔$m^3/s$〕を求めることができる。

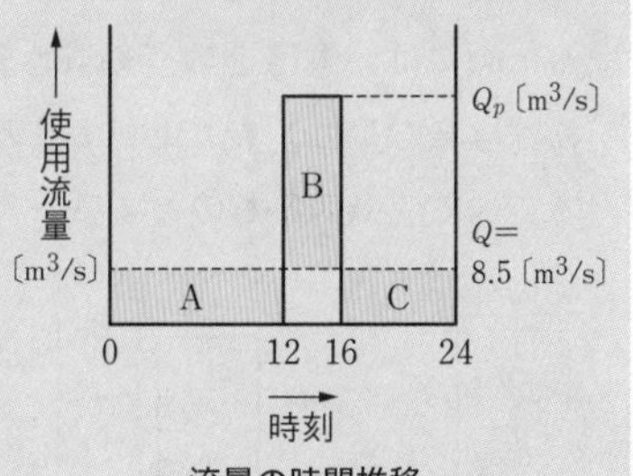

流量の時間推移

### 解法のヒント

オフピーク時（0時～12時、16時～24時）は、発電していないので、使用流量 $Q_{op}$ は0〔$m^3/s$〕である。

$V = (Q - Q_{op}) \times 3600 \times (24 - T)$

$\quad = (Q_p - Q) \times 3600 \times T$〔m³〕

上式に、題意の数値($Q = 8.5$〔m³/s〕)、$Q_{op} = 0$〔m³/s〕、$T = 4$〔h〕を代入すると、

$V = (8.5 - 0) \times 3600 \times (24 - 4)$

$\quad = (Q_p - 8.5) \times 3600 \times 4$〔m³〕……①

となり、式①より、$Q_p$〔m³/s〕を次のように求めることができる。

$8.5 \times 3600 \times 20 = 14400Q_p - 122400$

$612000 + 122400 = 14400Q_p$

$Q_p = \dfrac{734400}{14400} = 51$〔m³/s〕……②

ピーク時間帯の水力発電機の出力$P$〔kW〕は、重要公式(1)より$P = 9.8\,Q_p H\eta$〔kW〕であるから、題意及び式②より数値($Q_p = 51$〔m³/s〕)、$H = 200$〔m〕、$\eta = 0.85$)を代入すると、次式のように、発電出力$P$〔kW〕を求められる。

$P = 9.8 \times 51 \times 200 \times 0.85 =$ **84966**〔kW〕(答)

## 例題にチャレンジ!

**調整池式水力発電所がある。河川の流量が10〔m³/s〕で一定のとき、調整池を活用して、下図のように毎日6時間(ピーク時間帯)に集中して発電を行った。このような運転が可能であるためには、調整池の有効貯水量$V$〔m³〕はいくら以上でなければならないか。ただし、1日の中で、貯水した容量は6時間ですべて使い切るものとする。**

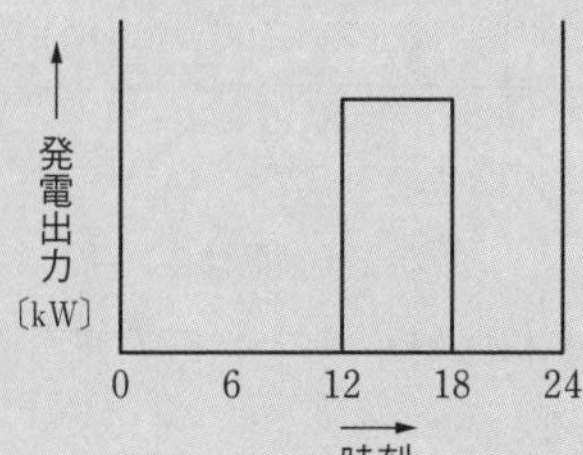


0〜12、18〜24:発電出力0〔kW〕
12〜18:発電出力$P$〔kW〕

**・解答と解説・**

発電電力は、使用流量〔$m^3/s$〕に比例するので、問題の図の縦軸の発電出力を使用流量〔$m^3/s$〕に置き換えて考えると、右図を描くことができる。

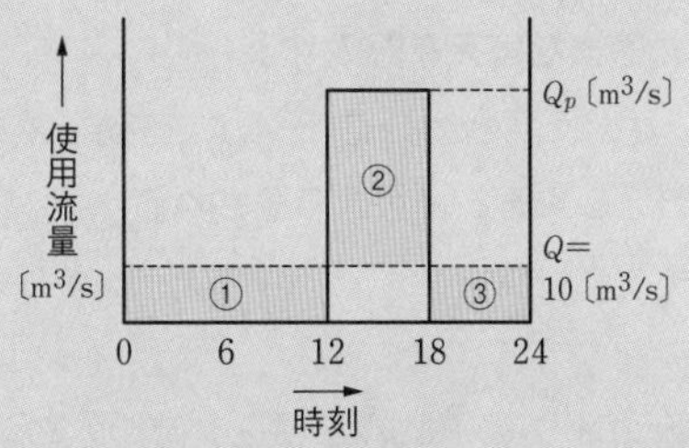


流量の時間推移

右図より、0時～12時、18時～24時までは調整池にため込み、12時～18時の間に調整池にため込んだ貯水量を、6時間で使い切ることになる。

以上のことから、重要公式 (2) より調整池の貯水量$V$〔$m^3$〕は、次式で表すことができる。

$V$＝①＋③の面積

$=(Q-Q_{op})\times 3600\times(24-T)$〔$m^3$〕

上式に、題意の数値（$Q=10$〔$m^3/s$〕）、$Q_{op}=0$〔$m^3/s$〕、$T=6$〔h〕）を代入すると、有効貯水量$V$〔$m^3$〕を次式のように求めることができる。

$V=(10-0)\times 3600\times(24-6)=$ **648000**〔$m^3$〕（答）

**解法のヒント**

オフピーク時（0時～12時、18時～24時）は、発電していないので、使用流量$Q_{op}$は0〔$m^3/s$〕である。

第6章 電気施設管理

## 理解度チェック問題

**問題　次の[　　　]の中に適当な答えを記入せよ。**

**1.** 水力発電機の出力$P$は、使用水量を$Q$〔m³/s〕、有効落差を$H$〔m〕、水車効率及び発電機効率（総合効率）を$\eta$とすると、次式で表される。

$P=$ [（ア）]〔[（イ）]〕

**2.** 調整池式水力発電所のオフピーク時とピーク時の水の流れについて、1日の時刻（0～24時）と使用流量の関係を見てみると、下図のようになる。

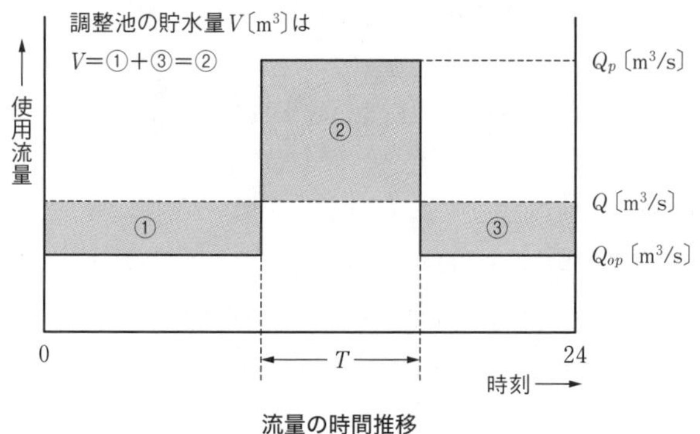


流量の時間推移

$V=$ [（ウ）] × [（エ）] × $(24-T)=$ [（オ）] × [（エ）] × $T$〔m³〕

ただし、$Q$：河川流量〔m³/s〕、$Q_{op}$：オフピーク時の使用流量〔m³/s〕

$Q_p$：ピーク時の使用流量〔m³/s〕、$T$：ピーク継続時間〔h〕

**解答**

（ア）$9.8QH\eta$　（イ）kW　（ウ）$(Q-Q_{op})$　（エ）3600　（オ）$(Q_p-Q)$

LESSON 40

# 需要率・負荷率・不等率

さまざまな状況によって常に変化する電力需要に対し、適切な設備容量を決定するための係数について学習します。

関連過去問　085, 086, 087

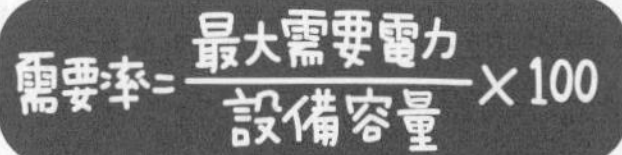

需要率＝最大需要電力／設備容量×100
負荷率＝平均需要電力／最大需要電力×100
不等率＝各負荷の最大需要電力の和／合成最大需要電力


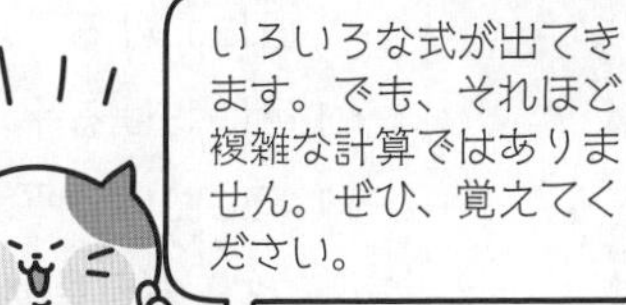

いろいろな式が出てきます。でも、それほど複雑な計算ではありません。ぜひ、覚えてください。


## 1 需要率　重要度A

最大需要電力と設備容量の比を**需要率**といい、次式で表されます。

**重要 公式　需要率**

$$需要率 = \frac{最大需要電力〔kW〕}{設備容量〔kW〕} \times 100〔\%〕 \quad (3)$$

工場などの設備容量に対し、最大でどの程度の電力を使用したのかを割合で表す場合に用いられます。なお、設備容量が〔kV・A〕表示の場合、負荷の力率$\cos\theta$を掛け、〔kW〕表示に変換して計算します。

$$設備容量〔kV \cdot A〕\times \cos\theta = 設備容量〔kW〕 \quad (4)$$

## 2 負荷率　重要度A

ある期間内の平均需要電力と最大需要電力の比を**負荷率**といい、次式で表されます。

**重要 公式　負荷率**

$$負荷率 = \frac{平均需要電力〔kW〕}{最大需要電力〔kW〕} \times 100〔\%〕 \quad (5)$$

需要率・負荷率・不等率は、電験三種試験での出題頻度が高い項目です。各計算方法をしっかりマスターしておきましょう。

**補足**
需要率と負荷率は、100〔%〕以下となる。100〔%〕を超えることはない。

**補足**
平均需要電力＝平均電力
最大需要電力＝最大電力
などのように、需要の文字を略すことも多い。意味は同じ。

変電所や工場などの電力の使用状況は、季節や天候、時刻などによってかなり異なるため、電力需要の程度を表す負荷率が用いられます。

式(5)で平均需要電力、最大需要電力が「どれくらいの期間」のものであるかにより、次のような負荷率があります。

- 1日における平均および最大需要電力の場合：日負荷率
- 1月における平均および最大需要電力の場合：月負荷率
- 1年における平均および最大需要電力の場合：年負荷率

これらの日負荷率、月負荷率、年負荷率は、後述する「負荷曲線」から求められます。

需要率と負荷率は、内容を混同しやすいので、それぞれの定義をしっかり理解しましょう。

## 3 不等率

重要度 A

図6.4のように、電力会社の変電所の変圧器から、各需要家(工場など)に供給している場合、個々の需要家の最大電力は、同時刻に発生するとは限りません。そのため同時刻ではなく個々の需要家の最大電力を合計したもの(図6.4の$P_{Amax}+P_{Bmax}+P_{Cmax}$)は、全体を総合した合成最大需要電力(この場合は変電所の最大需要電力$P_{max}$)より大きくなります。

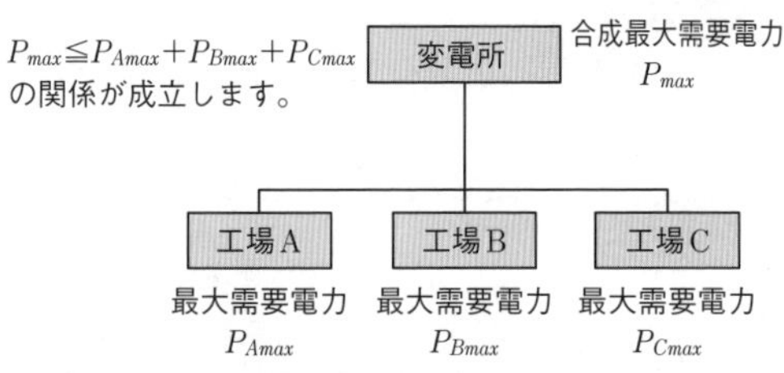


図6.4 変電所と各工場

こうした各負荷の最大需要電力の和と合成最大需要電力との比を**不等率**といい、次式で表されます。

**補足**
不等率は、1以上(一般には1.0～1.5)である。1に近いほど各負荷の最大需要電力時間帯にばらつきがないことを示す。

**重要公式** 不等率

$$不等率=\frac{各負荷の最大需要電力の和〔kW〕}{合成最大需要電力〔kW〕} \tag{6}$$

需要率、負荷率、不等率の3つの公式は、それぞれの意味を理解しながら、しっかり覚えましょう。さらに、式の変形も自在にできるようにしておきましょう。

## 負荷曲線、負荷持続曲線から求める負荷率　重要度 B

**負荷曲線**とは、ある期間内の時刻についての需要電力の大きさを表したもので、期間の取り方によって、負荷率と同じように、日負荷曲線、月負荷曲線、年負荷曲線などがあります。

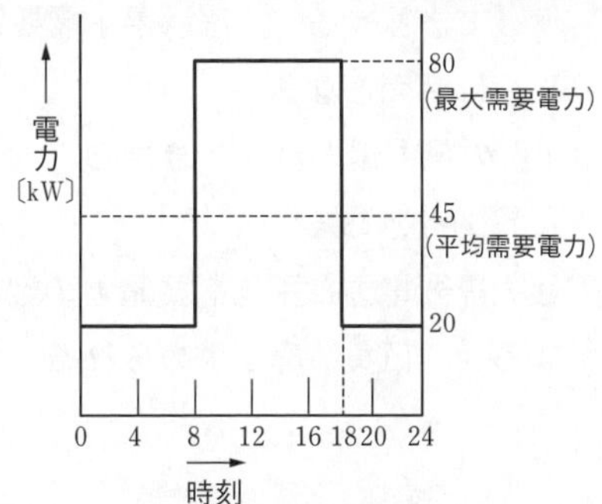


**図6.5　日負荷曲線の例**

ここでは、図6.5の日負荷曲線を例にして、日負荷率の求め方を説明します。

①日負荷曲線の各時刻における需要電力を求め、それを合計して24〔h〕で割り、1日の平均需要電力を求める

②日負荷曲線から最大需要電力を読み取る

③これらの値を式(5)に代入して計算すると、日負荷率が求められる

**補足**
日負荷曲線は、電験三種試験の変圧器の効率に関する問題でも使われる。

一方、**負荷持続曲線**とは、ある期間内の需要電力を時刻に関係なく、大きいほうから順に並べたもので、必ず右下がりの配列となります。負荷曲線と同様に、期間の取り方によって、日負荷持続曲線、月負荷持続曲線、年負荷持続曲線などがあります。

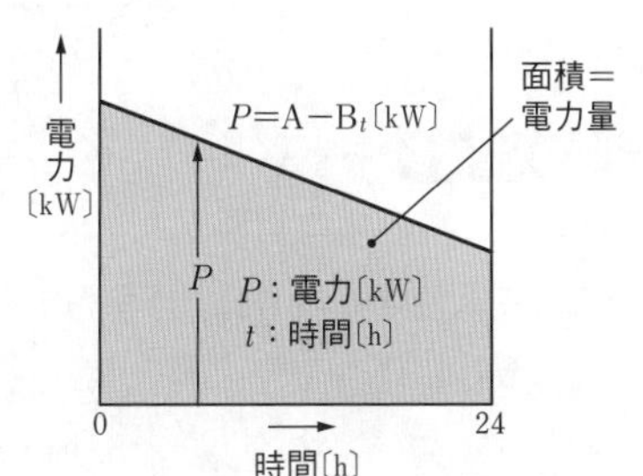


**図6.6　日負荷持続曲線の例**

**補足**
**日負荷持続曲線の式**
$P$＝A－B$t$〔kW〕
のA、Bは定数で、
A：最大電力〔kW〕
B：直線の傾き
＝1時間当たりの電力の変化量〔kW/h〕
を表す。

ここでは、図6.6の日負荷持続曲線を例にして、日負荷率の求め方を説明します。

①日負荷持続曲線に示されている電力$P$を表す式に、$t=0$を代入して最大需要電力を、$t=24$を代入して最小需要電力を求める

②日負荷持続曲線で囲まれている面積(図の赤色の部分の面積)

**補足**

下図のように、図6.6を左に90度回転させて、台形の面積を求める。

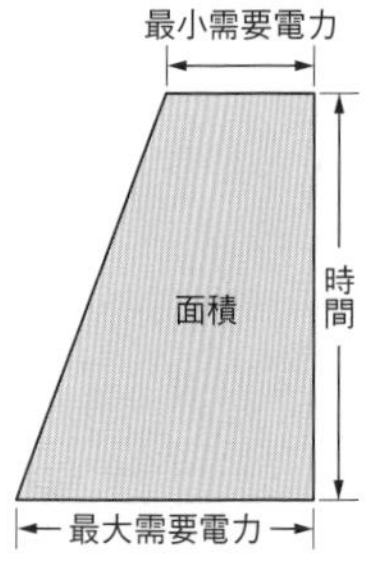


が1日の電力量を表しているので、左に90度回転させて、台形の面積を求める数学公式〈(上底＋下底)×高さ÷2〉を使って計算する。上底は最小需要電力、下底は最大需要電力、高さは時間となる

③1日の電力量が計算できたら、24〔h〕で割り、1日の平均需要電力を求める

④最大需要電力と平均需要電力の数値を式(5)に代入して計算すると、日負荷率が求められる

## 例題にチャレンジ!

**右図のような日負荷曲線(工場の消費電力の推移)を持つ工場がある。この場合の日負荷率〔%〕はいくらになるか。**

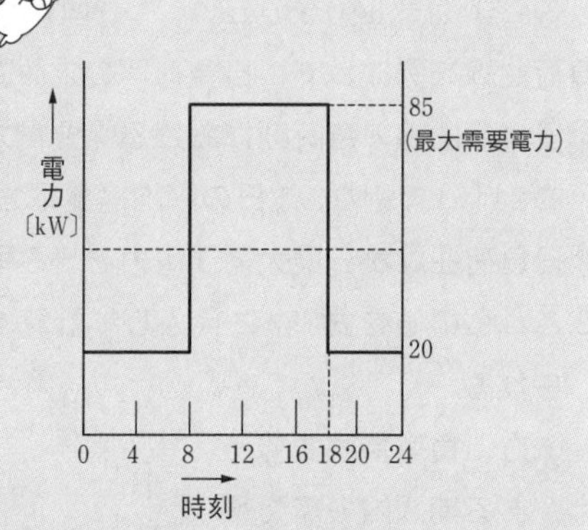


**・解答と解説・**

問題の図より、平均需要電力を求める。まず最初に、1日における需要電力量$W$〔kW·h〕について考えると、図から次のように読み取れる。

・0～8時まで　20〔kW〕×8〔h〕＝160〔kW·h〕
・8～18時まで　85〔kW〕×10〔h〕＝850〔kW·h〕　……①
・18～24時まで　20〔kW〕×6〔h〕＝120〔kW·h〕

式①より、$W$＝160＋850＋120＝1130〔kW·h〕となり、これから平均需要電力$P_a$〔kW〕を求めると、次式となる。

$$P_a=\frac{W}{24}=\frac{1130}{24}\fallingdotseq 47.08\text{〔kW〕}\cdots\cdots②$$

最大需要電力$P_m$〔kW〕は問題の図より、85〔kW〕であることから、日負荷率を求めると、次式のようになる。

$$日負荷率 = \frac{平均需要電力}{最大需要電力} \times 100$$

$$= \frac{P_a}{P_m} \times 100 = \frac{47.08}{85} \times 100 \fallingdotseq \mathbf{55.4}〔\%〕(答)$$

**右図のような日負荷持続曲線$P = \mathrm{A} - \mathrm{B}_t$〔kW〕で表される負荷がある。**
**A = 3000、B = 60のときに、この負荷の日負荷率〔%〕はいくらか。**

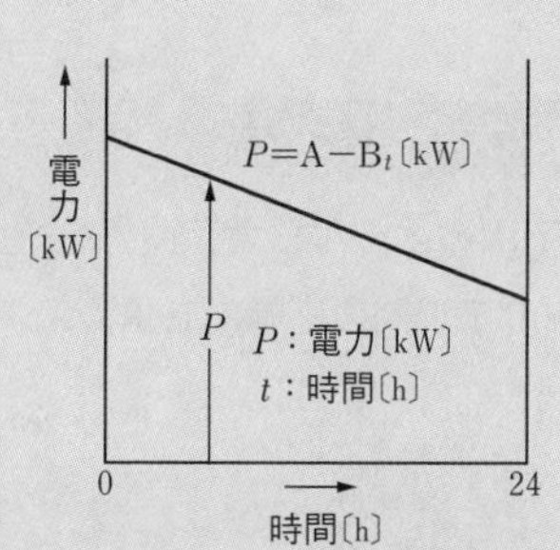


・解答と解説・

問題図にある$P = \mathrm{A} - \mathrm{B}_t$〔kW〕に各数値を代入すると、「$P = 3000 - 60t$」の式になる。電力$P$〔kW〕は、$t = 0$〔h〕のとき$P = 3000$〔kW〕で最大、$t = 24$〔h〕のとき$P = 3000 - 60 \times 24 = 1560$〔kW〕となり、上図のように示すことができる。

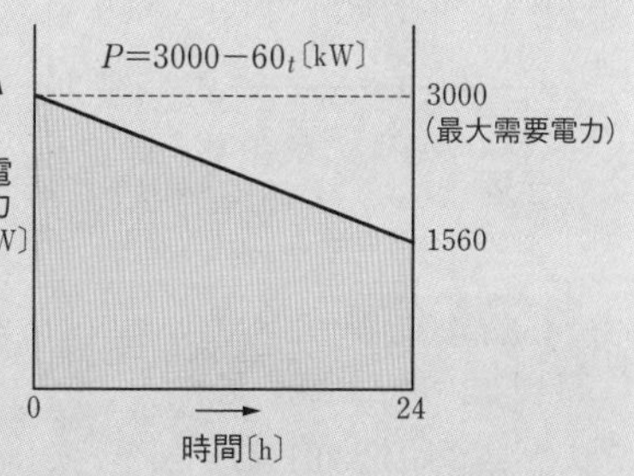


図より、1日における電力量〔kW·h〕(図の赤色の部分の面積に相当)を求めると、次式のようになる。

$$W = \frac{(1560 + 3000) \times 24}{2} = 54720〔\mathrm{kW \cdot h}〕 \cdots\cdots ①$$

式①の値を24〔h〕で割ると、平均需要電力$P_a$〔kW〕は次式となる。

$$P_a = \frac{W}{24} = \frac{54720}{24} = 2280〔\mathrm{kW}〕 \cdots\cdots ②$$

**解法のヒント**
式①は、台形の面積を求める式を使っている。

**補足**
平均需要電力については、電力が時間に比例して減少する場合は、

$$P_a = \frac{最大需要電力 + 最小需要電力}{2}$$

から求めることもできる。

第6章 電気施設管理

この負荷の最大需要電力$P_m$〔kW〕は、3000〔kW〕であることから、日負荷率を求めると、次式のようになる。

$$日負荷率=\frac{平均需要電力}{最大需要電力}\times 100$$

$$=\frac{P_a}{P_m}\times 100=\frac{2280}{3000}\times 100=\mathbf{76}〔\%〕(答)$$

**例題にチャレンジ!**

**下図のような日負荷曲線を持つA工場とB工場がある。このA・B工場間の不等率を求めよ。**

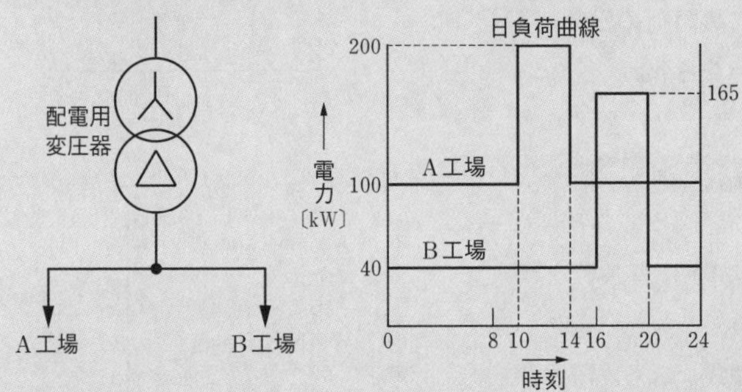


**・解答と解説・**

問題図より、A工場の最大需要電力は200〔kW〕、B工場の最大需要電力は165〔kW〕と読み取ることができる。ピーク時が異なるため、配電用変圧器は200〔kW〕＋165〔kW〕＝365〔kW〕より小さくできることがわかる。

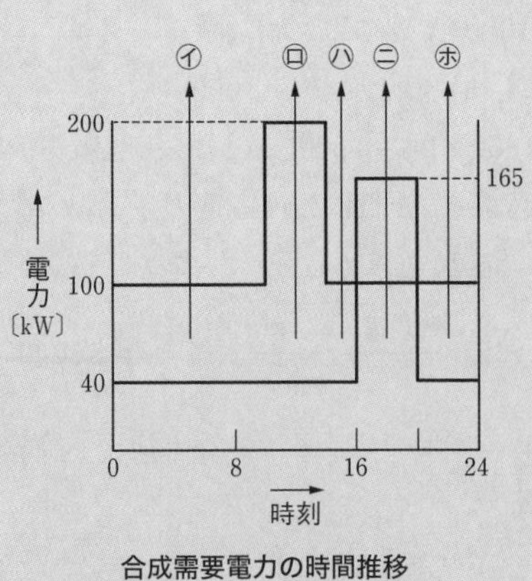

合成需要電力の時間推移

また、配電用変圧器から見た合成需要電力〔kW〕は上図のように、時間帯によって、㋑～㋭に分類できる。

㋑の時間帯　$100 + 40 = 140$〔kW〕
㋺の時間帯　$200 + 40 = 240$〔kW〕
㋩の時間帯　$100 + 40 = 140$〔kW〕　……①
㋥の時間帯　$165 + 100 = 265$〔kW〕
㋭の時間帯　$100 + 40 = 140$〔kW〕

式①より、合成最大需要電力$P_m$〔kW〕は、㋥の時間帯に生じており、次のようになる。

$P_m = 265$〔kW〕……②

また、各工場の最大需要電力の和$\Sigma P_m$〔kW〕は、次のようになる。

$\Sigma P_m = 200 + 165 = 365$〔kW〕……③

式②と③の数値より、不等率を求めると、次のようになる。

$$\text{不等率} = \frac{\text{各工場の最大需要電力の和}}{\text{合成最大需要電力}}$$

$$= \frac{\Sigma P_m}{P_m} = \frac{365}{265} \fallingdotseq \mathbf{1.38}\text{（答）}$$

第6章　電気施設管理

## 理解度チェック問題

**問題　次の[　　　]の中に適当な答えを記入せよ。**

1．需要率＝$\dfrac{\boxed{（ア）}\,[\mathrm{kW}]}{\boxed{（イ）}\,[\mathrm{kW}]}\times 100\,[\%]$

2．負荷率＝$\dfrac{\boxed{（ウ）}\,[\mathrm{kW}]}{\boxed{（エ）}\,[\mathrm{kW}]}\times 100\,[\%]$

3．不等率＝$\dfrac{\boxed{（オ）}\,[\mathrm{kW}]}{\boxed{（カ）}\,[\mathrm{kW}]}$

**解答**

(ア)最大需要電力　(イ)設備容量　(ウ)平均需要電力　(エ)最大需要電力
(オ)各負荷の最大需要電力の和　(カ)合成最大需要電力

LESSON 41

# 変圧器の計算

変圧器については、電験三種試験の機械や電力の科目でも学びますが、法規科目では、効率の計算、V結線の利用率などが出題されます。

関連過去問 088, 089

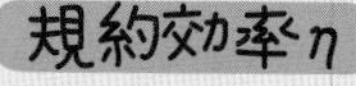


$$\eta = \frac{出力}{入力} \times 100 = \frac{出力}{出力 + 損失} \times 100 = \frac{P_n}{P_n + P_i + P_c} \times 100 [\%]$$

変圧器の定格負荷（全負荷）時の規約効率$\eta$の計算式は、基本で重要です。

## 1 変圧器の効率などに関する計算問題　重要度A

変圧器は、通常の運転状態において変圧器内部で損失が生じています。この損失には、負荷電流に関係なく常に一定な鉄損と負荷電流の2乗に比例する銅損があり、どちらも熱となって現れます。こうした損失を可能な限り少なくするには、変圧器の最高効率となる負荷率を把握して運用することが大切です。そのために損失、効率についてしっかり理解しておきましょう。

### (1) 変圧器の損失

変圧器を構成する主な要素は、鉄心と巻線（コイル）なので、鉄心から生じる**鉄損**と巻線から生じる**銅損**が変圧器の主な損失となります。

#### ①鉄損（無負荷損）

**無負荷損**は二次端子を開いたまま、一次端子に定格電圧を加えた場合に生じる損失です。**鉄損**は**ヒステリシス損**と**渦**（うず）**電流損**からなり、無負荷損の大部分を占めており、無負荷損といえば鉄損と考えて大差ありません。

鉄損の約80〔%〕はヒステリシス損です。**ヒステリシス損**は、**電圧の2乗に比例し、周波数に反比例**します。

**渦電流損**は、**電圧の2乗に比例し、周波数に無関係**です。

**プラスワン**
最大磁束密度一定の条件のもとでは、**ヒステリシス損は周波数に比例し、渦電流損は周波数の2乗に比例**する。注意しよう。

**補足**
無負荷損は、無負荷時のみ発生するのではない。負荷時にも同じ値の無負荷損が発生する。注意しよう。

### ②銅損（負荷損）

**負荷損**は、二次側に負荷を接続したときに流れる負荷電流によって生じる損失です。一次巻線抵抗と二次巻線抵抗に生じるジュール損失を**銅損**といい、負荷損のほとんどが銅損です。

銅損は、**負荷電流の2乗に比例**します。

## (2) 変圧器の効率

定格負荷（全負荷）時の**規約効率** $\eta$ は、次式で表されます。

**重要公式** 規約効率 $\eta$

$$\eta = \frac{出力}{入力} \times 100 = \frac{出力}{出力 + 損失} \times 100$$

$$= \frac{V_{2n} I_{2n} \cos\theta}{V_{2n} I_{2n} \cos\theta + P_i + P_c} \times 100$$

$$= \frac{S_n \cos\theta}{S_n \cos\theta + P_i + P_c} \times 100$$

$$= \frac{P_n}{P_n + P_i + P_c} \times 100 〔\%〕 \quad (7)$$

**プラスワン**
効率の表し方には、実際に負荷をかけて入力と出力を直接測定し、計算する**実測効率**と、負荷をかけないで諸損失に基づいた計算により算出する**規約効率**がある。

ここで、$V_{2n}$：定格二次電圧〔V〕、$I_{2n}$：定格二次電流〔A〕

$S_n = V_{2n} I_{2n}$：定格容量〔V・A〕

$P_n = S_n \cos\theta$：全負荷出力（定格出力）〔W〕、$\cos\theta$：負荷力率

$P_i$：鉄損（無負荷損）〔W〕

$P_c$：全負荷時の銅損（負荷損）〔W〕

### ① $\alpha$ 負荷時の効率

負荷率が $\alpha$（負荷出力を $P$、負荷電流を $I_2$ とすると、$\alpha = \dfrac{P}{P_n} = \dfrac{I_2}{I_{2n}}$）のとき、鉄損 $P_i$〔W〕は一定であるが、銅損は負荷電流の2乗に比例するので、このときの銅損を $P_c'$〔W〕とすると、

$$P_c' = \alpha^2 P_c 〔W〕 \quad (8)$$

となります。したがって、このときの効率 $\eta_\alpha$ は、次式で表されます。

**重要公式**　α負荷時の効率 $\eta_\alpha$

$$\eta_\alpha = \frac{\alpha P_n}{\alpha P_n + P_i + \alpha^2 P_c} \times 100$$

$$= \frac{P}{P + P_i + \alpha^2 P_c} \times 100\,〔\%〕 \quad (9)$$

### ②効率が最大となる条件

変圧器の効率は、負荷率$\alpha$により変わります。**効率が最大となる条件**は、**鉄損＝銅損**のときです。

つまり、$P_i = \alpha^2 P_c$のときです。

したがって、このときの負荷率$\alpha$は、

$$\alpha = \sqrt{\frac{P_i}{P_c}}$$

となります。

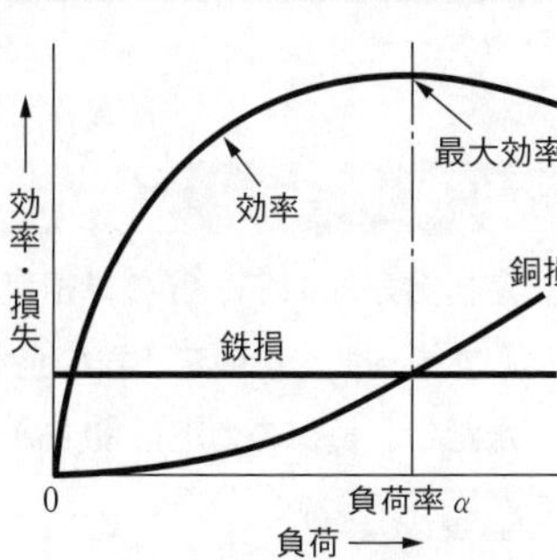


図6.7　変圧器の最大効率

実際の変圧器は、使用状態に応じ適当な負荷において最大効率となるように設計されます。

### ③最大効率

変圧器は、$P_i = \alpha^2 P_c$のとき最大効率となるので、最大効率$\eta_m$〔%〕は、次式のように表されます。

**重要公式**　最大効率

$$\eta_m = \frac{\alpha S_n \cos\theta}{\alpha S_n \cos\theta + 2P_i} \times 100\,〔\%〕$$

$$= \frac{\alpha P_n}{\alpha P_n + 2P_i} \times 100\,〔\%〕$$

$$\eta_m = \frac{\alpha S_n \cos\theta}{\alpha S_n \cos\theta + 2\alpha^2 P_c} \times 100\,〔\%〕$$

$$= \frac{\alpha P_n}{\alpha P_n + 2\alpha^2 P_c} \times 100\,〔\%〕 \quad (10)$$

**プラスワン**

**効率が最大となる条件の求め方**

$$\eta_\alpha = \frac{\alpha P_n}{\alpha P_n + P_i + \alpha^2 P_c} \times 100\,〔\%〕$$

上式の分母・分子を$\alpha$で割る。

$$\eta_\alpha = \frac{P_n}{P_n + (P_i/\alpha) + \alpha P_c} \times 100\,〔\%〕$$

最小の定理により、$(P_i/\alpha) \times \alpha P_c = P_i P_c$（一定）なので、$(P_i/\alpha) = \alpha P_c$のとき分母が最小となる（$\eta_\alpha$が最大となる）。つまり、$P_i = \alpha^2 P_c$（**鉄損＝銅損**）のとき効率が最大となる。

**※最小の定理とは**

2つの数の積が一定なら、それらの和は2数が等しいとき最小となる。具体的に数字で示すと、

4×9＝6×6＝36（一定）

（6＋6＜4＋9）

**補足**

全日効率の式の1日の出力電力量と1日の損失電力量の単位は、〔kW·h〕であり、電力の単位〔kW〕ではないことに注意する。

### ④変圧器の全日効率

変圧器を1日運転したときの効率を**全日効率**といい、$\eta_{24}$〔%〕の次式で表されます。

**重要公式** 全日効率

$$\eta_{24}=\frac{1日の出力電力量〔kW\cdot h〕}{1日の出力電力量〔kW\cdot h〕+1日の損失電力量〔kW\cdot h〕}\times 100〔\%〕 \quad (11)$$

**解法のヒント**

一般に、電気機器の**出力**とは**有効電力**で、単位はkW、**容量**とは**皮相電力**で、単位はkV·Aである。しかしながら、**変圧器**では、定格を定める温度上昇の限度が皮相電力によって決まるため、**定格容量**（皮相電力）〔kV·A〕を**定格出力**〔kV·A〕と呼ぶことがあるので、注意が必要である。

**例題にチャレンジ！**

**定格出力200〔kV·A〕の単相変圧器の最大効率は$\frac{3}{4}$負荷で98〔%〕であった。この変圧器の全負荷銅損$P_c$〔kW〕はいくらか。**

**ただし、負荷の力率は80〔%〕とする。**

・解答と解説・

題意より、最大効率

$\eta_m=98$〔%〕、$\alpha=\frac{3}{4}$ $\left(\frac{3}{4}負荷は、負荷率\frac{3}{4}と同じ意味\right)$、

定格容量$S_n=200$〔kV·A〕、$\cos\theta=0.8$なので、次式に各数値を代入すると、

$$\eta_m=\frac{\alpha S_n\cos\theta}{\alpha S_n\cos\theta+2\alpha^2P_c}\times 100$$

$$98=\frac{\frac{3}{4}\times 200\times 0.8}{\frac{3}{4}\times 200\times 0.8+2\left(\frac{3}{4}\right)^2P_c}\times 100$$

となる。上式の両辺を100で割ると、

$$0.98=\frac{\frac{3}{4}\times 200\times 0.8}{\frac{3}{4}\times 200\times 0.8+2\left(\frac{3}{4}\right)^2P_c}$$

$$=\frac{120}{120+1.125P_c}\cdots\cdots①$$

ここで、式①を変形して全負荷銅損$P_c$〔kW〕を求める。

$0.98 \times (120 + 1.125P_c) = 120$

となり、上式の両辺を0.98で割ると、

$120 + 1.125P_c \fallingdotseq 122.45$

$$P_c = \frac{122.45 - 120}{1.125} \fallingdotseq \mathbf{2.178}\,〔\mathrm{kW}〕(答)$$

**例題にチャレンジ!**

**定格容量150〔kV・A〕、鉄損が1〔kW〕、全負荷銅損が3〔kW〕の三相変圧器の最大効率は何〔%〕か。**

**ただし、負荷の力率は80〔%〕とする。**

**・解答と解説・**

題意より、最大効率となるときは、$P_i = \alpha^2 P_c$が成り立つ。

この式を変形して、負荷率$\alpha$を求める。

$\alpha = \sqrt{\dfrac{P_i}{P_c}}$となり、これに題意の$P_i = 1$〔kW〕、$P_c = 3$〔kW〕を代入すると、

$$\alpha = \sqrt{\frac{1}{3}} \fallingdotseq 0.577$$

最大効率$\eta_m$を求める次式に負荷率$\alpha = 0.577$及び題意より定格容量$S_n = 150$〔kV・A〕、$\cos\theta = 0.8$、鉄損$P_i = 1$〔kW〕を代入すると、

$$\eta_m = \frac{\alpha S_n \cos\theta}{\alpha S_n \cos\theta + 2P_i} \times 100$$

$$= \frac{0.577 \times 150 \times 0.8}{(0.577 \times 150 \times 0.8) + (2 \times 1)} \times 100$$

$$\fallingdotseq \mathbf{97.2}\,〔\%〕(答)$$

## ② V結線変圧器の計算　重要度A

### (1) V-V結線(V結線)

△-△結線から、1台の変圧器を取り除いたものを**V-V結線**(**V結線**)といいます。図6.8と6.9は、その接続図とベクトル図です。V結線では、相電圧＝線間電圧となり、電流も変圧器の巻線電流(相電流)が線電流となるので、相電流＝線電流となります。

**補足**

V-V結線は、変圧器を設置したとき、初期負荷が軽い場合に用いられることがある。負荷を増設したとき、△-△結線に変更する。また、△-△結線で1台が故障したとき一時的に用いられる。

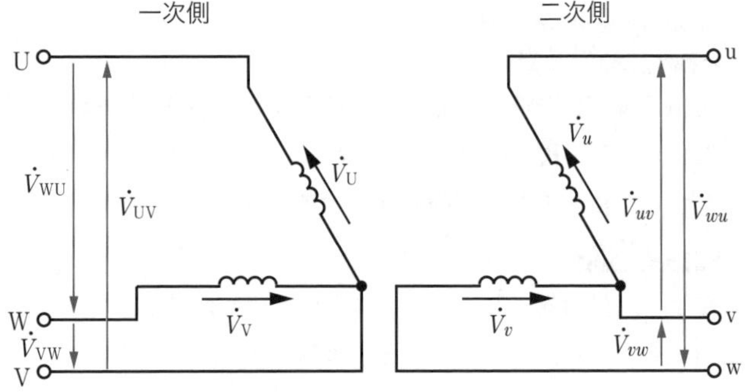


**図6.8　V-V結線**　(a)接続図

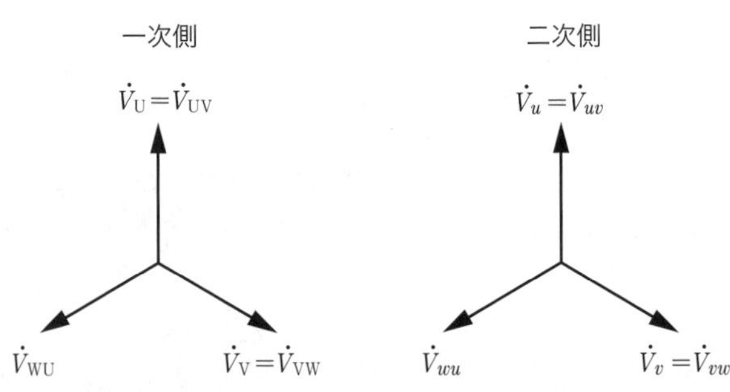


または、

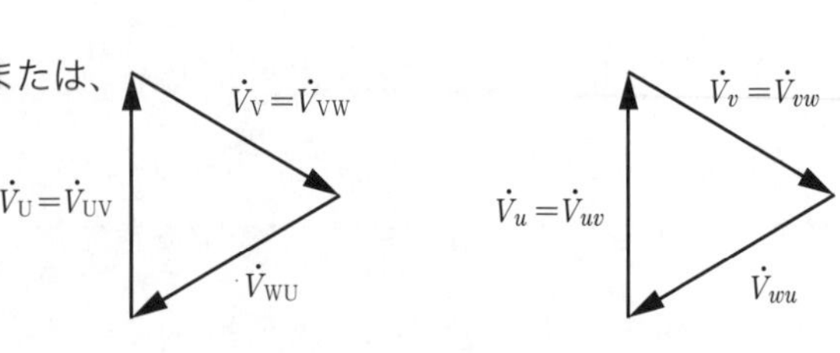


**図6.9　V-V結線**　(b)ベクトル図

ここで、二次相電圧を$V_2$〔V〕、二次相電流を$I_2$〔A〕とすると、V結線の三相容量$S_V$〔V・A〕は、次式で表されます。

$$S_V = \sqrt{3}\,V_2 I_2 \text{〔V・A〕} \qquad (12)$$

1台の変圧器容量は、$S = V_2 I_2$〔V・A〕なので、V結線では2台の変圧器を使用していることから、設備容量としては、$2S = 2V_2 I_2$〔V・A〕となります。つまり、V結線では、2台の変圧器で$2S = 2V_2 I_2$〔V・A〕の容量のところ、$\sqrt{3}\,S = \sqrt{3}\,V_2 I_2$〔V・A〕だけが利用されることになります。このV結線の容量と設備容量の比をV結線変圧器の**利用率**といい、次式で表されます。

**重要公式　V結線変圧器の利用率**

$$利用率 = \frac{\text{V結線容量}}{設備容量} = \frac{\sqrt{3}\,S}{2S} = \frac{\sqrt{3}\,V_2 I_2}{2V_2 I_2} = \frac{\sqrt{3}}{2} \fallingdotseq 0.866 \qquad (13)$$

また、△結線の場合は、3台の変圧器が使用されているので、三相容量は$3S = 3V_2 I_2$〔V・A〕となります。V結線容量と△結線容量の比は、次式で表されます。

**重要公式　V結線変圧器の容量比**

$$容量比 = \frac{\text{V結線容量}}{△結線容量} = \frac{\sqrt{3}\,S}{3S} = \frac{\sqrt{3}\,V_2 I_2}{3V_2 I_2} = \frac{\sqrt{3}}{3} \fallingdotseq 0.577 \qquad (14)$$

**例題にチャレンジ!**

**三相30〔kV・A〕の負荷に単相変圧器3台を用い、△結線で全負荷運転を行っている場合、これをV結線に変更するには負荷をいくらにすればよいか。ただし、単相変圧器の定格容量は、V結線に変更しても変わらないものとする。**

第6章　電気施設管理

**・解答と解説・**

まず、△結線からV結線に変更しても、これらの単相変圧器はそれぞれ定格容量いっぱいで運転を継続していると考える。その上で、三相30〔kV･A〕の負荷に単相変圧器3台が△結線で全負荷運転をしているとき、1台の変圧器の定格容量は、

$S=\dfrac{30}{3}=10$〔kV･A〕である。

したがって、これをV結線に変更した後の三相容量$S_V$は

$S_V=\sqrt{3}\,S$であるから、

$S_V=\sqrt{3}\,S=10\sqrt{3}\fallingdotseq$ **17.3**〔kV･A〕(答)

すなわち、負荷を三相17.3〔kV･A〕に減らす必要がある。

**・別解・**

V結線三相容量$S_V$と、△結線三相容量$S_\triangle$の比(容量比)は、

$$容量比=\frac{S_V}{S_\triangle}=\frac{\sqrt{3}\,S}{3S}=\frac{\sqrt{3}}{3}$$

題意より、$S_\triangle=30$〔kV･A〕であるから、

$$容量比=\frac{S_V}{30}=\frac{\sqrt{3}}{3}$$

したがって、求める$S_V$は、

$S_V=\dfrac{30\times\sqrt{3}}{3}=10\sqrt{3}\fallingdotseq$ **17.3**〔kV･A〕(答)

## 理解度チェック問題

**問題　次の□の中に適当な答えを記入せよ。**

**1.** 変圧器の定格負荷（全負荷）時の規約効率 $\eta$ は、次式で表される。

$$\eta = \frac{出力}{入力} \times 100 = \frac{出力}{\boxed{（ア）} + \boxed{（イ）}} \times 100$$

$$= \frac{\boxed{（ウ）}}{\boxed{（ウ）} + P_i + P_c} \times 100$$

$$= \frac{P_n}{P_n + P_i + P_c} \times 100〔\%〕$$

ここで、$V_{2n}$：定格二次電圧〔V〕、$I_{2n}$：定格二次電流〔A〕

$V_{2n} I_{2n}$：定格容量〔V·A〕

$P_n$：全負荷出力（定格出力）〔W〕、$\cos\theta$：負荷力率

$P_i$：鉄損（無負荷損）〔W〕

$P_c$：全負荷時の銅損（負荷損）〔W〕

変圧器の効率は、負荷率 $\alpha$ により変わる。効率が最大となる条件は、鉄損＝□（エ）のときである。つまり、$P_i$＝□（オ）のときである。

**2.** V結線変圧器の利用率及び容量比は次式で表される。

$$利用率 = \frac{V結線容量}{設備容量} = \frac{\sqrt{3}\,\boxed{（カ）}}{\boxed{（キ）} \cdot \boxed{（カ）}} \fallingdotseq \boxed{（ク）}$$

$$容量比 = \frac{V結線容量}{\triangle結線容量} = \frac{\boxed{（ケ）} \cdot \boxed{（カ）}}{3 \cdot \boxed{（カ）}} \fallingdotseq \boxed{（コ）}$$

ただし、$V_2$：二次相電圧〔V〕、$I_2$：二次相電流〔A〕とする。

**解答**

（ア）出力　（イ）損失　（ウ）$V_{2n} I_{2n} \cos\theta$　（エ）銅損　（オ）$\alpha^2 P_c$

（カ）$V_2 I_2$　（キ）2　（ク）0.866　（ケ）$\sqrt{3}$　（コ）0.577

LESSON 42

# コンデンサによる力率改善など

ここでは、コンデンサを接続したときの負荷の有効電力と無効電力のベクトル図について、しっかり理解しましょう。

関連過去問 090, 091, 092

## 1 力率の改善

重要度 A

**力率改善**のために、**コンデンサを負荷と並列に接続する前**の負荷電力のベクトル図は、図6.10のようになります。

P(有効電力)　θ　Q(無効電力)　S(皮相電力)

図6.10　負荷電力のベクトル図(単線図)

- 負荷の有効電力：$P$〔kW〕
- 負荷の無効電力：$Q$〔kvar〕(無効電力は遅れとする)
- 負荷の皮相電力(負荷容量)：$S$〔kV·A〕
- 負荷の力率：$\cos\theta$

有効電力、無効電力、皮相電力、それぞれ単位が異なるので、注意しましょう。

負荷と並列にコンデンサ$Q_c$〔kvar〕を接続したときの回路図(単線図)を図6.11に示します。また、全体の力率が$\cos\theta_1$、全体の皮相電力が$S_1$〔kV·A〕になったときのベクトル図は、図6.12のようになります。

図6.12より、コンデンサの無効電力$Q_c$〔kvar〕は進みであるため、遅れ力率の負荷の無効電力(図6.10の$Q$〔kvar〕)とは方向が反対となるので、全体から見た無効電力はコンデンサの無

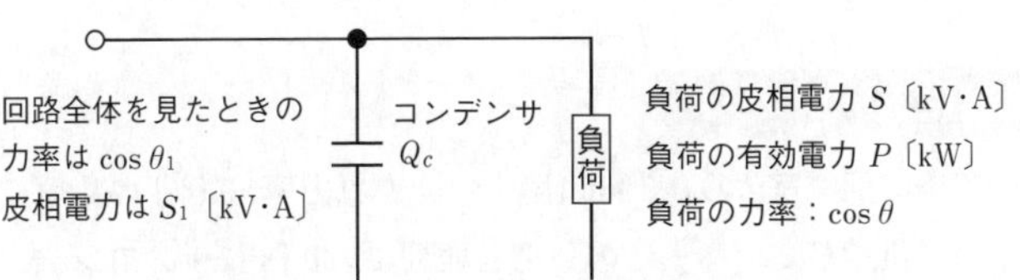


**図6.11　コンデンサ接続後の回路図（単線図）**

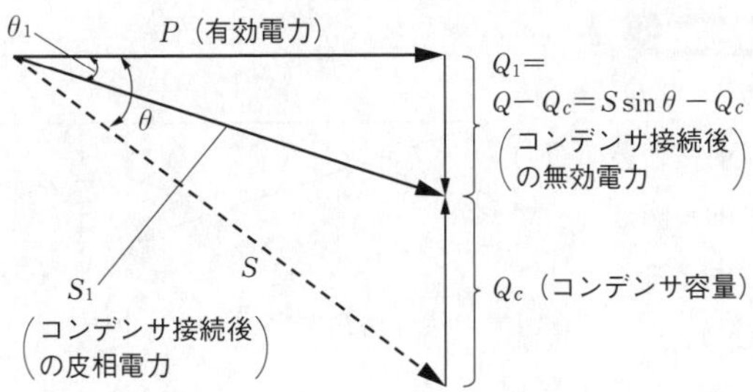


**図6.12　コンデンサ接続後の負荷電力のベクトル図**

**補足**
負荷の無効電力（遅れ）とコンデンサの無効電力（進み）の向きは、互いに反対方向になる。ベクトル図では負荷の無効電力（遅れ）は下向き、コンデンサの無効電力（進み）は上向きになる。

効電力分だけ減少します。このとき、コンデンサ接続後の全体から見た無効電力 $Q_1=Q-Q_c$〔kvar〕は、次式で表されます。

$$Q_1=Q-Q_c=S\sin\theta-Q_c\text{〔kvar〕} \quad (15)$$

同様に、皮相電力 $S_1$〔kV·A〕は、次式で表されます。

$$S_1=\sqrt{P^2+(S\sin\theta-Q_c)^2}\text{〔kV·A〕} \quad (16)$$

したがって、改善（コンデンサ接続）後の力率 $\cos\theta_1$ は、次式で表されます。

**重要公式　コンデンサ接続後の力率**

$$\cos\theta_1=\frac{P}{S_1}=\frac{P}{\sqrt{P^2+(S\sin\theta-Q_c)^2}} \quad (17)$$

また、負荷が有効電力 $P$〔kW〕一定で、力率を $\cos\theta$ から $\cos\theta_1$ まで改善するのに要するコンデンサ容量 $Q_c$〔kvar〕は、図6.12のベクトル図より、次式で表されます。

**重要公式　力率改善に要するコンデンサ容量**

$$Q_c=P(\tan\theta-\tan\theta_1)\text{〔kvar〕} \quad (18)$$

力率改善の問題は、まずベクトル図を描くことがポイントです。その後で、容量、力率、電力の関係を検討すると、問題がスムーズに解けます。

## 例題にチャレンジ!

計算問題でよく使われる力率は、1、0.8、0.6です。それぞれのときの$\sin\theta$の値は、
$\cos\theta = 1$のとき
$\sin\theta = 0$
$\cos\theta = 0.8$のとき
$\sin\theta = 0.6$
$\cos\theta = 0.6$のとき
$\sin\theta = 0.8$
となる。この値を覚えておけば、$\sin\theta$を求める手間が1つ省けます。

**工場の配電室より、2000〔kV・A〕、遅れ力率80〔%〕の負荷に電力を供給している。この負荷と並列に300〔kvar〕のコンデンサを接続した後の、配電用変圧器にかかる負荷容量〔kV・A〕の値を求めよ。**

**・解答と解説・**

コンデンサ$Q_c$〔kvar〕の接続前後の負荷電力のベクトル図は、右図のようになる。

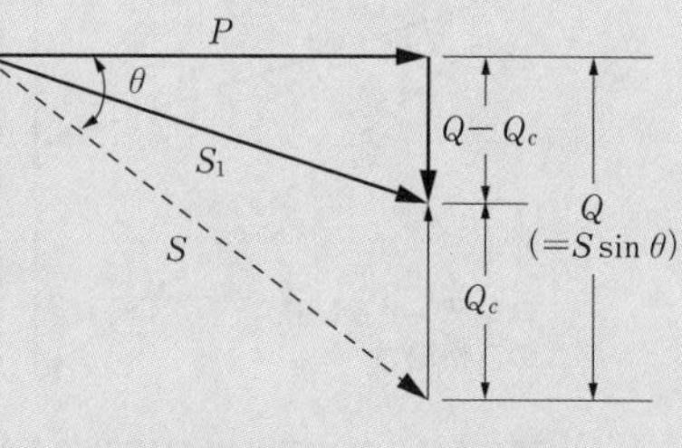


負荷電力のベクトル図

図より、コンデンサ接続前の無効電力$Q$〔kvar〕を求める。

$Q = S\sin\theta$〔kvar〕

ここで、三平方の定理「$\cos^2\theta + \sin^2\theta = 1$」より、$\sin\theta = \sqrt{1-\cos^2\theta}$を代入すると、

$$Q = S(\sqrt{1-\cos^2\theta})$$
$$= 2000 \times (\sqrt{1-0.8^2}) = 2000 \times 0.6$$
$$= 1200〔\text{kvar}〕\cdots\cdots\cdots①$$

題意及び式①より、コンデンサの接続後の無効電力$Q - Q_c$〔kvar〕を求める。

$$Q - Q_c = 1200 - 300 = 900〔\text{kvar}〕\cdots\cdots\cdots②$$

また、この負荷の有効電力$P$〔kW〕は、題意より$S = 2000$〔kV・A〕、$\cos\theta = 0.8$なので、次式となる。

$$P = S\cos\theta = 2000 \times 0.8 = 1600〔\text{kW}〕\cdots\cdots\cdots③$$

したがって、式②と式③より、コンデンサを接続した後の配電用変圧器にかかる負荷容量(皮相電力)$S_1$〔kV・A〕は、

$$S_1 = \sqrt{\{P^2 + (Q-Q_c)^2\}} = \sqrt{1600^2 + 900^2} = \sqrt{3370000}$$
$$\fallingdotseq \mathbf{1836}〔\text{kV・A}〕(答)$$

## 2 線路損失の軽減　重要度A

コンデンサを負荷と並列に接続した場合の各線路電流について考えてみます。ただし、三相3線式電路とし、コンデンサ接続後の有効電力を$P$〔kW〕、無効電力を$Q_1$〔kvar〕、力率を$\cos\theta_1$とし、$V_s$〔kV〕は送電端電圧（線間電圧）、$V_r$〔kV〕はコンデンサ接続前の受電端電圧（線間電圧）、$V_{r1}$〔kV〕はコンデンサ接続後の受電端電圧（線間電圧）とします。

図6.13及び図6.14に、コンデンサ接続前後の回路図（単線図）及びベクトル図を示します。

電験三種試験の力率改善や線路損失の問題では、計算を簡単にするために受電端電圧は変わらず（$V_r = V_{r1}$）一定とすることが多いです。

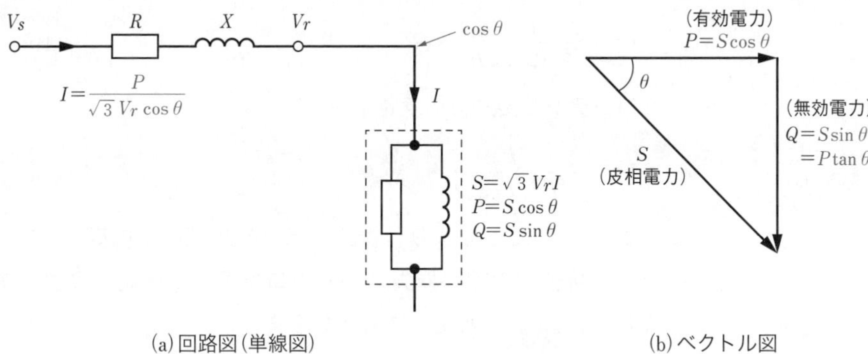


(a) 回路図（単線図）　(b) ベクトル図

**図6.13　コンデンサ接続前の図**

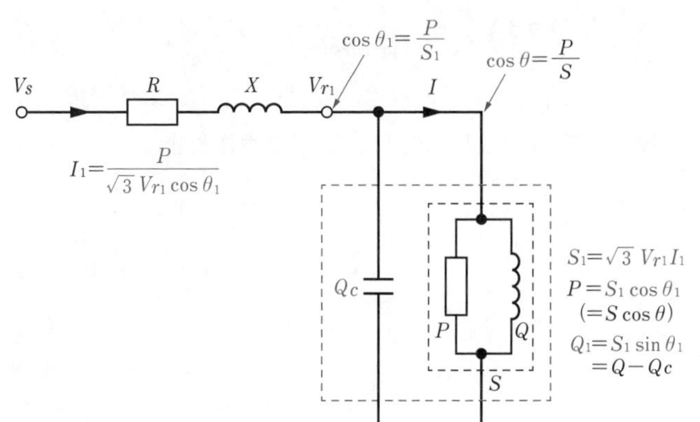


**図6.14　コンデンサ接続後の図**　(a) 回路図（単線図）

第6章　電気施設管理

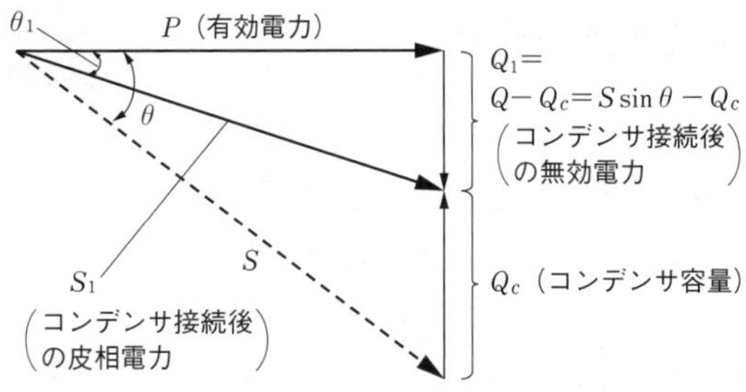


**図6.14　コンデンサ接続後の図**　(b)ベクトル図

コンデンサ接続前後の線路電流は次式となります。

①コンデンサ接続前の線路電流 $I$〔A〕

$$I=\frac{P}{\sqrt{3}\,V_r\cos\theta}\text{〔A〕}\tag{19}$$

②コンデンサ接続後の線路電流 $I_1$〔A〕

$$I_1=\frac{P}{\sqrt{3}\,V_{r1}\cos\theta_1}\text{〔A〕}\tag{20}$$

式(19)と式(20)より、線路の抵抗を $R$〔Ω〕とすると、コンデンサ接続前の線路損失 $P_l$〔W〕、コンデンサ接続後の線路損失 $P_{l1}$〔W〕は、それぞれ次式となります。

**補足**
式(21)は、三相3線式の場合であるが、単相の場合は、
$P_l=2I^2r$
となる。

$$P_l=3I^2R=3\times\left(\frac{P}{\sqrt{3}\,V_r\cos\theta}\right)^2\times R\text{〔W〕}\tag{21}$$

$$P_{l1}=3{I_1}^2R=3\times\left(\frac{P}{\sqrt{3}\,V_{r1}\cos\theta_1}\right)^2\times R\text{〔W〕}\tag{22}$$

したがって、式(21)と式(22)より、コンデンサ接続による線路損失の軽減分 $\Delta P_l$〔W〕は、次式で表されます。

$$\Delta P_l=P_l-P_{l1}$$

### 例題にチャレンジ！

架空電線路により高圧三相3線式で受電している工場がある。電線路1条当たりの抵抗及びリアクタンスは、それぞれ0.5〔Ω〕及び2.5〔Ω〕である。また、工場の受電端電圧は6600〔V〕、負荷は3000〔kW〕で、力率は遅れ力率80〔%〕とする。この負荷と並列に800〔kvar〕のコンデンサを接続したとすると、架空電線路の損失電力軽減量〔kW〕を求めよ。

ただし、受電端電圧は一定とする。

**・解答と解説・**

**●コンデンサ接続前の線路損失の算出**

コンデンサを接続する前の線路電流$I$〔A〕は、次式に、題意の数値（負荷$P=3000$〔kW〕→$3000\times10^3$〔W〕、力率$\cos\theta=0.8$、受電端電圧$V_r=6600$〔V〕）を代入すると、次式のようになる。

$$I=\frac{P}{\sqrt{3}\,V_r\cos\theta}=\frac{3000\times10^3}{\sqrt{3}\times6600\times0.8}\fallingdotseq328.0\text{〔A〕}\cdots\cdots①$$

コンデンサを接続する前の線路損失$P_l$〔kW〕は、次式に、式①及び題意の数値（線路電流$I=328.0$〔A〕、抵抗$R=0.5$〔Ω〕）を代入すると、次のように求められる。

$$P_l=3I^2R=3\times(328.0)^2\times0.5\fallingdotseq161376\text{〔W〕}$$

$$\rightarrow161.4\text{〔kW〕}\cdots\cdots②$$

**●コンデンサ接続後の線路損失の算出**

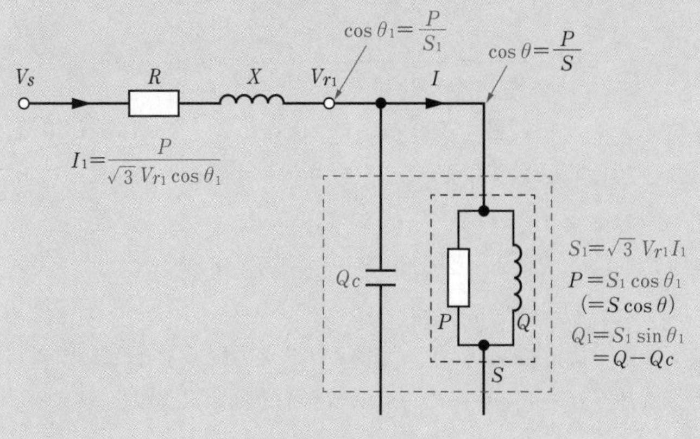

(a)回路図（単線図）

**解法のヒント**

線路電流$I$〔A〕は、$P=\sqrt{3}\,V_rI\cos\theta$を変形して、$I=\frac{P}{\sqrt{3}\,V_r\cos\theta}$〔A〕の形にしている。

第6章　電気施設管理

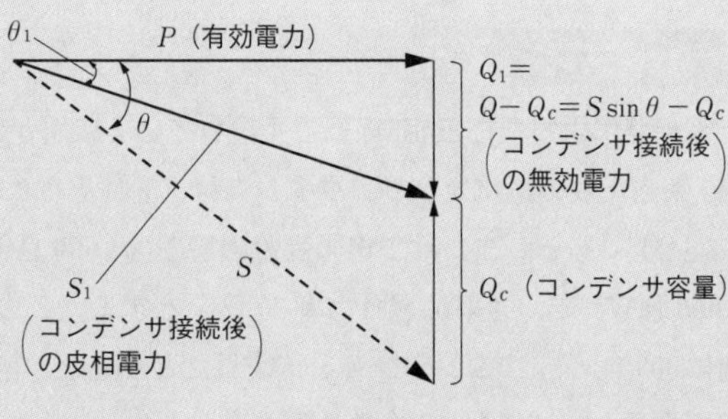


(b)ベクトル図

**コンデンサ接続後の図**

コンデンサ接続後の力率$\cos\theta_1$は、回路図及びベクトル図より、次式となる。この式に、題意の数値（負荷$P=3000$〔kW〕、受電端電圧$V_r=6600$〔V〕（一定）、$\sin\theta=0.6$、皮相電力$S=3750$〔kV·A〕、無効電力$Q_c=800$〔kvar〕）を代入すると、次式のように求められる。

$$\cos\theta_1=\frac{P}{S_1}=\frac{P}{\sqrt{\{P^2+(S\sin\theta-Q_c)^2\}}}$$

$$=\frac{3000}{\sqrt{3000^2+(3750\times0.6-800)^2}}$$

$$\fallingdotseq 0.9 \cdots\cdots③$$

**解法のヒント**
$\sin\theta$の値は、次のように求められる。
$\sin\theta=\sqrt{(1-\cos^2\theta)}$
$=\sqrt{(1-0.8^2)}$
$=0.6$
また、皮相電力の値は、$P=S\cos\theta$を変形して次のように求められる。
$S=\frac{P}{\cos\theta}=\frac{3000}{0.8}$
$=3750$〔kV·A〕

コンデンサ接続後の線路電流$I_1$〔A〕は、次式に、式③及び題意の数値（$P=3000$〔kW〕→$3000\times10^3$〔W〕、$\cos\theta_1\fallingdotseq0.9$、$V_r=6600$〔V〕）を代入して求めると、次のようになる。

$$I_1=\frac{P}{\sqrt{3}\,V_r\cos\theta_1}=\frac{3000\times10^3}{\sqrt{3}\times6600\times0.9}\fallingdotseq 291.6\text{〔A〕}\cdots\cdots④$$

コンデンサ接続後の線路損失$P_{l1}$〔kW〕は、次式に線路電流$I_1=291.6$〔A〕、抵抗$R=0.5$〔Ω〕を代入すると、次のように求められる。

$$P_{l1}=3I_1{}^2R=3\times(291.6)^2\times0.5\fallingdotseq 127546\text{〔W〕}$$

$$\rightarrow 127.5\text{〔kW〕}\cdots\cdots⑤$$

したがって、式②と⑤から、求める損失電力軽減量$\Delta P_l$〔kW〕は、

$\Delta P_l=P_l-P_{l1}=161.4-127.5=$ **33.9**〔kW〕（答）

## 線路の電圧降下と電圧降下の改善　重要度A

### (1) 線路の電圧降下

送電端の1相当たりの電圧を$\dot{E}_s$〔V〕、受電端の1相当たりの電圧を$\dot{E}_r$〔V〕、線電流を$\dot{I}$〔A〕、受電端の遅れ力率角を$\theta$〔rad〕、線路の抵抗を$R$〔Ω〕、リアクタンスを$X$〔Ω〕とすると、1相当たりの等価回路とベクトル図は、図6.15のように表されます。

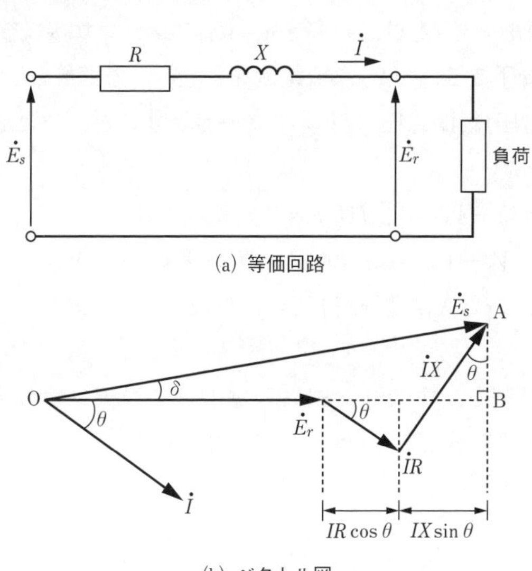


**図6.15　1相当たりの等価回路とベクトル図**

$E_s$と$E_r$との間の角度$\delta$は**相差角**（そうさかく）といい、一般に正常運転中は十分小さいものとみなします。これにより、1相当たりの送電端電圧$E_s$は、次式で近似できます。

> **補足**　$\delta$は、デルタと読む。

**重要公式　1相当たりの送電端電圧$E_s$**

$$E_s \fallingdotseq E_r + I(R\cos\theta + X\sin\theta)\text{〔V〕} \qquad (23)$$

上の式中で、$E_s - E_r = I(R\cos\theta + X\sin\theta)$〔V〕は、1相当たり(1線当たり)の電圧降下を表します。

単相2線式及び三相3線式の線間の電圧降下は、次のようになります。

**重要公式** 単相2線式の線間の電圧降下 $\Delta V_1$

$$\Delta V_1 = 2I(R\cos\theta + X\sin\theta)\,〔\mathrm{V}〕 \quad (24)$$

**重要公式** 三相3線式の線間の電圧降下 $\Delta V_3$

$$\Delta V_3 = \sqrt{3}\,I(R\cos\theta + X\sin\theta)\,〔\mathrm{V}〕 \quad (25)$$

### (2) 電圧降下の改善

三相3線式電路のコンデンサ接続前の線間の電圧降下を$\Delta V_3$〔V〕、線電流を$I$〔A〕、力率を$\cos\theta$、コンデンサ接続後の線間の電圧降下を$\Delta V_{31}$〔V〕、線電流を$I_1$〔A〕、力率を$\cos\theta_1$とし、送電端電圧（線間電圧）を$V_s$〔V〕で一定とすると、それぞれ次式となります。

$$\Delta V_3 = V_s - V_r = \sqrt{3}\,I(R\cos\theta + X\sin\theta)\,〔\mathrm{V}〕 \quad (26)$$

$$\Delta V_{31} = V_s - V_{r1} = \sqrt{3}\,I_1(R\cos\theta_1 + X\sin\theta_1)\,〔\mathrm{V}〕 \quad (27)$$

ただし、$R$と$X$は電線路1線当たりの抵抗とリアクタンス〔Ω〕です。

したがって、式(26)と式(27)より、コンデンサの接続後の電圧降下改善分$\Delta V$〔V〕は、次式となります。

$$\Delta V = \Delta V_3 - \Delta V_{31}$$

**補足**
コンデンサ接続前後の受電端電圧をそれぞれ$V_r$〔V〕、$V_{r1}$〔V〕とする。

**補足**
線間の電圧降下は、三相3線式の場合、$\sqrt{3}$倍されることに注意する。なお、単相2線式の場合の電圧降下は、式(24)となる。
$\Delta V_1 = V_s - V_r$
$= 2I(R\cos\theta + X\sin\theta)$

**受験生からよくある質問**

**Q 三相3線式の線間の電圧降下が1相当たり（1線当たり）の電圧降下の$\sqrt{3}$倍となるのはなぜですか？**

A 単相2線式においては、上下線に$R$と$X$が存在するので、線間の電圧降下は、1相当たりの電圧降下の2倍となります。一方、三相3線式においては、線間電圧$V_s$、$V_r$は相電圧$E_s$、$E_r$の$\sqrt{3}$倍なので、線間の電圧降下も$\sqrt{3}$倍になります。線間の上下線に$R$と$X$が存在しますが、上下線に流れる電流の位相差が120°なので、2倍とはならず$\sqrt{3}$倍となります。

**補足**
コンデンサを接続し、力率を改善すると、回路全体の皮相電力、皮相電流が減少するので、線路の電圧降下はコンデンサ接続前に比べて減少（改善）する。

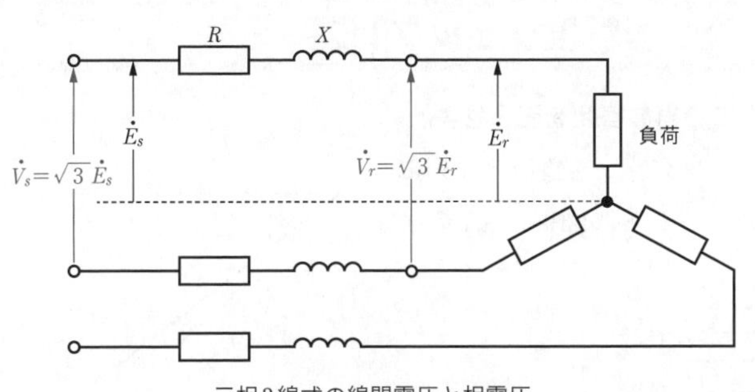


三相3線式の線間電圧と相電圧

## 4 分布負荷に対する検討　重要度 A

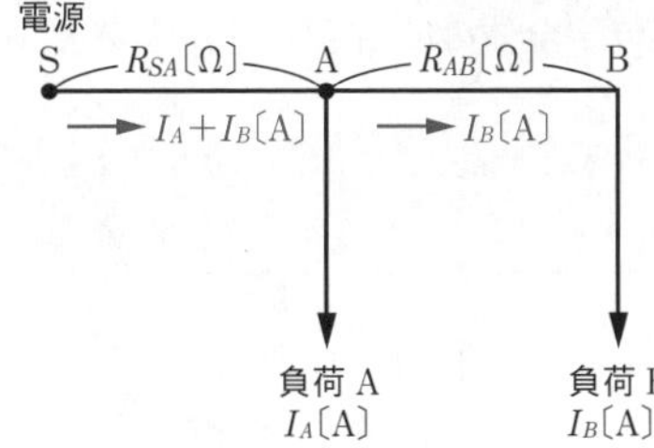


**図6.16　分布負荷の例**

線路の途中と末端に負荷が分布している状態について考えます。

負荷の力率をすべて1、線路のインピーダンスを抵抗$R_{SA}$、$R_{AB}$のみとすると、A点における1相当たり（1線当たり）の電圧降下$\Delta E_{SA}$〔V〕は、次のようになります。

$$\Delta E_{SA}=(I_A+I_B)R_{SA}\text{〔V〕} \qquad (28)$$

B点におけるS点からの1相当たりの電圧降下$\Delta E_{SB}$〔V〕は、$\Delta E_{SA}$〔V〕に、AB間における1相当たりの電圧降下$\Delta E_{AB}$〔V〕を加えたもので、次のようになります。

$$\Delta E_{AB}=I_B R_{AB}\text{〔V〕} \qquad (29)$$

$$\Delta E_{SB}=\Delta E_{SA}+\Delta E_{AB}=(I_A+I_B)R_{SA}+I_B R_{AB}\text{〔V〕} \qquad (30)$$

**補足**
負荷力率が1でない場合、また、線路のインピーダンスが抵抗及びリアクタンスの場合、電圧降下の計算はベクトルとして扱う必要がある。

**補足**
各点における線間電圧は、線路の電気方式にしたがった計算方法で求める（単相2線式では2倍、三相3線式では$\sqrt{3}$倍となる）。また、線路損失は、各区間ごとに電流と抵抗から算出したものを合計する。

## 理解度チェック問題

**問題　次の［　　］の中に適当な答えを記入せよ。**

力率改善のために、コンデンサを負荷と並列に接続する前の負荷電力のベクトル図は、図aのようになる。

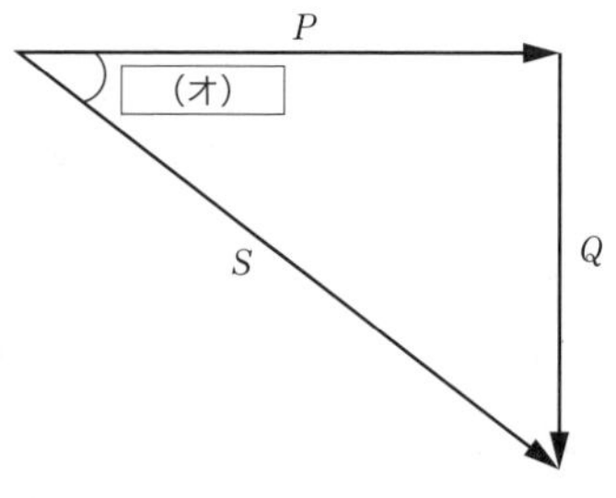


図a　負荷電力のベクトル図(単線図)

- 負荷の有効電力：［（ア）］〔kW〕
- 負荷の無効電力：［（イ）］〔kvar〕
  (無効電力は遅れとする)
- 負荷の皮相電力(負荷容量)：［（ウ）］〔kV・A〕
- 負荷の力率：［（エ）］

負荷と並列にコンデンサ$Q_c$〔kvar〕を接続したときの回路図(単線図)を図bに示す。また、全体の力率が$\cos\theta_1$、全体の皮相電力が$S_1$〔kV・A〕になったときのベクトル図は、図cのようになる。

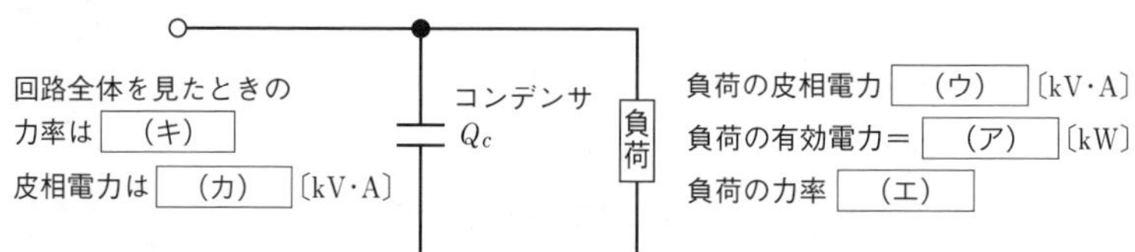


図b　コンデンサ接続後の回路図(単線図)

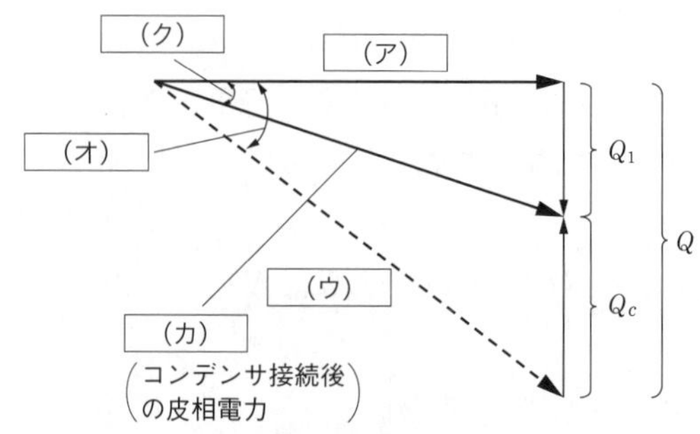


図c　コンデンサ接続後の負荷電力のベクトル図

図cより、コンデンサの無効電力$Q_C$〔kvar〕は進みであるため、遅れ力率の負荷の無効電力（図aの$Q$〔kvar〕）とは方向が反対となるので、全体から見た無効電力はコンデンサの無効電力分だけ減少する。このとき、コンデンサ接続後の全体から見た無効電力$Q_1 = Q - Q_C$〔kvar〕は、次式で表される。

$$Q_1 = Q - Q_C = \boxed{\text{（ケ）}}\text{〔kvar〕}$$

同様に、皮相電力$S_1$〔kV·A〕は、次式で表される。

$$S_1 = \sqrt{P^2 + (\boxed{\text{（ケ）}})^2}\text{〔kV·A〕}$$

したがって、改善（コンデンサ接続）後の力率$\cos\theta_1$は、次式で表される。

$$\cos\theta_1 = \frac{P}{S_1} = \frac{P}{\sqrt{P^2 + (\boxed{\text{（ケ）}})^2}}$$

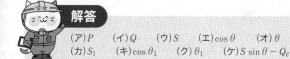

**解答**

（ア）$P$　（イ）$Q$　（ウ）$S$　（エ）$\cos\theta$　（オ）$\theta$
（カ）$S_1$　（キ）$\cos\theta_1$　（ク）$\theta_1$　（ケ）$S\sin\theta - Q_C$

LESSON 43

# 短絡電流・地絡電流

送配電線路の短絡電流と1線地絡電流の計算方法を学びます。1線地絡電流の計算にはテブナンの定理を使います。

関連過去問 093, 094, 095

%Zとは、インピーダンスZ〔Ω〕の回路に基準電流を流したとき、基準電圧に対してインピーダンス間でどの程度の電圧降下が生じるかを表す値

電圧階級の異なる系統間での三相短絡電流などの計算が容易にできる、とても便利な方法です。
Z

## 1 %Z（百分率インピーダンス）法 重要度A

%Z（百分率インピーダンス）法は、電圧階級の異なる系統間における三相短絡電流などの計算が容易にできる、とても便利な方法です。計算問題に対応するためには、基準容量と%Zの関係についてよく理解しておくことが必要です。

**補足**
%Z（パーセントインピーダンス）は、**パーセントインピーダンス降下**、**百分率インピーダンス**、**百分率短絡インピーダンス**などとも呼ばれる。また、その抵抗成分を**百分率抵抗降下**、リアクタンス成分を**百分率リアクタンス降下**などという。

### (1) %Z、%R、%X

%Zとは、インピーダンス$Z$〔Ω〕の回路に基準電流を流したとき、基準電圧に対してインピーダンス間でどの程度の電圧降下が生じるかを表す値で、単位は〔%〕になります。

**補足**
$Z=\sqrt{R^2+X^2}$〔Ω〕の関係があるように、$\%Z=\sqrt{\%R^2+\%X^2}$〔%〕の関係式が成り立つ。

図6.17に示すように、基準電流が$I_n$〔A〕、基準電圧が相電圧で$E_n$〔V〕、線間電圧で$V_n$〔V〕であるとき、線路の一相分のインピーダンスを$Z$〔Ω〕、抵抗を$R$〔Ω〕、リアクタンスを$X$〔Ω〕とし、百分率インピーダンス降下、百分率抵抗降下、百分率リアクタンス降

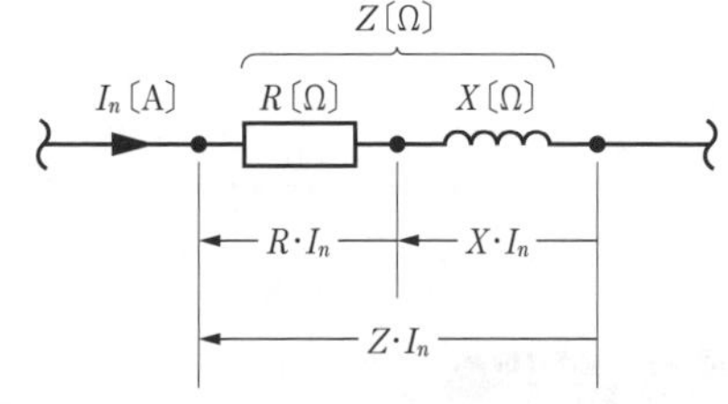
$Z$〔Ω〕
$I_n$〔A〕
$R$〔Ω〕
$X$〔Ω〕
$R\cdot I_n$
$X\cdot I_n$
$Z\cdot I_n$

**図6.17 線路1相分のインピーダンス降下、抵抗降下、リアクタンス降下**

下をそれぞれ$\%Z$、$\%R$、$\%X$とすると、次式で表すことができます。

**重要公式** $\%Z$、$\%R$、$\%X$

$$\%Z=\frac{ZI_n}{E_n}\times100=\frac{\sqrt{3}\,ZI_n}{V_n}\times100\,〔\%〕\quad(31)$$

$$\%R=\frac{RI_n}{E_n}\times100=\frac{\sqrt{3}\,RI_n}{V_n}\times100\,〔\%〕\quad(32)$$

$$\%X=\frac{XI_n}{E_n}\times100=\frac{\sqrt{3}\,XI_n}{V_n}\times100\,〔\%〕\quad(33)$$

%Z法の計算は、理屈を理解することよりも、便利な計算ツールとして使いこなすことが大切です。


$\%Z$を使用して三相短絡電流などを求める方法を、百分率インピーダンス法(パーセントインピーダンス法)といいます。

### (2) 基準容量の統一

%インピーダンスは、送配電線路などの**短絡故障計算**などに使用されます。オーム値のままでは、変圧器の一次側、二次側など、電圧階級が変わるたびに、その電圧に合ったオーム値に換算しなければなりませんが、%値だと、同じ値のまま使用できます($Z$〔Ω〕の電圧換算値が電圧の2乗に比例するため、このようになります)。

ここで注意しなければならないことは、**基準容量を合わせなければならない**ということです。%インピーダンスは、電圧一定のもとで基準容量に比例します。同一電圧の箇所で、ある基準容量$P_n$(旧基準容量とする)の旧%インピーダンス$\%Z_n$を、新基準容量$P_n'$の新%インピーダンス$\%Z'$に換算すると、次のようになります。

**重要公式** %インピーダンスの基準容量の合わせ方

$$\%Z'=\%Z_n\times\frac{P_n'}{P_n}\,〔\%〕\quad(34)$$

新基準容量に統一した各箇所の%インピーダンスは、電圧換算なしに直並列計算をすることができます。

第6章 電気施設管理

## 2 短絡電流と短絡容量 重要度A

### (1) 短絡電流と短絡容量の計算

図6.18の点Fにおいて、**三相短絡事故**が発生した場合の**三相短絡電流**$I_S$、**三相短絡容量**$P_S$は、%$Z$（%インピーダンス）を使用して、次のように求めます。

**重要公式** 短絡電流$I_S$と短絡容量$P_S$

$$I_S = I_n \times \frac{100}{\%Z} \text{〔A〕} \quad (35)$$

$$P_S = P_n \times \frac{100}{\%Z} \text{〔V·A〕} \quad (36)$$

ただし、$I_n$：基準電流〔A〕、$P_n$：基準容量〔V·A〕

$$I_n = \frac{P_n}{\sqrt{3}\,V_n} \text{〔A〕}$$

$V_n$：基準電圧〔V〕、%$Z$：%インピーダンス〔%〕

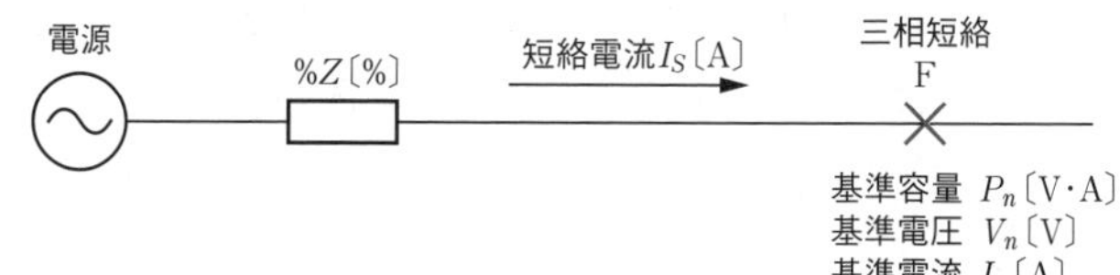


**図6.18 三相短絡事故**

### (2) 短絡容量の低減対策

**短絡容量の低減対策**には、次のようなものがあります。

a. **上位電圧階級を導入**し、下位系統を分割する。

b. 発電機や変圧器などの**高インピーダンス化**を図る。

c. 線路に直列に**限流リアクトル**を設置する。

d. **直流連系**を採用する。

短絡容量、短絡電流を低減するには、インピーダンスを増大させればよいのですが、電力系統の安定化のためには、インピーダンスは小さいほうが望ましいので、適度な値としています。

**用語**

**三相短絡容量**とは、三相短絡事故時の電力のことである。

**補足**

**基準容量**$P_n$、**基準電流**$I_n$、**基準電圧**$V_n$は、短絡事故点の**短絡事故前の定格値**である。

%$Z$は、**短絡事故点から電源側を見た%インピーダンス**で、線路、変圧器などの%インピーダンスを基準容量$P_n$に換算した、合成%インピーダンスである。

**プラスワン**

**オーム法**（インピーダンスにΩ値を使用する方法）で$P_S$、$I_S$を求めると、次のようになる。

$$P_S = \sqrt{3}\ V_n I_S \text{〔V·A〕}$$

$$I_S = \frac{\frac{V_n}{\sqrt{3}}}{Z} \text{〔A〕}$$

**用語**

**限流リアクトル**とは、短絡事故瞬間の電流増加を誘導性リアクタンスの働き（電流の増加を妨げる方向に逆起電力を発生する働き）により低減する設備のこと。

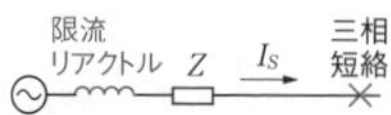


**プラスワン**

短絡電流の多くは、遅れ無効電流である。**直流は無効電流を通さない**ので、直流連系を採用すると、短絡電流を低減できる。

## 短絡電流と短絡容量の導出

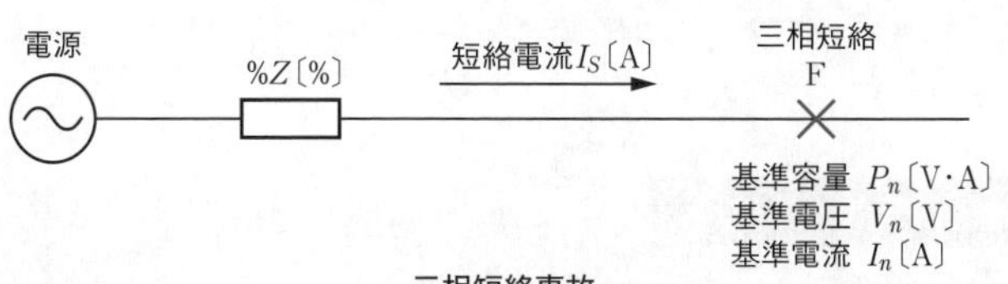


三相短絡事故

三相短絡事故が発生した場合の短絡電流、短絡容量の計算方法について述べます。

上の図の送電線の点Fで三相短絡事故が発生した場合の三相短絡電流$I_S$〔A〕は、線路の事故発生直前の線間電圧を基準電圧の$V_n$〔V〕、事故点から見た電源側のインピーダンスを$Z$〔Ω〕とすれば、**テブナンの定理**によって、

$$I_S=\frac{\frac{V_n}{\sqrt{3}}}{Z}=\frac{V_n}{\sqrt{3}\,Z}\text{〔A〕} \qquad (37)$$

となります。

%$Z$は、定義により、

$$\%Z=\frac{\sqrt{3}\,ZI_n}{V_n}\times 100\text{〔\%〕} \qquad (38)$$

ただし、$I_n$：基準電流（$=P_n/\sqrt{3}\,V_n$〔A〕）、$P_n$：基準容量〔V·A〕

式(37)と(38)から、

$$\%Z=\frac{I_n}{I_S}\times 100\text{〔\%〕}$$

よって、

$$I_S=I_n\times\frac{100}{\%Z}\text{〔A〕}$$

また、このときの短絡容量（短絡電力）$P_S$〔V·A〕は、

$$P_S=\sqrt{3}\,V_n I_S=\sqrt{3}\,V_n I_n\frac{100}{\%Z}=P_n\times\frac{100}{\%Z}\text{〔V·A〕}$$

となります。

**プラスワン**
遮断器の遮断容量は、**遮断容量≧短絡容量**として選定する。

式の結果（赤字）は重要です。しっかり暗記しておいてください。

第6章 電気施設管理

このように、三相短絡時の電流及び電力を計算するとき、インピーダンスを%$Z$で表すと、電圧を考慮せずに計算できる便利さがあり、広く使用されています。

## 例題にチャレンジ！

**右図のように2台の発電機が定格電圧、無負荷で平行運転しているときに、変圧器の二次側のP点で三相短絡事故が発生した。P点の短絡電流〔A〕を計算せよ。**

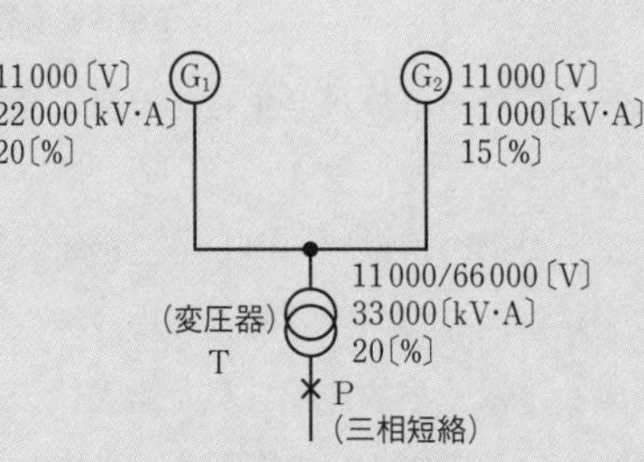


**ただし、発電機$G_1$、$G_2$、変圧器Tの定格電圧、定格容量、%$Z$（パーセントインピーダンス）は、図に示す値とする。また、%$Z$はリアクタンス分のみとする。**

・解答と解説・

基準電圧$V_n$〔V〕と新基準容量$P_n$〔kV·A〕を定める。求める箇所が変圧器の二次側であるので、各基準値を次のようにする。

$V_n = 66000$〔V〕……①

$P_n = 33000$〔kV·A〕……②

発電機$G_1$、$G_2$の基準容量$P_{n1} = 22000$〔kV·A〕、$P_{n2} = 11000$〔kV·A〕のときの百分率インピーダンスを%$Z_1 = 20$〔%〕、%$Z_2 = 15$〔%〕とすると、新基準容量$P_n = 33000$〔kV·A〕に置き換えたときの百分率インピーダンス%$Z'_1$〔%〕、%$Z'_2$〔%〕は次のように求めることができる。

$$\%Z'_1 = \%Z_1 \times \frac{P_n}{P_{n1}} = 20 \times \frac{33000}{22000} = 30〔\%〕……③$$

$$\%Z'_2 = \%Z_2 \times \frac{P_n}{P_{n2}} = 15 \times \frac{33000}{11000} = 45〔\%〕……④$$

式③と式④より、問題の図は次ページの図のように示すことができる。次ページの図より、P点から電源側を見たときの百分

**解法のヒント**

発電機$G_1$、$G_2$は並列運転しており、単線図上において1台の発電機とみなすことができる。

率インピーダンス$\%Z$〔%〕は次式となる。ただし、変圧器の百分率インピーダンスを$\%Z_T = 20$〔%〕とする。

$$\%Z = \frac{\%Z'_1 \times \%Z'_2}{\%Z'_1 + \%Z'_2} + \%Z_T = \frac{30 \times 45}{30 + 45} + 20 = 38 〔\%〕 \cdots\cdots ⑤$$

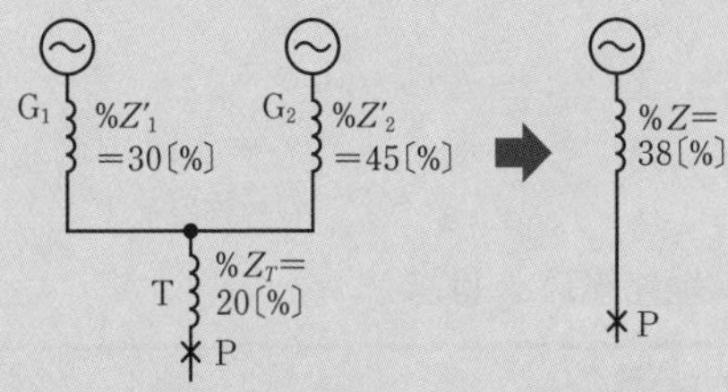


**短絡点から見た系統インピーダンスの整理**

続いて、基準電流$I_n$〔A〕を次のように求める。

$$I_n = \frac{P_n}{\sqrt{3}\,V_n} = \frac{33\,000 \times 10^3}{\sqrt{3} \times 66\,000} \fallingdotseq 288.7 〔A〕 \cdots\cdots ⑥$$

したがって、求めるP点の短絡電流$I_S$〔A〕は、次式のようになる。

$$I_S = I_n \times \frac{100}{\%Z} = 288.7 \times \frac{100}{38} \fallingdotseq \mathbf{760} 〔A〕（答）$$

## 3 地絡電流の計算　重要度 A

図6.19のような送配電系統の点Fで、**1線地絡故障**が生じた場合の**地絡電流**$\dot{I}_g$を、**テブナンの定理**で求めます。

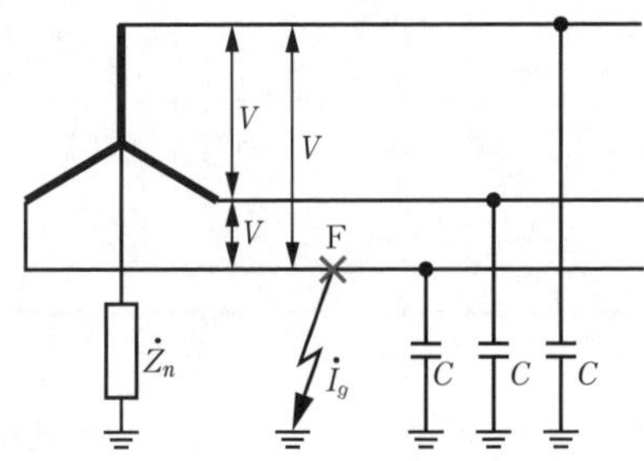


**図6.19　1線地絡故障**

**補足**

送配電系統の1線地絡故障の計算は、キルヒホッフの法則でも求められるが、テブナンの定理を利用すると、容易に求めることができる。完全地絡の場合や、地絡抵抗を介した場合に、それぞれの**テブナン等価回路**を正確に描けるかどうかがポイントとなる。

**プラスワン**
中性点が接地されていない場合でも、地絡電流は対地静電容量$C$を通して流れる。このときは、テブナン等価回路から中性点接地インピーダンス$\dot{Z}_n$〔Ω〕を取り外して計算する。

**プラスワン**
三相回路の結線が△結線でも、故障点から見た開放電圧は線間電圧$V$の$\frac{1}{\sqrt{3}}$倍になる。これは、故障がない場合のＹ回路に等価変換した回路の対地電圧が線間電圧の$\frac{1}{\sqrt{3}}$倍となっているからである。△結線に仮想中性点(三角形の中心)を考えてもよい。

いま、点Fで完全地絡した場合、故障前の線間電圧を$V$〔V〕とすれば、故障前の対地電圧は$\frac{V}{\sqrt{3}}$〔V〕となり、故障点から見た系統側のインピーダンスを$\dot{Z}_F$〔Ω〕とすれば、次ページの図6.20**テブナン等価回路**(a)より、

$$\dot{Z}_F=\frac{1}{\frac{1}{\dot{Z}_n}+j\omega 3C}\text{〔Ω〕}\tag{39}$$

となるので、**地絡電流**$\dot{I}_g$は、

**重要公式** 地絡電流$\dot{I}_g$

$$\dot{I}_g=\frac{\frac{V}{\sqrt{3}}}{\dot{Z}_F}=\frac{V}{\sqrt{3}}\left(\frac{1}{\dot{Z}_n}+j\omega 3C\right)\text{〔A〕}\tag{40}$$

となります。

ただし、電源の角周波数を$\omega$〔rad/s〕、各相の対地静電容量はいずれも等しく$C$〔F〕とします。

また、点Fの故障点で地絡抵抗$R_g$〔Ω〕を介して地絡した場合は、地絡抵抗$R_g$〔Ω〕を含めたインピーダンス$\dot{Z}_F'$〔Ω〕は、図6.20テブナン等価回路(b)より、

$$\dot{Z}_F'=R_g+\frac{1}{\frac{1}{\dot{Z}_n}+j\omega 3C}\text{〔Ω〕}\tag{41}$$

となるので、地絡電流$\dot{I}_g'$は、

**重要公式** 地絡電流$\dot{I}_g'$

$$\dot{I}_g'=\frac{\frac{V}{\sqrt{3}}}{\dot{Z}_F'}=\frac{V}{\sqrt{3}}\times\frac{1}{R_g+\frac{1}{\frac{1}{\dot{Z}_n}+j\omega 3C}}\text{〔A〕}\tag{42}$$

となります。

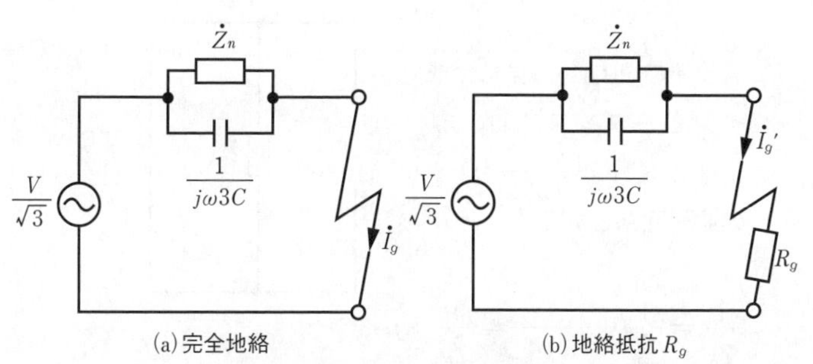


(a)完全地絡　　(b)地絡抵抗 $R_g$

**図6.20　テブナン等価回路**

**補足**
図6.20(a)は完全地絡($R_g=0$〔Ω〕)の場合、同(b)は地絡抵抗 $R_g$〔Ω〕を介して地絡した場合のテブナン等価回路を示す。

## 1線地絡時のテブナン等価回路

1線地絡時のテブナン等価回路の描き方と地絡電流 $I_g$ の求め方を詳しく述べます。

①地絡線を開放し、その両端をa、bとすると、地絡のない健全状態となるので、a、b間には対地電圧(Y結線の相電圧) $E=\frac{V}{\sqrt{3}}$〔V〕が現れる。

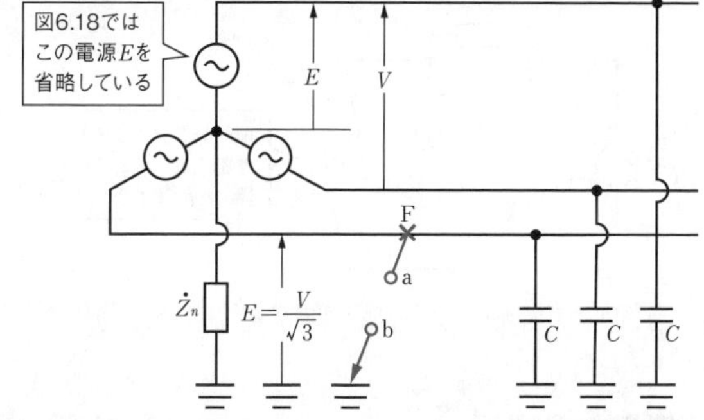


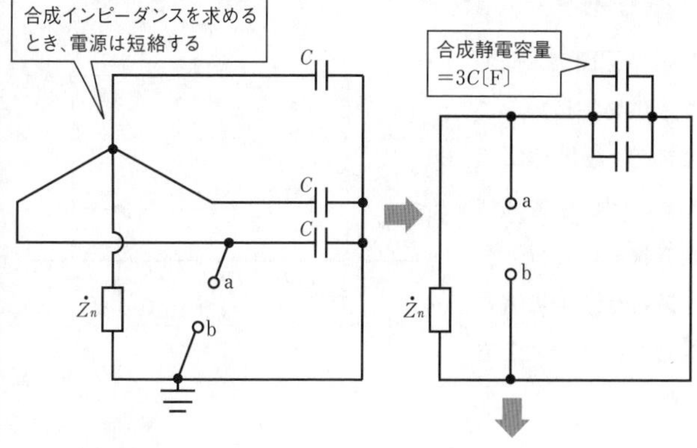

②開放端のab端から見た合成インピーダンス$\dot{Z}_F$は、$\dot{Z}_n$〔Ω〕と3C〔F〕$\left(\dfrac{1}{j\omega 3C}〔\Omega〕\right)$の並列回路となる。

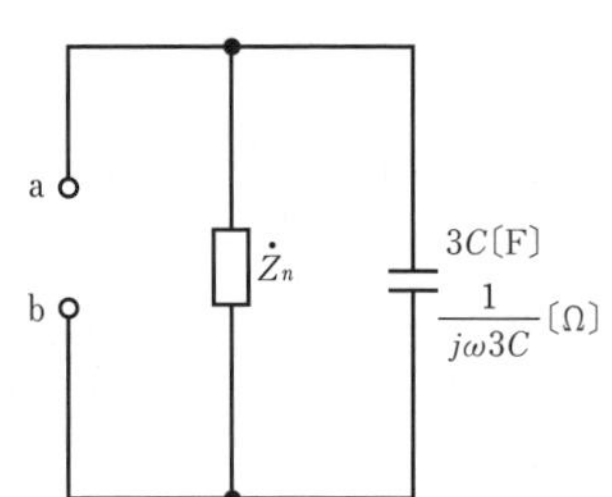


$$\frac{1}{\dot{Z}_F}=\frac{1}{\dot{Z}_n}+\frac{1}{\dfrac{1}{j\omega 3C}}=\frac{1}{\dot{Z}_n}+j\omega 3C$$

$$\dot{Z}_F=\frac{1}{\dfrac{1}{\dot{Z}_n}+j\omega 3C}〔\Omega〕$$

③ab間に再び地絡線を接続したテブナン等価回路は次図のようになり、地絡電流$\dot{I}_g$は、

$$\dot{I}_g=\frac{\dfrac{V}{\sqrt{3}}}{\dot{Z}_F}=\frac{V}{\sqrt{3}}\times\frac{1}{\dot{Z}_F}=\frac{V}{\sqrt{3}}\left(\frac{1}{\dot{Z}_n}+j\omega 3C\right)〔A〕$$

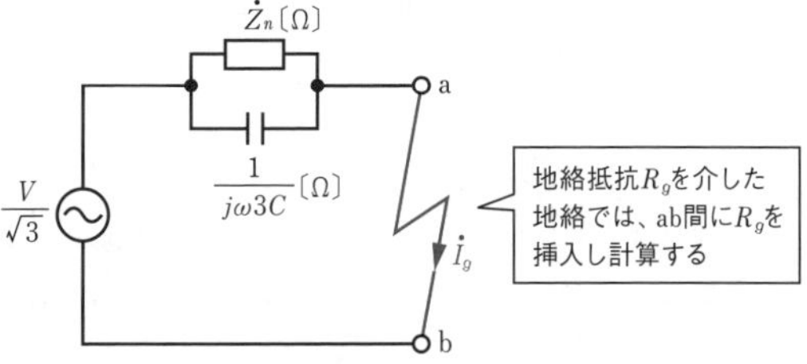


## 例題にチャレンジ!

右図の回路で1線地絡事故が発生した。このときの1線地絡電流の$\dot{I}_g$〔A〕と、中性点に接続されているリアクタンス$\omega L$〔Ω〕に流れる電流$I_L$〔A〕の大きさを求めよ。

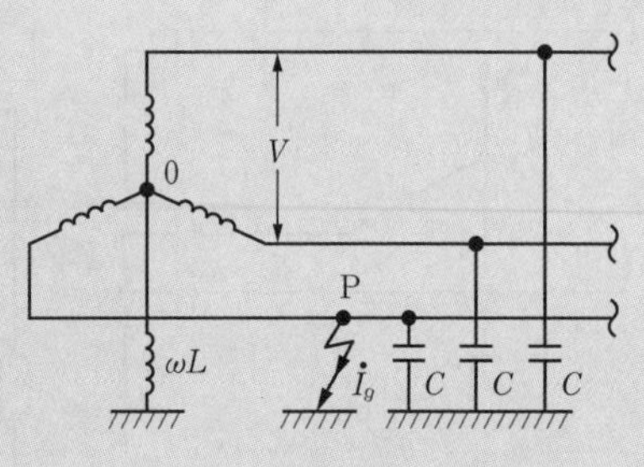

**・解答と解説・**

問題の図をテブナンの定理で考えると、P点の地絡前の対地電圧の大きさ$E$〔V〕は、$E=\dfrac{V}{\sqrt{3}}$〔V〕、インピーダンスは$j\omega L$〔Ω〕と$\dfrac{1}{j\omega 3C}$〔Ω〕の並列回路になるので、テブナン等価回路は右図のようになる。したがって、地絡電流$\dot{I}_g$〔A〕は次式で表される。

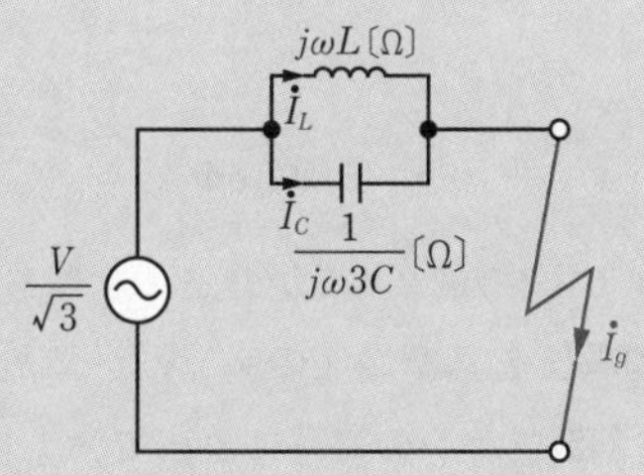


$$\dot{I}_g=\dot{I}_c+\dot{I}_L$$

$$=j\omega 3CE+\frac{E}{j\omega L}=j\left(\omega 3C-\frac{1}{\omega L}\right)E$$

$$=j\left(\omega 3C-\frac{1}{\omega L}\right)\frac{V}{\sqrt{3}}\text{〔A〕}\cdots\cdots①$$

式①より、$\dot{I}_g$、$\dot{I}_L$のそれぞれの大きさ$I_g$〔A〕、$I_L$〔A〕は、次式となる。

$$I_g=\left(\omega 3C-\frac{1}{\omega L}\right)\cdot\frac{V}{\sqrt{3}}\text{〔A〕(答)}\cdots\cdots②$$

$$I_L=\frac{1}{\omega L}\cdot\frac{V}{\sqrt{3}}\text{〔A〕(答)}\cdots\cdots③$$

式②において、$\omega L=\dfrac{1}{\omega 3C}$〔Ω〕のとき、$I_g$は0〔A〕となる。

このときの$\omega L$〔Ω〕を消弧（しょうこ）リアクトルといい、線路の対地静電容量$3C$〔F〕と共振する値になっている。このような接地方式を消弧リアクトル接地方式という。

**解法のヒント**

$\dfrac{E}{j\omega L}=-j\dfrac{E}{\omega L}$

となる。

**用語**

**共振**とは、ある周波数で、誘導性リアクタンスの大きさと容量性リアクタンスの大きさが同じ値となる現象。直列共振では合成リアクタンスが0Ω、並列共振では合成リアクタンスが∞Ωとなる。

## 理解度チェック問題

**問題　次の□の中に適当な答えを記入せよ。**

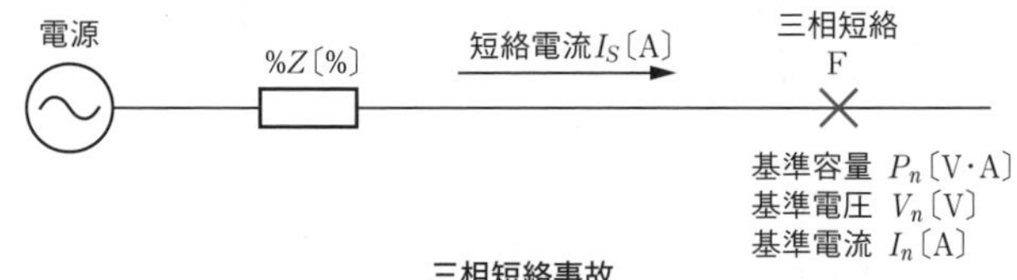


**三相短絡事故**

上の図の送電線の点Fで三相短絡事故が発生した場合の三相短絡電流$I_S$〔A〕は、線路の事故発生直前の線間電圧を基準電圧の$V_n$〔V〕、事故点から見た電源側のインピーダンスを$Z$〔Ω〕とすれば、テブナンの定理によって、

$I_S$＝ (ア) 〔A〕……①

となる。

%$Z$は、定義により、

%$Z$＝ (イ) ×100〔%〕……②

ただし、$I_n$：基準電流（＝ (ウ) 〔A〕）、$P_n$：基準容量〔V·A〕

式①と②から、

%$Z$＝ (エ) ×100〔%〕

よって、

$I_S$＝ (オ) 〔A〕

また、このときの短絡容量（短絡電力）$P_S$〔V·A〕は、

$$P_S=\sqrt{3}\,V_n I_S=\sqrt{3}\,V_n I_n\frac{100}{\%Z}= \text{（カ）}\ \text{〔V·A〕}$$

となる。

このように、三相短絡時の電流及び電力を計算するとき、インピーダンスを%$Z$で表すと、電圧を考慮せずに計算できる便利さがあり、広く使用されている。

**解答**

（ア）$\dfrac{V_n}{\sqrt{3}\,Z}$　（イ）$\dfrac{\sqrt{3}\,Z I_n}{V_n}$　（ウ）$\dfrac{P_n}{\sqrt{3}\,V_n}$　（エ）$\dfrac{I_n}{I_S}$　（オ）$I_n\times\dfrac{100}{\%Z}$　（カ）$P_n\times\dfrac{100}{\%Z}$

LESSON 44

# 保護継電器・高調波に関する計算

無方向性の地絡継電器と地絡方向継電器の違い、保護協調とは何かをしっかり理解しましょう。

関連過去問 096, 097

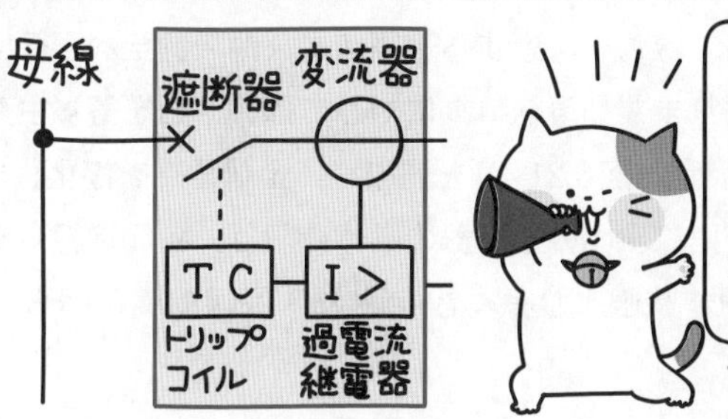


電力系統における機器や回路の保護システムが適切な性能を発揮できるように、さまざまな機器を組み合わせて協調をとる考え方を**保護協調**といいます。

## 1 配電用変電所の保護装置 重要度 B

**配電用変電所**では、主変圧器で変成した高圧配電用電気を、母線から**フィーダ**と呼ばれる配電線に分岐供給します。

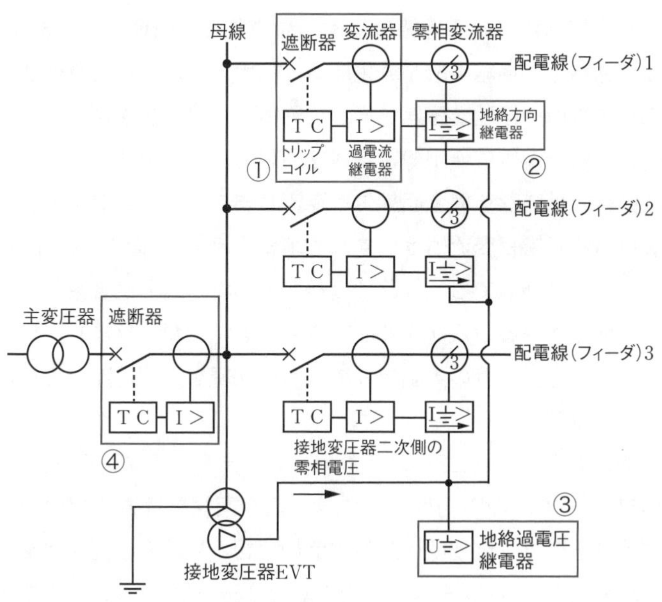


図6.21　配電用変電所の配電線保護の例

**補足**

地絡事故時、接地変圧器（EVT）の二次側（又は三次側）のオープンデルタ（一端が開放されているデルタ結線）間に接続された抵抗に零相電圧$V_0$が発生する。

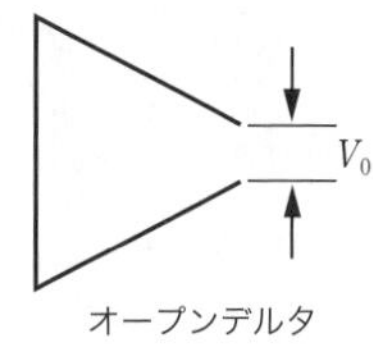

各フィーダには、過負荷・短絡及び地絡に対する保護装置が設けられます。

**(1) 保護協調**

配電用変電所においても、保護協調の観点から個別の配電線事故に対しては、該当する配電線引出口の遮断器(図6.21①)を開放して線路を保護すると同時に、他の健全な回線は送電の継続を図ります。母線事故に対しては、やむを得ず主変圧器二次側の遮断器(図6.21④)を開放し、全配電線を停止します。

主変圧器二次側の遮断器の動作時限は、各配電線引出口の遮断器の動作時限より**長く**設定され、**保護協調**が図られています。

**(2) 保護継電器**

**①過電流継電器**

配電線路における過負荷・短絡保護は**過電流継電器**で検出し、該当する配電線引出口の遮断器(図6.21①)を開放します。

**②地絡方向継電器**

配電線路における地絡保護は、やや難しい原理となります。配電線路上で地絡事故が発生すると、大地へ流出した電流は一部が変電所の接地変圧器を通じて電路へ還流しますが、それ以外にも各配電線に作用静電容量を通じて還流します。これは事故回線だけでなく健全回線にも還流しますので、各フィーダに設けられた零相(れいそう)変流器はいずれも地絡電流(零相電流)を検出します。健全回線でも、線路こう長が長い場合は静電容量が大きく、検出される電流が比較的大きくなる場合があります。したがって、零相電流の大小だけでは事故回線を選択遮断することは困難です。

地絡電流は、図6.22のような分布をします。事故回線(図6.22のフィーダ1)の零相変流器には、健全回線とは逆位相の電流が流れるので、自回線の零相電流の位相と接地変圧器が検出する地絡電流(接地変圧器二次側の零相電圧が相当します)の位相とを比較して、地絡事故が零相変流器のどちら側で発生してい

+1プラスワン

保護継電器による保護は、事故を確実に検出して事故区間を迅速に切り離すことはもちろん、停電範囲の局限化も実現できるように、電力系統全体の保護システムとして設計されなければならない。これには、保護継電器相互の感度や動作時間(動作時限)を適切に設計することが必要である。このように、保護システムが適切な性能を発揮できるように協調をとる考え方を**保護協調**という。

**保護継電器**とは、電力系統における機器や回路の保護を目的として、遮断器を開閉させる装置のこと。

るか判定する**地絡方向継電器**（図6.21の②）を各フィーダに設置して地絡保護を行います。

地絡方向継電器の後備保護として、零相電圧によって動作する地絡過電圧継電器（図6.21の③）が設けられます。

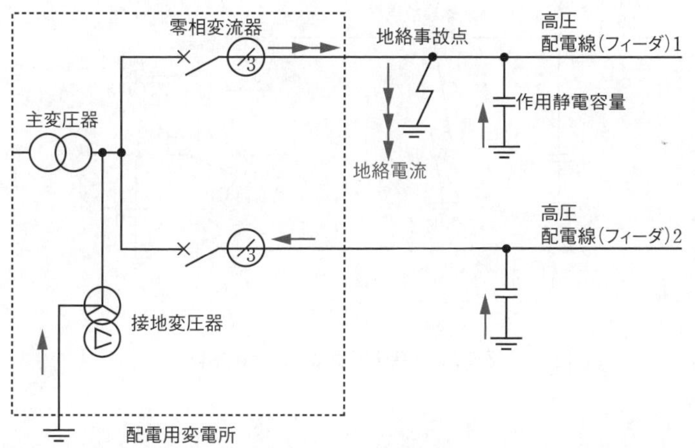


**図6.22　地絡電流の分布**

## 高圧需要家の地絡継電器と保護協調　重要度 B

高圧配電線に接続される高圧需要家の地絡継電器の動作の概要をまとめると、次のようになります（図6.23を参照）。

①需要家が設置する地絡継電器の**動作電流**及び**動作時限**整定値は、配電用変電所の整定値より**小さく**する必要がある。

②需要家の構内高圧ケーブルが極めて短い場合、作用静電容量$C_2$が小さいので、需要家が設置する継電器が**無方向性地絡継電器**でも、不必要動作の発生は少ない。

③需要家が**地絡方向継電器**を設置すれば、構内高圧ケーブルが長く、作用静電容量$C_2$が大きい場合でも、不必要動作は防げる。

④需要家が地絡方向継電器を設置した場合でも、その整定値は配電用変電所との**保護協調**に関し、**動作電流**及び**動作時限**を考慮しなければならない。

**用語**

**不必要動作**とは、需要家構外の地絡事故において構内の継電器が動作することをいう。図6.23の地絡事故点は需要家構外であるが、作用静電容量$C_2$が大きい場合、無方向性地絡継電器では不必要動作のおそれがある。

**補足**

線路こう長が短く、静電容量の影響を受けにくい需要家構内では、**方向性を持たない地絡継電器が使用されることもある。**

**用語**

空気の絶縁破壊により、高圧ケーブルと大地間に高熱と強い光を伴った電流が流れることを**アーク**（アーク放電、電弧(でんこ)）という。

**間欠アーク**とは、地絡によるアークが消弧（切断）と再点弧（再接続）を繰り返すことをいう。

⑤地絡事故電流の大きさを考える場合、地絡事故が**間欠アーク現象**を伴うことを想定し、波形ひずみによる**高調波の影響を考慮**する必要がある。

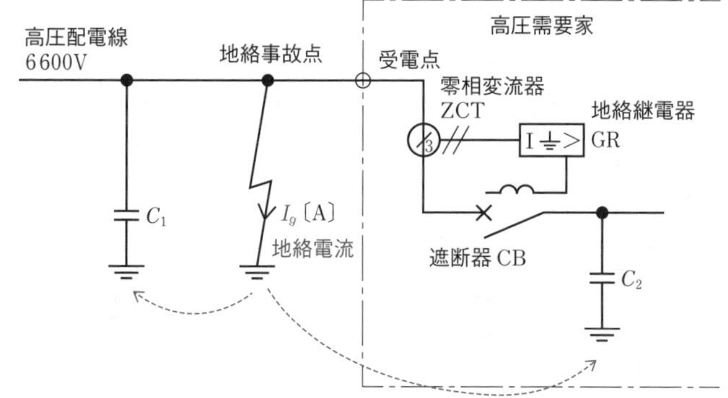


**図6.23　高圧需要家の地絡継電器**

**例題にチャレンジ!**

図は、電圧6600〔V〕、周波数50〔Hz〕、中性点接地方式の三相3線式配電線路及び需要家Aの高圧地絡保護システムを簡易に表した単線図である。次の(a)及び(b)の問に答えよ。

ただし、図で使用している主要な文字記号は付表のとおりとし、$C_1 = 3.0$〔μF〕、$C_2 = 0.015$〔μF〕とする。なお、図示されていない線路定数及び配電用変電所の制限抵抗は無視するものとする。

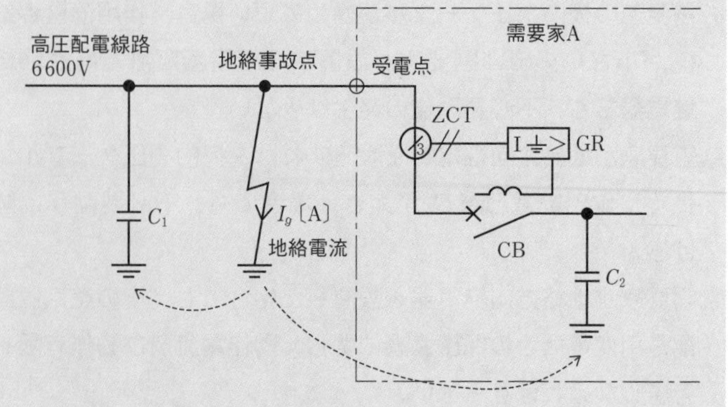

付表

| 文字・記号 | 名称・内容 |
|---|---|
| $C_1$ | 配電線路側一相の全対地静電容量 |
| $C_2$ | 需要家側一相の全対地静電容量 |
| ZCT | 零相変流器 |
| I⏚> GR | 地絡継電器 |
| CB | 遮断器 |

(a) 図の配電線路において、遮断器CBが「入」の状態で地絡事故点に一線完全地絡事故が発生した場合の地絡電流 $I_g$〔A〕の値を求めよ。

ただし、間欠アークによる高調波の影響は無視できるものとする。

(b) 図のような高圧配電線路に接続される需要家が、需要家構内の地絡保護のために設置する継電器の保護協調に関する記述として、誤っているものを次の(1)～(5)のうちから一つ選べ。

なお、記述中「不必要動作」とは、需要家の構外事故において継電器が動作することをいう。

(1) 需要家が設置する地絡継電器の動作電流及び動作時限整定値は、配電用変電所の整定値より小さくする必要がある。

(2) 需要家の構内高圧ケーブルが極めて短い場合、需要家が設置する継電器が無方向性地絡継電器でも、不必要動作の発生は少ない。

(3) 需要家が地絡方向継電器を設置すれば、構内高圧ケーブルが長い場合でも不必要動作は防げる。

(4) 需要家が地絡方向継電器を設置した場合、その整定値は配電用変電所との保護協調に関し、動作時限のみ考慮すればよい。

(5) 地絡事故電流の大きさを考える場合、地絡事故が間欠アーク現象を伴うことを想定し、波形ひずみによる高調波の影響を考慮する必要がある。

**・解答と解説・**

(a) 図aのように地絡事故点にスイッチSを設け、スイッチSを閉じたとき地絡事故が発生すると考える。図bにこの回路のテブナン等価回路を示す。

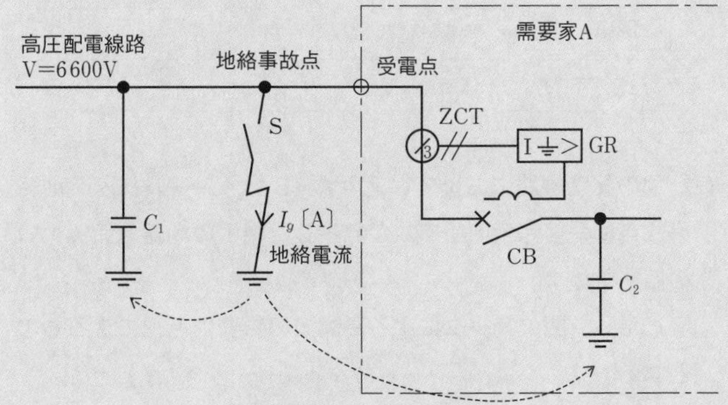


図a　非接地式高圧配電線路

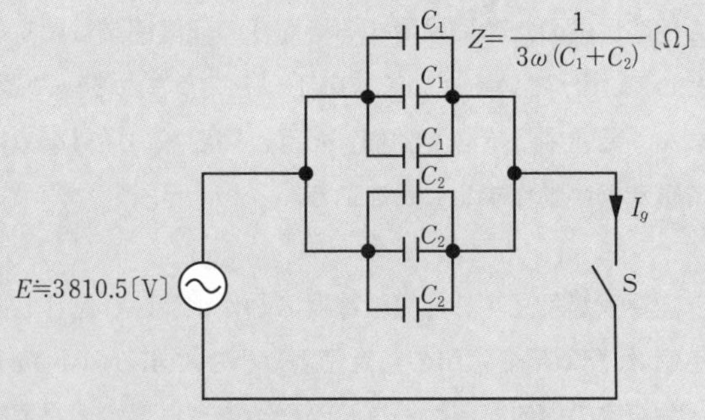


図b　テブナン等価回路

スイッチSの部分にテブナンの定理を適用するため、スイッチSを開放し、スイッチ両端から系統側を見たインピーダンス$Z$〔Ω〕を求める。

$$Z=\frac{1}{3\omega(C_1+C_2)}=\frac{1}{3\times2\pi f(C_1+C_2)}$$

$$=\frac{1}{3\times2\times\pi\times50\{(3.0\times10^{-6})+(0.015\times10^{-6})\}}\fallingdotseq351.9〔\Omega〕$$

スイッチSを開放した状態でスイッチSの両端に現れる電圧$E$〔V〕は、系統の対地電圧なので、次のようになる。ただし、

**解法のヒント**

**インピーダンスZ〔Ω〕の導出**

図bより、$C_1$ 3個と$C_2$ 3個が並列なので、合成静電容量$C$は、

$C=3C_1+3C_2=3(C_1+C_2)$〔F〕

よって、インピーダンス（容量性リアクタンス）$Z$は、

$Z=\dfrac{1}{\omega C}$

$=\dfrac{1}{\omega3(C_1+C_2)}$

$=\dfrac{1}{3\omega(C_1+C_2)}$〔Ω〕

$\omega=2\pi f$であるから、

$Z=\dfrac{1}{3\times2\pi f(C_1+C_2)}$〔Ω〕

$V$〔V〕は線間電圧$V=6600$〔V〕である。

$$E=\frac{V}{\sqrt{3}}=\frac{6600}{\sqrt{3}}\fallingdotseq 3810.5〔\mathrm{V}〕$$

したがって、スイッチSを閉じたときの地絡電流$I_g$〔A〕は、テブナンの定理により、次のように求められる。

$$I_g=\frac{E}{Z}=\frac{3810.5}{351.9}\fallingdotseq 11〔\mathrm{A}〕(答)$$

**解答(a)：11〔A〕**

(b) 地絡保護のための継電器の保護協調に関する正誤問題。

(1) **正しい**。需要家構内の地絡継電器については、動作電流及び動作時限整定値は小さくし、配電用変電所の地絡継電器が需要家の地絡継電器より先に動作しないようにする必要がある。

(2) **正しい**。地絡事故時には、高圧ケーブルの対地静電容量による地絡電流が事故点に流れる。構内の高圧ケーブルのこう長が長い(およそ8m以上)場合は、構外の地絡事故時に構内高圧ケーブルによる対地充電電流が流れ、需要家の地絡継電器が動作する(不必要動作)ことがある。このような場合には、構内、構外の事故を見分けるために地絡継電器を方向性のあるものにする。しかし、構内の高圧ケーブルのこう長が短い場合は、構外の地絡事故時では需要家構内の地絡継電器が動作するほどの対地充電電流は流れないため、無方向性の地絡継電器でも問題はない。

(3) **正しい**。上記(2)で述べたとおり、地絡継電器を方向性にすることで、構内高圧ケーブルが長い場合の対地充電電流による需要家の地絡継電器の不必要動作を防ぐことができる。

(4) **誤り**。地絡方向継電器を設置しても、動作電流及び動作時限整定値のどちらも適正に定めなければ、配電用変電所の地絡継電器が需要家の地絡継電器より先に動作してしまう。したがって、「動作時限のみ考慮すればよい」という記述は誤りである。

(5) **正しい**。アークによる地絡事故は、電路－大地間の絶縁耐力がごく短い時間に破壊、回復を繰り返し、そのたびにアークが発生、消滅する。このときの地絡電流には高調波が含まれるため、地絡継電器の動作電流を考える場合は高調波成分も考慮する必要がある。

解答(b)：(4)

高調波に関する計算では、誘導性リアクタンスは周波数に比例し、容量性リアクタンスは周波数に反比例することを覚えておきましょう。

**用語**

**高調波**とは、基本波周波数（東日本50Hz、西日本60Hz）の整数倍の周波数をもつ波形のこと。250Hzや300Hzは第5次高調波である。第5調波ともいう。

**補足**

高調波発生源の代表的なものにインバータがある。インバータは直流を変換した方形波の交流を作るので、高調波を発生する（方形波など正弦波交流以外のすべてのひずみ波交流は、基本波と高調波の合成波でできている）。

**補足**

高調波発生源は、一般に内部インピーダンスが高いので定電流源と見なすことができる。

## 3 高調波に関する計算問題 重要度 B

高調波（特に第5次高調波）は、配電系統における電圧のひずみや力率改善用コンデンサの過熱・焼損などの原因となるものです。この高調波の計算方法についてよく理解しておくことが大切です。

ここでは、高調波発生源と並列に力率改善用コンデンサを設置したときに、系統に流出する高調波電流の大きさについて、コンデンサに直列リアクトルがないときと、あるときに分けて比較します。高調波の次数は$n=5$（第5次高調波）とします。

### (1) 直列リアクトルSRがない力率改善用コンデンサSCを設置したときの系統側に流出する高調波電流の計算

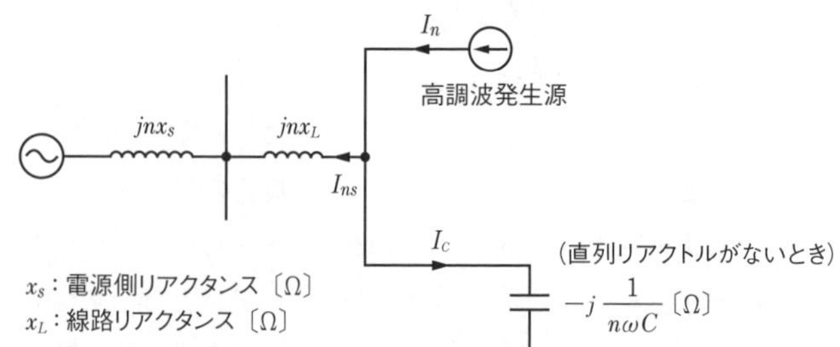


**図6.24　高調波発生源回路（直列リアクトルなし）**

図6.24より、高調波電流の次数が$n=5$、つまり第5次高調波電流$I_5$〔A〕が流れたとき、系統側に流出する第5次高調波電

流$I_{5S}$〔A〕は、インピーダンスに逆比例して分流するので、次式で表されます。

$$I_{ns}=\frac{\dfrac{-j}{n\omega C}I_5}{jn(x_s+x_L)-\left(\dfrac{j}{n\omega C}\right)}〔A〕$$

ここで、上式に$n=5$を代入すると、次式のようになります。

分子、分母に$j5\omega C$を乗じる

$$I_{5s}=\frac{\dfrac{-j}{5\omega C}I_5}{j5(x_s+x_L)-\left(\dfrac{j}{5\omega C}\right)}=\frac{I_5}{-25\omega C(x_s+x_L)+1}$$

$$=\frac{I_5}{1-25\omega C(x_s+x_L)}〔A〕\quad(43)$$

### (2) 直列リアクトルSR付き(6%)の力率改善用コンデンサSCを設置したときの系統側に流出する高調波電流の計算

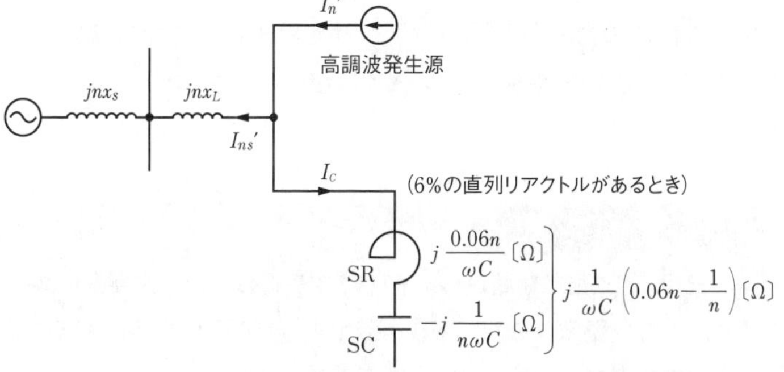


**図6.25　高調波発生源回路(直列リアクトル付き)**

需要家の力率改善用コンデンサSCには、高調波発生機器から発生した第5次高調波が拡大して電力系統へ流出することを防ぐ目的で、基本波周波数に対して6〔%〕程度の**直列リアクトル**(**SR**)を付けることが多いです。

図6.25より、高調波電流の次数が$n=5$、つまり第5次高調波電流が流れたときに系統側に流出する第5次高調波電流$I_{5s}'$〔A〕

**補足**

(記号)は、単線図の直列リアクトルSRの図記号である。SRのリアクタンス$\omega L'$〔Ω〕はコンデンサ(SC)の6%であるので、

$$\omega L'=0.06\times\frac{1}{\omega C}$$

よって、

$$jn\omega L'=j\frac{0.06n}{\omega C}〔Ω〕$$

となる。

は、インピーダンスに逆比例して分流するので、次式で表されます。

$$I_{ns}' = \frac{\dfrac{j}{\omega C}\left(0.06n - \dfrac{1}{n}\right)I_5}{jn\,(x_s + x_L) + \dfrac{j}{\omega C}\left(0.06n - \dfrac{1}{n}\right)}$$

$$I_{5s}' = \frac{\left(\dfrac{j}{\omega C}\right)\left(0.06 \times 5 - \dfrac{1}{5}\right)I_5}{j5\,(x_s + x_L) + \dfrac{j}{\omega C}\left(0.06 \times 5 - \dfrac{1}{5}\right)}$$

分子、分母に $\dfrac{\omega C}{j0.1}$ を乗じる

$$= \frac{\dfrac{j0.1}{\omega C}I_5}{j5\,(x_s + x_L) + j\dfrac{0.1}{\omega C}} = \frac{I_5}{50\,\omega C\,(x_s + x_L) + 1}$$

$$= \frac{I_5}{1 + 50\,\omega C\,(x_s + x_L)}\text{〔A〕} \qquad (44)$$

式(43)と(44)を比較すると、$I_{5s}' < I_{5s}$ となるので、直列リアクトル付きの力率改善用コンデンサを設置した方が系統側に流れる第5次高調波電流が少ないことがわかります。

**例題にチャレンジ!**

三相3線式配電線路から6600〔V〕で受電している需要家がある。この需要家から配電系統へ流出する第5調波電流を算出するにあたり、次の(a)及び(b)に答えよ。

ただし、需要家の負荷設備は定格容量500〔kV・A〕の三相機器のみで、力率改善用として6〔%〕直列リアクトル付きコンデンサ設備が設置されており、この三相機器(以下、高調波発生機器という。)から発生する第5調波電流は、負荷設備の定格電流に対し15〔%〕とする。

また、受電点よりみた配電線路側の第$n$調波に対するインピーダンスは10〔MV・A〕基準で$j6 \times n$〔%〕、コンデンサ設備の

**インピーダンスは10〔MV·A〕基準で$j50\times\left(6\times n-\dfrac{100}{n}\right)$〔%〕で表され、高調波発生機器は定電流源と見なすものとし、次のような等価回路で表すことができる。**

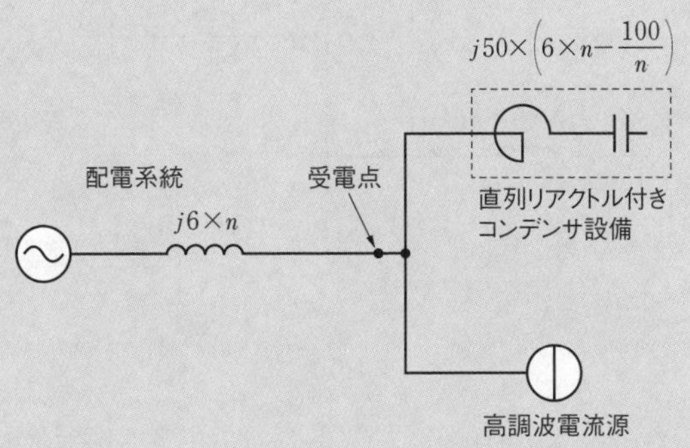


**(a) 高調波発生機器から発生する第5調波電流の受電点電圧に換算した電流〔A〕の値を求めよ。**

**(b) 受電点から配電系統に流出する第5調波電流〔A〕の値を求めよ。**

**・解答と解説・**

(a) 題意より、定格容量500〔kV·A〕から発生する第5調波電流$I_5$〔A〕は、定格電流の15〔%〕であることから、次式のようになる。

$$I_5=\frac{500}{\sqrt{3}\times6.6}\times0.15\fallingdotseq\mathbf{6.56}\text{〔A〕(答)}\cdots\cdots①$$

(b) 10〔MV·A〕を基準容量とした第5調波に対する配電線路側のインピーダンス$Z_{5S}$〔%〕と、コンデンサ設備のインピーダンス$Z_{5C}$〔%〕は、それぞれ次式のようになる。

$$Z_{5S}=j6\times5=j30\text{〔%〕}\cdots\cdots②$$

$$Z_{5C}=j50\times\left\{(6\times5)-\frac{100}{5}\right\}=j500\text{〔%〕}\cdots\cdots③$$

高調波発生機器から系統を見ると、次ページの図のように、配電線路側のインピーダンス$Z_{5S}$〔%〕とコンデンサ設備

**解法のヒント**

$$I_5=\frac{500\times10^3}{\sqrt{3}\times6.6\times10^3}$$

と計算してもよい。

のインピーダンス$Z_{5C}$〔%〕が並列に接続されていることになる。

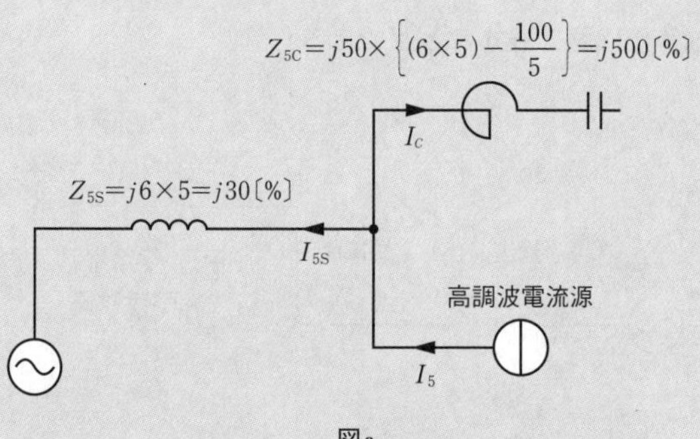


図a

これらのことから、配電系統に流出する第5調波電流$I_{5S}$〔A〕は、式①〜③を次式に代入して求めると、次のようになる。

$$I_{5S}=\frac{Z_{5C}}{Z_{5S}+Z_{5C}}\times I_5=\frac{j500}{j30+j500}\times6.56\fallingdotseq\mathbf{6.19}\text{〔A〕(答)}$$

## 理解度チェック問題

**問題　次の[　　]の中に適当な答えを記入せよ。**

次は、高圧配電線路に接続される需要家が、需要家構内の地絡保護のために設置する継電器の保護協調に関する記述である。

なお、記述中の「不必要動作」とは、需要家の構外事故において継電器が動作することをいう。

①需要家が設置する地絡継電器の動作電流及び[（ア）]整定値は、配電用変電所の整定値より[（イ）]する必要がある。

②需要家の構内高圧ケーブルが極めて短い場合、需要家が設置する継電器が[（ウ）]地絡継電器でも、不必要動作の発生は少ない。

③需要家が地絡方向継電器を設置すれば、構内高圧ケーブルが[（エ）]場合でも不必要動作は防げる。

④需要家が[（オ）]継電器を設置した場合でも、その整定値は配電用変電所との保護協調に関し、動作電流及び[（ア）]を考慮する必要がある。

⑤地絡事故電流の大きさを考える場合、地絡事故が[（カ）]現象を伴うことを想定し、波形ひずみによる高調波の影響を考慮する必要がある。

**解答**

(ア)動作時限　(イ)小さく　(ウ)無方向性　(エ)長い　(オ)地絡方向
(カ)間欠アーク

45日目 第6章 電気施設管理

LESSON 45

# 電気施設管理その他

高圧ケーブルの交流絶縁耐力試験、電力の需要と供給、高圧受電設備について学びます。

関連過去問 098, 099, 100

①使用電圧が1000V超500000V未満
最大使用電圧$V_m$=公称電圧×$\frac{1.15}{1.1}$

②最大使用電圧が7000V以下の交流
交流絶縁耐力電圧$V_t$=
最大使用電圧$V_m$×1.5

高圧ケーブルの交流絶縁耐力試験の計算は、まずはこの2つの式から出発しましょう。


## 1 高圧ケーブルの交流絶縁耐力試験 重要度A

高圧ケーブルの交流絶縁耐力試験は、電気主任技術者の実務上重要な項目であり、電験三種試験の計算問題としても一定の頻度で出題されています。

高圧ケーブルの交流絶縁耐力試験は、一見複雑で難しそうに見えますが、内容をよく読み理解すれば得点源となり得ます。最後のLESSONです。がんばりましょう。

はじめに、解釈(電気設備の技術基準の解釈)第1条で、この耐力試験に関する用語の定義を、解釈第15条で、この耐力試験の具体的な方法を、復習します。

**解釈 第1条(用語の定義)**【省令第1条】〈要点抜粋〉

この解釈において、次の各号に掲げる用語の定義は、当該各号による。

一 **使用電圧(公称電圧)** 電路を代表する線間電圧

二 **最大使用電圧** 通常の使用状態において電路に加わる最大の線間電圧。使用電圧に、1-1表に規定する係数を乗じた電圧

1-1表

| 使用電圧の区分 | 係数 |
|---|---|
| 1000V以下 | 1.15 |
| 1000Vを超え500000V未満 | 1.15／1.1 |
| 500000V | 1.05、1.1又は1.2 |
| 1000000V | 1.1 |

**解釈　第15条（高圧又は特別高圧の電路の絶縁性能）**【省令第5条第2項】〈要点抜粋〉

高圧又は特別高圧の電路（第13条各号に掲げる部分、次条に規定するもの及び直流電車線を除く。）は、次の各号のいずれかに適合する絶縁性能を有すること。

一　15-1表に規定する試験電圧を電路と大地との間（多心ケーブルにあっては、心線相互間及び心線と大地との間）に連続して**10分間**加えたとき、これに耐える性能を有すること。

二　電線にケーブルを使用する交流の電路においては、15-1表に規定する試験電圧の**2倍の直流電圧**を電路と大地との間（多心ケーブルにあっては、心線相互間及び心線と大地との間）に連続して**10分間**加えたとき、これに耐える性能を有すること。

15-1表

| 電路の種類 | | 試験電圧 |
|---|---|---|
| 最大使用電圧が7000V以下の電路 | 交流の電路 | 最大使用電圧の1.5倍の交流電圧 |
| | 直流の電路 | 最大使用電圧の1.5倍の直流電圧又は1倍の交流電圧 |
| 最大使用電圧が7000Vを超え、60000V以下の電路 | 最大使用電圧が15000V以下の中性点接地式電路（中性線を有するものであって、その中性線に多重接地するものに限る。） | 最大使用電圧の0.92倍の電圧 |
| | 上記以外 | 最大使用電圧の1.25倍の電圧（10500V未満となる場合は、10500V） |

次に、例題を示しながら高圧ケーブルの交流絶縁耐力試験について説明します。

**補足**

直流は、実効値が同じ交流に比べて波高値（最大値）が$\frac{1}{\sqrt{2}}$倍と低いため、試験電圧を高くしている。

## 例題にチャレンジ！

公称電圧6600〔V〕、周波数50〔Hz〕の三相3線式配電線路から受電する需要家の竣工時における自主検査で、高圧引込ケーブルの交流絶縁耐力試験を「電気設備技術基準の解釈」に基づき実施する場合、次の(a)及び(b)の問に答えよ。

ただし、試験回路は図のとおりとし、この試験は3線一括で実施し、高圧引込ケーブル以外の電気工作物は接続されないものとし、各試験器の損失は無視する。

また、試験対象物である高圧引込ケーブル及び交流絶縁耐力試験に使用する試験器等の仕様は、次のとおりである。

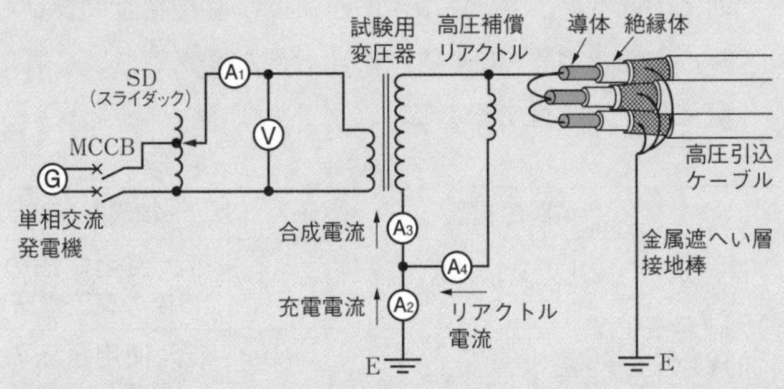


○高圧引込ケーブルの仕様

| ケーブルの種類 | 公称断面積 | ケーブルのこう長 | 1線の対地静電容量 |
|---|---|---|---|
| 6600V CVT | 38〔mm$^2$〕 | 150〔m〕 | 0.22〔μF/km〕 |

○試験で使用する機器の仕様

| 試験機器の名称 | 定　格 | 台数〔台〕 | 備　考 |
|---|---|---|---|
| 試験用変圧器 | 入力電圧：0－130〔V〕<br>出力電圧：0－13〔kV〕<br>巻数比：1／100<br>30分連続許容出力電流：400〔mA〕、50〔Hz〕 | 1 | 電流計付 |
| 高圧補償リアクトル | 許容印加電圧：13〔kV〕<br>印加電圧：13〔kV〕、50〔Hz〕<br>使用時での電流　300〔mA〕 | 1 | 電流計付 |
| 単相交流発電機 | 携帯用交流発電機<br>出力電圧：100〔V〕、50〔Hz〕 | 1 | インバータ方式 |

**(a)　交流絶縁耐力試験における試験電圧印加時、高圧引込ケーブルの3線一括の充電電流（電流計Ⓐ$_2$の読み）に最も近い電流値〔mA〕を次の⑴～⑸のうちから一つ選べ。**

**⑴　80　　⑵　110　　⑶　250　　⑷　330　　⑸　410**

**(b)　この絶縁耐力試験で必要な電源容量として、単相交流発電機に求められる最小の容量〔kV・A〕に最も近い数値を次の⑴～⑸のうちから一つ選べ。**

**⑴　1.0　　⑵　1.5　　⑶　2.0　　⑷　2.5　　⑸　3.0**

**・解答と解説・**

(a)　公称電圧6600〔V〕なので、解釈第1条より、最大使用電圧$V_m$は、

$$最大使用電圧V_m = 公称電圧 \times \frac{1.15}{1.1}$$

$$= 6600 \times \frac{1.15}{1.1} = 6900〔V〕$$

解釈第15条より、最大使用電圧が7000〔V〕以下の電路の交流絶縁耐力試験の試験電圧$V_t$は、最大使用電圧$V_m$の1.5倍であることから、

$V_t = V_m \times 1.5 = 6900 \times 1.5 = 10350$〔V〕

ケーブル1線の対地静電容量$Co$は、こう長が150〔m〕→0.15〔km〕であるから、

$Co = 0.22 \times 0.15 = 0.033$〔μF〕→$0.033 \times 10^{-6}$〔F〕

したがって、3線一括の充電電流$\dot{I}_c$（電流計Ⓐ$_2$の読み）は、

$\dot{I}_c = j3\omega CoV_t$

$= j3 \times (2\pi \times 50) \times (0.033 \times 10^{-6}) \times 10350$

$\fallingdotseq j0.322$〔A〕→$j322$〔mA〕→**330**〔mA〕（答）

**解答(a)：(4)**

### 解法のヒント

**(a)次の順に解く**

①高圧引込ケーブルの導体と金属遮へい層接地棒間の絶縁体（の静電容量$Co$）に印加する試験電圧$V_t$を、解釈第1条、第5条により、計算し、決定する（この試験電圧$V_t$に10分間絶縁破壊することなく耐えることができれば、絶縁耐力試験合格となる）。

②1線の対地静電容量$Co$を計算する。

③3線一括の充電電流$\dot{I}_c$を次のように計算する。

$$\dot{I}_c = \frac{V_t}{\dfrac{1}{j3\omega Co}} = j3\omega CoV_t$$

第6章　電気施設管理

**解法のヒント**
(b)
もし、高圧補償リアクトルがなければ、
$\dot{I}_t' = \dot{I}_c = j322$〔mA〕
となり、このときの試験用変圧器の容量は、
$W' = V_t \cdot I_t'$
$= 10\,350 \times (322 \times 10^{-3})$
$\fallingdotseq 3\,333$〔V·A〕
$\rightarrow 3.333$〔kV·A〕
となり、大きな容量の試験用変圧器や単相交流発電機を用意しなければならない。

(b) 試験電圧印加時の高圧補償リアクトルを流れる電流$\dot{I}_L$を求める。

リアクトルのリアクタンス$X_L$は、与えられた高圧補償リアクトルの仕様より、

$$X_L = \frac{13 \times 10^3}{300 \times 10^{-3}} \fallingdotseq 43\,333〔\Omega〕$$

であるから、電流$\dot{I}_L$は、

$$\dot{I}_L = \frac{V_t}{jX_L} = -j\frac{10\,350}{43\,333} \fallingdotseq -j0.239〔A〕\rightarrow -j239〔mA〕$$

試験用変圧器を流れる電流$\dot{I}_t$は、充電電流$\dot{I}_c$とリアクトル電流$\dot{I}_L$の合成電流となることから、

$\dot{I}_t = \dot{I}_c + \dot{I}_L = j322 - j239 = j83$〔mA〕

このときの試験用変圧器の容量は、

$W = V_t \cdot I_t = 10\,350 \times (83 \times 10^{-3})$

$\fallingdotseq 859$〔V·A〕$\rightarrow 0.859$〔kV·A〕

よって、電源容量(単相交流発電機及び試験用変圧器)に求められる最小の容量は**1.0**〔kV·A〕(答)となる。

**解答**(b)：(1)

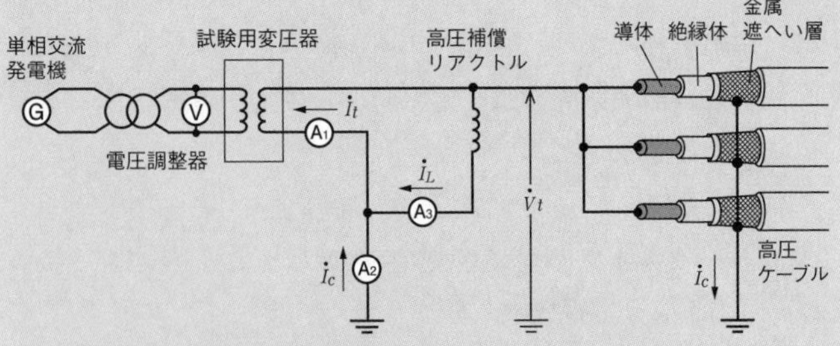


**図a　高圧ケーブルの交流絶縁耐力試験**

**重要ポイント**

**●高圧補償リアクトルの役割**

高圧ケーブルの充電電流$\dot{I}_c$(進み無効電流)を高圧補償リアクトルの遅れ無効電流$\dot{I}_L$で一部相殺し、電源容量を小さくできる。

## 需要と供給　重要度 B

### (1) 需要の変化と供給力

年間を通じての電力の需要は、冷暖房などの需要変化に伴い、時季によって変動します。また、1日の間にも図6.26のように、照明や冷暖房の需要の変化に伴って時間帯で大きく変動します。

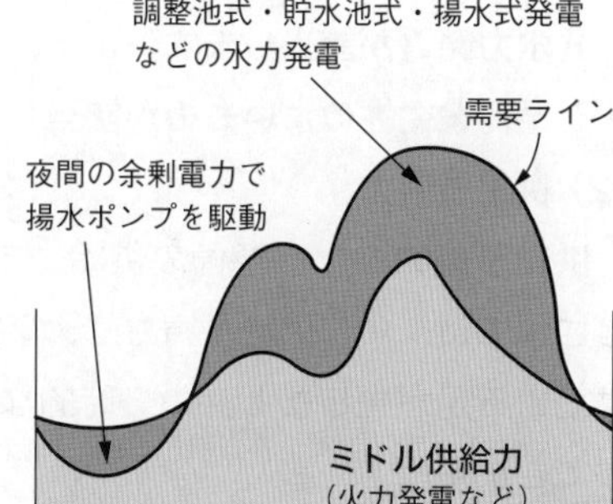


**図6.26　1日の間の需要と供給の変化**

水力発電には、

①年間を通じて一定の発電量を保てるもの

②需要に応じて発電量を抑制できるもの

の2つがあります。電力供給能力の中で、前者は**ベース供給力**、後者は**ピーク供給力**に位置付けられます。特に**揚水発電**は、夜間の余剰電力を利用してポンプで水を汲み上げておき、日中の比較的短時間で（大きな需要に対する）ピーク供給力を分担できる点が特徴です。

補足

電気は発生（供給）と消費（需要）が同時的であり、需給（需要と供給）は必ず一致する。図6.26において、ある時刻のベース供給力＋ミドル供給力＋ピーク供給力は、その時刻の電力の需要に一致する。不断の供給を維持するためには、想定される**最大電力**に見合う供給力を保有することに加え、常に適量の**供給予備力**を保持しなければならない。

### (2) 供給力の種類

#### 〈1〉供給力

図6.26のように変動する**電力需要**に対して、**供給力**を担う電源は次の3つに分類できます。

a. **ベース供給力を担う電源**…1日中ほぼ一定の出力を供給する電源です。常時運転されるので、ランニングコストが低いことが必要になります。**流れ込み式水力発電や大容量高効率の火力発電、原子力発電が該当**します。

b. **ミドル供給力を担う電源**…ベース供給力とピーク供給力との、中間的な役割を担う電源です。**火力発電のうち毎日起動**

**停止できるものが該当**します。

c. **ピーク供給力を担う電源**…電力需要の日中のピークに応じた出力を分担する電源です。短時間での出力変動に適していることが必要になります。**揚水式水力発電、調整池式・貯水池式水力発電が該当**します。また、**火力発電でも短時間始動性と負荷追従性（ついじゅうせい）のよいものが該当**します。

**負荷追従性**とは、負荷の変化に対する供給力の対応の速さをいう。

### 〈2〉供給予備力

**供給予備力**とは、予備の供給力で、需要の10%程度が必要とされています。供給予備力は、事故や天候の急変などにより供給力不足が生じたときの一時的な増強手段で、次の3つに分類できます。

a. **瞬動（しゅんどう）予備力**…即時（10秒以内）に供給力を分担でき、b.運転予備力が供給可能になるまでの間継続できるもので、**運転中の発電所の調速機余力が該当**します。

b. **運転予備力**…10分程度以内に供給力を分担でき、c.待機予備力が供給可能になるまでの数時間程度は運転を継続できるもので、**部分負荷で運転中の発電所の余力が該当**します。

発電機などの機器を、定格出力で運転することを**全負荷運転**といい、定格出力未満で運転することを**部分負荷運転**という。

c. **待機予備力**…供給が可能になるまで数時間から十数時間を要するが、長期間継続運転が可能なもので、**停止待機中の火力発電所が該当**します。

## 3 高圧受電設備 重要度 B

キュービクル式高圧受電設備は、表6.1に示すようにPF・S形とCB形があり、設備容量に応じた形式が推奨されています。図6.27にCB形の単線結線図例を示します。

設備一式を金属製の箱に収納したタイプを、**キュービクル式高圧受電設備**という。

**表6.1　キュービクル式高圧受電設備**

| 形式 | 主遮断装置 | 設備容量 | 保護機能等 |
|---|---|---|---|
| **PF・S形**<br>(Power Fuse・Switch) | **高圧限流ヒューズ**<br>(Power Fuse)＋高圧交流負荷開閉器(LBS) | 300〔kV･A〕以下 | ○負荷開閉：<br>高圧交流負荷開閉器(LBS)で行う<br>○短絡・過負荷保護：<br>高圧限流ヒューズ(PF)で行う |
| **CB形**<br>(Circuit Breaker) | **高圧交流遮断器**<br>(CB) | 4000〔kV･A〕以下 | ○負荷開閉：<br>高圧交流遮断器(CB)で行う<br>○短絡・過負荷保護：<br>過電流継電器＋高圧交流遮断器(CB)で行う |

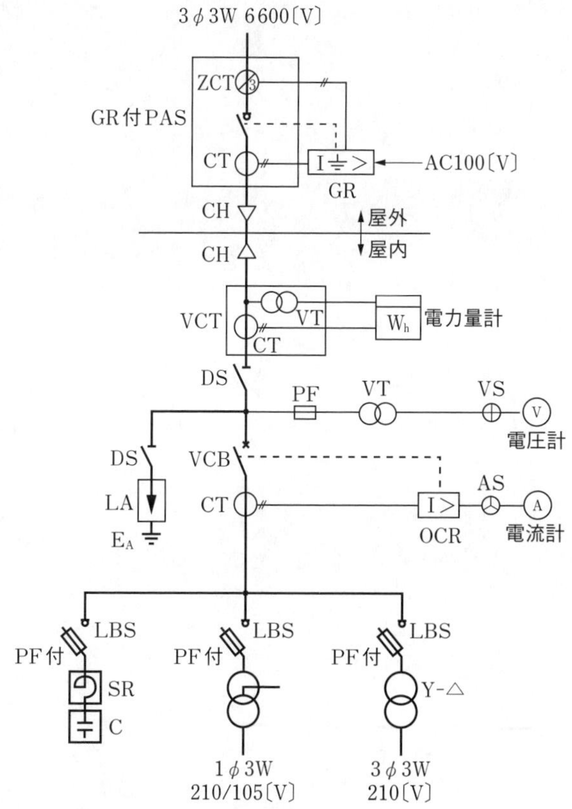


**図6.27　CB形高圧受電設備の単線結線図例**

**補足**

機器の名称は、次のとおりです。

GR付PAS：地絡保護装置付高圧交流負荷開閉器
ZCT：零相変流器
CT：変流器
GR：地絡継電器
CH：ケーブルヘッド
VCT：計器用変圧変流器
VT：計器用変圧器
DS：断路器
LA：避雷器
$E_A$：A種接地工事
VCB：真空遮断器（CB：遮断器）
PF：限流ヒューズ
OCR：過電流継電器
LBS：高圧交流負荷開閉器(PF付)
SR：直列リアクトル
C：電力用コンデンサ

また略称は次のとおり。

3φ3W：三相3線式
1φ3W：単相3線式

## 理解度チェック問題

**問題　次の［　　　］の中に適当な答えを記入せよ。**

キュービクル式高圧受電設備には、主遮断装置の形式によってCB形とPF・S形がある。CB形は主遮断装置として［（ア）］が使用されているが、PF・S形は変圧器設備容量の小さなキュービクルの設備簡素化の目的から、主遮断装置は［（イ）］と［（ウ）］の組み合わせによっている。

高圧母線等の高圧側の短絡事故に対する保護は、CB形では［（ア）］と［（エ）］で行うのに対し、PF・S形は［（イ）］で行う仕組みとなっている。

**解答**

(ア)高圧交流遮断器　(イ)高圧限流ヒューズ　(ウ)高圧交流負荷開閉器
(エ)過電流継電器

テキスト編の重要公式をまとめて収録しました。
いずれも計算問題で頻出の公式です。
計算問題で実際に使えるように、しっかりマスターしましょう。

## 第4章　電気設備技術基準の解釈

LESSON 27
電線路③
第64条～第82条

**重要公式**　弛度 $D$

$$D=\frac{WS^2}{8T}\text{〔m〕} \quad (1)$$

$W$：電線1m当たりの荷重〔N/m〕
$S$：径間〔m〕
$T$：電線の水平張力（許容引張荷重）〔N〕

**重要公式**　実長 $L$

$$L=S+\frac{8D^2}{3S}\text{〔m〕} \quad (2)$$

**重要公式**　電線の水平張力（許容引張荷重）$T$

$$T=\frac{T_0}{f}\text{〔N〕} \quad (3)$$

$T_0$：電線の引張強さ〔N〕
$f$：安全率

# 第6章　電気施設管理

LESSON 39

水力発電の計算

**重要公式** 水力発電機の出力$P$

$$P=9.8QH\eta\ \text{〔kW〕} \qquad (1)$$

$Q$：使用水量〔$\mathrm{m^3/s}$〕
$H$：有効落差〔m〕
$\eta$：水車効率及び発電機効率

**重要公式** 調整池の貯水量$V$

$$V=(Q-Q_{op})\times 3600\times(24-T)$$
$$=(Q_p-Q)\times 3600\times T\ \text{〔m}^3\text{〕} \qquad (2)$$

$Q$：河川流量〔$\mathrm{m^3/s}$〕
$Q_{op}$：オフピーク時の使用流量〔$\mathrm{m^3/s}$〕
$Q_p$：ピーク時の使用流量〔$\mathrm{m^3/s}$〕
$T$：ピーク継続時間〔h〕

LESSON 40

需要率・負荷率・不等率

**重要公式** 需要率

$$\text{需要率}=\frac{\text{最大需要電力〔kW〕}}{\text{設備容量〔kW〕}}\times 100\ \text{〔\%〕} \qquad (3)$$

**重要公式** 負荷率

$$\text{負荷率}=\frac{\text{平均需要電力〔kW〕}}{\text{最大需要電力〔kW〕}}\times 100\ \text{〔\%〕} \qquad (5)$$

**重要公式** 不等率

$$\text{不等率}=\frac{\text{各負荷の最大需要電力の和〔kW〕}}{\text{合成最大需要電力〔kW〕}} \qquad (6)$$

**重要公式** 規約効率 $\eta$

$$\eta=\frac{出力}{入力}\times 100=\frac{出力}{出力+損失}\times 100$$

$$=\frac{V_{2n}I_{2n}\cos\theta}{V_{2n}I_{2n}\cos\theta+P_i+P_c}\times 100$$

$$=\frac{S_n\cos\theta}{S_n\cos\theta+P_i+P_c}\times 100$$

$$=\frac{P_n}{P_n+P_i+P_c}\times 100〔\%〕 \qquad (7)$$

$V_{2n}$：定格二次電圧〔V〕
$I_{2n}$：定格二次電流〔A〕
$S_n=V_{2n}I_{2n}$：定格容量〔V·A〕
$P_n=S_n\cos\theta$：全負荷出力(定格出力)〔W〕
$\cos\theta$：負荷力率
$P_i$：鉄損(無負荷損)〔W〕
$P_c$：全負荷時の銅損(負荷損)〔W〕

**重要公式** $\alpha$ 負荷時の効率 $\eta_\alpha$

$$\eta_\alpha=\frac{\alpha P_n}{\alpha P_n+P_i+\alpha^2P_c}\times 100$$

$$=\frac{P}{P+P_i+\alpha^2P_c}\times 100〔\%〕 \qquad (9)$$

負荷率 $\alpha$
$\alpha=\frac{p}{p_n}=\frac{I_2}{I_{2n}}$
$P$：負荷出力　$I_2$：負荷電流

**重要公式** 最大効率 $\eta_m$

$$\eta_m = \frac{\alpha S_n \cos\theta}{\alpha S_n \cos\theta + 2P_i} \times 100\,〔\%〕$$

$$= \frac{\alpha P_n}{\alpha P_n + 2P_i} \times 100\,〔\%〕$$

$$\eta_m = \frac{\alpha S_n \cos\theta}{\alpha S_n \cos\theta + 2\alpha^2 P_c} \times 100\,〔\%〕$$

$$= \frac{\alpha P_n}{\alpha P_n + 2\alpha^2 P_c} \times 100\,〔\%〕 \qquad (10)$$

**重要公式** 全日効率 $\eta_{24}$

$$\eta_{24} = \frac{1日の出力電力量〔kW\cdot h〕}{1日の出力電力量〔kW\cdot h〕 + 1日の損失電力量〔kW\cdot h〕} \times 100〔\%〕 \qquad (11)$$

**重要公式** V結線変圧器の利用率

$$利用率 = \frac{V結線容量}{設備容量}$$

$$= \frac{\sqrt{3}\,S}{2S} = \frac{\sqrt{3}\,V_2 I_2}{2V_2 I_2} = \frac{\sqrt{3}}{2} \fallingdotseq 0.866 \qquad (13)$$

$S$：1台の変圧器容量〔V･A〕
$V_2$：定格二次電圧（相電圧）〔V〕
$I_2$：定格二次電流（相電流）〔A〕

**重要公式** V結線変圧器の容量比

$$容量比 = \frac{V結線容量}{\triangle結線容量}$$

$$= \frac{\sqrt{3}\,S}{3S} = \frac{\sqrt{3}\,V_2 I_2}{3V_2 I_2} = \frac{\sqrt{3}}{3} \fallingdotseq 0.577 \qquad (14)$$

**重要公式** コンデンサ接続後の力率

$$\cos\theta_1 = \frac{P}{S_1} = \frac{P}{\sqrt{P^2 + (S\sin\theta - Q_c)^2}} \quad (17)$$

$\cos\theta_1$：コンデンサ接続後の力率
$P$：負荷の有効電力〔kW〕
$S$：負荷の皮相電力（負荷容量）〔kV·A〕
$S_1$：コンデンサ接続後の皮相電力〔kV·A〕
$S\sin\theta - Q_c$：コンデンサ接続後の無効電力〔kvar〕

**重要公式** 力率改善に要するコンデンサ容量$Q_c$

$$Q_c = P(\tan\theta - \tan\theta_1)\ \text{〔kvar〕} \quad (18)$$

**重要公式** 1相当たりの送電端電圧$E_s$

$$E_s \fallingdotseq E_r + I(R\cos\theta + X\sin\theta)\ \text{〔V〕} \quad (23)$$

$E_s$：送電端の1相当たりの電圧〔V〕
$E_r$：受電端の1相当たりの電圧〔V〕
$I$：線電流〔A〕
$\theta$：受電端の遅れ力率角〔rad〕
$R$：線路の抵抗〔Ω〕
$X$：線路のリアクタンス〔Ω〕

**重要公式** 単相2線式の線間の電圧降下$\Delta V_1$

$$\Delta V_1 = 2I(R\cos\theta + X\sin\theta)\ \text{〔V〕} \quad (24)$$

**重要公式** 三相3線式の線間の電圧降下$\Delta V_3$

$$\Delta V_3 = \sqrt{3}\,I(R\cos\theta + X\sin\theta)\ \text{〔V〕} \quad (25)$$

LESSON 42
コンデンサによる力率改善など

**重要公式** %Z、%R、%X

%Z（百分率インピーダンス降下）

$$=\frac{ZI_n}{E_n}\times 100=\frac{\sqrt{3}\,ZI_n}{V_n}\times 100\ 〔\%〕 \quad (31)$$

%R（百分率抵抗降下）

$$=\frac{RI_n}{E_n}\times 100=\frac{\sqrt{3}\,RI_n}{V_n}\times 100\ 〔\%〕 \quad (32)$$

%X（百分率リアクタンス降下）

$$=\frac{XI_n}{E_n}\times 100=\frac{\sqrt{3}\,XI_n}{V_n}\times 100\ 〔\%〕 \quad (33)$$

$I_n$：基準電流〔A〕
$E_n$：基準電圧（相電圧）〔V〕
$V_n$：線間電圧〔V〕
$Z$：線路の一相分のインピーダンス〔Ω〕
$R$：線路の一相分の抵抗〔Ω〕
$X$：線路の一相分のリアクタンス〔Ω〕

**重要公式** %インピーダンスの基準容量の合わせ方

$$\%Z'=\%Z_n\times\frac{P_n'}{P_n}\ 〔\%〕 \quad (34)$$

$P_n$：基準容量（旧基準容量）〔V·A〕
$P_n'$：新基準容量〔V·A〕
$\%Z_n$：旧%インピーダンス〔%〕
$\%Z'$：新%インピーダンス〔%〕

**重要公式** 短絡電流$I_S$と短絡容量$P_S$

$$I_S=I_n\times\frac{100}{\%Z}\ 〔A〕 \quad (35)$$

$$P_S=P_n\times\frac{100}{\%Z}\ 〔V\cdot A〕 \quad (36)$$

$I_n$：基準電流〔A〕
$P_n$：基準容量〔V·A〕

**重要公式** 地絡電流 $\dot{I}_g$

$$\dot{I}_g = \frac{\dfrac{V}{\sqrt{3}}}{\dot{Z}_F} = \frac{V}{\sqrt{3}}\left(\frac{1}{\dot{Z}_n} + j\omega 3C\right)\text{〔A〕} \qquad (40)$$

$V$：故障前の線間電圧〔V〕
$\dfrac{V}{\sqrt{3}}$：故障前の対地電圧〔V〕
$\dot{Z}_F$：故障点から見た系統側のインピーダンス〔Ω〕
$\omega$：電源の角周波数〔rad/s〕
$C$：各相の対地静電容量〔F〕

**重要公式** 地絡電流 $\dot{I}_g'$

$$\dot{I}_g' = \frac{\dfrac{V}{\sqrt{3}}}{\dot{Z}_F'} = \frac{V}{\sqrt{3}} \times \frac{1}{R_g + \dfrac{1}{\dfrac{1}{\dot{Z}_n} + j\omega 3C}}\text{〔A〕} \qquad (42)$$

$R_g$：地絡抵抗〔Ω〕
$\dot{Z}_F'$：地絡抵抗 $R_g$〔Ω〕を含めたインピーダンス〔Ω〕

ユーキャンの電験三種
独学の法規
合格テキスト＆問題集

# 問題集編

## 頻出過去問 100 題

法規科目の出題傾向を徹底分析し、
頻出の過去問 100 題を厳選収録しました。
どれも必ず完答しておきたい過去問です。
正答できるまで、くり返し取り組んでください。
各問には、テキスト編の参照ページ
（内容が複数レッスンに及ぶ場合は、主なレッスン）
を記載しています。理解が不足している項目については、
テキストを復習しましょう。

# 001 総則 第1条～第2条

テキスト LESSON 1

難易度 高 (中) 低　H26 A問題 問1改

次の文章は、「電気事業法施行規則」における送電線路及び配電線路の定義である。

a. 「送電線路」とは、発電所相互間、蓄電所相互間、変電所相互間、発電所と蓄電所との間、発電所と (ア) との間又は蓄電所と (ア) との間の (イ) (専ら通信の用に供するものを除く。以下同じ。)及びこれに附属する (ウ) その他の電気工作物をいう。

b. 「配電線路」とは、発電所、蓄電所、変電所若しくは送電線路と (エ) との間又は (エ) 相互間の (イ) 及びこれに附属する (ウ) その他の電気工作物をいう。

上記の記述中の空白箇所(ア)、(イ)、(ウ)及び(エ)に当てはまる組合せとして、正しいものを次の(1)～(5)のうちから一つ選べ。

| | (ア) | (イ) | (ウ) | (エ) |
|---|---|---|---|---|
| (1) | 変電所 | 電　線 | 開閉所 | 電気使用場所 |
| (2) | 開閉所 | 電線路 | 支持物 | 電気使用場所 |
| (3) | 変電所 | 電　線 | 支持物 | 開閉所 |
| (4) | 開閉所 | 電　線 | 支持物 | 需要設備 |
| (5) | 変電所 | 電線路 | 開閉所 | 需要設備 |

# 002 総則 第1条～第2条

テキスト LESSON 1

難易度 高 中 (低) H21 A問題 問1

次の文章は、「電気事業法」の目的についての記述である。

この法律は、電気事業の運営を適正かつ合理的ならしめることによって、電気の使用者の利益を保護し、及び電気事業の健全な発達を図るとともに、電気工作物の工事、維持及び運用を (ア) することによって、 (イ) の安全を確保し、及び (ウ) の保全を図ることを目的とする。

上記の記述中の空白箇所(ア)、(イ)及び(ウ)に当てはまる語句として、正しいものを組み合わせたのは次のうちどれか。

| | (ア) | (イ) | (ウ) |
|---|---|---|---|
| (1) | 規定 | 公共 | 電気工作物 |
| (2) | 規制 | 電気 | 電気工作物 |
| (3) | 規制 | 公共 | 環境 |
| (4) | 規定 | 電気 | 電気工作物 |
| (5) | 規定 | 電気 | 環境 |

# 003 電気事業法 第2条の2～第37条の2

 LESSON 2

難易度 (高) 中 低　R4上期 A問題 問9

次の文章は、電気の需給状況が悪化した場合における電気事業法に基づく対応に関する記述である。

電力広域的運営推進機関（OCCTO）は、会員である小売電気事業者、一般送配電事業者、配電事業者又は特定送配電事業者の電気の需給の状況が悪化し、又は悪化するおそれがある場合において、必要と認めるときは、当該電気の需給の状況を改善するために、電力広域的運営推進機関の［（ア）］で定めるところにより、［（イ）］に対し、相互に電気の供給をすることや電気工作物を共有することなどの措置を取るように指示することができる。

また、経済産業大臣は、災害等により電気の安定供給の確保に支障が生じたり、生じるおそれがある場合において、公共の利益を確保するために特に必要があり、かつ適切であると認めるときは［（ウ）］に対し、電気の供給を他のエリアに行うことなど電気の安定供給の確保を図るために必要な措置をとることを命ずることができる。

上記の記述中の空白箇所（ア）～（ウ）に当てはまる組合せとして、適切なものを次の⑴～⑸のうちから一つ選べ。

| | （ア） | （イ） | （ウ） |
|---|---|---|---|
| ⑴ | 保安規程 | 会　員 | 電気事業者 |
| ⑵ | 保安規程 | 事業者 | 一般送配電事業者 |
| ⑶ | 送配電等業務指針 | 特定事業者 | 特定自家用電気工作物設置者 |
| ⑷ | 業務規程 | 事業者 | 特定自家用電気工作物設置者 |
| ⑸ | 業務規程 | 会　員 | 電気事業者 |

# 004 電気事業法 第2条の2～第37条の2

テキスト LESSON 2など

難易度 高 (中) 低　R1 A問題 問1

次の文章は、「電気事業法」に基づく電気事業に関する記述である。

a.　小売供給とは、（ア）の需要に応じ電気を供給することをいい、小売電気事業を営もうとする者は、経済産業大臣の（イ）を受けなければならない。小売電気事業者は、正当な理由がある場合を除き、その小売供給の相手方の電気の需要に応ずるために必要な（ウ）能力を確保しなければならない。

b.　一般送配電事業とは、自らの送配電設備により、その供給区域において、（エ）供給及び電力量調整供給を行う事業をいい、その供給区域における最終保障供給及び離島の需要家への離島供給を含む。一般送配電事業を営もうとする者は、経済産業大臣の（オ）を受けなければならない。

上記の記述中の空白箇所(ア)、(イ)、(ウ)、(エ)及び(オ)に当てはまる組合せとして、正しいものを次の(1)～(5)の中から一つ選べ。

| | (ア) | (イ) | (ウ) | (エ) | (オ) |
|---|---|---|---|---|---|
| (1) | 一般 | 登録 | 供給 | 託送 | 許可 |
| (2) | 特定 | 許可 | 発電 | 特定卸 | 認可 |
| (3) | 一般 | 登録 | 発電 | 特定卸 | 許可 |
| (4) | 一般 | 許可 | 供給 | 特定卸 | 認可 |
| (5) | 特定 | 登録 | 供給 | 託送 | 認可 |

# 005 電気工作物① 第38条〜第46条の23

テキスト LESSON 3

難易度 高 (中) 低　R2 A問題 問1

次の文章は、「電気事業法」及び「電気事業法施行規則」に基づく主任技術者に関する記述である。

a. 主任技術者は、事業用電気工作物の工事、維持及び運用に関する保安の （ア） の職務を誠実に行わなければならない。

b. 事業用電気工作物の工事、維持及び運用に （イ） する者は、主任技術者がその保安のためにする指示に従わなければならない。

c. 第3種電気主任技術者免状の交付を受けている者が保安について （ア） をすることができる事業用電気工作物の工事、維持及び運用の範囲は、一部の水力設備、火力設備等を除き、電圧 （ウ） 万V未満の事業用電気工作物（出力 （エ） kW以上の発電所を除く。）とする。

上記の記述中の空白箇所(ア)〜(エ)に当てはまる組合せとして、正しいものを次の(1)〜(5)のうちから一つ選べ。

| | (ア) | (イ) | (ウ) | (エ) |
|---|---|---|---|---|
| (1) | 作業、検査等 | 従　事 | 5 | 5000 |
| (2) | 監　督 | 関　係 | 3 | 2000 |
| (3) | 作業、検査等 | 関　係 | 3 | 2000 |
| (4) | 監　督 | 従　事 | 5 | 5000 |
| (5) | 作業、検査等 | 従　事 | 3 | 2000 |

# 006 電気工作物① 第38条～第46条の23



テキスト LESSON 3など

難易度 高 (中) 低　H27 A問題 問1改

次の文章は、「電気事業法」に規定される自家用電気工作物に関する説明である。

自家用電気工作物とは、一般送配電、送電、配電、特定送配電及び発電事業の用に供する電気工作物及び一般用電気工作物以外の電気工作物であって、次のものが該当する。

a.　(ア) 以外の発電用の電気工作物と同一の構内(これに準ずる区域内を含む。以下同じ。)に設置するもの

b.　他の者から (イ) 電圧で受電するもの

c.　構内以外の場所(以下「構外」という。)にわたる電線路を有するものであって、受電するための電線路以外の電線路により (ウ) の電気工作物と電気的に接続されているもの

d.　火薬類取締法に規定される火薬類(煙火を除く。)を製造する事業場に設置するもの

e.　鉱山保安法施行規則が適用される石炭坑に設置するもの

上記の記述中の空白箇所(ア)、(イ)及び(ウ)に当てはまる組合せとして、正しいものを次の(1)～(5)のうちから一つ選べ。

| | (ア) | (イ) | (ウ) |
|---|---|---|---|
| (1) | 小規模発電設備 | 600Vを超え700V未満の | 需要場所 |
| (2) | 再生可能エネルギー発電設備 | 600Vを超える | 構　内 |
| (3) | 小規模発電設備 | 600V以上700V以下の | 構　内 |
| (4) | 再生可能エネルギー発電設備 | 600V以上の | 構　外 |
| (5) | 小規模発電設備 | 600Vを超える | 構　外 |

# 007 電気工作物① 第38条～第46条の23

テキスト LESSON 3

難易度 高 (中) 低 | H28 A問題 問10改

次の文章は、「電気事業法施行規則」に基づく自家用電気工作物を設置する者が保安規程に定めるべき事項の一部に関しての記述である。

a. 自家用電気工作物の工事、維持又は運用に関する業務を管理する者の［（ア）］に関すること。

b. 自家用電気工作物の工事、維持又は運用に従事する者に対する［（イ）］に関すること。

c. 自家用電気工作物の工事、維持及び運用に関する保安のための［（ウ）］及び検査に関すること。

d. 自家用電気工作物の運転又は操作に関すること。

e. 発電所又は蓄電所の運転を相当期間停止する場合における保全の方法に関すること。

f. 災害その他非常の場合に採るべき［（エ）］に関すること。

g. 自家用電気工作物の工事、維持及び運用に関する保安についての［（オ）］に関すること。

上記の記述中の空白箇所(ア)、(イ)、(ウ)、(エ)及び(オ)に当てはまる組合せとして、正しいものを次の(1)～(5)のうちから一つ選べ。

| | (ア) | (イ) | (ウ) | (エ) | (オ) |
|---|---|---|---|---|---|
| (1) | 権限及び義務 | 勤務体制 | 巡視、点検 | 指揮命令 | 記　録 |
| (2) | 職務及び組織 | 勤務体制 | 整備、補修 | 措　置 | 届　出 |
| (3) | 権限及び義務 | 保安教育 | 整備、補修 | 指揮命令 | 届　出 |
| (4) | 職務及び組織 | 保安教育 | 巡視、点検 | 措　置 | 記　録 |
| (5) | 権限及び義務 | 勤務体制 | 整備、補修 | 指揮命令 | 記　録 |

# 008 電気工作物② 第47条～第129条

テキスト LESSON 4など

難易度 高 中 低 R4上期 A問題 問1

次の図は、「電気事業法」に基づく一般用電気工作物及び自家用電気工作物のうち受電電圧7000V以下の需要設備の保安体系に関する記述を表したものである。ただし、除外事項、限度事項等の記述は省略している。

なお、この問において、技術基準とは電気設備技術基準のことをいう。

図中の空白箇所(ア)～(エ)に当てはまる組合せとして、正しいものを次の(1)～(5)のうちから一つ選べ。

| | (ア) | (イ) | (ウ) | (エ) |
|---|---|---|---|---|
| (1) | 所有者又は占有者 | 登録調査機関 | 検査要領書 | 提　出 |
| (2) | 電線路維持運用者 | 電気主任技術者 | 検査要領書 | 作　成 |
| (3) | 所有者又は占有者 | 電気主任技術者 | 保安規程 | 作　成 |
| (4) | 電線路維持運用者 | 登録調査機関 | 保安規程 | 提　出 |
| (5) | 電線路維持運用者 | 登録調査機関 | 検査要領書 | 作　成 |

(※電気工作物の保安体系は次ページ参照)

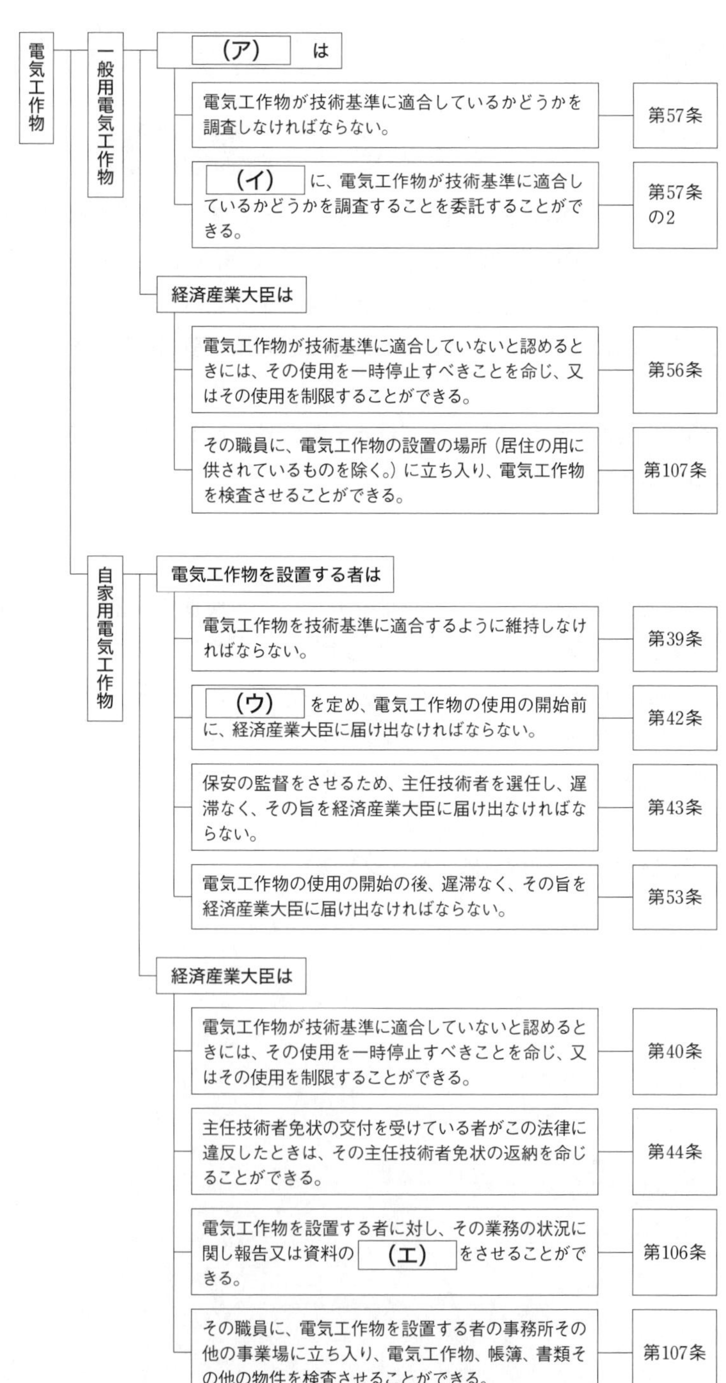

電気工作物
一般用電気工作物
(ア) は
電気工作物が技術基準に適合しているかどうかを調査しなければならない。
第57条
(イ) に、電気工作物が技術基準に適合しているかどうかを調査することを委託することができる。
第57条の2
経済産業大臣は
電気工作物が技術基準に適合していないと認めるときには、その使用を一時停止すべきことを命じ、又はその使用を制限することができる。
第56条
その職員に、電気工作物の設置の場所（居住の用に供されているものを除く。）に立ち入り、電気工作物を検査させることができる。
第107条
自家用電気工作物
電気工作物を設置する者は
電気工作物を技術基準に適合するように維持しなければならない。
第39条
(ウ) を定め、電気工作物の使用の開始前に、経済産業大臣に届け出なければならない。
第42条
保安の監督をさせるため、主任技術者を選任し、遅滞なく、その旨を経済産業大臣に届け出なければならない。
第43条
電気工作物の使用の開始の後、遅滞なく、その旨を経済産業大臣に届け出なければならない。
第53条
経済産業大臣は
電気工作物が技術基準に適合していないと認めるときには、その使用を一時停止すべきことを命じ、又はその使用を制限することができる。
第40条
主任技術者免状の交付を受けている者がこの法律に違反したときは、その主任技術者免状の返納を命じることができる。
第44条
電気工作物を設置する者に対し、その業務の状況に関し報告又は資料の (エ) をさせることができる。
第106条
その職員に、電気工作物を設置する者の事務所その他の事業場に立ち入り、電気工作物、帳簿、書類その他の物件を検査させることができる。
第107条

# 009 電気工作物② 第47条～第129条



テキスト LESSON 4など

難易度 高 (中) 低　H30 A問題 問1改

次のa、b及びcの文章は、「電気事業法」に基づく自家用電気工作物に関する記述である。

a.　事業用電気工作物とは、[ (ア) ]電気工作物以外の電気工作物をいう。

b.　自家用電気工作物とは、次に掲げる事業の用に供する電気工作物及び[ (イ) ]電気工作物以外の電気工作物をいう。

① 一般送配電事業

② 送電事業

③ 配電事業

④ 特定送配電事業

⑤ [ (ウ) ]事業であって、その事業の用に供する[ (ウ) ]等用電気工作物が主務省令で定める要件に該当するもの

c.　自家用電気工作物を設置する者は、その自家用電気工作物の[ (エ) ]、その旨を主務大臣に届け出なければならない。ただし、工事計画に係る認可又は届出に係る自家用電気工作物を使用する場合、設置者による事業用電気工作物の自己確認に係る届出に係る自家用電気工作物を使用する場合及び主務省令で定める場合は、この限りでない。

上記の記述中の空白箇所(ア)、(イ)、(ウ)及び(エ)に当てはまる組合せとして、正しいものを次の(1)～(5)のうちから一つ選べ。

| | (ア) | (イ) | (ウ) | (エ) |
|---|---|---|---|---|
| (1) | 一般用 | 事業用 | 配　電 | 使用前自主検査を実施し |
| (2) | 一般用 | 一般用 | 発　電 | 使用の開始の後、遅滞なく |
| (3) | 自家用 | 事業用 | 配　電 | 使用の開始の後、遅滞なく |
| (4) | 自家用 | 一般用 | 発　電 | 使用の開始の後、遅滞なく |
| (5) | 一般用 | 一般用 | 配　電 | 使用前自主検査を実施し |

# 010 電気関係報告規則

R2 A問題 問2

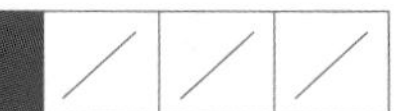

自家用電気工作物の事故が発生したとき、その自家用電気工作物を設置する者は、「電気関係報告規則」に基づき、自家用電気工作物の設置の場所を管轄する産業保安監督部長に報告しなければならない。次の文章は、かかる事故報告に関する記述である。

a.　感電又は電気工作物の破損若しくは電気工作物の誤操作若しくは電気工作物を操作しないことにより人が死傷した事故（死亡又は病院若しくは診療所［（ア）］した場合に限る。）が発生したときは、報告をしなければならない。

b.　電気工作物の破損又は電気工作物の誤操作若しくは電気工作物を操作しないことにより、［（イ）］に損傷を与え、又はその機能の全部又は一部を損なわせた事故が発生したときは、報告をしなければならない。

c.　上記a又はbの報告は、事故の発生を知ったときから［（ウ）］時間以内可能な限り速やかに電話等の方法により行うとともに、事故の発生を知った日から起算して30日以内に報告書を提出して行わなければならない。

上記の記述中の空白箇所（ア）～（ウ）に当てはまる組合せとして、正しいものを次の(1)～(5)のうちから一つ選べ。

| | （ア） | （イ） | （ウ） |
|---|---|---|---|
| (1) | に入院 | 公共の財産 | 24 |
| (2) | で治療 | 他の物件 | 48 |
| (3) | に入院 | 公共の財産 | 48 |
| (4) | に入院 | 他の物件 | 24 |
| (5) | で治療 | 公共の財産 | 48 |

# 011 電気関係報告規則

テキスト LESSON 5

難易度 高 中 低 H26 A問題 問2改

次の文章は、「電気関係報告規則」に基づく、自家用電気工作物を設置する者の報告に関する記述である。

自家用電気工作物(原子力発電工作物及び小規模事業用電気工作物を除く。)を設置する者は、次の場合は、遅滞なく、その旨を当該自家用電気工作物の設置の場所を管轄する産業保安監督部長に報告しなければならない。

a. 発電所、蓄電所若しくは変電所の (ア) 又は送電線路若しくは配電線路の (イ) を変更した場合(電気事業法の規定に基づく、工事計画の認可を受け、又は工事計画の届出をした工事に伴い変更した場合を除く。)

b. 発電所、蓄電所、変電所その他の自家用電気工作物を設置する事業場又は送電線路若しくは配電線路を (ウ) した場合

上記の記述中の空白箇所(ア)、(イ)及び(ウ)に当てはまる組合せとして、正しいものを次の(1)～(5)のうちから一つ選べ。

| | (ア) | (イ) | (ウ) |
|---|---|---|---|
| (1) | 出　力 | こう長 | 廃　止 |
| (2) | 位　置 | 電　圧 | 譲　渡 |
| (3) | 出　力 | こう長 | 譲　渡 |
| (4) | 位　置 | こう長 | 移　設 |
| (5) | 出　力 | 電　圧 | 廃　止 |

# 012 電気関係報告規則

テキスト LESSON 5

難易度 高 (中) 低 | H22 A問題 問3

**「電気関係報告規則」に基づく、事故報告に関して、受電電圧6 600〔V〕の自家用電気工作物を設置する事業場における下記⑴から⑸の事故事例のうち、事故報告に該当しないものはどれか。**

⑴　自家用電気工作物の破損事故に伴う構内1号柱の倒壊により道路をふさぎ、長時間の交通障害を起こした。

⑵　保修作業員が、作業中誤って分電盤内の低圧200〔V〕の端子に触れて感電負傷し、治療のため3日間入院した。

⑶　電圧100〔V〕の屋内配線の漏電により火災が発生し、建屋が全焼した。

⑷　従業員が、操作を誤って高圧の誘導電動機を損壊させた。

⑸　落雷により高圧負荷開閉器が破損し、電気事業者に供給支障を発生させたが、電気火災は発生せず、また、感電死傷者は出なかった。

# 013 電気用品安全法

テキスト LESSON 6

難易度 高 (中) 低　H27 A問題 問2

次の文章は、「電気用品安全法」に基づく電気用品の電線に関する記述である。

a.　[ (ア) ] 電気用品は、構造又は使用方法その他の使用状況からみて特に危険又は障害が発生するおそれが多い電気用品であって、具体的な電線については電気用品安全法施行令で定めるものをいう。

b.　定格電圧が [ (イ) ] V以上600V以下のコードは、導体の公称断面積及び線心の本数に関わらず、[ (ア) ] 電気用品である。

c.　電気用品の電線の製造又は [ (ウ) ] の事業を行う者は、その電線を製造し又は [ (ウ) ] する場合においては、その電線が経済産業省令で定める技術上の基準に適合するようにしなければならない。

d.　電気工事士は、電気工作物の設置又は変更の工事に [ (ア) ] 電気用品の電線を使用する場合、経済産業省令で定める方式による記号がその電線に表示されたものでなければ使用してはならない。[ (エ) ] はその記号の一つである。

上記の記述中の空白箇所(ア)、(イ)、(ウ)及び(エ)に当てはまる組合せとして、正しいものを次の⑴～⑸のうちから一つ選べ。

| | (ア) | (イ) | (ウ) | (エ) |
|---|---|---|---|---|
| ⑴ | 特　定 | 30 | 販　売 | JIS |
| ⑵ | 特　定 | 30 | 販　売 | 〈PS〉E |
| ⑶ | 甲　種 | 60 | 輸　入 | 〈PS〉E |
| ⑷ | 特　定 | 100 | 輸　入 | 〈PS〉E |
| ⑸ | 甲　種 | 100 | 販　売 | JIS |

# 014 電気用品安全法

テキスト LESSON 6

難易度 高 (中) 低　H16 A問題 問7改

次の文章は、「電気用品安全法」に基づく電気用品に関する記述である。

1．この法律において「電気用品」とは、次に掲げる物をいう。

一　一般用電気工作物等（電気事業法第38条第1項に規定する一般用電気工作物及び同条第3項に規定する小規模事業用電気工作物をいう。）の部分となり、又はこれに接続して用いられる機械、（ア）又は材料であって、政令で定めるもの

二　（イ）であって、政令で定めるもの

2．この法律において「（ウ）」とは、構造又は使用方法その他の使用状況からみて特に危険又は（エ）の発生するおそれが多い電気用品であって、政令で定めるものをいう。

上記の記述中の空白箇所(ア)、(イ)、(ウ)及び(エ)に記入する語句として、正しいものを組み合わせたのは次のうちどれか。

| | (ア) | (イ) | (ウ) | (エ) |
|---|---|---|---|---|
| (1) | 器　具 | 小形発電機 | 特殊電気用品 | 障　害 |
| (2) | 器　具 | 携帯発電機 | 特定電気用品 | 障　害 |
| (3) | 器　具 | 携帯発電機 | 特別電気用品 | 火　災 |
| (4) | 電　線 | 小形発電機 | 特定電気用品 | 火　災 |
| (5) | 電　線 | 小形発電機 | 特殊電気用品 | 事　故 |

# 015 電気工事士法

テキスト LESSON 7

難易度 高 (中) 低 | H29 A問題 問2

次の文章は、「電気工事士法」及び「電気工事士法施行規則」に基づく、同法の目的、特殊電気工事及び簡易電気工事に関する記述である。

a. この法律は、電気工事の作業に従事する者の資格及び義務を定め、もって電気工事の （ア） による （イ） の発生の防止に寄与することを目的とする。

b. この法律における自家用電気工作物に係る電気工事のうち特殊電気工事（ネオン工事又は （ウ） をいう。）については、当該特殊電気工事に係る特種電気工事資格者認定証の交付を受けている者でなければ、その作業（特種電気工事資格者が従事する特殊電気工事の作業を補助する作業を除く。）に従事することができない。

c. この法律における自家用電気工作物（電線路に係るものを除く。以下同じ。）に係る電気工事のうち電圧 （エ） V以下で使用する自家用電気工作物に係る電気工事については、認定電気工事従事者認定証の交付を受けている者は、その作業に従事することができる。

上記の記述中の空白箇所(ア)、(イ)、(ウ)及び(エ)に当てはまる組合せとして、正しいものを次の⑴～⑸のうちから一つ選べ。

| | (ア) | (イ) | (ウ) | (エ) |
|---|---|---|---|---|
| ⑴ | 不良 | 災害 | 内燃力発電装置設置工事 | 600 |
| ⑵ | 不良 | 事故 | 内燃力発電装置設置工事 | 400 |
| ⑶ | 欠陥 | 事故 | 非常用予備発電装置工事 | 400 |
| ⑷ | 欠陥 | 災害 | 非常用予備発電装置工事 | 600 |
| ⑸ | 欠陥 | 事故 | 内燃力発電装置設置工事 | 400 |

# 016 電気工事士法

テキスト LESSON 7など

難易度 高 (中) 低　H22 A問題 問2改

自家用電気工作物について、「電気事業法」と「電気工事士法」において、定義が異なっている。

電気工事士法に基づく「自家用電気工作物」とは、電気事業法に規定する自家用電気工作物から、小規模事業用電気工作物及び発電所、蓄電所、変電所、［（ア）］の需要設備、［（イ）］（発電所相互間、蓄電所相互間、変電所相互間、発電所と蓄電所との間、発電所と変電所との間又は蓄電所と変電所との間の電線路（専ら通信の用に供するものを除く。）及びこれに附属する開閉所その他の電気工作物をいう。）及び［（ウ）］を除いたものをいう。

上記の記述中の空白箇所(ア)、(イ)及び(ウ)に当てはまる語句として、正しいものを組み合わせたのは次のうちどれか。

| | (ア) | (イ) | (ウ) |
|---|---|---|---|
| (1) | 最大電力500〔kW〕以上 | 送電線路 | 保安通信設備 |
| (2) | 最大電力500〔kW〕未満 | 配電線路 | 保安通信設備 |
| (3) | 最大電力2000〔kW〕以上 | 送電線路 | 小規模発電設備 |
| (4) | 契約電力500〔kW〕以上 | 配電線路 | 非常用予備発電設備 |
| (5) | 契約電力2000〔kW〕以上 | 送電線路 | 非常用予備発電設備 |

# 017 電気工事業法

テキスト LESSON 8

難易度 高 (中) 低

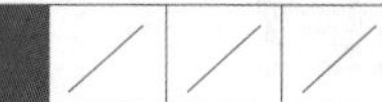


「電気工事業の業務の適正化に関する法律」に基づく記述として、誤っているものを次の(1)～(5)のうちから一つ選べ。

(1) 電気工事業とは、電気事業法に規定する電気工事を行う事業であって、その事業を営もうとする者は、経済産業大臣の事業許可を受けなければならない。

(2) 登録電気工事業者の登録には有効期間がある。

(3) 電気工事業者は、その営業所ごとに、絶縁抵抗計その他の経済産業省令で定める器具を備えなければならない。

(4) 電気工事業者は、その営業所及び電気工事の施工場所ごとに、その見やすい場所に、氏名又は名称、登録番号その他の経済産業省令で定める事項を記載した標識を掲げなければならない。

(5) 電気工事業者は、その営業所ごとに帳簿を備え、その業務に関し経済産業省令で定める事項を記載し、これを保存しなければならない。

# 018 電気工事業法

テキスト LESSON 8

難易度 高 (中) 低 H26 A問題 問4 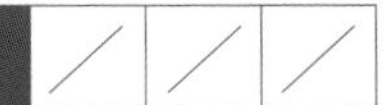

次の文章は、「電気工事業の業務の適正化に関する法律」に規定されている電気工事業者に関する記述である。

この法律において、「電気工事業」とは、電気工事士法に規定する電気工事を行う事業をいい、「 (ア) 電気工事業者」とは、経済産業大臣又は (イ) の (ア) を受けて電気工事業を営む者をいう。また、「通知電気工事業者」とは、経済産業大臣又は (イ) に電気工事業の開始の通知を行って、 (ウ) に規定する自家用電気工作物のみに係る電気工事業を営む者をいう。

上記の記述中の空白箇所(ア)、(イ)及び(ウ)に当てはまる組合せとして、正しいものを次の(1)～(5)のうちから一つ選べ。

| | (ア) | (イ) | (ウ) |
|---|---|---|---|
| (1) | 承　認 | 都道府県知事 | 電気工事士法 |
| (2) | 許　可 | 産業保安監督部長 | 電気事業法 |
| (3) | 登　録 | 都道府県知事 | 電気工事士法 |
| (4) | 承　認 | 産業保安監督部長 | 電気事業法 |
| (5) | 登　録 | 産業保安監督部長 | 電気工事士法 |

# 019 総則① 第1条〜第2条

テキスト LESSON 9など

難易度 高 中 低 H26 A問題 問5改

次の文章は、「電気事業法」及び「電気事業法施行規則」に基づく、電圧の維持に関する記述である。

一般送配電事業者は、その供給する電気の電圧の値をその電気を供給する場所において、表の左欄の標準電圧に応じて右欄の値に維持するように努めなければならない。

| 標準電圧 | 維持すべき値 |
|---|---|
| 100V | 101Vの上下 (ア) Vを超えない値 |
| 200V | 202Vの上下 (イ) Vを超えない値 |

また、次の文章は、「電気設備技術基準」に基づく、電圧の種別等に関する記述である。

電圧は、次の区分により低圧、高圧及び特別高圧の三種とする。

a. 低　　圧　直流にあっては (ウ) V以下、交流にあっては (エ) V以下のもの

b. 高　　圧　直流にあっては (ウ) Vを、交流にあっては (エ) Vを超え、(オ) V以下のもの

c. 特別高圧　(オ) Vを超えるもの

上記の記述中の空白箇所(ア)、(イ)、(ウ)、(エ)及び(オ)に当てはまる組合せとして、正しいものを次の(1)〜(5)のうちから一つ選べ。

| | (ア) | (イ) | (ウ) | (エ) | (オ) |
|---|---|---|---|---|---|
| (1) | 6 | 20 | 600 | 450 | 6600 |
| (2) | 5 | 20 | 750 | 600 | 7000 |
| (3) | 5 | 12 | 600 | 400 | 6600 |
| (4) | 6 | 20 | 750 | 600 | 7000 |
| (5) | 6 | 12 | 750 | 450 | 7000 |

# 020 総則② 第4条～第15条の2

テキスト LESSON 10など

難易度 高 中 低

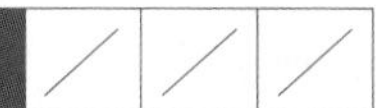

「電気設備技術基準」の総則における記述の一部として、誤っているものを次の(1)～(5)のうちから一つ選べ。

(1) 電気設備は、感電、火災その他人体に危害を及ぼし、又は物件に損傷を与えるおそれがないように施設しなければならない。

(2) 電路は、大地から絶縁しなければならない。ただし、構造上やむを得ない場合であって通常予見される使用形態を考慮し危険のおそれがない場合、又は落雷による高電圧の侵入等の異常が発生した際の危険を回避するための接地その他の便宜上必要な措置を講ずる場合は、この限りでない。

(3) 電路に施設する電気機械器具は、通常の使用状態においてその電気機械器具に発生する熱に耐えるものでなければならない。

(4) 電気設備は、他の電気設備その他の物件の機能に電気的又は磁気的な障害を与えないように施設しなければならない。

(5) 高圧又は特別高圧の電気設備は、その損壊により一般送配電事業者又は配電事業者の電気の供給に著しい支障を及ぼさないように施設しなければならない。

# 021 総則② 第4条～第15条の2

 LESSON 10

難易度 高 (中) 低　H23 A問題 問3

次の文章は、「電気設備技術基準」における、電気設備の保安原則に関する記述の一部である。

a.　電気設備の必要な箇所には、異常時の （ア） 、高電圧の侵入等による感電、火災その他人体に危害を及ぼし、又は物件への損傷を与えるおそれがないよう、 （イ） その他の適切な措置を講じなければならない。ただし、電路に係る部分にあっては、この基準の別の規定に定めるところによりこれを行わなければならない。

b.　電気設備に （イ） を施す場合は、電流が安全かつ確実に （ウ） ことができるようにしなければならない。

上記の記述中の空白箇所(ア)、(イ)及び(ウ)に当てはまる組合せとして、正しいものを次の⑴～⑸のうちから一つ選べ。

| | (ア) | (イ) | (ウ) |
|---|---|---|---|
| ⑴ | 電位上昇 | 絶　縁 | 遮断される |
| ⑵ | 過　熱 | 接　地 | 大地に通ずる |
| ⑶ | 過電流 | 絶　縁 | 遮断される |
| ⑷ | 電位上昇 | 接　地 | 大地に通ずる |
| ⑸ | 過電流 | 接　地 | 大地に通ずる |

# 022 総則③ 第16条～第19条

テキスト LESSON 11

難易度 高 (中) 低　H29 A問題 問3改

次の文章は、「電気設備技術基準」における公害等の防止に関する記述の一部である。

a.　発電用 (ア) 設備に関する技術基準を定める省令の公害の防止についての規定は、変電所、開閉所若しくはこれらに準ずる場所に設置する電気設備又は電力保安通信設備に附属する電気設備について準用する。

b.　中性点 (イ) 接地式電路に接続する変圧器を設置する箇所には、絶縁油の構外への流出及び地下への浸透を防止するための措置が施されていなければならない。

c.　急傾斜地の崩壊による災害の防止に関する法律の規定により指定された急傾斜地崩壊危険区域内に施設する発電所、蓄電所又は変電所、開閉所若しくはこれらに準ずる場所の電気設備、電線路又は電力保安通信設備は、当該区域内の急傾斜地の崩壊 (ウ) するおそれがないように施設しなければならない。

d.　ポリ塩化ビフェニルを含有する (エ) を使用する電気機械器具及び電線は、電路に施設してはならない。

上記の記述中の空白箇所(ア)、(イ)、(ウ)及び(エ)に当てはまる組合せとして、正しいものを次の(1)～(5)のうちから一つ選べ。

| | (ア) | (イ) | (ウ) | (エ) |
|---|---|---|---|---|
| (1) | 電　気 | 直　接 | による損傷が発生 | 冷却材 |
| (2) | 火　力 | 抵　抗 | を助長し又は誘発 | 絶縁油 |
| (3) | 電　気 | 直　接 | を助長し又は誘発 | 冷却材 |
| (4) | 電　気 | 抵　抗 | による損傷が発生 | 絶縁油 |
| (5) | 火　力 | 直　接 | を助長し又は誘発 | 絶縁油 |

# 023 総則③ 第16条～第19条

テキスト LESSON 11など

難易度 高 (中) 低

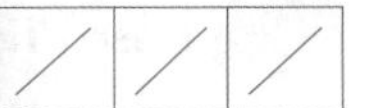

次のaからcの文章は、電気設備に係る公害等の防止に関する記述の一部である。

「電気事業法」並びに「電気設備技術基準」及び「電気設備技術基準の解釈」に基づき、適切なものと不適切なものの組合せとして、正しいものを次の(1)～(5)のうちから一つ選べ。

a. 電気事業法において、電気工作物の工事、維持及び運用を規制するのは、公共の安全を確保し、及び環境の保全を図るためである。

b. 変電所、開閉所若しくはこれらに準ずる場所に設置する、大気汚染防止法に規定するばい煙発生施設（一定の燃焼能力以上のガスタービン及びディーゼル機関）から発生するばい煙の排出に関する規制については、電気設備技術基準など電気事業法の相当規定の定めるところによることとなっている。

c. 電気機械器具であって、ポリ塩化ビフェニルを含有する絶縁油を使用するものは、新しく電路に施設してはならない。ただし、この規制が施行された時点で現に電路に施設されていたものは、一度取り外しても、それを流用、転用するため新たに電路に施設することができる。

| | a | b | c |
|---|---|---|---|
| (1) | 適　切 | 適　切 | 適　切 |
| (2) | 適　切 | 適　切 | 不適切 |
| (3) | 適　切 | 不適切 | 不適切 |
| (4) | 不適切 | 適　切 | 適　切 |
| (5) | 不適切 | 不適切 | 適　切 |

# 024 電気の供給のための電気設備の施設①<br>第20条〜第27条の2

テキスト LESSON 12

難易度 高 中 低　R4上期 B問題 問11

定格容量50kV･A、一次電圧6600V、二次電圧210/105Vの単相変圧器の二次側に接続した単相3線式架空電線路がある。この低圧電線路に最大供給電流が流れたときの絶縁性能が「電気設備技術基準」に適合することを確認するため、低圧電線の3線を一括して大地との間に使用電圧(105V)を加える絶縁性能試験を実施した。

次の(a)及び(b)の問に答えよ。

(a) この試験で許容される漏えい電流の最大値〔A〕として、最も近いものを次の(1)〜(5)のうちから一つ選べ。

(1) 0.119　(2) 0.238　(3) 0.357　(4) 0.460　(5) 0.714

(b) 二次側電線路と大地との間で許容される絶縁抵抗値は、1線当たりの最小値〔Ω〕として、最も近いものを次の(1)〜(5)のうちから一つ選べ。

(1) 295　(2) 442　(3) 883　(4) 1765　(5) 3530

# 025 電気の供給のための電気設備の施設①<br>第20条～第27条の2

テキスト LESSON 12

難易度 高 中 低

次の文章は、「電気設備技術基準」の電気機械器具等からの電磁誘導作用による人の健康影響の防止における記述の一部である。

変圧器、開閉器その他これらに類するもの又は電線路を発電所、蓄電所、変電所、開閉所及び需要場所以外の場所に施設するに当たっては、通常の使用状態において、当該電気機械器具等からの電磁誘導作用により人の健康に影響を及ぼすおそれがないよう、当該電気機械器具等のそれぞれの付近において、人によって占められる空間に相当する空間の（ア）の平均値が、（イ）において（ウ）以下になるように施設しなければならない。ただし、田畑、山林その他の人の（エ）場所において、人体に危害を及ぼすおそれがないように施設する場合は、この限りでない。

上記の記述中の空白箇所(ア)～(エ)に当てはまる組合せとして、正しいものを次の(1)～(5)のうちから一つ選べ。

| | (ア) | (イ) | (ウ) | (エ) |
|---|---|---|---|---|
| (1) | 磁束密度 | 全周波数 | 200 $\mu$T | 居住しない |
| (2) | 磁界の強さ | 商用周波数 | 100 A/m | 往来が少ない |
| (3) | 磁束密度 | 商用周波数 | 100 $\mu$T | 居住しない |
| (4) | 磁束密度 | 商用周波数 | 200 $\mu$T | 往来が少ない |
| (5) | 磁界の強さ | 全周波数 | 200 A/m | 往来が少ない |

# 026 電気の供給のための電気設備の施設①
# 第20条〜第27条の2

テキスト LESSON 12

難易度 高 (中) 低　H27 A問題 問3

次の文章は、「電気設備技術基準」における、電気機械器具等からの電磁誘導作用による影響の防止に関する記述の一部である。

変電所又は開閉所は、通常の使用状態において、当該施設からの電磁誘導作用により［（ア）］の［（イ）］に影響を及ぼすおそれがないよう、当該施設の付近において、［（ア）］によって占められる空間に相当する空間の［（ウ）］の平均値が、商用周波数において［（エ）］以下になるように施設しなければならない。

上記の記述中の空白箇所(ア)、(イ)、(ウ)及び(エ)に当てはまる組合せとして、正しいものを次の(1)〜(5)のうちから一つ選べ。

| | (ア) | (イ) | (ウ) | (エ) |
|---|---|---|---|---|
| (1) | 通信設備 | 機　能 | 磁界の強さ | 200A/m |
| (2) | 人 | 健　康 | 磁界の強さ | 100A/m |
| (3) | 無線設備 | 機　能 | 磁界の強さ | 100A/m |
| (4) | 人 | 健　康 | 磁束密度 | 200$\mu$T |
| (5) | 通信設備 | 機　能 | 磁束密度 | 200$\mu$T |

# 027 電気の供給のための電気設備の施設② 第28条～第43条

テキスト LESSON 13

難易度 高 中 低 R1 A問題 問4

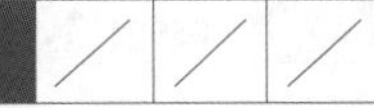

次の文章は、「電気設備技術基準」に基づく支持物の倒壊の防止に関する記述の一部である。

架空電線路又は架空電車線路の支持物の材料及び構造（支線を施設する場合は、当該支線に係るものを含む。）は、その支持物が支持する電線等による［（ア）］、風速［（イ）］m/sの風圧荷重及び当該設置場所において通常想定される［（ウ）］の変化、振動、衝撃その他の外部環境の影響を考慮し、倒壊のおそれがないよう、安全なものでなければならない。ただし、人家が多く連なっている場所に施設する架空電線路にあっては、その施設場所を考慮して施設する場合は、風速［（イ）］m/sの風圧荷重の［（エ）］の風圧荷重を考慮して施設することができる。

上記の記述中の空白箇所(ア)、(イ)、(ウ)及び(エ)に当てはまる組合せとして、正しいものを次の(1)～(5)のうちから一つ選べ。

| | (ア) | (イ) | (ウ) | (エ) |
|---|---|---|---|---|
| (1) | 引張荷重 | 60 | 温　度 | 3分の2 |
| (2) | 重量荷重 | 60 | 気　象 | 3分の2 |
| (3) | 引張荷重 | 40 | 気　象 | 2分の1 |
| (4) | 重量荷重 | 60 | 温　度 | 2分の1 |
| (5) | 重量荷重 | 40 | 気　象 | 2分の1 |

# 028 電気の供給のための電気設備の施設② 第28条～第43条

テキスト LESSON 13など

難易度 高 (中) 低 | H30 A問題 問3

次の文章は、「電気設備技術基準」における(地中電線等による他の電線及び工作物への危険の防止)及び(地中電線路の保護)に関する記述である。

a. 地中電線、屋側電線及びトンネル内電線その他の工作物に固定して施設する電線は、他の電線、弱電流電線等又は管(以下、「他の電線等」という。)と (ア) し、又は交さする場合には、故障時の (イ) により他の電線等を損傷するおそれがないように施設しなければならない。ただし、感電又は火災のおそれがない場合であって、 (ウ) 場合は、この限りでない。

b. 地中電線路は、車両その他の重量物による圧力に耐え、かつ、当該地中電線路を埋設している旨の表示等により掘削工事からの影響を受けないように施設しなければならない。

c. 地中電線路のうちその内部で作業が可能なものには、 (エ) を講じなければならない。

上記の記述中の空白箇所(ア)、(イ)、(ウ)及び(エ)に当てはまる組合せとして、正しいものを次の(1)～(5)のうちから一つ選べ。

| | (ア) | (イ) | (ウ) | (エ) |
|---|---|---|---|---|
| (1) | 接　触 | 短絡電流 | 取扱者以外の者が容易に触れることがない | 防火措置 |
| (2) | 接　近 | アーク放電 | 他の電線等の管理者の承諾を得た | 防火措置 |
| (3) | 接　近 | アーク放電 | 他の電線等の管理者の承諾を得た | 感電防止措置 |
| (4) | 接　触 | 短絡電流 | 他の電線等の管理者の承諾を得た | 防火措置 |
| (5) | 接　近 | 短絡電流 | 取扱者以外の者が容易に触れることがない | 感電防止措置 |

# 029 電気の供給のための電気設備の施設③ 第44条～第55条

テキスト LESSON 14

難易度 高 (中) 低 H27 A問題 問4改

次の文章は、「電気設備技術基準」における高圧及び特別高圧の電路の避雷器等の施設についての記述である。

雷電圧による電路に施設する電気設備の損壊を防止できるよう、当該電路中次の各号に掲げる箇所又はこれに近接する箇所には、避雷器の施設その他の適切な措置を講じなければならない。ただし、雷電圧による当該電気設備の損壊のおそれがない場合は、この限りでない。

a. 発電所、蓄電所又は（ア）若しくはこれに準ずる場所の架空電線引込口及び引出口

b. 架空電線路に接続する（イ）であって、（ウ）の設置等の保安上の保護対策が施されているものの高圧側及び特別高圧側

c. 高圧又は特別高圧の架空電線路から（エ）を受ける（オ）の引込口

上記の記述中の空白箇所(ア)、(イ)、(ウ)、(エ)及び(オ)に当てはまる組合せとして、正しいものを次の⑴～⑸のうちから一つ選べ。

| | （ア） | （イ） | （ウ） | （エ） | （オ） |
|---|---|---|---|---|---|
| ⑴ | 開閉所 | 配電用変圧器 | 開閉器 | 引込み | 需要設備 |
| ⑵ | 変電所 | 配電用変圧器 | 過電流遮断器 | 供　給 | 需要場所 |
| ⑶ | 変電所 | 配電用変圧器 | 開閉器 | 供　給 | 需要設備 |
| ⑷ | 受電所 | 受電用設備 | 過電流遮断器 | 引込み | 使用場所 |
| ⑸ | 開閉所 | 受電用設備 | 過電圧継電器 | 供　給 | 需要場所 |

# 030 電気の供給のための電気設備の施設③ 第44条～第55条

テキスト LESSON 14

難易度 高 (中) 低 H23 A問題 問5改

次の文章は、「電気設備技術基準」における、常時監視をしない発電所等の施設に関する記述の一部である。

a. 異常が生じた場合に人体に危害を及ぼし、若しくは物件に損傷を与えるおそれがないよう、異常の状態に応じた (ア) が必要となる発電所、又は一般送配電事業若しくは配電事業に係る電気の供給に著しい支障を及ぼすおそれがないよう、異常を早期に発見する必要のある発電所であって、発電所の運転に必要な (イ) を有する者が当該発電所又は (ウ) において常時監視をしないものは、施設してはならない。

b. 上記aに掲げる発電所以外の発電所、蓄電所又は変電所（これに準ずる場所であって、100000〔V〕を超える特別高圧の電気を変成するためのものを含む。以下同じ。）であって、発電所、蓄電所又は変電所の運転に必要な (イ) を有する者が当該発電所若しくは (ウ) 、蓄電所又は変電所において常時監視をしない発電所、蓄電所又は変電所は、非常用予備電源を除き、異常が生じた場合に安全かつ確実に (エ) することができるような措置を講じなければならない。

上記の記述中の空白箇所(ア)、(イ)、(ウ)及び(エ)に当てはまる組合せとして、正しいものを次の(1)～(5)のうちから一つ選べ。

| | (ア) | (イ) | (ウ) | (エ) |
|---|---|---|---|---|
| (1) | 制　御 | 経　験 | これと同一の構内 | 機　能 |
| (2) | 制　御 | 知識及び技能 | これと同一の構内 | 停　止 |
| (3) | 保　護 | 知識及び技能 | 隣接の施設 | 停　止 |
| (4) | 制　御 | 知　識 | 隣接の施設 | 機　能 |
| (5) | 保　護 | 経験及び技能 | これと同一の構内 | 停　止 |

# 031 電気の供給のための電気設備の施設③ 第44条～第55条

テキスト LESSON 14

難易度 高 (中) 低　H19 A問題 問6



次の文章は、「電気設備技術基準」に基づく発電機等の機械的強度に関する記述の一部である。

a. 発電機、変圧器、調相設備並びに母線及びこれを支持するがいしは、（ア）により生ずる機械的衝撃に耐えるものでなければならない。

b. 水車又は風車に接続する発電機の回転する部分は、（イ）した場合に起こる速度に対し、耐えるものでなければならない。

c. 蒸気タービン、ガスタービン又は内燃機関に接続する発電機の回転する部分は、（ウ）及びその他の非常停止装置が動作して達する速度に対し、耐えるものでなければならない。

上記の記述中の空白箇所(ア)、(イ)及び(ウ)に当てはまる語句として、正しいものを組み合わせたのは次のうちどれか。

| | (ア) | (イ) | (ウ) |
|---|---|---|---|
| (1) | 異常電圧 | 負荷を遮断 | 非常調速装置 |
| (2) | 短絡電流 | 負荷を遮断 | 非常調速装置 |
| (3) | 異常電圧 | 制御装置が故障 | 加速装置 |
| (4) | 短絡電流 | 負荷を遮断 | 加速装置 |
| (5) | 短絡電流 | 制御装置が故障 | 非常調速装置 |

# 032 電気使用場所の施設① 第56条～第62条

テキスト LESSON 15

難易度 高 (中) 低　H26 A問題 問6

次の文章は、「電気設備技術基準」における低圧の電路の絶縁性能に関する記述である。

電気使用場所における使用電圧が低圧の電路の電線相互間及び［（ア）］と大地との間の絶縁抵抗は、開閉器又は［（イ）］で区切ることのできる電路ごとに、次の表の左欄に掲げる電路の使用電圧の区分に応じ、それぞれ同表の右欄に掲げる値以上でなければならない。

<table>
<tr><th colspan="2">電路の使用電圧の区分</th><th>絶縁抵抗値</th></tr>
<tr><td rowspan="2">［（ウ）］V以下</td><td>［（エ）］（接地式電路においては電線と大地との間の電圧、非接地式電路においては電線間の電圧をいう。以下同じ。）が150V以下の場合</td><td>0.1MΩ</td></tr>
<tr><td>その他の場合</td><td>0.2MΩ</td></tr>
<tr><td colspan="2">［（ウ）］Vを超えるもの</td><td>［（オ）］MΩ</td></tr>
</table>

上記の記述中の空白箇所(ア)、(イ)、(ウ)、(エ)及び(オ)に当てはまる組合せとして、正しいものを次の(1)～(5)のうちから一つ選べ。

| | (ア) | (イ) | (ウ) | (エ) | (オ) |
|---|---|---|---|---|---|
| (1) | 電　線 | 配線用遮断器 | 400 | 公称電圧 | 0.3 |
| (2) | 電　路 | 過電流遮断器 | 300 | 対地電圧 | 0.4 |
| (3) | 電線路 | 漏電遮断器 | 400 | 公称電圧 | 0.3 |
| (4) | 電　線 | 過電流遮断器 | 300 | 最大使用電圧 | 0.4 |
| (5) | 電　路 | 配線用遮断器 | 400 | 対地電圧 | 0.4 |

# 033 電気使用場所の施設① 第56条～第62条

テキスト LESSON 15

難易度 高 (中) 低　H25 A問題 問3

次の文章は、「電気設備技術基準」における、電気使用場所での配線の使用電線に関する記述である。

a. 配線の使用電線（ (ア) 及び特別高圧で使用する (イ) を除く。）には、感電又は火災のおそれがないよう、施設場所の状況及び (ウ) に応じ、使用上十分な強度及び絶縁性能を有するものでなければならない。

b. 配線には、 (ア) を使用してはならない。ただし、施設場所の状況及び (ウ) に応じ、使用上十分な強度を有し、かつ、絶縁性がないことを考慮して、配線が感電又は火災のおそれがないように施設する場合は、この限りでない。

c. 特別高圧の配線には、 (イ) を使用してはならない。

上記の記述中の空白箇所(ア)、(イ)及び(ウ)に当てはまる組合せとして、正しいものを次の(1)～(5)のうちから一つ選べ。

| | (ア) | (イ) | (ウ) |
|---|---|---|---|
| (1) | 接触電線 | 移動電線 | 施設方法 |
| (2) | 接触電線 | 裸電線 | 使用目的 |
| (3) | 接触電線 | 裸電線 | 電　圧 |
| (4) | 裸電線 | 接触電線 | 使用目的 |
| (5) | 裸電線 | 接触電線 | 電　圧 |

# 034 電気使用場所の施設② 第63条～第78条

テキスト LESSON 16

難易度 高 (中) 低　R4上期 A問題 問6

次の文章は、「電気設備技術基準」における無線設備への障害の防止に関する記述である。

電気使用場所に施設する電気機械器具又は (ア) は、 (イ) 、高周波電流等が発生することにより、無線設備の機能に (ウ) かつ重大な障害を及ぼすおそれがないように施設しなければならない。

上記の記述中の空白箇所(ア)～(ウ)に当てはまる組合せとして、正しいものを次の(1)～(5)のうちから一つ選べ。

| | (ア) | (イ) | (ウ) |
|---|---|---|---|
| (1) | 接触電線 | 高調波 | 継続的 |
| (2) | 屋内配線 | 電　波 | 一時的 |
| (3) | 接触電線 | 高調波 | 一時的 |
| (4) | 屋内配線 | 高調波 | 継続的 |
| (5) | 接触電線 | 電　波 | 継続的 |

# 035 電気使用場所の施設② 第63条〜第78条

テキスト LESSON 16

難易度 高 中 低

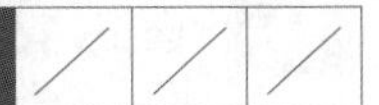




**次の文章は、電気使用場所における異常時の保護対策の工事例である。その内容として、「電気設備技術基準」に基づき、不適切なものを次の⑴〜⑸のうちから一つ選べ。**

⑴ 低圧の幹線から分岐して電気機械器具に至る低圧の電路において、適切な箇所に開閉器を施設したが、当該電路における短絡事故により過電流が生じるおそれがないので、過電流遮断器を施設しなかった。

⑵ 出退表示灯の損傷が公共の安全の確保に支障を及ぼすおそれがある場合、その出退表示灯に電気を供給する電路に、過電流遮断器を施設しなかった。

⑶ 屋内に施設する出力100Wの電動機に、過電流遮断器を施設しなかった。

⑷ プール用水中照明灯に電気を供給する電路に、地絡が生じた場合に、感電又は火災のおそれがないよう、地絡遮断器を施設した。

⑸ 高圧の移動電線に電気を供給する電路に、地絡が生じた場合に、感電又は火災のおそれがないよう、地絡遮断器を施設した。

# 036 電気使用場所の施設② 第63条～第78条

テキスト LESSON 16　　難易度 高 (中) 低　　H16 A問題 問5

次の文章は、「電気設備技術基準」に基づく特殊場所に施設する電気設備に関する記述である。

次に掲げる場所に施設する電気設備は、（ア）状態において、当該電気設備が点火源となる爆発又は火災のおそれがないように施設しなければならない。

1. 可燃性のガス又は（イ）物質の蒸気が存在し、点火源の存在により爆発するおそれがある場所
2. 粉じんが存在し、点火源の存在により爆発するおそれがある場所
3. 火薬類が存在する場所
4. セルロイド、マッチ、（ウ）その他の燃えやすい危険な物質を（エ）し、又は貯蔵する場所

上記の記述中の空白箇所(ア)、(イ)、(ウ)及び(エ)に記入する語句として、正しいものを組み合わせたのは次のうちどれか。

| | (ア) | (イ) | (ウ) | (エ) |
|---|---|---|---|---|
| (1) | 過負荷の | 揮発性 | 石油類 | 販　売 |
| (2) | 過負荷の | 引火性 | 石　炭 | 販　売 |
| (3) | 通常の使用 | 揮発性 | 石　炭 | 製　造 |
| (4) | 通常の使用 | 引火性 | 石油類 | 製　造 |
| (5) | 通常の使用 | 引火性 | 石油類 | 販　売 |

# 037 総則① 第1条～第8条

テキスト LESSON 17など

難易度 高 (中) 低　R2 A問題 問7

次の文章は、「電気設備技術基準」及び「電気設備技術基準の解釈」に基づく引込線に関する記述である。

a. 引込線とは、［（ア）］及び需要場所の造営物の側面等に施設する電線であって、当該需要場所の［（イ）］に至るもの

b. ［（ア）］とは、架空電線路の支持物から［（ウ）］を経ずに需要場所の［（エ）］に至る架空電線

c. ［（オ）］とは、引込線のうち一需要場所の引込線から分岐して、支持物を経ないで他の需要場所の［（イ）］に至る部分の電線

上記の記述中の空白箇所(ア)～(オ)に当てはまる組合せとして、正しいものを次の(1)～(5)のうちから一つ選べ。

| | (ア) | (イ) | (ウ) | (エ) | (オ) |
|---|---|---|---|---|---|
| (1) | 架空引込線 | 引込口 | 他の需要場所 | 取付け点 | 連接引込線 |
| (2) | 連接引込線 | 引込口 | 他の需要場所 | 取付け点 | 架空引込線 |
| (3) | 架空引込線 | 引込口 | 他の支持物 | 取付け点 | 連接引込線 |
| (4) | 連接引込線 | 取付け点 | 他の需要場所 | 引込口 | 架空引込線 |
| (5) | 架空引込線 | 取付け点 | 他の支持物 | 引込口 | 連接引込線 |

# 038 総則① 第1条～第8条

テキスト LESSON 17

難易度 高 中 低　H26 A問題 問7

次の文章は、「電気設備技術基準の解釈」における、接触防護措置及び簡易接触防護措置の用語の定義である。

a. 「接触防護措置」とは、次のいずれかに適合するように施設することをいう。

① 設備を、屋内にあっては床上 (ア) m以上、屋外にあっては地表上 (イ) m以上の高さに、かつ、人が通る場所から手を伸ばしても触れることのない範囲に施設すること。

② 設備に人が接近又は接触しないよう、さく、へい等を設け、又は設備を (ウ) に収める等の防護措置を施すこと。

b. 「簡易接触防護措置」とは、次のいずれかに適合するように施設することをいう。

① 設備を、屋内にあっては床上 (エ) m以上、屋外にあっては地表上 (オ) m以上の高さに、かつ、人が通る場所から容易に触れることのない範囲に施設すること。

② 設備に人が接近又は接触しないよう、さく、へい等を設け、又は設備を (ウ) に収める等の防護措置を施すこと。

上記の記述中の空白箇所(ア)、(イ)、(ウ)、(エ)及び(オ)に当てはまる組合せとして、正しいものを次の⑴～⑸のうちから一つ選べ。

| | (ア) | (イ) | (ウ) | (エ) | (オ) |
|---|---|---|---|---|---|
| ⑴ | 2.3 | 2.5 | 絶縁物 | 1.7 | 2 |
| ⑵ | 2.6 | 2.8 | 不燃物 | 1.9 | 2.4 |
| ⑶ | 2.3 | 2.5 | 金属管 | 1.8 | 2 |
| ⑷ | 2.6 | 2.8 | 絶縁物 | 1.9 | 2.4 |
| ⑸ | 2.3 | 2.8 | 金属管 | 1.8 | 2.4 |

# 039 総則② 第9条～第12条

テキスト LESSON 18　　難易度 高 (中) 低　　H17 A問題 問7

次の文章は、裸電線及び絶縁電線の接続法の基本事項について「電気設備技術基準の解釈」に規定されている記述の一部である。

1. 電線の電気抵抗を （ア） させないように接続すること。
2. 電線の引張強さを （イ） 〔%〕以上減少させないこと。
3. 接続部分には、接続管その他の器具を使用し、又は （ウ） すること。
4. 絶縁電線相互を接続する場合は、接続部分をその部分の絶縁電線の絶縁物と同等以上の （エ） のあるもので十分被覆すること（当該絶縁物と同等以上の （エ） のある接続器を使用する場合を除く）。

上記の記述中の空白箇所（ア）、（イ）、（ウ）及び（エ）に記入する語句又は数値として、正しいものを組み合せたのは次のうちどれか。

| | （ア） | （イ） | （ウ） | （エ） |
|---|---|---|---|---|
| (1) | 変　化 | 30 | ろう付け | 絶縁効力 |
| (2) | 増　加 | 30 | 圧　着 | 絶縁抵抗 |
| (3) | 増　加 | 20 | ろう付け | 絶縁効力 |
| (4) | 変　化 | 20 | ろう付け | 絶縁抵抗 |
| (5) | 増　加 | 15 | 圧　着 | 絶縁抵抗 |

# 040 総則③ 第13条～第16条

テキスト LESSON 19など　　難易度 高 (中) 低　　H28 A問題 問6

次の文章は、「電気設備技術基準の解釈」に基づく太陽電池モジュールの絶縁性能及び太陽電池発電所に施設する電線に関する記述の一部である。

a. 太陽電池モジュールは、最大使用電圧の（ア）倍の直流電圧又は（イ）倍の交流電圧（500V未満となる場合は、500V）を充電部分と大地との間に連続して（ウ）分間加えたとき、これに耐える性能を有すること。

b. 太陽電池発電所に施設する高圧の直流電路の電線（電気機械器具内の電線を除く。）として、取扱者以外の者が立ち入らないような措置を講じた場所において、太陽電池発電設備用直流ケーブルを使用する場合、使用電圧は直流（エ）V以下であること。

上記の記述中の空白箇所(ア)、(イ)、(ウ)及び(エ)に当てはまる組合せとして、正しいものを次の(1)～(5)のうちから一つ選べ。

| | (ア) | (イ) | (ウ) | (エ) |
|---|---|---|---|---|
| (1) | 1.5 | 1 | 1 | 1000 |
| (2) | 1.5 | 1 | 10 | 1500 |
| (3) | 2 | 1 | 10 | 1000 |
| (4) | 2 | 1.5 | 10 | 1000 |
| (5) | 2 | 1.5 | 1 | 1500 |

# 041 総則③ 第13条～第16条

テキスト LESSON 19など

難易度 高 (中) 低 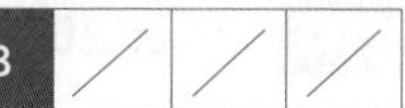


次の文章は「電気設備技術基準の解釈」に基づく、特別高圧の電路の絶縁耐力試験に関する記述である。

公称電圧22000〔V〕、三相3線式電線路のケーブル部分の心線と大地との間の絶縁耐力試験を行う場合、試験電圧と連続加圧時間の記述として、正しいのは次のうちどれか。

(1) 交流23000〔V〕の試験電圧を10分間加圧する。
(2) 直流23000〔V〕の試験電圧を10分間加圧する。
(3) 交流28750〔V〕の試験電圧を1分間加圧する。
(4) 直流46000〔V〕の試験電圧を10分間加圧する。
(5) 直流57500〔V〕の試験電圧を10分間加圧する。

# 042 総則④ 第17条〜第19条

LESSON 20

難易度 高 中 低

R1 A問題 問6

**次の文章は、接地工事に関する工事例である。「電気設備技術基準の解釈」に基づき正しいものを次の(1)〜(5)のうちから一つ選べ。**

(1) C種接地工事を施す金属体と大地との間の電気抵抗値が80Ωであったので、C種接地工事を省略した。

(2) D種接地工事の接地抵抗値を測定したところ1200Ωであったので、低圧電路において地絡を生じた場合に0.5秒以内に当該電路を自動的に遮断する装置を施設することとした。

(3) D種接地工事に使用する接地線に直径1.2mmの軟銅線を使用した。

(4) 鉄骨造の建物において、当該建物の鉄骨を、D種接地工事の接地極に使用するため、建物の鉄骨の一部を地中に埋設するとともに、等電位ボンディングを施した。

(5) 地中に埋設され、かつ、大地との間の電気抵抗値が5Ω以下の値を保っている金属製水道管路を、C種接地工事の接地極に使用した。

# 043 総則④ 第17条～第19条

LESSON 20

難易度 高 中 低

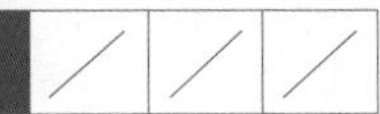

R1 B問題 問13

図は三相3線式高圧電路に変圧器で結合された変圧器低圧側電路を示したものである。低圧側電路の一端子にはB種接地工事が施されている。この電路の一相当たりの対地静電容量を$C$とし接地抵抗を$R_B$とする。

低圧側電路の線間電圧200V、周波数50Hz、対地静電容量$C$は0.1 μFとして、次の(a)及び(b)の問に答えよ。

ただし、

（ア） 変圧器の高圧電路の1線地絡電流は5Aとする。

（イ） 高圧側電路と低圧側電路との混触時に低圧電路の対地電圧が150Vを超えた場合は1.3秒で自動的に高圧電路を遮断する装置が設けられているものとする。

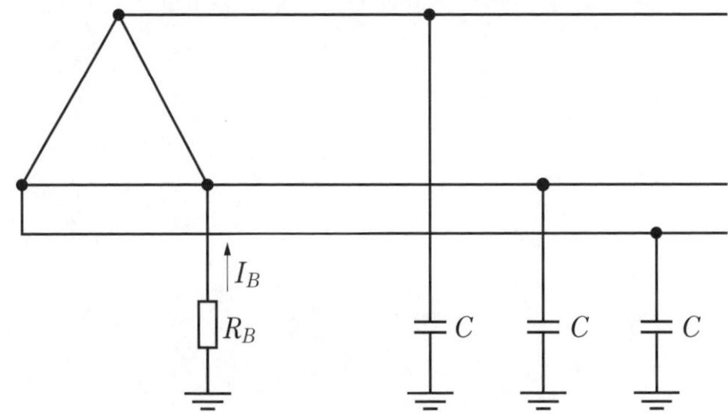


(a) 変圧器に施された、接地抵抗$R_B$の抵抗値について「電気設備技術基準の解釈」で許容されている上限の抵抗値〔Ω〕として、最も近いものを次の(1)～(5)のうちから一つ選べ。

(1) 20　(2) 30　(3) 40　(4) 60　(5) 100

(b) 接地抵抗$R_B$の抵抗値を10 Ωとしたときに、$R_B$に常時流れる電流$I_B$の値〔mA〕として、最も近いものを次の(1)～(5)のうちから一つ選べ。

ただし、記載以外のインピーダンスは無視するものとする。

(1) 11　(2) 19　(3) 33　(4) 65　(5) 192

# 044 総則④ 第17条～第19条

テキスト LESSON 20

難易度 高 中 低 H25 B問題 問13

変圧器によって高圧電路に結合されている低圧電路に施設された使用電圧100〔V〕の金属製外箱を有する電動ポンプがある。この変圧器のB種接地抵抗値及びその低圧電路に施設された電動ポンプの金属製外箱のD種接地抵抗値に関して、次の(a)及び(b)の問に答えよ。

ただし、次の条件によるものとする。

（ア） 変圧器の高圧側電路の1線地絡電流は3〔A〕とする。

（イ） 高圧側電路と低圧側電路との混触時に低圧電路の対地電圧が150〔V〕を超えた場合に、1.2秒で自動的に高圧電路を遮断する装置が設けられている。

(a) 変圧器の低圧側に施されたB種接地工事の接地抵抗値について、「電気設備技術基準の解釈」で許容されている上限の抵抗値〔Ω〕として、最も近いものを次の(1)～(5)のうちから一つ選べ。

(1) 10　(2) 25　(3) 50　(4) 75　(5) 100

(b) 電動ポンプに完全地絡事故が発生した場合、電動ポンプの金属製外箱の対地電圧を25〔V〕以下としたい。このための電動ポンプの金属製外箱に施すD種接地工事の接地抵抗値〔Ω〕の上限値として、最も近いものを次の(1)～(5)のうちから一つ選べ。

ただし、B種接地抵抗値は、上記(a)で求めた値を使用する。

(1) 15　(2) 20　(3) 25　(4) 30　(5) 35

# 045 総則⑤ 第20条～第25条

テキスト LESSON 21 など

難易度 高 (中) 低　H28 A問題 問2

次の文章は、「電気設備技術基準の解釈」に基づく電路に係る部分に接地工事を施す場合の、接地点に関する記述である。

a. 電路の保護装置の確実な動作の確保、異常電圧の抑制又は対地電圧の低下を図るために必要な場合は、次の各号に掲げる場所に接地を施すことができる。
① 電路の中性点（ (ア) 電圧が300V以下の電路において中性点に接地を施し難いときは、電路の一端子）
② 特別高圧の (イ) 電路
③ 燃料電池の電路又はこれに接続する (イ) 電路

b. 高圧電路又は特別高圧電路と低圧電路とを結合する変圧器には、次の各号によりB種接地工事を施すこと。
① 低圧側の中性点
② 低圧電路の (ア) 電圧が300V以下の場合において、接地工事を低圧側の中性点に施し難いときは、低圧側の1端子

c. 高圧計器用変成器の2次側電路には、 (ウ) 接地工事を施すこと。

d. 電子機器に接続する (ア) 電圧が (エ) V以下の電路、その他機能上必要な場所において、電路に接地を施すことにより、感電、火災その他の危険を生じることのない場合には、電路に接地を施すことができる。

上記の記述中の空白箇所(ア)、(イ)、(ウ)及び(エ)に当てはまる組合せとして、正しいものを次の(1)～(5)のうちから一つ選べ。

| | (ア) | (イ) | (ウ) | (エ) |
|---|---|---|---|---|
| (1) | 使用 | 直流 | A種 | 300 |
| (2) | 対地 | 交流 | A種 | 150 |
| (3) | 使用 | 直流 | D種 | 150 |
| (4) | 対地 | 交流 | D種 | 300 |
| (5) | 使用 | 交流 | A種 | 150 |

# 046 総則⑤ 第20条～第25条

難易度 高 (中) 低 H28 A問題 問3改

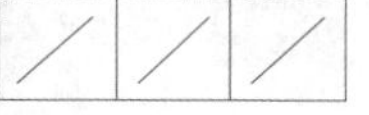

次の文章は、高圧の機械器具（これに附属する高圧電線であってケーブル以外のものを含む。）の施設（発電所、蓄電所又は変電所、開閉所若しくはこれらに準ずる場所に施設する場合を除く。）の工事例である。その内容として、「電気設備技術基準の解釈」に基づき、不適切なものを次の⑴～⑸のうちから一つ選べ。

⑴ 機械器具を屋内であって、取扱者以外の者が出入りできないように措置した場所に施設した。

⑵ 工場等の構内において、人が触れるおそれがないように、機械器具の周囲に適当なさく、へい等を設けた。

⑶ 工場等の構内以外の場所において、機械器具に充電部が露出している部分があるので、簡易接触防護措置を施して機械器具を施設した。

⑷ 機械器具に附属する高圧電線にケーブルを使用し、機械器具を人が触れるおそれがないように地表上5mの高さに施設した。

⑸ 充電部分が露出しない機械器具を温度上昇により、又は故障の際に、その近傍の大地との間に生じる電位差により、人若しくは家畜又は他の工作物に危険のおそれがないように施設した。

# 047 総則⑥ 第26条～第32条

テキスト LESSON 22など

難易度 高 (中) 低　H25 A問題 問4改

次の文章は、「電気設備技術基準の解釈」に基づき、機械器具(小規模発電設備である燃料電池発電設備を除く。)の金属製外箱等に接地工事を施さないことができる場合の記述の一部である。

a.　電気用品安全法の適用を受ける (ア) の機械器具を施設する場合

b.　低圧用の機械器具に電気を供給する電路の電源側に (イ) (2次側線間電圧が300〔V〕以下であって、容量が3〔kV･A〕以下のものに限る。)を施設し、かつ、当該 (イ) の負荷側の電路を接地しない場合

c.　水気のある場所以外の場所に施設する低圧用の機械器具に電気を供給する電路に、電気用品安全法の適用を受ける漏電遮断器(定格感度電流が (ウ) 〔mA〕以下、動作時間が (エ) 秒以下の電流動作型のものに限る。)を施設する場合

上記の記述中の空白箇所(ア)、(イ)、(ウ)及び(エ)に当てはまる組合せとして、正しいものを次の(1)～(5)のうちから一つ選べ。

| | (ア) | (イ) | (ウ) | (エ) |
|---|---|---|---|---|
| (1) | 2重絶縁の構造 | 絶縁変圧器 | 15 | 0.3 |
| (2) | 2重絶縁の構造 | 絶縁変圧器 | 15 | 0.1 |
| (3) | 過負荷保護装置付 | 絶縁変圧器 | 30 | 0.3 |
| (4) | 過負荷保護装置付 | 単巻変圧器 | 30 | 0.1 |
| (5) | 過負荷保護装置付 | 単巻変圧器 | 50 | 0.1 |

# 048 総則⑥ 第26条～第32条

テキスト LESSON 22など

難易度 高 中 低

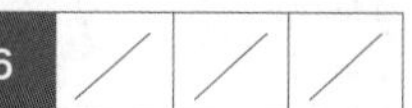

「電気設備技術基準の解釈」に基づく、接地工事に関する記述として、誤っているものを次の(1)～(5)のうちから一つ選べ。

(1) 大地との間の電気抵抗値が2〔Ω〕以下の値を保っている建物の鉄骨その他の金属体は、非接地式高圧電路に施設する機械器具等に施すA種接地工事又は非接地式高圧電路と低圧電路を結合する変圧器に施すB種接地工事の接地極に使用することができる。

(2) 22〔kV〕用計器用変成器の2次側電路には、D種接地工事を施さなければならない。

(3) A種接地工事又はB種接地工事に使用する接地線を、人が触れるおそれがある場所で、鉄柱その他の金属体に沿って施設する場合は、接地線には絶縁電線(屋外用ビニル絶縁電線を除く。)又は通信用ケーブル以外のケーブルを使用しなければならない。

(4) C種接地工事の接地抵抗値は、低圧電路において地絡を生じた場合に、0.5秒以内に当該電路を自動的に遮断する装置を施設するときは、500〔Ω〕以下であること。

(5) D種接地工事の接地抵抗値は、低圧電路において地絡を生じた場合に、0.5秒以内に当該電路を自動的に遮断する装置を施設するときは、500〔Ω〕以下であること。

# 049 総則⑦ 第33条～第37条の2

テキスト LESSON 23など

難易度 高 中 低　R4上期 A問題 問3

**高圧架空電線路に施設された機械器具等の接地工事の事例として、「電気設備技術基準の解釈」の規定上、不適切なものを次の(1)～(5)のうちから一つ選べ。**

(1) 高圧架空電線路に施設した避雷器（以下「LA」という。）の接地工事を $14mm^2$ の軟銅線を用いて施設した。

(2) 高圧架空電線路に施設された柱上気中開閉器（以下「PAS」という。）の制御装置（定格制御電圧AC100V）の金属製外箱の接地端子に $5.5mm^2$ の軟銅線を接続し、D種接地工事を施した。

(3) 高圧架空電線路にPAS（VT・LA内蔵形）が施設されている。この内蔵されているLAの接地線及び高圧計器用変成器（零相変流器）の2次側電路は、PASの金属製外箱の接地端子に接続されている。この接地端子にD種接地工事（接地抵抗値70 Ω）を施した。なお、VTとは計器用変圧器である。

(4) 高圧架空電線路から電気の供給を受ける受電電力が750kWの需要場所の引込口に施設したLAにA種接地工事を施した。

(5) 木柱の上であって人が触れるおそれがない高さの高圧架空電線路に施設されたPASの金属製外箱の接地端子にA種接地工事を施した。なお、このPASにLAは内蔵されていない。

# 050 総則⑦ 第33条～第37条の2

テキスト LESSON 23

難易度 高 (中) 低 | R3 A問題 問4改

「電気設備技術基準の解釈」に基づく高圧及び特別高圧の電路に施設する避雷器に関する記述として、誤っているものを次の(1)～(5)のうちから一つ選べ。ただし、いずれの場合も掲げる箇所に直接接続する電線は短くないものとする。

(1) 発電所、蓄電所又は変電所若しくはこれに準ずる場所では、架空電線の引込口（需要場所の引込口を除く。）又はこれに近接する箇所には避雷器を施設しなければならない。

(2) 発電所、蓄電所又は変電所若しくはこれに準ずる場所では、架空電線の引出口又はこれに近接する箇所には避雷器を施設することを要しない。

(3) 高圧架空電線路から電気の供給を受ける受電電力が50kWの需要場所の引込口又はこれに近接する箇所には避雷器を施設することを要しない。

(4) 高圧架空電線路から電気の供給を受ける受電電力が500kWの需要場所の引込口又はこれに近接する箇所には避雷器を施設しなければならない。

(5) 使用電圧が60000V以下の特別高圧架空電線路から電気の供給を受ける需要場所の引込口又はこれに近接する箇所には避雷器を施設しなければならない。

# 051 発電所等の場所での施設 第38条～第48条

テキスト LESSON 24

難易度 高 中 低 H30 A問題 問6改

次の文章は、「電気設備技術基準の解釈」に基づく発電所等への取扱者以外の者の立入の防止に関する記述である。

高圧又は特別高圧の機械器具及び母線等(以下、「機械器具等」という。)を屋外に施設する発電所、蓄電所又は変電所、開閉所若しくはこれらに準ずる場所は、次により構内に取扱者以外の者が立ち入らないような措置を講じること。ただし、土地の状況により人が立ち入るおそれがない箇所については、この限りでない。

a.　さく、へい等を設けること。

b.　特別高圧の機械器具等を施設する場合は、上記aのさく、へい等の高さと、さく、へい等から充電部分までの距離との和は、表に規定する値以上とすること。

| 充電部分の使用電圧の区分 | さく、へい等の高さと、さく、へい等から充電部分までの距離との和 |
|---|---|
| 35000V以下 | (ア) m |
| 35000Vを超え160000V以下 | (イ) m |

c.　出入口に立入りを (ウ) する旨を表示すること。

d.　出入口に (エ) 装置を施設して (エ) する等、取扱者以外の者の出入りを制限する措置を講じること。

上記の記述中の空白箇所(ア)、(イ)、(ウ)及び(エ)に当てはまる組合せとして、正しいものを次の(1)～(5)のうちから一つ選べ。

| | (ア) | (イ) | (ウ) | (エ) |
|---|---|---|---|---|
| (1) | 5 | 6 | 禁止 | 施錠 |
| (2) | 5 | 6 | 禁止 | 監視 |
| (3) | 4 | 5 | 確認 | 施錠 |
| (4) | 4 | 5 | 禁止 | 施錠 |
| (5) | 4 | 5 | 確認 | 監視 |

# 052 発電所等の場所での施設 第38条～第48条

テキスト LESSON 24

難易度 高 中 低　H20 A問題 問10改

次の文章は、「電気設備技術基準の解釈」における、発電機の保護装置に関する記述の一部である。

発電機には、次の場合に、発電機を自動的に電路から遮断する装置を施設すること。

a.　発電機に　(ア)　を生じた場合。

b.　容量が100〔kV･A〕以上の発電機を駆動する風車の圧油装置の油圧、圧縮空気装置の空気圧又は電動式ブレード制御装置の電源電圧が著しく　(イ)　した場合。

c.　容量が2000〔kV･A〕以上の　(ウ)　発電機のスラスト軸受の温度が著しく上昇した場合。

d.　容量が10000〔kV･A〕以上の発電機の　(エ)　に故障を生じた場合。

上記の記述中の空白箇所(ア)、(イ)、(ウ)及び(エ)に当てはまる語句として、正しいものを組合せたのは次のうちどれか。

| | (ア) | (イ) | (ウ) | (エ) |
|---|---|---|---|---|
| (1) | 過電流 | 低　下 | 水　車 | 内　部 |
| (2) | 過電流 | 変　動 | 水　車 | 原動機 |
| (3) | 過電圧 | 低　下 | 水　車 | 内　部 |
| (4) | 過電圧 | 低　下 | ガスタービン | 原動機 |
| (5) | 過電圧 | 変　動 | ガスタービン | 内　部 |

# 053 電線路① 第49条～第55条

テキスト LESSON 25

難易度 高 (中) 低　R4上期 A問題 問5

次の文章は、「電気設備技術基準の解釈」に基づく電線路の接近状態に関する記述である。

a) 第1次接近状態とは、架空電線が他の工作物と接近する場合において、当該架空電線が他の工作物の［（ア）］において、水平距離で［（イ）］以上、かつ、架空電線路の支持物の地表上の高さに相当する距離以内に施設されることにより、架空電線路の電線の［（ウ）］、支持物の［（エ）］等の際に、当該電線が他の工作物に［（オ）］おそれがある状態をいう。

b) 第2次接近状態とは、架空電線が他の工作物と接近する場合において、当該架空電線が他の工作物の［（ア）］において水平距離で［（イ）］未満に施設される状態をいう。

上記の記述中の空白箇所(ア)～(オ)に当てはまる組合せとして、正しいものを次の(1)～(5)のうちから一つ選べ。

| | （ア） | （イ） | （ウ） | （エ） | （オ） |
|---|---|---|---|---|---|
| (1) | 上方、下方又は側方 | 3m | 振　動 | 傾　斜 | 損害を与える |
| (2) | 上方又は側方 | 3m | 切　断 | 倒　壊 | 接触する |
| (3) | 上方又は側方 | 3m | 切　断 | 傾　斜 | 接触する |
| (4) | 上方、下方又は側方 | 2m | 切　断 | 倒　壊 | 接触する |
| (5) | 上方、下方又は側方 | 2m | 振　動 | 傾　斜 | 損害を与える |

# 054 電線路① 第49条～第55条

テキスト LESSON 25

難易度 高 中 低　H30 A問題 問7

次の文章は、「電気設備技術基準の解釈」における架空電線路の支持物の昇塔防止に関する記述である。

架空電線路の支持物に取扱者が昇降に使用する足場金具等を施設する場合は、地表上 (ア) m以上に施設すること。ただし、次のいずれかに該当する場合はこの限りでない。

a.　足場金具等が (イ) できる構造である場合

b.　支持物に昇塔防止のための装置を施設する場合

c.　支持物の周囲に取扱者以外の者が立ち入らないように、さく、へい等を施設する場合

d.　支持物を山地等であって人が (ウ) 立ち入るおそれがない場所に施設する場合

上記の記述中の空白箇所(ア)、(イ)及び(ウ)に当てはまる組合せとして、正しいものを次の⑴～⑸のうちから一つ選べ。

| | (ア) | (イ) | (ウ) |
|---|---|---|---|
| ⑴ | 2.0 | 内部に格納 | 頻繁に |
| ⑵ | 2.0 | 取り外し | 頻繁に |
| ⑶ | 2.0 | 内部に格納 | 容易に |
| ⑷ | 1.8 | 取り外し | 頻繁に |
| ⑸ | 1.8 | 内部に格納 | 容易に |

# 055 電線路① 第49条～第55条

テキスト LESSON 25

難易度 高 中 低

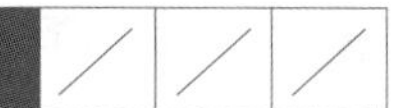


架空電線路の支持物に、取扱者が昇降に使用する足場金具等を地表上1.8〔m〕未満に施設することができる場合として、「電気設備技術基準の解釈」に基づき、不適切なものを次の(1)～(5)のうちから一つ選べ。

(1) 監視装置を施設する場合

(2) 足場金具等が内部に格納できる構造である場合

(3) 支持物に昇塔防止のための装置を施設する場合

(4) 支持物の周囲に取扱者以外の者が立ち入らないように、さく、へい等を施設する場合

(5) 支持物を山地等であって人が容易に立ち入るおそれがない場所に施設する場合

# 056 電線路② 第56条～第63条

テキスト LESSON 26

難易度 高 中 低 R3 B問題 問11

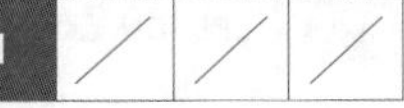

図のように既設の高圧架空電線路から、高圧架空電線を高低差なく径間30m延長することにした。

新設支持物にA種鉄筋コンクリート柱を使用し、引留支持物とするため支線を電線路の延長方向4mの地点に図のように設ける。電線と支線の支持物への取付け高さはともに8mであるとき、次の(a)及び(b)の問に答えよ。

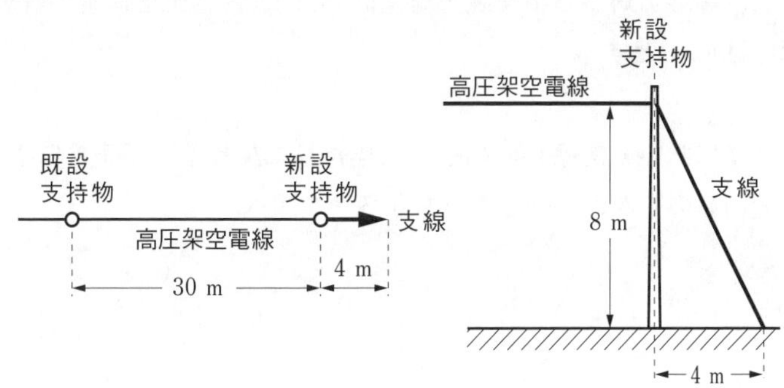


(a) 電線の水平張力が15kNであり、その張力を支線で全て支えるものとしたとき、支線に生じる引張荷重の値〔kN〕として、最も近いものを次の(1)～(5)のうちから一つ選べ。

(1) 7　(2) 15　(3) 30　(4) 34　(5) 67

(b) 支線の安全率を1.5とした場合、支線の最少素線条数として、最も近いものを次の(1)～(5)のうちから一つ選べ。

ただし、支線の素線には、直径2.9mmの亜鉛めっき鋼より線(引張強さ1.23 kN/mm$^2$)を使用し、素線のより合わせによる引張荷重の減少係数は無視するものとする。

(1) 3　(2) 5　(3) 7　(4) 9　(5) 19

# 057 電線路② 第56条～第63条

難易度 高 中 低

人家が多く連なっている場所以外の場所であって、氷雪の多い地方のうち、海岸その他の低温季に最大風圧を生じる地方に設置されている公称断面積60mm$^2$、仕上り外径15mmの6600V屋外用ポリエチレン絶縁電線（6600V OE）を使用した高圧架空電線路がある。この電線路の電線の風圧荷重について「電気設備技術基準の解釈」に基づき、次の(a)及び(b)の問に答えよ。

ただし、電線に対する甲種風圧荷重は980Pa、乙種風圧荷重の計算で用いる氷雪の厚さは6mmとする。

(a) 低温季において電線1条、長さ1m当たりに加わる風圧荷重の値〔N〕として、最も近いものを次の(1)～(5)のうちから一つ選べ。

(1) 10.3　(2) 13.2　(3) 14.7　(4) 20.6　(5) 26.5

(b) 低温季に適用される風圧荷重が乙種風圧荷重となる電線の仕上り外径の値〔mm〕として、最も大きいものを次の(1)～(5)のうちから一つ選べ。

(1) 10　(2) 12　(3) 15　(4) 18　(5) 21

# 058 電線路② 第56条～第63条

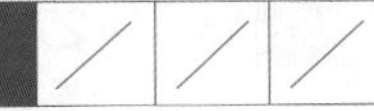


鋼心アルミより線（ACSR）を使用する6600V高圧架空電線路がある。この電線路の電線の風圧荷重について「電気設備技術基準の解釈」に基づき、次の(a)及び(b)の問に答えよ。

なお、下記の条件に基づくものとする。

① 氷雪が多く、海岸地その他の低温季に最大風圧を生じる地方で、人家が多く連なっている場所以外の場所とする。

② 電線構造は図のとおりであり、各素線、鋼線ともに全てが同じ直径とする。

③ 電線被覆の絶縁体の厚さは一様とする。

④ 甲種風圧荷重は980Pa、乙種風圧荷重の計算に使う氷雪の厚さは6mmとする。

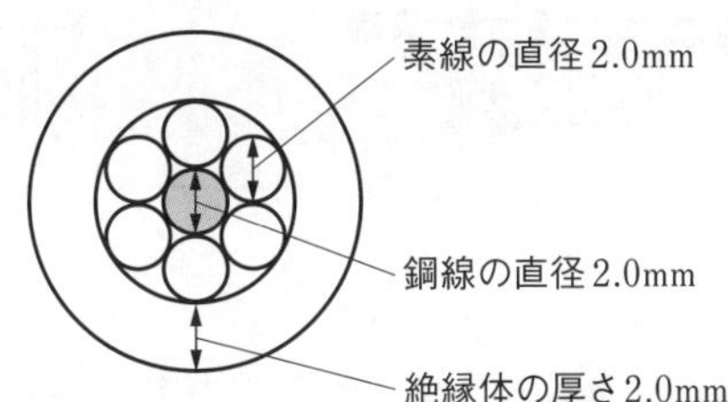


(a) 高温季において適用する風圧荷重（電線1条、長さ1m当たり）の値〔N〕として、最も近いものを次の(1)～(5)のうちから一つ選べ。

(1) 4.9　(2) 5.9　(3) 7.9　(4) 9.8　(5) 21.6

(b) 低温季において適用する風圧荷重（電線1条、長さ1m当たり）の値〔N〕として、最も近いものを次の(1)～(5)のうちから一つ選べ。

(1) 4.9　(2) 8.9　(3) 10.8　(4) 17.7　(5) 21.6

# 059 電線路③ 第64条～第82条

LESSON 27 など

難易度 高 中 低　H27 B問題 問11

図のように既設の高圧架空電線路から、電線に硬銅より線を使用した電線路を高低差なく径間40m延長することにした。

新設支持物にA種鉄筋コンクリート柱を使用し、引留支持物とするため支線を電線路の延長方向10mの地点に図のように設ける。電線と支線の支持物への取付け高さはともに10mであるとき、次の(a)及び(b)の問に答えよ。

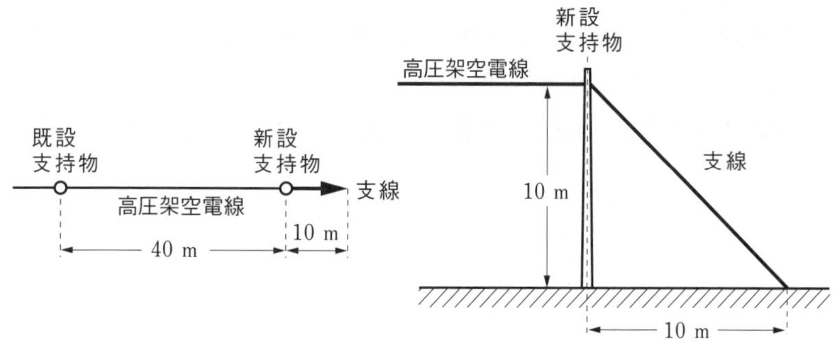


(a) 電線の水平張力を13kNとして、その張力を支線で全て支えるものとする。支線の安全率を1.5としたとき、支線に要求される引張強さの最小の値〔kN〕として、最も近いものを次の(1)～(5)のうちから一つ選べ。

(1) 6.5　(2) 10.7　(3) 19.5　(4) 27.6　(5) 40.5

(b) 電線の引張強さを28.6kN、電線の重量と風圧荷重との合成荷重を18N/mとし、高圧架空電線の引張強さに対する安全率を2.2としたとき、この延長した電線の弛度（たるみ）の値〔m〕は、いくら以上としなければならないか。最も近いものを次の(1)～(5)のうちから一つ選べ。

(1) 0.14　(2) 0.28　(3) 0.49　(4) 0.94　(5) 1.97

# 060 電線路③ 第64条～第82条

テキスト LESSON 27

難易度 高 中 低　H24 A問題 問8改

次の文章は、「電気設備技術基準の解釈」に基づく、高圧架空電線路の電線の断線、支持物の倒壊等による危険を防止するため必要な場合に行う、高圧保安工事に関する記述の一部である。

a.　電線は、ケーブルである場合を除き、引張強さ （ア） 〔kN〕以上のもの又は直径5〔mm〕以上の （イ） であること。

b.　木柱の （ウ） 荷重に対する安全率は、2.0以上であること。

c.　径間は、電線に引張強さ （ア） 〔kN〕のもの又は直径5〔mm〕の （イ） を使用し、支持物にB種鉄筋コンクリート柱又はB種鉄柱を使用する場合の径間は （エ） 〔m〕以下であること。

上記の記述中の空白箇所(ア)、(イ)、(ウ)及び(エ)に当てはまる組合せとして、正しいものを次の⑴～⑸のうちから一つ選べ。

| | (ア) | (イ) | (ウ) | (エ) |
|---|---|---|---|---|
| ⑴ | 8.71 | 硬銅線 | 垂　直 | 100 |
| ⑵ | 8.01 | 硬銅線 | 風　圧 | 150 |
| ⑶ | 8.01 | 高圧絶縁電線 | 垂　直 | 400 |
| ⑷ | 8.71 | 高圧絶縁電線 | 風　圧 | 150 |
| ⑸ | 8.01 | 硬銅線 | 風　圧 | 100 |

# 061 電線路④ 第83条～第119条

 LESSON 28など

難易度 高 中 低  R4上期 A問題 問4

「電気設備技術基準の解釈」に基づく高圧屋側電線路(高圧引込線の屋側部分を除く。)の施設に関する記述として、誤っているものを次の(1)～(5)のうちから一つ選べ。

(1) 展開した場所に施設した。

(2) 電線はケーブルとした。

(3) 屋外であることから、ケーブルを地表上2.3mの高さに、かつ、人が通る場所から手を伸ばしても触れることのない範囲に施設した。

(4) ケーブルを造営材の側面に沿って被覆を損傷しないよう垂直に取付け、その支持点間の距離を6m以下とした。

(5) ケーブルを収める防護装置の金属製部分にA種接地工事を施した。

# 062 電線路④ 第83条～第119条

テキスト LESSON 28

難易度 高 中 低　H23 A問題 問7

次の文章は、「電気設備技術基準の解釈」における、低圧架空引込線の施設に関する記述の一部である。

a. 電線は、ケーブルである場合を除き、引張強さ (ア) 〔kN〕以上のもの又は直径2.6〔mm〕以上の硬銅線とする。ただし、径間が (イ) 〔m〕以下の場合に限り、引張強さ1.38〔kN〕以上のもの又は直径2〔mm〕以上の硬銅線を使用することができる。

b. 電線の高さは、次によること。

① 道路（車道と歩道の区別がある道路にあっては、車道）を横断する場合は、路面上 (ウ) 〔m〕（技術上やむを得ない場合において交通に支障のないときは (エ) 〔m〕）以上

② 鉄道又は軌道を横断する場合は、レール面上 (オ) 〔m〕以上

上記の記述中の空白箇所(ア)、(イ)、(ウ)、(エ)及び(オ)に当てはまる組合せとして、正しいものを次の(1)～(5)のうちから一つ選べ。

| | (ア) | (イ) | (ウ) | (エ) | (オ) |
|---|---|---|---|---|---|
| (1) | 2.30 | 20 | 5 | 4 | 5.5 |
| (2) | 2.00 | 15 | 4 | 3 | 5 |
| (3) | 2.30 | 15 | 5 | 3 | 5.5 |
| (4) | 2.35 | 15 | 5 | 4 | 6 |
| (5) | 2.00 | 20 | 4 | 3 | 5 |

# 063 電線路⑤ 第120条～第133条

テキスト LESSON 29

難易度 高 (中) 低

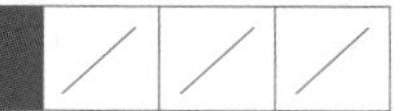
R2 A問題 問5

「電気設備技術基準の解釈」に基づく地中電線路の施設に関する記述として、誤っているものを次の(1)～(5)のうちから一つ選べ。

(1) 地中電線路を管路式により施設する際、電線を収める管は、これに加わる車両その他の重量物の圧力に耐えるものとした。

(2) 高圧地中電線路を公道の下に管路式により施設する際、地中電線路の物件の名称、管理者名及び許容電流を2mの間隔で表示した。

(3) 地中電線路を暗きょ式により施設する際、暗きょは、車両その他の重量物の圧力に耐えるものとした。

(4) 地中電線路を暗きょ式により施設する際、地中電線に耐燃措置を施した。

(5) 地中電線路を直接埋設式により施設する際、車両の圧力を受けるおそれがある場所であるため、地中電線の埋設深さを1.5mとし、堅ろうなトラフに収めた。

# 064 電線路⑤ 第120条～第133条

テキスト LESSON 29

難易度 高 中 低

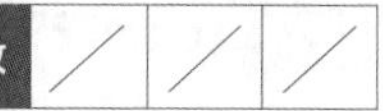

H28 A問題 問8改

次の文章は、「電気設備技術基準の解釈」における地中電線と他の地中電線等との接近又は交差に関する記述の一部である。

低圧地中電線と高圧地中電線とが接近又は交差する場合、又は低圧若しくは高圧の地中電線と特別高圧地中電線とが接近又は交差する場合は、次の各号のいずれかによること。ただし、地中箱内についてはこの限りでない。

a.　低圧地中電線と高圧地中電線との離隔距離が、（ア）m以上であること。

b.　低圧又は高圧の地中電線と特別高圧地中電線との離隔距離が、（イ）m以上であること。

c.　地中電線相互の間に堅ろうな（ウ）の隔壁を設けること。

d.　（エ）の地中電線が、次のいずれかに該当するものである場合は、地中電線相互の離隔距離が、0m以上であること。

①　不燃性の被覆を有すること。

②　堅ろうな不燃性の管に収められていること。

e.　（オ）の地中電線が、次のいずれかに該当するものである場合は、地中電線相互の離隔距離が、0m以上であること。

①　自消性のある難燃性の被覆を有すること。

②　堅ろうな自消性のある難燃性の管に収められていること。

上記の記述中の空白箇所(ア)、(イ)、(ウ)、(エ)及び(オ)に当てはまる組合せとして、正しいものを次の(1)～(5)のうちから一つ選べ。

| | (ア) | (イ) | (ウ) | (エ) | (オ) |
|---|---|---|---|---|---|
| (1) | 0.15 | 0.3 | 耐火性 | いずれか | それぞれ |
| (2) | 0.15 | 0.3 | 耐火性 | それぞれ | いずれか |
| (3) | 0.1 | 0.2 | 耐圧性 | いずれか | それぞれ |
| (4) | 0.1 | 0.2 | 耐圧性 | それぞれ | いずれか |
| (5) | 0.1 | 0.3 | 耐火性 | いずれか | それぞれ |

# 065 電線路⑤ 第120条〜第133条

テキスト LESSON 29

難易度 高 (中) 低　H22 A問題 問7改

次の文章は、「電気設備技術基準の解釈」における、地中電線路の施設に関する記述の一部である。

a.　地中電線路を暗きょ式により施設する場合は、暗きょにはこれに加わる車両その他の重量物の圧力に耐えるものを使用し、かつ、地中電線に［（ア）］を施し、又は暗きょ内に［（イ）］を施設すること。

b.　地中電線路を直接埋設式により施設する場合は、地中電線は車両その他の重量物の圧力を受けるおそれがある場所においては［（ウ）］以上、その他の場所においては［（エ）］以上の土冠で施設すること。ただし、使用するケーブルの種類、施設条件等を考慮し、これに加わる圧力に耐えるように施設する場合はこの限りでない。

上記の記述中の空白箇所(ア)、(イ)、(ウ)及び(エ)に当てはまる語句又は数値として、正しいものを組み合わせたのは次のうちどれか。

| | (ア) | (イ) | (ウ) | (エ) |
|---|---|---|---|---|
| (1) | 堅ろうな覆い | 換気装置 | 0.6〔m〕 | 0.3〔m〕 |
| (2) | 耐燃措置 | 自動消火設備 | 1.2〔m〕 | 0.6〔m〕 |
| (3) | 耐熱措置 | 換気装置 | 1.2〔m〕 | 0.3〔m〕 |
| (4) | 耐燃措置 | 換気装置 | 1.2〔m〕 | 0.6〔m〕 |
| (5) | 堅ろうな覆い | 自動消火設備 | 0.6〔m〕 | 0.3〔m〕 |

# 066 電気使用場所の施設、小規模発電設備① 第142条～146条

LESSON 30

難易度 高 中 低 | H27 B問題 問12

周囲温度が25℃の場所において、単相3線式(100/200V)の定格電流が30Aの負荷に電気を供給する低圧屋内配線Aと、単相2線式(200V)の定格電流が30Aの負荷に電気を供給する低圧屋内配線Bがある。いずれの負荷にも、電動機又はこれに類する起動電流が大きい電気機械器具は含まないものとする。二つの低圧屋内配線は、金属管工事により絶縁電線を同一管内に収めて施設されていて、同配管内に接地線は含まない。低圧屋内配線Aと低圧屋内配線Bの負荷は力率100%であり、かつ、低圧屋内配線Aの電圧相の電流値は平衡しているものとする。また、低圧屋内配線A及び低圧屋内配線Bに使用する絶縁電線の絶縁体は、耐熱性を有しないビニル混合物であるものとする。

「電気設備技術基準の解釈」に基づき、この絶縁電線の周囲温度による許容電流補正係数$k_1$の計算式は下式とする。また、絶縁電線を金属管に収めて使用する場合の電流減少係数$k_2$は下表によるものとして、次の(a)及び(b)の問に答えよ。

$$k_1 = \sqrt{\frac{60-\theta}{30}}$$

この式において、$\theta$は、周囲温度(単位：℃)とし、周囲温度が30℃以下の場合は$\theta=30$とする。

| 同一管内の電線数 | 電流減少係数$k_2$ |
|---|---|
| 3以下 | 0.70 |
| 4 | 0.63 |
| 5又は6 | 0.56 |

この表において、中性線、接地線及び制御回路用の電線は同一管に収める電線数に算入しないものとする。

(a) 周囲温度による許容電流補正係数$k_1$の値と、金属管に収めて使用する場合の電流減少係数$k_2$の値の組合せとして、最も近いものを次の(1)〜(5)のうちから一つ選べ。

| | $k_1$ | $k_2$ |
|---|---|---|
| (1) | 1.00 | 0.56 |
| (2) | 1.00 | 0.63 |
| (3) | 1.08 | 0.56 |
| (4) | 1.08 | 0.63 |
| (5) | 1.08 | 0.70 |

(b) 低圧屋内配線Aに用いる絶縁電線に要求される許容電流$I_A$と低圧屋内配線Bに用いる絶縁電線に要求される許容電流$I_B$のそれぞれの最小値〔A〕の組合せとして、最も近いものを次の(1)〜(5)のうちから一つ選べ。

| | $I_A$ | $I_B$ |
|---|---|---|
| (1) | 22.0 | 44.1 |
| (2) | 23.8 | 47.6 |
| (3) | 47.6 | 47.6 |
| (4) | 24.8 | 49.6 |
| (5) | 49.6 | 49.6 |

# 067 電気使用場所の施設、小規模発電設備① 第142条～146条

テキスト LESSON 30

難易度 高 (中) 低　H25 A問題 問8

次の文章は、「電気設備技術基準の解釈」に基づく、住宅の屋内電路の対地電圧の制限に関する記述の一部である。

住宅の屋内電路(電気機械器具内の電路を除く。)の対地電圧は、150〔V〕以下であること。ただし、定格消費電力が (ア) 〔kW〕以上の電気機械器具及びこれに電気を供給する屋内配線を次により施設する場合は、この限りでない。

a. 屋内配線は、当該電気機械器具のみに電気を供給するものであること。

b. 電気機械器具の使用電圧及びこれに電気を供給する屋内配線の対地電圧は、(イ) 〔V〕以下であること。

c. 屋内配線には、簡易接触防護措置を施すこと。

d. 電気機械器具には、簡易接触防護措置を施すこと。

e. 電気機械器具は、屋内配線と (ウ) して施設すること。

f. 電気機械器具に電気を供給する電路には、専用の (エ) 及び過電流遮断器を施設すること。

g. 電気機械器具に電気を供給する電路には、電路に地絡が生じたときに自動的に電路を遮断する装置を施設すること。

上記の記述中の空白箇所(ア)、(イ)、(ウ)及び(エ)に当てはまる組合せとして、正しいものを次の(1)～(5)のうちから一つ選べ。

| | (ア) | (イ) | (ウ) | (エ) |
|---|---|---|---|---|
| (1) | 5 | 450 | 直接接続 | 漏電遮断器 |
| (2) | 2 | 300 | 直接接続 | 開閉器 |
| (3) | 2 | 450 | 分岐接続 | 漏電遮断器 |
| (4) | 3 | 300 | 直接接続 | 開閉器 |
| (5) | 5 | 450 | 分岐接続 | 漏電遮断器 |

# 068 電気使用場所の施設、小規模発電設備② 第147条～155条

テキスト LESSON 31

難易度 高 中 低　R2 A問題 問9

次の文章は、「電気設備技術基準の解釈」における配線器具の施設に関する記述の一部である。

低圧用の配線器具は、次により施設すること。

a. （ア） ように施設すること。ただし、取扱者以外の者が出入りできないように措置した場所に施設する場合は、この限りでない。

b. 湿気の多い場所又は水気のある場所に施設する場合は、防湿装置を施すこと。

c. 配線器具に電線を接続する場合は、ねじ止めその他これと同等以上の効力のある方法により、堅ろうに、かつ、電気的に完全に接続するとともに、接続点に （イ） が加わらないようにすること。

d. 屋外において電気機械器具に施設する開閉器、接続器、点滅器その他の器具は、 （ウ） おそれがある場合には、これに堅ろうな防護装置を施すこと。

上記の記述中の空白箇所(ア)～(ウ)に当てはまる組合せとして、正しいものを次の(1)～(5)のうちから一つ選べ。

| | （ア） | （イ） | （ウ） |
|---|---|---|---|
| (1) | 充電部分が露出しない | 張　力 | 感電の |
| (2) | 取扱者以外の者が容易に開けることができない | 異常電圧 | 損傷を受ける |
| (3) | 取扱者以外の者が容易に開けることができない | 張　力 | 感電の |
| (4) | 取扱者以外の者が容易に開けることができない | 異常電圧 | 感電の |
| (5) | 充電部分が露出しない | 張　力 | 損傷を受ける |

# 069 電気使用場所の施設、小規模発電設備② 第147条～155条

テキスト LESSON 31

難易度 高 (中) 低　H29 A問題 問7

次の文章は、「電気設備技術基準の解釈」における低圧幹線の施設に関する記述の一部である。

低圧幹線の電源側電路には、当該低圧幹線を保護する過電流遮断器を施設すること。ただし、次のいずれかに該当する場合は、この限りでない。

a.　低圧幹線の許容電流が、当該低圧幹線の電源側に接続する他の低圧幹線を保護する過電流遮断器の定格電流の55%以上である場合

b.　過電流遮断器に直接接続する低圧幹線又は上記aに掲げる低圧幹線に接続する長さ (ア) m以下の低圧幹線であって、当該低圧幹線の許容電流が、当該低圧幹線の電源側に接続する他の低圧幹線を保護する過電流遮断器の定格電流の35%以上である場合

c.　過電流遮断器に直接接続する低圧幹線又は上記a若しくは上記bに掲げる低圧幹線に接続する長さ (イ) m以下の低圧幹線であって、当該低圧幹線の負荷側に他の低圧幹線を接続しない場合

d.　低圧幹線に電気を供給する電源が (ウ) のみであって、当該低圧幹線の許容電流が、当該低圧幹線を通過する (エ) 電流以上である場合

上記の記述中の空白箇所(ア)、(イ)、(ウ)及び(エ)に当てはまる組合せとして、正しいものを次の(1)～(5)のうちから一つ選べ。

| | (ア) | (イ) | (ウ) | (エ) |
|---|---|---|---|---|
| (1) | 10 | 5 | 太陽電池 | 最大短絡 |
| (2) | 8 | 5 | 太陽電池 | 定格出力 |
| (3) | 10 | 5 | 燃料電池 | 定格出力 |
| (4) | 8 | 3 | 太陽電池 | 最大短絡 |
| (5) | 8 | 3 | 燃料電池 | 定格出力 |

# 070 電気使用場所の施設、小規模発電設備③ 第156条～164条

テキスト LESSON 32

難易度 高 (中) 低　H22 A問題 問9

「電気設備技術基準の解釈」に基づく、金属管工事による低圧屋内配線に関する記述として、誤っているのは次のうちどれか。

(1)　絶縁電線相互を接続し、接続部分をその電線の絶縁物と同等以上の絶縁効力のあるもので十分被覆した上で、接続部分を金属管内に収めた。

(2)　使用電圧が200〔V〕で、施設場所が乾燥しており金属管の長さが3〔m〕であったので、管に施すD種接地工事を省略した。

(3)　コンクリートに埋め込む部分は、厚さ1.2〔mm〕の電線管を使用した。

(4)　電線は、600Vビニル絶縁電線のより線を使用した。

(5)　湿気の多い場所に施設したので、金属管及びボックスその他の附属品に防湿装置を施した。

# 071 電気使用場所の施設、小規模発電設備③ 第156条～164条

テキスト LESSON 32 など

難易度 高 中 低

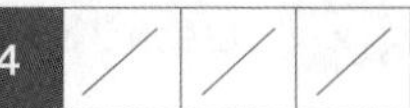


**「電気設備技術基準」及び「電気設備技術基準の解釈」に基づく、電線の接続に関する記述として、適切なものを次の(1)～(5)のうちから一つ選べ。**

(1) 電線を接続する場合は、接続部分において電線の絶縁性能を低下させないように接続するほか、短絡による事故（裸電線を除く。）及び通常の使用状態において異常な温度上昇のおそれがないように接続する。

(2) 裸電線と絶縁電線とを接続する場合に断線のおそれがないようにするには、電線に加わる張力が電線の引張強さに比べて著しく小さい場合を含め、電線の引張強さを25〔%〕以上減少させないように接続する。

(3) 屋内に施設する低圧用の配線器具に電線を接続する場合は、ねじ止めその他これと同等以上の効力のある方法により、堅ろうに接続するか、又は電気的に完全に接続する。

(4) 低圧屋内配線を合成樹脂管工事又は金属管工事により施設する場合に、絶縁電線相互を管内で接続する必要が生じたときは、接続部分をその電線の絶縁物と同等以上の絶縁効力のあるもので十分被覆し、接続する。

(5) 住宅の屋内電路（電気機械器具内の電路を除く。）に関し、定格消費電力が2〔kW〕以上の電気機械器具のみに三相200〔V〕を使用するための屋内配線を施設する場合において、電気機械器具は、屋内配線と直接接続する。

# 072 電気使用場所の施設、小規模発電設備④ 第165条～174条

テキスト LESSON 33

難易度 高 中 低　R1 A問題 問5

次の文章は、「電気設備技術基準の解釈」に基づく低圧配線及び高圧配線の施設に関する記述である。

a. ケーブル工事により施設する低圧配線が、弱電流電線又は水管、ガス管若しくはこれらに類するもの(以下、「水管等」という。)と接近し又は交差する場合は、低圧配線が弱電流電線又は水管等と （ア） 施設すること。

b. 高圧屋内配線工事は、がいし引き工事(乾燥した場所であって （イ） した場所に限る。)又は （ウ） により施設すること。

上記の記述中の空白箇所(ア)、(イ)及び(ウ)に当てはまる組合せとして、正しいものを次の(1)～(5)のうちから一つ選べ。

| | (ア) | (イ) | (ウ) |
|---|---|---|---|
| (1) | 接触しないように | 隠ぺい | ケーブル工事 |
| (2) | の離隔距離を10cm以上となるように | 展　開 | 金属管工事 |
| (3) | の離隔距離を10cm以上となるように | 隠ぺい | ケーブル工事 |
| (4) | 接触しないように | 展　開 | ケーブル工事 |
| (5) | 接触しないように | 隠ぺい | 金属管工事 |

# 073 電気使用場所の施設、小規模発電設備④ 第165条～174条

テキスト LESSON 33

難易度 高 中 低　H23 A問題 問9

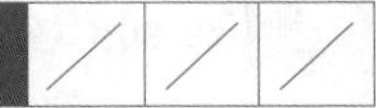

「電気設備技術基準の解釈」に基づく、ライティングダクト工事による低圧屋内配線の施設に関する記述として、正しいものを次の(1)～(5)のうちから一つ選べ。

(1)　ダクトの支持点間の距離を2〔m〕以下で施設した。

(2)　造営材を貫通してダクト相互を接続したため、貫通部の造営材には接触させず、ダクト相互及び電線相互は堅ろうに、かつ、電気的に完全に接続した。

(3)　ダクトの開口部を上に向けたため、人が容易に触れるおそれのないようにし、ダクトの内部に塵埃（じんあい）が侵入し難いように施設した。

(4)　5〔m〕のダクトを人が容易に触れるおそれがある場所に施設したため、ダクトにはD種接地工事を施し、電路に地絡を生じたときに自動的に電路を遮断する装置は施設しなかった。

(5)　ダクトを固定せず使用するため、ダクトは電気用品安全法に適合した附属品でキャブタイヤケーブルに接続して、終端部は堅ろうに閉そくした。

# 074　電気使用場所の施設、小規模発電設備⑤ 第175条～180条

テキスト LESSON 34

難易度 高 中 低　H27 A問題 問8

次の文章は、可燃性のガスが漏れ又は滞留し、電気設備が点火源となり爆発するおそれがある場所の屋内配線に関する工事例である。「電気設備技術基準の解釈」に基づき、不適切なものを次の⑴～⑸のうちから一つ選べ。

⑴　金属管工事により施設し、薄鋼電線管を使用した。
⑵　金属管工事により施設し、管相互及び管とボックスその他の附属品とを5山以上ねじ合わせて接続する方法により、堅ろうに接続した。
⑶　ケーブル工事により施設し、キャブタイヤケーブルを使用した。
⑷　ケーブル工事により施設し、MIケーブルを使用した。
⑸　電線を電気機械器具に引き込むときは、引込口で電線が損傷するおそれがないようにした。

# 075 電気使用場所の施設、小規模発電設備⑥ 第181条～第191条

テキスト LESSON 35

難易度 高 (中) 低　R4上 A問題 問7

次の文章は、「電気設備技術基準の解釈」に基づく水中照明の施設に関する記述である。

水中又はこれに準ずる場所であって、人が触れるおそれのある場所に施設する照明灯は、次によること。

a) 照明灯に電気を供給する電路には、次に適合する絶縁変圧器を施設すること。

① 1次側の［ (ア) ］電圧は300V以下、2次側の［ (ア) ］電圧は150V以下であること。

② 絶縁変圧器は、その2次側電路の［ (ア) ］電圧が30V以下の場合は、1次巻線と2次巻線との間に金属製の混触防止板を設け、これに［ (イ) ］種接地工事を施すこと。

b) a)の規定により施設する絶縁変圧器の2次側電路は、次によること。

① 電路は、［ (ウ) ］であること。

② 開閉器及び過電流遮断器を各極に施設すること。ただし、過電流遮断器が開閉機能を有するものである場合は、過電流遮断器のみとすることができる。

③ ［ (ア) ］電圧が30Vを超える場合は、その電路に地絡を生じたときに自動的に電路を遮断する装置を施設すること。

④ b)②の規定により施設する開閉器及び過電流遮断器並びにb)③の規定により施設する地絡を生じたときに自動的に電路を遮断する装置は、堅ろうな金属製の外箱に収めること。

⑤ 配線は、［ (エ) ］工事によること。

上記の記述中の空白箇所(ア)～(エ)に当てはまる組合せとして、正しいものを次の(1)～(5)のうちから一つ選べ。

|  | (ア) | (イ) | (ウ) | (エ) |
| --- | --- | --- | --- | --- |
| (1) | 使　用 | D | 非接地式電路 | 合成樹脂管 |
| (2) | 対　地 | A | 接地式電路 | 金属管 |
| (3) | 使　用 | D | 接地式電路 | 合成樹脂管 |
| (4) | 対　地 | A | 非接地式電路 | 合成樹脂管 |
| (5) | 使　用 | A | 非接地式電路 | 金属管 |

# 076 電気使用場所の施設、小規模発電設備⑥ 第181条～第191条

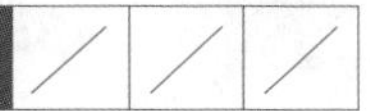

テキスト LESSON 35

難易度 高 中 低 H23 A問題 問8

次のaからcの文章は、特殊施設に電気を供給する変圧器等に関する記述である。「電気設備技術基準の解釈」に基づき、適切なものと不適切なものの組合せとして、正しいものを次の(1)～(5)のうちから一つ選べ。

a. 可搬型の溶接電極を使用するアーク溶接装置を施設するとき、溶接変圧器は、絶縁変圧器であること。また、被溶接材又はこれと電気的に接続される持具、定盤等の金属体には、D種接地工事を施すこと。

b. プール用水中照明灯に電気を供給するためには、1次側電路の使用電圧及び2次側電路の使用電圧がそれぞれ300〔V〕以下及び150〔V〕以下の絶縁変圧器を使用し、絶縁変圧器の2次側配線は金属管工事により施設し、かつ、その絶縁変圧器の2次側電路を接地すること。

c. 遊戯用電車（遊園地、遊戯場等の構内において遊戯用のために施設するものをいう。）に電気を供給する電路の使用電圧に電気を変成するために使用する変圧器は、絶縁変圧器であること。

| | a | b | c |
|---|---|---|---|
| (1) | 不適切 | 適　切 | 適　切 |
| (2) | 適　切 | 不適切 | 適　切 |
| (3) | 不適切 | 適　切 | 不適切 |
| (4) | 不適切 | 不適切 | 適　切 |
| (5) | 適　切 | 不適切 | 不適切 |

# 077 電気使用場所の施設、小規模発電設備⑦ 第192条～第200条

テキスト LESSON 36 など

難易度 高 中 低　H28 A問題 問9

次の文章は、「電気設備技術基準」における電気さくの施設の禁止に関する記述である。

電気さく(屋外において裸電線を固定して施設したさくであって、その裸電線に充電して使用するものをいう。)は、施設してはならない。ただし、田畑、牧場、その他これに類する場所において野獣の侵入又は家畜の脱出を防止するために施設する場合であって、絶縁性がないことを考慮し、（ア）のおそれがないように施設するときは、この限りでない。

次の文章は、「電気設備技術基準の解釈」における電気さくの施設に関する記述である。

電気さくは、次のaからfに適合するものを除き施設しないこと。

a.　田畑、牧場、その他これに類する場所において野獣の侵入又は家畜の脱出を防止するために施設するものであること。

b.　電気さくを施設した場所には、人が見やすいように適当な間隔で（イ）である旨の表示をすること。

c.　電気さくは、次のいずれかに適合する電気さく用電源装置から電気の供給を受けるものであること。

①　電気用品安全法の適用を受ける電気さく用電源装置

②　感電により人に危険を及ぼすおそれのないように出力電流が制限される電気さく用電源装置であって、次のいずれかから電気の供給を受けるもの

・電気用品安全法の適用を受ける直流電源装置

・蓄電池、太陽電池その他これらに類する直流の電源

d.　電気さく用電源装置(直流電源装置を介して電気の供給を受けるものにあっては、直流電源装置)が使用電圧（ウ）V以上の電源から電気の供給を受けるものである場合において、人が容易に立ち入る場所に電気さくを施設するときは、当該電気さくに電気を供給する電路には次に適合する漏電遮断器を施

設すること。

① 電流動作型のものであること

② 定格感度電流が［ (エ) ］mA以下、動作時間が0.1秒以下のものであること。

e. 電気さくに電気を供給する電路には、容易に開閉できる箇所に専用の開閉器を施設すること。

f. 電気さく用電源装置のうち、衝撃電流を繰り返して発生するものは、その装置及びこれに接続する電路において発生する電波又は高周波電流が無線設備の機能に継続的かつ重大な障害を与えるおそれがある場所には、施設しないこと。

上記の記述中の空白箇所(ア)、(イ)、(ウ)及び(エ)に当てはまる組合せとして、正しいものを次の(1)~(5)のうちから一つ選べ。

| | (ア) | (イ) | (ウ) | (エ) |
|---|---|---|---|---|
| (1) | 感電又は火災 | 危　険 | 100 | 15 |
| (2) | 感電又は火災 | 電気さく | 30 | 10 |
| (3) | 損　壊 | 電気さく | 100 | 15 |
| (4) | 感電又は火災 | 危　険 | 30 | 15 |
| (5) | 損　壊 | 電気さく | 100 | 10 |

# 078 分散型電源の系統連系設備 第220条～第232条

LESSON 37

難易度 高 中 低

R3 A問題 問9

次の文章は、「電気設備技術基準の解釈」における分散型電源の低圧連系時及び高圧連系時の施設要件に関する記述である。

a) 単相3線式の低圧の電力系統に分散型電源を連系する場合において、（ア）の不平衡により中性線に最大電流が生じるおそれがあるときは、分散型電源を施設した構内の電路であって、負荷及び分散型電源の並列点よりも（イ）に、3極に過電流引き外し素子を有する遮断器を施設すること。

b) 低圧の電力系統に逆変換装置を用いずに分散型電源を連系する場合は、（ウ）を生じさせないこと。

c) 高圧の電力系統に分散型電源を連系する場合は、分散型電源を連系する配電用変電所の（エ）において、逆向きの潮流を生じさせないこと。ただし、当該配電用変電所に保護装置を施設する等の方法により分散型電源と電力系統との協調をとることができる場合は、この限りではない。

上記の記述中の空白箇所(ア)～(エ)に当てはまる組合せとして、正しいものを次の(1)～(5)のうちから一つ選べ。

| | (ア) | (イ) | (ウ) | (エ) |
|---|---|---|---|---|
| (1) | 負　荷 | 系統側 | 逆潮流 | 配電用変圧器 |
| (2) | 負　荷 | 負荷側 | 逆潮流 | 引出口 |
| (3) | 負　荷 | 系統側 | 逆充電 | 配電用変圧器 |
| (4) | 電　源 | 負荷側 | 逆充電 | 引出口 |
| (5) | 電　源 | 系統側 | 逆潮流 | 配電用変圧器 |

# 079 分散型電源の系統連系設備 第220条～第232条

テキスト LESSON 37

難易度 高 (中) 低 

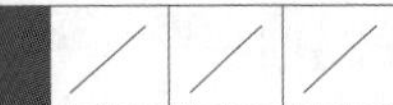

「電気設備技術基準の解釈」に基づく分散型電源の系統連系設備に関する記述として、誤っているものを次の(1)～(5)のうちから一つ選べ。

(1) 逆潮流とは、分散型電源設置者の構内から、一般送配電事業者が運用する電力系統側へ向かう有効電力の流れをいう。

(2) 単独運転とは、分散型電源が、連系している電力系統から解列された状態において、当該分散型電源設置者の構内負荷にのみ電力を供給している状態のことをいう。

(3) 単相3線式の低圧の電力系統に分散型電源を連系する際、負荷の不平衡により中性線に最大電流が生じるおそれがあるため、分散型電源を施設した構内の電路において、負荷及び分散型電源の並列点よりも系統側の3極に過電流引き外し素子を有する遮断器を施設した。

(4) 低圧の電力系統に分散型電源を連系する際、異常時に分散型電源を自動的に解列するための装置を施設した。

(5) 高圧の電力系統に分散型電源を連系する際、分散型電源設置者の技術員駐在箇所と電力系統を運用する一般送配電事業者の事業所との間に、停電時においても通話可能なものであること等の一定の要件を満たした電話設備を施設した。

# 080 発電用風力設備技術基準・発電用太陽電池設備技術基準

 LESSON 38

難易度 高 (中) 低

次の文章は、「発電用風力設備に関する技術基準を定める省令」に基づく風車に関する記述である。

風車は、次により施設しなければならない。

a) 負荷を［（ア）］したときの最大速度に対し、構造上安全であること。

b) 風圧に対して構造上安全であること。

c) 運転中に風車に損傷を与えるような［（イ）］がないように施設すること。

d) 通常想定される最大風速においても取扱者の意図に反して風車が［（ウ）］することのないように施設すること。

e) 運転中に他の工作物、植物等に接触しないように施設すること。

上記の記述中の空白箇所(ア)～(ウ)に当てはまる組合せとして、正しいものを次の(1)～(5)のうちから一つ選べ。

| | (ア) | (イ) | (ウ) |
|---|---|---|---|
| (1) | 遮　断 | 振　動 | 停　止 |
| (2) | 連　系 | 振　動 | 停　止 |
| (3) | 遮　断 | 雷　撃 | 停　止 |
| (4) | 連　系 | 雷　撃 | 起　動 |
| (5) | 遮　断 | 振　動 | 起　動 |

# 081 発電用風力設備技術基準・発電用太陽電池設備技術基準

テキスト LESSON 38

難易度 高 (中) 低　H29 A問題 問5

次の文章は、「発電用風力設備に関する技術基準を定める省令」に基づく風車の安全な状態の確保に関する記述である。

a. 風車(発電用風力設備が一般用電気工作物である場合を除く。以下aにおいて同じ。)は、次の場合に安全かつ自動的に停止するような措置を講じなければならない。

① (ア) が著しく上昇した場合

② 風車の (イ) の機能が著しく低下した場合

b. 最高部の (ウ) からの高さが20mを超える発電用風力設備には、 (エ) から風車を保護するような措置を講じなければならない。ただし、周囲の状況によって (エ) が風車を損傷するおそれがない場合においては、この限りでない。

上記の記述中の空白箇所(ア)、(イ)、(ウ)及び(エ)に当てはまる組合せとして、正しいものを次の(1)～(5)のうちから一つ選べ。

| | (ア) | (イ) | (ウ) | (エ) |
|---|---|---|---|---|
| (1) | 回転速度 | 制御装置 | ロータ最低部 | 雷　撃 |
| (2) | 発電電圧 | 圧油装置 | 地　表 | 雷　撃 |
| (3) | 発電電圧 | 制御装置 | ロータ最低部 | 強　風 |
| (4) | 回転速度 | 制御装置 | 地　表 | 雷　撃 |
| (5) | 回転速度 | 圧油装置 | ロータ最低部 | 強　風 |

# 082 発電用風力設備技術基準・発電用太陽電池設備技術基準

テキスト LESSON 38

難易度 高 (中) 低　H24 A問題 問4改

次の文章は、「発電用風力設備に関する技術基準を定める省令」における、風車を支持する工作物に関する記述である。

a.　風車を支持する工作物は、自重、積載荷重、[ (ア) ]及び風圧並びに地震その他の振動及び[ (イ) ]に対して構造上安全でなければならない。

b.　発電用風力設備が一般用電気工作物又は小規模事業用電気工作物である場合には、風車を支持する工作物に取扱者以外の者が容易に[ (ウ) ]ことができないように適切な措置を講じること。

上記の記述中の空白箇所(ア)、(イ)及び(ウ)に当てはまる組合せとして、正しいものを次の(1)～(5)のうちから一つ選べ。

| | (ア) | (イ) | (ウ) |
|---|---|---|---|
| (1) | 飛来物 | 衝　撃 | 登　る |
| (2) | 積　雪 | 腐　食 | 接近する |
| (3) | 飛来物 | 衝　撃 | 接近する |
| (4) | 積　雪 | 衝　撃 | 登　る |
| (5) | 飛来物 | 腐　食 | 接近する |

# 083 水力発電の計算

難易度 高 中 低

有効落差80mの調整池式水力発電所がある。調整池に取水する自然流量は$10\mathrm{m^3/s}$一定であるとし、図のように1日のうち12時間は発電せずに自然流量の全量を貯水する。残り12時間のうち2時間は自然流量と同じ$10\mathrm{m^3/s}$の使用水量で発電を行い、他の10時間は自然流量より多い$Q_p$〔$\mathrm{m^3/s}$〕の使用水量で発電して貯水分全量を使い切るものとする。このとき、次の(a)及び(b)の問に答えよ。

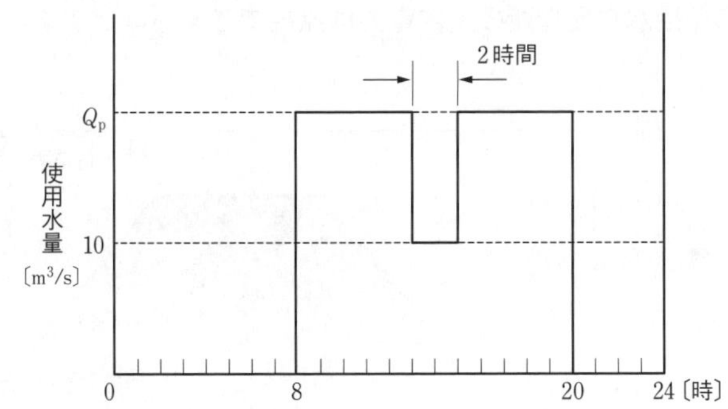


(a) 運用に最低限必要な有効貯水量の値〔$\mathrm{m^3}$〕として、最も近いものを次の(1)～(5)のうちから一つ選べ。

(1) $220 \times 10^3$　(2) $240 \times 10^3$　(3) $432 \times 10^3$
(4) $792 \times 10^3$　(5) $864 \times 10^3$

(b) 使用水量$Q_p$〔$\mathrm{m^3/s}$〕で運転しているときの発電機出力の値〔kW〕として、最も近いものを次の(1)～(5)のうちから一つ選べ。ただし、運転中の有効落差は変わらず、水車効率、発電機効率はそれぞれ90%、95%で一定とし、溢水（いっすい）はないものとする。

(1) 12400　(2) 14700　(3) 16600
(4) 18800　(5) 20400

# 084 水力発電の計算

LESSON 39

難易度 高 中 低 H29 B問題 問13

自家用水力発電所をもつ工場があり、電力系統と常時系統連系している。

ここでは、自家用水力発電所の発電電力は工場内において消費させ、同電力が工場の消費電力よりも大きくなり余剰が発生した場合、その余剰分は電力系統に逆潮流（送電）させる運用をしている。

この工場のある日（0時～24時）の消費電力と自家用水力発電所の発電電力はそれぞれ図1及び図2のように推移した。次の(a)及び(b)の問に答えよ。

なお、自家用水力発電所の所内電力は無視できるものとする。

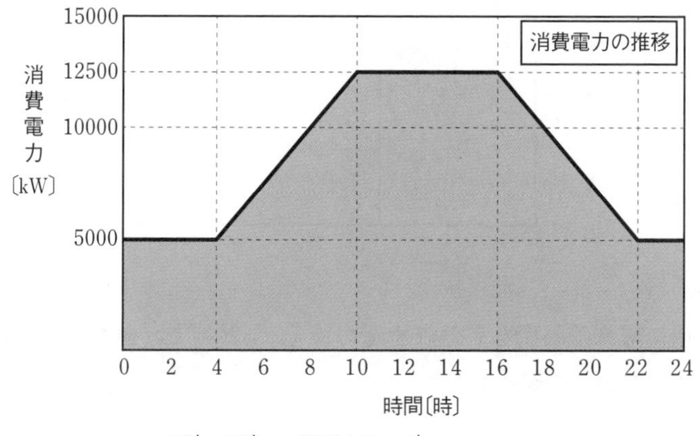


図1

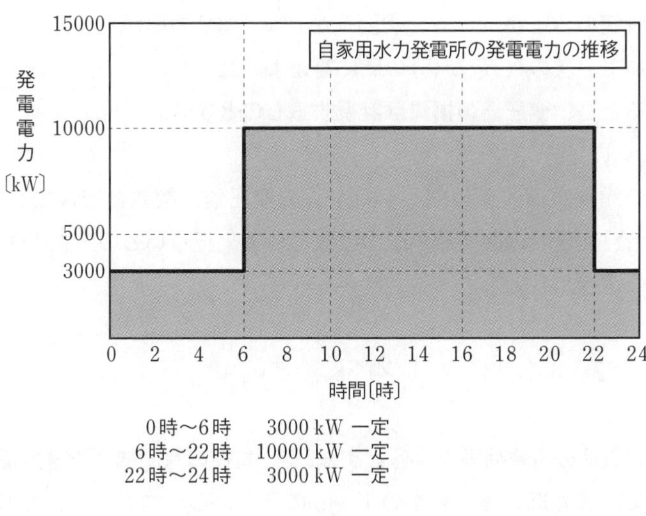


0時～6時　3000 kW 一定
6時～22時　10000 kW 一定
22時～24時　3000 kW 一定

図2

(a) この日の電力系統への送電電力量の値〔MW・h〕と電力系統からの受電電力量の値〔MW・h〕の組合せとして、最も近いものを次の(1)～(5)のうちから一つ選べ。

| | 送電電力量〔MW・h〕 | 受電電力量〔MW・h〕 |
|---|---|---|
| (1) | 12.5 | 26.0 |
| (2) | 12.5 | 38.5 |
| (3) | 26.0 | 38.5 |
| (4) | 38.5 | 26.0 |
| (5) | 26.0 | 12.5 |

(b) この日、自家用水力発電所で発電した電力量のうち、工場内で消費された電力量の比率〔%〕として、最も近いものを次の(1)～(5)のうちから一つ選べ。

(1) 18.3　(2) 32.5　(3) 81.7　(4) 87.6　(5) 93.2

# 085 需要率・負荷率・不等率

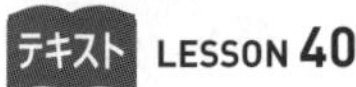


難易度 高 中 低　R4上 B問題 問12

負荷設備の容量が800kW、需要率が70%、総合力率が90%である高圧受電需要家について、次の(a)及び(b)の問に答えよ。ただし、この需要家の負荷は低圧のみであるとし、変圧器の損失は無視するものとする。

(a) この需要負荷設備に対し100kV・Aの変圧器、複数台で電力を供給する。この場合、変圧器の必要最小限の台数として、正しいものを次の(1)～(5)のうちから一つ選べ。

(1) 5　(2) 6　(3) 7　(4) 8　(5) 9

(b) この負荷の月負荷率を60%とするとき、負荷の月間総消費電力量の値〔MW・h〕として、最も近いものを次の(1)～(5)のうちから一つ選べ。ただし、1カ月の日数は30日とする。

(1) 218　(2) 242　(3) 265　(4) 270　(5) 284

# 086 需要率・負荷率・不等率

テキスト LESSON 40

難易度 高 中 低　R3 B問題 問13

需要家A～Cにのみ電力を供給している変電所がある。

各需要家の設備容量と、ある1日(0～24時)の需要率、負荷率及び需要家A～Cの不等率を表に示す値とする。表の記載に基づき、次の(a)及び(b)の問に答えよ。

| 需要家 | 設備容量〔kW〕 | 需要率〔%〕 | 負荷率〔%〕 | 不等率 |
|---|---|---|---|---|
| A | 800 | 55 | 50 | 1.25 |
| B | 500 | 60 | 70 | |
| C | 600 | 70 | 60 | |

(a) 3需要家A～Cの1日の需要電力量を合計した総需要電力量の値〔kW・h〕として、最も近いものを次の(1)～(5)のうちから一つ選べ。

(1) 10480　(2) 16370　(3) 20460　(4) 26650　(5) 27840

(b) 変電所から見た総合負荷率の値〔%〕として、最も近いものを次の(1)～(5)のうちから一つ選べ。ただし、送電損失、需要家受電設備損失は無視するものとする。

(1) 42　(2) 59　(3) 62　(4) 73　(5) 80

# 087 需要率・負荷率・不等率

難易度 高 中 低　H23 B問題 問12

ある変電所において、図のような日負荷特性を有する三つの負荷群A、B及びCに電力を供給している。この変電所に関して、次の(a)及び(b)の問に答えよ。

ただし、負荷群A、B及びCの最大電力は、それぞれ6 500〔kW〕、4 000〔kW〕及び2 000〔kW〕とし、また、負荷群A、B及びCの力率は時間に関係なく一定で、それぞれ100〔%〕、80〔%〕及び60〔%〕とする。

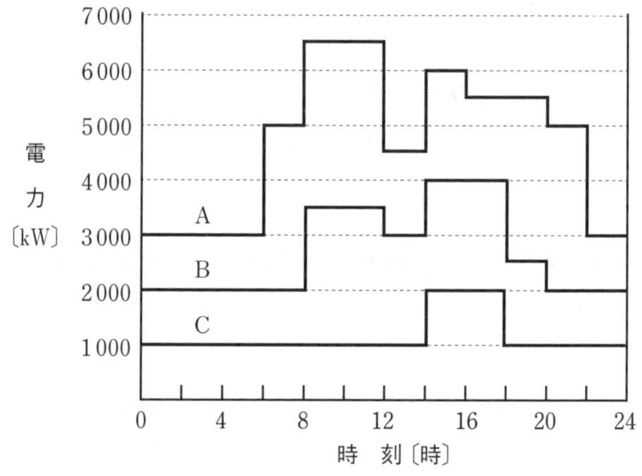


(a) 不等率の値として、最も近いものを次の(1)～(5)のうちから一つ選べ。

(1) 0.98　(2) 1.00　(3) 1.02　(4) 1.04　(5) 1.06

(b) 最大負荷時における総合力率〔%〕の値として、最も近いものを次の(1)～(5)のうちから一つ選べ。

(1) 86.9　(2) 87.7　(3) 90.4　(4) 91.1　(5) 94.1

# 088 変圧器の計算

テキスト LESSON 41 など

難易度 高 中 低　H23 B問題 問11

ある需要家設備において定格容量30〔kV・A〕、鉄損90〔W〕及び全負荷銅損550〔W〕の単相変圧器が設置してある。ある1日の負荷は、

24〔kW〕、力率80〔%〕で4時間
15〔kW〕、力率90〔%〕で8時間
10〔kW〕、力率100〔%〕で6時間
無負荷で6時間

であった。この日の変圧器に関して、次の(a)及び(b)の問に答えよ。

(a) この変圧器の全日効率〔%〕の値として、最も近いものを次の(1)〜(5)のうちから一つ選べ。

(1) 97.4　(2) 97.6　(3) 97.8　(4) 98.0　(5) 98.2

(b) この変圧器の日負荷率〔%〕の値として、最も近いものを次の(1)〜(5)のうちから一つ選べ。

(1) 38　(2) 48　(3) 61　(4) 69　(5) 77

# 089 変圧器の計算

 LESSON 41 など

難易度 高 (中) 低　H13 B問題 問12

負荷設備の合計容量400〔kW〕、最大負荷電力250〔kW〕、遅れ力率0.8の三相平衡の動力負荷に対して、定格容量150〔kV･A〕の単相変圧器3台を△–△結線して供給している高圧自家用需要家がある。この需要家について、次の(a)及び(b)に答えよ。

(a) 動力負荷の需要率〔%〕の値として、正しいのは次のうちどれか。

(1) 50.0　(2) 55.2　(3) 62.5　(4) 78.1　(5) 83.3

(b) いま、3台の変圧器のうち1台が故障したため、2台の変圧器をV結線して供給することとしたが、負荷を抑制しないで運転した場合、最大負荷時で変圧器は何パーセント〔%〕の過負荷となるか。正しい値を次のうちから選べ。

(1) 4.2　(2) 8.3　(3) 14.0　(4) 20.3　(5) 28.0

# 090 コンデンサによる力率改善など

R1 B問題 問12

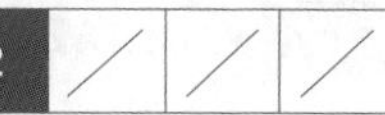

三相3線式の高圧電路に300kW、遅れ力率0.6の三相負荷が接続されている。この負荷と並列に進相コンデンサ設備を接続して力率改善を行うものとする。進相コンデンサ設備は図に示すように直列リアクトル付三相コンデンサとし、直列リアクトルSRのリアクタンス$X_L$〔Ω〕は、三相コンデンサSCのリアクタンス$X_C$〔Ω〕の6%とするとき、次の(a)及び(b)の問に答えよ。

ただし、高圧電路の線間電圧は6600Vとし、無効電力によって電圧は変動しないものとする。

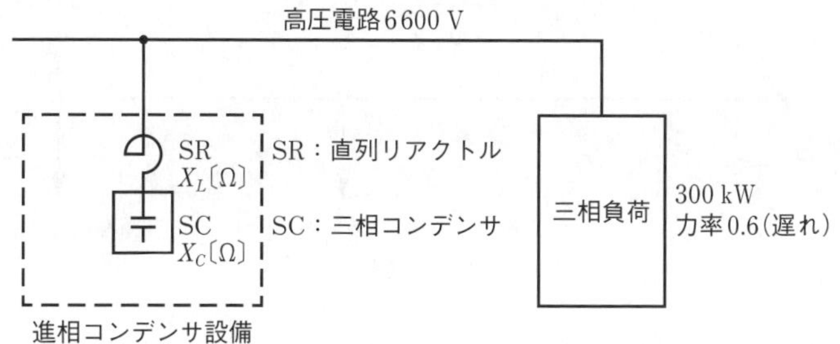


(a) 進相コンデンサ設備を高圧電路に接続したときに三相コンデンサSCの端子電圧の値〔V〕として、最も近いものを次の(1)～(5)のうちから一つ選べ。

(1) 6410　(2) 6795　(3) 6807　(4) 6995　(5) 7021

(b) 進相コンデンサ設備を負荷と並列に接続し、力率を遅れ0.6から遅れ0.8に改善した。このとき、この設備の三相コンデンサSCの容量の値〔kvar〕として、最も近いものを次の(1)～(5)のうちから一つ選べ。

(1) 170　(2) 180　(3) 186　(4) 192　(5) 208

# 091 コンデンサによる力率改善など

テキスト LESSON 42

難易度 高 中 低

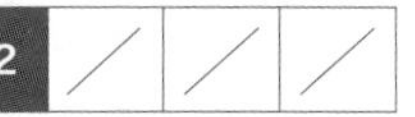


図のように電源側S点から負荷点Aを経由して負荷点Bに至る線路長$L$〔km〕の三相3線式配電線路があり、A点、B点で図に示す負荷電流が流れているとする。S点の線間電圧を6 600V、配電線路の1線当たりの抵抗を0.32 Ω/km、リアクタンスを0.2 Ω/kmとするとき、次の(a)及び(b)の問に答えよ。

ただし、計算においてはS点、A点及びB点における電圧の位相差が十分小さいとの仮定に基づき適切な近似式を用いるものとする。

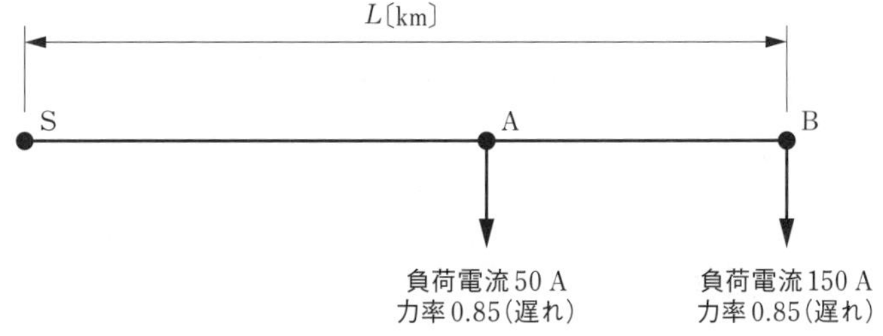


(a) A–B間の線間電圧降下をS点線間電圧の1%としたい。このときのA–B間の線路長の値〔km〕として、最も近いものを次の(1)～(5)のうちから一つ選べ。

(1) 0.39　(2) 0.67　(3) 0.75　(4) 1.17　(5) 1.30

(b) A–B間の線間電圧降下をS点線間電圧の1%とし、B点線間電圧をS点線間電圧の96%としたときの線路長$L$の値〔km〕として、最も近いものを次の(1)～(5)のうちから一つ選べ。

(1) 2.19　(2) 2.44　(3) 2.67　(4) 3.79　(5) 4.22

# 092 コンデンサによる力率改善など

テキスト LESSON 42

難易度 高 中 低　H24 B問題 問12

電気事業者から供給を受ける、ある需要家の自家用変電所を送電端とし、高圧三相3線式1回線の専用配電線路で受電している第2工場がある。第2工場の負荷は2000〔kW〕、受電電圧は6000〔V〕であるとき、第2工場の力率改善及び受電端電圧の調整を図るため、第2工場に電力用コンデンサを設置する場合、次の(a)及び(b)の問に答えよ。

ただし、第2工場の負荷の消費電力及び負荷力率（遅れ）は、受電端電圧によらないものとする。

(a) 第2工場の力率改善のために電力用コンデンサを設置したときの受電端のベクトル図として、正しいものを次の(1)～(5)のうちから一つ選べ。ただし、ベクトル図の文字記号と用語との関係は次のとおりである。

$P$ ：有効電力〔kW〕

$Q$ ：電力用コンデンサ設置前の無効電力〔kvar〕

$Q_C$：電力用コンデンサの容量〔kvar〕

$\theta$ ：電力用コンデンサ設置前の力率角〔°〕

$\theta'$：電力用コンデンサ設置後の力率角〔°〕

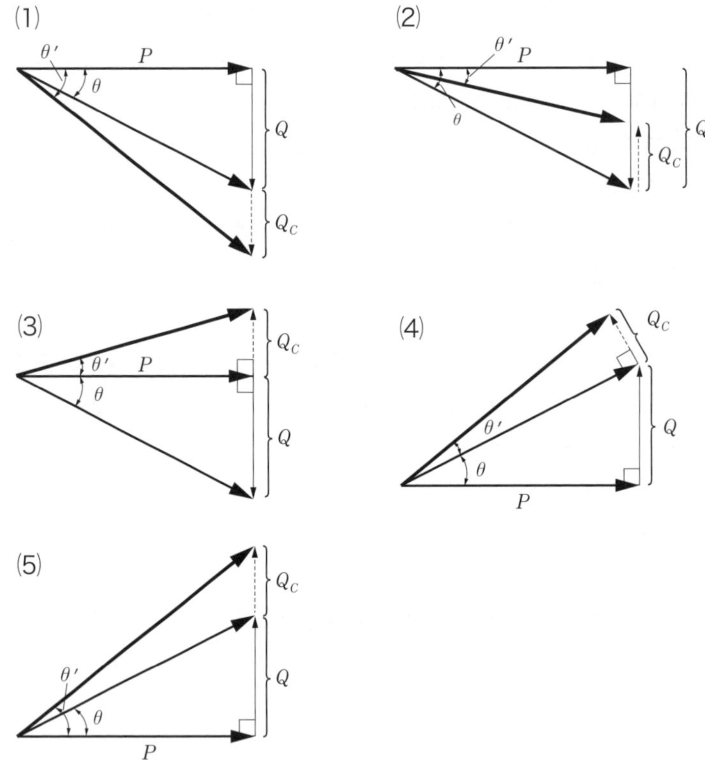


**(b)** 第2工場の受電端電圧を6 300〔V〕にするために設置する電力用コンデンサ容量〔kvar〕の値として、最も近いものを次の(1)〜(5)のうちから一つ選べ。

ただし、自家用変電所の送電端電圧は6 600〔V〕、専用配電線路の電線1線当たりの抵抗は0.5〔Ω〕及びリアクタンスは1〔Ω〕とする。

また、電力用コンデンサ設置前の負荷力率は0.6(遅れ)とする。

なお、配電線の電圧降下式は、簡略式を用いて計算するものとする。

(1) 700 (2) 900 (3) 1 500 (4) 1 800 (5) 2 000

# 093 短絡電流・地絡電流

テキスト LESSON 43

難易度 高 中 低　H29 B問題 問12

図に示す自家用電気設備で変圧器二次側(210V側)F点において三相短絡事故が発生した。次の(a)及び(b)の問に答えよ。

ただし、高圧配電線路の送り出し電圧は6.6kVとし、変圧器の仕様及び高圧配電線路のインピーダンスは表のとおりとする。なお、変圧器二次側からF点までのインピーダンス、その他記載の無いインピーダンスは無視するものとする。

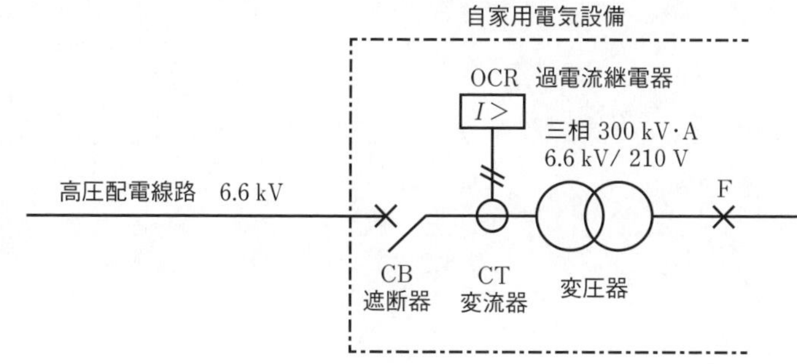


表

| 変圧器定格容量/相数 | 300kV・A/三相 |
|---|---|
| 変圧器定格電圧 | 一次6.6kV/二次210 V |
| 変圧器百分率抵抗降下 | 2%(基準容量300kV・A) |
| 変圧器百分率リアクタンス降下 | 4%(基準容量300kV・A) |
| 高圧配電線路百分率抵抗降下 | 20%(基準容量10MV・A) |
| 高圧配電線路百分率リアクタンス降下 | 40%(基準容量10MV・A) |

(a) F点における三相短絡電流の値〔kA〕として、最も近いものを次の(1)～(5)のうちから一つ選べ。

(1) 1.2　(2) 1.7　(3) 5.2　(4) 11.7　(5) 14.2

(b) 変圧器一次側（6.6kV側）に変流器CTが接続されており、CT二次電流が過電流継電器OCRに入力されているとする。三相短絡事故発生時のOCR入力電流の値〔A〕として、最も近いものを次の(1)～(5)のうちから一つ選べ。

ただし、CTの変流比は75A/5Aとする。

(1) 12　(2) 18　(3) 26　(4) 30　(5) 42

# 094 短絡電流・地絡電流

 LESSON 43

難易度 高 中 低　H21 B問題 問11

図に示すような、相電圧$E$〔V〕、周波数$f$〔Hz〕の対称三相3線式低圧電路があり、変圧器の中性点にB種接地工事が施されている。B種接地工事の接地抵抗値を$R_B$〔Ω〕、電路の一相当たりの対地静電容量を$C$〔F〕とする。

この電路の絶縁抵抗が劣化により、電路の一相のみが絶縁抵抗値$R_G$〔Ω〕に低下した。このとき、次の(a)及び(b)に答えよ。

ただし、上記以外のインピーダンスは無視するものとする。

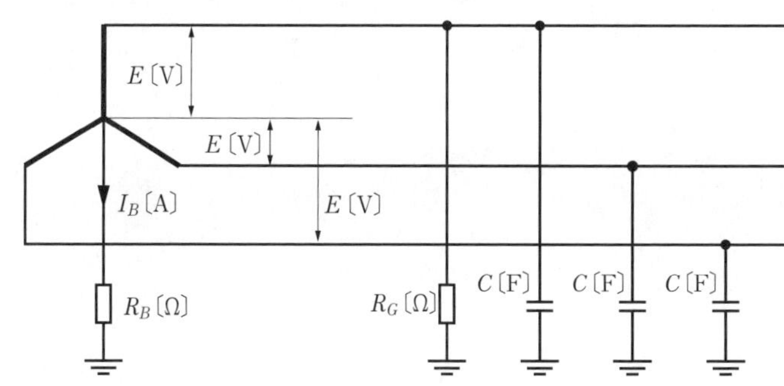


(a) 劣化により一相のみが絶縁抵抗値$R_G$〔Ω〕に低下したとき、B種接地工事の接地線に流れる電流の大きさを$I_B$〔A〕とする。この$I_B$を表す式として、正しいのは次のうちどれか。

ただし、他の相の対地コンダクタンスは無視するものとする。

(1) $\dfrac{E}{\sqrt{R_B{}^2+36\pi^2f^2C^2R_B{}^2R_G{}^2}}$

(2) $\dfrac{3E}{\sqrt{(R_G+R_B)^2+4\pi^2f^2C^2R_B{}^2R_G{}^2}}$

(3) $\dfrac{E}{\sqrt{(R_G+R_B)^2+4\pi^2f^2C^2R_B{}^2R_G{}^2}}$

(4) $\dfrac{E}{\sqrt{R_G{}^2+36\pi^2f^2C^2R_B{}^2R_G{}^2}}$

(5) $\dfrac{E}{\sqrt{(R_G+R_B)^2+36\pi^2f^2C^2R_B{}^2R_G{}^2}}$

**(b)** 相電圧$E$を100〔V〕、周波数$f$を50〔Hz〕、対地静電容量$C$を0.1〔μF〕、絶縁抵抗値$R_G$を100〔Ω〕、接地抵抗値$R_B$を15〔Ω〕とするとき、上記(a)の$I_B$の値として、最も近いのは次のうちどれか。

(1) 0.87　(2) 0.99　(3) 1.74　(4) 2.61　(5) 6.67

# 095 短絡電流・地絡電流

テキスト LESSON 43

難易度 高 中 低

図は、三相210〔V〕低圧幹線の計画図の一部である。図の低圧配電盤から分電盤に至る低圧幹線に施設する配線用遮断器に関して、次の(a)及び(b)に答えよ。

ただし、基準容量200〔kV・A〕・基準電圧210〔V〕として、変圧器及びケーブルの各百分率インピーダンスは次のとおりとし、変圧器より電源側及びその他記載の無いインピーダンスは無視するものとする。

変圧器の百分率抵抗降下1.4〔%〕及び百分率リアクタンス降下2.0〔%〕

ケーブルの百分率抵抗降下8.8〔%〕及び百分率リアクタンス降下2.8〔%〕

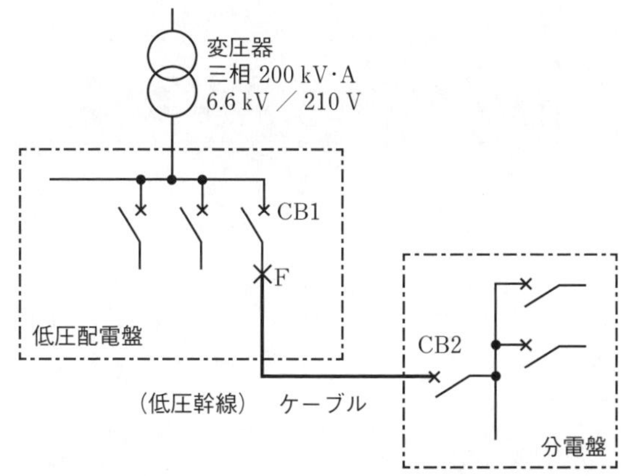



(a) F点における三相短絡電流〔kA〕の値として、最も近いのは次のうちどれか。

(1) 20　(2) 23　(3) 26　(4) 31　(5) 35

(b) 配線用遮断器CB1及びCB2の遮断容量〔kA〕の値として、最も適切な組み合わせは次のうちどれか。

ただし、CB1とCB2は、三相短絡電流の値の直近上位の遮断容量〔kA〕の配線用遮断器を選択するものとする。

| | CB1の遮断容量〔kA〕 | CB2の遮断容量〔kA〕 |
|---|---|---|
| (1) | 5 | 2.5 |
| (2) | 10 | 2.5 |
| (3) | 22 | 5 |
| (4) | 25 | 5 |
| (5) | 35 | 10 |

# 096 保護継電器・高調波に関する計算

テキスト LESSON 44

難易度 高 中 低　R4上 A問題 問10

過電流継電器(以下「OCR」という。)と真空遮断器(以下「VCB」という。)との連動動作試験を行う。保護継電器試験機からOCRに動作電流整定タップ3Aの300%(9A)を入力した時点から、VCBが連動して動作するまでの時間を計測する。保護継電器試験機からの電流は、試験機→OCR→試験機へと流れ、OCRが動作すると、試験機→OCR→VCB(トリップコイルの誘導性リアクタンスは10 Ω)→試験機へと流れる(図)。保護継電器試験機において可変抵抗$R$〔Ω〕をタップを切り換えて調整し、可変単巻変圧器を操作して試験電圧$V$〔V〕を調整して、電流計が必要な電流値(9A)を示すように設定する(この設定中は、OCRが動作しないようにOCRの動作ロックボタンを押しておく)。図のOCR内の※で示した接点は、OCRが動作した時に開き、それによりトリップコイルに電流が流れる(VCBは変流器二次電流による引外し方式)。図のVCBは、コイルに3.0A以上の電流(定格開路制御電流)が流れないと正常に動作しないので、保護継電器試験機の可変抵抗$R$〔Ω〕の抵抗値を適正に選択しなければならない。選択可能な抵抗値〔Ω〕の中で、VCBが正常に動作することができる最小の抵抗値$R$〔Ω〕を次の(1)〜(5)のうちから一つ選べ。なお、OCRの内部抵抗、トリップコイルの抵抗及びその他記載のないインピーダンスは無視するものとする。

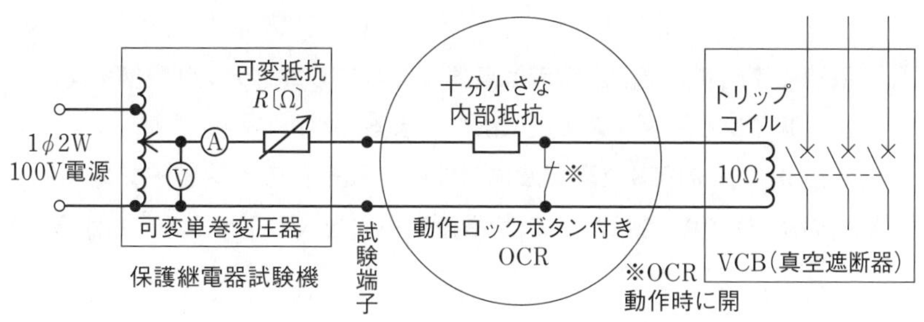


(1) 2　(2) 5　(3) 10　(4) 15　(5) 20

第6章 電気施設管理

# 097 保護継電器・高調波に関する計算

テキスト LESSON 44

難易度 高 中 低 R2 B問題 問13

図に示すように、高調波発生機器と高圧進相コンデンサ設備を設置した高圧需要家が配電線インピーダンス$Z_s$を介して6.6kV配電系統から受電しているとする。

コンデンサ設備は直列リアクトルSR及びコンデンサSCで構成されているとし、高調波発生機器からは第5次高調波電流$I_5$が発生するものとして、次の(a)及び(b)の問に答えよ。

ただし、$Z_s$、SR、SCの基本波周波数に対するそれぞれのインピーダンス$\dot{Z}_{S1}$、$\dot{Z}_{SR1}$、$\dot{Z}_{SC1}$の値は次のとおりとする。

$\dot{Z}_{S1} = j4.4\,\Omega$、$\dot{Z}_{SR1} = j33\,\Omega$、$\dot{Z}_{SC1} = -j545\,\Omega$

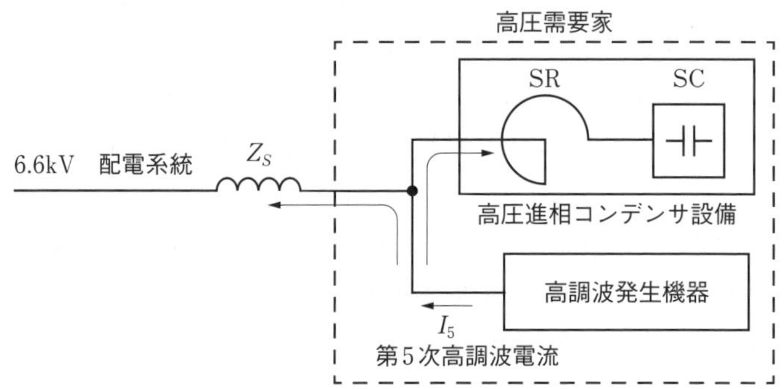


(a) 系統に流出する高調波電流は高調波に対するコンデンサ設備インピーダンスと配電線インピーダンスの値により決まる。

$Z_s$、SR、SCの第5次高調波に対するそれぞれのインピーダンス$\dot{Z}_{S5}$、$\dot{Z}_{SR5}$、$\dot{Z}_{SC5}$の値〔Ω〕の組合せとして、最も近いものを次の(1)～(5)のうちから一つ選べ。

| | $\dot{Z}_{S5}$ | $\dot{Z}_{SR5}$ | $\dot{Z}_{SC5}$ |
|---|---|---|---|
| (1) | $j22$ | $j165$ | $-j2725$ |
| (2) | $j9.8$ | $j73.8$ | $-j1218.7$ |
| (3) | $j9.8$ | $j73.8$ | $-j243.7$ |
| (4) | $j110$ | $j825$ | $-j21.8$ |
| (5) | $j22$ | $j165$ | $-j109$ |

(b)「高圧又は特別高圧で受電する需要家の高調波抑制対策ガイドライン」では需要家から系統に流出する高調波電流の上限値が示されており、6.6kV系統への第5次高調波の流出電流上限値は契約電力1kW当たり3.5mAとなっている。

今、需要家の契約電力が250kWとし、上記ガイドラインに従うものとする。

このとき、高調波発生機器から発生する第5次高調波電流$I_5$の上限値（6.6kV配電系統換算値）の値〔A〕として、最も近いものを次の(1)～(5)のうちから一つ選べ。

ただし、高調波発生機器からの高調波は第5次高調波電流のみとし、その他の高調波及び記載以外のインピーダンスは無視するものとする。

なお、上記ガイドラインの実際の適用に当たっては、需要形態による適用緩和措置、高調波発生機器の種類、稼働率などを考慮する必要があるが、ここではこれらは考慮せず流出電流上限値のみを適用するものとする。

(1) 0.6　(2) 0.8　(3) 1.0　(4) 1.2　(5) 2.2

# 098 電気施設管理その他

テキスト LESSON 45

難易度 高 (中) 低　R1 A問題 問10

次の文章は、電力の需給に関する記述である。

電気は　(ア)　とが同時的であるため、不断の供給を使命とする電気事業においては、常に変動する需要に対処しうる供給力を準備しなければならない。

しかし、発電設備は事故発生の可能性があり、また、水力発電所の供給力は河川流量の豊渇水による影響で変化する。一方、太陽光発電、風力発電などの供給力は天候により変化する。さらに、原子力発電所や火力発電所も定期検査などの補修作業のため一定期間の停止を必要とする。このように供給力は変動する要因が多い。他方、需要も予想と異なるおそれもある。

したがって、不断の供給を維持するためには、想定される　(イ)　に見合う供給力を保有することに加え、常に適量の　(ウ)　を保持しなければならない。

電気事業法に基づき設立された電力広域的運営推進機関は毎年、各供給区域(エリア)及び全国の供給力について需給バランス評価を行い、この評価を踏まえてその後の需給の状況を監視し、対策の実施状況を確認する役割を担っている。

上記の記述中の空白箇所(ア)、(イ)及び(ウ)に当てはまる組合せとして、正しいものを次の(1)〜(5)のうちから一つ選べ。

| | (ア) | (イ) | (ウ) |
|---|---|---|---|
| (1) | 発生と消費 | 最大電力 | 送電容量 |
| (2) | 発電と蓄電 | 使用電力量 | 送電容量 |
| (3) | 発生と消費 | 最大電力 | 供給予備力 |
| (4) | 発電と蓄電 | 使用電力量 | 供給予備力 |
| (5) | 発生と消費 | 使用電力量 | 供給予備力 |

# 099 電気施設管理その他

テキスト LESSON 45

難易度 高 中 低　H28 B問題 問12

「電気設備技術基準の解釈」に基づいて、使用電圧6600V、周波数50Hzの電路に接続する高圧ケーブルの交流絶縁耐力試験を実施する。次の(a)及び(b)の問に答えよ。

ただし、試験回路は図のとおりとする。高圧ケーブルは3線一括で試験電圧を印加するものとし、各試験機器の損失は無視する。また、被試験体の高圧ケーブルと試験用変圧器の仕様は次のとおりとする。

【高圧ケーブルの仕様】

ケーブルの種類：6600Vトリプレックス形架橋ポリエチレン絶縁ビニルシースケーブル(CVT)

公称断面積：100mm²、ケーブルのこう長：87m

1線の対地静電容量：0.45μF/km

【試験用変圧器の仕様】

定格入力電圧：AC 0–120V、定格出力電圧：AC 0–12000V

入力電源周波数：50Hz

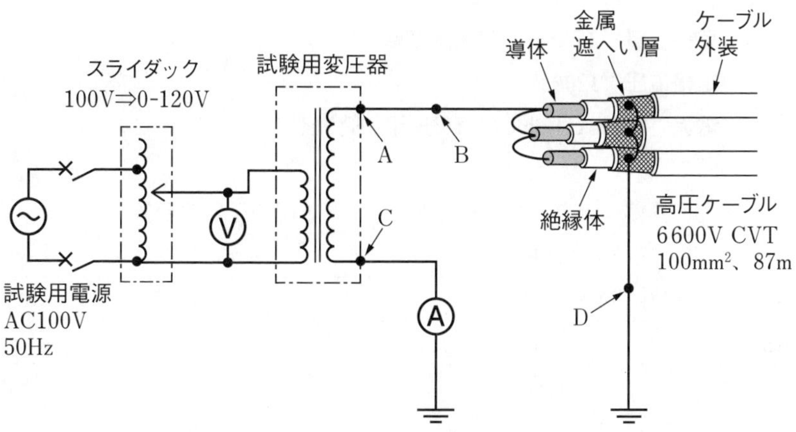

(a) この交流絶縁耐力試験に必要な皮相電力（以下、試験容量という。）の値〔kV･A〕として、最も近いものを次の(1)〜(5)のうちから一つ選べ。

(1) 1.4　(2) 3.0　(3) 4.0　(4) 4.8　(5) 7.0

(b) 上記(a)の計算の結果、試験容量が使用する試験用変圧器の容量よりも大きいことがわかった。そこで、この試験回路に高圧補償リアクトルを接続し、試験容量を試験用変圧器の容量より小さくすることができた。

このとき、同リアクトルの接続位置（図中のA〜Dのうちの2点間）と、試験用変圧器の容量の値〔kV･A〕の組合せとして、正しいものを次の(1)〜(5)のうちから一つ選べ。

ただし、接続する高圧補償リアクトルの仕様は次のとおりとし、接続する台数は1台とする。また、同リアクトルによる損失は無視し、A－B間に同リアクトルを接続する場合は、図中のA－B間の電線を取り除くものとする。

【高圧補償リアクトルの仕様】

定格容量：3.5kvar、定格周波数：50Hz

定格電圧：12000V

電流：292mA（12000V　50Hz印加時）

| | 高圧補償リアクトル接続位置 | 試験用変圧器の容量〔kV･A〕 |
|---|---|---|
| (1) | A－B 間 | 1 |
| (2) | A－C 間 | 1 |
| (3) | C－D 間 | 2 |
| (4) | A－C 間 | 2 |
| (5) | A－B 間 | 3 |

# 100 電気施設管理その他

テキスト LESSON 45

難易度 高 (中) 低

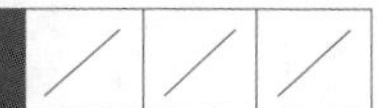


図は、高圧受電設備（受電電力500〔kW〕）の単線結線図の一部である。

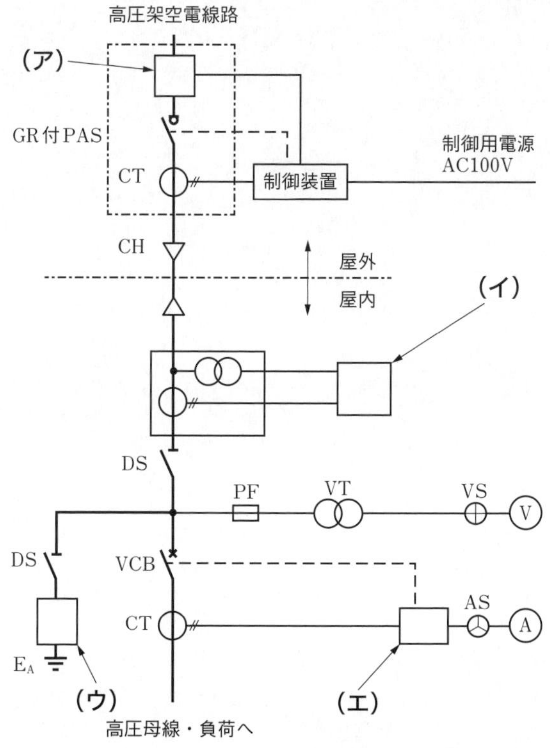


図の矢印で示す（ア）、（イ）、（ウ）及び（エ）に設置する機器及び計器の名称（略号を含む）の組合せとして、正しいものを次の(1)～(5)のうちから一つ選べ。

| | （ア） | （イ） | （ウ） | （エ） |
|---|---|---|---|---|
| (1) | ZCT | 電力量計 | 避雷器 | 過電流継電器 |
| (2) | VCT | 電力量計 | 避雷器 | 過負荷継電器 |
| (3) | ZCT | 電力量計 | 進相コンデンサ | 過電流継電器 |
| (4) | VCT | 電力計 | 避雷器 | 過負荷継電器 |
| (5) | ZCT | 電力計 | 進相コンデンサ | 過負荷継電器 |

# 索引

## 英字・記号



## あ



## い



## う



## え



## お

## か



## き



## く

## す



## せ



## そ



## た

## と

memo

memo

memo

memo

memo

memo

**●法改正・正誤等の情報につきましては、下記「ユーキャンの本」ウェブサイト内「追補（法改正・正誤）」をご覧ください。**
https://www.u-can.co.jp/book/information

**●本書の内容についてお気づきの点は**
・「ユーキャンの本」ウェブサイト内「よくあるご質問」をご参照ください。
https://www.u-can.co.jp/book/faq
・郵送・FAXでのお問い合わせをご希望の方は、書名・発行年月日・お客様のお名前・ご住所・FAX番号をお書き添えの上、下記までご連絡ください。
【郵送】〒169-8682 東京都新宿北郵便局 郵便私書箱第2005号
ユーキャン学び出版 電験三種資格書籍編集部
【FAX】03-3350-7883
◎より詳しい解説や解答方法についてのお問い合わせ、他社の書籍の記載内容等に関しては回答いたしかねます。

**●お電話でのお問い合わせ・質問指導は行っておりません。**

# ユーキャンの電験三種 独学の法規 合格テキスト＆問題集

2024年4月19日 初 版 第1刷発行

編　者　ユーキャン電験三種試験研究会
発行者　品川泰一
発行所　株式会社 ユーキャン 学び出版
〒151-0053
東京都渋谷区代々木1-11-1
Tel 03-3378-1400

編　集　株式会社 東京コア

発売元　株式会社 自由国民社
〒171-0033
東京都豊島区高田3-10-11
Tel 03-6233-0781（営業部）

印刷・製本　カワセ印刷株式会社

※落丁・乱丁その他不良の品がありましたらお取り替えいたします。お買い求めの書店か自由国民社営業部（Tel 03-6233-0781）へお申し出ください。

 ISBN978-4-426-61531-4

ユーキャンの

# 電験三種

# 独学の法規

## 合格テキスト&問題集

# 問題集編 頻出過去問 100題

## 解答と解説

取り外せます

ユーキャンの電験三種
独学の法規
合格テキスト＆問題集

# 問題集編

## 頻出過去問 100 題

# 別冊 解答と解説

※解説の電気関係法規の条文は主に要点を抜粋したものです。

電気事業法施行規則第1条からの出題である。

(ア)**変電所**、(イ)**電線路**、(ウ)**開閉所**、(エ)**需要設備**となる。

**解答：(5)**

## 重要ポイント

**●電気事業法施行規則**

**第1条（定義）**

この省令において使用する用語は、電気事業法、電気事業法施行令及び電気設備に関する技術基準を定める省令において使用する用語の例による。

2　この省令において、次の各号に掲げる用語の意義は、それぞれ当該各号に定めるところによる。

一　「変電所」とは、構内以外の場所から伝送される電気を変成し、これを構内以外の場所に伝送するため、又は構内以外の場所から伝送される電圧10万V以上の電気を変成するために設置する変圧器その他の電気工作物の総合体（蓄電所を除く）をいう。

二　「送電線路」とは、発電所相互間、蓄電所相互間、変電所相互間、発電所と蓄電所との間、発電所と変電所との間又は蓄電所と変電所との間の電線路（専ら通信の用に供するものを除く。以下同じ。）及びこれに附属する開閉所その他の電気工作物をいう。

三　「配電線路」とは、発電所、蓄電所、変電所若しくは送電線路と需要設備との間又は需要設備相互間の電線路及びこれに附属する開閉所その他の電気工作物をいう。

四　「液化ガス」とは、通常の使用状態での温度における飽和圧力が196kPa以上であって、現に液体の状態であるもの又は圧力が196kPaにおける飽和温度が35度以下であって、現に液体の状態であるものをいう。

五　「導管」とは、燃料若しくはガス又は液化ガスを輸送するための管及びその附属機器であって、構外に施設するものをいう。

電気事業法第１条からの出題である。

(ア)**規制**、(イ)**公共**、(ウ)**環境**となる。

**解答：⑶**

**重要ポイント**

**●電気事業法**

**第1条（目的）**

この法律は、電気事業の運営を適正かつ合理的ならしめることによって、電気の使用者の利益を保護し、及び電気事業の健全な発達を図るとともに、電気工作物の工事、維持及び運用を規制することによって、公共の安全を確保し、及び環境の保全を図ることを目的とする。

電気事業法第28条の44、第31条からの出題である。

(ア)**業務規程**、(イ)**会員**、(ウ)**電気事業者**となる。

解答：(5)

**重要ポイント**

**●電気事業法**

**第28条の44（推進機関の指示）**

推進機関は、小売電気事業者である会員が営む小売電気事業、一般送配電事業者である会員が営む一般送配電事業、配電事業者である会員が営む配電事業又は特定送配電事業者である会員が営む特定送配電事業に係る電気の需給の状況が悪化し、又は悪化するおそれがある場合において、当該電気の需給の状況を改善する必要があると認めるときは、**業務規程**で定めるところにより、**会員**に対し、次に掲げる事項を指示することができる。

一　当該電気の需給の状況の悪化に係る会員に電気を供給すること。

**第31条（供給命令等）**

経済産業大臣は、電気の安定供給の確保に支障が生じ、又は生ずるおそれがある場合において公共の利益を確保するため特に必要があり、かつ、適切であると認めるときは**電気事業者**に対し、次に掲げる事項を命ずることができる。

一　小売電気事業者、一般送配電事業者、配電事業者又は特定送配電事業者に電気を供給すること。

## 004 電気事業法 第2条の2～第37条の2 R1 A問題 問1 テキスト LESSON 2など

電気事業法第２条、第２条の２、第２条の12、第３条からの出題である。

（ア）**一般**、（イ）**登録**、（ウ）**供給**、（エ）**託送**、（オ）**許可**となる。

**解答：(1)**

### 重要ポイント

**●電気事業法**

**第２条（定義）**

一　**小売供給**

一般の需要に応じ電気を供給することをいう。

八　**一般送配電事業**

自らが維持し、及び運用する送電用及び配電用の電気工作物によりその供給区域において託送供給及び電力量調整供給を行う事業（発電事業に該当する部分を除く。）をいい、当該送電用及び配電用の電気工作物により次に掲げる小売供給を行う事業（発電事業に該当する部分を除く。）を含むものとする。

※ここまでは、LESSON1で学んだ事項です。

**第２条の２（事業の登録）**

**小売電気事業**を営もうとする者は、経済産業大臣の**登録**を受けなければならない。

**第２条の12（供給能力の確保）**

**小売電気事業者**は、正当な理由がある場合を除き、その小売供給の相手方の電気の需要に応ずるために必要な**供給能力**を確保しなければならない。

**第３条（事業の許可）**

**一般送配電事業**を営もうとする者は、経済産業大臣の**許可**を受けなければならない。

電気事業法第43条、電気事業法施行規則第56条からの出題である。

(ア)**監督**、(イ)**従事**、(ウ)**5**、(エ)**5000**となる。

**解答：(4)**

**重要ポイント**

**●電気事業法**

**第43条（主任技術者）**

事業用電気工作物を設置する者は、事業用電気工作物の工事、維持及び運用に関する保安の監督をさせるため、主務省令で定めるところにより、主任技術者免状の交付を受けている者のうちから、主任技術者を選任しなければならない。

2　自家用電気工作物を設置する者は、前項の規定にかかわらず、主務大臣の許可を受けて、主任技術者免状の交付を受けていない者を主任技術者として選任することができる。

3　事業用電気工作物を設置する者は、主任技術者を選任したとき（前項の許可を受けて選任した場合を除く。）は、遅滞なく、その旨を主務大臣に届け出なければならない。これを解任したときも、同様とする。

4　主任技術者は、事業用電気工作物の工事、維持及び運用に関する保安の監督の職務を誠実に行わなければならない。

5　事業用電気工作物の工事、維持又は運用に従事する者は、主任技術者がその保安のためにする指示に従わなければならない。

**●電気事業法施行規則**

**第56条（免状の種類による監督の範囲）**

法第44条第5項の経済産業省令で定める事業用電気工作物の工事、維持及び運用の範囲は、次の表の左欄に掲げる主任技術者免状の種類に応じて、それぞれ同表の右欄に掲げるとおりとする。

| 主任技術者免状の種類 | 保安の監督をすることができる範囲 |
|---|---|
| 一　第1種電気主任技術者免状 | 事業用電気工作物の工事、維持及び運用 |
| 二　第2種電気主任技術者免状 | 電圧17万V未満の事業用電気工作物の工事、維持及び運用 |
| 三　第3種電気主任技術者免状 | 電圧5万V未満の事業用電気工作物（出力5000kW以上の発電所又は蓄電所を除く）の工事、維持及び運用 |
| 四～七は省略 | 省略 |

# 006 電気工作物① 第38条～第46条の23 H27 A問題 問1改 テキスト LESSON 3など

電気事業法第38条、電気事業法施行規則第48条からの出題である。

(ア)**小規模発電設備**、(イ)**600Vを超える**、(ウ)**構外**となる。

解答：(5)

## 重要ポイント

### ●自家用電気工作物の範囲

自家用電気工作物とは、電気事業法第38条で、一般送配電事業、送電事業、配電事業、特定送配電事業、発電事業(その事業の用に供する発電等用電気工作物が主務省令で定める要件に該当するもの)の用に供する電気工作物及び一般用電気工作物以外の電気工作物をいうと定義されており、次のようなものが該当します。

◎他の者から**600Vを超える電圧**で受電する電気工作物

◎**小規模発電設備**以外の発電用の設備と同一構内に設置する電気工作物

◎**構外**にわたる電線路(受電のための電線路は除く)を有する電気工作物

◎火薬類(煙火を除く)を製造する事業場の電気工作物

◎鉱山保安法施行規則が適用される石炭坑に設置する電気工作物

### ●電気事業法における電気工作物の分類

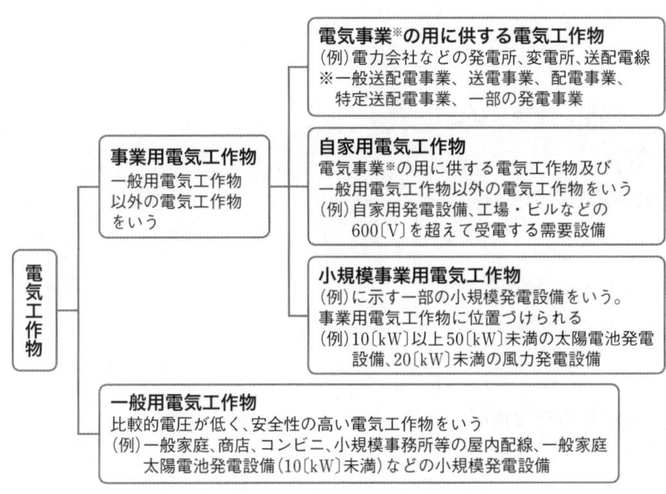

電気工作物
事業用電気工作物
一般用電気工作物以外の電気工作物をいう
電気事業※の用に供する電気工作物
(例)電力会社などの発電所、変電所、送配電線
※一般送配電事業、送電事業、配電事業、特定送配電事業、一部の発電事業
自家用電気工作物
電気事業※の用に供する電気工作物及び一般用電気工作物以外の電気工作物をいう
(例)自家用発電設備、工場・ビルなどの600〔V〕を超えて受電する需要設備
小規模事業用電気工作物
(例)に示す一部の小規模発電設備をいう。
事業用電気工作物に位置づけられる
(例)10〔kW〕以上50〔kW〕未満の太陽電池発電設備、20〔kW〕未満の風力発電設備
一般用電気工作物
比較的電圧が低く、安全性の高い電気工作物をいう
(例)一般家庭、商店、コンビニ、小規模事務所等の屋内配線、一般家庭太陽電池発電設備(10〔kW〕未満)などの小規模発電設備

電気事業法施行規則第50条第３項からの出題である。

（ア）**職務及び組織**、（イ）**保安教育**、（ウ）**巡視、点検**、（エ）**措置**、（オ）**記録**となる。

※問題文の「自家用電気工作物」は第50条第３項の「事業用電気工作物」に該当する。

**解答：(4)**

**重要ポイント**

**●電気事業法施行規則**

**第50条第３項（保安規程）**

一　事業用電気工作物の工事、維持又は運用に関する業務を管理する者の**職務及び組織**に関すること。

二　事業用電気工作物の工事、維持又は運用に従事する者に対する**保安教育**に関すること。

三　事業用電気工作物の工事、維持及び運用に関する保安のための**巡視、点検**及び検査に関すること。

四　事業用電気工作物の運転又は操作に関すること。

五　発電所又は蓄電所の運転を相当期間停止する場合における保全の方法に関すること。

六　災害その他非常の場合に採るべき**措置**に関すること。

七　事業用電気工作物の工事、維持及び運用に関する保安についての**記録**に関すること。

電気事業法第57条、第57条の2、第42条、第106条からの出題である。

(ア)**電線路維持運用者**、(イ)**登録調査機関**、(ウ)**保安規程**、(エ)**提出**となる。

**解答：(4)**

**重要ポイント**

**●電気事業法**

**第57条（調査の義務）**

一般用電気工作物と直接に電気的に接続する電線路を維持し、及び運用する者(以下「**電線路維持運用者**」という。)は、経済産業省令で定めるところにより、その一般用電気工作物が技術基準に適合しているかどうかを調査しなければならない。ただし、その一般用電気工作物の設置の場所に立ち入ることにつき、その所有者又は占有者の承諾を得ることができないときは、この限りでない。

**第57条の2（調査義務の委託）**

電線路維持運用者は、経済産業大臣の登録を受けた者(以下「**登録調査機関**」という。)に、その電線路維持運用者が維持し、及び運用する電線路と直接に電気的に接続する一般用電気工作物について、その一般用電気工作物が技術基準に適合しているかどうかを調査することを委託することができる。

**第42条（保安規程）**

事業用電気工作物(小規模事業用電気工作物を除く)を設置する者は、事業用電気工作物の工事、維持及び運用に関する保安を確保するため、主務省令で定めるところにより、保安を一体的に確保することが必要な事業用電気工作物の組織ごとに**保安規程**を定め、当該組織における事業用電気工作物の使用(第51条第1項又は第52条第1項の自主検査を伴うものにあっては、その工事)の開始前に、主務大臣に届け出なければならない。

**第106条（報告の徴収）**

6　経済産業大臣は、自家用電気工作物を設置する者、自家用電気工作物の保守点検を行った事業者又は**登録調査機関**に対し、その業務の状況に関し報告又は資料の**提出**をさせることができる。

電気事業法第38条、第53条からの出題である。

(ア)**一般用**、(イ)**一般用**、(ウ)**発電**、(エ)**使用の開始の後、遅滞なく**となる。

**解答：(2)**

## 重要ポイント

**●電気事業法**

**第38条**

この法律において「一般用電気工作物」とは、次に掲げる電気工作物であって、構内(これに準ずる区域内を含む。以下同じ。)に設置するものをいう。ただし、小規模発電設備(低圧(経済産業省令で定める電圧以下の電圧をいう。第一号において同じ。)の電気に係る発電用の電気工作物であって、経済産業省令で定めるものをいう。以下同じ。)以外の発電用の電気工作物と同一の構内に設置するもの又は爆発性若しくは引火性の物が存在するため電気工作物による事故が発生するおそれが多い場所として経済産業省令で定める場所に設置するものを除く。

一　電気を使用するための電気工作物であって、低圧受電電線路(当該電気工作物を設置する場所と同一の構内において低圧の電気を他の者から受電し、又は他の者に受電させるための電線路をいう。次号ロ及び第３項第一号ロにおいて同じ。)以外の電線路によりその構内以外の場所にある電気工作物と電気的に接続されていないもの

二　小規模発電設備であって、次のいずれにも該当するもの

イ　出力が経済産業省令で定める出力未満のものであること。

ロ　低圧受電電線路以外の電線路によりその構内以外の場所にある電気工作物と電気的に接続されていないものであること。

三　前二号に掲げるものに準ずるものとして経済産業省令で定めるもの

2　この法律において「事業用電気工作物」とは、一般用電気工作物以外の電気工作物をいう。

3　この法律において「小規模事業用電気工作物」とは、事業用電気工作物のうち、次に掲げる電気工作物であって、構内に設置するものをいう。ただし、第１項ただし書に規定するものを除く。

一　小規模発電設備であって、次のいずれにも該当するもの

イ　出力が第１項第二号イの経済産業省令で定める出力以上のものであること。

ロ　低圧受電電線路以外の電線路によりその構内以外の場所にある電気工作物と電気的に接続されていないものであること。

二　前号に掲げるものに準ずるものとして経済産業省令で定めるもの

4　この法律において「自家用電気工作物」とは、次に掲げる事業の用に供する電気工作物及び一般用電気工作物以外の電気工作物をいう。

一　一般送配電事業

二　送電事業

三　配電事業

四　特定送配電事業

五　発電事業であって、その事業の用に供する発電等用電気工作物が主務省令で定める要件に該当するもの

**第53条（自家用電気工作物の使用の開始）**

自家用電気工作物を設置する者は、その自家用電気工作物の使用の開始の後、遅滞なく、その旨を主務大臣に届け出なければならない。

電気関係報告規則第３条からの出題である。

（ア）**に入院**、（イ）**他の物件**、（ウ）**24**となる。

**解答：(4)**

## 重要ポイント

**●電気関係報告規則**

**第３条（事故報告）**

電気事業者又は自家用電気工作物を設置する者は、電気事業者にあっては電気事業の用に供する電気工作物（原子力発電工作物及び小規模事業用電気工作物を除く。）に関して、自家用電気工作物を設置する者にあっては自家用電気工作物に関して、次の表の事故の欄に掲げる事故が発生したときは、それぞれ同表の報告先の欄に掲げる者に報告しなければならない。この場合において、二以上の号に該当する事故であって報告先の欄に掲げる者が異なる事故は、経済産業大臣に報告しなければならない。

2　前項の規定による報告は、事故の発生を知った時から24時間以内可能な限り速やかに事故の発生の日時及び場所、事故が発生した電気工作物並びに事故の概要について、電話等の方法により行うとともに、事故の発生を知った日から起算して30日以内に様式第13の報告書を提出して行わなければならない。

| 事故 | 報告先 | |
|---|---|---|
| | 電気事業者 | 自家用電気工作物を設置する者 |
| 一　感電又は電気工作物の破損若しくは電気工作物の誤操作若しくは電気工作物を操作しないことにより人が死傷した事故（死亡又は病院若しくは診療所に入院した場合に限る。） | 電気工作物の設置の場所を管轄する産業保安監督部長 | 電気工作物の設置の場所を管轄する産業保安監督部長 |
| 二　電気火災事故（工作物にあっては、その半焼以上の場合に限る。） | | |
| 三　電気工作物の破損又は電気工作物の誤操作若しくは電気工作物を操作しないことにより、他の物件に損傷を与え、又はその機能の全部又は一部を損なわせた事故 | | |
| 十二　一般送配電事業者の一般送配電事業の用に供する電気工作物、配電事業者の配電事業の用に供する電気工作物又は特定送配電事業者の特定送配電事業の用に供する電気工作物と電気的に接続されている電圧3000V以上の自家用電気工作物の破損又は自家用電気工作物の誤操作若しくは自家用電気工作物を操作しないことにより一般送配電事業者、配電事業者又は特定送配電事業者に供給支障を発生させた事故 | | 電気工作物の設置の場所を管轄する産業保安監督部長 |
| 十四　第一号から前号までの事故以外の事故であって、電気工作物に係る社会的に影響を及ぼした事故<br>※第四号～第十一号及び第十三号は省略 | 電気工作物の設置の場所を管轄する産業保安監督部長 | 電気工作物の設置の場所を管轄する産業保安監督部長 |

電気関係報告規則第５条からの出題である。

(ア)**出力**、(イ)**電圧**、(ウ)**廃止**となる。

**解答：(5)**

**重要ポイント**

**●電気関係報告規則**

**第５条（自家用電気工作物を設置する者の発電所の出力の変更等の報告）**

自家用電気工作物(原子力発電工作物及び小規模事業用電気工作物を除く。)を設置する者は、次の場合は、遅滞なく、その旨を当該自家用電気工作物の設置の場所を管轄する産業保安監督部長に報告しなければならない。

一　発電所、蓄電所若しくは変電所の出力又は送電線路若しくは配電線路の電圧を変更した場合

二　発電所、蓄電所、変電所その他の自家用電気工作物を設置する事業場又は送電線路若しくは配電線路を廃止した場合

電気関係報告規則第3条(事故報告)に関する出題である。

(1) **該当する**。同第3条第1項第三号では、電気工作物の破損により、他の物件に損傷を与えた事故は報告しなければならないと定めている。また、同第3条第1項第十四号にある「社会的に影響を及ぼした事故」にも該当するので、やはり報告しなければならない。

(2) **該当する**。同第3条第1項第一号では、感電又は破損事故若しくは電気工作物の誤操作若しくは電気工作物を操作しないことにより人が死傷した事故(死亡又は病院若しくは診療所に入院した場合に限る)は報告しなければならないと定めている。

(3) **該当する**。同第3条第1項第二号では、電気火災事故(工作物にあっては、その半焼以上の場合に限る)の場合は報告しなければならないと定めている。

(4) **該当しない**。設問文は、誤操作による単なる誘導電動機の損壊であり、人の死傷や電気火災、また、他の物件に損傷を与えていない事故で、社会的な影響も及ぼしていない事故であるから、事故報告の必要はない。

(5) **該当する**。同第3条第1項第十二号では、電気事業者の電気事業の用に供する電気工作物と電気的に接続されている電圧3000〔V〕以上の自家用電気工作物の破損事故又は自家用電気工作物の誤操作若しくは自家用電気工作物を操作しないことにより電気事業者に供給支障を発生させた事故は報告しなければならないと定めている。

以上のことから、事故報告に該当しない(4)が正解となる。

**解答：(4)**

# 013 電気用品安全法

電気用品安全法第２条、第８条、第10条、第28条、電気用品安全法施行令第１条の２からの出題である。

（ア）特定、（イ）100、（ウ）輸入、（エ）〈PS〉E となる。

**解答：(4)**

## 重要ポイント

### ●電気用品安全法

**第２条（定義）**

この法律において「特定電気用品」とは、構造又は使用方法その他の使用状況からみて特に危険又は障害の発生するおそれが多い電気用品であって、政令で定めるものをいう。

**電気用品安全法施行令　第１条の２（特定電気用品）**

法第２条第２項の特定電気用品は、別表に掲げるとおりとする。

別表

| |
|---|
| 一　電線（定格電圧が100V以上600V以下のものに限る。）であって、次に掲げるもの |
| （一）　絶縁電線であって、次に掲げるもの（導体の公称断面積が100mm$^2$以下のものに限る。） |
| 1　ゴム絶縁電線（絶縁体が合成ゴムのものを含む。） |
| 2　合成樹脂絶縁電線（別表に掲げるものを除く。） |
| （二）　ケーブル（導体の公称断面積が22mm$^2$以下、線心が７本以下及び外装がゴム（合成ゴムを含む。）又は合成樹脂のものに限る。） |
| （三）　コード |
| （四）　キャブタイヤケーブル（導体の公称断面積が100mm$^2$以下及び線心が７本以下のものに限る。） |

**第８条（基準適合義務等）**

届出事業者は、第３条の規定による届出に係る型式の電気用品を製造し、又は輸入する場合においては、経済産業省令で定める技術上の基準に適合するようにしなければならない。

**第28条（使用の制限）**

電気事業者、自家用電気工作物を設置する者、電気工事士、特種電気工事資格者又は認定電気工事従事者は、第10条第１項の表示が付されているものでなければ、電気用品を電気工作物の設置又は変更の工事に使用してはならない。

※特定電気用品の記号（第10条第１項の経済産業省令で定める方式による記号）は、

または〈PS〉E（簡易記号）である。

電気用品安全法第２条からの出題である。

（ア）**器具**、（イ）**携帯発電機**、（ウ）**特定電気用品**、（エ）**障害**となる。

**解答：(2)**

**重要ポイント**

**●電気用品安全法**

**第２条（定義）**

この法律において「電気用品」とは、次に掲げる物をいう。

一　一般用電気工作物等（電気事業法第38条第1項に規定する一般用電気工作物及び同条第3項に規定する小規模事業用電気工作物をいう。）の部分となり、又はこれに接続して用いられる機械、**器具**又は材料であって、政令で定めるもの

二　**携帯発電機**であって、政令で定めるもの

三　蓄電池であって、政令で定めるもの

2　この法律において「**特定電気用品**」とは、構造又は使用方法その他の使用状況からみて特に危険又は**障害**の発生するおそれが多い電気用品であって、政令で定めるものをいう。

電気工事士法第１条、第３条、電気工事士法施行規則第２条の２、第２条の３からの出題である。

(ア) **欠陥**、(イ) **災害**、(ウ) **非常用予備発電装置工事**、(エ) **600**となる。

**解答：(4)**

**重要ポイント**

**●電気工事士法**

**第１条（目的）**

この法律は、電気工事の作業に従事する者の資格及び義務を定め、もって電気工事の欠陥による災害の発生の防止に寄与することを目的とする。

**第３条（電気工事士等）**

3　自家用電気工作物に係る電気工事のうち経済産業省令で定める特殊なもの(以下「特殊電気工事」という。)については、当該特殊電気工事に係る特種電気工事資格者認定証の交付を受けている者(以下「特種電気工事資格者」という。)でなければ、その作業(自家用電気工作物の保安上支障がないと認められる作業であって、経済産業省令で定めるものを除く。)に従事してはならない。

4　自家用電気工作物に係る電気工事のうち経済産業省令で定める簡易なもの(以下「簡易電気工事」という。)については、第１項の規定にかかわらず、認定電気工事従事者認定証の交付を受けている者(以下「認定電気工事従事者」という。)は、その作業に従事することができる。

**●電気工事士法施行規則**

**第２条の２（特殊電気工事）**

法第３条第３項の自家用電気工作物に係る電気工事のうち経済産業省令で定める特殊なものは、次のとおりとする。

一　ネオン用として設置される分電盤、主開閉器(電源側の電線との接続部分を除く。)、タイムスイッチ、点滅器、ネオン変圧器、ネオン管及びこれらの附属設備に係る電気工事(以下「ネオン工事」という。)

二　非常用予備発電装置として設置される原動機、発電機、配電盤(他の需要設備との間の電線との接続部分を除く。)及びこれらの附属設備に係る電気工事(以下「**非常用予備発電装置工事**」という。)

2　法第３条第３項の自家用電気工作物の保安上支障がないと認められる作業であって、経済産業省令で定めるものは、特種電気工事資格者が従事する特殊電気工事の作業を補助する作業とする。

**第２条の３（簡易電気工事）**

法第３条第４項の自家用電気工作物に係る電気工事のうち経済産業省令で定める簡易なものは、電圧**600**V以下で使用する自家用電気工作物に係る電気工事(電線路に係るものを除く。)とする。

### ●電気工事の種類と資格

電気工事士法でいう「電気工事」とは、一般用電気工作物等および最大電力500〔kW〕未満の自家用電気工作物の需要設備の設置工事、又は変更工事と定められている。また、電気工作物の種類と範囲に応じて従事できる電気工事の資格が、次表のように定められている。

電気工作物と資格

<table>
<tr><th>電気工作物</th><th colspan="2">従事できる電気工事</th><th>資格</th></tr>
<tr><td rowspan="4">※自家用<br>電気工作物</td><td colspan="2">最大電力500〔kW〕未満の需要設備<br>(配電設備も含まれる)</td><td>第一種電気工事士</td></tr>
<tr><td rowspan="2">特殊<br>電気工事</td><td>ネオン工事</td><td rowspan="2">特種電気工事資格者</td></tr>
<tr><td>非常用予備発電装置工事</td></tr>
<tr><td>簡易<br>電気工事</td><td>600〔V〕以下の電気設備の工事</td><td>第一種電気工事士<br>認定電気工事従事者</td></tr>
<tr><td>一般用<br>電気工作物等</td><td colspan="2">主に一般住宅の屋内配線や屋側(おくそく)配線等</td><td>第一種電気工事士<br>第二種電気工事士</td></tr>
</table>

※発電所、蓄電所、変電所、最大電力500〔kW〕以上の需要設備、送電線路及び保安通信設備は、自家用電気工作物から除かれる

注意

電気工事士法における自家用電気工作物とは、最大電力500〔kW〕未満の需要設備であって、電気事業法での自家用電気工作物とは対象範囲が異なる。注意しよう。

# 016 電気工事士法

H22 A問題 問2改 テキスト LESSON 7など

電気事業法第38条、電気工事士法第2条、電気工事士法施行規則第1条の2からの出題である。

(ア)**最大電力500〔kW〕以上**、(イ)**送電線路**、(ウ)**保安通信設備**となる。

**解答：(1)**

## 重要ポイント

### ●電気工事士法に基づく自家用電気工作物とは

電気事業法に規定する自家用電気工作物から、発電所、蓄電所、変電所、**最大電力500〔kW〕以上**の需要設備、**送電線路**及び**保安通信設備**を除いたものをいう。

なお、電気事業法に規定する自家用電気工作物とは、電気事業の用に供する電気工作物及び一般用電気工作物以外の電気工作物をいう。

### ●電気事業法

**第38条（定義）**

4　この法律において「自家用電気工作物」とは、次に掲げる事業の用に供する電気工作物及び一般用電気工作物以外の電気工作物をいう。

一　一般送配電事業

二　送電事業

三　配電事業

四　特定送配電事業

五　発電事業であって、その事業の用に供する発電等用電気工作物が主務省令で定める要件に該当するもの

### ●電気工事士法

**第2条（用語の定義）**〈要点抜粋〉

この法律において「一般用電気工作物等」とは、電気事業法（昭和39年法律第170号）第38条第1項に規定する一般用電気工作物をいう。

2　この法律において「自家用電気工作物」とは、電気事業法第38条第4項に規定する自家用電気工作物（小規模事業用電気工作物及び発電所、変電所、最大電力500〔kW〕以上の需要設備（電気を使用するために、その使用の場所と同一の構内（発電所又は変電所の構内を除く。）に設置する電気工作物（同法第2条第1項第18号に規定する電気工作物をいう。）の総合体をいう。）その他の経済産業省令で定めるものを除く。）をいう。

### ●電気工事士法施行規則

**第1条の2（自家用電気工作物から除かれる電気工作物）**

法第2条第2項の経済産業省令で定める自家用電気工作物は、発電所、蓄電所、変電所、**最大電力500〔kW〕以上**の需要設備、**送電線路**（発電所相互間、蓄電所相互間、変電所相互間、発電所と蓄電所との間、発電所と変電所との間又は蓄電所と変電所との間の電線路（専ら通信の用に供するものを除く。以下同じ。）及びこれに附属する開閉所その他の電気工作物をいう。）及び**保安通信設備**とする。

電気工事業の業務の適正化に関する法律(以下、電気工事業法と略す)第２条、第３条、第24条、第25条、第26条からの出題である。

⑴ **誤り**。電気工事業法第２条より、電気工事業とは**電気工事士法**に規定する電気工事であって、電気事業法に規定する電気工事ではない。また、電気工事業法第３条には「電気工事業を営もうとする者は、経済産業大臣又は都道府県知事の登録を受けなければならない」とある。

したがって、「経済産業大臣の事業許可を受けなければならない。」という記述は**誤り**である。

⑵ **正しい**。電気工事業法第3条には「登録電気工事業者の登録の**有効期間は5年**とする。」とある。

したがって、「**有効期間**がある」という記述は**正しい**。

⑶⑷⑸の記述は、第24条、第25条、第26条により**正しい**。

**解答：⑴**

**重要ポイント**

**●電気工事業法**

**第２条（定義）**

この法律において「電気工事」とは、**電気工事士法**に規定する電気工事をいう。

２　この法律において「電気工事業」とは、電気工事を行う事業をいう。

５　この法律において「一般用電気工作物等」とは**電気工事士法**に規定する一般用電気工作物等を、「自家用電気工作物」とは**電気工事士法**に規定する自家用電気工作物をいう。

**第３条（登録）**

電気工事業を営もうとする者は、２以上の都道府県の区域内に営業所を設置してその事業を営もうとするときは**経済産業大臣**の、１の都道府県の区域内にのみ営業所を設置してその事業を営もうとするときは当該営業所の所在地を管轄する**都道府県知事**の**登録**を受けなければならない。

２　登録電気工事業者の登録の**有効期間は、5年**とする。

**第24条（器具の備付け）**

電気工事業者は、その営業所ごとに、絶縁抵抗計その他の経済産業省令で定める器具を備えなければならない。

**第25条（標識の掲示）**

電気工事業者は、経済産業省令で定めるところにより、その営業所及び電気工事の施工場所ごとに、その見やすい場所に、氏名又は名称、登録番号その他の経済産業省令で定める事項を記載した標識を掲げなければならない。

**第26条（帳簿の備付け等）**

電気工事業者は、経済産業省令で定めるところにより、その営業所ごとに帳簿を備え、その業務に関し経済産業省令で定める事項を記載し、これを保存しなければならない。

電気工事業法第２条及び第２条に関連する第3条、第17条の２からの出題である。

(ア)登録、(イ)**都道府県知事**、(ウ)**電気工事士法**となる。

**解答：(3)**

**重要ポイント**

**●電気工事業法**

**第２条（定義）**

２　この法律において「電気工事業」とは、電気工事を行う事業をいう。

３　この法律において「登録電気工事業者」とは次条第１項又は第３項の登録を受けた者を、「通知電気工事業者」とは第17条の２第１項の規定による通知をした者を、「電気工事業者」とは登録電気工事業者及び通知電気工事業者をいう。

５　この法律において「自家用電気工作物」とは**電気工事士法第２条第２項に規定する自家用電気工作物**をいう。

**第３条（登録）**

電気工事業を営もうとする者は、２以上の都道府県の区域内に営業所を設置してその事業を営もうとするときは経済産業大臣の、１の都道府県の区域内にのみ営業所を設置してその事業を営もうとするときは当該営業所の所在地を管轄する**都道府県知事**の**登録**を受けなければならない。

３　前項の有効期間の満了後引き続き電気工事業を営もうとする者は、更新の登録を受けなければならない。

**第17条の２（電気工事業の開始の通知等）**

自家用電気工作物に係る電気工事のみに係る電気工事業を営もうとする者は、経済産業省令で定めるところにより、その事業を開始しようとする日の10日前までに、２以上の都道府県の区域内に営業所を設置してその事業を営もうとするときは経済産業大臣に、１の都道府県の区域内にのみ営業所を設置してその事業を営もうとするときは当該営業所の所在地を管轄する都道府県知事にその旨を通知しなければならない。

**●登録電気工事業者と通知電気工事業者の違い**

| | 登録電気工事業者 | 通知電気工事業者 |
|---|---|---|
| 作業可能な電気工作物 | 一般用電気工作物等<br>自家用電気工作物 | 自家用電気工作物 |
| 登録・通知の別 | 登録（有効期間5年） | 10日前までに通知 |
| 登録・通知先 | 2つ以上の都道府県に営業所…経済産業大臣<br>1つの都道府県に営業所………都道府県知事 | |

※自家用電気工作物は、電気工事士法で規定する自家用電気工作物である
（電気事業法に規定する自家用電気工作物ではない）

電気事業法第26条、電気事業法施行規則第38条、電気設備技術基準(以下、「電技」と略す)第2条からの出題である。

(ア)**6**、(イ)**20**、(ウ)**750**、(エ)**600**、(オ)**7000**となる。

**解答：(4)**

### ! 重要ポイント

**●電気事業法**

**第26条（電圧及び周波数）**

一般送配電事業者は、その供給する電気の電圧及び周波数の値を経済産業省令で定める値に維持するように努めなければならない。

**●電気事業法施行規則**

**第38条（電圧及び周波数の値）**

法第26条第1項の経済産業省令で定める電圧の値は、その電気を供給する場所において次の表の左欄に掲げる標準電圧に応じて、それぞれ同表の右欄に掲げるとおりとする。

| 標準電圧 | 維持すべき値 |
|---|---|
| 100V | 101Vの上下**6V**を超えない値 |
| 200V | 202Vの上下**20V**を超えない値 |

2　法第26条第1項の経済産業省令で定める周波数の値は、その者が供給する電気の標準周波数に等しい値とする。

**●電技**

**第2条（電圧の種別等）**

電圧は、次の区分により低圧、高圧及び特別高圧の3種とする。

一　**低圧**　直流にあっては**750V**以下、交流にあっては**600V**以下のもの

二　**高圧**　直流にあっては**750V**を、交流にあっては**600V**を超え、**7000V**以下のもの

三　**特別高圧**　**7000V**を超えるもの

(1)～(5)の順番に、電技第４条、第５条、第８条、第16条、第18条からの出題である。なお、第16条、第18条については次のLESSON11で学ぶ。

(1)、(3)、(4)、(5)の記述は**正しい**。

(2)は**誤り**。記述中、「落雷」は誤りで「**混触**」が正しい。また「便宜上」は誤りで「**保安上**」が正しい。

**解答：(2)**

**重要ポイント**

**●電技**

**第４条（電気設備における感電、火災等の防止）**

電気設備は、感電、火災その他人体に危害を及ぼし、又は物件に損傷を与えるおそれがないように施設しなければならない。

**第５条（電路の絶縁）**

電路は、大地から絶縁しなければならない。ただし、構造上やむを得ない場合であって通常予見される使用形態を考慮し危険のおそれがない場合、又は混触による高電圧の侵入等の異常が発生した際の危険を回避するための接地その他の保安上必要な措置を講ずる場合は、この限りでない。

**第８条（電気機械器具の熱的強度）**

電路に施設する電気機械器具は、通常の使用状態においてその電気機械器具に発生する熱に耐えるものでなければならない。

**第16条（電気設備の電気的、磁気的障害の防止）**

電気設備は、他の電気設備その他の物件の機能に電気的又は磁気的な障害を与えないように施設しなければならない。

**第18条（電気設備による供給支障の防止）**

高圧又は特別高圧の電気設備は、その損壊により一般送配電事業者又は配電事業者の電気の供給に著しい支障を及ぼさないように施設しなければならない。

電技第10条、第11条からの出題である。

(ア)**電位上昇**、(イ)**接地**、(ウ)**大地に通ずる**となる。

解答：(4)

**重要ポイント**

●**電技**

**第10条（電気設備の接地）**

電気設備の必要な箇所には、異常時の電位上昇、高電圧の侵入等による感電、火災その他人体に危害を及ぼし、又は物件への損傷を与えるおそれがないよう、**接地**その他の適切な措置を講じなければならない。ただし、電路に係る部分にあっては、第５条第１項の規定に定めるところによりこれを行わなければならない。

**第11条（電気設備の接地の方法）**

電気設備に接地を施す場合は、電流が安全かつ確実に**大地に通ずる**ことができるようにしなければならない。

電技第19条からの出題である。

(ア)**火力**、(イ)**直接**、(ウ)**を助長し又は誘発**、(エ)**絶縁油**となる。

b．中性点直接接地式は、187〔kV〕以上の超高圧送電線路に採用されている。

変圧器は大容量であり、地絡事故などのアークエネルギーにより変圧器が破損し、絶縁油が流出することも考えられる。このような場合に備えて、油流出防止装置の施設を義務付けている。

d．PCB(ポリ塩化ビフェニル)を含有した絶縁油は絶縁性が高く熱にも安定しているため、変圧器やコンデンサに広く使用されていた。しかし、発ガン性があるなど人体に対し有害であることがわかり、現在では製造・輸入・使用が原則禁止されている。

また、現在使用中のPCBを含む電気機械器具については、定められた期限までに処分するよう経済産業省及び環境省より通知されている。

**解答：(5)**

**重要ポイント**

**●電技**

**第19条（公害等の防止）**

発電用**火力**設備に関する技術基準を定める省令第4条第1項及び第2項の規定は、変電所、開閉所若しくはこれらに準ずる場所に設置する電気設備又は電力保安通信設備に附属する電気設備について準用する。

10　中性点**直接**接地式電路に接続する変圧器を設置する箇所には、絶縁油の構外への流出及び地下への浸透を防止するための措置が施されていなければならない。

13　急傾斜地の崩壊による災害の防止に関する法律第3条第1項の規定により指定された急傾斜地崩壊危険区域(以下「急傾斜地崩壊危険区域」という。)内に施設する発電所、蓄電所又は変電所、開閉所若しくはこれらに準ずる場所の電気設備、電線路又は電力保安通信設備は、当該区域内の急傾斜地(同法第2条第1項の規定によるものをいう。)の崩壊を**助長し又は誘発**するおそれがないように施設しなければならない。

14　ポリ塩化ビフェニルを含有する**絶縁油**を使用する電気機械器具及び電線は、電路に施設してはならない。

# 023 総則③ 第16条～第19条

H24 A問題 問3　テキスト LESSON 11など

電気事業法第１条、電技第19条、大気汚染防止法第27条からの出題である。

a．**適切**

電気事業法第１条の条文に相当する。

b．**適切**

電気工作物のばい煙の排出に関する規制については、大気汚染防止法第27条により、大気汚染防止法から適用除外され、電気事業法の相当規定によることとなっている。

c．**不適切**

電技第19条では次のように規定している。

PCB（ポリ塩化ビフェニル）使用電気機械器具について、現に施設した当該機器は、定められた期限までに処分しなければならない。これを流用、転用して施設することは当然できない。

これに対して、設問文の記述は「ただし、この規制が施行された時点で現に電路に施設されていたもの（PCB使用機器）は、一度取り外しても、それを流用、転用するため新たに電路に施設することができる」としているので、c.は不適切である。

**解答：(2)**

**重要ポイント**

**●電気事業法**

**第一条（目的）**

この法律は、電気事業の運営を適正かつ合理的ならしめることによって、電気の使用者の利益を保護し、及び電気事業の健全な発達を図るとともに、電気工作物の工事、維持及び運用を規制することによって、公共の安全を確保し、及び環境の保全を図ることを目的とする。

**●電技**

**第19条（公害等の防止）**

発電用火力設備に関する技術基準を定める省令第４条第１項及び第２項の規定は、変電所、開閉所若しくはこれらに準ずる場所に設置する電気設備又は電力保安通信設備に附属する電気設備について準用する。

14　ポリ塩化ビフェニルを含有する絶縁油を使用する電気機械器具及び電線は、電路に施設してはならない。

**●大気汚染防止法**

**第27条（適用除外等）**

電気事業法に規定する電気工作物において発生し、又は飛散するばい煙等を排出し、又は飛散させる者については、大気汚染防止法の規定を適用せず、電気事業法の相当規定の定めるところによる。

電技第22条からの出題である。

**電技　第22条（低圧電線路の絶縁性能）**

低圧電線路中絶縁部分の電線と大地との間及び電線の線心相互間の絶縁抵抗は、使用電圧に対する漏えい電流が最大供給電流の1/2000を超えないようにしなければならない。

(a) 電技第22条は、電線1条について許容される漏えい電流について述べたものである。

設問文では単相3線式架空電線路であるから電線が3条となり、このときに許容される漏えい電流$I_g$は最大供給電流を$I_m$〔A〕とすると、次式で表される。

$$I_g = I_m \times \frac{1}{2000} \times 3 \text{〔A〕} \cdots\cdots ①$$

式①の値は、図aのように電線3条分を一括したときの許容される漏えい電流の値になる。

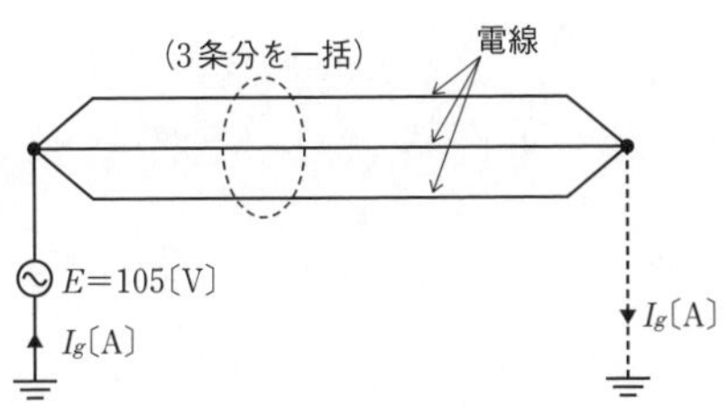


図a　低圧電線の3条分を一括したときの回路

最大供給電流$I_m$〔A〕は、変圧器容量50〔kV·A〕$50 \times 10^3$〔V·A〕を使用電圧210〔V〕で除して求める。

$$I_m = 50 \times 10^3 \times \frac{1}{210} \fallingdotseq 238.1 \text{〔A〕} \cdots\cdots ②$$

式①に式②の値を代入すると、許容される漏えい電流$I_g$は、

$$I_g = 238.1 \times \frac{1}{2000} \times 3 \fallingdotseq \mathbf{0.357} \text{〔A〕（答）}$$

**解答：(a)－(3)**

(b) 1線当たりの許容される漏れ電流は$\frac{I_g}{3}$になることから、図bより、1線当たりの許容される絶縁抵抗の最小値$R$は、

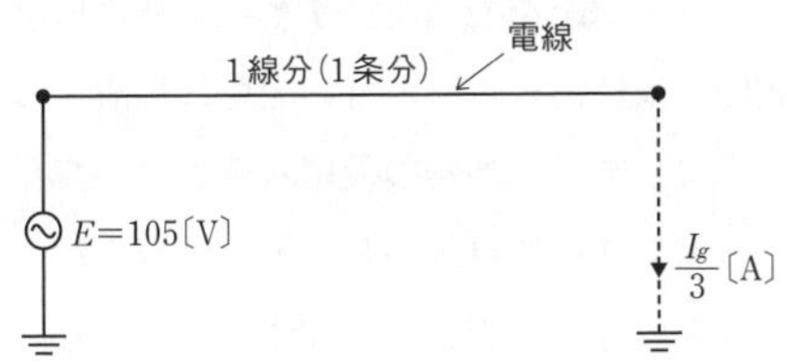


図b　低圧電線の1線分（1条分）の回路

$$R = \frac{105}{\frac{I_g}{3}} = \frac{105}{\frac{0.357}{3}}$$

$$\fallingdotseq 882.35 \rightarrow \mathbf{883} \text{〔Ω〕（答）}$$

**解答：(b)－(3)**

電技第27条の2からの出題である。

（ア）**磁束密度**、（イ）**商用周波数**、（ウ）**200μT**、（エ）**往来が少ない**となる。

**解答：(4)**

## ! 重要ポイント

### ●電技

#### 第27条の2（電気機械器具等からの電磁誘導作用による人の健康影響の防止）

変圧器、開閉器その他これらに類するもの又は電線路を発電所、蓄電所、変電所、開閉所及び需要場所以外の場所に施設するに当たっては、通常の使用状態において、当該電気機械器具等からの電磁誘導作用により人の健康に影響を及ぼすおそれがないよう、当該電気機械器具等のそれぞれの付近において、人によって占められる空間に相当する空間の磁束密度の平均値が、商用周波数において200μT以下になるように施設しなければならない。ただし、田畑、山林その他の人の往来が少ない場所において、人体に危害を及ぼすおそれがないように施設する場合は、この限りでない。

電技第27条の2からの出題である。

(ア)**人**、(イ)**健康**、(ウ)**磁束密度**、(エ)**200μT**となる。

解答：(4)

**重要ポイント**

●電技

**第27条の2（電気機械器具等からの電磁誘導作用による人の健康影響の防止）**

2　変電所又は開閉所は、通常の使用状態において、当該施設からの電磁誘導作用により人の健康に影響を及ぼすおそれがないよう、当該施設の付近において、人によって占められる空間に相当する空間の磁束密度の平均値が、商用周波数において200μT以下になるように施設しなければならない。ただし、田畑、山林その他の人の往来が少ない場所において、人体に危害を及ぼすおそれがないように施設する場合は、この限りでない。

電技第32条からの出題である。

(ア)**引張荷重**、(イ)**40**、(ウ)**気象**、(エ)**2分の1**となる。

解答：(3)

**重要ポイント**

**●電技**

**第32条（支持物の倒壊の防止）**

架空電線路又は架空電車線路の支持物の材料及び構造(支線を施設する場合は、当該支線に係るものを含む。)は、その支持物が支持する電線等による**引張荷重**、10分間平均で風速**40**m／秒の風圧荷重及び当該設置場所において通常想定される地理的条件、**気象**の変化、振動、衝撃その他の外部環境の影響を考慮し、倒壊のおそれがないよう、安全なものでなければならない。ただし、人家が多く連なっている場所に施設する架空電線路にあっては、その施設場所を考慮して施設する場合は、10分間平均で風速**40**m／秒の風圧荷重の**1/2**の風圧荷重を考慮して施設することができる。

電技第30条、第47条からの出題である。

(ア)**接近**、(イ)**アーク放電**、(ウ)**他の電線等の管理者の承諾を得た**、(エ)**防火措置**となる。

**解答：(2)**

**重要ポイント**

●**電技**

**第30条（地中電線等による他の電線及び工作物への危険の防止）**

地中電線、屋側電線及びトンネル内電線その他の工作物に固定して施設する電線は、他の電線、弱電流電線等又は管(他の電線等という。以下この条において同じ。)と**接近**し、又は交さする場合には、故障時の**アーク放電**により他の電線等を損傷するおそれがないように施設しなければならない。ただし、感電又は火災のおそれがない場合であって、**他の電線等の管理者の承諾**を得た場合は、この限りでない。

**第47条（地中電線路の保護）**

地中電線路は、車両その他の重量物による圧力に耐え、かつ、当該地中電線路を埋設している旨の表示等により掘削工事からの影響を受けないように施設しなければならない。

2　地中電線路のうちその内部で作業が可能なものには、**防火措置**を講じなければならない。

電技第49条からの出題である。

(ア)**変電所**、(イ)**配電用変圧器**、(ウ)**過電流遮断器**、(エ)**供給**、(オ)**需要場所**となる。

**解答：(2)**

**重要ポイント**

●**電技**

**第49条（高圧及び特別高圧の電路の避雷器等の施設）**

雷電圧による電路に施設する電気設備の損壊を防止できるよう、当該電路中次の各号に掲げる箇所又はこれに近接する箇所には、避雷器の施設その他の適切な措置を講じなければならない。ただし、雷電圧による当該電気設備の損壊のおそれがない場合は、この限りでない。

一　発電所、蓄電所又は**変電所**若しくはこれに準ずる場所の架空電線引込口及び引出口

二　架空電線路に接続する**配電用変圧器**であって、**過電流遮断器**の設置等の保安上の保護対策が施されているものの高圧側及び特別高圧側

三　高圧又は特別高圧の架空電線路から**供給**を受ける**需要場所**の引込口

電技第46条からの出題である。

（ア）**制御**、（イ）**知識及び技能**、（ウ）**これと同一の構内**、（エ）**停止**となる。

解答：(2)

**重要ポイント**

**●電技**

**第46条（常時監視をしない発電所等の施設）**

異常が生じた場合に人体に危害を及ぼし、若しくは物件に損傷を与えるおそれがないよう、異常の状態に応じた**制御**が必要となる発電所、又は一般送配電事業若しくは配電事業に係る電気の供給に著しい支障を及ぼすおそれがないよう、異常を早期に発見する必要のある発電所であって、発電所の運転に必要な**知識及び技能**を有する者が当該発電所又は**これと同一の構内**において常時監視をしないものは、施設してはならない。ただし、発電所の運転に必要な知識及び技能を有する者による当該発電所又はこれと同一の構内における常時監視と同等な監視を確実に行う発電所であって、異常が生じた場合に安全かつ確実に停止することができる措置を講じている場合は、この限りでない。

2　前項に掲げる発電所以外の発電所、蓄電所又は変電所（これに準ずる場所であって、100000Vを超える特別高圧の電気を変成するためのものを含む。以下この条において同じ。）であって、発電所、蓄電所又は変電所の運転に必要な**知識及び技能**を有する者が当該発電所若しくは**これと同一の構内**、蓄電所又は変電所において常時監視をしない発電所、蓄電所又は変電所は、非常用予備電源を除き、異常が生じた場合に安全かつ確実に**停止**することができるような措置を講じなければならない。

電技第45条からの出題である。

(ア)**短絡電流**、(イ)**負荷を遮断**、(ウ)**非常調速装置**となる。

解答：(2)

## 重要ポイント

**●電技**

**第45条（発電機等の機械的強度）**

発電機、変圧器、調相設備並びに母線及びこれを支持するがいしは、**短絡電流**により生ずる機械的衝撃に耐えるものでなければならない。

2　水車又は風車に接続する発電機の回転する部分は、**負荷を遮断**した場合に起こる速度に対し、蒸気タービン、ガスタービン又は内燃機関に接続する発電機の回転する部分は、**非常調速装置**及びその他の非常停止装置が動作して達する速度に対し、耐えるものでなければならない。

3　発電用火力設備に関する技術基準を定める省令(平成９年通商産業省令第51号)第13条第２項の規定は、蒸気タービンに接続する発電機について準用する。

電技第58条からの出題である。

(ア)**電路**、(イ)**過電流遮断器**、(ウ)**300**、(エ)**対地電圧**、(オ)**0.4**となる。

解答：(2)

**重要ポイント**

●電技

第58条（低圧の電路の絶縁性能）

電気使用場所における使用電圧が低圧の電路の電線相互間及び電路と大地との間の絶縁抵抗は、開閉器又は過電流遮断器で区切ることのできる電路ごとに、次の表の左欄に掲げる電路の使用電圧の区分に応じ、それぞれ同表の右欄に掲げる値以上でなければならない。

| 電路の使用電圧の区分 | | 絶縁抵抗値 |
|---|---|---|
| 300V以下 | 対地電圧（接地式電路においては電線と大地との間の電圧、非接地式電路においては電線間の電圧をいう。以下同じ。）が150V以下の場合 | 0.1MΩ |
| | その他の場合 | 0.2MΩ |
| 300Vを超えるもの | | 0.4MΩ |

電技第57条からの出題である。

(ア)**裸電線**、(イ)**接触電線**、(ウ)**電圧**となる。

**解答：(5)**

**重要ポイント**

**●電技**

**第57条（配線の使用電線）**

配線の使用電線(裸電線及び特別高圧で使用する接触電線を除く。)には、感電又は火災のおそれがないよう、施設場所の状況及び電圧に応じ、使用上十分な強度及び絶縁性能を有するものでなければならない。

2　配線には、裸電線を使用してはならない。ただし、施設場所の状況及び電圧に応じ、使用上十分な強度を有し、かつ、絶縁性がないことを考慮して、配線が感電又は火災のおそれがないように施設する場合は、この限りでない。

3　特別高圧の配線には、接触電線を使用してはならない。

電技第67条からの出題である。

(ア)**接触電線**、(イ)**電波**、(ウ)**継続的**となる。

解答：(5)

**重要ポイント**

●**電技**

**第67条（電気機械器具又は接触電線による無線設備への障害の防止）**

電気使用場所に施設する電気機械器具又は接触電線は、電波、高周波電流等が発生することにより、無線設備の機能に継続的かつ重大な障害を及ぼすおそれがないように施設しなければならない。

設問(1)は電技第63条第1項から、設問(2)は電技第63条第2項から、設問(3)は電技第65条から、設問(4)は電技第64条から、設問(5)は電技第66条からの出題である。

(1) **適切**。電技第63条第1項の規定により、低圧の幹線から分岐して電気機械器具に至る低圧の電路において、短絡事故により過電流が生じるおそれがない場合は、過電流遮断器を施設しなくてもよいとされている。

**電技 第63条第1項（過電流からの低圧幹線等の保護措置）**

低圧の幹線、低圧の幹線から分岐して電気機械器具に至る低圧の電路及び引込口から低圧の幹線を経ないで電気機械器具に至る低圧の電路（以下この条において「幹線等」という。）には、適切な箇所に開閉器を施設するとともに、過電流が生じた場合に当該幹線等を保護できるよう、過電流遮断器を施設しなければならない。ただし、**当該幹線等における短絡事故により過電流が生じるおそれがない場合は、この限りでない。**

(2) **不適切**。電技第63条第2項の規定により、出退表示灯の損傷によって公共の安全の確保に支障を及ぼすおそれがある場合は、過電流遮断器を施設しなければならない。

**電技 第63条第2項（過電流からの低圧幹線等の保護措置）**

2 交通信号灯、出退表示灯その他の損傷により公共の安全の確保に支障を及ぼすおそれがあるものに電気を供給する電路には、過電流による過熱焼損からそれらの電線及び電気機械器具を保護できるよう、**過電流遮断器を施設しなければならない。**

(3) **適切**。電技第65条の規定により、屋内に施設する出力が0.2kW以下の電動機には、過電流遮断器の施設をしなくてもよいとされている。

**電技 第65条（電動機の過負荷保護）**

屋内に施設する電動機（**出力が0.2kW以下のものを除く。**この条において同じ。）には、過電流による当該電動機の焼損により火災が発生するおそれがないよう、過電流遮断器の施設その他の適切な措置を講じなければならない。ただし、電動機の構造上又は負荷の性質上電動機を焼損するおそれがある過電流が生じるおそれがない場合は、この限りでない。

(4) **適切**。電技第64条の規定により、プール用水中照明灯に電気を供給する電路に、地絡が生じた場合に、感電又は火災のおそれがないよう、地絡遮断器を施設しなければならない。

**電技　第64条（地絡に対する保護措置）**

ロードヒーティング等の電熱装置、プール用水中照明灯その他の一般公衆の立ち入るおそれがある場所又は絶縁体に損傷を与えるおそれがある場所に施設するものに電気を供給する電路には、地絡が生じた場合に、感電又は火災のおそれがないよう、**地絡遮断器の施設**その他の適切な措置を講じなければならない。

(5) **適切**。電技第66条の規定により、高圧の移動電線に電気を供給する電路には、地絡が生じた場合に、感電又は火災のおそれがないよう、地絡遮断器を施設しなければならない。

**電技　第66条（異常時における高圧の移動電線及び接触電線における電路の遮断）**

高圧の移動電線又は接触電線（電車線を除く。以下同じ。）に電気を供給する電路には、過電流が生じた場合に、当該高圧の移動電線又は接触電線を保護できるよう、過電流遮断器を施設しなければならない。

2　前項の電路には、地絡が生じた場合に、感電又は火災のおそれがないよう、**地絡遮断器の施設**その他の適切な措置を講じなければならない。

**解答：(2)**

電技第69条からの出題である。

(ア)**通常の使用**、(イ)**引火性**、(ウ)**石油類**、(エ)**製造**となる。

**解答：(4)**

## ! 重要ポイント

**●電技**

**第69条（可燃性のガス等により爆発する危険のある場所における施設の禁止）**

次の各号に掲げる場所に施設する電気設備は、通常の使用状態において、当該電気設備が点火源となる爆発又は火災のおそれがないように施設しなければならない。

一　可燃性のガス又は引火性物質の蒸気が存在し、点火源の存在により爆発するおそれがある場所

二　粉じんが存在し、点火源の存在により爆発するおそれがある場所

三　火薬類が存在する場所

四　セルロイド、マッチ、石油類その他の燃えやすい危険な物質を製造し、又は貯蔵する場所

電技第1条、解釈第1条からの出題である。

(ア)**架空引込線**、(イ)**引込口**、(ウ)**他の支持物**、(エ)**取付け点**、(オ)**連接引込線**となる。

**解答：(3)**

## 重要ポイント

### ●電技

**第1条（用語の定義）**

十七 「**連接引込線**」とは、一需要場所の引込線(架空電線路の支持物から他の支持物を経ないで需要場所の取付け点に至る架空電線(架空電線路の電線をいう。以下同じ。)及び需要場所の造営物(土地に定着する工作物のうち、屋根及び柱又は壁を有する工作物をいう。以下同じ。)の側面等に施設する電線であって、当該需要場所の引込口に至るものをいう。)から分岐して、支持物を経ないで他の需要場所の引込口に至る部分の電線をいう。

### ●解釈

**第1条（用語の定義）**

九 架空引込線 架空電線路の支持物から他の支持物を経ずに需要場所の取付け点に至る架空電線

十 **引込線** 架空引込線及び需要場所の造営物の側面等に施設する電線であって、当該需要場所の引込口に至るもの

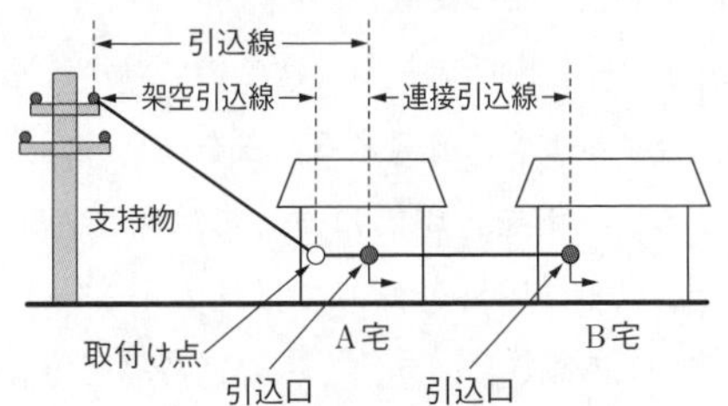


図a 架空引込線など

解釈第1条からの出題である。

(ア)**2.3**、(イ)**2.5**、(ウ)**金属管**、(エ)**1.8**、(オ)**2**となる。

**解答：(3)**

## ! 重要ポイント

**●解釈**

**第1条（用語の定義）**

三十六　接触防護措置　次のいずれかに適合するように施設することをいう。

イ　設備を、屋内にあっては床上**2.3m**以上、屋外にあっては地表上**2.5m**以上の高さに、かつ、人が通る場所から手を伸ばしても触れることのない範囲に施設すること。

ロ　設備に人が接近又は接触しないよう、さく、へい等を設け、又は設備を**金属管**に収める等の防護措置を施すこと。

三十七　簡易接触防護措置　次のいずれかに適合するように施設することをいう。

イ　設備を、屋内にあっては床上**1.8m**以上、屋外にあっては地表上**2m**以上の高さに、かつ、人が通る場所から容易に触れることのない範囲に施設すること。

ロ　設備に人が接近又は接触しないよう、さく、へい等を設け、又は設備を金属管に収める等の防護措置を施すこと。

解釈第12条からの出題である。

(ア)**増加**、(イ)**20**、(ウ)**ろう付け**、(エ)**絶縁効力**となる。

解答：(3)

**重要ポイント**

●解釈

第12条（電線の接続法）【省令第7条】

電線を接続する場合は、電線の電気抵抗を**増加**させないように接続するとともに、次の各号によること。

一　裸電線相互、又は裸電線と絶縁電線、キャブタイヤケーブル若しくはケーブルとを接続する場合は、次によること。

イ　電線の引張強さを**20**%以上減少させないこと。

ロ　接続部分には、接続管その他の器具を使用し、又は**ろう付け**すること。

二　絶縁電線相互又は絶縁電線とコード、キャブタイヤケーブル若しくはケーブルとを接続する場合は、前号の規定に準じるほか、次のいずれかによること。

イ　接続部分の絶縁電線の絶縁物と同等以上の**絶縁効力**のある接続器を使用すること。

ロ　接続部分をその部分の絶縁電線の絶縁物と同等以上の**絶縁効力**のあるもので十分に被覆すること。

解釈第16条、第46条からの出題である。

（ア）**1.5**、（イ）**1**、（ウ）**10**、（エ）**1500**となる。

太陽電池は直流を発生する発電装置である。絶縁耐力試験を直流で行う場合は、最大使用電圧の1.5倍、交流で行う場合は1倍（波高値は実効値の$\sqrt{2}$倍なので、実質的には1.414倍）と規定している。

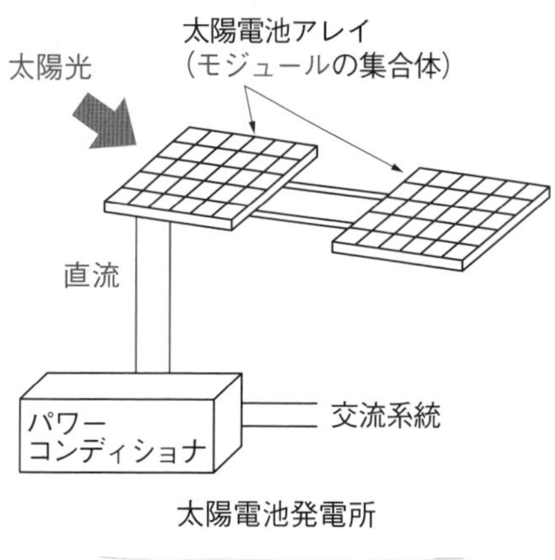

太陽電池発電所

**解答：(2)**

## 重要ポイント

●解釈

### 第16条（機械器具等の電路の絶縁性能）

【省令第５条第２項、第３項】

5　太陽電池モジュールは、次の各号のいずれかに適合する絶縁性能を有すること。

一　最大使用電圧の**1.5**倍の直流電圧又は**1**倍の交流電圧（500V未満となる場合は、500V）を充電部分と大地との間に連続して**10**分間加えたとき、これに耐える性能を有すること。

### 第46条（太陽電池発電所等の電線等の施設）【省令第４条】

太陽電池発電所に施設する高圧の直流電路の電線（電気機械器具内の電線を除く。）は、高圧ケーブルであること。ただし、取扱者以外の者が立ち入らないような措置を講じた場所において、次の各号に適合する太陽電池発電設備用直流ケーブルを使用する場合は、この限りでない。

一　使用電圧は、直流**1500**V以下であること。

二　構造は、絶縁物で被覆した上を外装で保護した電気導体であること。

解釈第15条に関連する出題である。

高圧及び特別高圧の電路の絶縁レベルは絶縁耐力で規定されており、解釈第15条では、電路の使用電圧に応じて、表1に示す値の電圧を電路と大地との間(多心ケーブルは、心線相互間及び心線と大地との間)に連続して10分間加えて絶縁耐力を試験したとき、これに耐えるものでなければならないと定められている。ただし、電線にケーブルを使用する交流の電路では、表1の試験電圧の2倍の直流電圧を加えてもよいことになっている。

ここで、試験電圧の算定の基礎となる最大使用電圧とは、一般的に1000〔V〕以下の電路ではその電路の公称電圧の1.15倍、1000〔V〕を超え、500000〔V〕未満の電路ではその電路の公称電圧の(1.15/1.1)倍とされている(LESSON17❶用語の定義参照)。

題意より、公称電圧は22000〔V〕なので、

$$最大使用電圧=公称電圧\times\frac{1.15}{1.1}$$

$$=22000\times\frac{1.15}{1.1}$$

$$=23000〔V〕$$

したがって、交流試験電圧は表1より23000V×1.25＝28750〔V〕となり、直流試験電圧の場合は2倍の試験電圧となるため、28750V×2＝57500〔V〕となる。また、各試験電圧の連続加圧時間は10分間となる。

これらのことを踏まえて各設問を検討すると、

(1) **誤り**。交流試験電圧は28750〔V〕である。

(2) **誤り**。直流試験電圧は57500〔V〕である。

(3) **誤り**。交流試験電圧28750〔V〕は正しいが、加圧時間は10分間である。

(4) **誤り**。直流試験電圧は57500〔V〕である。

(5) **正しい**。

**解答：(5)**

表1

| 電路の種類 | | 試験電圧 |
|---|---|---|
| 最大使用電圧が7000V以下の電路 | 交流の電路 | 最大使用電圧の1.5倍の交流電圧 |
| | 直流の電路 | 最大使用電圧の1.5倍の直流電圧又は1倍の交流電圧 |
| 最大使用電圧が7000Vを超え、60000V以下の電路 | 最大使用電圧が15000V以下の中性点接地式電路(中性線を有するものであって、その中性線に多重接地するものに限る。) | 最大使用電圧の0.92倍の電圧 |
| | 上記以外 | 最大使用電圧の1.25倍の電圧(10500V未満となる場合は、10500V) |

解釈第17条、第18条からの出題である。

(1) **誤り**。第17条より「**電気抵抗値が10Ω以下**」である場合はC種接地工事を施したものとみなし、省略できる。したがって、「電気抵抗値が80Ωであったので」という記述は誤りである。

(2) **誤り**。第17条より「**500Ω以下**」が正しく、「1200Ω」という記述は誤りである。

(3) **誤り**。第17条より「**直径1.6mm以上の軟銅線**」が正しく、「直径1.2mmの軟銅線」という記述は誤りである。

(4) **正しい**。第18条による。

(5) **誤り**。第18条より、**等電位ボンディング**を施さなければ接地極に使用できない。等電位ボンディングとは、導電性部分間において、その部分間に発生する電位差を軽減するために施す電気的接続をいう。

**解答：(4)**

## 重要ポイント

### ●接地工事の種類

| 接地工事の種類 | 接地抵抗値 | 接地線の種類 |
|---|---|---|
| A種接地工事 | 10〔Ω〕以下 | 引張強さ1.04〔kN〕以上の金属線又は直径2.6〔mm〕以上の軟銅線 |
| B種接地工事 | $\frac{150}{I_g}$〔Ω〕以下<br>$I_g$：1線地絡電流<br>(ただし1秒を超え2秒以内に自動的に電路を遮断する場合は300/$I_g$〔Ω〕以下、1秒以内に自動的に電路を遮断する場合は600/$I_g$〔Ω〕以下) | 引張強さ2.46〔kN〕以上の金属線又は直径4〔mm〕以上の軟銅線 |
| C種接地工事 | 10〔Ω〕以下<br>(低圧電路に地絡を生じた場合に、0.5秒以内に自動的に電路を遮断する場合は500〔Ω〕以下) | 引張強さ0.39〔kN〕以上の金属線又は直径1.6〔mm〕以上の軟銅線 |
| D種接地工事 | 100〔Ω〕以下<br>(低圧電路に地絡を生じた場合に、0.5秒以内に自動的に電路を遮断する場合は500〔Ω〕以下) | 引張強さ0.39〔kN〕以上の金属線又は直径1.6〔mm〕以上の軟銅線 |

### ●工作物の金属体を利用した接地工事

工作物の金属体を利用した接地工事について、次のように定められている。

建物の鉄骨又は鉄筋その他の金属体をA種、B種、C種、D種その他の接地工事の共用の接地極に使用する場合には、建物の鉄骨又は鉄筋コンクリートの一部を地中に埋設するとともに、等電位ボンディングを施すこと。

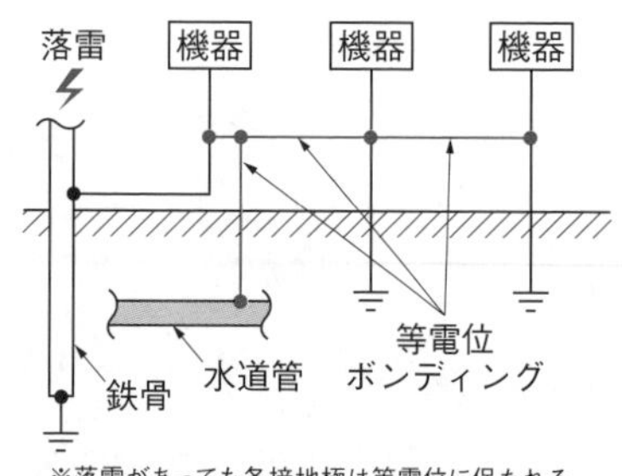


等電位ボンディング(イメージ)

(a) 解釈第17条より、B種接地工事の上限の接地抵抗値$R_{Bmax}$は、

$$R_{Bmax}=\frac{300}{I_g}=\frac{300}{5}=\mathbf{60}\,〔\Omega〕（答）$$

高低圧混触時に低圧電路の対地電圧が150Vを超えた場合に、1秒を超え2秒以内に自動的に高圧電路を遮断する装置が設けられているため

**解答：(a)－(4)**

(b) 図aに示すテブナン等価回路より、

$$\dot{I}_B=\frac{E}{R_B-jX_C}$$

$$I_B=\frac{E}{\sqrt{R_B{}^2+X_C{}^2}}$$

ここで、

$$E=\frac{200}{\sqrt{3}}〔\mathrm{V}〕$$

$$R_B=10〔\Omega〕$$

$$X_C=\frac{1}{3\omega C}=\frac{1}{3\times2\pi fC}$$

$$=\frac{1}{3\times2\pi\times50\times0.1\times10^{-6}}$$

$$\fallingdotseq10610〔\Omega〕$$

$0.1\mu\mathrm{F}\rightarrow0.1\times10^{-6}\mathrm{F}$

であるから、

$$I_B=\frac{\frac{200}{\sqrt{3}}}{\sqrt{10^2+10610^2}}\fallingdotseq\frac{115.47}{10610}$$

$$\fallingdotseq10.88\times10^{-3}〔\mathrm{A}〕$$

$\rightarrow$**11**〔mA〕（答）

図a　テブナン等価回路

**解答：(b)－(1)**

## ❗重要ポイント

### ●B種接地工事の接地抵抗値

**解釈　第17条**

B種接地抵抗値は、17-1表に規定する値以下であること。

17-1表

| 接地工事を施す変圧器の種類 | 当該変圧器の高圧側又は特別高圧側の電路と低圧側の電路との混触により、低圧電路の対地電圧が150Vを超えた場合に、自動的に高圧又は特別高圧の電路を遮断する装置を設ける場合の遮断時間 | 接地抵抗値（Ω） |
|---|---|---|
| 下記以外の場合 | | $150/I_g$ |
| 高圧又は35 000V以下の特別高圧の電路と低圧電路を結合するもの | 1秒を超え2秒以下 | $300/I_g$ |
| | 1秒以下 | $600/I_g$ |

（備考）$I_g$は、当該変圧器の高圧側又は特別高圧側の電路の1線地絡電流（単位：A）

### ●テブナン等価回路の導き方

①問題図の$R_B$の両端を開放し、両端をa、bとする。変圧器低圧側巻線（問題図では省略されている）の誘起電圧は、$V=200〔\mathrm{V}〕$であるから、ab間には$v$相の対地電圧$E=\frac{V}{\sqrt{3}}〔\mathrm{V}〕$が現れる。

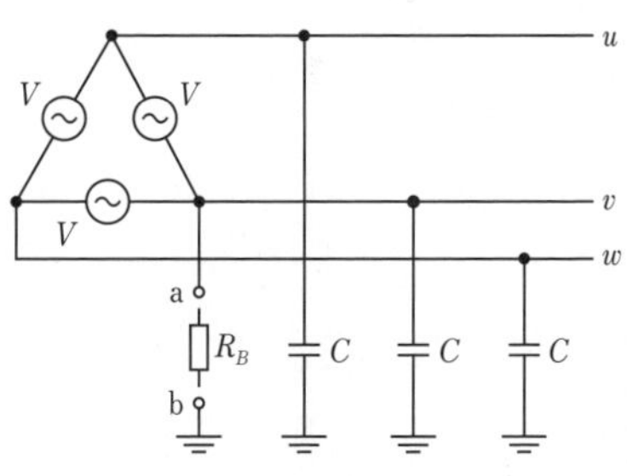


図b　$R_B$両端を開放

②ab間から電源側回路を見たリアクタンス$X_C$は、$C=0.1\times10^{-6}$Fの3つのコンデンサの並列回路となるので、

$$X_C=\frac{1}{3\omega C}\text{〔Ω〕}$$となる。

なお、このとき電源$V$は短絡して考えるので、回路の変形は図c（上図→下図）のように行う。

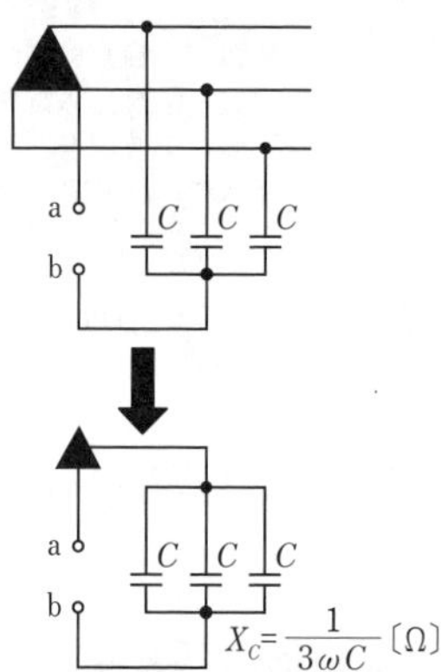


**図c　回路の変形（ab間から見た合成リアクタンス$X_C$）**

③ab間に再び$R_B$を接続したテブナン等価回路は解説で示した図aのようになり、

$$\dot{I}_B=\frac{E}{R_B-jX_C}$$

で求めることができる。

解釈第17条に関連する出題である。

(a) B種接地抵抗値$R_B$は、1秒を超え、2秒以下で遮断するので、次式で求めることができる。

$$R_B = \frac{300}{I_g} = \frac{300}{3} = \mathbf{100}\,[\Omega]\ (答)$$

**解答：(a)－(5)**

(b) 等価回路は図aのように表すことができる。

図aからD種接地抵抗値$R_D$は、次のように求めることができる。

$$\frac{100}{R_B + R_D} \times R_D \leqq 25$$

$$\frac{100}{100 + R_D} \times R_D \leqq 25$$

両辺に$(100 + R_D)$を掛ける。

$100R_D \leqq 25\,(100 + R_D)$

$100R_D \leqq 2500 + 25R_D$

$100R_D - 25R_D \leqq 2500$

$75R_D \leqq 2500$

$$R_D \leqq \frac{2500}{75} \fallingdotseq 33.33 \rightarrow \mathbf{30}\,[\Omega]\ (答)$$

注意
選択肢(5)の35〔Ω〕では、25〔V〕を超えてしまうので誤りである。

**解答：(b)－(4)**

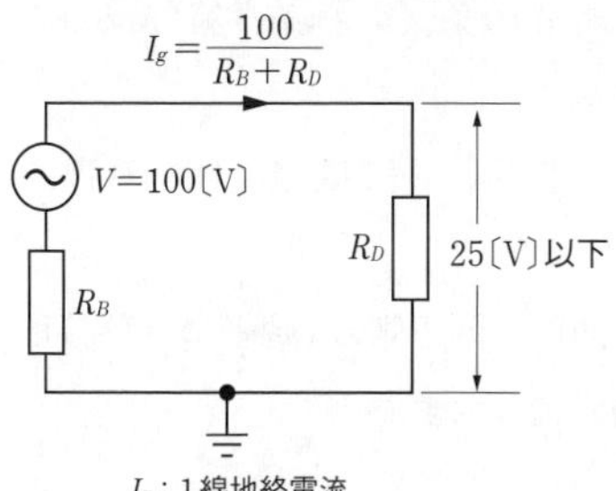


図a　1線地絡時の等価回路

解釈第19条、第24条、第28条からの出題である。

(ア)**使用**、(イ)**直流**、(ウ)**D種**、(エ)**150**となる。

次図に、低圧側の1端子にB種接地工事を施す例を示す。

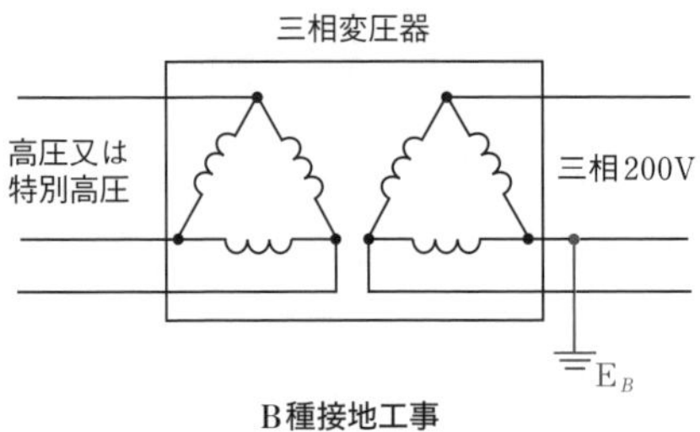


**B種接地工事**

**解答：(3)**

**重要ポイント**

●解釈

**第19条（保安上又は機能上必要な場合における電路の接地）**

電路の保護装置の確実な動作の確保、異常電圧の抑制又は対地電圧の低下を図るために必要な場合は、次の各号に掲げる場所に接地を施すことができる。

一　電路の中性点（**使用**電圧が300V以下の電路において中性点に接地を施し難いときは、電路の1端子）

二　特別高圧の**直流**電路

三　燃料電池の電路又はこれに接続する**直流**電路

6　電子機器に接続する使用電圧が**150V**以下の電路、その他機能上必要な場所において、電路に接地を施すことにより、感電、火災その他の危険を生じることのない場合には、電路に接地を施すことができる。

**第24条（高圧又は特別高圧と低圧との混触による危険防止施設）**

高圧電路又は特別高圧電路と低圧電路とを結合する変圧器には、次の各号によりB種接地工事を施すこと。

イ　低圧側の中性点

ロ　低圧電路の使用電圧が300V以下の場合において、接地工事を低圧側の中性点に施し難いときは、低圧側の1端子

**第28条（計器用変成器の2次側電路の接地）**

高圧計器用変成器の2次側電路には、**D**種接地工事を施すこと。

解釈第21条からの出題である。

(1) **適切**。高圧の機械器具を施設する場合は、「屋内であって、取扱者以外の者が出入りできないように措置した場所に施設すること。」と規定している。

(2) **適切**。高圧の機械器具を施設する場合は、工場等の構内では「人が触れるおそれがないように、機械器具の周囲に適当なさく、へい等を設けること。」と規定している。

(3) **不適切**。高圧の機械器具を施設する場合は、「機械器具をコンクリート製の箱又はD種接地工事を施した金属製の箱に収め、かつ、**充電部分が露出しないように施設する**こと。」と規定している。なお、充電部が露出していない機械器具には、簡易接触防護措置が許される。設問文では、高圧の機械器具に充電部が露出している部分がある。

したがって、記述内容は不適切である。

(4) **適切**。高圧の機械器具を施設する場合は、「機械器具に附属する高圧電線にケーブル又は引下げ用高圧絶縁電線を使用し、機械器具を人が触れるおそれがないように地表上4.5m(市街地外においては4m)以上の高さに施設すること。」と規定している。設問文では、高圧の機械器具を5mの高さに施設している。

(5) **適切**。高圧の機械器具を施設する場合は、「温度上昇により、又は故障の際に、その近傍の大地との間に生じる電位差により、人若しくは家畜又は他の工作物に危険のおそれがないように施設すること。」と規定している。

解答：(3)

解釈第29条からの出題である。

（ア）**2重絶縁の構造**、（イ）**絶縁変圧器**、（ウ）**15**、（エ）**0.1**となる。

**解答：(2)**

**重要ポイント**

●解釈

**第29条（機械器具の金属製外箱等の接地）**

電路に施設する機械器具の金属製の台及び外箱には、使用電圧の区分に応じ、下表に規定する接地工事を施すこと。

| 機械器具の使用電圧の区分 | | 接地工事 |
|---|---|---|
| 低圧 | 300V以下 | D種接地工事 |
| | 300V超過 | C種接地工事 |
| 高圧又は特別高圧 | | A種接地工事 |

2　機械器具が小規模発電設備である燃料電池発電設備である場合を除き、次の各号のいずれかに該当する場合は、第1項の規定によらないことができる。

〈省略〉

三　電気用品安全法の適用を受ける**2重絶縁の構造**の機械器具を施設する場合

四　低圧用の機械器具に電気を供給する電路の電源側に**絶縁変圧器**(2次側線間電圧が300V以下であって、容量が3kV·A以下のものに限る。)を施設し、かつ、当該絶縁変圧器の負荷側の電路を接地しない場合

五　水気のある場所以外の場所に施設する低圧用の機械器具に電気を供給する電路に、電気用品安全法の適用を受ける漏電遮断器(定格感度電流が**15**mA以下、動作時間が**0.1**秒以下の電流動作型のものに限る。)を施設する場合

解釈第17条、第18条、第28条からの出題である。

(1)、(3)、(4)、(5)の記述は**正しい**。

(2) **誤り**。解釈第28条では、次のように規定している。

> **解釈 第28条(計器用変成器の2次側電路の接地)**
>
> 高圧計器用変成器の2次側電路には、D種接地工事を施すこと。
>
> 2 特別高圧計器用変成器の2次側電路には、A種接地工事を施すこと。

設問文の22〔kV〕用計器用変成器は、高圧ではなく「特別高圧」に該当する。したがって、解釈第28条よりA種接地工事を施さなければならないので、設問文の記述は誤りである。

**解答:(2)**

解釈第17条、第29条及び第37条からの出題である。

(1)、(2)、(4)、(5)の記述は**適切**である。

(3) **誤り**。高圧架空電線路に施設されているPAS(VT・LA内蔵形)のLAの接地線及びPASの金属製外箱の接地端子には、**A種接地工事**を施さなければならない。したがって、「D種接地工事(接地抵抗値70Ω)を施した」という記述は**不適切**である。

**解答：(3)**

## 重要ポイント

電気機械器具の絶縁物が劣化すると、これらの劣化部分から漏電して外箱や鉄台が充電され、人が触れると感電するおそれがある。このため、感電防止策として外箱や鉄台を接地する。これらについて、次のように定められている。

●解釈

### 第29条(機械器具の金属製外箱等の接地)

電路に施設する機械器具の金属製の台及び外箱(以下この条において「金属製外箱等」という。)(外箱のない変圧器又は計器用変成器にあっては、鉄心)には、使用電圧の区分に応じ、次表に規定する接地工事を施すこと。ただし、外箱を充電して使用する機械器具に人が触れるおそれがないようにさくなどを設けて施設する場合又は絶縁台を設けて施設する場合は、この限りでない。

| 機械器具の使用電圧の区分 | | 接地工事 |
|---|---|---|
| 低圧 | 300V以下 | D種接地工事 |
| | 300V超過 | C種接地工事 |
| 高圧又は特別高圧 | | A種接地工事 |

なお、接地線の太さについては解釈第17条で、

A種は、直径**2.6mm**以上の軟銅線。なお、直径2.6mmの単線は、断面積5.5mm²のより線に相当する。

C種、D種は、直径**1.6mm**以上の軟銅線と定められている。

### 第37条(避雷器等の施設)

高圧及び特別高圧の電路中、次の各号に掲げる箇所又はこれに近接する箇所には、避雷器を施設し、避雷器にはA種接地工事を施すことと定められている。

①発電所、蓄電所又は変電所若しくはこれに準ずる場所の架空電線の引込口及び引出口

②架空電線路に接続する、配電用変圧器の高圧側及び特別高圧側

③高圧架空電線路から電気の供給を受ける受電電力が**500〔kW〕**以上の需要場所の引込口

④特別高圧架空電線路から電気の供給を受ける需要場所の引込口

解釈第37条からの出題である。

(1)、(3)、(4)、(5)の記述は**正しい**。

(2) **誤り**。「架空電線の引出口又はこれに近接する箇所には避雷器を施設することを要しない」という記述は**誤り**である。

解答：(2)

**重要ポイント**

●解釈

第37条（避雷器等の施設）

高圧及び特別高圧の電路中、次の各号に掲げる箇所又はこれに近接する箇所には、避雷器を施設し、避雷器にはA種接地工事を施すことと定められている。

①発電所、蓄電所又は変電所若しくはこれに準ずる場所の架空電線の引込口（需要場所の引込口を除く。）及び引出口

②架空電線路に接続する、配電用変圧器の高圧側及び特別高圧側

③高圧架空電線路から電気の供給を受ける受電電力が500〔kW〕以上の需要場所の引込口

④特別高圧架空電線路から電気の供給を受ける需要場所の引込口

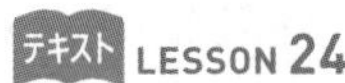


解釈第38条からの出題である。

(ア)**5**、(イ)**6**、(ウ)**禁止**、(エ)**施錠**となる。

**解答：(1)**

## ! 重要ポイント

●解釈

**第38条（発電所等への取扱者以外の者の立入の防止）**【省令第23条第1項】

高圧又は特別高圧の機械器具及び母線等（以下、この条において「機械器具等」という。）を屋外に施設する発電所、蓄電所又は変電所、開閉所若しくはこれらに準ずる場所（以下、この条において「発電所等」という。）は、次の各号により構内に取扱者以外の者が立ち入らないような措置を講じること。ただし、土地の状況により人が立ち入るおそれがない箇所については、この限りでない。

> 補足
> 「土地の状況により」とは、河川や岸壁のような、人が立ち入るおそれがない場所を指している。

一　さく、へい等を設けること。

二　特別高圧の機械器具等を施設する場合は、前号のさく、へい等の高さと、さく、へい等から充電部分までの距離との和は、38-1表に規定する値以上とすること。

38-1表

| 充電部分の使用電圧の区分 | さく、へい等の高さと、さく、へい等から充電部分までの距離との和 |
|---|---|
| 35000V以下 | 5m |
| 35000Vを超え160000V以下 | 6m |
| 160000V超過 | (6＋c)m |

（備考）cは、使用電圧と160000Vの差を10000Vで除した値（小数点以下を切り上げる。）に0.12を乗じたもの

三　出入口に立入りを**禁止**する旨を表示すること。

四　出入口に**施錠装置**を施設して**施錠**する等、取扱者以外の者の出入りを制限する措置を講じること。

解釈第42条からの出題である。

(ア)**過電流**、(イ)**低下**、(ウ)**水車**、(エ)**内部**となる。

解答：(1)

**重要ポイント**

●解釈

**第42条（発電機の保護装置）【省令第44条第1項】**

発電機には、次の各号に掲げる場合に、発電機を自動的に電路から遮断する装置を施設すること。

一　発電機に過電流を生じた場合

二　容量が500kV·A以上の発電機を駆動する水車の圧油装置の油圧又は電動式ガイドベーン制御装置、電動式ニードル制御装置若しくは電動式デフレクタ制御装置の電源電圧が著しく低下した場合

三　容量が100kV·A以上の発電機を駆動する風車の圧油装置の油圧、圧縮空気装置の空気圧又は電動式ブレード制御装置の電源電圧が著しく低下した場合

四　容量が2000kV·A以上の水車発電機のスラスト軸受の温度が著しく上昇した場合

五　容量が10000kV·A以上の発電機の内部に故障を生じた場合

六　定格出力が10000kWを超える蒸気タービンにあっては、そのスラスト軸受が著しく摩耗し、又はその温度が著しく上昇した場合

解釈第49条からの出題である。

(ア)**上方又は側方**、(イ)**3m**、(ウ)**切断**、(エ)**倒壊**、(オ)**接触する**となる。

**解答：(2)**

第1次接近状態は、支持物の地表上の高さに相当する距離以内をいい、電線から水平距離で3〔m〕未満の距離は除かれる。

また、第2次接近状態は、架空電線が他の工作物の上方や側方において水平距離で3〔m〕未満に施設される状態をいい、第1次接近状態よりも危険性が高くなる。

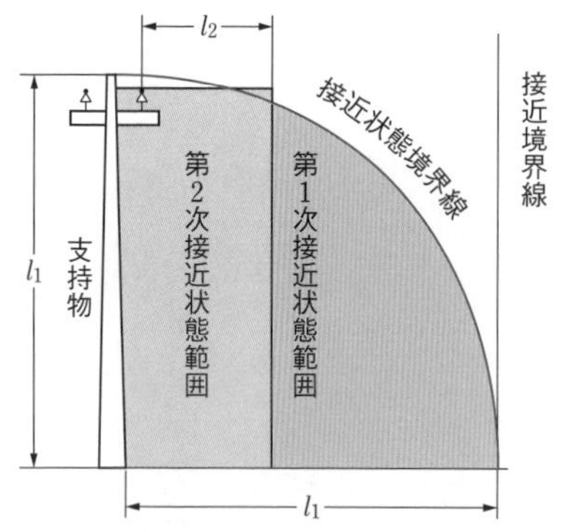


**図a 第1次接近状態と第2次接近状態**

## 重要ポイント

●解釈

**第49条（電線路に係る用語の定義）**

【省令第1条】

この解釈において用いる電線路に係る用語であって、次の各号に掲げるものの定義は、当該各号による。

〈省略〉

九 **第1次接近状態** 架空電線が、他の工作物と接近する場合において、当該架空電線が他の工作物の**上方又は側方**において、水平距離で**3m**以上、かつ、架空電線路の支持物の地表上の高さに相当する距離以内に施設されることにより、架空電線路の電線の**切断**、支持物の**倒壊**等の際に、当該電線が他の工作物に**接触する**おそれがある状態

十 **第2次接近状態** 架空電線が他の工作物と接近する場合において、当該架空電線が他の工作物の**上方又は側方**において水平距離で**3m**未満に施設される状態

十一 **接近状態** 第1次接近状態及び第2次接近状態

解釈第53条からの出題である。

(ア)1.8、(イ)内部に格納、(ウ)容易にとなる。

解答：(5)

**重要ポイント**

●解釈

**第53条（架空電線路の支持物の昇塔防止）**

【省令第24条】

架空電線路の支持物に取扱者が昇降に使用する足場金具等を施設する場合は、地表上1.8m以上に施設すること。ただし、次の各号のいずれかに該当する場合はこの限りでない。

一　足場金具等が内部に格納できる構造である場合

二　支持物に昇塔防止のための装置を施設する場合

三　支持物の周囲に取扱者以外の者が立ち入らないように、さく、へい等を施設する場合

四　支持物を山地等であって人が容易に立ち入るおそれがない場所に施設する場合

# 055 電線路① 第49条～第55条

H24 A問題 問7　テキスト LESSON 25

一般の公衆が容易に架空電線路の支持物に昇塔できると、充電部分に接触して感電墜落する事故が起こるおそれがある。これを防止するため、解釈第53条で次のように規定している。

**解釈　第53条（架空電線路の支持物の昇塔防止）**

架空電線路の支持物に取扱者が昇降に使用する足場金具等を施設する場合は、地表上1.8m以上に施設すること。ただし、次の各号のいずれかに該当する場合はこの限りでない。

一　**足場金具等が内部に格納できる構造である場合**

二　**支持物に昇塔防止のための装置を施設する場合**

三　**支持物の周囲に取扱者以外の者が立ち入らないように、さく、へい等を施設する場合**

四　**支持物を山地等であって人が容易に立ち入るおそれがない場所に施設する場合**

解釈第53条では、「架空電線路の支持物には、取扱者が昇降に使用する足場金具等を地表上1.8m以上に施設しなければならない」と規定している。しかし、例外規定として、「第一号から第四号に該当する場合は、足場金具等を1.8m未満に施設できる」としている。

(1)　監視装置を施設する場合は、上記条文の例外規定に該当しないので、**不適切**である。監視しても墜落を防止できるわけではない。

(2)　設問文は、上記条文の第一号の例外規定に該当するので、**適切**である。

(3)　設問文は、上記条文の第二号の例外規定に該当するので、**適切**である。

(4)　設問文は、上記条文の第三号の例外規定に該当するので、**適切**である。

(5)　設問文は、上記条文の第四号の例外規定に該当するので、**適切**である。

**解答：(1)**

解釈第61条に関する出題である。

(a) 図aのように、電線の水平張力$P$が15〔kN〕、支線の張力(許容引張荷重)を$T$〔kN〕とすると、

$P = T \times \sin\theta$〔kN〕……①

$$\sin\theta = \frac{4}{\sqrt{8^2+4^2}}$$

$$= \frac{4}{\sqrt{80}} \cdots\cdots ②$$

式①、②より、求める支線の張力$T$は、

$$T = \frac{P}{\sin\theta} = \frac{15}{\frac{4}{\sqrt{80}}} = \frac{15\times\sqrt{80}}{4}$$

$\fallingdotseq 33.5 \to$ **34**〔kN〕(答)

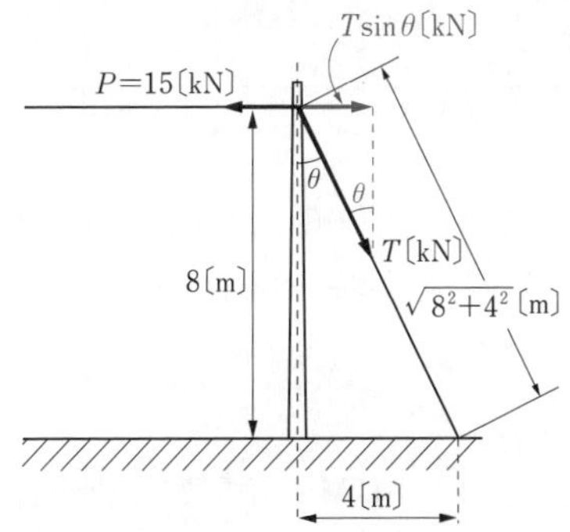


**図a　支線の強度計算**

**解答：(a)－(4)**

(b) 支線の素線の断面積$S$は、直径$d=2.9$mm(半径$r=1.45$mm)であるから、

$$S = \frac{\pi d^2}{4} = \frac{\pi\times 2.9^2}{4} \fallingdotseq 6.6〔\mathrm{mm}^2〕$$

または、

$$S = \pi r^2 = \pi\times 1.45^2 \fallingdotseq 6.6〔\mathrm{mm}^2〕$$

断面積$S=6.6$〔$\mathrm{mm}^2$〕の支線の素線1本(1条)当たりの引張強さ$t$〔kN〕は、

$t = 1.23$〔$\mathrm{kN/mm}^2$〕$\times S$〔$\mathrm{mm}^2$〕

$= 1.23\times 6.6 = 8.118$〔kN〕

先に求めた支線の張力$T=33.5$〔kN〕に安全率$f=1.5$を考慮した支線の素線必要本数(最少素線条数)$n$〔条〕は、

$$n \geqq \frac{fT}{t} = \frac{1.5\times 33.5}{8.118} \fallingdotseq 6.19$$

$\to$ **7**〔条〕(答)

(a) 1条の張力

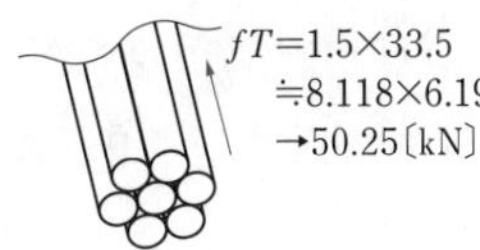


(b) 7条＞6.19条の張力

**図b　支線の張力(参考)**

**解答：(b)－(3)**

解釈第58条からの出題である。

適用する風圧荷重は、季節・場所(地方)ごとに、58-2表で、次のように定められている。

58-2表

| 季節 | 地方 | | 適用する風圧荷重 |
|---|---|---|---|
| 高温季 | 全ての地方 | | 甲種風圧荷重 |
| 低温季 | 氷雪の多い地方 | 海岸地その他の低温季に最大風圧を生じる地方 | 甲種風圧荷重又は乙種風圧荷重のいずれか大きいもの |
| | | 上記以外の地方 | 乙種風圧荷重 |
| | 氷雪の多い地方以外の地方 | | 丙種風圧荷重 |

**(a) 低温季における電線1条、長さ1m当たりの風圧荷重〔N〕について**

58-2表より、低温季において、氷雪の多い地方で、海岸地その他の低温季に最大風圧を生じる地方に設置した高圧架空電線路の電線に加わる風圧荷重は、甲種風圧荷重又は乙種風圧荷重のいずれか大きいものを採用する。

それぞれの風圧荷重の求め方は、解釈第58条第一号で次のように定められている。

●解釈

**第58条（架空電線路の強度検討に用いる荷重）**

一 **風圧荷重** 架空電線路の構成材に加わる風圧による荷重であって、次の規定によるもの

イ 風圧荷重の種類は、次によること。

（イ）**甲種風圧荷重** 58-1表に規定する構成材の垂直投影面に加わる圧力を基礎として計算したもの、又は風速40m/s以上を想定した風洞実験に基づく値より計算したもの

（ロ）**乙種風圧荷重** 架渉線の周囲に厚さ6mm、比重0.9の氷雪が付着した状態に対し、甲種風圧荷重の0.5倍を基礎として計算したもの

58-1表〈一部省略〉

| 風圧を受けるものの区分 | | 構成材の垂直投影面に加わる圧力 |
|---|---|---|
| 架渉線 | 多導体（構成する電線が2条ごとに水平に配列され、かつ、当該電線相互間の距離が電線の外径の20倍以下のものに限る。以下この条において同じ。）を構成する電線 | 880Pa |
| | その他のもの | 980Pa |

58-1表で、甲種風圧荷重は、多導体以外の電線の場合は、架渉線の「その他のもの」に該当し、垂直投影面積に加わる力は980〔Pa〕となる。

以上より、甲種風圧荷重及び乙種風圧荷重の値の求め方は、次のようになる。

- 甲種風圧荷重は、電線の垂直投影面積に圧力980〔Pa〕を掛けて求める。
- 乙種風圧荷重は、電線の周囲に厚さ6〔mm〕、比重0.9の氷雪が付着した状態の垂直投影面積に圧力490〔Pa〕（甲種風圧荷重の0.5倍）を掛けて求める。

それぞれの風圧荷重の値を求めると、次のようになる。

**①甲種風圧荷重$F_1$〔N〕について**

電線の垂直投影面積$S_1$は、

$S_1 = 15 \times 10^{-3}$〔m〕$\times 1$〔m〕

$= 15 \times 10^{-3}$〔m$^2$〕………①

電線に加わる圧力$P_1$は、

$P_1 = 980$〔Pa〕$= 980$〔N/m$^2$〕………②

式①、②より、甲種風圧荷重$F_1$〔N〕の値は、

$F_1 = S_1 \times P_1$

$= 15 \times 10^{-3}$〔m$^2$〕$\times 980$〔N/m$^2$〕

$= 14.7$〔N〕………③

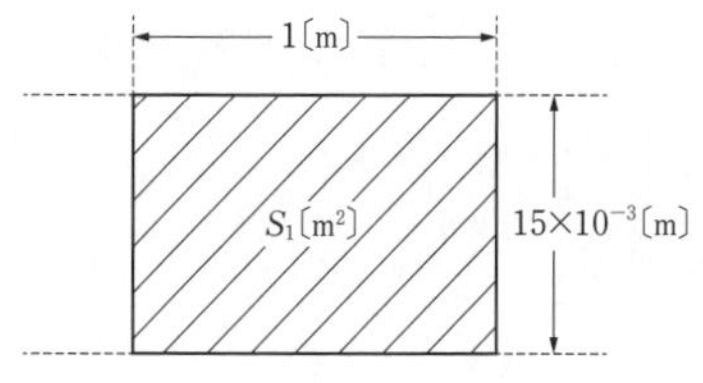


**図a　電線の垂直投影面積**

**②乙種風圧荷重$F_2$〔N〕について**

氷雪が付着した電線の垂直投影面積$S_2$は、

$S_2 = (6 + 15 + 6) \times 10^{-3}$〔m〕$\times 1$〔m〕

$= 27 \times 10^{-3}$〔m$^2$〕………④

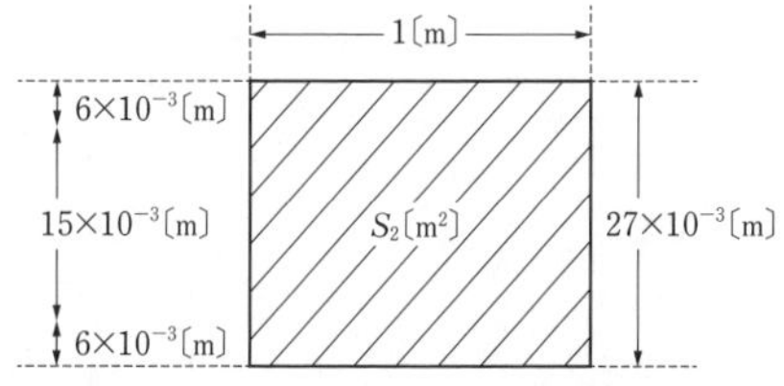


**図b　氷雪が付着した電線の垂直投影面積**

氷雪が付着した電線に加わる圧力$P_2$は、

$P_2 = 490$〔Pa〕$= 490$〔N/m$^2$〕………⑤

乙種風圧荷重$F_2$〔N〕の値は、

$F_2 = S_2 \times P_2$

$= 27 \times 10^{-3}$〔m$^2$〕$\times 490$〔N/m$^2$〕

$= 13.23$〔N〕………⑥

式③、⑥の値より、$F_1 > F_2$となるので、適用する風圧荷重は、甲種風圧荷重となる。

$F_1 = \mathbf{14.7}$〔N〕(答)

**解答：(a)−(3)**

**(b) 低温季において、乙種風圧荷重が適用される場合の電線の仕上り外径$d$(mm)について**

電線の仕上り外径$d$〔mm〕を含んだ甲種風圧荷重と乙種風圧荷重の式を求め、「乙種風圧荷重の式≧甲種風圧荷重の式」の関係が成立するときの$d$〔mm〕の最大値を求める。

それぞれの風圧荷重の式を求めると、次のようになる。

**①甲種風圧荷重$F_1'$〔N〕について**

電線の垂直投影面積$S_1'$及び加わる圧力$P_1'$は、

$S_1' = d \times 10^{-3}$〔m〕$\times 1$〔m〕

$= d \times 10^{-3}$〔m$^2$〕………⑦

$P_1' = 980$〔Pa〕$= 980$〔N/m$^2$〕………⑧

甲種風圧荷重$F_1'$〔N〕の値は、

$F_1' = S_1' \times P_1'$

$= d \times 10^{-3}$〔m$^2$〕$\times 980$〔N/m$^2$〕

$= 0.98d$〔N〕………⑨

**②乙種風圧荷重$F_2'$〔N〕について**

氷雪が付着した電線の垂直投影面積$S_2'$及び加わる圧力$P_2'$は、

$S_2' = (6 + d + 6) \times 10^{-3}$〔m〕$\times 1$〔m〕

$= (12 + d) \times 10^{-3}$〔m$^2$〕………⑩

$P_2' = 490$〔Pa〕$= 490$〔N/m$^2$〕………⑪

乙種風圧荷重$P_2'$〔N〕の値は、

$F_2' = S_2' \times P_2'$

$= (12 + d) \times 10^{-3}$〔m$^2$〕$\times 490$〔N/m$^2$〕

$= 0.49 \times (12 + d)$〔N〕………⑫

式⑨、⑫より、乙種風圧荷重が採用される場合には$F_2' \geqq F_1'$の関係が成立するので、

$0.49 \times (12 + d) \geqq 0.98d$

$12 + d \geqq 2d$

$d \leqq 12$ ………⑬

よって、電線の仕上り外径の最大値は、

$d \leqq$ **12**〔mm〕(答)となる。

**解答：(b)－(2)**

解釈第58条からの出題である。

(a) 解釈第58条の58-2表から、高温季における風圧荷重は「甲種風圧荷重」が適用される。題意より、電線の長さ1〔m〕当たりの垂直投影面積を$S_A$〔m$^2$〕とすると、図aのようになる。電線の直径$D_A$〔mm〕は、10〔mm〕$=10\times10^{-3}$〔m〕なので、垂直投影面積$S_A$〔m$^2$〕は、

$S_A=D_A\times L=10\times10^{-3}\times1$

$=1\times10^{-2}$〔m$^2$〕

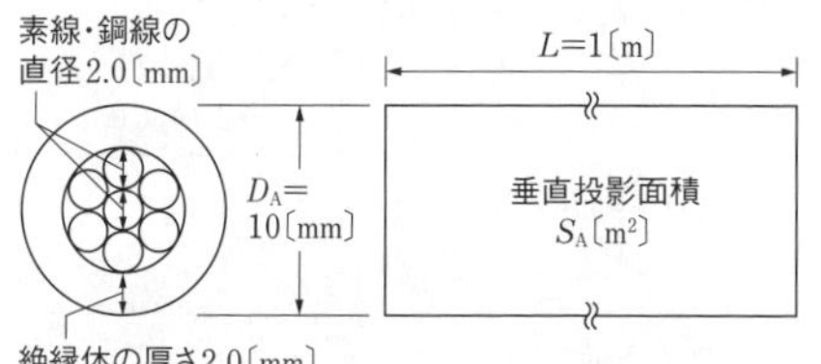


**図a　電線の長さ1〔m〕当たりの垂直投影面積**

解釈第58条の58-1表(題意の条件④)から、電線の垂直投影面積に加わる圧力$P_A$は980〔Pa〕＝980〔N/m$^2$〕なので、甲種風圧荷重$F_A$〔N〕は、

$F_A=P_A\times S_A=980\times1\times10^{-2}$

$=$ **9.8**〔N〕(答)

**解答：(a)－(4)**

(b) 題意の条件①より、「氷雪が多く、海岸地その他の低温季に最大風圧を生じる地方」であることから、解釈第58条の58-2表より、「甲種風圧荷重又は乙種風圧荷重のいずれか大きいもの」が適用風圧荷重となる。

◎甲種風圧荷重は設問(a)で求めたので、乙種風圧荷重について求める。

題意の条件④から、電線の周囲に厚さ6〔mm〕の氷雪が付着した状態であり、電線の長さ1〔m〕当たりの垂直投影面積を$S_B$〔m$^2$〕とすると、図bのようになる。電線の直径$D_B$〔mm〕は、22〔mm〕$=22\times10^{-3}$〔m〕なので、垂直投影面積$S_B$〔m$^2$〕は、

$S_B=D_B\times L=22\times10^{-3}\times1$

$=2.2\times10^{-2}$〔m$^2$〕

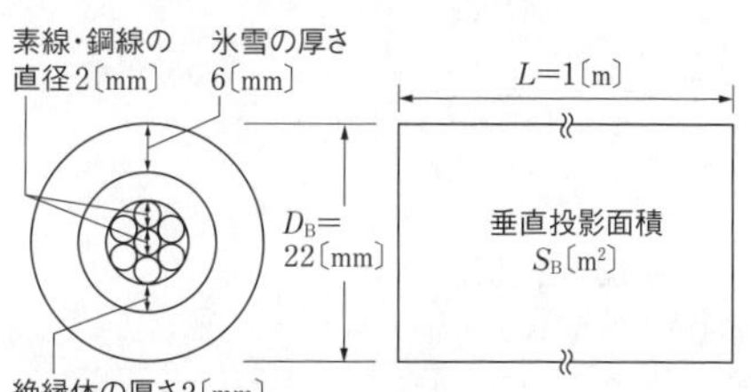


**図b　厚さ6〔mm〕の氷雪が付着した電線の長さ1〔m〕当たりの垂直投影面積**

解釈第58条第一号イの(ロ)及び58-1表から、電線の垂直投影面積に加わる圧力$P_B$〔Pa〕は甲種風圧荷重(980〔Pa〕)の0.5倍なので、次のようになる。

$P_B=980\times0.5=490$〔Pa〕＝490〔N/m$^2$〕

したがって、乙種風圧荷重$F_B$〔N〕は、

$F_B=P_B\times S_B=490\times2.2\times10^{-2}$

$=10.78$〔N〕

◎設問(a)で求めた甲種風圧荷重$F_B=9.8$〔N〕と乙種風圧荷重$F_B=10.78$〔N〕を比較すると、乙種風圧荷重$F_B$のほうが大きいので、低温季において適用するのは、「乙種風圧荷重」の10.78〔N〕→**10.8**〔N〕(答)

**解答：(b)－(3)**

解釈第61条、第66条に関する出題である。

(a) 図aのように電線の水平張力$P$が13〔kN〕、支線の張力を$T$〔kN〕とすると、

$P = T \times \sin\theta$〔kN〕……①

$\sin\theta = \dfrac{10}{10\sqrt{2}} = \dfrac{1}{\sqrt{2}}$……②

式①、②より、支線の張力(許容引張荷重)$T$〔kN〕は、

$T = \dfrac{P}{\sin\theta} = \dfrac{13}{\dfrac{1}{\sqrt{2}}}$

$= 13\sqrt{2}$〔kN〕……③

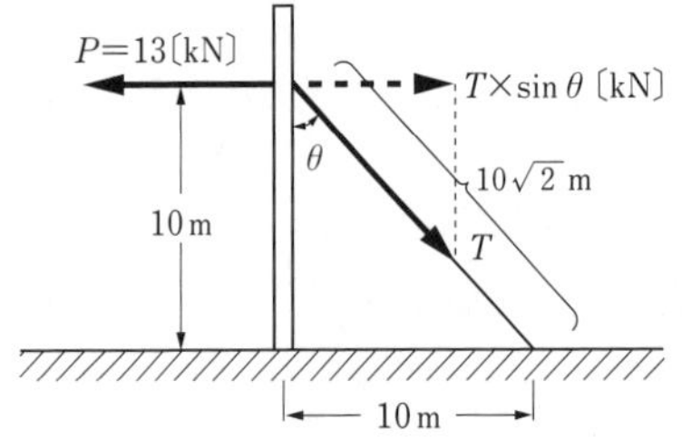


図a 問題図の力のつり合い

ここで、題意より支線の安全率$f$が1.5であることから、支線に要求される引張強さ(引張荷重)の最小値$T_0$〔kN〕は、

$T_0 = f \times T = 1.5 \times 13\sqrt{2}$

$\fallingdotseq$ **27.6**〔kN〕(答)

**解答：(a)－(4)**

(b) 題意より電線の引張強さが28.6〔kN〕、電線の引張強さに対する安全率$f_2$が2.2であることから、電線の水平張力$T_1$〔kN〕は、

$T_1 = \dfrac{28.6}{f_2} = \dfrac{28.6}{2.2} = 13.0$〔kN〕

ここで1〔m〕当たりの電線の重量と風圧荷重との合成荷重を$W$〔N/m〕、径間を$S$〔m〕とすると、電線の弛度(ちど)(たるみ)$D$は、

$D = \dfrac{WS^2}{8T_1} = \dfrac{18 \times 40^2}{8 \times 13 \times 10^3}$

13〔kN〕→ $13 \times 10^3$〔N〕

$\fallingdotseq$ **0.28**〔m〕(答)

※$D$の単位の確認

$\dfrac{\dfrac{\mathrm{N}}{\mathrm{m}} \times \mathrm{m}^2}{\mathrm{N}} = \mathrm{m}$

**解答：(b)－(2)**

解釈第70条からの出題である。

(ア)**8.01**、(イ)**硬銅線**、(ウ)**風圧**、(エ)**150**となる。

**解答：(2)**

## 重要ポイント

●解釈

**第70条（低圧保安工事、高圧保安工事及び連鎖倒壊防止）**【省令第6条、第32条第1項、第2項】

2　高圧架空電線路の電線の断線、支持物の倒壊等による危険を防止するため必要な場合に行う、高圧保安工事は、次の各号によること。

一　電線はケーブルである場合を除き、引張強さ**8.01**kN以上のもの又は直径5mm以上の**硬銅線**であること。

二　木柱の**風圧**荷重に対する安全率は、2.0以上であること。

三　径間は、70-2表によること。ただし、電線に引張強さ14.51kN以上のもの又は断面積38mm²以上の硬銅より線を使用する場合であって、支持物にB種鉄筋コンクリート柱、B種鉄柱又は鉄塔を使用するときは、この限りでない。

70-2表

| 支持物の種類 | 径間 |
| --- | --- |
| 木柱、A種鉄筋コンクリート柱又はA種鉄柱 | 100m以下 |
| B種鉄筋コンクリート柱又はB種鉄柱 | **150**m以下 |
| 鉄塔 | 400m以下 |

解釈第111条、第1条からの出題である。

(1)、(2)、(4)、(5)の記述は**正しい**。

(3) **誤り**。解釈第111条第2項により、高圧屋側電線路のケーブルには、接触防護措置を施さなければならない。

接触防護措置は、解釈第1条第三十六号により、屋外にあっては地表上**2.5m以上の高さ**に施設しなければならない。「2.3mの高さ」は屋内の場合である。

**解答：(3)**

## 重要ポイント

●解釈

### 第111条（高圧屋側電線路の施設）

2　高圧屋側電線路は、次の各号により施設すること。

一　**展開した場所**に施設すること。

二　第145条第2項の規定に準じて施設すること。

三　電線は、**ケーブル**であること。

四　ケーブルには、**接触防護措置**を施すこと。

五　ケーブルを造営材の側面又は下面に沿って取り付ける場合は、ケーブルの支持点間の距離を2m（垂直に取り付ける場合は、6m）以下とし、かつ、その被覆を損傷しないように取り付けること。

六　ケーブルをちょう架用線にちょう架して施設する場合は、第67条（第一号ホを除く。）の規定に準じて施設するとともに、電線が高圧屋側電線路を施設する造営材に接触しないように施設すること。

七　管その他のケーブルを収める防護措置の金属製部分、金属製の電線接続箱及びケーブルの被覆に使用する金属体には、これらのものの防食措置を施した部分及び大地との間の電気抵抗値が10Ω以下である部分を除き、A種接地工事（接触防護措置を施す場合は、D種接地工事）を施すこと。（関連省令第10条、第11条）

### 第1条（用語の定義）

この解釈において、次の各号に掲げる用語の定義は、当該各号による。

〈省略〉

三十六　接触防護措置　次のいずれかに適合するように施設することをいう。

イ　設備を、屋内にあっては床上2.3m以上、屋外にあっては地表上**2.5m以上の高さ**に、かつ、人が通る場所から手を伸ばしても触れることのない範囲に施設すること。

ロ　設備に人が接近又は接触しないよう、さく、へい等を設け、又は設備を金属管に収める等の防護措置を施すこと。

解釈第116条からの出題である。

(ア)**2.30**、(イ)**15**、(ウ)**5**、(エ)**3**、(オ)**5.5**となる。

**解答：(3)**

## 重要ポイント

●解釈

### 第116条（低圧架空引込線等の施設）

低圧架空引込線は、次の各号により施設すること。

一　電線は、絶縁電線又はケーブルであること。

二　電線は、ケーブルである場合を除き、引張強さ**2.30**kN以上のもの又は直径2.6mm以上の硬銅線であること。ただし、径間が**15**m以下の場合に限り、引張強さ1.38kN以上のもの又は直径2mm以上の硬銅線を使用することができる。

三　電線が屋外用ビニル絶縁電線である場合は、人が通る場所から手を伸ばしても触れることのない範囲に施設すること。

四　電線が屋外用ビニル絶縁電線以外の絶縁電線である場合は、人が通る場所から容易に触れることのない範囲に施設すること。

五　電線がケーブルである場合は、第67条（第五号を除く。）の規定に準じて施設すること。ただし、ケーブルの長さが1m以下の場合は、この限りでない。

六　電線の高さは、116-1表に規定する値以上であること。

116-1表

| 区分 | | 高さ |
|---|---|---|
| 道路（歩行の用にのみ供される部分を除く。）を横断する場合 | 技術上やむを得ない場合において交通に支障のないとき | 路面上 **3**m |
| | その他の場合 | 路面上 **5**m |
| 鉄道又は軌道を横断する場合 | | レール面上 **5.5**m |
| 横断歩道橋の上に施設する場合 | | 横断歩道橋の路面上 3m |
| 上記以外の場合 | 技術上やむを得ない場合において交通に支障のないとき | 地表上 2.5m |
| | その他の場合 | 地表上 4m |

解釈第120条からの出題である。

(1)、(3)、(4)、(5)の記述は**正しい**。

(2) **誤り**。表示項目の許容電流は誤りである。解釈第120条より**電圧**が正しい。

**解答：(2)**

**重要ポイント**

**●地中電線路の施設**

**解釈　第120条**

地中電線路は、電線にケーブルを使用する。施設方式には、管路式、暗きょ式、直接埋設式の3種類があり、これらの方式で施設する際の要件について、次のように定められている。

①**管路式**　ケーブルを収める管は**重量物の圧力に耐える**もの。

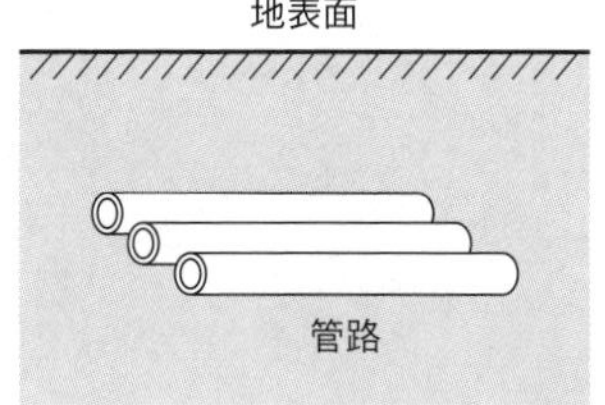


図a　管路式の例

②**暗きょ式**　暗きょは**重量物の圧力**に耐えるもの。**耐燃措置、自動消火設備の施設**。

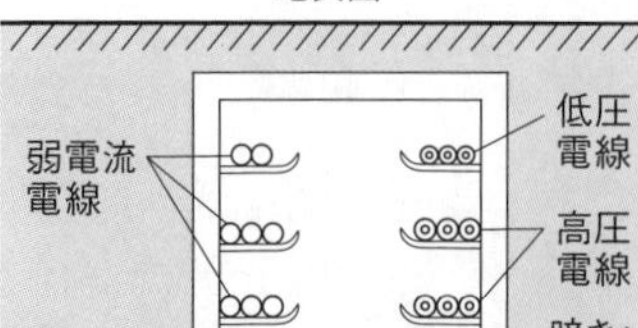


図b　暗きょ式の例

③**直接埋設式**　ケーブルをトラフその他の防護物に収める。埋設の深さは、重量物の圧力を受けるおそれのある場所で、**1.2**〔m〕(その他は**0.6**〔m〕)以上。

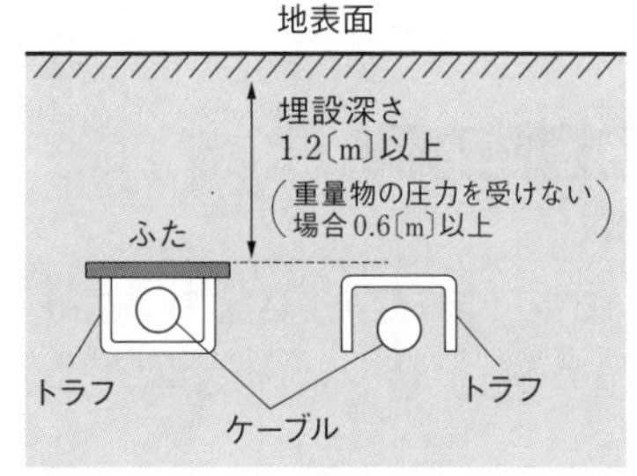


図c　直接埋設式の例

④高圧又は特別高圧の地中電線路を管路式又は直接埋設式により施設する場合は、次により表示を施すこと。ただし、需要場所に施設する高圧地中電線路であって、その長さが15〔m〕以下のものにあってはこの限りでない。

イ　物件の名称、管理者名及び電圧(需要場所に施設する場合にあっては、物件の名称及び管理者名を除く。)を表示すること。

ロ　おおむね2〔m〕の間隔で表示すること。

解釈第125条からの出題である。

（ア）**0.15**、（イ）**0.3**、（ウ）**耐火性**、（エ）**いずれか**、（オ）**それぞれ**となる。

**解答：(1)**

## ！重要ポイント

### ●地中電線相互の離隔距離

難燃性などの定義は、解釈第１条により次のとおり。

- **難燃性**
  炎を当てても燃え広がらない性質
- **自消性のある難燃性**
  難燃性であって、炎を除くと自然に消える性質
- **不燃性**
  難燃性のうち、炎を当てても燃えない性質
- **耐火性**
  不燃性のうち、炎により加熱された状態においても著しく変形又は破壊しない性質

不燃性のほうが、難燃性より耐火性能が高いので、地中電線の（エ）**いずれか**が不燃性の性質を、（オ）**それぞれ**が自消性のある難燃性の性質を有していればよいことを推測できる。

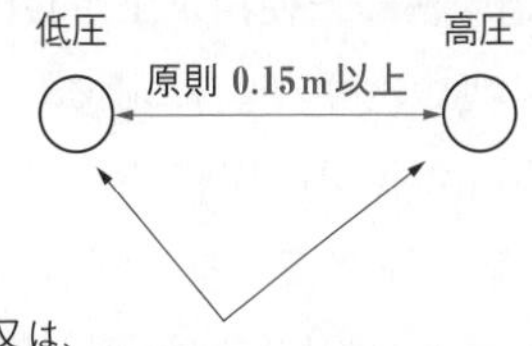


又は、
**いずれか**が不燃性の場合、0m以上
又は、
**それぞれ**が自消性のある難燃性の場合、0m以上

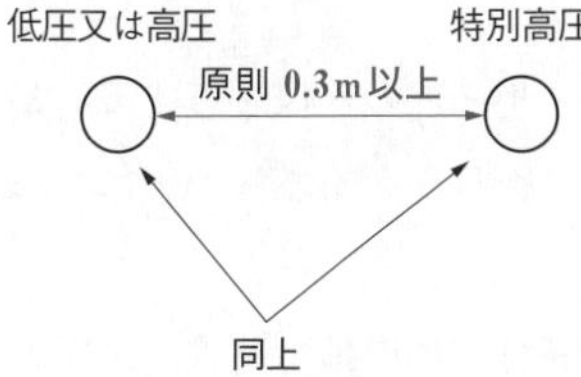


同上

**地中電線相互の離隔距離**

### ●解釈

**第125条（地中電線と他の地中電線等との接近又は交差）**

低圧地中電線と高圧地中電線とが接近又は交差する場合、又は低圧若しくは高圧の地中電線と特別高圧地中電線とが接近又は交差する場合は、次の各号のいずれかによること。ただし、地中箱内についてはこの限りでない。

一　低圧地中電線と高圧地中電線との離隔距離が、**0.15**m以上であること。

二　低圧又は高圧の地中電線と特別高圧地中電線との離隔距離が、**0.3**m以上であること。

三　暗きょ内に施設し、地中電線相互の離隔距離が、0.1m以上であること（第120条第3項第二号イに規定する耐燃

措置を施した使用電圧が170000V未満の地中電線の場合に限る。)。

四　地中電線相互の間に堅ろうな耐火性の隔壁を設けること。

五　いずれかの地中電線が、次のいずれかに該当するものである場合は、地中電線相互の離隔距離が、0m以上であること。

イ　不燃性の被覆を有すること。

ロ　堅ろうな不燃性の管に収められていること。

六　それぞれの地中電線が、次のいずれかに該当するものである場合は、地中電線相互の離隔距離が、0m以上であること。

イ　自消性のある難燃性の被覆を有すること。

ロ　堅ろうな自消性のある難燃性の管に収められていること。

解釈第120条からの出題である。

(ア)**耐燃措置**、(イ)**自動消火設備**、(ウ)**1.2**〔m〕、(エ)**0.6**〔m〕となる。

**解答：(2)**

**重要ポイント**

●解釈

**第120条（地中電線路の施設）**

地中電線路は、電線にケーブルを使用し、かつ、管路式、暗きょ式又は直接埋設式により施設すること。

2　地中電線路を管路式により施設する場合は、次の各号によること。

一　電線を収める管は、これに加わる車両その他の重量物の圧力に耐えるものであること。

二　高圧又は特別高圧の地中電線路には、次により表示を施すこと。ただし、需要場所に施設する高圧地中電線路であって、その長さが15m以下のものにあってはこの限りでない。

イ　物件の名称、管理者名及び電圧（需要場所に施設する場合にあっては、物件の名称及び管理者名を除く。）を表示すること。

ロ　おおむね2mの間隔で表示すること。ただし、他人が立ち入らない場所又は当該電線路の位置が十分に認知できる場合は、この限りでない。

3　地中電線路を暗きょ式により施設する場合は、次の各号によること。

一　暗きょは、車両その他の重量物の圧力に耐えるものであること。

二　次のいずれかにより、防火措置を施すこと。

イ　次のいずれかにより、地中電線に**耐燃措置**を施すこと。

ロ　暗きょ内に**自動消火設備**を施設すること。

4　地中電線路を直接埋設式により施設する場合は、次の各号によること。

一　地中電線の埋設深さは、車両その他の重量物の圧力を受けるおそれがある場所においては**1.2m**以上、その他の場所においては**0.6m**以上であること。ただし、使用するケーブルの種類、施設条件等を考慮し、これに加わる圧力に耐えるよう施設する場合はこの限りでない。

二　地中電線を衝撃から防護するため、次のいずれかにより施設すること。

イ　地中電線を、堅ろうなトラフその他の防護物に収めること。

ロ　低圧又は高圧の地中電線を、車両その他の重量物の圧力を受けるおそれがない場所に施設する場合は、地中電線の上部を堅ろうな板又はといで覆うこと。

三　第2項第二号の規定に準じ、表示を施すこと。

5　地中電線を冷却するために、ケーブルを収める管内に水を通じ循環させる場合は、地中電線路は循環水圧に耐え、かつ、漏水が生じないように施設すること。

解釈第146条に関連する計算問題である。

(a) 単相3線式(100/200V)の低圧屋内配線Aと単相2線式(200V)の低圧屋内配線Bを、金属管工事により、絶縁電線を同一管に収めて施設されている状況を図aに示す。

単相3線式の中性線は管内に収める電線数にカウントしないため、管内の電線数は4本となる。

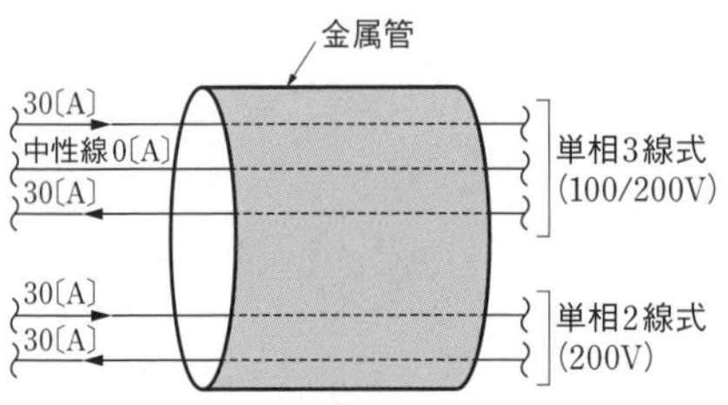


図a 絶縁電線を同一管に収めた状況

●**許容電流補正係数$k_1$の値**

問題文に提示されている下記の計算式を用いて、許容電流補正係数$k_1$の値を求める。

$$k_1 = \sqrt{\frac{60-\theta}{30}}$$

周囲温度は25℃あり、題意より周囲温度が30℃以下の場合は$\theta = 30$とすることから、これを式に代入すると、$k_1$の値は、

$$k_1 = \sqrt{\frac{60-\theta}{30}} = \sqrt{\frac{60-30}{30}} = \mathbf{1.00}\text{(答)}$$

●**電流減少係数$k_2$の値**

図aに示されているように、同一管内の絶縁電線の数は4本(低圧屋内配線A、Bともに2本)であることから、問題文の表を読み取ると、電流減少係数$k_2$の値は**0.63**(答)となる。

**解答：(a)－(2)**

(b) 低圧屋内配線A、Bに用いる絶縁電線に要求される許容電流の値をそれぞれ$I_A$〔A〕、$I_B$〔A〕とすると、負荷力率が1であるから、次式の関係が成り立つ。

低圧屋内配線Aの許容電流＝負荷の定格電流30〔A〕

$= I_A \times k_1 \times k_2$………①

低圧屋内配線Bの許容電流＝負荷の定格電流30〔A〕

$= I_B \times k_1 \times k_2$………②

式①と②を、許容電流$I_A$〔A〕と$I_B$〔A〕を求める式に変形し、設問(a)で求めた$k_1$と$k_2$の値を代入すると、

$$I_A = \frac{30}{k_1 \times k_2} = \frac{30}{1.00 \times 0.63}$$

$\fallingdotseq$ **47.6**〔A〕(答)

$$I_B = \frac{30}{k_1 \times k_2} = \frac{30}{1.00 \times 0.63}$$

$\fallingdotseq$ **47.6**〔A〕(答)

**解答：(b)－(3)**

**重要ポイント**

低圧屋内配線の許容電流(負荷の定格電流)

＝電線自体の許容電流

×$k_1$(許容電流補正係数)

×$k_2$(電流減少係数)

解釈第143条からの出題である。

(ア)**2**、(イ)**300**、(ウ)**直接接続**、(エ)**開閉器**となる。

**解答：(2)**

## ! 重要ポイント

●解釈

### 第143条（電路の対地電圧の制限）

住宅の屋内電路(電気機械器具内の電路を除く。以下この項において同じ。)の対地電圧は、150V以下であること。ただし、次の各号のいずれかに該当する場合は、この限りでない。

一　定格消費電力が**2**kW以上の電気機械器具及びこれに電気を供給する屋内配線を次により施設する場合

イ　屋内配線は、当該電気機械器具のみに電気を供給するものであること。

ロ　電気機械器具の使用電圧及びこれに電気を供給する屋内配線の対地電圧は、**300**V以下であること。

ハ　屋内配線には、簡易接触防護措置を施すこと。

ニ　電気機械器具には、簡易接触防護措置を施すこと。

ホ　電気機械器具は、屋内配線と**直接接続**して施設すること。

ヘ　電気機械器具に電気を供給する電路には、専用の**開閉器**及び過電流遮断器を施設すること。ただし、過電流遮断器が開閉機能を有するものである場合は、過電流遮断器のみとすることができる。

ト　電気機械器具に電気を供給する電路には、電路に地絡が生じたときに自動的に電路を遮断する装置を施設すること。

解釈第150条からの出題である。

(ア)**充電部分が露出しない**、(イ)**張力**、(ウ)**損傷を受ける**となる。

解答：(5)

**重要ポイント**

●解釈

**第150条（配線器具の施設）**

低圧用の配線器具は、次の各号により施設すること。

一　**充電部分が露出しない**ように施設すること。ただし、取扱者以外の者が出入りできないように措置した場所に施設する場合は、この限りでない。

二　湿気の多い場所又は水気のある場所に施設する場合は、防湿装置を施すこと。

三　配線器具に電線を接続する場合は、ねじ止めその他これと同等以上の効力のある方法により、堅ろうに、かつ、電気的に完全に接続するとともに、接続点に**張力**が加わらないようにすること。

四　屋外において電気機械器具に施設する開閉器、接続器、点滅器その他の器具は、**損傷を受ける**おそれがある場合には、これに堅ろうな防護装置を施すこと。

解釈第148条からの出題である。

（ア）**8**、（イ）**3**、（ウ）**太陽電池**、（エ）**最大短絡**となる。

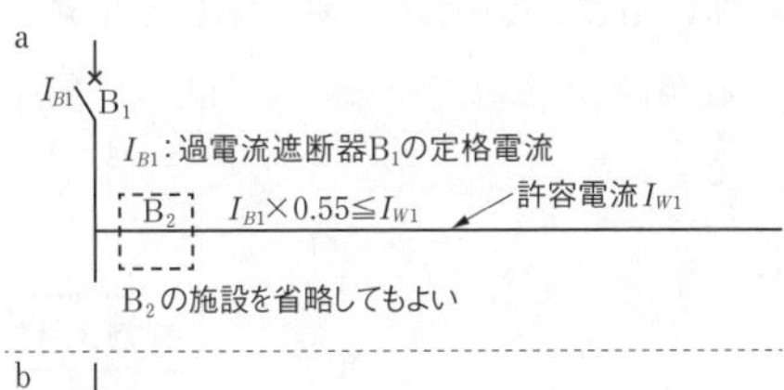


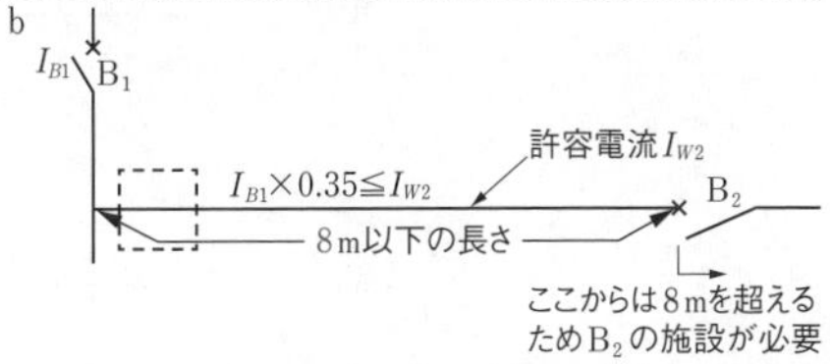


c
〔過電流遮断器に直接接続する低圧屋内幹線の場合〕
$I_{B1}$ $B_1$
許容電流$I_{W3}$
$B_3$
3m以下の長さ

$B_1$：幹線を保護する過電流遮断器
$B_2$：分岐幹線又は分岐回路の過電流遮断器
$B_3$：分岐回路の過電流遮断器

**幹線に施設する過電流遮断器の省略**
**（a、b、cともに過電流遮断器を省略できる）**

**解答：(4)**

**重要ポイント**

**●解釈**

**第148条（低圧幹線の施設）**

低圧幹線は、次の各号によること。

四　低圧幹線の電源側電路には、当該低圧幹線を保護する過電流遮断器を施設すること。ただし、次のいずれかに該当する場合は、この限りでない。

イ　低圧幹線の許容電流が、当該低圧幹線の電源側に接続する他の低圧幹線を保護する過電流遮断器の定格電流の55％以上である場合

ロ　過電流遮断器に直接接続する低圧幹線又はイに掲げる低圧幹線に接続する長さ**8**m以下の低圧幹線であって、当該低圧幹線の許容電流が、当該低圧幹線の電源側に接続する他の低圧幹線を保護する過電流遮断器の定格電流の35％以上である場合

ハ　過電流遮断器に直接接続する低圧幹線又はイ若しくはロに掲げる低圧幹線に接続する長さ**3**m以下の低圧幹線であって、当該低圧幹線の負荷側に他の低圧幹線を接続しない場合

ニ　低圧幹線に電気を供給する電源が**太陽電池**のみであって、当該低圧幹線の許容電流が、当該低圧幹線を通過する**最大短絡**電流以上である場合

解釈第159条からの出題である。

(1) **誤り**。解釈第159条第1項第三号に、「**金属管内では、電線に接続点を設けないこと**」と規定されているので、設問文の「接続部分を金属管内に収めた」という記述は誤りである。

(2) **正しい**。解釈第159条第3項第四号では、「低圧屋内配線の使用電圧が300V以下の場合はこの限りでない。管には、D種接地工事を施すこと。ただし、次のいずれかに該当する場合は、D種接地工事を省略することができる」とあり、同号では、「管の長さ(2本以上の管を接続して使用する場合は、その全長)が4m以下のものを乾燥した場所に施設する場合」とある。設問文にあるように、使用電圧が200〔V〕、施設場所が乾燥、金属管の長さが3〔m〕の場合は、上記の規定に該当する(D種接地工事を省略できる)ので、正しい記述である。

(3) **正しい**。解釈第159条第2項第二号では、「管の厚さは、次によること」とあり、同号では「コンクリートに埋め込むものは、1.2〔mm〕以上」と規定されているので、正しい記述である。

(4) **正しい**。解釈第159条第1項第一号では、「**電線は、絶縁電線(屋外用ビニル絶縁電線を除く。)であること**」、第二号では、「**電線は、より線又は直径3.2mm(アルミ線にあっては、4mm)以下の単線であること**」と規定されているので、正しい記述である。

(5) **正しい**。解釈第159条第3項第三号では、「**湿気の多い場所又は水気のある場所に施設する場合は、防湿装置を施すこと**」と規定されているので、正しい記述である。

**解答：(1)**

電技第７条、解釈第12条、第143条、第150条、第158条、第159条からの出題である。

(1) **不適切**。電線の接続については、電技第７条に次のように規定されている。

> **第７条（電線の接続）**
> 電線を接続する場合は、接続部分において**電線の電気抵抗を増加させないように接続するほか、絶縁性能の低下**（裸電線を除く。）及び通常の使用状態において**断線のおそれ**がないようにしなければならない。

設問文の「短絡による事故」は条文にはなく、また「異常な温度上昇のおそれ」ではなく「断線のおそれ」であるから、誤った記述である。

(2) **不適切**。電線の接続法については、解釈第12条第１項第一号のイに次のように規定されている。

> **第12条（電線の接続法）**
> 電線を接続する場合は、電線の電気抵抗を増加させないように接続するとともに、次の各号によること。
> 一　裸電線と絶縁電線とを接続する場合は、次によること。
> イ　電線の引張強さを**20％以上減少させない**こと。ただし、ジャンパー線を接続する場合その他**電線に加わる張力が電線の引張強さに比べて著しく**小さい**場合は、この限りでない。**

設問文の「電線の引張強さを25〔％〕以上減少させない」は、「20〔％〕以上」が正しく、また「電線に加わる張力が電線の引張強さに比べて著しく小さい場合」は含まれないので、誤った記述である。

(3) **不適切**。低圧用の配線器具の施設については、解釈第150条第１項に次のように規定されている。

> **第150条（配線器具の施設）**
> 三　配線器具に電線を接続する場合は、ねじ止めその他これと同等以上の効力のある方法により、**堅ろうに、かつ、電気的に完全に接続するとともに、接続点に張力が加わらないようにする**こと。

設問文に「堅ろうに接続するか、又は電気的に完全に接続する」とあるが、「又は」ではなく「かつ」が正しく、さらに「接続点に張力が加わらないようにする」ことも必要である。したがって、誤った記述である。

(4) **不適切**。低圧屋内配線を合成樹脂管工事により施設する場合、解釈第158条第１項第三号に「合成樹脂管内では、電線に接続点を設けないこと」と規定されている。

また、低圧屋内配線を金属管工事により施設する場合、解釈第159条第１項第三号に「金属管内では、電線に接続点を設けないこと」と規定されている。

したがって、設問文にある「絶縁電線相互を管内で接続する」という記述は誤りである。

> **第158条（合成樹脂管工事）**
> 　三　**合成樹脂管内では、電線に接続点を設けないこと。**
> **第159条（金属管工事）**
> 　三　**金属管内では、電線に接続点を設けないこと。**

(5)　**適切**。住宅の屋内電路に関して、解釈第143条第1項に次のように規定されている。

> **第143条（電路の対地電圧の制限）**
> 住宅の屋内電路（電気機械器具内の電路を除く。以下この項において同じ。）の対地電圧は、**150V**以下であること。ただし、次の各号のいずれかに該当する場合は、この限りでない。
> 　一　**定格消費電力が2kW以上の電気機械器具**及びこれに電気を供給する屋内配線を次により施設する場合
> 　　ロ　電気機械器具の使用電圧及びこれに電気を供給する**屋内配線の対地電圧は、300V以下**であること。
> 　　ホ　**電気機械器具は、屋内配線と直接接続して施設すること。**

上記の条文より、設問文は正しい記述である。

**解答：(5)**

解釈第167条及び第168条からの出題である。

(ア)**接触しないように**、(イ)**展開**、(ウ)**ケーブル工事**となる。

**解答：(4)**

**重要ポイント**

**●解釈**

**第167条（低圧配線と弱電流電線等又は管との接近又は交差）**

がいし引き工事により施設する低圧配線が、弱電流電線等又は水管、ガス管若しくはこれらに類するもの(以下この条において「水管等」という。)と接近又は交差する場合は、次の各号のいずれかによること。

2　合成樹脂管工事、金属管工事、金属可とう電線管工事、金属線ぴ工事、金属ダクト工事、バスダクト工事、ケーブル工事、フロアダクト工事、セルラダクト工事、ライティングダクト工事又は平形保護層工事により施設する低圧配線が、弱電流電線又は水管等と接近し又は交差する場合は、低圧配線が弱電流電線又は水管等と**接触しないように**施設すること。

**第168条（高圧配線の施設）**

高圧屋内配線は、次の各号によること。

一　高圧屋内配線は、次に掲げる工事のいずれかにより施設すること。

イ　がいし引き工事(乾燥した場所であって**展開**した場所に限る。)

ロ　**ケーブル工事**

解釈第165条第3項からの出題である。

解釈第165条第3項で、ライティングダクト工事は、次のように規定されている。

**解釈　第165条（特殊な低圧屋内配線工事）**

3　**ライティングダクト工事**による低圧屋内配線は、次の各号によること。

一　ダクト及び附属品は、電気用品安全法の適用を受けるものであること。

二　ダクト相互及び電線相互は、堅ろうに、かつ、電気的に完全に接続すること。

三　**ダクトは、造営材に堅ろうに取り付けること。**

四　**ダクトの支持点間の距離は、2m以下とすること。**

五　ダクトの終端部は、閉そくすること。

六　**ダクトの開口部は、下に向けて施設すること。ただし、次のいずれかに該当する場合は、横に向けて施設することができる。**

イ　簡易接触防護措置を施し、かつ、ダクトの内部にじんあいが侵入し難いように施設する場合

七　**ダクトは、造営材を貫通しないこと。**

八　**ダクトには、D種接地工事を施すこと。**ただし、次のいずれかに該当する場合は、この限りでない。

イ　合成樹脂その他の絶縁物で金属製部分を被覆したダクトを使用する場合

ロ　対地電圧が150V以下で、かつ、ダクトの長さ(2本以上のダクトを接続して使用する場合は、その全長をいう。)が4m以下の場合

九　ダクトの導体に電気を供給する電路には、当該**電路に地絡を生じたときに自動的に電路を遮断する装置を施設すること**。ただし、ダクトに簡易接触防護措置を施す場合は、この限りでない。

設問文の解説は、次のようになる(図a参照)。

(1)　**正しい**。解釈第165条第3項第四号の「ダクトの支持点間の距離は、2m以下とすること」という規定に沿っているので、正しい記述である。

(2)　**誤り**。同第3項第七号に「ダクトは、造営材を貫通しないこと」と規定されているので、誤った記述である。

(3)　**誤り**。同第3項第六号に、ダクトの開口部は下向き、あるいは、場合により、横に向けて施設することができると規定されており、ダクトの開口部はいかなる場合でも上に向けては施工できないため、誤った記述である。

(4) **誤り**。設問文の前半の記述は、同第３項第八号の規定に沿っているので正しいが、同第九号に「電路に地絡を生じたときに自動的に電路を遮断する装置を施設すること」と規定されているので、誤った記述である。

(5) **誤り**。同第３項第三号に「ダクトは、造営材に堅ろうに取り付けること」と規定されているので、誤った記述である。

解答：(1)

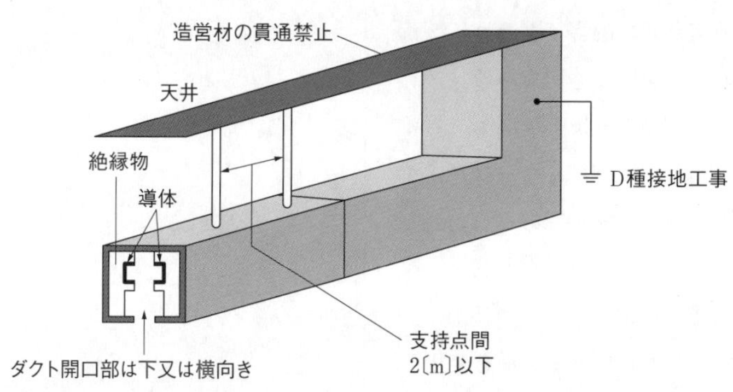


図a　ライティングダクト工事

解釈第176条からの出題である。

各設問文の解説は、次のようになる。

(1) **適切**。解釈第176条第1項第一号イ(イ)の(1)より、「金属管は、薄鋼電線管又はこれと同等以上の強度を有するものであること。」と規定されている。設問文は、「薄鋼電線管を使用した」となっているので、記述は適切である。

(2) **適切**。解釈第176条第1項第一号イ(イ)の(2)より、「管相互及び管とボックスその他の附属品とは、5山以上ねじ合わせて接続する方法により、堅ろうに接続すること。」と規定されている。設問文は、この条文と同じ内容で堅ろうに接続しているので、記述は適切である。

(3) **不適切**。解釈第176条第1項第一号イ(ロ)の(1)より、「電線は、キャブタイヤケーブル以外のケーブルであること。」と規定されている。つまり、キャブタイヤケーブルは使用禁止となっているが、設問文は「キャブタイヤケーブルを使用した」となっているので、記述は**不適切**である。

(4) **適切**。解釈第176条第1項第一号イ(ロ)の(2)より、ケーブル工事にはMIケーブルを使用でき、その場合は管その他の防護装置に収めなくてよいと規定されている。設問文は「ケーブル工事にMIケーブルを使用している」ことから、記述は適切である。

(5) **適切**。解釈第176条第1項の第一号イ(ロ)の(3)より、「電線を電気機械器具に引き込むときは、引込口で電線が損傷するおそれがないようにすること。」と規定されている。設問文は、この条文と同じ内容で施設しているので、記述は適切である。

**解答：(3)**

解釈第187条からの出題である。

（ア）**使用**、（イ）**A**、（ウ）**非接地式電路**、（エ）**金属管**となる。

**解答：(5)**

**重要ポイント**

●解釈

**第187条（水中照明灯の施設）**

二　照明灯に電気を供給する電路には、次に適合する絶縁変圧器を施設すること。

イ　1次側の使用電圧は300V以下、2次側の使用電圧は150V以下であること。

ロ　絶縁変圧器は、その2次側電路の使用電圧が30V以下の場合は、1次巻線と2次巻線との間に金属製の混触防止板を設け、これにA種接地工事を施すこと。

三　前号の規定により施設する絶縁変圧器の2次側電路は、次によること。

イ　電路は、**非接地**であること。

ロ　開閉器及び過電流遮断器を各極に施設すること。ただし、過電流遮断器が開閉機能を有するものである場合は、過電流遮断器のみとすることができる。

ハ　使用電圧が30Vを超える場合は、その電路に地絡を生じたときに自動的に電路を遮断する装置を施設すること。

ニ　ロの規定により施設する開閉器及び過電流遮断器並びにハの規定により施設する地絡を生じたときに自動的に電路を遮断する装置は、堅ろうな金属製の外箱に収めること。

ホ　配線は、**金属管**工事によること。

解釈第190条、第187条、第189条からの出題である。

a. **適切**。アーク溶接装置についての設問文の記述は、解釈第190条第1項で規定されているとおりで適切である。

b. **不適切**。プール用水中照明等についての設問文は、解釈第187条第1項の「絶縁変圧器の2次側電路は非接地であること」という規定と違っているので誤りである。感電事故を防ぐため、プール用水中照明灯等に使用する絶縁変圧器の2次側電路は非接地である。したがって、不適切である。

c. **適切**。遊戯用電車についての設問文の記述は、解釈第189条第1項で規定されているとおりで適切である。

**解答：(2)**

**重要ポイント**

●解釈

**第190条（アーク溶接装置の施設）**

可搬型の溶接電極を使用するアーク溶接装置は、次の各号によること。

一　溶接変圧器は、絶縁変圧器であること。

二　溶接変圧器の1次側電路の対地電圧は、300V以下であること。

五　被溶接材又はこれと電気的に接続される治具(持具)、定盤等の金属体には、**D種接地工事**を施すこと。

※治具はJigの当て字。治具とは、その機械の修理や調整をするための工具。

**第187条（水中照明灯の施設）**

水中又はこれに準ずる場所であって、人が触れるおそれのある場所に施設する照明灯は、次の各号によること。

二　照明灯に電気を供給する電路には、次に適合する**絶縁変圧器**を施設すること。

イ　**1次側の使用電圧は300V以下、2次側の使用電圧は150V以下**であること。

三　前号の規定により施設する絶縁変圧器の2次側電路は、次によること。

イ　**電路は、非接地**であること。

ホ　**配線は、金属管工事**によること。

**第189条（遊戯用電車の施設）**

二　遊戯用電車に電気を供給する電路は、次によること。

イ　使用電圧は、直流にあっては60V以下、交流にあっては40V以下であること。

ロ　イに規定する使用電圧に電気を変成するために使用する変圧器は、次によること。

（イ）**変圧器は、絶縁変圧器**であること。

（ロ）変圧器の1次側の使用電圧は、300V以下であること。

電技第74条、解釈第192条からの出題である。

(ア)**感電又は火災**、(イ)**危険**、(ウ)**100**、(エ)**15**となる。

**解答：(1)**

## ! 重要ポイント

●電技

### 第74条（電気さくの施設の禁止）

電気さく(屋外において裸電線を固定して施設したさくであって、その裸電線に充電して使用するものをいう。)は、施設してはならない。ただし、田畑、牧場、その他これに類する場所において野獣の侵入又は家畜の脱出を防止するために施設する場合であって、絶縁性がないことを考慮し、感電又は火災のおそれがないように施設するときは、この限りでない。

●解釈

### 第192条（電気さくの施設）

電気さくは、次の各号に適合するものを除き施設しないこと。

一　田畑、牧場、その他これに類する場所において野獣の侵入又は家畜の脱出を防止するために施設するものであること。

二　電気さくを施設した場所には、人が見やすいように適当な間隔で危険である旨の表示をすること。

三　電気さくは、次のいずれかに適合する電気さく用電源装置から電気の供給を受けるものであること。

イ　電気用品安全法の適用を受ける電気さく用電源装置

ロ　感電により人に危険を及ぼすおそれのないように出力電流が制限される電気さく用電源装置であって、次のいずれかから電気の供給を受けるもの

(イ) 電気用品安全法の適用を受ける直流電源装置

(ロ) 蓄電池、太陽電池その他これらに類する直流の電源

四　電気さく用電源装置(直流電源装置を介して電気の供給を受けるものにあっては、直流電源装置)が使用電圧30V以上の電源から電気の供給を受けるものである場合において、人が容易に立ち入る場所に電気さくを施設するときは、当該電気さくに電気を供給する電路には次に適合する漏電遮断器を施設すること。

イ　電流動作型のものであること。

ロ　定格感度電流が15mA以下、動作時間が0.1秒以下のものであること。

五　電気さくに電気を供給する電路には、容易に開閉できる箇所に専用の開閉器を施設すること。

六　電気さく用電源装置のうち、衝撃電流を繰り返して発生するものは、その装置及びこれに接続する電路において発生する電波又は高周波電流が無線設備の機能に継続的かつ重大な障害を与えるおそれがある場所には、施設しないこと。

解釈第226条、第228条からの出題である。

(ア)**負荷**、(イ)**系統側**、(ウ)**逆潮流**、(エ)**配電用変圧器**となる。

**解答：(1)**

**重要ポイント**

●解釈

**第226条（低圧連系時の施設要件）**

単相3線式の低圧の電力系統に分散型電源を連系する場合において、負荷の不平衡により中性線に最大電流が生じるおそれがあるときは、分散型電源を施設した構内の電路であって、負荷及び分散型電源の並列点よりも系統側に、3極に過電流引き外し素子を有する遮断器を施設すること。

2　低圧の電力系統に逆変換装置を用いずに分散型電源を連系する場合は、逆潮流を生じさせないこと。

**第228条（高圧連系時の施設要件）**

高圧の電力系統に分散型電源を連系する場合は、分散型電源を連系する配電用変電所の配電用変圧器において、逆向きの潮流を生じさせないこと。ただし、当該配電用変電所に保護装置を施設する等の方法により分散型電源と電力系統との協調をとることができる場合は、この限りではない。

解釈第220条、第225条、第226条、第227条からの出題である。

(1) **正しい**。第220条による。

(2) **誤り**。第220条より、**単独運転**とは「分散型電源を連系している電力系統が事故等によって系統電源と切り離された状態において、当該分散型電源が発電を継続し、線路負荷に有効電力を供給している状態」のことをいう。(2)の設問文の内容は単独運転の定義ではなく、**自立運転**の定義である。したがって誤りである。

(3) **正しい**。第226条による。

(4) **正しい**。第227条による。

(5) **正しい**。第225条による。

解答：(2)

## ! 重要ポイント

### ●単独運転と自立運転の違い

分散型電源である太陽光発電設備が連系されている電力会社の低圧配電線のどこかで事故が生じても、そのままであれば太陽光発電設備から配電線の線路負荷へ電力が送られる。この状態のことを**単独運転**状態という。単独運転状態では、事故等の修理を行う作業員に感電などの事故が発生したり、再閉路時の電圧に位相差が生じるため、電力系統から切り離すことが定められている。

図aに示すように、**単独運転防止のため切り離す遮断器**を切り離し、太陽光発電設備が構内負荷のみに電力を供給している状態のことを**自立運転**状態という。

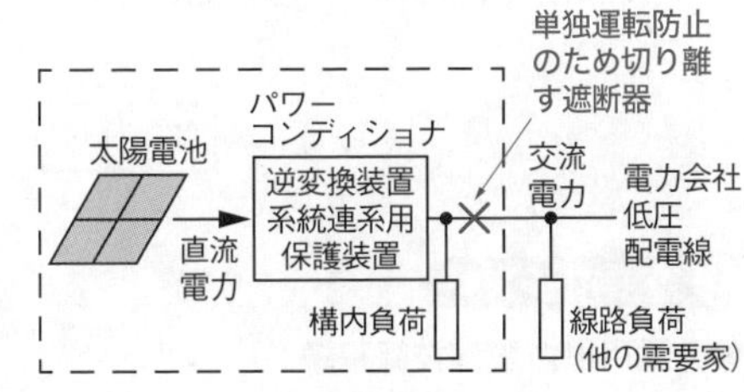


**図a 単独運転と自立運転**

発電用風力設備技術基準第４条からの出題である。

（ア）**遮断**、（イ）**振動**、（ウ）**起動**となる。

**解答：(5)**

**重要ポイント**

**●発電用風力設備技術基準**

**第４条（風車）**

風車は、次の各号により施設しなければならない。

一　負荷を遮断したときの最大速度に対し、構造上安全であること。

二　風圧に対して構造上安全であること。

三　運転中に風車に損傷を与えるような振動がないように施設すること。

四　通常想定される最大風速においても取扱者の意図に反して風車が起動することのないように施設すること。

五　運転中に他の工作物、植物等に接触しないように施設すること。

発電用風力設備技術基準第5条からの出題である。

(ア)**回転速度**、(イ)**制御装置**、(ウ)**地表**、(エ)**雷撃**となる。

**解答：(4)**

**重要ポイント**

**●発電用風力設備技術基準**

**第5条（風車の安全な状態の確保）**

風車は、次の各号の場合に安全かつ自動的に停止するような措置を講じなければならない。

一　**回転速度**が著しく上昇した場合

二　風車の**制御装置**の機能が著しく低下した場合

2　発電用風力設備が一般用電気工作物又は小規模事業用電気工作物である場合には、前項の規定は、同項中「安全かつ自動的に停止するような措置」とあるのは「安全な状態を確保するような措置」と読み替えて適用するものとする。

3　最高部の**地表**からの高さが20mを超える発電用風力設備には、**雷撃**から風車を保護するような措置を講じなければならない。ただし、周囲の状況によって雷撃が風車を損傷するおそれがない場合においては、この限りでない。

発電用風力設備技術基準第７条からの出題である。

(ア)**積雪**、(イ)**衝撃**、(ウ)**登る**となる。

**解答：(4)**

## 重要ポイント

**●発電用風力設備技術基準**

**第７条（風車を支持する工作物）**

風車を支持する工作物は、自重、積載荷重、積雪及び風圧並びに地震その他の振動及び衝撃に対して構造上安全でなければならない。

2　発電用風力設備が一般用電気工作物又は小規模事業用電気工作物である場合には、風車を支持する工作物に取扱者以外の者が容易に登ることができないように適切な措置を講じること。

(a) 発電しない時間は、前日の20時を起点として、前日の24時(当日の0時)まで、及び当日の0時から当日の8時までの合計12時間である。この12時間の自然流量10〔m$^3$/s〕の全量が運用に最低限必要な有効貯水量$V$〔m$^3$〕となる。

よって、$V$＝10〔m$^3$/s〕×12〔時間〕×60〔分〕×60〔秒〕＝**432×10$^3$**〔m$^3$〕(答)

**解答：(a)－(3)**

なお、当日の8時から20時までの12時間は、自然流量10〔m$^3$/s〕以上の水を発電に使用するので、調整池の有効貯水量が増えることはない。

(b) 1日(24時間)の自然流量の貯水量全量$V_a$は、

$V_a$＝10×24×60×60＝864×10$^3$〔m$^3$〕

である。

$V_a$は図aの黒い右上がり斜線の範囲に相当する。

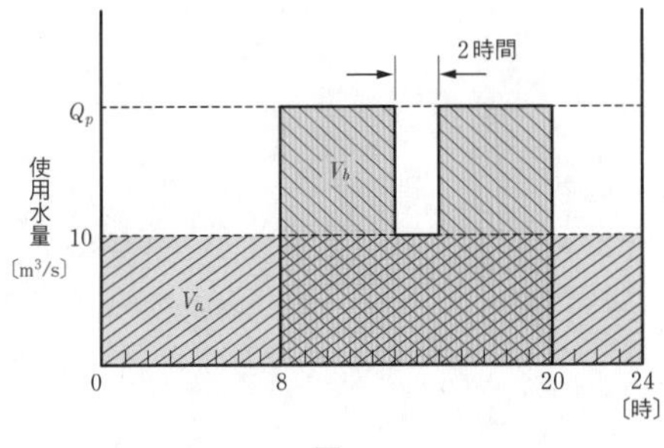


図a

$V_a$はすべて8時から20時までの発電で使用される。この貯水量を$V_b$とすると、$V_b$は図aの赤い左上がり斜線の範囲に相当し、図aから次式で計算できる。

$$V_b = Q_p \times \underline{10} \times 60 \times 60 + 10 \times \underline{2} \times 60 \times 60$$

12時間のうち、10時間の使用流量$Q_p$〔m$^3$/s〕

12時間のうち、2時間の使用流量10〔m$^3$/s〕

$$= 36\,000Q_p + 72\,000〔\mathrm{m^3}〕$$

$V_b = V_a$であるから、

$$36\,000Q_p + 72\,000 = 864 \times 10^3$$

$$36Q_p + 72 = 864$$

$$Q_p = \frac{864 - 72}{36} = 22〔\mathrm{m^3/s}〕$$

使用流量$Q_p$〔m$^3$/s〕、有効落差$H$〔m〕で運転しているときの発電機出力$P$〔kW〕は次式で表される。ただし、水車効率を$\eta_t$〔小数〕、発電機効率を$\eta_g$〔小数〕とする。

$$P = 9.8Q_pH\eta_t\eta_g$$

$$= 9.8 \times 22 \times 80 \times 0.90 \times 0.95$$

$$\fallingdotseq 14747 \fallingdotseq \mathbf{14700}〔\mathrm{kW}〕(答)$$

**解答：(b)－(2)**

**(b) 別解**

図aの$V_a$(黒い右上がり斜線の範囲)と、$V_b$(赤い左上がり斜線の範囲)が重なる部分は相殺されるので、$V_a = V_b$の計算から除いてよい。

また、図aの横軸の時間を秒に変換する必要はない。

$V_a' = 12$〔時〕$\times 10$〔$m^3/s$〕$= 120$〔$m^3 \cdot h/s$〕

$V_b' = 10$〔時〕$\times (Q_p - 10)$〔$m^3/s$〕

$= 10Q_p - 100$〔$m^3 \cdot h/s$〕

$10Q_p - 100 = 120$

$10Q_p = 220$

$Q_p = 22$〔$m^3/s$〕

以下は本解と同じ。

## 重要ポイント

**●発電機出力**

$P = 9.8 Q_p H \eta_t \eta_g$〔kW〕

ただし、

$Q_p$：使用流量〔$m^3/s$〕

$H$：有効落差〔m〕

$\eta_t$：水車効率〔小数〕

$\eta_g$：発電機効率〔小数〕

# 084 水力発電の計算

2つの電力推移グラフを重ねて書いたものを図aに示す。

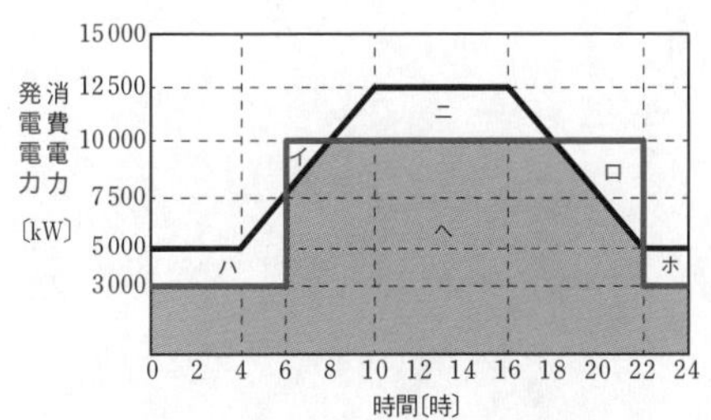


図a　発電電力と消費電力の推移

(a) 図aにおいて、イ、ロの部分の面積が電力系統への送電電力量の値となる。

イの面積：（底辺×高さ÷2）

$$\frac{2\times(10000-7500)}{2}=2500〔kW\cdot h〕$$

ロの面積：

$$\frac{4\times(10000-5000)}{2}=10000〔kW\cdot h〕$$

したがって、

送電電力量＝2500＋10000

＝12500〔kW・h〕

→**12.5**〔MW・h〕(答)

> **注意**
> イの面積を求めるとき、2つのグラフを重ねて7500〔kW〕と正確に読めなくても、7500〔kW〕付近の数値であれば正解選択肢を選ぶことができる。

図aにおいて、ハ、ニ、ホの部分の面積が受電電力量の値となる。

ハの面積：長方形の部分＋三角形の部分として計算する

$$6\times(5000-3000)+\frac{2\times(7500-5000)}{2}$$

＝12000＋2500＝14500〔kW・h〕

ニの面積：（(上底＋下底)×高さ÷2）

$$\frac{(6+10)\times(12500-10000)}{2}$$

＝20000〔kW・h〕

(※長方形＋2つの三角形として計算してもよい)

ホの面積：

2×(5000－3000)＝4000〔kW・h〕

したがって、

受電電力量＝14500＋20000＋4000

＝38500〔kW・h〕

→**38.5**〔MW・h〕(答)

**解答：(a)－(2)**

(b) 図aにおいて、自家用水力発電所で発電した電力量は、赤線で囲まれた面積となるので、

(6×3000)＋(16×10000)＋(2×3000)

＝184000〔kW・h〕

上記発電電力量のうち、工場内で消費された電力量は発電電力量184000〔kW・h〕から電力系統へ送電した電力量、すなわちイ、ロの面積12500〔kW・h〕を差し引けばよいので、

184000－12500＝171500〔kW・h〕

(※この電力量は図aにおいて、ヘの面積に対応する)

したがって、

$$\frac{\text{工場内で消費された電力量}}{\text{発電電力量}}\times 100$$

$$=\frac{171\,500}{184\,000}\times 100 \fallingdotseq \mathbf{93.2}〔\%〕（答）$$

**解答：(b)−(5)**

## 重要ポイント

**●電力推移のグラフにおいて**

横軸〔h〕×縦軸〔kW〕＝電力量〔kW・h〕

となる。

**●台形の面積S**

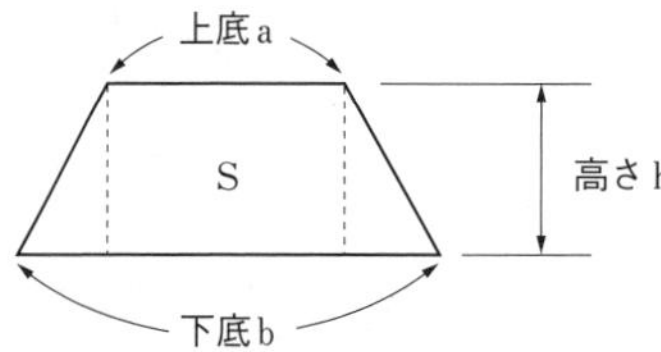


$$S=\frac{(a+b)\times h}{2}$$

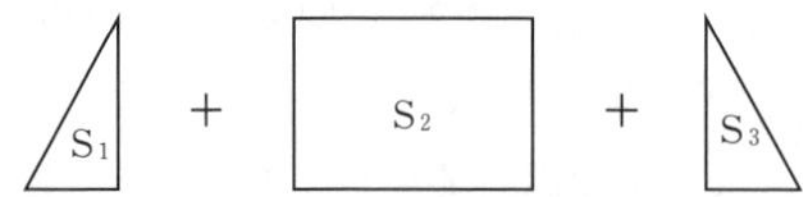


$$S=S_1+S_2+S_3$$

と分けて計算してもよい。

(a)

$$需要率=\frac{最大需要電力〔kW〕}{設備容量〔kW〕}=0.7$$

であるから、この式を変形して、

最大需要電力＝需要率×設備容量

＝0.7×800

＝560〔kW〕

総合力率 $\cos\theta=0.9$ であるから、この需要負荷設備に対し供給する皮相電力は、

$$最大皮相電力=\frac{最大需要電力(有効電力)}{\cos\theta}$$

$$=\frac{560}{0.9}$$

$$\fallingdotseq 622〔kV·A〕$$

よって、100〔kV·A〕の変圧器の必要最小限の台数は、

$$必要最小限の台数=\frac{622}{100}$$

＝6.22→**7台**（答）

**解答：(a)－(3)**

(b) 月負荷率＝日負荷率＝0.6であるから、

$$月負荷率=\frac{1カ月の平均需要電力〔kW〕}{1カ月の最大需要電力〔kW〕}$$

＝0.6

であるから、この式を変形して、

1カ月の平均需要電力

＝月負荷率×1カ月の最大需要電力

＝0.6×560

＝336〔kW〕

よって、負荷の月間総消費電力量は、

1カ月＝30日間×24時間

月間総消費電力量＝336×30×24

＝241 920〔kV·h〕

→**242**〔MW·h〕（答）

**解答：(b)－(2)**

**！重要ポイント**

$P=S\cos\theta$〔kW〕

$S=\dfrac{P}{\cos\theta}$〔kW·A〕

ただし、

$P$：有効電力〔kW〕

$S$：皮相電力〔kW·A〕

$\cos\theta$：力率

第6章 電気施設管理

(a)

$$需要率(小数)=\frac{最大需要電力〔kW〕}{設備容量〔kW〕}$$

で表される。

この式を変形し、3需要家A～Cの最大需要電力を求める。

需要家Aの最大需要電力

=設備容量×需要率

$=800\times0.55=440$〔kW〕

同様に、需要家Bの最大需要電力

$=500\times0.6=300$〔kW〕

需要家Cの最大需要電力

$=600\times0.7=420$〔kW〕

したがって、3需要家の最大需要電力の総和

$=440+300+420=1160$〔kW〕…①

次に、

$$負荷率(小数)=\frac{平均需要電力〔kW〕}{最大需要電力〔kW〕}$$

で表される。

この式を変形し、3需要家A～Cの平均需要電力を求める。

需要家Aの平均需要電力

=最大需要電力×負荷率

$=440\times0.5=220$〔kW〕

同様に、需要家Bの平均需要電力

$=300\times0.7=210$〔kW〕

需要家Cの平均需要電力

$=420\times0.6=252$〔kW〕

したがって、3需要家の合成平均需要電力

$=220+210+252=682$〔kW〕…②

よって、求める3需要家1日(24h)の需要電力量を合計した総需要電力量〔kW・h〕は、

総需要電力量$=682\times24$

$=16368$〔kW・h〕

→**16370**〔kW・h〕(答)

**解答:(a)-(2)**

(b)

$$不等率=\frac{各負荷の最大需要電力の総和〔kW〕}{合成最大需要電力〔kW〕}$$

で表される。

この式を変形すると、

合成最大需要電力

設問(a)式①で求めた値を使用

$$=\frac{各負荷の最大需要電力の総和}{不等率}$$

$$=\frac{1160}{1.25}=928〔kW〕$$

よって、求める総合負荷率〔%〕は、

総合負荷率

設問(a)式②で求めた値を使用

$$=\frac{合成平均需要電力〔kW〕}{合成最大需要電力〔kW〕}\times100$$

$$=\frac{682}{928}\times100\fallingdotseq\mathbf{73}〔\%〕(答)$$

**解答:(b)-(4)**

(a) 複数の負荷群があるときに、各負荷群の1日における最大電力の発生時刻は必ずしも一致しない。不等率とは、各負荷群の最大電力の和と合成最大電力(複数の負荷群を新たに1つの負荷群としたときの最大電力)の比で、次式で表される。

なお、不等率は1以上の値をとり、1に近いほど各負荷群の最大電力時間帯にばらつきがないことを示す。

不等率＝

$$\frac{\text{各負荷群の最大電力の総和〔kW〕}}{\text{合成最大電力〔kW〕}} \cdots ①$$

問題図より、各負荷群の最大電力は、

負荷群A……6500〔kW〕

負荷群B……4000〔kW〕

負荷群C……2000〔kW〕

合成最大電力は14時から16時の間で発生しており、その値は、

$6000+4000+2000=12000$〔kW〕

となる。したがって、不等率は式①より、

$$\text{不等率}=\frac{6500+4000+2000}{12000} \fallingdotseq \mathbf{1.04}\text{(答)}$$

**解答：(a)−(4)**

(b) 最大負荷時における総合力率は、

総合力率＝

$$\frac{\text{有効電力の総和〔kW〕}}{\text{合成皮相電力〔kV·A〕}} \times 100\text{〔\%〕} \cdots ②$$

なお、合成皮相電力は、

合成皮相電力＝

$$\sqrt{(\text{有効電力の総和})^2+(\text{無効電力の総和})^2}\text{〔kV·A〕}$$

最大負荷時の各負荷群の有効電力はすでに(a)で算出しているので、ここで無効電力を求める。

最大負荷時の各負荷群の無効電力は、

$$A\cdots\frac{6000}{1.0}\times 0=0\text{〔kVar〕}$$

$$B\cdots\frac{4000}{0.8}\times\sqrt{1.0-0.8^2}$$

$$=\frac{4000}{0.8}\times 0.6=3000\text{〔kVar〕}$$

$$C\cdots\frac{2000}{0.6}\times\sqrt{1.0-0.6^2}$$

$$=\frac{2000}{0.6}\times 0.8\fallingdotseq 2667\text{〔kVar〕}$$

となるので、総合力率は式②より、

総合力率＝

$$\frac{6000+4000+2000}{\sqrt{(6000+4000+2000)^2+(0+3000+2667)^2}}$$

$\times 100 \fallingdotseq$ **90.4**〔%〕(答)

**解答：(b)−(3)**

**重要ポイント**

**●無効電力$Q$の計算**

皮相電力を$S$、有効電力を$P$、無効電力を$Q$、力率を$\cos\theta$、無効率を$\sin\theta$とすると、

$$Q=S\sin\theta$$

$$=S\sqrt{1-\cos^2\theta}$$

$$=\frac{P}{\cos\theta}\sqrt{1-\cos^2\theta}$$

となる。

第6章 電気施設管理

# 088 変圧器の計算

H23 B問題 問11　テキスト LESSON 41 など

(a) 全日効率とは、1日の出力電力量と入力電力量(出力電力量と損失電力量の和)の比で、次式で表される。

全日効率＝

$$\frac{1日の出力電力量〔kW·h〕}{1日の出力電力量〔kW·h〕+1日の損失電力量〔kW·h〕}$$

×**100**〔%〕……①

1日の負荷の変化から、出力電力量と損失電力量をそれぞれ求める。

**●出力電力量**

24〔kW〕×4〔h〕＋15〔kW〕×8〔h〕
＋10〔kW〕×6〔h〕＋0〔kW〕×6〔h〕
＝276〔kW·h〕

次に損失電力量を求めるが、損失には、鉄損(無負荷損)、銅損(負荷損)がある。

**鉄損**：ヒステリシス損(鉄心中で磁束が増減する際に生じる熱損失)と渦電流損(鉄心中の渦電流により生じる熱損失)があり、負荷に関係なく一定となる。

**銅損**：巻線抵抗により生じる熱損失で、負荷電流の2乗に比例する。なお、負荷電流は負荷の皮相電力に比例するので、銅損は負荷の皮相電力の2乗にも比例する。

上記より、損失電力量は次式で表すことができる。

**●鉄損による損失電力量**

0.09〔kW〕×24〔h〕＝2.16〔kW·h〕

90〔W〕→0.09〔kW〕

**●銅損による損失電力量**

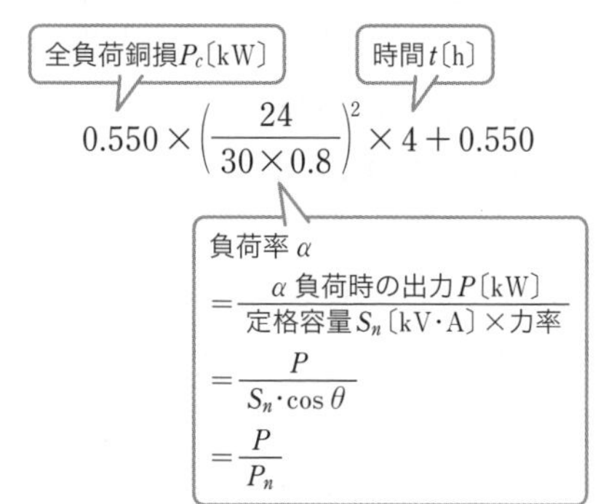

全負荷銅損$P_c$〔kW〕
時間$t$〔h〕
$0.550\times\left(\frac{24}{30\times0.8}\right)^2\times4+0.550$
負荷率$\alpha$
$=\frac{\alpha 負荷時の出力P〔kW〕}{定格容量S_n〔kV·A〕\times 力率}$
$=\frac{P}{S_n\cdot\cos\theta}$
$=\frac{P}{P_n}$


$$\times\left(\frac{15}{30\times0.9}\right)^2\times8+0.550\times\left(\frac{10}{30\times1.0}\right)^2$$

×6≒3.925〔kW·h〕

したがって、全日効率は式①より、次のように求められる。

$$全日効率=\frac{276}{276+2.16+3.925}\times100$$

≒**97.8**〔%〕(答)

**解答：(a)−(3)**

(b) 日負荷率は、1日の平均電力と1日の最大電力の比で次の式で表される。

$$日負荷率=\frac{1日の平均電力〔kW〕}{1日の最大電力〔kW〕}$$

×**100**〔%〕……②

> **注意**
> ここでいう負荷率の定義は、設問(a)の負荷率$\alpha$の定義とは異なる。

1日の平均電力は、(a)で求めた出力電力量より、276÷24＝11.5〔kW〕、最大電力は24〔kW〕であるので、日負荷率は式②より、次のようになる。

$$日負荷率=\frac{11.5}{24}\times 100$$

$$\fallingdotseq 48〔\%〕(答)$$

**解答：(b)-(2)**

**重要ポイント**

**●効率 $\eta$**

$$\eta=\frac{出力}{入力}\times 100〔\%〕$$

$$=\frac{出力}{出力+損失}\times 100〔\%〕$$

入力、出力、損失は、有効電力〔kW〕又は有効電力量〔kW·h〕

**●負荷率**

$$負荷率=\frac{平均電力〔kW〕}{最大電力〔kW〕}\times 100〔\%〕$$

**●鉄損(無負荷損)と銅損(負荷損)**

**鉄損(無負荷損)：**

**負荷の大きさにかかわらず一定の損失。**無負荷のときだけ発生するわけではない。無負荷でも$\frac{1}{2}$負荷でも全負荷でも変わらず一定。

**銅損(負荷損)：**

**負荷電流の2乗に比例する損失。**負荷電流は負荷の皮相電力に比例するので、**皮相電力の2乗に比例する**損失ともいえる。さらに負荷電流は負荷率 $\alpha$ に比例するので、**負荷率 $\alpha$ の2乗に比例する**損失ともいえる。なお、ここでいう負荷率 $\alpha$ と前出の負荷率の定義(平均電力／最大電力)とは異なり、例えば $\alpha=\frac{1}{2}$とは全負荷に対する負荷の割合のことをいう。

(a) 需要率は次式で表される。

$$\text{需要率}=\frac{\textbf{最大需要電力〔kW〕}}{\textbf{設備容量〔kW〕}}\times \mathbf{100}$$

$$=\frac{\text{最大負荷電力}}{\text{負荷設備の合計容量〔kW〕}}\times 100〔\%〕$$

上式に与えられた数値を代入する。

$$\text{需要率}=\frac{250}{400}\times 100=\mathbf{62.5}〔\%〕(\text{答})$$

**解答：(a)−(3)**

(b)

①変圧器1台が故障前、3台の変圧器が△-△結線の運転状態

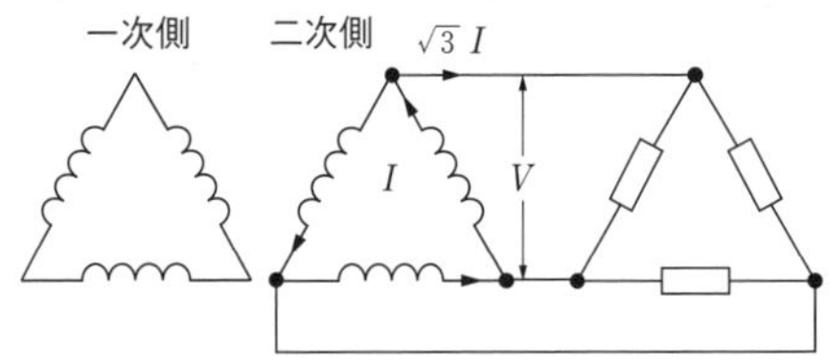


負荷$P_l=250$kW、$\cos\theta=0.8$、

皮相電力$S_l=\dfrac{P_l}{\cos\theta}=\dfrac{250}{0.8}$

$=312.5$kV·A

変圧器1台の容量$S_1$

$=V\cdot I=150$kV·A

変圧器3台の供給容量$S_\triangle$

$=\underline{3V\cdot I}=3S_1=450$kV·A

$\sqrt{3}V\cdot\sqrt{3}I=3V\cdot I$と計算してもよい

※$S_\triangle=450$kV·Aに対して$S_l=312.5$kV·Aで運転している。

つまり、$\dfrac{S_l}{S_\triangle}=\dfrac{312.5}{450}=0.69\rightarrow 69〔\%〕$、$1-0.69=0.31\rightarrow 31〔\%〕$の余裕を残している。

②変圧器1台が故障、2台の変圧器がV結線(V-V結線)の運転状態

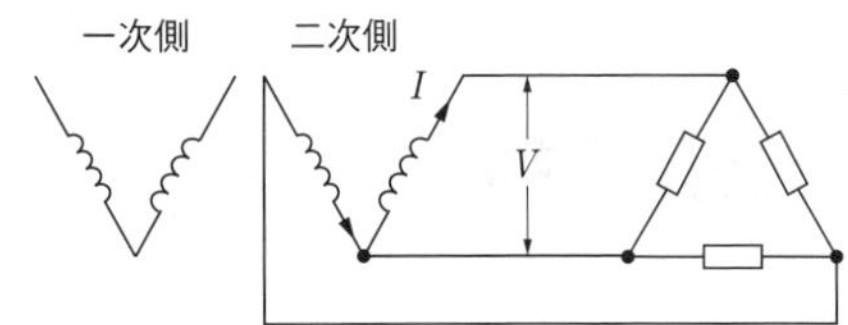


負荷は抑制しないので①と変わらず、

$S_l=312.5$kV·A

変圧器1台の容量$S_1$

$=V\cdot I=150$kV·A

変圧器2台の設備容量$S_2$

$=2V\cdot I=2S_1$

変圧器2台の供給容量$S_V$

$=\sqrt{3}V\cdot I=\sqrt{3}S_1$

$=\sqrt{3}\times 150$

$\fallingdotseq 259.8$kV·A

(参考)

V結線変圧器の利用率

$$=\frac{\text{V結線の供給容量}}{\text{設備容量}}$$

$$=\frac{S_V}{S_2}=\frac{\sqrt{3}V\cdot I}{2V\cdot I}\fallingdotseq 0.866$$

※$S_V=259.8$kV·Aに対して$S_l=312.5$kV·Aと、過負荷運転をしている。

つまり、$\dfrac{S_l}{S_V}=\dfrac{312.5}{259.8}\fallingdotseq 1.203$

$\rightarrow 120.3〔\%〕$、よって

$$過負荷率 = 1.203 - 1$$

$$= 0.203 \rightarrow \mathbf{20.3}〔\%〕(答)$$

**解答：(b)－(4)**

## 重要ポイント

### ●V結線変圧器の利用率

$$利用率 = \frac{V結線の供給容量}{設備容量}$$

$$= \frac{\sqrt{3}\,V \cdot I}{2V \cdot I} \fallingdotseq 0.866$$

(a) コンデンサがY接続だった場合の図aの回路の1相分(R－$N$)を抜き出した回路が図cの回路である。または、コンデンサが△接続だった場合の図bの回路をY接続に等価変換して1相分(R－$N$)を抜き出した回路が図cの回路である。

図cの回路において、$E$は次のように$E_L$と$E_C$に分配される。

$$E_L=\frac{jX_L}{jX_L-jX_C}\times E$$

$$=\frac{j\,0.06X_C}{j\,0.06X_C-jX_C}\times E$$

$$=\frac{j\,0.06X_C}{-j\,0.94X_C}\times E\fallingdotseq -0.0638E$$

$$=-0.0638\times\frac{V}{\sqrt{3}}$$

$$=-0.0638\times\frac{6600}{\sqrt{3}}$$

$$\fallingdotseq -243〔\mathrm{V}〕$$

(負号は回路図の$E_L$の方向が逆であることを表している)

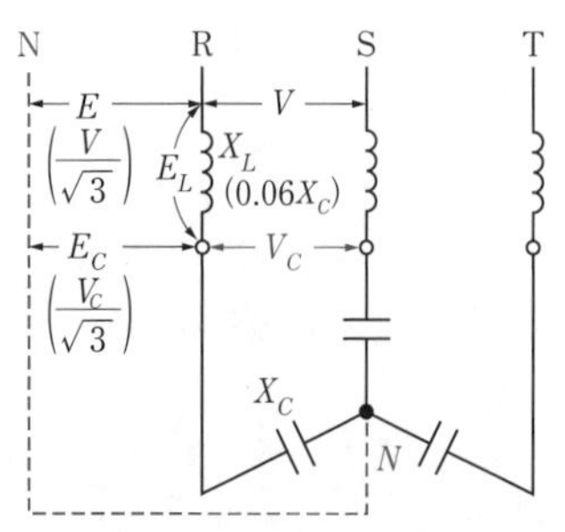


図a　コンデンサがY接続の場合

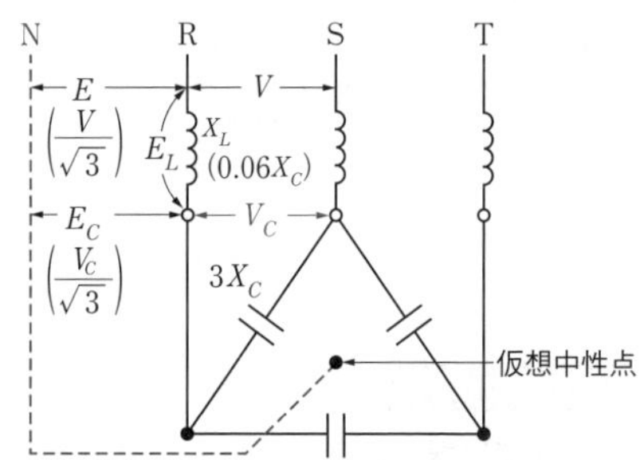


図b　コンデンサが△接続の場合

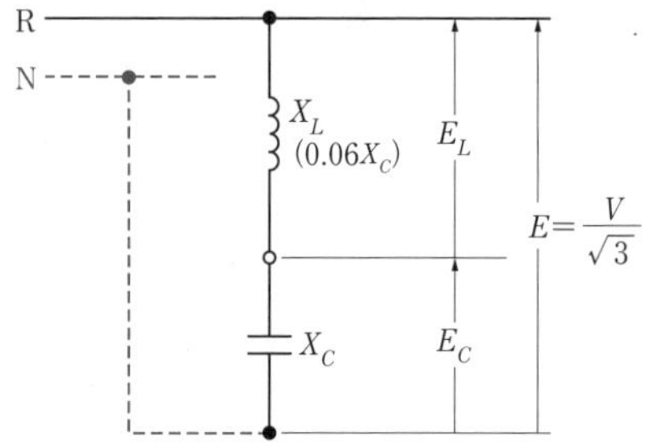


図c　1相分を抜き出した回路

$$E_C=\frac{-jX_C}{jX_L-jX_C}\times E$$

$$=\frac{-jX_C}{j\,0.06X_C-jX_C}$$

$$=\frac{-jX_C}{-j\,0.94X_C}\times E\fallingdotseq 1.0638E$$

$$=1.0638\times\frac{V}{\sqrt{3}}$$

$$=1.0638\times\frac{6600}{\sqrt{3}}\fallingdotseq 4053.6〔\mathrm{V}〕$$

求める三相コンデンサSCの端子電圧(線間電圧)$V_C$は、

$$V_C=\sqrt{3}\,E_C=\sqrt{3}\times 4053.6$$

$\fallingdotseq$ **7021**〔V〕(答)

**解答：(a)－(5)**

別 解

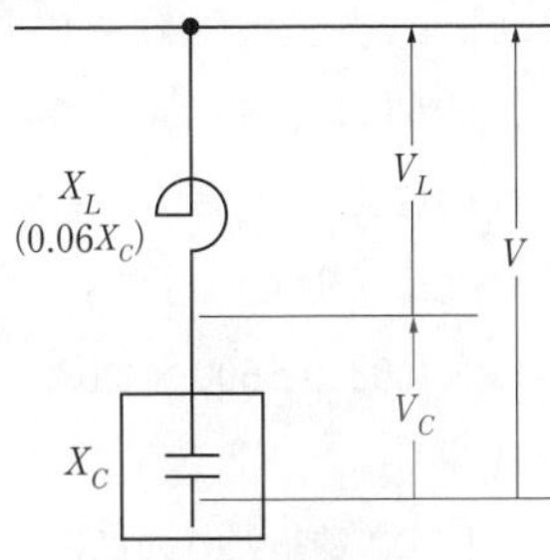

図d　単線結線図

図dの単線結線図において$V_C$は、

$$V_C=\frac{-jX_C}{jX_L-jX_C}\times V$$

$$=\frac{-jX_C}{j\,0.06X_C-jX_C}\times V$$

$$=\frac{-jX_C}{-j\,0.94X_C}\times V$$

$$\fallingdotseq 1.0638\times 6\,600\fallingdotseq \mathbf{7\,021}〔\mathrm{V}〕$$（答）

(b)　三相負荷の有効電力$P=300$〔kW〕、力率$\cos\theta_1=0.6$（遅れ）であるから、皮相電力$S_1$は、

$$S_1=\frac{P}{\cos\theta_1}=\frac{300}{0.6}=500〔\mathrm{kV\cdot A}〕$$

遅れ無効電力$Q_1$は、

$$Q_1=S_1\sin\theta_1=500\times 0.8=400〔\mathrm{kvar}〕$$

$\cos\theta_1=0.6$のとき、$\sin\theta_1=0.8$である。
覚えておこう。
$\sin\theta_1=\sqrt{1-\cos^2\theta_1}=\sqrt{1-0.6^2}=\sqrt{0.64}=0.8$

進相コンデンサ設備を負荷に並列に接続したとき、力率$\cos\theta_2=0.8$（遅れ）となったので、進相コンデンサ設備を含めた皮相電力$S_2$は、

$$S_2=\frac{P}{\cos\theta_2}=\frac{300}{0.8}=375〔\mathrm{kV\cdot A}〕$$

遅れ無効電力$Q_2$は、

$$Q_2=S_2\sin\theta_2=375\times 0.6=225〔\mathrm{kvar}〕$$

$\cos\theta_2=0.8$のとき、$\sin\theta_2=0.6$である。

進相コンデンサ設備が負荷に供給した遅れ無効電力＝進相コンデンサ設備の設備容量$Q_{LC}$は、

$$Q_{LC}=Q_1-Q_2=400-225=175〔\mathrm{kvar}〕$$

ここで、$Q_{LC}$とは三相コンデンサSCの容量（進み無効電力）$Q_C$と直列リアクトルSRの容量（遅れ無効電力）$Q_L$を合成した設備容量であるから、

$Q_C:Q_L=X_C:X_L=1:0.06$、$Q_L=0.06Q_C$

$$Q_{LC}=Q_C-Q_L=Q_C-0.06Q_C=0.94Q_C$$

したがって、求める$Q_C$は、

$$Q_C=\frac{Q_{LC}}{0.94}=\frac{175}{0.94}\fallingdotseq \mathbf{186}〔\mathrm{kvar}〕$$（答）

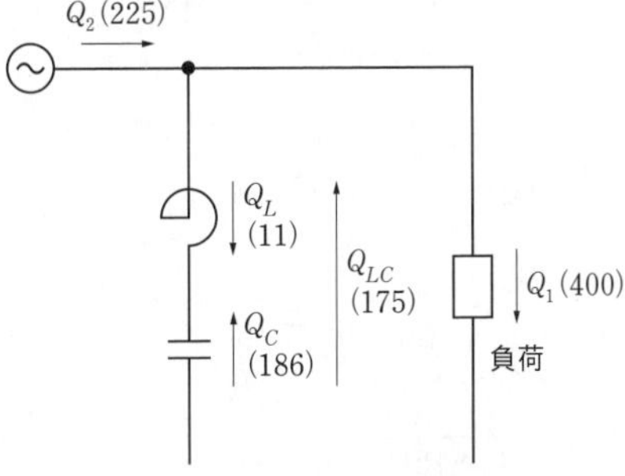

図e　遅れ無効電力の流れ（単位：kvar）

**解答：(b)－(3)**

第6章 電気施設管理

# 091 コンデンサによる力率改善など

各点間の距離、各点の線間電圧及び各線を流れる電流の記号を図のように定める。

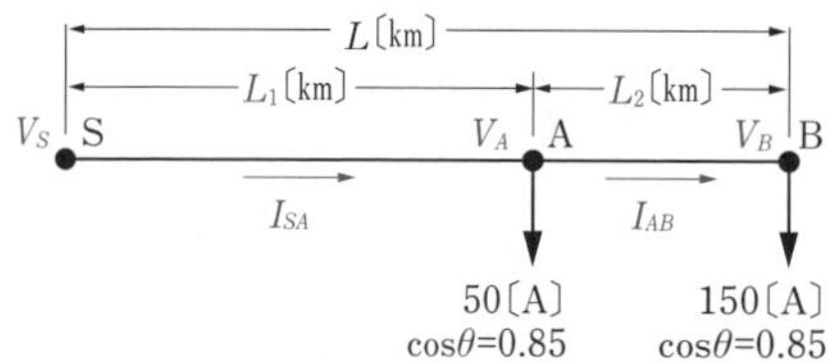


(a) A－B間の線間電圧降下$v_{AB}$は、$V_S=$ 6600〔V〕の1〔%〕なので、

$v_{AB}=6600\times0.01=66$〔V〕

A－B間の1線当たりの抵抗$r_{AB}$は、

$r_{AB}=0.32\times L_2$〔Ω〕

A－B間の1線当たりのリアクタンス$x_{AB}$は、

$x_{AB}=0.2\times L_2$〔Ω〕

A－B間に流れる電流$I_{AB}$は、B点の負荷電流150〔A〕に等しい。

題意により、$V_S$、$V_A$、$V_B$の位相差が十分小さいので、$v_{AB}$について次の近似式が成り立つ。

$v_{AB}=\sqrt{3}I_{AB}(r_{AB}\cos\theta+x_{AB}\sin\theta)$〔V〕 ……①

式①に数値を代入して、

$66=\sqrt{3}\times150\times(0.32L_2\times0.85+0.2L_2\times\sqrt{1-0.85^2})$

$\sin\theta=\sqrt{1-\cos^2\theta}$

$66=\sqrt{3}\times150\times0.377L_2$

$L_2=\dfrac{66}{\sqrt{3}\times150\times0.377}$

$\fallingdotseq0.674$〔km〕→ **0.67**〔km〕(答)

**解答：(a)－(2)**

(b) A－B間の線間電圧降下$v_{AB}$を$V_S$の1〔%〕とし、B点線間電圧$V_B$を$V_S$の96〔%〕とするためには、S－A間の電圧降下$v_{SA}$は$V_S$の(100－96)－1＝3〔%〕でなければならない。したがって、

$v_{SA}=V_S\times0.03=6600\times0.03$
$=198$〔V〕

S－A間の1線当たりの抵抗$r_{SA}$は、

$r_{SA}=0.32\times L_1$〔Ω〕

S－A間の1線当たりのリアクタンスは、

$x_{SA}=0.2\times L_1$〔Ω〕

S－A間に流れる電流$I_{SA}$は、B点の負荷電流150〔A〕とA点の負荷電流50〔A〕の合成となるので、

$I_{SA}=150+50=200$〔A〕

題意により$V_S$、$V_A$、$V_B$の位相差が十分小さいので、$v_{SA}$について次の近似式が成り立つ。

$v_{SA}=\sqrt{3}I_{SA}(r_{SA}\cos\theta+x_{SA}\sin\theta)$〔V〕 ……②

式②に数値を代入して

$198=\sqrt{3}\times200\times(0.32L_1\times0.85+0.2L_1\times\sqrt{1-0.85^2})$

$198=\sqrt{3}\times200\times0.377L_1$

$L_1=\dfrac{198}{\sqrt{3}\times200\times0.377}$

$\fallingdotseq1.516$〔km〕

よって、求める線路長$L$は、

$L=L_1+L_2=1.516+0.674$
$=$**2.19**〔km〕(答)

**解答：(b)－(1)**

(a) 第2工場の電力のベクトル図(図a)の作成について順を追って考えてみる。

(1) ①のベクトル図

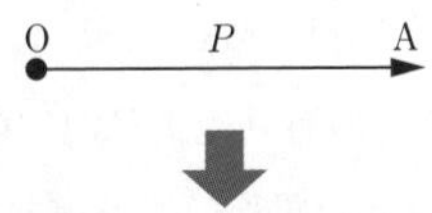


(2) ①～②までのベクトル図

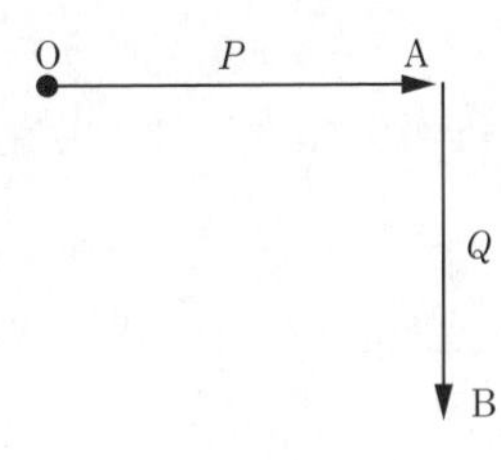

(3) ①～③までのベクトル図

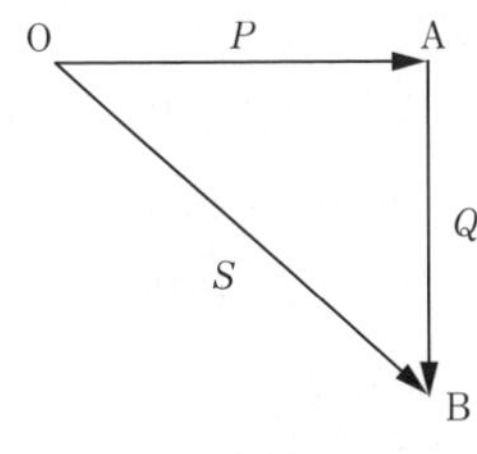

(4) ①～④までのベクトル図

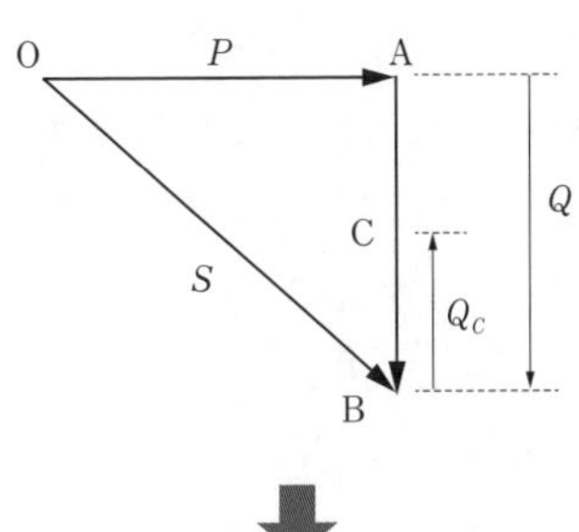


(5) ①～⑤までのベクトル図

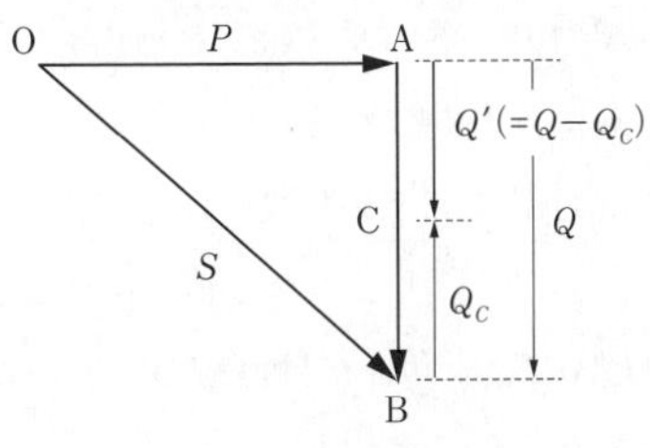

(6) ①～⑥までのベクトル図

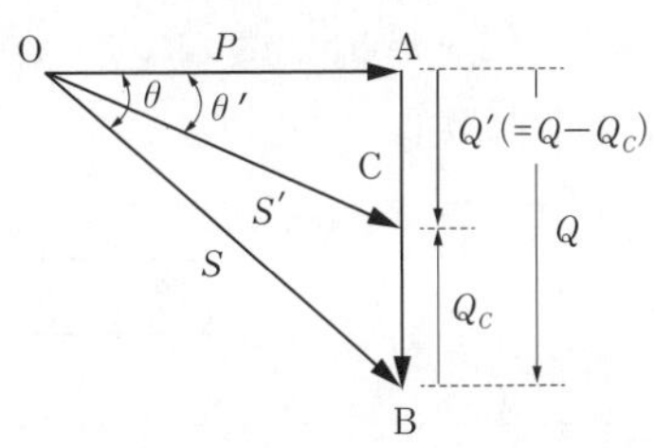


図a　ベクトル作成図

①有効電力のベクトル$P$は、起点Oより正の実軸方向とする。

②無効電力のベクトル$Q$は、遅れなのでA点より負の虚軸方向とする。

③電力用コンデンサ設置前の負荷の皮相電力のベクトル$S$は、O点からB点に向かう方向になる。

④電力用コンデンサのベクトル$Q_c$は、進みなのでB点から$Q$と逆方向にC点までとする。

⑤電力用コンデンサ設置後の無効電力ベクトル$Q'$は、A点からC点の方向となる。

$Q' = Q - Q_c$

⑥電力用コンデンサ設置後の負荷の皮相電力のベクトル$S'$は、O点からC点に向かう方向になる。

⑦電力用コンデンサ設置前後の力率角$\theta$〔°〕、$\theta'$〔°〕は、$\theta$は直線OAと直線OBのなす角、$\theta'$は直線OAと直線OCのなす角で表す。

上記の手順により、図aのようにベクトル図が作成できる。

以上のことから、受電端の正しいベクトル図としては(2)が正解となる。

**解答：(a)−(2)**

注意
遅れ無効電力を＋（正の虚軸）、進み無効電力を－（負の虚軸）で表すベクトルの描き方もあるが、本問には該当しない。

(b) 配電線の電圧降下式（簡略式）

$$V_s = V_r + \sqrt{3}\,I(r\cos\theta' + x\sin\theta')〔V〕 \quad \cdots\cdots ①$$

$V_s$：送電端線間電圧〔V〕、$V_r$：電力用コンデンサ設置後の受電端線間電圧〔V〕、$I$：電力用コンデンサ設置後の負荷電流〔A〕、$r$、$x$：電線1線当たりの抵抗及びリアクタンス〔Ω〕、$\cos\theta'$：電力用コンデンサ設置後の遅れ力率、$\sin\theta'$：電力用コンデンサ設置後の遅れ無効率

式①の右辺を変形すると、

$$V_s = \frac{V_r^2 + \sqrt{3}\,IV_r(r\cos\theta' + x\sin\theta')}{V_r}$$

$$= \frac{V_r^2 + (\sqrt{3}\,IV_r\cos\theta'\cdot r + \sqrt{3}\,IV_r\sin\theta'\cdot x)}{V_r}$$

$$= \frac{V_r^2 + P\cdot r + Q'\cdot x}{V_r} \quad \cdots\cdots ②$$

$P$：負荷の有効電力〔W〕、$Q'$：電力用コンデンサ設置後の無効電力〔var〕

式②に、題意の値（$V_s = 6600$〔V〕、$V_r = 6300$〔V〕、$P = 2000$〔kW〕→$2000\times10^3$〔W〕、$r = 0.5$〔Ω〕、$x = 1$〔Ω〕）を代入すると、

$$6600 = \frac{6300^2 + (2000\times10^3\times0.5) + (Q'\times1)}{6300}〔V〕 \quad \cdots\cdots ③$$

式③より、電力用コンデンサ設置後の無効電力$Q'$は、

$$Q' = (6600\times6300) - 6300^2 - (2000\times10^3\times0.5)$$
$$= 41.58\times10^6 - 39.69\times10^6 - 1\times10^6$$
$$= 0.89\times10^6〔var〕\rightarrow 890〔kvar〕 \quad \cdots\cdots ④$$

また、題意より電力用コンデンサ設置前の無効電力$Q$は、

$$Q = \frac{P}{\cos\theta}\times\sin\theta = \frac{2000}{0.6}\times0.8$$
$$\fallingdotseq 2667〔kvar〕 \quad \cdots\cdots ⑤$$

ただし、$\cos\theta$、$\sin\theta$はコンデンサ設置前の力率、無効率とする。したがって、式④と式⑤より、電力用コンデンサとして必要な容量$Q_c$は、

$Q' = Q - Q_c$より、

$$Q_c = Q - Q' = 2667 - 890$$
$$= 1777〔kvar〕\rightarrow \mathbf{1800}〔kvar〕（答）$$

**解答：(b)−(4)**

(a) 基準容量$P_n$を10MV·Aに統一すると、

変圧器百分率抵抗降下、

$$\%X_{Tr}=\frac{10\times10^6}{300\times10^3}\times2\fallingdotseq66.7〔\%〕$$

変圧器百分率リアクタンス降下、

$$\%X_{Tx}=\frac{10\times10^6}{300\times10^3}\times4=133.3〔\%〕$$

高圧配電線路百分率抵抗降下、

$\%X_{Lr}=20〔\%〕$

高圧配電線路百分率リアクタンス降下、

$\%X_{Lx}=40〔\%〕$

インピーダンスマップは図aのようになる。

$V_n$ 210〔V〕 $\%X_{Lr}$ 20〔%〕 $\%X_{Lx}$ $j$40〔%〕 $\%X_{Tr}$ 66.7〔%〕 $\%X_{Tx}$ $j$133.3〔%〕 F

**図a　インピーダンスマップ**

合成百分率インピーダンス降下%Zは、

$$\%Z=\sqrt{(20+66.7)^2+(40+133.3)^2}$$

$$\fallingdotseq193.8〔\%〕$$

変圧器二次側(210V側)の基準電流$I_n$は、

$$I_n=\frac{P_n}{\sqrt{3}\,V_n}=\frac{10\times10^6}{\sqrt{3}\times210}\fallingdotseq27\,492.9〔A〕$$

F点の短絡電流$I_s$は、

$$I_s=I_n\times\frac{100}{\%Z}=27\,492.9\times\frac{100}{193.8}$$

$\fallingdotseq14\,186〔A〕\rightarrow$ **14.2**〔kA〕(答)

**解答：(a)－(5)**

(b) 変圧器一次側(6.6kV側)の短絡電流$I_{s1}$は、

$$変圧比a=\frac{6.6\times10^3}{210}\fallingdotseq31.4$$

であるので

$$I_{s1}=I_s\times\frac{1}{a}=14\,186\times\frac{1}{31.4}$$

$\fallingdotseq451.8〔A〕$

OCR入力電流$I_{OCR}$は、CTの変流比が75A/5Aであるので、

$$I_{OCR}=I_{s1}\times\frac{5}{75}=451.8\times\frac{5}{75}$$

$\fallingdotseq$ **30**〔A〕(答)

**解答：(b)－(4)**

## ! 重要ポイント

### ●基準容量の合わせ方

%インピーダンスは電圧一定のもとで基準容量に比例する。同一電圧の箇所で、ある基準容量$P$(旧基準容量とする)の旧%インピーダンス%$Z$を新基準容量$P'$の新%インピーダンス%$Z'$に換算すると、次のようになる。

$$\%Z'=\%Z\times\frac{P'}{P}〔\%〕$$

新基準容量に統一した各箇所の%インピーダンスは、電圧換算なしに直並列計算をすることができる。

(a) 電路の一相が抵抗$R_G$〔Ω〕で地絡したと考え、テブナン等価回路を描く。

$R_G$の両端を開放し、開放端をa、bとすると、

①a-b間から見たインピーダンスは、中性点接地抵抗$R_B$〔Ω〕と容量性リアクタンス$\dfrac{1}{j3\omega C}$〔Ω〕の並列回路となる。

※静電容量$C$〔F〕が3個並列なので、合成静電容量は$3C$〔F〕、したがって容量性リアクタンスは

$$\frac{1}{j\omega(3C)}=\frac{1}{j3\omega C}\text{〔Ω〕}$$

②a-b間に現れる電圧はa-b間を開放しているので、1線地絡のない健全な状態となる。したがって、a-b間には健全相の対地電圧$E$〔V〕が現れる。

①、②よりテブナン等価回路は図aのようになる。

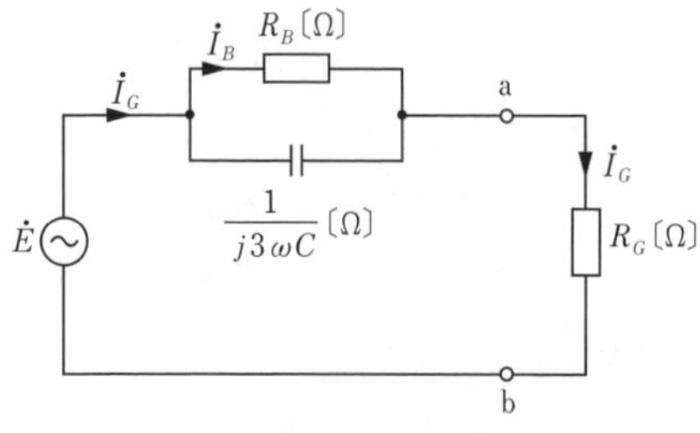


図a 1線地絡テブナン等価回路

等価回路の合成インピーダンス$\dot{Z}$は、

$$\dot{Z}=R_G+\frac{1}{\dfrac{1}{R_B}+j3\omega C}$$

$$=R_G+\frac{1}{\left(\dfrac{1+j3\omega CR_B}{R_B}\right)}$$

$$=R_G+\frac{R_B}{1+j3\omega CR_B}$$

$$=\frac{R_G(1+j3\omega CR_B)+R_B}{1+j3\omega CR_B}$$

$$=\frac{(R_G+R_B)+j3\omega CR_BR_G}{1+j3\omega CR_B}\text{〔Ω〕}$$

回路に流れる電流$\dot{I}_G$は、

$$\dot{I}_G=\frac{\dot{E}}{\dfrac{(R_G+R_B)+j3\omega CR_BR_G}{1+j3\omega CR_B}}$$

$$=\frac{(1+j3\omega CR_B)\dot{E}}{(R_G+R_B)+j3\omega CR_BR_G}\text{〔A〕}$$

$R_B$に流れる電流$\dot{I}_B$は、

$I_G$を$R_B$と$\dfrac{1}{j3\omega C}$に反比例配分

$$\dot{I}_B=\frac{\dfrac{1}{j3\omega C}}{R_B+\dfrac{1}{j3\omega C}}\times I_G$$

$$=\frac{1}{\cancel{(1+j3\omega CR_B)}}\times\frac{\cancel{(1+j3\omega CR_B)}\dot{E}}{(R_G+R_B)+j3\omega CR_BR_G}$$

$$=\frac{\dot{E}}{(R_G+R_B)+j3\omega CR_BR_G}$$

求める接地線に流れる電流$I_B$は、$I_B=|\dot{I}_B|$であるから、

$$=\frac{E}{\sqrt{(R_G+R_B)^2+(3\omega CR_BR_G)^2}}$$

$\omega=2\pi f$

$$=\frac{E}{\sqrt{(R_G+R_B)^2+(6\pi fCR_BR_G)^2}}$$

$$=\frac{E}{\sqrt{(R_G+R_B)^2+36\pi^2f^2C^2R_B^2R_G^2}}\text{〔A〕(答)}$$

**解答：(a)－(5)**

(b) (a)で求めた式に与えられた数値を代入すると、

$$I_B=\frac{100}{\sqrt{(100+15)^2+36\pi^2\times50^2\times(0.1\times10^{-6})^2\times15^2\times100^2}}$$

$0.1\mu F \rightarrow 0.1\times10^{-6}F$

$$=\frac{100}{\sqrt{115^2+0.01997}}\fallingdotseq \mathbf{0.87}\text{〔A〕(答)}$$

**解答：(b)－(1)**

第6章 電気施設管理

等価回路は図aのようになる。

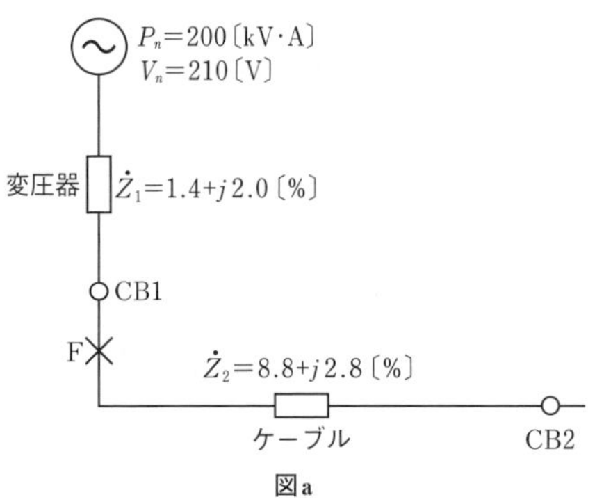


図a

(a) 基準容量$P_n$、基準電圧$V_n$のときの基準電流$I_n$は、

200kV·A→200 000V·A

$$I_n=\frac{P_n}{\sqrt{3}\,V_n}=\frac{200\,000}{\sqrt{3}\times 210}\fallingdotseq 550〔A〕$$

F点から電源側を見た百分率インピーダンス$\%Z_1$は、

$\%\dot{Z}_1=1.4+j2.0〔\%〕$

$\%Z_1=|\%\dot{Z}_1|=\sqrt{1.4^2+2.0^2}$

$\fallingdotseq 2.44〔\%〕$

よって、F点における三相短絡電流$I_{SF1}$は、

$$I_{SF1}=\frac{100}{\%Z_1}\cdot I_n=\frac{100}{2.44}\times 550$$

$\fallingdotseq 22541〔A〕\rightarrow$ **23**〔kA〕(答)

**解答：(a)－(2)**

(b) CB2から電源側を見た百分率インピーダンス$\%Z_0$は、変圧器の百分率インピーダンス$\%Z_1$とケーブルの百分率インピーダンス$\%Z_2$の合計したインピーダンスであるから、

$\%\dot{Z}_0=\%\dot{Z}_1+\%\dot{Z}_2$

$=(1.4+j2.0)+(8.8+j2.8)$

$=10.2+j4.8〔\%〕$

$\%Z_0=|\%\dot{Z}_0|=\sqrt{10.2^2+4.8^2}$

$=\sqrt{104.04+23.04}\fallingdotseq 11.27〔\%〕$

よって、CB2での三相短絡電流$I_{SF2}$は、

$$I_{SF2}=\frac{100}{\%Z_0}\cdot I_n=\frac{100}{11.27}\times 550$$

$\fallingdotseq 4880〔A〕\rightarrow 4.88〔kA〕$

CB1及びCB2の遮断容量は、三相短絡電流値の直近上位の遮断容量の配線用遮断器を選択することから、

$I_{SF1}$　23〔kA〕

直近上位CB1　**25**〔kA〕(答)

$I_{SF2}$　4.88〔kA〕

直近上位CB2　**5**〔kA〕(答)

**解答：(b)－(4)**

**! 重要ポイント**

**●短絡電流の計算**

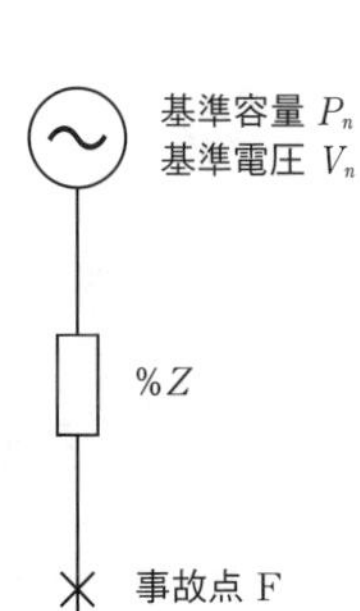


$P_n=\sqrt{3}\,V_n\cdot I_n$

$I_n$：基準電流

$$I_n=\frac{P_n}{\sqrt{3}\,V_n}$$

$I_s$：短絡電流

$$I_s=\frac{100}{\%Z}\times I_n$$

OCR動作前は、b接点が閉じたままであるので、保護継電器試験機からの電流は、試験機→OCR→試験機へと流れることから図aの回路になる(b接点とは、通常閉じられている接点をいう)。

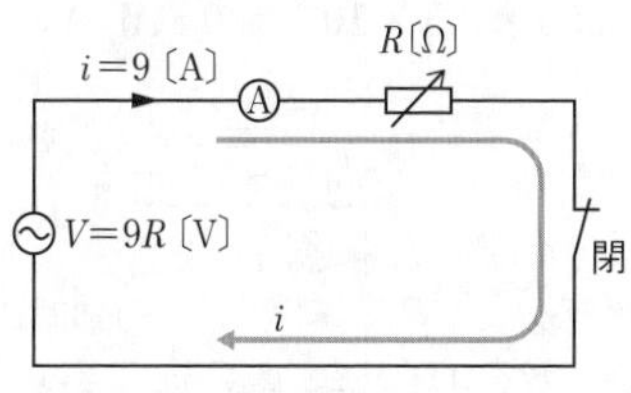


図a　OCR動作前

OCR動作時は、b接点が開いたままとなり、保護継電器試験機からの電流は、試験機→OCR→VCB(トリップコイルの誘導性リアクタンス)→試験機へと流れることから図bの回路になる。

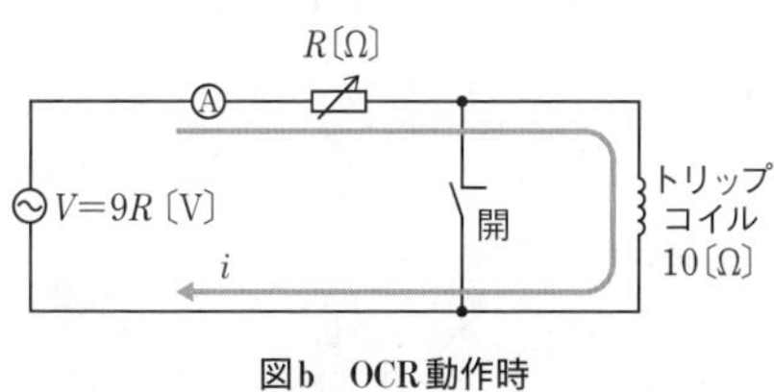


図b　OCR動作時

保護継電器試験機において、可変抵抗のタップを調整し$R$〔Ω〕とし、可変単巻変圧器を操作し、試験電圧を$V$〔V〕としたときに9〔A〕の電流が流れるように設定する。設定中は、OCRのb接点が開かないように動作ロックボタンを押しておく。このときの回路は図aである。

電流$i=9$〔A〕とすると次式が成立する。

$V=9R$〔V〕……①

次に、設定が終了したら、試験電圧をOFFにして、OCRの動作ロックボタンを戻す。

再度、試験電圧$V$〔V〕を加えたときにOCRが動作し(b接点が開き)、VCBのトリップコイルに電流が流れる。このときの回路は図bである。OCRが動作するためには回路に3〔A〕以上の電流が流れることになるため、次式が成立する。

$$i=\frac{V}{\sqrt{R^2+10^2}}\geqq 3〔A〕\cdots\cdots②$$

式②に、式①を代入すると、

$$i=\frac{9R}{\sqrt{R^2+10^2}}\geqq 3\cdots\cdots③$$

式③の両辺を2乗して、$R$について求めると、

$$\frac{81R^2}{R^2+10^2}\geqq 9$$

$$81R^2\geqq 9(R^2+100)$$

$$9R^2\geqq R^2+100$$

$$8R^2\geqq 100$$

$$R^2\geqq\frac{100}{8}$$

$$R\geqq\sqrt{\frac{100}{8}}=\frac{10}{2\sqrt{2}}=\frac{5}{\sqrt{2}}=\frac{5\sqrt{2}}{2}$$

$$\fallingdotseq 3.54\Omega\cdots\cdots④$$

式④より、VCBが動作するために回路に3〔A〕以上の電流を流すのに必要な抵抗値$R$は、3.54〔Ω〕以上である。選択肢の中から、3.54〔Ω〕以上で最小の抵抗値を選択すると**5**〔Ω〕(答)となる。

**解答：(2)**

(a) $\dot{Z}_{S1}=j4.4$〔Ω〕と$\dot{Z}_{SR1}=j33$〔Ω〕はコイルであるから、誘導性リアクタンスである。

誘導性リアクタンス$X_L$は、$X_L=\omega L=2\pi fL$〔Ω〕で示されるように、周波数$f$〔Hz〕に比例する。

ただし、$\omega$：電源の角周波数〔rad/s〕

$L$：コイルのインダクタンス〔H〕

よって、基本波周波数のときのインピーダンス(誘導性リアクタンス)$\dot{Z}_{S1}=j4.4$〔Ω〕、$\dot{Z}_{SR1}=j33$〔Ω〕は、第5次高調波に対して5倍のインピーダンスとなるので、

$\dot{Z}_{S5}=5\times\dot{Z}_{S1}=5\times j4.4=\boldsymbol{j22}$〔Ω〕(答)

$\dot{Z}_{SR5}=5\times\dot{Z}_{SR1}=5\times j33=\boldsymbol{j165}$〔Ω〕(答)

また、$\dot{Z}_{SC1}=-j545$〔Ω〕は、コンデンサであるから、容量性リアクタンスである。

容量性リアクタンス$X_C$は、

$X_C=\dfrac{1}{\omega C}=\dfrac{1}{2\pi fC}$〔Ω〕で示されるように、周波数$f$〔Hz〕に反比例する。

ただし、$C$：コンデンサの静電容量〔F〕

よって、基本波周波数のときのインピーダンス(容量性リアクタンス)$\dot{Z}_{SC1}=-j545$〔Ω〕は、第5次高調波に対して$\dfrac{1}{5}$のインピーダンスとなるので

$\dot{Z}_{SC5}=\dfrac{1}{5}\times\dot{Z}_{SC1}=\dfrac{1}{5}\times(-j545)$

$=\boldsymbol{-j109}$〔Ω〕(答)

**解答：(a)-(5)**

(b) 題意より、6.6〔kV〕系統への第5次高調波の流出電流上限値$I_S$〔A〕は、

$I_S=$契約電力〔kW〕$\times 3.5\times10^{-3}$

3.5〔mA〕→$3.5\times10^{-3}$〔A〕と変換

$=250\times3.5\times10^{-3}=0.875$〔A〕

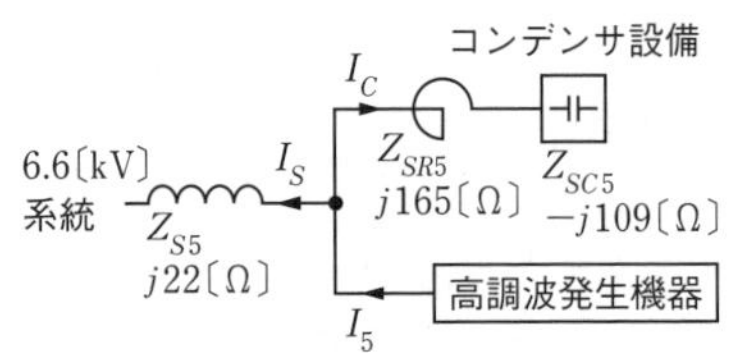


**図a 高調波電流の分流**

図aで示すように、高調波発生機器から発生する高調波電流$I_5$は、6.6〔kV〕系統へ流出する電流$I_S$とコンデンサ設備に流れる電流$I_C$に分流する。

したがって、次式が成立する。

$I_5=I_S+I_C$ ……①

$I_S$と$I_C$はインピーダンスに反比例して配分されるので、

$$I_S:I_C=\frac{1}{\dot{Z}_{S5}}:\frac{1}{\dot{Z}_{SR5}+\dot{Z}_{SC5}}$$

$$=\frac{\dot{Z}_{SR5}+\dot{Z}_{SC5}}{\dot{Z}_{S5}(\dot{Z}_{SR5}+\dot{Z}_{SC5})}:\frac{\dot{Z}_{S5}}{\dot{Z}_{S5}(\dot{Z}_{SR5}+\dot{Z}_{SC5})}$$

$$=(\dot{Z}_{SR5}+\dot{Z}_{SC5}):\dot{Z}_{S5}$$

$$=(j165-j109):j22$$

$$=56:22$$

$56I_C=22I_S$

$$I_C=\frac{22}{56}I_S=\frac{22}{56}\times0.875=0.34375$$

よって、求める$I_5$は、$I_S$と$I_C$を式①に

代入して、

$I_5 = I_S + I_C = 0.875 + 0.34375$

$= 1.21875 \fallingdotseq \mathbf{1.2}$〔A〕（答）

※上限値なので、1.21875〔A〕以下でなければならない。

**解答：(b)-(4)**

## ！重要ポイント

**●直列リアクトルSRの役割**

仮に、$\dot{Z}_{SR5}$がない場合の系統流出電流$I_S$は、

$$I_S = I_5 \times \frac{\dot{Z}_{SC5}}{\dot{Z}_{S5} + \dot{Z}_{SC5}}$$

$$= 1.21875 \times \frac{-j109}{j22 - j109}$$

$$\fallingdotseq 1.53 \text{〔A〕}$$

となり、$I_5$より大きくなる。

つまり、**第5次高調波電流は拡大して系統へ流出する**。基本波周波数に対して、

$\frac{Z_{SR1}}{Z_{SC1}} = \frac{33}{545} \fallingdotseq 0.06 \to \mathbf{6}$〔%〕程度の直列リアクトルSRをコンデンサSCに付けることにより、これを防止している。

第6章
電気施設管理

(ア)**発生と消費**、(イ)**最大電力**、(ウ)**供給予備力**となる。

解答：(3)

**重要ポイント**

**●供給予備力**

供給予備力とは予備の供給力で、需要の10%程度が必要とされている。供給予備力は、事故や天候の急変などにより供給力不足が生じたときの一時的な増強手段で、次の3つに分類できる。

①**瞬動予備力**…即時(10秒以内)に供給力を分担でき、次項の運転予備力が供給可能になるまでの間継続できるもので、運転中の発電所の調速機余力が該当する。

②**運転予備力**…10分程度以内に供給力を分担でき、次項の待機予備力が供給可能になるまでの数時間程度は運転を継続できるもので、部分負荷で運転中の発電所の余力が該当する。

③**待機予備力**…供給が可能になるまで数時間から十数時間を要するが、長期間継続運転が可能なもので、停止待機中の火力発電所が該当する。

(a) 高圧ケーブルの交流絶縁耐力試験の試験電圧$V_t$〔V〕について考える。

問題文の使用電圧6600Vは、解釈第1条1-1表の「使用電圧が1000Vを超え500000V未満」の電圧区分に該当することから、最大使用電圧$V_m$は使用電圧に係数を乗じて、

$$V_m=\frac{1.15}{1.1}\times V=\frac{1.15}{1.1}\times 6600$$

$$=6900〔V〕\cdots\cdots①$$

解釈第1条　1-1表

| 使用電圧の区分 | 係数 |
|---|---|
| 1000V以下 | 1.15 |
| **1000Vを超え500000V未満** | **1.15／1.1** |
| 500000V | 1.05、1.1又は1.2 |
| 1000000V | 1.1 |

式①より、高圧ケーブルの最大使用電圧$V_m=6900$Vの試験電圧$V_t$は、解釈第15条15-1表の「最大使用電圧が7000V以下の電路の交流の電路」に該当することから、

$$V_t=1.5\times V_m=1.5\times 6900$$

$$=10350〔V〕\cdots\cdots②$$

解釈第15条　15-1表〈抜粋〉

| 電路の種類 | | 試験電圧 |
|---|---|---|
| 最大使用電圧が7000V以下の電路 | 交流の電路 | 最大使用電圧の1.5倍の交流電圧 |
| | 直流の電路 | 最大使用電圧の1.5倍の直流電圧又は1倍の交流電圧 |

次に、1線の単位km当たりの対地静電容量$Co$は、

$Co=0.45$〔μF/km〕→$0.45\times 10^{-6}$〔F/km〕

であるから、高圧ケーブルのこう長$l=$87m→0.087kmにおける対地静電容量$C$は、

$$C=Co\times l=0.45\times 10^{-6}\times 0.087$$

$$=0.03915\times 10^{-6}〔F〕\cdots\cdots③$$

式②、式③より、充電電流$\dot{I}_c$〔A〕は、

$$\dot{I}_c=j\omega 3C\times V_t=j2\pi f\times 3C\times V_t$$

$$=j2\pi\times 50\times 3\times 0.03915\times 10^{-6}\times 10350$$

$$=j0.3817〔A〕\cdots\cdots④$$

式②、式④より、試験容量$W$は、

$$W=V_t\times I_c=10350\times 0.3817$$

$$\fallingdotseq 3951〔V\cdot A〕\rightarrow 3.95〔kV\cdot A〕\cdots\cdots⑤$$

よって、選択肢の中で、3.95〔kV·A〕に最も近い値は**4.0**〔kV·A〕(答)である。

**解答：(a)−(3)**

(b) 高圧補償リアクトルの接続位置は、充電電流$\dot{I}_c$(進み無効電流)を一部打ち消すため、試験用変圧器と並列接続になる**A−C間**(答)である。

次に、高圧補償リアクトルの仕様より、定格電圧$V_L'=12000$〔V〕、電流$I_L'=292\times 10^{-3}$〔A〕(12000V、50Hz、印加時)であるから、高圧補償リアクトルのリアクタンス$X_L$は、

$$X_L=\frac{V_L'}{I_L'}=\frac{12000}{292\times 10^{-3}}=\frac{12000}{292}\times 10^3$$

$$\fallingdotseq 41096〔\Omega〕\cdots\cdots⑥$$

高圧補償リアクトルを接続した場合の等価回路を描くと図aのようになる。

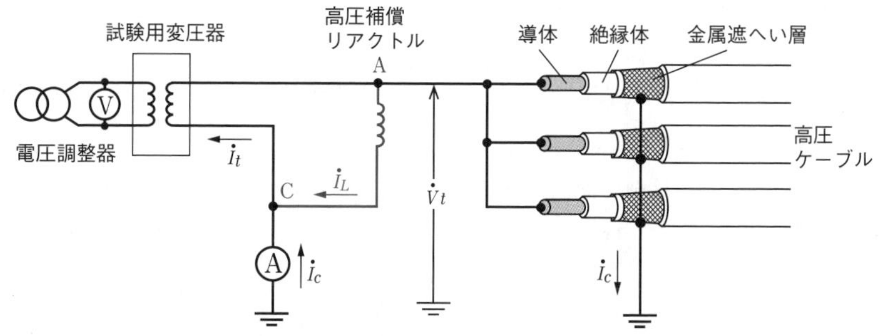


**図a　高圧補償リアクトルを接続した場合の等価回路**

式②、式⑥より、高圧補償リアクトルに流れる電流$\dot{I}_L$(遅れ無効電流)は、

$$\dot{I}_L=\frac{V_t}{jX_L}=\frac{10\,350}{j41\,096}$$

$\fallingdotseq -j0.2518$〔A〕……⑦

図aにおいて、試験用変圧器に流れる電流$\dot{I}_t=\dot{I}_c+\dot{I}_L$は、式④、式⑦より、

$\dot{I}_t=\dot{I}_c+\dot{I}_L=j0.3817-j0.2518$

$=j0.1299$〔A〕……⑧

したがって、このときの試験容量$W'$〔kV･A〕は、

$W'=V_t\times I_t=10\,350\times 0.1299$

$\fallingdotseq 1\,344$〔V･A〕→1.344〔kV･A〕……⑨

よって、選択肢の中で、1.34〔kV･A〕より大きくて、最も近い値は**2**〔kV･A〕(答)となる。

**解答：(b)-(4)**

高圧受電設備は主遮断装置の形式により、CB形とPF・S形に分類される。本問は、CB形についての出題である。

CB形受電設備は、変圧器の容量が300〔kV·A〕以上の比較的大きい受電設備に用いられる。回路構成は図aのようになる。

(ア) GR付PAS(地絡保護装置付高圧交流負荷開閉器)の内部に設置するのは、地絡電流を検出する零相変流器**ZCT**である。

(イ) 計器用変圧変流器VCTの二次側に設置する装置は、**電力量計**$W_h$である。

(ウ) 断路器DSとA種接地工事$E_A$の間に設置する装置は、**避雷器**LAである。

(エ) 変流器CTの二次側に接置する装置は、**過電流継電器**OCRである。

**解答：(1)**

**解答の一部**

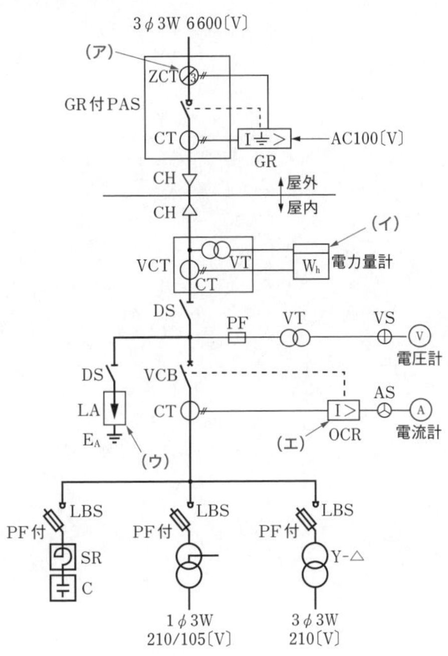


**図a　CB形高圧受電設備の単線結線図例**

**【機器の名称】**
GR付PAS：地絡保護装置付高圧交流負荷開閉器
ZCT：零相変流器
CT：変流器
GR：地絡継電器
CH：ケーブルヘッド
VCT：計器用変圧変流器
VT：計器用変圧器
DS：断路器
LA：避雷器
$E_A$：A種接地工事
VCB：真空遮断器(CB：遮断器)
PF：限流ヒューズ
OCR：過電流継電器
LBS：高圧交流負荷開閉器(PF付)
SR：直列リアクトル
C：電力用コンデンサ
**【略称】**
3φ3W：三相3線式
1φ3W：単相3線式

memo

memo

memo

memo

memo

memo

memo

memo

memo

U-CAN
生涯学習の
ユーキャン